国家科学技术学术著作出版基金资助出版

卫星在轨加注技术

陈小前　张翔　黄奕勇　陈勇　著

科学出版社

北京

内 容 简 介

本书聚焦卫星在轨加注技术,按任务流程将其总结为"安全接近—可靠对接—稳定传输—精确测量"等过程,并以此为主线,分别提炼出近距离接近与避撞、空间软对接、流体传输与管理、剩余量与流量高精度测量、任务规划等工程问题和相应的刚柔耦合动力学、密封面分形理论、微重力流体特性、多物理场耦合等科学问题,系统阐述作者团队持续十余年理论攻关与工程实践的研究成果。

本书可作为高等院校飞行器设计及相关专业研究生及高年级本科生的参考书,也可供飞行器设计领域的工程技术人员参考。

图书在版编目(CIP)数据

卫星在轨加注技术 / 陈小前等著. —北京:科学出版社,2022.2
ISBN 978-7-03-067017-5

Ⅰ. ①卫… Ⅱ. ①陈… Ⅲ. ①人造卫星-设计-研究 Ⅳ. ①V423.4

中国版本图书馆CIP数据核字(2020)第240831号

责任编辑:陈 婕 裴 育 / 责任校对:任苗苗
责任印制:师艳茹 / 封面设计:陈 敬

科 学 出 版 社 出版
北京东黄城根北街 16 号
邮政编码:100717
http://www.sciencep.com
北京中科印刷有限公司 印刷
科学出版社发行 各地新华书店经销

*

2022 年 2 月第 一 版 开本:720 × 1000 1/16
2024 年 1 月第二次印刷 印张:37
字数:740 000

定价:280.00 元
(如有印装质量问题,我社负责调换)

序

1957年10月4日，世界上第一颗人造卫星于苏联拜科努尔航天中心发射成功，揭开了人类航天时代的大幕。随后，在20世纪60年代初，美国、苏联分别开始了针对卫星燃料在轨加注技术的探索。可以说，卫星在轨加注技术研究的兴起与卫星本身的诞生几乎是同步的，这正如汽车的问世催生汽车加油技术、飞机的应用催生空中加油技术一样，符合新技术起源的发展规律。

今天，各类大大小小的卫星早已遍布高、中、低地球轨道，卫星技术的各类应用也早已走入千家万户，但卫星加注技术依然处于技术验证阶段，其大规模工程化应用仍然有待时日。回顾历史，卫星在轨加注技术的发展之所以滞后这么多，其原因主要有以下三方面。一是从需求侧来看，缺乏足够强有力的牵引。受制于当前的技术发展水平，对于燃料耗尽的在轨卫星，是选择在轨加注进行延寿还是选择补发新的卫星，需要从经济性、复杂性等多方面综合衡量。而目前传统的基于"一次性使用"设计理念的卫星对于在轨加注的支持程度也非常有限。二是从供给侧来看，卫星在轨加注技术尚未发展成熟。受发射系统、在轨运行规律、自主操作要求等多种因素的制约，卫星在轨加注技术非常复杂，其研发难度远大于汽车加油技术乃至空中加油技术，这一点从对卫星进行在轨加注首先要面对其极高的运行速度就不难想象。三是尚未建立完整的配套体系。与一般的卫星单项技术不同，卫星在轨加注既要考虑服务星提供加注的能力，也要考虑目标星接受加注的能力，还要综合考虑在轨操作技术以及相关的辅助系统(如能在轨道上长期驻留的燃料仓库)等，必须按照体系的观点来进行规划和研究。

但是，随着航天技术的快速发展，近年来这三个方面的情形都在发生根本变化。一是从需求牵引来看，随着高价值卫星数量越来越多，特别是星座、编队等卫星群的大量出现，采用在轨加注的效益越来越明显、需求越来越迫切，特别是采用"一对多"的服务模式，效费比将大大提高。二是从技术推动来看，目前卫星在轨加注的主要关键技术已经获得突破，国际上不少研究计划已进入系统验证阶段，甚至即将进入工程化应用。三是从体系建设来看，近年来，配套技术如面向在轨服务的新型卫星设计、在轨操作、推进剂在轨贮存、低成本发射、任务规划等也不断取得突破，为卫星在轨加注技术的体系化建设奠定了坚实基础。

事实上，卫星在轨加注技术的重要价值已引发了世界各航天大国新一轮研究热潮。特别是美国，明确将卫星在轨加注技术作为未来卫星在轨服务体系研究的核心与关键。在经历了50余年的持续研究后，近年来卫星在轨加注技术研究步伐不断加快，如 2007 年完成的"轨道快车"计划、2013 年启动的"机器人在轨燃料加注"计划、2016 年启动的"复原-L"计划等，相关技术不断递进、难度不断增加，清晰表明卫星在轨加注技术正在不断逼近工程实用化。

基于此，可以大胆预测，在 2030 年前，卫星在轨加注技术将迎来成熟的工程应用。不妨想象一下，一旦对于卫星的在轨加注以及更进一步的在轨维修等像今天对于汽车的加油与维修那样变成常规操作，航天技术将会迎来怎样的革命性变化？

在我国，卫星在轨加注技术还属于比较新的研究方向。该书作者团队是国内最早开展卫星在轨加注关键技术研究的团队之一。自 2004 年起，他们在国家 863 计划、国家自然科学基金等持续支持下，坚持基础研究与工程应用并重，历经十余年的潜心研究，扎扎实实地完成了"理论研究－原理验证－集成试验"的研制历程。特别是在 2016 年，他们圆满完成了我国首次卫星在轨加注关键技术飞行试验（"天源一号"），较好地集成验证了主要关键技术的研究成果，产生了较大反响。目前，该团队正在进一步开展工程化研究，全力推进我国卫星在轨加注技术的实用化发展。

我一直关注着该团队的研究进展，也为他们取得的成绩感到由衷欣喜。《卫星在轨加注技术》是该团队十余年研究成果的系统总结，有 40 余篇学位论文、130 余篇学术论文、30 余项发明专利作为基础，内容非常翔实。通读全书，我认为这本书主要具有以下几个特点：一是系统性，书中对卫星在轨加注过程所涉及的近距离接近、空间对接、流体管理、高精度测量、任务规划等核心技术群进行了系统梳理，较为完整地覆盖了在轨加注技术研究的全貌；二是理论性，书中从基础科学问题出发，提出了近距离操作智能防撞控制方法、变分不等式动态接触理论、微重力条件下不对称内角流动理论、多孔介质输运特性模型、微小管径非等熵声流场耦合动力学理论等多种理论方法，立论严谨、很有深度，且大部分经过了在轨验证；三是实用性，书中详细描述了结构自适应空间软对接机构、板式表面张力贮箱、多孔介质气液分离装置、微小管径多频连续式超声波测量仪、激励式液体剩余量测量仪等多类样机的设计方案与试验结果，对于工程化应用具有很强的指导意义；四是原创性，这也是留给我印象最深的一点，尽管国外在轨加注技术的研究已经有较为成功的案例，但团队结合我国的现有基础，提出了很多具有原创性的解决方案，如柔性自导向星体/管路一体化对接机构、多孔介质气液分离板式表面张力贮箱、多频连续式超声波测量仪和体积激励式液体剩余量测量仪等，这些都是从最基础的公式推导出发，经过精心设计，最终形成的我国特有的设计方案。

该书是作者十余年科研经历、人才培养的系统总结和精心提炼，也是我国卫星在轨加注技术领域的首部专著，具有重要的学术与工程应用价值。书中阐述的研究方法和技术途径，目前仍是国内外卫星在轨加注技术研究的热点和前沿课题，对于开展相关研究的工程技术人员、高等院校研究生均具有重要参考价值，对于我国卫星在轨加注技术的深入发展具有重要的指导意义。

该书的出版恰逢一个新的十年开始，我国正处于由航天大国向航天强国发展的伟大征程中。我由衷地祝愿，在这样一个灿烂的新起点上，作者团队能早日实现其卫星在轨加注技术工程实用化的梦想，为我国的航天事业做出更大贡献！

中国科学院院士

中国航天科技集团有限公司科技委主任

2020 年 5 月

前　　言

卫星在轨加注是指在轨道上通过直接传输方式对卫星进行推进剂补给的技术，其作用可类比"太空加油机"，可大大提高卫星的机动能力、延长卫星的工作寿命、拓展卫星的达到范围。卫星在轨加注系统是卫星在轨服务体系的重要组成部分，对于高价值卫星以及组网卫星意义尤为明显。

与飞船、空间站等大型航天器的在轨加注不同，卫星的在轨加注受限于其体积、功耗等约束，特别是其本质上的无人自主操作特性，对加注系统的结构轻巧性、一体化程度、贮箱管理效率、高精度测量、任务规划等均提出了更高要求。因此，尽管当前飞船、空间站等大型航天器的在轨加注技术已进入工程应用，俄罗斯和美国分别对"国际空间站"开展过多次在轨燃料补给，我国也通过"天舟一号"货运飞船成功对"天宫二号"空间实验室进行了在轨燃料补给，但是专门针对卫星的在轨加注技术研究仍然是国际航天大国竞相发展的热点。

这其中，研究最持久深入的当属美国。美国卫星在轨加注技术研究始于20世纪60年代，按照理论研究、原理验证、集成测试、技术实用的研究进程，已持续60余年，其最具标志性的计划项目为"轨道快车"和"机器人在轨燃料加注"。"轨道快车"计划于2007年成功完成在轨试验，是卫星在轨加注技术进入集成测试阶段的里程碑事件。"机器人在轨燃料加注"计划于2013年启动，目前已经完成三个阶段的在轨测试，为面向传统卫星的在轨加注任务实施形成了丰富的技术积累。美国计划于2023年实施的"复原-L"计划，将进一步推动卫星在轨加注技术的实用化进程。

在我国，近年来航天技术快速发展，特别是通信、导航、遥感等高价值在轨卫星数量的快速增加，对卫星在轨加注技术的需求越来越迫切；载人航天工程等重大工程的成功实施，为卫星在轨加注所需要的跟瞄、交会、捕获等在轨操作奠定了很好的技术基础。正是基于对未来航天技术发展趋势的判断，我所在团队自2004年起就开始了对卫星在轨服务技术的研究，相关研究成果于2008年形成专著《航天器在轨服务技术》。在诸多在轨服务技术中，团队重点聚焦于卫星在轨加注相关关键技术的研究，并先后得到了国家高技术研究发展计划(863计划)重点项目、国家杰出青年科学基金项目(11725211)、国家自然科学基金项目(61690213、11702320、91741107、51675525)、国防科技卓越青年科学基金项目(2017-JCJQ-ZQ-009)、国家重点基础研究发展计划(973计划)等课题的大力资助。

在十余年的卫星在轨加注技术研究过程中，团队努力做到基础研究与工程应用并重，较好地完成了"理论研究—原理验证—集成试验"的研制历程；先后提出或完善了近距离操作碰撞风险评估与动态智能防撞控制方法、薄板大变形接触理论、柔性对接刚柔耦合动力学模型、微重力条件下不对称内角流动理论、多孔介质输运特性模型、微小管径非等熵声流场耦合动力学理论、贮箱激励频率参数设计与优化方法、共面圆轨道卫星群 P2P 在轨加注任务规划方法等 8 套理论分析方法；完成了柔性杆/瓣式组合锥空间软对接、薄板大变形接触测量、自导向管路密封与泄漏检测、星体/管路一体化对接、板式表面张力贮箱管理、多孔介质气液分离、微小管径多频连续式超声波测量、激励式液体剩余量测量等 8 类单项试验，先后改进研制样机 20 余套；构建了地面集成试验与飞行集成试验等 2 套集成试验系统。其中，团队研制的卫星在轨加注试验系统"天源一号"于 2016 年 6 月 25 日随"长征七号"火箭进入太空，圆满完成了我国首次卫星在轨加注试验，产生了较大国际反响。目前，团队正在进一步开展相关技术的工程化研究，为推动我国卫星在轨加注技术向实用化发展奠定坚实基础。

在上述研究的基础上，团队先后完成博士论文 17 篇、硕士论文 27 篇；累计发表学术论文 130 余篇，其中 SCI 检索 70 篇；获国家发明专利授权 30 余项；获国家技术发明奖二等奖 1 项、国家科学技术进步奖二等奖 1 项、军队科技进步奖一等奖 2 项、湖南省自然科学奖一等奖 1 项等；研究成果分别于 2011 年和 2016 年两次参加 863 计划成果展，得到了党和国家领导人的高度评价，研究团队被评为 863 计划优秀创新团队。

本书是对上述研究成果的系统总结，针对卫星在轨加注任务中提炼出的抵近与避撞、软对接、流体管理、高精度测量、任务规划等工程问题和相应的刚柔耦合动力学、密封面分形理论、微重力流体特性、多物理场耦合等科学问题，较为深入地介绍了相关的研究工作。全书共 12 章：第 1 章介绍卫星在轨加注概念及其系统组成；第 2 章介绍国内外卫星在轨加注技术研究现状；第 3 章研究近距离飞行碰撞风险评估方法、动态智能防撞控制方法、避撞机动姿轨耦合控制等；第 4 章开展基于变分不等式接触原理的软对接动力学研究；第 5 章采用分形理论研究真空条件下管路接触端面形貌和密封特性；第 6 章研究微重力条件下流体运动特性，并将其用于内角流动建模以及贮箱结构设计；第 7 章研究微重力条件下多孔介质中的毛细流动特性，并将其应用于气液分离装置设计；第 8 章研究采用体积激励法的贮箱内推进剂剩余量高精度测量方法；第 9 章研究采用级数方法的细小管道内液体流量高精度测量方法；第 10 章研究加注过程中的气液两相流特性和检测方法；第 11 章研究卫星在轨加注任务规划方法；第 12 章对卫星在轨加注技术的未来发展进行展望。

本书的内容是集体智慧的结晶，其中，第 1、2 章由陈小前、张翔、黄奕勇主要负责撰写，第 3 章由杨维维、倪庆、陈小前主要负责撰写，第 4 章由张翔、韩伟、戚杰、李星辰主要负责撰写，第 5 章由张伟、张强、文正航主要负责撰写，第 6 章由魏月兴、吴宗谕、李京浩、唐宇主要负责撰写，第 7 章由李光昱、吴宗谕、陈小前主要负责撰写，第 8 章由傅娟、李晓龙、黄奕勇主要负责撰写，第 9 章由陈勇、陈小前、张翔主要负责撰写，第 10 章由陈勇、郑崇光、蔡君、杨延杰主要负责撰写，第 11 章由余婧、陈小前、黄奕勇主要负责撰写，第 12 章由陈小前、张翔、黄奕勇主要负责撰写。本书总体框架设计与统稿工作由陈小前、张翔、黄奕勇、陈勇主要负责完成。在此，对参与撰写本书的所有人的辛勤付出表示感谢。另外，对本书所参考的所有文献的作者表示诚挚的谢意。

特别感谢中国科学院院士、中国航天科技集团有限公司科技委主任包为民为本书作序推荐，他一直是我们在航天器在轨服务技术研究方面睿智的领路人和坚定的支持者；同时感谢 2019 年度国家科学技术学术著作出版基金对本书的资助，这对我们是荣誉，更是鞭策；感谢 863-704 专家组全体专家对于我们开展卫星在轨加注技术研究长久以来的支持和指导！

最后，谨以此书献给我的母亲陈非凡女士。在本书初稿的撰写过程中，我曾经给病中的她详细介绍本书的内容，虽然不知道她听没听懂，但是我言谈中的兴奋无疑是让她无比高兴的，因为她一直很骄傲她的儿子在做一些有意义的事。可是，她最终没有看到本书的正式出版，这也成为我对于本书最大的遗憾。故在本书付梓之际，仅把此书献给我的母亲，并寄托无尽的思念。

陈小前

2020 年 4 月

目　　录

第1章 绪 论

随着空间技术的快速发展和空间资源运行模式的不断变革，以航天器在轨服务为标志的空间资源可重复利用技术正逐步成为世界各航天大国竞相发展的一个重要方向。在轨服务是指在空间轨道上通过人、机器人或两者协同完成涉及延长各种航天器寿命、提升执行任务能力的一类空间操作[1]。在轨服务技术的核心使命在于延长航天器寿命、增强航天器机动能力、提升航天器效能等。航天器在轨加注技术正是通过燃料补给的方式延长航天器在轨工作寿命和增强轨道机动能力，它是航天器在轨服务技术的重要组成部分。

航天器在轨加注的概念最早被提出是在20世纪60年代，其早期的研究主要集中在通过货运飞船、航天飞机等服务航天器对在轨运行航天器进行推进剂等耗费品的在轨补给。这一概念诞生仅十余年后，苏联就使用"进步号"货运飞船向空间站成功执行了液态推进剂(N_2O_4和偏二甲肼)的补给任务[2]，当时采用的推进剂供给贮箱为隔膜式贮箱，通过高压气体挤压隔膜为推进剂传输提供动力。至今，大型航天器在轨燃料补给仍然普遍采用这种加注模式。而美国则发展了利用航天飞机对空间站进行在轨燃料补给的方式。

本书所研究的卫星在轨加注技术属于航天器在轨加注技术的一种，针对的服务对象主要是中小型卫星。这类卫星的在轨加注不同于大型航天器，其质量、体积等受到更严格限制，运行、应用的模式也不同，因此，在贮箱类型、对接及加注管路、近距离接近策略、剩余量及流量测量等方面，其加注系统均与大型航天器存在明显差异，主要表现在如下两方面。一方面，大型航天器采用金属隔膜贮箱，这类贮箱质量大，如50L的金属隔膜贮箱，质量往往超过60kg[3]，不满足卫星加注系统轻质化设计要求；同时，金属隔膜贮箱内部存在运动部件，在反复运动过程中存在损坏风险，工作寿命受限，不满足卫星加注系统多次可重复使用需求[4]，因此，目前卫星加注系统方案中普遍采用无运动部件的表面张力贮箱。另一方面，在对接方式上，大型航天器要求极高的可靠性，往往还需要满足人员穿行的需求，对接机构在结构上包括复杂的缓冲系统和人员通道[5]，这种对接机构无法直接缩比应用于卫星加注系统；大型航天器所用加注管路往往独立于对接机构，进一步加大了结构质量，这样的分离设计对于空间站等大型航天器是可行而且更加可靠的，但对于卫星加注系统，将极大降低补给的经济性和实用性，因此，卫星加注系统一般采用对接/加注一体化设计模式，从而降低结构质量，实现轻量化设计。

卫星在轨加注技术是卫星在轨服务体系的重要组成部分，对于高价值卫星以及组网卫星意义尤为明显。鉴于卫星在轨加注技术的重要意义，世界各主要航天大国均开展了系列研究工作，其中最为典型的是美国。美国认为在轨加注技术是未来卫星在轨服务体系的核心与关键，从20世纪60年代就开始了相关研究工作。美国多年的研究工作大致可以分为"理论研究—原理验证—集成试验—技术实用"四个阶段。在近20年的基础理论研究后，美国自1984年起，历时12年，先后在航天飞机上进行了5次原理验证实验，对在轨加注的贮箱等关键部件以及传输、测量等关键技术进行了验证[6-10]。在此基础上，2007年，美国完成了"轨道快车(Orbital Express)"集成试验，针对预留有加注接口的目标卫星(后文简称目标星)成功实施了在轨加注，这是国际上首次卫星在轨加注试验[11]；2013年，进一步完成了"机器人在轨燃料加注(Robotic Refueling Mission，RRM)"空间站舱外集成测试，验证了采用机器人空间操作对传统卫星加注接口实施在轨燃料加注的可行性[12]；2015年，进入RRM计划第二阶段，进一步验证了冷冻剂补充、工具测试、空间设备即插即用等试验操作；2018年，进入RRM计划第三阶段，首次在轨验证了低温液体零蒸发长期存储技术，在轨存储时间长达4个月。2016年，美国国家航空航天局(National Aeronautics and Space Administration，NASA)启动了面向卫星在轨加注的"复原-L(Restore-L)"计划[13]，其中目标星为隶属于美国政府仍在轨服役的陆地卫星Landsat-7，该计划将于2023年发射一颗服务卫星(后文简称服务星)进入极地近地轨道，对该目标星进行燃料加注。该计划的顺利实施，将成为美国卫星在轨加注技术走向实用化的里程碑事件。值得一提的是，2020年2月，美国诺斯罗普•格鲁曼(Northrop Grumman)公司的任务延寿飞行器(mission extension vehicle，简称MEV-1)成功实现了对国际通信卫星(Intelsat-901)的在轨接管，利用MEV-1自身推进系统为Intelsat-901提供姿轨控能力，使其回归地球同步轨道继续执行在轨工作任务[14]。MEV-1对Intelsat-901的成功在轨接管，是卫星在轨延寿的另一种发展思路，也值得我们高度重视。

近年来，随着我国航天技术的快速发展，特别是通信、导航、侦察等高价值在轨卫星数量的快速增加，对卫星在轨加注技术的需求也越来越迫切。同时，随着载人航天工程、探月、在轨服务、深空探测等重大工程的成功立项与实施，卫星在轨加注技术正迎来前所未有的发展契机。

1.1　卫星在轨加注概念内涵

古代，人类通过驿站补给来完成千里远行；近代，人类利用加油技术来延长汽车和飞机的行程；如今，随着航天技术的发展，卫星的高昂成本与其一次性使用特性之间的矛盾日益突出，人类开始探索如何给卫星进行在轨加注。卫星在轨加注是指在轨道上通过直接传输方式对卫星进行推进剂补给的技术，其作用可类比"太空加油机"，能大大提高卫星的机动能力、延长卫星的工作寿命、拓展卫星的达到范围。随着技术的发展，在轨补给的方式也不断拓展，出现了通过推进剂贮箱更换实现推进剂补给的方式、直接将整个推进系统模块进行更换的方式乃至用新卫星直接接管整个卫星推进任务的方式。本书主要研究以推进剂直接传输实现补给的卫星在轨加注技术。

卫星在轨加注往往以高价值卫星或组网卫星为目标，采用"一对多"或"多对一"的补给任务规划策略，提升经济效益[15,16]。发展卫星在轨加注技术的重要意义在于：

1）延长卫星在轨工作寿命

推进剂是实现轨道机动、轨道保持以及姿态控制的基础。通过推进剂的在轨加注延长卫星的在轨工作寿命，可以大大降低卫星全寿命周期费用，具有十分显著的经济效益。

2）增强卫星轨道机动能力

随着应用需求的发展，卫星对轨道机动能力提出了较高要求，如要求地球资源卫星、气象卫星、海洋卫星和防灾减灾卫星等具有较强的轨道机动能力，能够根据任务要求调整对重点地区的遥感观测，及时为用户提供充分、准确、可靠的信息等。如果能够进行在轨加注，那么可大大增强其执行任务的灵活性。

3）组建深空探测中途"加油站"

对于深空探测器，其飞行任务往往包括系列的大范围机动变轨，对推进能力要求较高，但是，其推进剂携带量受到发射条件的限制。有效解决该矛盾的途径之一就是，先将探测器发射到停泊轨道并接受在轨加注，然后出发进行星际飞行。

1.2　卫星在轨加注系统组成

卫星自主在轨加注任务涉及多个过程，包括加注需求确定、交会对接、加注前准备、加注过程监控和加注完成后分离等阶段，如图 1.1 所示。

图 1.1 中，对应于每个任务阶段，需要重点攻关的关键技术通过实线方框给出，而虚线方框中给出的关键技术则为依托当前已有技术基础。根据卫星自主在轨加注任务流程，卫星在轨加注系统设计的关键技术可归纳提炼为推进剂剩余量测量技术、近距离接近与对接锁紧技术、管路密封技术、微重力流体传输与管理技术、推进剂流量精确测量技术、气液两相流检测技术等。这些关键技术的研究成果均将物化为相应的单机产品及分系统，包括近距离相对导航与控制系统、一体化对接加注与分离释放系统、接口密封与泄漏检测系统、微重力流体传输与管理系统、贮箱内推进剂剩余量测量装置、贮箱气液分离装置、推进剂流量测量与两相流检测装置等。卫星在轨加注系统就是以上述单机产品及分系统为基本组成，通过流体管路及机、电、热等接口将这些基本单元连接为一个集成系统。卫星在轨加注

系统的集成原理图如图 1.2 所示。

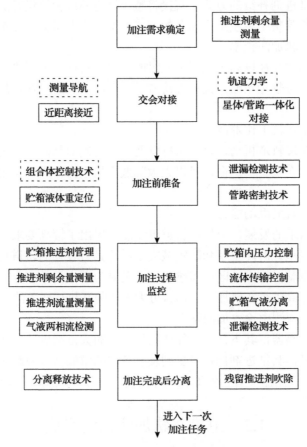

图 1.1　卫星在轨加注任务流程与过程梳理

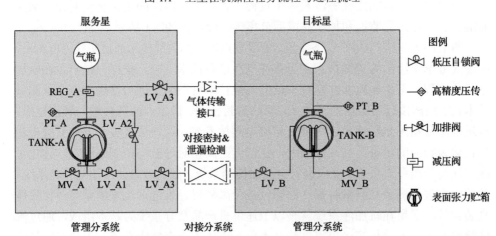

图 1.2　卫星在轨加注系统集成原理图

卫星在轨加注系统被拆分为两大分系统：对接分系统与推进剂管理分系统。其中，对接分系统用于加注服务前的两星近距离接近与对接锁定，是在轨加注的基本前提，包括近距离相对导航与控制系统、一体化对接加注与分离释放系统、对接密封与泄漏检测系统等；推进剂管理分系统用于贮箱内推进剂传输与管理、加注过程监控等，是在轨加注的核心组成部分，包括微重力流体传输与管理系统、贮箱气液分离装置、贮箱内推进剂剩余量测量装置、推进剂流量测量与两相流检测装置等(图 1.3)。以下将按照对接分系统与推进剂管理分系统两大部分，分别阐述卫星在轨加注系统的组成及所涉及的相关关键技术。

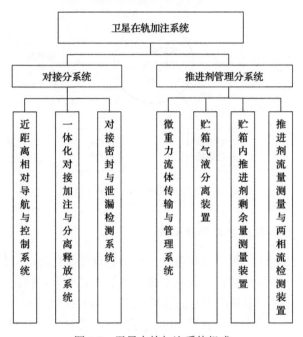

图 1.3　卫星在轨加注系统组成

1.2.1　对接分系统

对接分系统的主要任务是实现服务星与目标星的近距离接近、对接与锁紧等，为进一步实施在轨燃料传输等操作提供前提保障。依据图 1.3 所示对接分系统组成，分别阐述各部分功能及所涉及的关键技术。

1. 近距离相对导航与控制系统

近距离接近技术是在轨加注的基础性技术。当两星相距较远时，星体可近似看作质点，其运动相对简单。当两星距离逐渐变小，其外形影响不能再忽略时，质点模型将不再适用。此时，需着重考虑近距离接近过程中卫星构型的影响，降低两星发生碰撞的风险。通过考虑卫星构型规划两星相对运动轨迹，才能有效确保安全接近，为后续对接及加注任务提供支撑[17,18]。图1.4给出了近距离相对导航与控制系统的基本组成要素。近距离接近过程需综合考虑两星相对位姿与卫星构型影响，建立碰撞风险评估模型，获取相对运动轨迹，并通过姿轨耦合控制与动态防撞控制实现两星近距离接近操作，为进一步对接锁定提供技术支撑。

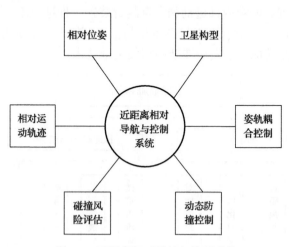

图 1.4 近距离相对导航与控制系统

2. 一体化对接加注与分离释放系统

对于卫星在轨加注，服务星与目标星的可靠对接是任务成功的前提，这里的对接包括两部分，即星体对接和管路对接。由于卫星受到严格的尺寸、重量、功耗等因素限制，直接沿用我国现有的飞船/空间站等对接机构存在以下问题：现有对接机构结构复杂、质量大，且采用刚性对接的方式对卫星的相对姿轨控精度要求较高，很难用于卫星对接任务；无法实现加注管路对接时的高效密封和泄漏监测；不具备液体传输功能，管路对接机构与星体对接机构相互独立。为解决上述问题，使卫星对接具有低冲击、高安全特点，研究考虑星体对接和管路对接要求的对接机构具有重要意义[19,20]。图1.5给出了一体化对接加注与分离释放系统的基本组成要素，包括星体对接机构、管路对接机构、星体/管路对接一体化设计、分离释放机构等。为了满足卫星自主对接锁定需求，系统整体必须满足小型化/轻量化设计要求，对接碰撞过程需实现低冲击、高可靠的锁定效果。

3. 接口密封与泄漏检测系统

两星星体顺利对接锁紧后，管路对接接口相互连接，继而服务星与目标星之间的推进剂传输管路相互连通。然而，在发送推进剂传输命令前，尚需确定管路

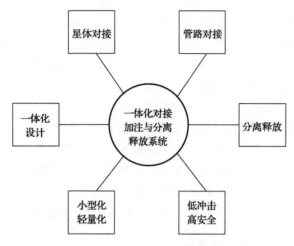

图 1.5 一体化对接加注与分离释放系统

连接接口密封效果良好，不会出现液体泄漏；否则，一旦出现推进剂泄漏，将引起服务星或目标星出现故障甚至损毁。因此，开展密封机理和流体泄漏过程分析，对于接口密封与泄漏检测具有重要理论意义[21,22]。图 1.6 给出了接口密封与泄漏检测系统的基本组成要素。将密封泄漏问题视为密封面初始形貌表征、密封端面接触变形和密封泄漏孔道输运行为三者之间的相互耦合，考虑尺度效应对密封问题的影响，对密封端面几何特性、接触特性、泄漏孔道连通特性和流体流动特性等问题开展研究，使管路接口密封装置具备在轨自主装配、可重复使用及高可靠性等性能。

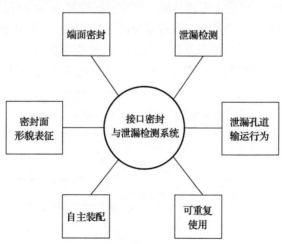

图 1.6 接口密封与泄漏检测系统

1.2.2 推进剂管理分系统

推进剂管理分系统的主要任务是实现卫星在轨加注过程中推进剂的稳定传输

与管理,推进剂剩余量和流量测量等任务,其主要由推进剂贮箱、剩余量测量装置、流量测量装置、传输管路、传输及测量控制系统、气体增压系统等部件组成。其中,推进剂贮箱用于微重力条件下流体管理,实现气液有效分离,将液体最大程度地收集在排液口附近。剩余量测量装置用于贮箱内推进剂剩余量的测量,为在轨加注提供需求信息,并且为推进剂传输控制提供信息支持。流量测量装置用于推进剂传输过程中管道内流量测量及两相流监测,一方面可对剩余量测量结果进行对比校正,另一方面可监测管道内两相流状态,为推进剂传输控制提供信息支撑。传输管路、传输及测量控制系统、气体增压系统等均是卫星在轨加注系统的重要组成,共同支撑和保证推进剂在轨加注顺利实施。依据图 1.3 所示推进剂管理分系统组成,下面分别阐述各部分功能及所涉及的关键技术。

1. 微重力流体传输与管理系统

在微重力环境下,重力不再占主导作用,表面张力、黏性力和其他因素(如重力梯度和随机加速度等)决定了流体的分布。稳定的推进剂传输是在轨加注的基础,而卫星贮箱作为传输过程的起始端与结束端,对其内部推进剂的有效管理成为确保稳定传输的关键。推进剂传输与管理技术是在空间微重力环境下采用推进剂管理装置将贮箱内推进剂导引并蓄集在贮箱出口以实现推进剂不间断传输的技术。在轨加注过程中不但要求推进剂始终被保持在卫星贮箱出口,还要求贮箱内气体围绕在排气管周围,形成稳定的气液界面,相关约束给推进剂管理技术提出了更高的要求[23-25]。图 1.7 给出了微重力流体传输与管理系统的基本组成要素。卫星在轨加注要求贮箱具备高可靠性、轻量化、可重复使用等基本特性,板式表面张力贮箱是目前的最佳选择。通过分析表面张力贮箱内部液体内角流动特性,开展导流板布局和构型优化设计,可提升贮箱液体管理性能,实现推进剂稳定传输与高效管理。

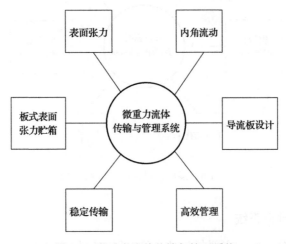

图 1.7　微重力流体传输与管理系统

2. 贮箱气液分离装置

贮箱内推进剂在管理装置的作用下，通常情况下能够实现气液分离，推进剂被蓄集于贮箱排液口附近，气体则聚集于排气口附近。然而，在传输过程中，贮箱内压力变化容易导致气液界面不稳定，从而引起排液口附近出现气泡或者排气口附近出现液滴，给卫星在轨加注过程带来隐患。在推进剂管理装置之外，通过气液分离装置设计实现排液口排液不排气、排气口排气不排液，可有效提高卫星在轨加注任务的安全性与可靠性[25]。图 1.8 给出了贮箱气液分离装置的基本组成要素。采用梯度孔径多孔介质装置进一步确保贮箱排气口及排液口附近的气液有效分离。基于随机几何理论探究多孔介质孔隙的分形分布特性，对微重力条件下流体在多孔介质内的毛细流动特性展开研究，可为多孔介质气液分离装置设计与研制提供理论指导。

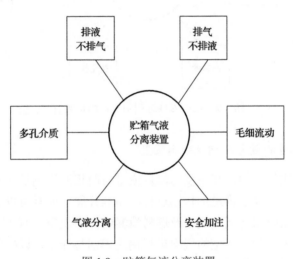

图 1.8　贮箱气液分离装置

3. 贮箱内推进剂剩余量测量装置

卫星携带推进剂剩余量的多少直接关系到卫星的工作寿命与后续任务安排，因此，精确估算推进剂剩余量对卫星在轨任务执行具有重要意义。同时，开展卫星在轨加注任务同样需要监测推进剂剩余量，包括服务星贮箱及目标星贮箱。通过监测目标星贮箱内推进剂剩余量决定加注时机，发送加注任务请求；通过监测服务星贮箱内推进剂剩余量评估加注能力，确定是否执行加注任务[26,27]。图 1.9 给出了贮箱内推进剂剩余量测量装置的基本组成要素。微重力条件下贮箱内推进剂剩余量测量与常重力条件下存在较大差异，地面常用的依赖于常规重力加速度或相应浮力的称重法、静压差法、浮子液位计法等测量技术不再适用。同时，为了避免对推进剂造成污染，必须采用非接触式测量方法。测量对象也由常温推进剂逐渐向低温推进剂扩展。由于卫星贮箱受到更严格的体积与质量限制，对小体积贮箱剩余量测量精度提出了更高要求，而卫星轨道机动与姿态需要调整等对测量装置的抗干扰性能也提出了更高要求。

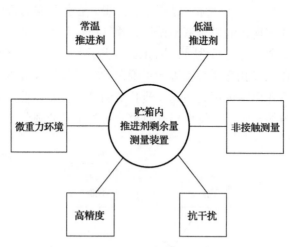

图 1.9　贮箱内推进剂剩余量测量装置

4. 推进剂流量测量与两相流检测装置

卫星在轨加注任务中，高精度的流量测量与两相流检测是任务成功的重要保证。流量测量不仅有助于推进剂传输过程的精准开展，而且可以避免因流量过大引起目标星的贮箱内出现气液混合及燃料泄漏的涌泉现象。两相流检测可实现对推进剂传输过程中夹带或产生的气泡进行快速识别与计量，以确保当气泡含量超过某一预定值时能够立即终止卫星在轨加注任务，避免加注任务失败[28,29]。图 1.10 给出了推进剂流量测量与两相流检测装置的基本组成要素。对于流量测量与气泡两相流检测，通行的做法是采用两种不同的设备来完成，这对于卫星在轨加注是一种效率较低的方法。利用超声波测量技术，可望实现流量与两相流同步测量。日常生活中的超声波流量计虽然已有较为广泛的应用，但难以满足卫星细小管道（内径为 4~10mm）流量测量的需求；现有的两相流气泡测量装置结构复杂、信号处理慢、空间占用大，同样无法直接应用于卫星细小管道内气泡快速检测任务。因此，对于卫星在轨加注系统中的推进剂流量测量与两相流检测，需要深入研究多频连续式超声波测量原理，且针对卫星细小管径的特点，设计并研制具有高精度实时效果的测量装置。

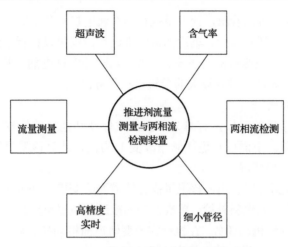

图 1.10　推进剂流量测量与两相流检测装置

1.3　卫星在轨加注的效益分析

在轨加注对提高卫星轨道机动能力、延长轨道工作寿命至关重要，如果仅仅依靠卫星自身携带的推进剂，其在轨机动能力将极其有限。轨道机动次数的增加将极大减少轨道工作寿命。以某侦察卫星为例，该卫星单次携带推进剂可达 6t，研制和发射费用高达 15 亿美元[30,31]。该卫星具有极强的机动变轨能力，可在需要时迅速降低轨道，对热点或可疑地区进行仔细侦察。如果没有推进剂的在轨补给，仅依靠单次携带的推进剂量，该卫星的变轨机动能力亦非常有限。以下分两种情况进行分析。

1)共面轨道机动

共面轨道机动主要用于降低轨道高度对重要目标进行详查。4 颗该型卫星处于互补的轨道上，卫星轨道为太阳同步椭圆轨道，轨道高度分别为 300km×1000km①与 335km×758km。当需要对重要目标进行详查时，卫星轨道高度可降至 120km，执行完详查任务后回到初始轨道。当卫星轨道高度降至 120km 时，考虑大气阻力，需要对卫星轨道进行不断地修正，从而实现轨道保持。在此过程中，推进剂消耗情况如表 1.1 所示。

表 1.1　详查轨道机动推进剂消耗情况

轨道高度	单次携带推进剂可提供总冲量/(m/s)	单次任务冲量/(m/s)	可执行任务次数/次
300km×1000km	1566.92	592.1	2.65
335km×758km	1566.92	486.16	2.69

① 300km×1000km 表示轨道近地点高度为 300km，远地点高度为 1000km，余同。

从表 1.1 中数据可以看出，该卫星执行详查轨道机动任务时，将消耗大量的推进剂。若不进行在轨燃料补给，单次携带的推进剂量仅可以执行不到三次的详查轨道机动任务。在执行完变轨机动任务后，若不及时补充推进剂，卫星将只能停留在初始轨道上运行，无法再进行较大的变轨机动任务。

2) 改变轨道面机动

在执行侦察任务的时候，有时为了立体成像及其他特殊侦察需求，可能还需要改变轨道面倾角。下面以轨道面倾角改变 1°为例，计算该型卫星在改变轨道面机动时的推进剂消耗情况。

从表 1.2 中数据可以看出，该卫星执行轨道面改变机动任务时，将消耗大量的推进剂。若不进行在轨燃料补给，单次携带的推进剂量仅可以执行不到 5 次的轨道面倾角改变 1°的变轨机动任务。在执行完改变轨道面机动任务后，若不及时补充推进剂，卫星同样无法再进行较大的变轨机动任务。

表 1.2 轨道面倾角改变 1°时推进剂消耗情况

轨道高度	单次携带推进剂可提供总冲量/(m/s)	单次任务冲量/(m/s)	可执行任务次数/次
300km×1000km	1566.92	263.52	4.77
335km×758km	1566.92	265.08	4.74

从上述分析可以看出，依靠单次携带的推进剂量，该卫星的变轨机动能力非常有限。该卫星有着高达 15 亿美元的研制与发射费用，如果可以对其进行在轨加注，将大大提升其综合效益。由此可见，在轨加注对于增强卫星机动性能、延长轨道工作寿命、降低全寿命周期费用和风险等，均具有重要的应用价值。然而，该卫星的在轨燃料补给主要依靠航天飞机进行，在加注系统设计与加注方式上，仍然属于大型航天器在轨燃料加注模式，而完全采用卫星自主在轨燃料加注的应用模式尚待继续深入探索。

卫星自主在轨加注技术是未来卫星在轨服务体系的核心关键环节，对于促进卫星设计理念变革、促进商业和民用航天技术发展等均会产生深远影响，对于实现我国航天技术跨越式发展具有深远意义，主要表现在如下方面。

(1) 卫星在轨加注技术是在轨服务体系的重要组成。

在轨服务体系中，在轨加注技术处于核心和先导地位。通过发展在轨加注技术可以突破一系列在轨服务的通用共性关键技术，包括空间机器人操控技术、微重力流体储存与管理技术、可接受在轨服务航天器设计技术、微小型卫星对接与分离技术、在轨模块更换技术、在轨维修与维护技术等，它们可为在轨服务的全面发展提供技术支撑。随着卫星数量和种类的快速增强，在轨服务技术正在逐步由大型航天器向中小型卫星拓展，面向卫星的在轨加注技术将扮演越来越重要的角色。

(2)卫星在轨加注技术将有力促进卫星设计理念变革。

传统卫星采用"一次性使用"设计理念,源于火箭发射技术、卫星研制技术等综合因素。为了提高卫星在轨工作可靠性,保证任务的顺利完成,传统卫星设计过程中采用了大量冗余设计,导致卫星质量和体积的大量冗余。同时,封闭式的密封结构、错综复杂的内部结构、不可接受补给的接口设计等,从设计之初就阻断了在轨服务的可行性。随着火箭发射技术、卫星研制技术的快速发展,卫星设计理念正在逐步发生改变。卫星在轨加注技术可谓应运而生,它要求卫星在设计过程中采用更为开放的体系结构、具备可接受在轨补给的接口设置等,促进了卫星设计理念的变革。

(3)卫星在轨加注技术进一步带动商业及民用航天技术发展。

卫星在轨加注系统可直接应用于民用和商用领域。通过增强卫星机动能力,可大大提高其执行任务的灵活性。特别是对于地球资源卫星、气象卫星、海洋卫星和防灾减灾卫星,能够使其根据任务要求调整地面覆盖区域和观测时间,从而实现对热点关注地区和灾害地区的重点遥感和观测,及时为用户提供充分、准确、可靠的信息,大大提高卫星的任务执行性能。

(4)卫星在轨加注技术有助于实现我国在轨服务技术跨越式发展。

随着卫星在轨服务概念的提出及在轨服务体系的建立,卫星在轨服务越来越受到各航天大国的重视。在这一领域处于领先地位的美国、加拿大和日本等围绕卫星在轨服务启动了各种研究计划,在理论研究和工程实践两方面均形成了很好的技术积累。我国已启动相关重大项目的立项论证,在轨服务技术已经受到国家层面的关注和重视。卫星在轨加注技术作为在轨服务体系的重要组成,在国家相关计划的支持下,已经形成了十余年的技术积累。以卫星在轨加注技术为牵引,带动在轨维修、在轨模块更换、在轨组装等在轨服务技术的全面发展,有望实现我国在轨服务技术的跨越式发展。

1.4　本书内容安排

卫星在轨加注技术按照任务流程可分为近距离接近、对接与锁紧、密封与泄漏检测、流体传输与管理、推进剂剩余量与流量测量等过程。本书在阐述卫星在轨加注技术研究进展的同时,以作者团队提炼的"安全接近—可靠对接—稳定传输—精确测量"任务流程为主线,分别针对相应的科学问题与工程问题,开展科学研究与关键技术介绍。本书按照卫星在轨加注任务流程安排各章节内容,具体内容安排阐述如下。

针对卫星在轨加注过程的安全接近问题,以近距离相对运动动力学为理论基础,提出基于性能参数的碰撞风险评估方法,进一步提出动态智能防撞控制方法,并通过仿真实例对控制方法进行有效验证。接着，开展卫星避撞机动姿轨耦合控制器设计与仿真分析，验证姿轨耦合控制器效果。该部分研究工作在本书第 3 章中进行详细介绍。

针对卫星在轨加注过程的可靠对接问题，进一步将其细化为对接锁紧与接口密封两个子问题。针对对接锁紧问题，提出基于变分不等式原理的软对接动力学建模方法，实现了卫星软对接接触过程建模与分析。针对接口密封问题，基于密封端面形貌分形表征，开展考虑尺寸效应的端面密封接触力学研究，进一步建立端面密封流体泄漏率逾渗模型，对端面密封泄漏影响因素进行数值分析。该部分研究工作在本书第 4、5 章中进行详细介绍。

针对卫星在轨加注过程的稳定传输问题，进一步将其细化为微重力条件下板式贮箱内推进剂传输管理与气液分离两个子问题。针对贮箱内推进剂传输管理问题，基于表面张力流动的基本理论开展微重力条件下内角自流与过流稳定性研究，进一步开展导流板布局与构型优化，并给出板式贮箱设计实例。针对贮箱内推进剂气液分离问题，提出基于随机几何理论的多孔介质结构特征建模方法，完成微重力条件下多孔介质内的毛细流动分析，并进一步开展卫星贮箱多孔介质气液分离装置设计与试验。该部分研究工作在本书第 6、7 章中进行详细介绍。

针对卫星在轨加注过程的精确测量问题，进一步将其细化为推进剂剩余量测量、推进剂流量测量与气液两相流检测三个子问题。针对推进剂剩余量测量问题，开展体积激励法测量推进剂量的原理探讨与数值分析，提出低温推进剂贮存的压力与温度控制方法，探讨低温推进剂贮存中的液体量测量以及卫星姿态干扰与贮箱漏热对测量的影响，设计并研制出卫星贮箱推进剂剩余量精确测量试验装置。针对推进剂流量测量问题，提出基于侧音技术的流量测量方法，实现了推进剂流量超声波测量，设计并研制出加注管道内推进剂流量高精度测量试验装置。针对气液两相流检测问题，开展声波在气液两相流中的传播研究，实现了超声波两相流含气率检测。该部分研究工作在本书第 8~10 章中进行详细介绍。

除此以外，本书于第 2 章中详细阐述卫星在轨加注技术研究现状与趋势，包括卫星在轨加注空间试验情况以及各项关键技术研究进展情况。第 11 章主要介绍作者团队在卫星在轨加注任务规划层面上的研究工作，从未来应用的经济效益分析出发，提出共面圆轨道卫星群点对点(peer to peer，P2P)在轨加注任务规划模型，开展考虑摄动与复杂约束的近地轨道(low earth orbit，LEO)卫星群在轨加注任务规划，以及地球静止轨道(geostationary orbit，GEO)卫星群一对多、多对多在轨加注任务规划。第 12 章对卫星在轨加注技术发展情况进行总结与展望，并对我国卫星在轨加注技术发展给出建议。

本书各章内容之间的逻辑关系如图 1.11 所示。

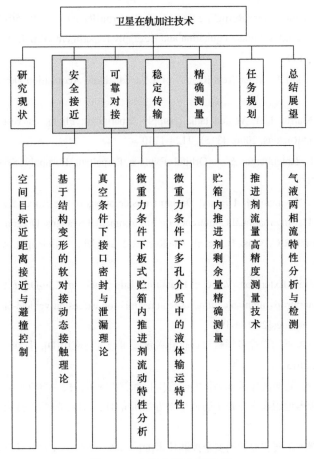

图 1.11 本书主要内容安排

参 考 文 献

[1] 陈小前, 袁建平, 姚雯, 等. 航天器在轨服务技术[M]. 北京: 中国宇航出版社, 2009.

[2] 魏延明, 潘海林. 空间机动服务平台在轨补给技术研究[J]. 空间控制技术与应用, 2008, 34(2): 18-22.

[3] 罗宾, 付密果, 冯南鹏. 空间飞行器推进剂贮箱金属膜片研究进展[J]. 应用力学学报, 2015, 32(5): 782-787.

[4] 李永, 潘海林, 魏延明. 第二代表面张力贮箱的研究与应用进展[J]. 宇航学报, 2007, 28(2): 503-507.

[5] 张崇峰, 柏合民. 飞船空间对接机构技术[J]. 中国科学: 技术科学, 2014, 44(1): 20-26.

[6] Griffin J W. Background and Programmatic Approach for the Development of Orbital Fluid Resupply Tankers[R]. AIAA 86-1601. 1986.

[7] Chato D J. Technologies for Refueling Spacecraft On-Orbit[R]. AIAA 2000-5017. 2000.

[8] Dominick S, Driscoll S. Fluid Acquisition and Resupply Experiment（FARE l）Flight Results[R]. AIAA93-2424. 1993.

[9] Dominick S, Tegart J. Orbital Test Results of a Vaned Liquid Acquisition Device[R]. AIAA 94-3027. 1994.

[10] Chato D J, Martin T A. Vented tank resupply experiment: Flight test results[J]. Journal of Spacecraft and Rockets, 2006, 43（5）: 1124-1130.

[11] Dipprey N F, Rotenberger S J. Orbital Express Propellant Resupply Servicing[R]. AIAA 2003-4898. 2003.

[12] Gregory T H, Newman M. Thermal Design Considerations of the Robotic Refueling Mission（RRM）[C]. 41st International Conference on Environmental Systems, Oregon, 2011.

[13] Reed B B, Smith R C, Naasz B J, et al. The Restore-L Servicing Mission[C]. AIAA Space, Long Beach, 2016.

[14] Cox V. Mission Extension Vehicle: Breathing Life Back into In-Orbit Satellites[EB/OL]. https://news.northropgrumman.com/news/features/mission-extension-vehicle-breathing-life-back-into-in-orbit-satellites[2020-4-19].

[15] 欧阳琦. 飞行器不确定性多学科设计优化关键技术研究与应用[D]. 长沙: 国防科技大学博士学位论文, 2013.

[16] 余婧. 航天器在轨服务任务规划技术研究[D]. 长沙: 国防科技大学博士学位论文, 2015.

[17] 杨维维. 航天器近距离操作自主防撞控制方法研究[D]. 长沙: 国防科技大学博士学位论文, 2013.

[18] 倪庆. 航天器近距离相对运动安全控制技术[D]. 长沙: 国防科技大学博士学位论文, 2016.

[19] 张翔. 微小卫星软对接动力学分析与系统设计[D]. 长沙: 国防科技大学博士学位论文, 2015.

[20] 戚杰. 面向微小卫星的杆锥式对接捕获全过程动力学分析[D]. 长沙: 国防科技大学硕士学位论文, 2016.

[21] 张伟. 考虑多尺度效应的接触理论及其在密封中的应用[D]. 长沙: 国防科技大学硕士学位论文, 2014.

[22] 张强. 航天器接触式密封结构界面建模与泄漏机理研究[D]. 长沙: 国防科技大学博士学位论文, 2018.

[23] 魏月兴. 微重力条件下航天器贮箱推进剂流动特性研究[D]. 长沙: 国防科技大学博士学位论文, 2013.

[24] 李京浩. 内角流动理论及其在板式表面张力贮箱设计中的应用研究[D]. 长沙: 国防科技大学博士学位论文, 2012.

[25] 李光昱. 微重力条件下多孔介质中的液体输运特性研究[D]. 长沙: 国防科技大学博士学位论文, 2016.

[26] 陈勇. 基于 Fourier-Bessel 级数的声波传播多场耦合理论与应用研究[D]. 长沙: 国防科技大学博士学位论文, 2013.

[27] 傅娟. 低温推进剂贮存中的自增压现象及液体量测量方法研究[D]. 长沙: 国防科技大学博士学位论文, 2014.

[28] 郑崇光. 流场中气泡的动力学特性分析与两相流参数检测[D]. 长沙: 国防科技大学硕士学位论文, 2015.

[29] 蔡君. 气液两相介质声学特性分析与气泡检测应用研究[D]. 长沙: 国防科技大学硕士学位论文, 2013.

[30] 闻新, 陈勃红. 国外军事侦察卫星的发展状况[J]. 现代防御技术, 2001, 29(4): 5-8.

[31] 何武灿, 廖守亿, 苏德伦, 等. 光学成像侦察卫星威胁特性分析与仿真研究[J]. 现代防御技术, 2015, 43(6): 29-34.

第2章　卫星在轨加注技术研究现状

目前，卫星在轨加注技术得到了各航天大国的高度重视。卫星在轨加注技术的发展大致可分为理论研究、原理验证、集成试验、技术实用四个阶段。

美国的卫星在轨加注技术研究持续时间最长，目前进展也最快。在经历了20余年的基础理论研究后，其利用航天飞机开展了一系列空间微重力条件下的原理验证试验。"轨道快车"计划的成功是卫星在轨加注技术发展的里程碑事件。随后，美国相继启动了"机器人在轨燃料加注(RRM)"和"复原-L"等计划，并稳步推进卫星在轨加注实用化进程。

卫星在轨加注技术涉及多项关键技术，按照任务流程，可大致划分为近距离接近、空间对接、流体传输与管理、推进剂高精度测量等关键技术群。

本章以美国的卫星在轨加注技术研究为主线，介绍其空间试验的总体情况，并在此基础上进一步分析各主要关键技术群的国内外研究现状。

2.1　卫星在轨加注空间试验总体情况

卫星在轨加注技术的早期研究主要通过地面落塔试验展开，航天飞机的成功飞行，为卫星在轨加注提供了更多的飞行试验机会。美国针对卫星在轨加注技术的空间试验探索始于20世纪80年代，到目前为止已经开展了多项卫星在轨加注空间试验项目。我国于2016年6月25日成功发射"天源一号"卫星在轨加注飞行试验载荷系统，首次开展卫星在轨加注关键技术试验验证，取得圆满成功。

2.1.1　试验情况概述

1. 在轨燃料加注系统试验

在轨燃料加注系统(on orbital refueling system，ORS)试验于1984年10月由NASA约翰逊航天中心主持[1]，其目的是：演示对现有卫星地面补给阀门的空间再次操作；演示从航天飞机轨道器货舱操作液体的转注，建立操作程序；建立机组人员和轨道器暴露在无水肼环境下的操作程序；只进行很少的修改即可加工一套系统，使其满足类似LANDSAT卫星的在轨加注。图2.1为ORS项目流体传输系统示意图。

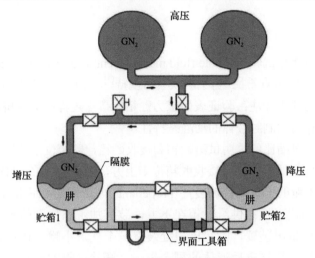

图 2.1 ORS 项目流体传输系统示意图

ORS 的设计要保证加注操作不会对组员和任务造成任何危害，因为有证据表明低重力下的传热会影响试验，加注时的绝热温升可能超过无水肼的分解温度(200℃)。试验中，液态的无水肼在两个球形隔膜贮箱中来回传递，用氮气作为增压气体。试验包括宇航员的出舱活动、连接模拟贮箱和 Landsat 卫星模拟贮箱，为此，专门研制了连接装置，保证操作时在宇航员和无水肼之间至少同时有两道密封。6 次共转注 904lb(1lb=0.453592kg)的无水肼(285min)。试验由轨道器内的后飞行控制台控制，非常成功，其中的气容压缩过程接近等温过程，而不是绝热过程。图 2.2 为 ORS 项目中使用的相关部件。

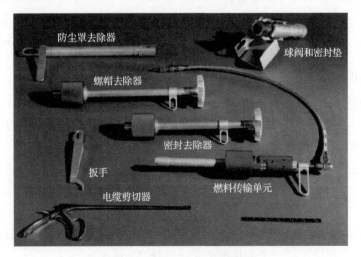

图 2.2 ORS 项目中使用的部件

2. 流体管理与储存试验

流体管理与储存试验(storable fluid management demonstration，SFMD)项目于1985 年 1 月由美国洛克希德·马丁航天公司主持[2]，其目的主要为：验证微重力环境下推进剂贮箱的再加注；验证表面张力贮箱的挤出过程；测量挤出效率；研究轨道器进行反作用控制时液体的动静态特性。

试验采用一对缩比的透明供给贮箱和接收贮箱，贮箱位于轨道器的中板上，占据 4 个抽屉的位置。其中，接收贮箱位于上方，内径为 12.5in(1in=25.4mm)，其内部安装有多舱的推进剂管理装置(propellant management device，PMD)，这种设计具有很高的代表性；供给贮箱在下方，装有加了添加剂的水，内部采用橡胶隔膜作为液体挤出装置，贮箱出口处装有一个柱形小罐，通过记录罐内活塞的位置测量供给贮箱挤出后液体的剩余量。一开始接收贮箱空，供给贮箱满，测量罐部分满，活塞位置的变化指示转注量的多少。在两天(每天 8h)的时间内共进行了 9 次试验，通过录像、宇航员评论、加速度测量和拍照对试验过程进行记录。

事后分析表明，每次试验都很成功，加注后 PMD 仍能恢复无夹气供给，所有试验完成后，在供给贮箱中只有少量气泡。不管是稳态或脉冲，贮箱都能正常工作，挤出效率达到93%~94%，超过预期的92%。

出于安全性考虑，将水作为试验介质。水的浸润性不好，而推进剂的浸润性很好。因此，将一种湿润剂(氘 Triton X-100)加入水中，以增加水的浸润性；加入一种消泡剂(Dow Corning FG-10)，以减少由 Triton X-100 产生的泡沫。这种消泡剂并非完全有效，相对实际的推进剂，液体中还是有很多持久稳固的气泡。另外，加入一种碘化物作为除菌剂，加入一种蓝色的食品颜料以便于观测。

3. FARE-1

流体获得与补给试验-1(fluid acquisition and resupply experiment-1，FARE-1)主要测试带状收集器式 PMD 贮箱的填充、排出以及微重力晃动[3]。在不同流速和加速度下，排出效率可达到97%~98%。FARE-1 于 1992 年 12 月在发现号航天飞机上进行(任务号为 STS 53)，共进行了 8 次，主要测试目标为：验证 PMD 排出和加注的性能；验证表面张力定位液体的能力；验证液体对特定加速度的响应。

FARE-1 装置由美国马丁·玛丽埃塔材料公司于 1984 年设计和制造，包含两个模块，每个模块包括一个丙烯酸贮箱，如图 2.3 所示。

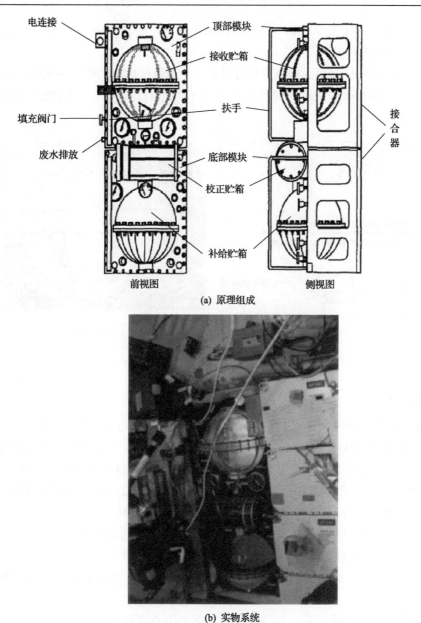

(a) 原理组成

(b) 实物系统

图 2.3　FARE-1 装置

接收贮箱位于补给贮箱上部，试验流体采用过滤去离子水，并添加蓝色染色剂。此外，添加减小表面张力的物质与防泡剂。接收贮箱为直径 0.32m、容积 0.13m^3 的圆贮箱，在入口处带有挡板来分散进入液体的动量。

加注试验：在两个贮箱压力相等时加注完毕，流动结束时有气泡留在贮箱，填充水平为 98%～99%。

排出试验：排出用两种速度进行试验，一个是接近最大能力的 4.54L/min，另外一个是 2.65L/min，在接收贮箱出口处看到气泡时停止排放。FARE-1 接收贮箱如图 2.4 所示。

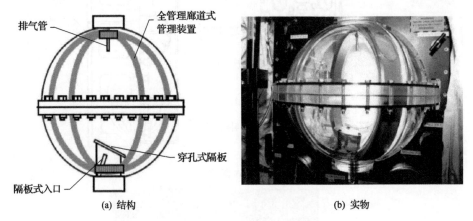

(a) 结构　　　　　　　　　　　　　　(b) 实物

图 2.4　FARE-1 接收贮箱

4. FARE-2

FARE-2 于 1993 年 6 月在"奋进号"航天飞机上进行(任务号为 STS 57)，主要验证板式 PMD 的性能，包括排出效率、填充水平和定位流体的能力[4]。FARE-2 与 FARE-1 唯一的不同是作为接收贮箱的 PMD 不同，FARE-1 中的 PMD 为带状收集器，而 FARE-2 中的为板式 PMD。FARE-2 主要验证板式 PMD 的性能，包括排出效率、填充水平和定位流体的能力，具体如下：

(1)验证排出时板式 PMD 的性能，确定排出效率与流速的关系；

(2)确定贮箱在填充时对气泡的定位能力；

(3)分析静态和动态特性，确定贮箱在一定的加速度扰动下对于气体和液体的管理能力。

FARE-2 的接收贮箱，即 PMD 包括一个中心筒和从中心辐射的八个板，如图 2.5 所示。

中心筒是一个集液器，因为它直径小、毛细力更大，可用来对液体进行定位，如图 2.6 所示。从中心筒向外辐射的八个导流板呈三角形，宽度由底部到顶部逐渐减小，这样可以使气泡排到中心筒的顶部。在贮箱内壁上环绕 T 字形不锈钢圈，提供毛细通道，板之外的流体可以沿通道回到贮箱底部。

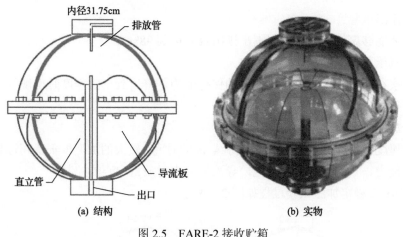

(a) 结构　　　　　　　　　　(b) 实物

图 2.5　FARE-2 接收贮箱

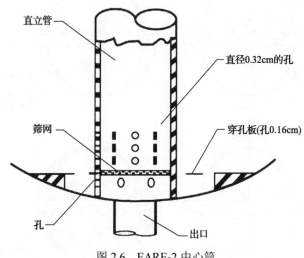

图 2.6　FARE-2 中心筒

FARE-2 项目主要开展了以下试验内容。

1)加注试验

加注试验分为稳定入流与不稳定入流两类。

稳定入流：加注的液体首先填充中心筒底部，并沿着导流板向上爬升，随着推进剂的增多，贮箱液面缓慢向上运动，贮箱内的气体被压缩在排气口附近。最终的填充水平达到 95%以上。

不稳定入流：在加注入流流量过大时形成不稳定状态，液体进入贮箱后，由于流量过大，导流板不能有效定位液体，从而形成涌泉，排气口周围聚集液体，可能被排出贮箱外，必须停止加注。试验测定 1.32L/min 为加注的临界流量。

2）排出试验

液体能够聚集在中心筒周围，排出效率达到98%。

3）减压和增压试验

观察在压力降低时贮箱对流体的保持能力。降压到一定程度时出现气泡，恢复压力后，液体恢复到原来的状态。

4）加速度试验

加速度从$10^{-4}g$到$10^{-2}g$，最长持续4s的时间。较大的加速度干扰超过导流板的保持能力，气泡分解成小气泡，导流板失去对质量中心的控制。

FARE-2稳定加注试验过程如图2.7所示。

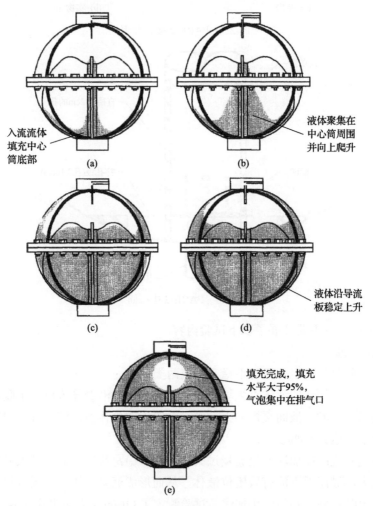

图2.7　FARE-2稳定加注试验

FARE-2 不稳定加注试验过程如图 2.8 所示。

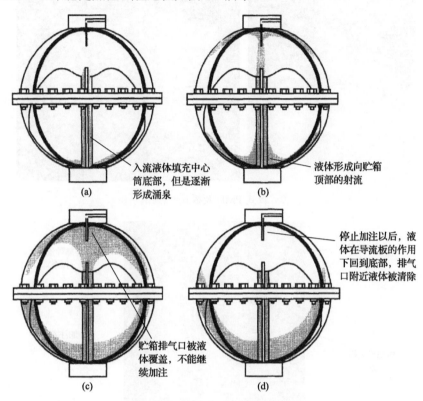

图 2.8   FARE-2 不稳定加注试验

5. 贮箱排空与补给试验

贮箱排空与补给试验(the vented tank resupply experiment，VTRE)是 NASA 和洛克希德·马丁航天公司的合作项目，于 1996 年 5 月在"奋进号"航天飞机上进行飞行试验(任务号为 STS 77)，主要是验证板式 PMD 分离流体和气体的能力，特别是在较大的干扰情况下，PMD 重定位推进剂的能力[5,6]。板式 PMD 及板式贮箱结构如图 2.9 所示。

试验的硬件包含两个 0.23m³ 板式 PMD 贮箱，使用染色的 Refrigerant-113 作为试验流体，它比水有更高的饱和蒸汽压，能够对低温推进剂进行有效的模拟。测试的贮箱包括圆柱贮箱A，内径31.75cm，高40.64cm，圆球贮箱B，内径35.56cm。贮箱内部有 12 个内部导流板(inner vanes)安装在中心筒，另外 12 个外部导流板(outer vanes)安装在贮箱内壁。内部导流板用于定位液体，外部导流板用于使分离的液体回流，如图 2.10 所示。

图 2.9　板式 PMD 及板式贮箱结构图

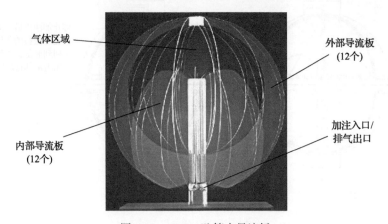

图 2.10　VTRE 贮箱内导流板

VTRE 主要开展了以下试验内容:

1)加注试验

加注过程的流速为 2.27~9.8L/min，排出试验的速度为每秒排出贮箱剩余体积的 0.4%~10%，排出的速度由超声波流量计测量。

入流最不稳定的状态是初始状态，此时在贮箱中液体较少，不能有效地对入流速度进行耗散。贮箱初始填充 20%时更为明显。对于空贮箱的加注反而比较稳定，可以认为，空贮箱加注时，入流被中心筒和导流板捕获。在填充达到 60%~70%的时候出现不稳定，此时表面张力变小，液面几乎是个平面；但是几秒钟之后，这种情况消失，出口处不再有液体。对于空贮箱和部分填充的贮箱，临界的入流流速在落塔和飞行试验中是不同的：落塔中空贮箱更容易出现涌泉，而飞行试验正好相反。VTRE 贮箱加注过程如图 2.11 所示。

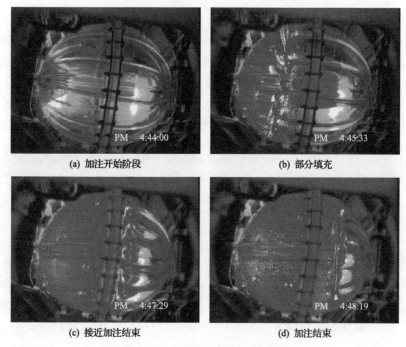

图 2.11　VTRE 贮箱加注过程

2）排放试验

排放的临界速度约为 0.7L/min，而 B 贮箱大约是 A 贮箱的 4 倍。主要原因是贮箱剩余体积的不同，A 贮箱的剩余量约为体积的 6%～7%，而 B 贮箱大约为 10%。VTRE 气体排放与贮箱内压强变化如图 2.12 所示。试验表明，板式 PMD 能够保证气体排放时不排出液体；在压力减小到饱和溶解压力之前，排出没有产生气泡；存在于液体中的气泡足够大时，导流板才能有效地将其挤出到剩余空间；能够排出的气泡最小直径为 1.27cm。

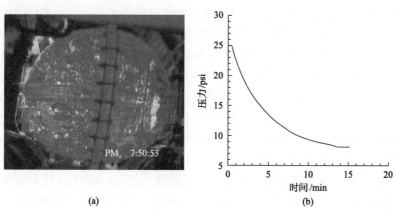

图 2.12　VTRE 气体排放与贮箱内压强变化（1psi=6.896kPa）

3) 液体重定位试验

在 B 贮箱进行重定位试验，初始填充水平为 20%。通过对贮箱施加扰动，验证导流板对液面的定位能力。试验中，推力器工作 15s 后记录液体的运动情况。在 20～30s 内，液体能够重新回到导流板的定位状态，趋于稳定，如图 2.13 所示。加速度计记录的最大加速度为 $7\times10^{-4}g$。液体回流的速度远远小于预测的时间（预测为 2～3min），重定位试验充分验证了板式 PMD 系统的稳定性。

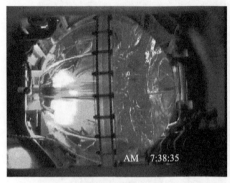

(a) 扰动后的液体状态　　　　　　　　　　　(b) 液体重定位

图 2.13　VTRE 扰动液体重定位

6. "轨道快车" 计划

"轨道快车" 计划于 1999 年 11 月提出，是一项较为完整的在轨服务体系演示验证计划，主要研发用于支持未来美国国家安全和商业应用的在轨服务技术[7]。该项目由能够提供在轨服务的服务星和可升级、可维修的目标星两部分组成，演示验证自主对接、在轨加注、部件更换维护等在轨服务关键技术。其中，服务星是一个自主空间运输机器人(autonomous space transfer and robotic orbiter，ASTRO)，目标星是未来星(next generation of satellite，NextSat)。NextSat 在演示未来可接受在轨服务星的同时，还演示存贮燃料与零部件的物资存储平台(CSC)，为服务星 ASTRO 提供燃料加注和 ORU 模块。ASTRO 与 NextSat 已于 2007 年 3 月 8 日发射成功。根据初步设想，"轨道快车" 计划在轨服务任务概念示意如图 2.14 所示。

首先由 ASTRO 从补给星中取出燃料、电子部件等补给物品，并将其运送到 NextSat 附近，然后由 ASTRO 上的机器臂捕获 NextSat，并将其拉近，当 ASTRO 与 NextSat 间的距离不足 10cm 时，由 ASTRO 上的对接机构固定住 NextSat 上的目标部位，完成 "软对接"。接着，在 ASTRO 与 NextSat 之间建立传输数据的链路，两者的燃料口也实现对接，形成密封的管路。之后，ASTRO 就可以将补给品更新至 NextSat 的适当部位。通过这种工作模式，可实现在轨卫星的燃料补充、电池更换、部件升级等维修工作，延长卫星的工作寿命，增强卫星的机动能力，从而大幅降低卫星的成本。

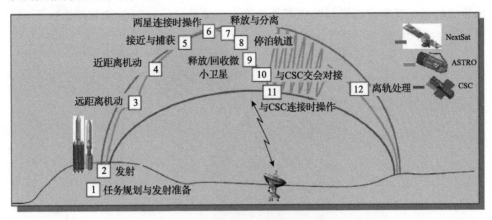

图 2.14　"轨道快车"计划在轨服务任务概念示意图

ASTRO 由波音公司研制,安装有服务对接机构的主动部分、交会对接敏感器、遥操作机械臂等关键部件, 如图 2.15 和图 2.16 所示。

图 2.15　ASTRO 结构示意图

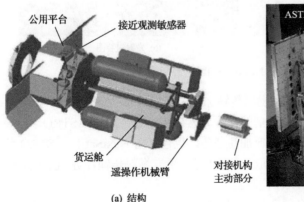

(a) 结构

(b) 实物

图 2.16　ASTRO 组装图与实物图

　　NextSat 由 BALL 公司基于其卫星平台 RS-300 研制而成，用于演示可接受在轨服务的目标星和存储燃料与零部件的物资存储平台，如图 2.17 和图 2.18 所示。

图 2.17　NextSat 结构示意图

(a) 实物图　　　　　　　　　　　　　(b) 发射组装图

图 2.18　NextSat 实物图与发射组装图

　　"轨道快车"计划中演示的燃料传输加注关键技术为：ASTRO 与 NextSat 之间采用泵压式或挤压式进行肼推进剂的传输。燃料传输既包括从 ASTRO 向 NextSat 传输以演示服务星向目标星的燃料加注任务，也包括由 NextSat 向 ASTRO 传输，以演示服务星从物资存储平台获取加注的任务。所有燃料传输任务，包括从 NextSat 向 ASTRO 传输，都由 ASTRO 控制。

　　"轨道快车"计划任务已于 2007 年 7 月成功完成，这是在轨服务技术发展史上的里程碑事件。

7. 机器人在轨燃料加注(RRM)计划

2009 年，NASA 的卫星在轨服务工程办公室(Satellite Servicing Projects Division，SSPD)正式启动 RRM 计划，主要面向没有专门加注接口的卫星，依托先进的机器人与末端工具集等技术，验证对其进行燃料加注的可行性[8]。经过两年的地面演示验证试验后，2011 年 7 月，"亚特兰蒂斯号"航天飞机将用于在轨演示验证的设备 RRM 模块运送至国际空间站(International Space Station，ISS)。RRM 模块由模拟卫星和 RRM 专用工具组成，并由航天员出舱活动将其安装在空间站外部平台上，为 NASA 在轨演示验证试验做好准备，如图 2.19 所示。由 NASA 戈达德太空飞行中心研制的 RRM 专用工具包括：剪线钳和防热层操作工具、多功能工具、安全帽拆除工具、喷嘴工具，如图 2.20 所示。每个工具上都安装了两个相机，以便地面团队有效观察和控制任务进展情况。

该计划共分为三个阶段。第一阶段试验任务始于 2012 年 3 月，在加拿大灵巧机械手 Dextre 的操控下，通过多种末端工具集配合使用，顺利完成了对气体连接件的去除操作。2013 年 1 月，在地面团队的控制下，Dextre 取出 RRM 模块中的工具并移走盖板，切割安全锁线，移走安全帽，打开螺母，开启密封的燃料阀门，向模拟卫星加注燃料乙醇，如图 2.21 所示。至此，RRM 计划第一阶段的试验任务结束。

(a) 试验装置　　　　　　　　　　　(b) 空间站安装位置

图 2.19　RRM 试验模块

(a) 剪线钳和防热层操作工具　　　　　　　(b) 多功能工具

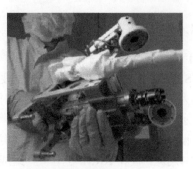

(c) 安全帽拆除工具　　　　　　　(d) 喷嘴工具

图 2.20　RRM 专用末端工具集

(a) 拧螺丝　　　　　　　　(b) 管路对接　　　　　　　　(c) 加注

图 2.21　RRM 第一阶段加注试验过程

　　第二阶段的试验任务始于 2015 年 5 月。在此之前，已分别于 2013 年和 2014 年通过两次发射机会将所需试验模块运至国际空间站。此阶段的主要试验任务包括冷冻剂补充、检测工具测试、空间设备即插即用电连接器测试、机器视觉辅助等[9]。2018 年 12 月，RRM 计划第三阶段的试验装置被送至国际空间站，如图 2.22 所示。

图 2.22　RRM 第三阶段试验装置

第三阶段的试验首要任务是验证低温液体零蒸发长期贮存技术（大于三个月），以及验证微重力条件下低温液态甲烷传输的必要技术[10]。2019 年 4 月，RRM顺利实现了低温液态甲烷长达四个月的零蒸发贮存试验，并尝试启动冷却装置为贮存模块降温。然而，在经历了多次启动失败后，液态甲烷温度开始升高，最终挥发为气体被排出。由此，第三阶段原计划的液态甲烷传输试验无法继续开展。然而，通过第三阶段的试验，积累了大量关于低温推进剂在轨长期存储的成功经验，为后续任务的顺利实施打下了坚实技术基础。

8. "复原-L" 计划

2016 年，NASA 启动了面向卫星在轨加注的"复原-L"计划，其服务对象为现役无专门加注接口的卫星，初步确定的目标星为隶属于美国政府仍在轨服役的陆地卫星 Landsat-7，通过发射一颗服务星进入极地近地轨道，对该目标星进行在轨燃料加注[11]。"复原-L"计划的服务星、目标星及任务构想图如图 2.23 所示。

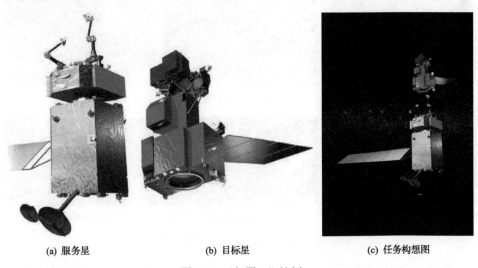

(a) 服务星　　　　　　　　(b) 目标星　　　　　　　　(c) 任务构想图

图 2.23 "复原-L" 计划

"复原-L"计划的名称缘于 NASA 希望通过卫星在轨服务技术使得目标星性能恢复至其发射入轨时的初始状态。该计划的核心在于服务星的设计与研制，该服务星主要由先进卫星平台、自主实时相对导航系统、推进剂传输管理系统、空间灵巧机器人（space infrastructure dexterous robot，SPIDER）等组成。其中，自主实时相对导航系统由相机、传感器、计算机、电子元器件和算法等构成；推进剂传输管理系统由贮箱、泵、流量测量装置、管道系统等组成；SPIDER 由两条七自由度轻质灵巧型机械臂组成，通过末端工具集配合完成复杂的在轨服务操作任务。

"复原-L"计划的主要任务包括以下五个方面：①验证自主实时相对导航技术，包括传感器、处理器及导航算法等；②验证综合电子系统技术，主要用于传感器数据处理、交会对接与机械臂操作等控制任务；③验证灵巧机械臂技术，主要用于执行轻巧且精确的在轨服务操作任务；④验证先进末端工具集技术，面向各种不同的服务任务需求研制不同类型的复杂的、多功能的末端工具；⑤验证推进剂在轨加注技术，在特定温度、压力与流速要求下，实现服务星对目标星的在轨燃料补给。

　　"复原-L"计划任务流程大致如下：①服务星在相对导航系统引导下机动至目标星附近，通过机械臂抓取目标星对接环，辅助实现两星对接锁紧；②服务星机械臂携带剪切工具，切开目标星加注接口附近的热防护层，露出燃料加注接口；③机械臂携带剪切钳工具，剪断缠绕在加注接口螺帽上的钢丝绳；④机械臂携带螺帽工具，拧开加注接口上的螺帽，露出加注接口；⑤机械臂抓取服务星上的加注管路，在其末端为自主管路对接密封装置，在机械臂辅助下完成与目标星加注接口对接锁定；⑥服务星开始对目标星进行燃料加注。具体流程如图 2.24 所示。

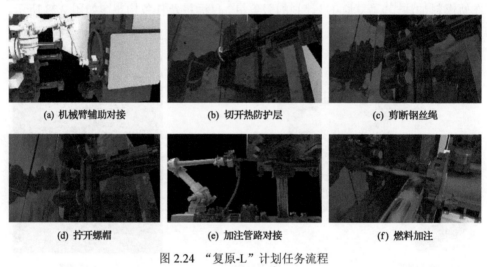

(a) 机械臂辅助对接　　　　　　　(b) 切开热防护层　　　　　　　(c) 剪断钢丝绳

(d) 拧开螺帽　　　　　　　(e) 加注管路对接　　　　　　　(f) 燃料加注

图 2.24　"复原-L"计划任务流程

　　2019 年 4 月，"复原-L"计划完成关键设计评审，初步计划于 2023 年发射入轨，NASA 希望通过"复原-L"计划的顺利实施推动美国卫星在轨加注技术迈入实用化进程。

9. "天源一号"卫星在轨加注试验系统

　　"天源一号"卫星在轨加注试验系统由国防科技大学牵头，联合北京控制工程研究所、山东航天电子技术研究所等国内优势单位自主设计并研制，它是我国首个卫星在轨加注试验载荷系统，由试验系统和试验支持系统组成，重量达 130kg，具有系统复杂、集成度高、自主性强的特点。此次搭载试验首次获取了三种表面张力贮箱在微重力条件下加注、排出、重定位的影像资料，首次在轨验证了高精度推进剂测量装置和超声波流量计的性能，试验获取了大量原始数据，为下一步全系统集成试验验证奠定了基础，推进了我国卫星在轨加注技术的工程化和实用化。

2.1.2　试验情况分析

总结国内外在卫星在轨加注空间试验方面的研究情况并分析，如表 2.1 所示。

表 2.1　国内外卫星在轨加注空间试验研究情况

项目	类型	主要验证的关键技术	试验结果
ORS 试验	原理试验	(1)演示对现有卫星地面补给阀门的空间再次操作； (2)演示从航天飞机轨道器货舱操作液体的转注，建立操作程序； (3)建立机组人员和轨道器暴露在无水肼环境下的操作程序	(1)液态的无水肼在两个球形隔膜贮箱中来回传递，用氮气作为增压气体； (2)6 次转注，共转注 904lb 的无水肼(285min)； (3)气体压缩过程接近等温过程，而不是绝热过程
SFMD	原理试验	(1)验证微重力环境下推进剂贮箱的再加注； (2)验证表面张力贮箱的挤出过程； (3)测量挤出效率； (4)研究轨道器进行反作用控制时液体的动静态特性	(1)两天(每天 8h)时间内共进行了 9 次试验； (2)加注后 PMD 仍能恢复无夹气供给； (3)试验完成后供给贮箱中只有少量气泡； (4)挤出效率达到 93%~94%
FARE-1	原理试验	(1)验证 PMD 排出和加注的性能； (2)验证表面张力定位液体的能力； (3)验证液体对特定加速度的响应	(1)加注试验：在两个贮箱压力相等时加注完毕，流动结束时有气泡留在贮箱，填充水平为 98%~99%； (2)排出试验：排出用两种速度进行试验，一个是接近最大能力的 4.54L/min，另外一个是 2.65L/min，在接收贮箱出口处看到气泡时停止排放
FARE-2	原理试验	(1)验证排出时板式贮箱的性能，确定排出效率与流速的关系； (2)确定贮箱在填充时对气泡的定位能力； (3)静态和动态特性，确定贮箱在一定的加速度条件下保持气体和液体的能力	(1)加注试验分为稳定入流与不稳定入流两类，稳定入流时填充度达到 95%以上； (2)排出试验：液体能够聚集在中心筒周围，排出效率为 98%； (3)减压和增压试验：降压到一定程度时出现气泡，恢复压力后，液体恢复到原来的状态； (4)加速度试验：较大的加速度干扰超过导流板的保持能力，气泡分解成小气泡，导流板失去对质量中心的控制
VTRE	原理试验	(1)验证板式 PMD 分离流体和气体的能力； (2)在较大的干扰情况下,PMD 重定位推进剂的能力	(1)加注试验：在填充水平达到 60%~70%的时候出现不稳定，落塔中空贮箱更容易出现涌泉，而飞行试验正好相反； (2)排放试验：板式 PMD 能够保证气体排放时不排出液体，VTRE 能够排出的气泡最小直径为 1.27cm； (3)液体重定位试验：充分验证板式 PMD 系统的稳定性
"轨道快车"计划	集成测试	验证卫星在轨加注系统整体的工作性能	(1)ASTRO 与 NextSat 之间采用泵压式或挤压式进行肼推进剂的传输； (2)从 ASTRO 向 NextSat 传输，以演示服务星向客户的燃料加注任务； (3)从 NextSat 向 ASTRO 传输，以演示服务星从物资存储平台获取加注的任务

续表

项目	类型	主要验证的关键技术	试验结果
RRM 计划	技术应用	验证空间机器人对传统卫星开展在轨燃料补给的可行性	(1)开启 RRM 工具和切割模拟卫星上的两条锁线; (2)拆除模拟卫星的冷却剂气体设备; (3)在轨燃料转移; (4)低温液态甲烷零蒸发在轨长期储存
"复原-L" 计划	技术应用	对无专门加注接口的卫星进行在轨燃料加注	计划 2023 年发射入轨,主要任务包括: (1)验证自主实时相对导航技术; (2)验证综合电子系统技术; (3)验证灵巧机械臂技术; (4)验证先进末端工具集技术; (5)验证推进剂在轨加注技术
"天源 一号"	集成测试	验证卫星在轨加注相关关键技术	(1)获取了三种表面张力贮箱在微重力条件下加注、排出、重定位的影像资料; (2)在轨验证了高精度推进剂测量装置和超声波流量计的性能; (3)试验获取了大量原始数据,为下一步全系统集成试验验证奠定了基础,推进了我国卫星在轨加注技术的工程化、实用化

2.2　关键技术国内外研究现状

卫星在轨加注技术按照任务流程,可分为近距离接近、空间对接、流体传输与管理、推进剂高精度测量等关键技术群。按照上述关键技术群,以下分别阐述其国内外研究现状。

2.2.1　近距离接近技术

目前,以接近技术为基础的空间活动发展迅速,以美国为代表的欧美发达国家开展了大量研究工作,进行了多次空间飞行试验,在技术发展上具有领先优势。本节主要介绍国内外典型的空间飞行任务,探讨空间任务发展趋势,分析技术发展规律。

1. 美国接近任务发展概况

1) 自主交会技术验证计划

自主交会技术验证计划(demonstration of autonomous rendezvous technology, DART)是 NASA 于 2001 年开展的一项计划,其中研制的自主交会试验卫星称为 DART 卫星,它是服务星;目标星为多路径超视距通信(multiple paths beyond-line-of-sight communication,MUBLCOM)卫星,如图 2.25 所示。该计划主要验证服务星与目标星的远距离交会、近距离交会及避撞机动[12,13]。2005 年 4 月,该计划任务开始执行,在接近操作段,服务星通过编程进行一系列机动进入 MUBLCOM 卫星轨道，在目标星后方 1km 处停留；接着开始进行接近操作性能评估工作，包括不同方案的验证、选定位置进行避撞机动。在任务开始的 8h 内，服务星按照计划完成了各项任务，但后来制导系统出现故障，燃料消耗很快。当任务进行到 11h 左右，服务星的燃料被检测到消耗殆尽，地面控制中心无法对错误动作进行纠正。在推进剂消耗殆尽后，服务星与目标星发生了碰撞，任务宣告结束。虽然 DART 任务发生了意外，但自主交会、接近和抓捕技术得到了验证，为后续空间任务的开展奠定了技术基础。图 2.26 为 DART 卫星结构分解图。

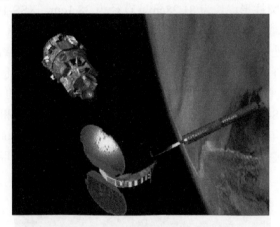

图 2.25　DART 自动交会对接过程

图 2.26　DART 卫星结构分解图

2) 试验小卫星计划

试验小卫星 (experimental small satellite，XSS) 计划是美国空军研究实验室 (Air Force Research Laboratory，AFRL) 牵头开展的一项研究项目。其目的是研制一种全自主控制的微小卫星，这种卫星具有在轨检查、交会对接以及围绕轨道物体的近距离机动能力，进而可转化为执行太空维修、维护以及其他特殊任务的能力[14,15]。XSS-10 是该试验计划的第一颗小卫星，采用三轴稳定，卫星净重 26.98kg，携带 2.58kg 甲基肼和四氧化二氮以及 0.7kg 压缩氮，发射重量大约为 30.26kg。XSS-10 的形状是圆柱形，长为 81.28cm，直径为 38.1cm。XSS-10 于 2003 年 1 月发射入轨，在视觉敏感器、星敏感器以及地面站的协同导引下，先在距离运载火箭第二级 100m 处进行绕飞和悬停试验，然后开展了接近和远离试验。试验成功验证了微小卫星自主交会逼近和空间目标监视的软硬件技术，包括半自主相对导航、基于视觉测量的绕飞/悬飞/接近/远离机动技术、与地面站的实时通信技术等。试验卫星系统 XSS-11 (图 2.27) 是 XSS-10 的后续任务成果，是和 DRAT 同期的一个计划，于 2005 年 4 月发射入轨[16]。XSS-11 在上面级 (Minotaur I) 辅助下对自主交会等关键技术进行了验证，成功完成了交会和绕飞任务，实现了对失效卫星的自主接近技术验证。

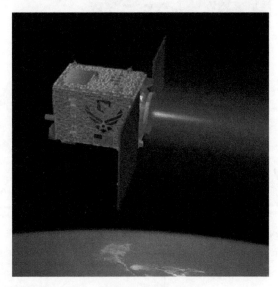

图 2.27　XSS-11

3) 通用轨道修正航天器项目

通用轨道修正航天器 (spacecraft for the universal modification of orbits，SUMO) 项目由美国国防部高级研究计划局 (Defense Advanced Research Projects Agency，DARPA) 支持、美国海军研究实验室 (Naval Research Laboratory，NRL)

主要负责，其目的主要是利用机器视觉、机器人操作、自主控制算法等技术，验证自主交会对接、近距离接近与卫星捕获等在轨服务操作[17]（图 2.28）。SUMO 于 2006 年更名为"前端机器人使能近期演示验证（front-end robotics enabling near-term demonstration，FREND）"计划，但至今尚未进行飞行演示验证。FREND 计划主要依靠空间机器人技术，对合作目标能够进行在轨维修、模块更换及补充燃料等；对非合作目标能够进行位置保持、姿态控制、轨道转移与修正等[18]（图 2.29）。

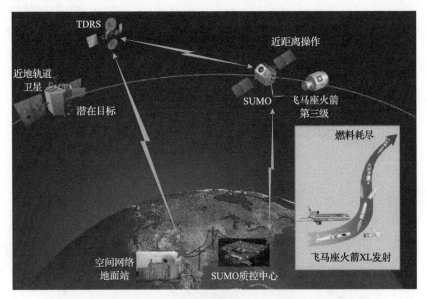

图 2.28　SUMO 飞行任务示意图

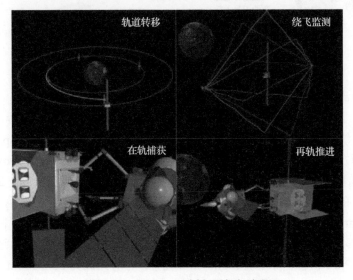

图 2.29　FREND 计划主要任务阶段

4）"凤凰"计划

2012 年 7 月，美国 DARPA 启动了"凤凰（Phoenix）"计划。该计划主要验证 GEO 上废弃卫星组件的在轨重用技术[19,20]，利用废弃卫星的部件在轨组建新的空间系统，主要包括以下三个功能系统：有效载荷在轨交付系统（payload orbital delivery system，PODS）、服务星（servicer/tender）系统和模块卫星（satlets）系统。该计划任务构想如图 2.30 所示，首先是卫星基件仓随商业卫星发射入轨，接着服务星发射入轨后，分别捕获卫星基件仓和失效卫星，利用服务星上的机械臂系统在轨组装新卫星，并在轨释放使其独立运行。其中，接近操作包括载荷转移系统的接近、废弃组件的接近、细胞卫星的组装、废弃组件的近距离逼近与抓捕等。该计划主要针对非合作目标开展接近操作，目标没有合作标志点和抓捕辅助结构。接近过程中的技术挑战包括高度混杂环境下的自主接近、旋转目标的抓捕、轨道碎片的威胁等。

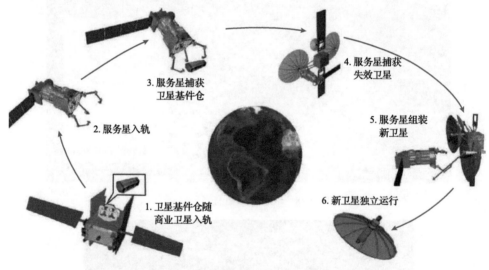

图 2.30　"凤凰"计划构想图

5）近距离操控任务（Prox-1 卫星）

Prox-1 卫星项目于 2009 年启动，主要由美国佐治亚理工学院负责，旨在验证自主接近、绕飞与避撞控制等技术[21]。2019 年 6 月，Prox-1 卫星由 Space-X 公司的猎鹰火箭发射，飞行轨道为 720km 的圆轨道，轨道倾角为 24°。Prox-1 卫星的空间任务如图 2.31 所示[22]。Prox-1 卫星飞行系统会释放 LightSail 2；在释放 LightSail 2 的过程中，Prox-1 卫星对其进行拍照；在释放过程完成后，Prox-1 卫星开始 LightSail 2 的自主接近任务。自主接近包括两部分：站位保持和绕飞[23]。在站位保持阶段，Prox-1 卫星自主维持特定的相对轨道，进行相对轨道机动；在绕飞阶段，Prox-1 卫星将环绕 LightSail 2 飞行，相对距离为 50～100m。在完成自主接近操作后，Prox-1 卫星将在轨监视 LightSail 2 太阳帆的展开过程。上述任务完成后，Prox-1 卫星将进行佐治亚理工学院安排的空间试验。Prox-1 卫星采用自主制导和控制策略来进行轨迹机动控制[24]，包括站位保持、目标接近，采用自适应人工势场（artificial potential field，APF）法进行避撞机动。Prox-1 卫星项目是第一次把接近运动和 APF 结合在一起的空间飞行任务。

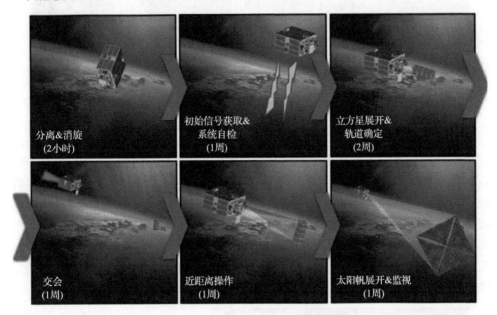

图 2.31　Prox-1 卫星执行任务过程

2. 欧洲接近任务发展概况

1）轨道延寿飞行器

ConeXpress 轨道延寿飞行器（ConeXpress orbital life extension vehicle，CX-OLEV）项目是由美国轨道复活公司（Orbital Recovery Corporation）联合荷兰航天局和德国宇航局开展的空间项目[25]。该项目旨在开发一种"太空拖船"，用于挽救在轨道定位操作中搁浅的卫星，延长卫星的使用寿命。轨道延寿飞行器能够与静止轨道卫星进行交会对接、站位保持、燃料补给和在轨维修。轨道延寿飞行器采用电推进系统进行姿态控制和站位保持，并且能够接管目标星的轨道和姿态控制。在对接前和对接过程中，操作控制中心控制轨道延寿飞行器的运动。轨道延寿飞行器的设计寿命是 12 年，实际寿命取决于目标星的质量和服务类型。交会对接包括目标逼近、接触、抓捕和连接。在逼近段主要靠自主导航，导航敏感器主要有激光测距仪和可见光相机；抓捕阶段有人工干预控制。此外，轨道延寿飞行器可以对客户卫星进行轨道重定位，对 GEO 上废弃卫星进行离轨处理，拖曳进入坟墓轨道。轨道延寿飞行器如图 2.32 所示。

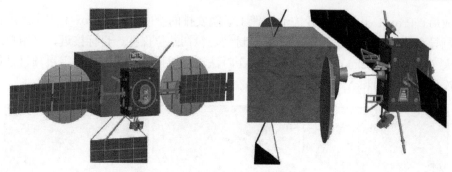

图 2.32　轨道延寿飞行器

2)空间系统演示验证技术卫星

空间系统演示验证技术卫星(technology satellite for demonstration and verification of space systems，TECSAS)项目是由德国宇航局牵头，联合加拿大和俄罗斯开展的在轨服务项目[26]。该项目围绕自主在轨装配和维修任务，对相关关键技术进行在轨验证，推动在轨服务技术的实用化发展。TECSAS 计划研制可进行空间灵敏操作的服务星(装有 7 自由度机械臂)和可接受服务的目标星(含有在轨服务接口)，如图 2.33 所示。TECSAS 的设计寿命是 3~4 个月。试验系统在轨释放后，按照地面控制中心的命令开展空间验证任务，主要演示任务包括远距离交会、近距离接近、绕飞侦查、合作与非合作目标的抓捕、组合体镇定与组合体飞行、编队飞行等。

图 2.33　TECSAS 想象图

由于项目研究目标的调整，德国宇航局于 2006 年 9 月修正了 TECSAS 计划。2007 年 4 月，其后续的德国在轨服务项目(Deutsche Orbitale Servicing Mission，DEOS)开始了概念设计[27]。在近地轨道上开展 DEOS 演示试验，主要验证翻滚非合作目标近距离在轨操作关键技术。与 TECSAS 相比，DEOS 的飞行任务包括编队飞行、交会、抓捕与停泊、组合体的轨道机动及组合体的离轨控制。

3）棱镜双星试验项目

棱镜（Prisma）双星试验项目由瑞典空间中心负责设计与开发[28]。该试验任务中包括两颗卫星：主动星（Mango）和被动星（Tango）。Mango 重约 150kg，Tango 重约 40kg，其在轨任务构想图如图 2.34 所示。2010 年 6 月，两颗 Prisma 卫星搭乘俄罗斯第聂伯号运载火箭成功发射。该项目验证了编队飞行和不同距离的交会，以及接近过程的避撞机动技术。

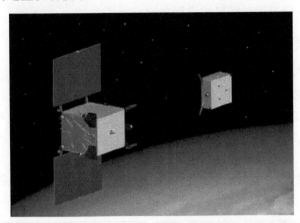

图 2.34　Prisma 任务构想图

3. 国内发展概况

我国航天科研单位通过不断的探索研究，取得了大量研究成果，开展了多个项目，完成了远距离和近距离飞行等相关技术验证，使我国航天技术与国外的差距不断缩小。2012 年 6 月，天宫一号空间实验室与神舟九号飞船实现首次载人空间交会对接。2016 年 10 月 19 日，神舟十一号飞船与天宫二号空间实验室成功实现自动交会对接，如图 2.35 所示。载人飞船交会、对接等项目验证了空间合作目标的交会对

图 2.35　天宫二号与神舟十一号交会对接

接技术。尽管项目针对的是合作目标，但自主交会与逼近过程的制导、导航和控制技术对非合作目标的技术研究奠定了基础。

2.2.2　空间对接技术

20 世纪 60 年代以来，对接机构的研究一直受到广泛关注，其种类繁多，工作原理复杂，按照不同的分类标准可以分为很多种类型。本节分别对大型航天器对接机构和中小型卫星对接机构进行介绍。

1. 大型航天器对接机构

应用于大型航天器的对接机构主要包括锥-杆式、异体同构周边式等。

1）锥-杆式对接机构

锥-杆式对接机构最早由苏联专家于 1967 年研制成功，经过不断改进，在载人、载货飞船及空间站与空间站模块舱的对接中得到成功应用[29]。锥-杆式对接机构(图 2.36)由安装在目标航天器的被动端和安装在服务航天器的主动端构成，被动端安装有对接锥，主动端设计有具备伸缩功能的对接杆，在二者配合下可以完成对接[30]。

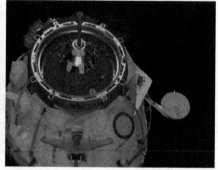

图 2.36　锥-杆式对接机构

锥-杆式对接机构的特点为：

(1)结构简单，重量轻，对接初始姿态精度要求低；

(2)在对接过程中有一定的冲击作用，需要精确控制；

(3)对接杆位于对接机构中间，影响货物运输与人员通过；

(4)应用中需要主动、被动两端成对使用，缺乏通用性。

2）异体同构周边式对接机构

异体同构周边式对接机构(APAS-75)最早由美国和苏联专家于 20 世纪 70 年代初研制，并成功应用于 1975 年美国"阿波罗"号与苏联"联盟"号的对接任务中，如图 2.37 所示。

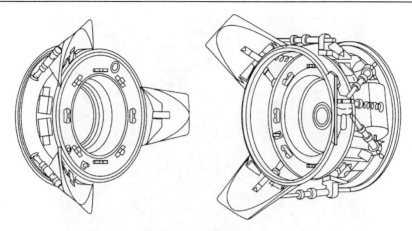

图 2.37　APAS-75

　　此后，科学家对 APAS-75 的外翻式导向片结构进行了改进，于 1989 年成功研制了内翻式异体同构周边式对接机构，称为 APAS-89（图 2.38），它已经多次应用于国际空间站的装配和航天飞机的对接。我国神舟飞船和天宫一号对接也采用这种类型的对接机构。图 2.39 给出了天宫一号对接机构示意图。

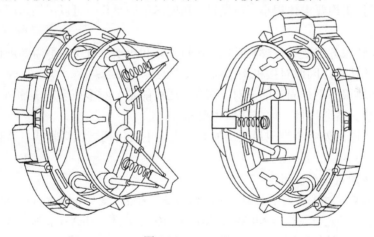

图 2.38　APAS-89

　　异体同构周边式对接机构无主动和被动之分，服务航天器与目标航天器的对接机构构型完全相同，其所有部件沿对接框周边分布，航天器的中心位置为过渡通道。该对接机构安装有三个导向片的对接环和缓冲阻尼装置，通过导向片上的三个捕获锁来实现捕获。

　　异体同构周边式对接机构的特点如下[31]：

　　（1）密封严、刚性好、通用性强；

　　（2）对接初始姿态精度要求较高；

　　（3）对接过程中冲击作用较大。

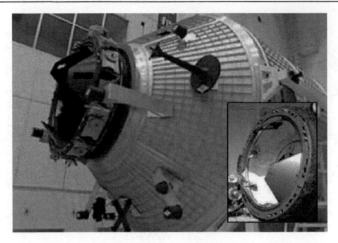

图 2.39　天宫一号对接机构

2. 中小型卫星对接机构

中小型卫星是在轨服务的重要对象，对其对接机构提出了新的要求：

(1) 对接机构要求体积小、质量轻，功能尽量简单化，可以灵活、可靠实现对接和分离；

(2) 在轨服务主要进行燃料补给、在轨维修和更换等任务，不需要进行人员和大量货物的传输，因此对接机构不需要较大的传输通道；

(3) 在轨服务不是固定的一对一服务，还可能是一对多或多对多服务，因此对接机构需要具备通用性，电气接口也要标准化。

目前，国内外中小型卫星采用的对接机构主要包括冠状锁紧式、软轴式、三抓式和电磁式等。

1) 冠状锁紧式对接机构

冠状锁紧式对接机构主要用于美国诺斯罗普·格鲁曼(Northrop Grumman)公司设计研制的任务延寿飞行器 MEV-1。2019 年 10 月 9 日，MEV-1 搭乘俄罗斯质子号火箭发射入轨，计划对国际通信卫星 Intelsat-901 实施在轨接管，使其恢复轨道机动能力。Intelsat-901 因推进剂耗尽，已停止工作，停留于距离地球同步轨道约 290km 的坟墓轨道。2020 年 2 月 5 日，MEV-1 卫星通过轨道转移飞抵 Intelsat-901 附近，在随后的 19 天内，MEV-1 针对目标星进行了一系列自主在轨接近与操控试验，对其视觉成像仪、红外摄像机、激光测距雷达、自主控制算法等进行了全面测试。2 月 25 日，MEV-1 利用其上的冠状锁紧式对接机构，实现了对 Intelsat-901 的对接与锁定，两星成功实现合二为一。冠状锁紧式对接机构如图 2.40 所示，其主体为一个抓捕器，外形细长，其顶端安装了冠状锁紧机构和 6 个敏感器探头。在对接过程中，为了确定抓捕器伸入目标星发动机的位置，敏感器探头实时向地面站工作人员提供反馈信息，当监测到抓捕器完全伸入发动机喉部时，抓捕器顶端冠状锁紧机构即会展开，四周同时伸出针状物与发动机内壁紧密连接，使得服务星与目标星连接形成一体[32]。

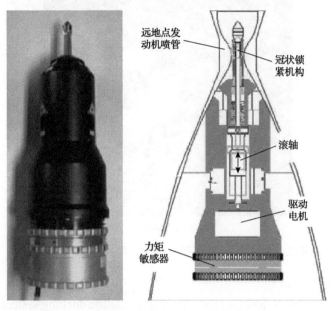

图 2.40　冠状锁紧式对接机构

当 MEV-1 距离目标星 Intelsat-901 约 80m 时，由地面人工控制模式转为卫星自主控制模式，MEV-1 自主飞行至离 Intelsat-901 位置 20m 处。此时，地面控制人员再次接管控制权，操控 MEV-1 抵近 Intelsat-901 附近 1m 处，并启动轨道保持操作。接着，MEV-1 伸出细长对接杆，当对接杆顶端进入 Intelsat-901 轨控发动机喷嘴喉部位置时，顶端冠状机构展开，利用喉部最窄处实现对接锁定。然后，MEV-1 回缩对接杆，进一步拉近两星相对位置，最后通过三爪式锁紧机构实现两星锁紧固连[33]。MEV-1 预计为 Intelsat-901 提供为期 5 年的在轨服务，随后将其再次推入坟墓轨道，继续服务下一颗卫星。冠状锁紧式对接机构地面试验及在轨工作情况如图 2.41 所示。

(a) 地面试验

(b) 在轨对接

图 2.41　冠状锁紧式对接机构地面试验及在轨工作情况

2) 软轴式对接机构

　　微小卫星自主对接系统(autonomous micro satellite docking system，AMDS)是由美国密歇根宇航公司(Michigan Aerospace Corporation，MAC)负责研制，专门针对微小型卫星对接需求设计的一套对接系统[34-37]。该对接系统已经在 KC-135上完成飞行试验，试验取得预期效果。AMDS 采用的对接杆实际上为众多电缆线缠绕而成，顶端为电磁效应器，用于后期的锁紧解锁操作。在地面重力情形下，AMDS 对接杆会因重力作用而发生自然弯曲，然而，在微重力情形下，对接杆呈现伸展状态，如图 2.42 所示。

(a) AMDS对接试验

(b) 重力情形

(c) 微重力情形

图 2.42　AMDS

从图 2.42 可以看出，AMDS 实质上采用的是一根非常柔软的对接杆，该设计主要目的为，在满足较大对接位置容差需求的同时实现两星捕获锁紧，从而保证不会发生对接分离。从 KC-135 试验过程来看，对接杆在与倾斜内锥面发生碰撞接触时，对接杆将沿着内锥面自然滑入锁紧装置实现捕获。对接杆的柔性在对接捕获操作过程中发挥了重要作用。接着，通过三根定位杆完成两星相对姿态的调整与固定。AMDS 通过采用柔性对接杆，增强了两星对接过程对角度与位置的容差能力，有效降低了两星因对接碰撞反弹而导致无法入锥现象发生的风险。

3）三爪式对接机构

轨道快车对接捕获系统（Orbital Express Capture System，OECS）项目由美国 DARPA 主导，主要针对微小卫星在轨服务需求，验证在轨自主对接捕获技术[38-40]。OECS 装置及试验照片如图 2.43 所示。

图 2.43（a）显示了 OECS 的对接捕获装置三维结构图，可以看出，其采用的是三爪式对接机构。在对接过程中，服务星对目标星的捕获方式有两种：①直接对接捕获方式，即服务星运动至目标星附近，两星保持相对位置与姿态，三叉式对

(a) OECS对接捕获装置

(b) 微重力飞机试验

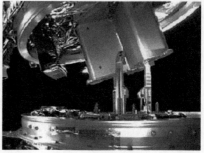
(c) 空间飞行试验

图 2.43　OECS 装置及试验照片

接机构启动实现捕获；②借助安装于追星上的机械臂，首先将目标星拉至追星捕获区域，启动三叉式对接机构实现捕获。OECS 的对接捕获装置于 2004 年在KC-135 上开展微重力飞机试验(图 2.43(b))，并于 2007 年发射入轨，开展在轨飞行试验(图 2.43(c))，其对接捕获性能得到有效验证。

4)电磁式对接机构

电磁式对接机构(图 2.44)用于空间站上的"微型自主舱外机械照相机"小型卫星的在轨加注，由美国约翰逊航天中心研制。该机构的主动端包括电磁单元、驱动装置、弹簧锁、探针、中枢平台等，被动端安装有电磁作用铁盘、电路与数据接头、推进剂快速加注接头等。

图 2.44　电磁式对接机构

5)其他

由意大利帕多瓦大学空间研究中心(CISAS)主持的自主交会控制与对接试验

（autonomous rendezvous control and docking experiment，ARCADE）项目，主要是针对微小卫星的对接需求开展设计工作，验证微小型对接机构用于对接操作的可行性。ARCADE 系统已于 2013 年在瑞典北部 Esrange 航天中心，通过热气球送至平流层开展了空间微重力实验[41,42]，其试验系统如图 2.45 所示。

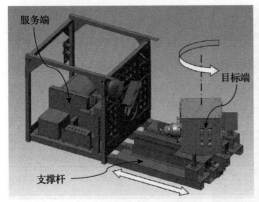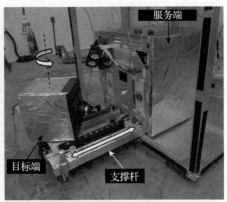

(a) ARCADE系统整体三维图与实物图

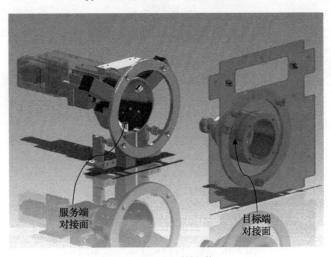

(b) ARCADE对接机构

图 2.45　ARCADE 系统

　　图 2.45(a)给出了 ARCADE 系统的整体三维图与实物图；图 2.45(b)显示其对接装置的细节结构。从图 2.45(b)可以看出，ARCADE 对接机构主要包含两部分：安装于服务星上带柔性对接球头的弹簧阻尼器和安装于目标星上带主动作动器的接纳锥。可通过两部分装置的配合作用，实现微小卫星软对接与捕获锁紧操作。

　　MS-DS 微纳卫星对接系统(docking mechanism for mothership-daughtership (MS-DS)nano-satellite)是由日本东京工业大学空间系统实验室所主持的针对微纳卫星对接需求的实验项目。MS-DS 微纳卫星对接系统已在日本微重力中心通过落塔试验完成了微重力性能测试[43-46]，如图 2.46 所示。

(a) 整体概况

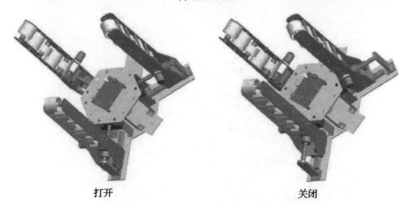

打开　　　　　　　　　　　　　　　　关闭

(b) 捕获装置工作原理

图 2.46　MS-DS 微纳卫星对接系统

　　MS-DS 微纳卫星对接系统设计的目的为验证微纳卫星对接捕获技术。该对接系统由位于主动端的服务星(MotherShip)与位于被动端的目标星(DaughterShip)组成，其中，服务星设计为 100kg 以内的微小卫星，目标星设计为直径 200mm、高度 300mm、质量小于 10kg 的柱状纳卫星。该系统整体概况见图 2.46(a)。图 2.46(b)给出了捕获装置工作原理图，可以看出，在对接捕获前，捕获装置呈现打开状态，可以增加捕获区域范围；待目标星进入捕获区域后，通过主动气压装置实施拉紧操作，从而实现对目标星的捕获锁紧。

2.2.3　流体传输与管理技术

在空间环境下，由于重力影响非常小，推进剂在贮箱内呈不规则分布。为了对贮箱内的推进剂进行有效管理，可以利用表面张力的作用使得贮箱内的气体和推进剂分离，为发动机供应不含气泡的纯净推进剂。表面张力贮箱是世界上使用最为广泛的卫星推进剂贮箱，第一代表面张力贮箱采用筛网式结构，利用液体在毛细筛网(直径约 6～7μm)上的表面张力收集推进剂，并利用筛网阻止气体进入管道。该类型贮箱可以满足各种微重力加速度和流量的要求，并可以进行地面环境下的挤出效率试验。图 2.47 为筛网式表面张力贮箱示意图。

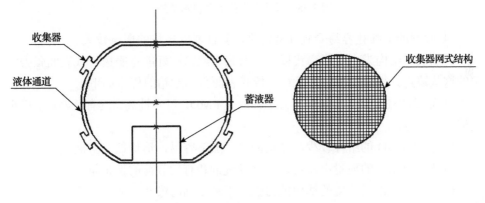

图 2.47　筛网式表面张力贮箱示意图

近几年，随着在轨加注技术的发展，对表面张力贮箱提出了更高的要求。不仅需要更强的推进剂管理能力，而且要满足寿命长、可重复使用等要求。板式表面张力贮箱是新一代的表面张力贮箱，其推进剂管理装置以板式结构为主，如图 2.48 所示。板式表面张力贮箱的工作原理是，在表面张力作用下，利用导流板和贮箱壁以及导流板之间形成的夹角来驱动推进剂，其理论基础是液体的内角流动。

筛网式表面张力贮箱能够对推进剂实行有效的管理，但它存在如下缺陷[47]：

(1)筛网式贮箱使用了很多网状结构，而网状结构强度低、容易变形，在推进剂管理装置组件中被认为是可靠性最低的；

(2)筛网结构组件多，结构复杂，加工成本高，加工难度大，这增加了过程控制的难度，同时也降低了贮箱的可靠性；

(3)筛网式贮箱的 PMD 质量偏大，这样就增加了贮箱的质量，降低了推进剂和有效载荷的携带量；

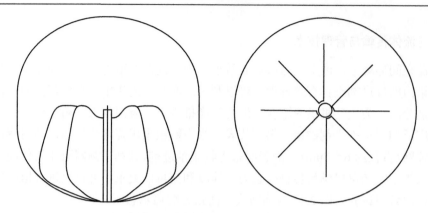

图 2.48　板式表面张力贮箱示意图

(4)筛网的毛细孔容易受到外界污染,其性能受环境的影响较大。

而以板式结构为主的新一代板式表面张力贮箱恰好能克服第一代表面张力贮箱的这些缺点。相对于筛网式贮箱,板式表面张力贮箱的优点如下:

(1)板式 PMD 的结构强度远大于筛网式 PMD,可靠性高,具有长寿命、可重复使用的特点;

(2)板式 PMD 的组件较少,结构简单,加工容易,造价低,扩展性强;

(3)板式 PMD 的质量小,可以提高推进剂和有效载荷的携带量;

(4)板式 PMD 对环境的适应能力强,不易受到污染。

正是因为具备上述优势,板式表面张力贮箱不仅在卫星上得到广泛应用,而且已经成为在轨加注技术中的关键部件,在多次空间在轨加注试验中得到广泛应用。

1. 板式表面张力贮箱研究现状

板式表面张力贮箱不像筛网式贮箱那样可以在常重力环境下进行地面试验验证,因此在设计过程中更加依赖于对其流动性能的数值模拟。而数值模拟的结果及数值模型的确立都需要用微重力试验验证,因此它在设计初期需要投入较高的费用。国外很早就展开了板式表面张力贮箱的研究,世界上第一个飞行的板式表面张力贮箱应用于海盗号火星轨道器[47],它的管理装置以板式结构为主,随后越来越多的贮箱采用了板式结构。

20 世纪 90 年代初,Jaekle[48]对板式表面张力贮箱进行了一系列研究,包括导流板、集液器、蓄液器以及水槽等部件的设计等。Tam 等[49]长期从事板式表面张力贮箱研究,设计了很多形式的板式表面张力贮箱,如结合内导流板和集液器于一体的板式表面张力贮箱结构(如图 2.49 所示)及带有外导流板的板式表面张力贮箱等(如图 2.50 所示),进行了结构震动、液体晃动等试验。

图 2.49　结合内导流板和集液器于一体的板式表面张力贮箱

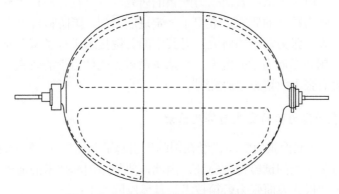

图 2.50　Tam 等设计的板式表面张力贮箱

Tam 等还为 HS 601 卫星设计并制造了板式表面张力贮箱，该贮箱包括集液器、液体接收装置等，如图 2.51 所示。

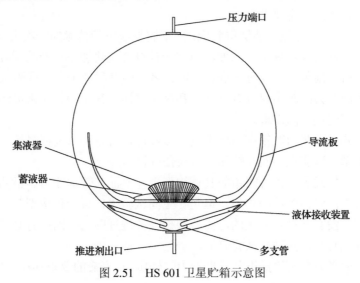

图 2.51　HS 601 卫星贮箱示意图

Cornu[50]设计了一种板式表面张力贮箱,并用两种密度相近的液体进行了中性浮力试验,以验证贮箱性能。Collicott[51,52]研究了导流板的优化模型,利用裁剪导流板或在板上打孔的方法减少导流板的质量,并用落塔进行了试验。

1998 年,Purohit 等[53]分析了 HS 601 卫星在进行轨道转移时,其板式表面张力贮箱内的液体分布情况,验证了贮箱的推进剂管理性能。Chandra 和 Collicott 等[54-56]利用数值方法分析了板式表面张力贮箱内的液体流动过程。另外,在 FARE-2 项目、VTRE 项目以及"轨道快车"计划中,都使用了板式表面张力贮箱,其性能和稳定性得到了很好的验证。

国内从事板式表面张力贮箱研究的人较少,还没有形成系统的研究体系。北京控制工程研究所长期从事表面张力贮箱的研究,具有良好的技术积累,他们开展了板式表面张力贮箱的研究,取得了一定进展[57,58]。国防科技大学也开展了在轨加注和板式表面张力贮箱的研究,对其中的关键技术进行了深入研究,发展非常迅速[59]。中国科学院力学研究所长期从事微重力流体力学的研究,在此基础上进行了板式表面张力贮箱原理研究[60]。

2. 板式表面张力贮箱发展趋势及前景

近几年,板式表面张力贮箱已经在国际上引起了普遍重视,发展速度非常快,其性能已通过多次空间试验得到验证。因此,要紧跟国际技术的前沿,大力发展在轨加注技术和板式表面张力贮箱技术。具体原因如下:

(1)目前国外有不少卫星已经使用了板式表面张力贮箱。板式表面张力贮箱因其优越的性能和高可靠性必将逐步取代筛网式表面张力贮箱,成为卫星贮箱的主流。

(2)发展在轨加注技术非常重要,而一个高性能、可重复使用的贮箱是顺利实施在轨加注任务的基本要求。

(3)一旦在轨加注技术能够得到应用,必将掀起空间技术的一次大变革,形成一系列新的空间协议和规范。例如,建立一种符合在轨加注标准的国际卫星贮箱规范等。只有未雨绸缪,及时发展,才能在激烈的空间竞争中站稳脚跟。

板式表面张力贮箱不仅具有高性能和高可靠性,其结构也非常灵活多样,能够满足各种空间任务的需求。

由于板式表面张力贮箱在结构上具有多样性,所以可以根据目标任务灵活选择合适的构型,以实现不同在轨加注航天任务目的。

需要确定板式表面张力贮箱的具体构型,并验证其管理能力。虽然目前提出了多种板式表面张力贮箱的构型,但是在空间试验中,每一种构型都是作为验证的一种类型,没有一种是最优的,需要根据任务进行确定。因此有必要对相应的贮箱进行样机研制,并进行试验验证。

板式表面张力贮箱的推进剂管理能力与轻质、长寿命的要求存在一定的矛盾,必须平衡考虑，达到设计要求。在轨加注过程中，随着导流板个数的增加，推进剂管理能力将会增强，平衡轻质与这些设计要求、确定贮箱构型也是板式表面张力贮箱设计的关键技术。

2.2.4　推进剂高精度测量技术

在地面常重力环境下测量液体量的技术非常成熟，已有的测量技术可靠性好、操作简单方便、测量精度高。但是在空间环境下，液体测量变得非常困难[61,62]，例如在微重力条件下液体的表面张力起主导作用，贮箱内气液的几何分布存在很大的随意性和未知性，使得液位法、称重法、浮力法等地面常用的方法不能应用。

从 20 世纪 60 年代开始，欧洲和美国等地区及国家开始对微重力条件下贮箱液体推进剂量测量进行研究，相继开发出十几种测量方案。卫星贮箱内液体推进剂量可表示为质量或体积，其体积的测量又可转为对贮箱内气体体积的测量。因此根据测量的目标量不同，测量方法主要分为三类：基于气体体积测量的方法、基于液体体积测量的方法和基于液体质量测量的方法。

1. 基于气体体积测量的方法

该方法的测量对象为贮箱内的气体。其基本思路是结合一定的测量控制方程，通过对气体压力、温度、浓度等进行测量，求解出贮箱内气垫的体积，由于贮箱总容积已知，所以可求解出液体体积和质量，方程如下：

$$V_L = V_t - V_g$$
$$M_L = V_L \times \rho_L(T_L) \tag{2.1}$$

式中，V_g 为贮箱内气体体积；V_t 为贮箱总容积；V_L、M_L、$\rho_L(T_L)$ 分别为贮箱内液体的体积、质量和对应温度下的密度。

基于气体体积测量的方法又包含以下几种方法。

1）气体定律法

NASA 提出了气体定律法(简称 PVT 法)，通过传感器测量贮箱内压力、温度变化，利用理想气体状态方程和热力学定律求解贮箱内气体的体积。测量控制方程为

$$(P_g V_g / T_g)_1 = (P_g V_g / T_g)_2 \tag{2.2}$$

式中，V_g、T_g、P_g 分别为贮箱内气体的体积、温度和压力。

初始状态 $(P_g V_g / T_g)_1$ 为贮箱加载完推进剂后的气体状态，都是已知量。$(P_g V_g / T_g)_2$ 为测量时刻的气体状态，气体体积为待求量，通过测量气体温度和压力计算测量时刻的气体体积。

PVT 法结构简单，费用低。但该方法是以增压气体为理想气体和气体质量不

变为前提，而在实际工作过程中，液体推进剂会蒸发进入气垫，贮箱内气体为增压气体和推进剂蒸汽的混合物，且随着卫星在轨工作时间的延长，会发生气、液泄漏，因此，贮箱内气体质量不是定值且不能将其视为理想气体，导致该方法的测量精度不高，尤其是到卫星工作后期，测量误差高达5%～10%，已远远不能满足航天任务对液体推进剂测量的高精度要求。另外，该方法不能用于动态测量，不能消除贮箱泄漏引起的误差。PVT法在早期航天器中应用广泛，如"阿波罗"飞船、航天飞机反作用控制系统。

2)气体注入法

气体注入法[63-67]的基本原理如图2.52所示，首先确认连接控制阀关闭，利用温度传感器和压力传感器分别测量高压气瓶和贮箱内温度、压力，打开控制阀，用高压气瓶向贮箱内注入一定量的气体，在贮箱内产生压力激励效果，当贮箱内压力升高一定幅度后关闭控制阀，再次测量高压气瓶和贮箱内温度、压力，根据测量控制方程可计算出贮箱内气体体积。

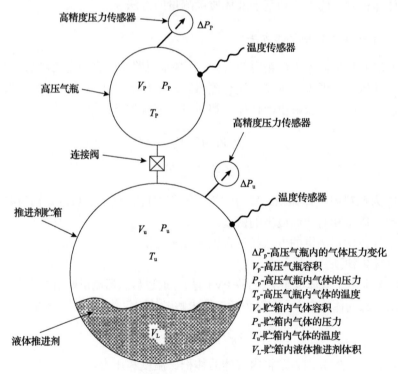

图2.52　气体注入法示意图

假设气体为理想气体，测量控制方程为

$$V_L = V_t - V_p[(P_{p1}/T_{p1} - P_{p2}/T_{p2})/(P_{u2}/T_{u2} - P_{u1}/T_{u1})] \tag{2.3}$$

式中，V_L、V_t、V_p 分别为液体推进剂体积、贮箱容积、高压气瓶容积；T_{u1}、T_{u2}、P_{u1}、P_{u2} 分别为激励前后贮箱气体的温度和压力值；T_{p1}、T_{p2}、P_{p1}、P_{p2} 分别为激励前后高压气瓶内气体的温度和压力。

气体注入法的关键是选取合适的热力学模型，如等温模型和绝热模型。等温模型测量精度最高，可重复性好，但达到热平衡需要较长的时间，因此适合于长时间的测量，不符合快速测量需求。绝热模型测量精度稍次，且不能重复读数，但适合快速测量。气体注入法是一个动态测量过程，可忽略多次测量造成的累计误差，并且可消除泄漏引起的测量误差，具有较高的测量精度；该方法可以充分利用航天器上的高压气瓶，不需要额外的装置。但该方法测量次数受高压气瓶内储气量限制，对贮箱注气可能会破坏低温推进剂贮存环境，造成低温推进剂大量蒸发，因此该方法不适合低温推进剂。

目前，已开发的气体注入法包括德国汉堡应用技术大学提出的压力温度节流法和休斯公司提出的液体推进剂测量法[64,66]。其中，压力温度节流法利用节流阀测量注入气体质量，已在 NASA 的 KC-135 空中加油机上进行飞行试验，试验表明该方法在微重力条件下测量精度能够控制在 1%以内；液体推进剂测量法利用高分辨率高精度压力传感器测量注入气体质量，已应用于 HS-601 卫星。

3）压缩体积激励法

压缩体积激励法[68-72]测量原理示意如图 2.53 所示。利用体积激励装置对贮箱系统施加某种形式的体积伸缩变化，考虑液体的近似不可压缩性，该变化完全由气体承担，该体积变化幅值已知，通过传感器测量贮箱压缩前后的温度、压力变化计算出贮箱内气体体积。

测量控制方程为

$$V_g = -\gamma_0 P \frac{\Delta V_T}{\Delta P} \tag{2.4}$$

式中，γ_0 为气体绝热系数；P、ΔV_T 和 ΔP 分别为贮箱内初始静压、体积变化幅值和压缩引起的压力变化。在考虑贮箱拉伸变形、气液边界面影响时，通常采用如下方程：

$$V_g = \frac{\gamma_0 P_1 \left[(\Delta V_T / \Delta P_1 - \alpha)\sqrt{f_1 f_2} - (\Delta V_T / \Delta P_2 - \alpha) \right]}{\sqrt{f_1 f_2} - 1} \tag{2.5}$$

式中，α 为贮箱刚度系数；f_1、f_2 分别为两个不同的激励频率；ΔP_1、ΔP_2 分别为对应激励频率下的压力变化。

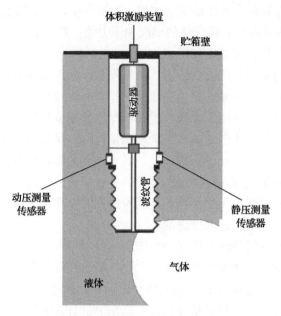

图 2.53　压缩体积激励法测量原理示意图

　　压缩体积激励法是一种动态测量方法，具有测量精度高、快速响应好、适应性广等优点，可适用于常温、低温推进剂及各类贮箱(包括并联贮箱)的测量，不受测量累计误差和贮箱泄漏引起的误差的影响，能够满足液体推进剂测量的大部分要求。但是该方法对测量压力变化的动压传感器的精度要求非常高，且激励频率可能引起液体内气泡的共振，影响测量精度。

　　压缩体积激励法是国内外推进剂量测量研究方向的一大热点。例如，欧洲太空局(European Space Agency，ESA)针对研究的体积周期激励技术[73]进行了航天飞机飞行试验，结果显示液体测量不确定度小于贮箱总体积的 0.6%；日本针对研制的体积变化测量技术也进行了微重力飞行试验，重复性很好，测量误差控制在贮箱总容积的 3%以内；美国 NASA 也进行了压缩体积激励法的研究，试验结果表明，测量精度小于贮箱总体积的 1%。

　　4)放射性方法

　　放射性方法[74-77]包括放射性示踪法和放射性吸收法两种，每种方法又包括静态测量和动态测量两种形式，如图 2.54 所示。其中，动态测量需要对贮箱结构增加一个体积激励装置，通过对贮箱系统施加体积激励来消除测量器件的时间漂移累计误差和泄漏引起的误差；静态测量不对贮箱系统施加激励，因而测量精度受累计误差影响而降低。

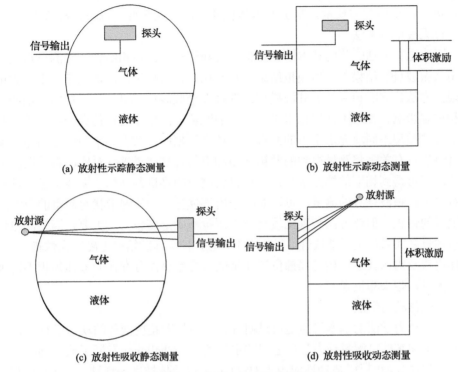

(a) 放射性示踪静态测量　　　　　　(b) 放射性示踪动态测量

(c) 放射性吸收静态测量　　　　　　(d) 放射性吸收动态测量

图 2.54　放射性方法原理示意图

　　放射性示踪测量是指在贮箱气体部分加入一定质量的放射性气体元素，当放射性元素和贮箱内气体混合均匀后，通过测量放射性元素的浓度可推算出气体体积，进而计算推进剂体积。但该方法仅适用于气液相互隔开的隔膜贮箱，对于气液互相共存情况，放射性示踪法不具可行性。

　　放射性吸收测量是利用射线穿透能力强和射线可被吸收的特性，在贮箱周边搭建由放射源和计数探头组成的空间点阵结构，通过测量穿过不同路径的射线经气体吸收后的浓度变化情况，从而计算出不同路径气体厚度，最后进行复杂的积分运算得到气体体积。该方法测量精度较高，但测量系统结构复杂。

　　在地面试验中，对气囊式气液分离贮箱应用放射性示踪技术进行测量[76]，剩余量测量精度可达到 0.3%。美国 NASA 开发了测量气体密度的 β 射线吸收技术，与 PVT 法相结合，测量误差控制在贮箱总体积 2%以内。此外，NASA 还研制试验过直接测量液体量的 γ 射线吸收技术。

2. 基于液体体积测量的方法

　　基于液体体积测量的方法以贮箱内液体推进剂为测量对象，通过直接测量与液体体积相关的量，如长度，求得液体体积，通过测量液体温度得到液体密度，进而计算出液体质量。基于液体体积测量的方法主要有以下几种方法。

1) 无线电频率法

无线电频率法[75,78]的基本原理是将试验和计算机模拟相结合，将测量得到的贮箱共振波(模)结果与数值模拟结果进行对比，得出贮箱内液体填充水平。利用有限元方法建立贮箱系统的驻波模型，选择多个驻波模型可以补偿箱内气泡的形状和位置影响，针对不同填充水平对建立的贮箱驻波模型进行仿真分析，可得到各个驻波模型不同填充水平下的共振频率仿真数据库，共振频率与贮箱内电介质(液体)质量有关。将测量得到的贮箱共振频率与仿真结果进行对比，当数据匹配最佳时就可得到相应的填充水平，即可得到测量的推进剂体积。无线电频率法通过对多个贮箱波(模)的测量，可以对贮箱内液体分布和气泡形状对测量的影响进行很好的修正。但该方法装置比较复杂、测量不确定度较大，主要是因为测量量与液体量之间量化关系非线性、复杂或不直接。且实际贮箱内电磁性在贮箱边角、液体出口及内部其他结构等局部位置非常弱，导致该部分存在的液体体积不能被准确测量，带来测量误差。

2) 流体动力学法

流体动力学法的基本思路是通过研究在轨卫星贮箱内液体的动力学行为，寻找液体量和某些可测量动力学量之间的定量关系。Challoner 发展了液体晃动频率幅度相位法(FAP)[75]，成功地应用于 HS-376 卫星液体推进剂测量。其原理是对稳定飞行卫星质心施加小扰动，通过测量得到液体晃动频率、幅度和相位值，与地面建立的卫星贮箱内推进剂动力学计算模型仿真得到的对应频率、幅度和相位值相比较，数据匹配最佳时的液体量即为所测值。

3. 基于液体质量测量的方法

基于液体质量测量的方法的基本思路是测量与推进剂质量直接相关的物理量，通过测量结果直接求得贮箱内液体推进剂剩余质量。

1) 簿记法

簿记法[75]的基本思路是，由于发动机对推进剂的消耗率取决于发动机性能参数，如发动机比冲、燃烧室及燃料进出口的温度和压力等，通过测量工作状态下的这些参数值，根据比冲的定义，可计算得到推进剂消耗质量流率表达式，再在工作时间段内对该流率积分，可计算出推进剂的总消耗量，用贮箱初始贮存推进剂质量减去总消耗量即可求出推进剂量。推进剂量的控制方程为

$$\text{Fuel(kg)} = \frac{T \times (F - D) \times \text{DC}}{2.205 \times I_{sp}} \tag{2.6}$$

式中，T 为推力；$F\text{--}D$ 为工作时间；DC 是工作循环次数；I_{sp} 是发动机比冲。

该方法的主要优点是，不需要额外增加测量装置，且该测量原理可推广于其他空间液体消耗系统。该方法的缺点是，测量精度较差，受多次测量累计误差和贮箱泄漏的影响，越到卫星工作后期，测量误差越大；对并联贮箱，只能给出多个贮箱中总推进剂量，无法测得每个贮箱内的推进剂量；需要准确可靠的推进系统地面试验数据支撑，并要求推进系统具备长期稳定的工作性能。

2) 流量计法

在液体消耗排出管路上安装质量流量计，如轴流式(角动量)质量流量计、径流式互补加速度质量流量计等，可以测量液体经管路流出而消耗的液体质量；对液体通过蒸发排出的系统，可以用气体质量流量计测量液体蒸发排出的质量。贮箱内推进剂初始加注质量减去总消耗量即可得到推进剂剩余质量。该方法装置简单，对贮箱结构无影响，对连续稳定流体的测量可以达到很高的精度，但不能忽略测量累计误差和泄漏引起误差的影响，且对脉冲流的测量误差较大[75,79]。

3) 推进系统概念模型法

推进系统概念模型法[75,80]是一种计算机模拟技术，首先要建立液体推进剂系统布局图(包括液体推进剂贮箱、推进剂管路和推力器等)，然后利用推进系统及系统各部分的几何尺寸、功能参数和其他物性参数，如推进剂管路的几何尺寸、流速、推力器工作效率、推力器喉部面积、贮箱温度和压力等，给出描述系统物理过程的数学表达式，由此模拟推进系统工作全过程，进而计算出液体推进剂消耗量。该方法的优点是不需要在轨硬件设备，但测量精度较低。

4) 热量法

热量法的基本原理是，利用安装在贮箱内的加热器对贮箱施加一定的热量 ΔQ，通过温度传感器测量贮箱温度变化 ΔT，从而计算出贮箱内推进剂质量 m。测量控制方程为

$$m = \frac{\Delta Q}{c\Delta T} \tag{2.7}$$

式中，c 为液体推进剂的比热容。该方法采用的设备简单，要求在测量周期内贮箱能够达到热平衡状态。在空间微重力环境下，热传导非常缓慢，因此加热容易引起贮箱内液体推进剂温度分层。

4. 测量方法对比与分析

前面从基于气体体积测量、基于液体体积测量和基于液体质量测量这三个出发点对推进剂量测量方法进行了概述，总结了各种方法的优缺点，介绍了各类测量方法的误差来源，其中一些主要方法的测量精度、关键技术及应用状况如表 2.2 所示。目前，很多方法在理论上和地面模拟都能够得到高精度的测量结果，且随着传感器技术、微重力技术、仿真模拟技术等的快速发展，一些方法还有很大的

改进和完善空间。

表 2.2　一些主要测量方法的测量精度、关键技术和应用状况对比

分类	测量方法	测量精度	关键技术	应用状况
基于气体体积测量的方法	PVT 法	4%	供应系统密封性好，贮箱内气体质量不变	卫星工作前期精度较高，后期精度较差（>5%）
	气体注入法	<1%	气体注入控制及热力学模型的选择	PTT 系统在 KC-135 上进行飞行试验；PGS 系统应用于 HS-601 卫星
	压缩体积激励法	<1%	体积激励频率的选择及动压测量高精度	美国进行了一系列地面试验；ESA 和日本进行了微重力飞行试验
	放射性方法	<2%	放射源与探测器在贮箱上的布局	NASA 研制了测量气体密度的 β 射线吸收技术和直接测量液体量的 γ 射线吸收技术
基于液体体积测量的方法	无线电频率法	2%	共振波（模）的数值模拟；多驻波模型的选择	NASA 研制的射频测量装置地面试验系统（精度<2%）
	流体动力学法	0.7%	非经验性航天器动力学计算模型的建立	成功应用于 HS-376 卫星液体推进剂测量
基于液体质量测量的方法	薄记法	3%	对推进系统性能参数的实时测量	早期应用比较广泛，在卫星工作前期测量精度较高，后期测量精度比较差
	流量计法	<0.1%	微重力环境下流量计的设计	用于精确测量轨道机动和调姿时消耗掉的大部分推进剂
	推进剂系统概念模型法	2%	推进系统建模的准确性	应用于 GOES-1 多推进系统模型
	热量法	测量后期<1%	热量的施加方式，贮箱与卫星的仿真热模型及二者之间的热力学模型	应用于地球静止通信卫星多贮箱推进剂量测量

2.3　本章小结

本章系统总结了卫星在轨加注技术的国内外研究进展及发展趋势。卫星在轨加注技术的发展大致经历了理论研究、原理验证、集成试验、技术实用等四个阶段，迄今已历时超过 50 年时间。为了更加清晰直观地介绍卫星在轨加注的研究情况，本章首先从卫星在轨加注空间试验情况入手，介绍了美国迄今开展的多次空间原理试验，以及"轨道快车"、RRM 两项集成测试，并对美国正在论证实施的复原-L 计划进行了较为详细的介绍。紧接着，按照卫星在轨加注任务流程的顺序，梳理了近距离接近、空间对接、流体传输与管理、推进剂高精度测量等关键技术群，并分别对这些关键技术的国内外研究情况进行了总结。通过本章的阐述，旨在梳理卫星在轨加注技术国内外研究进展，以便于读者更好地理解后续章节的内容。

参 考 文 献

[1] Dipprey N, Rotenberger S. Orbital express propellant resupply servicing[C]. The 39th AIAA/ ASME/SAE/ASEE Joint Propulsion Conference and Exhibit, Huntsville, 2003.

[2] Griffin J W.Background and programmatic approach for the development of orbital fluid resupply tankers[C]. The 22nd AIAA Joint Propulsion Conference, Huntsville, 1986.

[3] Chato D J. Technologies for refueling spacecraft on-orbit[C]. AIAA Space Conference and Exposition, Long Beach, 2000.

[4] Dominick S, Driscoll S. Fluid acquisition and resupply experiment（FARE-l）flight results[C]. The 29th AIAA/ASME/SAE/ASEE Joint Propulsion Conference and Exhibit, Monterey, 1993.

[5] Dominick S M, Tegart J. Orbital test results of a vaned liquid acquisition device[C]. The 30th AIAA Joint Propulsion Conference and Exhibit, Indianapolis, 1994.

[6] Chato D J, Martin T A. Vented tank resupply experiment: Flight test results[J]. Journal of Spacecraft and Rockets, 2006, 43（5）: 1124-1130.

[7] Collicott S H, Weislogel M M. Modeling of the operation of the VTRE propellant management device[C]. The 38th AIAA/ASME/SAE/ASEE Joint Propulsion Conference & Exhibit, Indianapolis, 2002.

[8] 田甜, 刘海印. 美国航空航天局机器人在轨加注任务简析[J]. 中国航天, 2019, （4）: 42-47.

[9] Benjamin R. Robotic Refueling Mission-Phase 2[EB/OL]. https://nexis.gsfc.nasa.gov/rrm_ phase2.html[2015-5-5].

[10] Johnson M. Keeping Cool: Robotic Refueling Mission 3[EB/OL]. https://www.nasa.gov/mission_ pages/station/research/news/rrm3[2018-12-3].

[11] Adrienne A. NASA's Restore-L Mission to Refuel Landsat 7, Demonstrate Crosscutting Technologies[EB/OL]. https://sspd.gsfc.nasa.gov/restore-L.html[2016-6-24].

[12] Rumford T E. Demonstration of autonomous rendezvous technology（DART）project summary[C]. Proceedings of the Society of Photo-Optical Instrumentation Engineers: Space Systems Technology and Operations, Bellingham, 2003.

[13] Dennehy C, Carpenter J. Demonstration of Autonomous Rendezvous Technology mishap investigation board review[R]. Technical Report RP-06-119. 2006.

[14] Davis T M, Baker M T L, Belchak T A, et al. XSS-10 micro-satellite flight demonstration program[C]. The 17th Annual AIAA/USU Conference on Small Satellites, 2003.

[15] 闻新, 王秀丽, 刘宝忠. 美国试验小卫星 XSS-10 系统[J]. 中国航天, 2006, （6）: 36-38, 43.

[16] 闻新, 王秀丽, 刘宝忠. 美国试验小卫星 XSS-11 系统[J]. 中国航天, 2006, （7）: 22-25.

[17] Bosse A B, Barndsa W J, Brownb M A, et al. SUMO: Spacecraft for the universal modification of orbits[C]. Proceedings of SPIE, Bellingham, 2004.

[18] 王晓海. 空间在轨服务技术及发展现状与趋势[J]. 卫星与网络, 2016, (3): 70-76.

[19] Barnhart D, Sullivan B, Hunter R, et al. Phoenix program status - 2013[C]. AIAA SPACE Conference and Exposition, San Diego, 2013.

[20] 陈罗婧, 郝金华, 袁春柱, 等. "凤凰"计划关键技术及其启示[J]. 航天器工程, 2013, 22(5): 119-128.

[21] Ridenoure R W, Spencer D A, Stetson D A, et al. Status of the dual CubeSat LightSail program[C]. AIAA SPACE Conference and Exposition, Pasadena, 2015.

[22] Spencer D A, Chait S B, Schulte P Z, et al. Prox-1 university-class mission to demonstrate automated proximity operations[J]. Journal of Spacecraft and Rockets, 2016, 53(5): 847-863.

[23] Chait S, Spencer D A. Prox-1: Automated trajectory control for on-orbit inspection[C]. The 37th Annual American Astronautical Society Guidance and Control Conference, San diego, 2014.

[24] Schulte P Z, Spencer D A. Development of an integrated spacecraft Guidance, Navigation, &Control subsystem for automated proximity operations[J]. Acta Astronautica, 2016, 118: 168-186.

[25] Kaiser C, Sjöberg F, Delcura J M, et al. SMART-OLEV: An orbital life extension vehicle for servicing commercial spacecrafts in GEO[J]. Acta Astronautica, 2008, 63(1/2/3/4): 400-410.

[26] Martin E, Dupuis E, Piedboeuf J C, et al. The TECSAS mission from a Canadian perspective[C]. ISAIRAS Conference, Munich, 2005.

[27] Rupp T, Boge T, Kiehling R, et al. Flight dynamics challenges of the german on-orbit servicing mission deos[C]. The 21st International Symposium on Space Flight Dynamics, Toulouse, 2009.

[28] Bodin P, Larsson R, Nilsson F, et al. PRISMA: An in-orbit test bed for guidance, navigation, and control experiments[J]. Journal of Spacecraft and Rockets, 2009, 46(3): 615-623.

[29] 曲艳丽. 空间对接机构差动式缓冲系统动力学建模与仿真[D]. 沈阳: 中国科学院沈阳自动化研究所学位论文, 2002.

[30] 叶长宏. 空间对接机构捕获锁的仿真与试验研究[D]. 哈尔滨: 哈尔滨工业大学学位论文, 2002.

[31] 陈小前, 袁建平, 姚雯, 等. 航天器在轨服务技术[M]. 北京: 中国宇航出版社, 2009.

[32] Wingo D R. Orbital recovery's responsive commercial space tug for life extension missions[C]. AIAA Space Conference and Exhibit, San Diego, 2004.

[33] Meghan M. Intelsat 901 Satellite Returns to Service Using Northrop Grumman's Mission Extension Vehicle[EB/OL]. http://www.intelsat.com/news/press-release/[2020-4-17].

[34] Hays A B, Tchoryk J P, Pavlich J C, et al. Dynamic simulation and validation of a satellite docking system[C]. SPIE Proceedings of AeroSense, Orlando, 2003.

[35] Ritter G, Hays A, Wassick G, et al. Autonomous satellite docking system[C]. AIAA Space Conference and Exposition, Albuquerque, 2001.

[36] Wertz J R, Bell R. Autonomous rendezvous and docking technologies: Status and prospects[C]. Proceedings SPIE Space Systems Technology and Operations, Orlando, 2003.

[37] Rivera D E, Motaghedi P, Hays A. Modeling and simulation of the Michigan Aerospace autonomous satellite docking system II[C]. Proceedings of SPIE-the International Society for Optical Engineering, Orlando, 2005.

[38] Motaghedi P. On-orbit performance of the orbital express capture system[C]. Proceedings of Society of Photo-Optical Instrumentation Engineers, Bellingham, 2008.

[39] Christiansen S, Nilson T. Docking system for autonomous, un-manned docking operations[C]. IEEE Aerospace Conference, Big Sky, MT, 2008.

[40] Motaghedi P, Stamm S. 6 DOF testing of the orbital express capture system[C]. Proceedings SPIE Modeling, Simulation, and Verification of Space-based Systems II, Orlando, 2005.

[41] Boesso A, Francesconi A. ARCADE small-scale docking mechanism for micro-satellites[J]. Acta Astronautica, 2013, 86(1): 77-87.

[42] Barbetta M, Boesso A, Branz F, et al. Data retrieved by ARCADE-R2 experiment on board the BEXUS-17 balloon[J]. CEAS Space Journal, 2015, 7(3): 347-358.

[43] Satori S. Status of nanosatellite development for mothership-daughtership space experiment by japanese university[C]. Proceedings of the 22nd ISTS, Morioka, 2000.

[44] Kawano I, Mokuno M, Kasai T, et al. Result of autonomous rendezvous docking experiment of engineering test satellite-VII[J]. Journal of Spacecraft and Rockets, 2001, 38(1): 105-111.

[45] Ui K, Matunaga S, Satori S, et al. Microgravity experiments of nano-satellite docking mechanism for final rendezvous approach and docking phase[J]. Microgravity-Science and Technology, 2005, 17(3): 56-63.

[46] Ui K, Matunaga S. Identification of docking possibility criteria including recovery from incomplete grasping of docking mechanism for nanosatellite[J]. Journal of Space Engineering, 2009, 2(1): 1-11.

[47] 李永, 潘海林, 魏延明. 第二代表面张力贮箱的研究与应用进展[J]. 宇航学报, 2007, 28(2): 503-507.

[48] Jaekle D E. Propellant management device conceptual design and analysis-sponges[C]. The 29th Joint Propulsion Conference and Exhibit, Monterey, 1993.

[49] Tam W, Ballinger I, Jaekle D. Propellant tank with surface tension PMD for tight center-of-mass propellant control[C]. The 44th AIAA/ASME/SAE/ASEE Joint Propulsion Conference & Exhibit, Hartford, 2008.

[50] Cornu N. Design and development methodologies of a propellant management device for small satellite tanks[C]. The 34th AIAA/ASME/SAE/ASEE Joint Propulsion Conference and Exhibit, Cleveland, 2008.

[51] Collicott S. Initial experiments on reduced-weight propellant management vanes[C]. The 36th AIAA/ASME/SAE/ASEE Joint Propulsion Conference and Exhibit, Las Vegas, 2000.

[52] Collicott S. Convergence behavior of Surface Evolver applied to a generic propellant management device[C]. The 37th Aerospace Sciences Meeting and Exhibit, Reno, 1999.

[53] Purohit G, Smolko J, Ellison J, et al. Propellant management device performance during an off-nominal transfer orbit mission[C]. The 34th AIAA/ASME/SAE/ASEE Joint Propulsion Conference and Exhibit, Cleveland, 1998.

[54] Chandra B W, Collicott S H. Low gravity propellant slosh prediction using surface evolver[C]. The 38th AIAA/ASME/SAE/ASEE Joint Propulsion Conference & Exhibit, Indianapolis, 2002.

[55] Collicott S H, Weislogel M M. Review of surface evolver validation tests for zero-gravity fluids applications[C]. The 41st Aerospace Sciences Meeting and Exhibit, Reno, 2003.

[56] Collicott S H. Asymmetric propellant positions in symmetric tanks and vanes[C]. The 39th AIAA/ASME/SAE/ASEE Joint Propulsion Conference and Exhibit, Huntsville, 2003.

[57] 李永, 潘海林, 魏延明, 等. 微重力环境下板式贮箱内推进剂流动的数值模拟[J]. 控制工程(北京), 2006, (5): 26-33.

[58] 李永, 赵春章, 潘海林, 等. 蓄液器在板式贮箱中的应用及性能分析[J]. 宇航学报, 2008, 29(1): 24-28.

[59] Li J H, Chen X Q, Huang Y Y. The review of the interior corner flow research in microgravity[C]. International Conference on Advances in Computational Modeling and Simulation, Kunming, 2011.

[60] Zhao J F, Xie J C, Lin H, et al. Experimental studies on two-phase flow patterns aboard the Mir space station[J]. International Journal of Multiphase Flow, 2001, 27(11): 1931-1944.

[61] 傅娟. 微重力条件下贮箱液体推进剂量自主检测方法研究[D]. 长沙: 国防科技大学硕士学位论文, 2010.

[62] 毛云杰. 液体推进剂量计量研究[D]. 上海: 上海交通大学硕士学位论文, 2004.

[63] Hansman R J, Meserole J S. Fundamental limitations on low gravity fluid gauging technologies imposed by orbital mission requirements[C]. The 24th Joint Propulsion Conference, Boston, 1988.

[64] Chobotov M V, Purohit G P. Low-gravity propellant gauging system for accurate predictions of spacecraft end-of-life[J]. Journal of Spacecraft and Rockets, 1993, 30(1): 92-101.

[65] Trinks H, Behring T. Liquid propellant content measurement methods applicable to space missions[C]. The 25th Joint Propulsion Conference, Monterey, 1989.

[66] Lal A, Raghunandan B N. Uncertainty analysis of propellant gauging system for spacecraft[J]. Journal of Spacecraft and Rockets, 2005, 42(5): 943-946.

[67] 达道安, 张天平, 等. 气体注入压力激励法测量卫星液体剩余量的热力学模型[J]. 环境技术, 1998, 55(2): 49-55.

[68] Jurns J M, Rogers A C. Compression mass gauge testing in a liquid hydrogen dewar[C]. Cryogenic Engineering Conference, Columbus, 1995.

[69] Mord A J, Snyder H A, Kilpatrick K A, et al. Fluid Quantity Gauging Final Report[R]. NASA-CR-185516. 1988.

[70] Dodge F T, Green S T, Pettullo S P, et al. Development and design of a zero-g liquid quantity gauge for a solar thermal vehicle[C]. AIP Conference Proceedings, Albuquerque, 2002.

[71] Green S T, Walter D B, Dodge F T. Ground Testing of a Compression Mass Gauge[R]. AIAA 2004-4151. 2004.

[72] Dodge F T. Compression Mass Gauge for Very Large Cryogenic Tanks[R]. IR&D Project 18-R9181. 2000.

[73] Monti R, Berry W. Liquid gauging in space: The G-22 experiment[J]. ESA Journal, 1994, 18: 51-61.

[74] 达道安, 张天平. 在轨卫星液体推进剂 4 种放射性测量技术[J]. 控制工程, 1996, (5): 27-31.

[75] 达道安, 张天平. 测量空间液体量的原理、方法和技术（二）[J]. 真空与低温, 1998, 4(1): 41-51.

[76] Dennehy W, Lawton B, Stufflebeam J. A radiation hardened spacecraft mass memory system[C]. The 4th Computers in Aerospace Conference, Hartford, 1983.

[77] Wakeman J F, Burns B. Zero-Gravity Radiotracer Propellant Gauge[R]. AIAA No.65-364. 1965.

[78] Zimmerli G A. Radio Frequency Mass Gauging of Propellants[R]. AIAA 2007-1198. 2007.

[79] 张天平, 达道安, 陈珍, 等. 一种测量卫星液体推进剂的组合方法[J]. 中国空间科学技术, 1999, 1: 51-55.

[80] Torgovlteky S. Propellant-Remaining Modeling[R]. NASA CP-3123. 1991.

第3章　空间目标近距离接近与避撞控制

卫星在轨加注过程中，当服务星和目标星相距较远时，星体可近似看作质点，其运动规律相对简单；当两星距离逐渐变小，其外形影响不能再忽略，质点模型将不再适用。需要着重考虑近距离接近过程中卫星构型的影响，规划两星相对运动轨迹，从而降低两星发生碰撞的风险，有效确保安全接近，为后续对接及加注任务提供支撑。近距离操作是卫星在轨加注的基础性技术。为保证卫星在轨加注等在轨服务任务安全进行，对空间目标近距离接近与避撞控制技术的研究非常重要。

在近距离操作过程中，星间相对距离小，任何环境干扰或轨迹偏差都可能使得卫星发生碰撞。1997 年 6 月，"进步 M-34 号"货运飞船与"和平号"空间站在交会对接靠近段发生碰撞，撞毁了"光谱号"遥感舱一侧太阳能电池板[1]。2005年 4 月，造价 1.1 亿美元的 DART 飞船在交会对接阶段试验飞行中因导航数据出错与目标星发生碰撞，使得目标星轨道升高，造成试验任务失败[2]。因此，飞行安全成为卫星近距离操作领域的前沿热点，相关研究工作得到了快速发展。目前国内外对卫星碰撞风险评估最常用的方法是最小交会距离和碰撞概率法。近距离操作控制以卫星相对运动动力学为基础，与编队飞行控制有共同点，可以在编队飞行控制的基础上开展研究。诸多学者在编队控制这一领域已取得了丰硕的研究成果，如神经网络、遗传算法、滑模控制、模糊控制等各种智能控制算法等。自抗扰控制器因具有响应速度快、控制精度高、抗干扰能力强等特点，已在姿轨耦合控制任务应用中[3]取得了较好的控制效果。对于交会对接机动控制，已有学者利用生成函数方法求解连续推力交会最优问题[4]。考虑星上计算能力有限，对于卫星近距离操作，需要结合最优控制与碰撞规避两方面研究，寻求一种结构简单、易于实现、实时鲁棒、快速有效并具有防撞动态重构能力的控制方法。

3.1　近距离相对运动动力学

3.1.1　坐标系定义及转换

1. 坐标系定义

为描述卫星相对运动，本节采用如下几种坐标系，各坐标系空间位置关系如图 3.1 所示。

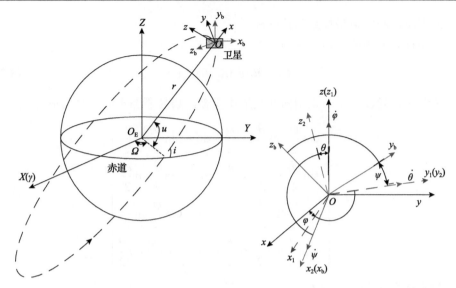

图 3.1 坐标系空间位置关系

1) 地心赤道惯性坐标系 $O_E XYZ$

该坐标系简称惯性坐标系。以地心 O_E 为原点，赤道平面为基本平面，X 轴指向 J2000 平春分点，Z 轴垂直赤道面指向北天极，Y 轴由右手法则确定。

2) 卫星质心轨道坐标系 $Oxyz$

原点位于卫星质心 O，x 轴从地心指向卫星质心(径向)，z 轴指向轨道面正法向，y 轴由右手法则确定，指向运动方向(沿迹向)。

3) 卫星体坐标系 $Ox_b y_b z_b$

原点位于卫星质心 O，三轴固连在星体上，与卫星本体惯量主轴方向一致。轨道坐标系到体坐标系的旋转顺序为 3—2—1(如不特别说明，旋转顺序均采用 3—2—1 的次序)，用滚动角 φ、俯仰角 θ 及偏航角 ψ 表示。实际应用中，体坐标系是星上仪器设备安装的基准参考坐标系。

2. 矩阵转换

1) 地心赤道惯性坐标系与卫星质心轨道坐标系

地心赤道惯性坐标系到卫星质心轨道坐标系的矩阵转换如下[5]：

$$M_I^O = R_Z(u) R_X(i) R_Z(\Omega) \tag{3.1}$$

式中，u、i 和 Ω 分别为卫星的纬度幅角、轨道倾角和升交点赤经；$R_Z(u)$ 为绕 Z 轴转过角度 u 的初等转换矩阵；$R_X(i)$ 为绕 X 轴转过角度 i 的初等转换矩阵；$R_Z(\Omega)$ 为绕 Z 轴转过角度 Ω 的初等转换矩阵。

2)卫星质心轨道坐标系与体坐标系

两坐标系的矩阵转换关系为

$$\boldsymbol{M}_O^B = \boldsymbol{R}_1(\psi)\boldsymbol{R}_2(\theta)\boldsymbol{R}_3(\varphi) \tag{3.2}$$

为避免奇异性，本节采用四元数描述姿态，其与姿态角的转换关系为[6]

$$\boldsymbol{q} = \begin{bmatrix} \cos\dfrac{\psi}{2}\cos\dfrac{\theta}{2}\cos\dfrac{\varphi}{2} + \sin\dfrac{\psi}{2}\sin\dfrac{\theta}{2}\sin\dfrac{\varphi}{2} \\[2mm] \sin\dfrac{\psi}{2}\cos\dfrac{\theta}{2}\cos\dfrac{\varphi}{2} - \cos\dfrac{\psi}{2}\sin\dfrac{\theta}{2}\sin\dfrac{\varphi}{2} \\[2mm] \cos\dfrac{\psi}{2}\sin\dfrac{\theta}{2}\cos\dfrac{\varphi}{2} + \sin\dfrac{\psi}{2}\cos\dfrac{\theta}{2}\sin\dfrac{\varphi}{2} \\[2mm] -\sin\dfrac{\psi}{2}\sin\dfrac{\varphi}{2}\cos\dfrac{\theta}{2} + \cos\dfrac{\psi}{2}\cos\dfrac{\varphi}{2}\sin\dfrac{\theta}{2} \end{bmatrix} \tag{3.3}$$

3)坐标系 N 与坐标系 O

由欧拉定理可知，任意一个定点刚体运动都可以等价为绕通过该定点的轴的转动。固定向量 r 在转动前的坐标系 O 中的投影 r^O 和转动后坐标系 N 的投影 r^N 的关系为

$$r^N = q^* \circ r^O \circ q \tag{3.4}$$

式中，r^N 和 r^O 分别为标量为零、向量部分为 r^N 和 r^O 的两个四元数；q 为坐标系 N 相对于坐标系 O 的姿态四元数。四元数与向量进行运算时，把向量看成标量部分为零的四元数，即 $r = [0, r]$。四元数乘法法则定义如下：

$$p \circ q = [\overset{+}{p}]q = [\overset{-}{q}]p \tag{3.5}$$

其中，

$$[\overset{+}{p}] = \begin{bmatrix} p_0 & -p_1 & -p_2 & -p_3 \\ p_1 & p_0 & -p_3 & p_2 \\ p_2 & p_3 & p_0 & -p_1 \\ p_3 & -p_2 & p_1 & p_0 \end{bmatrix}, \quad [\overset{-}{q}] = \begin{bmatrix} q_0 & -q_1 & -q_2 & -q_3 \\ q_1 & q_0 & q_3 & -q_2 \\ q_2 & -q_3 & q_0 & q_1 \\ q_3 & q_2 & -q_1 & q_0 \end{bmatrix}$$

结合式(3.4)，可得坐标系 O 至坐标系 N 的转换矩阵为

$$\boldsymbol{M}_O^N = [\overset{-}{q}][\overset{+}{q^*}] \triangleq \boldsymbol{A}(q) \tag{3.6}$$

3. 参考坐标系选择

卫星相对运动描述了一个卫星在另一个卫星附近持续运行的规律，包括轨道

运动和姿态运动。相对运动模型是研究卫星近距离操作的理论基础。理论上，用不同参考系描述的动力学微分方程只存在形式上的差异，不影响运动本身的规律。但实际应用中，由于客观存在测量误差、系统误差等不确定因素的影响，在坐标系转换中可能导致误差的放大或缩小，从而影响卫星相对运动的控制精度。

本节选取控制对象(服务星)的体坐标系为参考坐标系，原因如下：

(1)近距离相对测量通常采用光电设备。其中基于视觉测量的相对导航，因其成本低、易实现等优点得到广泛应用。采用视觉相对导航，测量装备固连在星体上，所有测量相对状态均在控制对象的体坐标系下描述。

(2)近距离飞行任务一般约束条件较多，如指向约束、通信约束、安全性约束等。当多卫星协同飞行时，将参考坐标系建立在控制对象的体坐标系中能使约束描述形式更为直观，制导模型更为简单。

(3)执行机构与星体固连，采用体坐标系描述控制输入更为合理，可操作性强。

综上，采用控制对象体坐标系为参考系，可使得导航、制导与控制系统各输入输出状态描述坐标系一致，省去烦琐的坐标转换。

3.1.2　基于对偶四元数的相对运动模型及分析

传统的相对运动控制，一般在参考卫星的质心轨道坐标系及控制对象的体坐标系下分别建立相对轨道及相对姿态运动模型，然后分别设计控制器进行控制。对于本章研究的卫星近距离操作，其姿轨运动模型是高度非线性耦合的，主要原因为：

(1)控制耦合。某些卫星仅依赖推力器进行姿态控制(通常为降低总重节省安装空间，需要多个通道共用推力器，导致控制输入耦合)；推力器的安装误差也会产生姿轨耦合。

(2)观测耦合。相对导航装置固连在星体上，姿态信息与轨道角速度相关。有些敏感器，如惯性测量部件、太阳和星敏感器等，既可用作轨道确定系统的敏感器，也可用作姿态确定系统的敏感器，两者相互关联。

(3)约束耦合。根据操作任务，某些卫星必须满足一定的姿态约束，使得特定敏感器指向空间某方位，如实现星间通信；或避免指向某方位，如避免羽流影响等。

多星近距离操作往往需要进行协同控制以完成预期飞行任务，需要建立姿轨耦合动力学模型。而对偶四元数可统一描述刚体的平动和转动(又称"螺旋运动")，被证明为描述螺旋运动的最简洁和最有效的数学工具[7]，且已被成功应用到机器人动力学、惯性导航研究中。

因此，本章采用对偶四元数描述卫星的姿态与轨道运动，建立卫星质心相对耦合动力学模型。由此设计同形式的姿轨一体控制器，便于研究多卫星近距离飞行条件下的防撞控制机动决策，从而降低控制器设计和实现的复杂度，为卫星的高精度相对运动控制奠定基础。

1. 对偶四元数及一般运动描述

对偶数由 Clifford 提出[8]，Study 首次拓展应用于机械机构运动[9]，其定义如下：

$$\hat{z} = a + \varepsilon b \tag{3.7}$$

式中，a 称为实数部分；b 称为对偶部分；ε 满足 $\varepsilon^2 = 0$ 且 $\varepsilon \neq 0$；$|\hat{z}| = |a|$ 称为对偶数的模，若 $|\hat{z}| = 1$，则称 $\hat{z}$ 为单位对偶数。对偶数具有明确的几何意义，可参考文献[10]。

对偶四元数可看成实数部分和对偶部分均为四元数的对偶数，即

$$\hat{q} = q + \varepsilon q' \tag{3.8}$$

式中，q 和 q' 均为四元数，也可看成元素为对偶数的四元数，即 $\hat{q} = [\hat{s}, \hat{v}]$，其中 $\hat{s}$ 为对偶数，$\hat{v}$ 为对偶向量。对偶四元数的范数定义为 $\|\hat{q}\| = \hat{q}\hat{q}^*$，仍为对偶数，其中 $\hat{q}^* = [\hat{s}, -\hat{v}]$ 为共轭对偶四元数。单位对偶四元数的逆等于其共轭。

对偶四元数加法和乘法与四元数的计算法则具有相似的形式：

$$\begin{cases} \hat{q}_1 + \hat{q}_2 = q_1 + q_2 + \varepsilon(q_1' + q_2') \\ \lambda\hat{q} = \lambda q + \varepsilon\lambda q' \\ \hat{q}_1 \circ \hat{q}_2 = q_1 \circ q_2 + \varepsilon(q_1 \circ q_2' + q_1' \circ q_2) \end{cases} \tag{3.9}$$

式中，λ 为标量。此外，对偶四元数具有以下计算性质：

$$\begin{cases} (\hat{p} \circ \hat{q})^* = \hat{q}^* \circ \hat{p}^* \\ \hat{p} \times \hat{q} = \dfrac{1}{2}(\hat{p} \circ \hat{q} - \hat{q} \circ \hat{p}) = p \times q + \varepsilon(p \times q' + p' \times q) \end{cases} \tag{3.10}$$

定义

$$[\hat{p}] = \frac{1}{2}\left([\overset{+}{\hat{p}}] - [\overset{-}{\hat{p}}]\right), \quad [\overset{+}{\hat{p}}] = \begin{bmatrix} [\overset{+}{p}] & [0] \\ [\overset{+}{p'}] & [\overset{+}{p}] \end{bmatrix}, \quad [\overset{-}{\hat{q}}] = \begin{bmatrix} [\overset{-}{q}] & [0] \\ [\overset{-}{q'}] & [\overset{-}{q}] \end{bmatrix}$$

假设坐标系 A 与坐标系 B 之间的转换可由转动 q 紧接着平移 t^{b}（或先平移 t^{a} 再转动 q）描述，即 $t^{\mathrm{b}} = q^* \circ t^{\mathrm{a}} \circ q$，可以导出坐标系 A 转到坐标系 B 的螺旋运动方程[11]

$$\hat{q} = q + \varepsilon q' = q + \frac{\varepsilon}{2}t^{\mathrm{a}} \circ q = q + \frac{\varepsilon}{2}q \circ t^{\mathrm{b}} \tag{3.11}$$

即

$$\begin{cases} t^{a} = 2q' \circ q^{*} \\ t^{b} = 2q^{*} \circ q' \end{cases} \tag{3.12}$$

对偶四元数的运动学方程为

$$\dot{\hat{q}} = \frac{1}{2}\widehat{\omega}_{BA}^{a} \circ \widehat{q} = \frac{1}{2}\widehat{q} \circ \widehat{\omega}_{BA}^{b} \tag{3.13}$$

其中对偶向量

$$\begin{cases} \widehat{\omega}_{BA}^{a} = \omega_{BA}^{a} + \varepsilon\left(\dot{t}^{a} + t^{a} \times \omega_{BA}^{a}\right) \\ \widehat{\omega}_{BA}^{b} = \omega_{BA}^{b} + \varepsilon\left(\dot{t}^{b} + \omega_{BA}^{b} \times t^{b}\right) \end{cases} \tag{3.14}$$

被称作 "速度旋量"。ω_{BA}^{a} 和 ω_{BA}^{b} 分别表示坐标系 B 相对于坐标系 A 的转动角速度在 A 系及 B 系下的投影。由式(3.11)~式(3.13)可得

$$\dot{t}^{b} = q^{*} \circ \left(\dot{t}^{a} + t^{a} \times \omega_{BA}^{a}\right) \circ q \tag{3.15}$$

由 $\widehat{q} \circ \widehat{q}^{*} = [1, \mathbf{0}] + \varepsilon \mathbf{0}$ 两边求导后,结合式(3.13)可得

$$\dot{\hat{q}}^{*} = -\frac{1}{2}\widehat{\omega}_{BA}^{b} \circ \widehat{q}^{*} \tag{3.16}$$

根据动量定理,可推导出基于对偶四元数的动力学方程为[7]

$$\widehat{F}_{c} = \frac{\mathrm{d}}{\mathrm{d}t}\left(\widehat{M}\widehat{\omega}_{c}\right) = \widehat{M}\dot{\widehat{\omega}}_{c}^{c} + \widehat{\omega}_{c} \times \widehat{M}\widehat{\omega}_{c} = \widehat{M}\dot{\widehat{\omega}}_{c}^{c} + \omega_{c} \times \widehat{M}\widehat{\omega}_{c} \tag{3.17}$$

式中,刚体对偶惯量矩阵 $\widehat{M} = \widehat{m}\mathbf{E} + \widehat{I} = \dfrac{\mathrm{d}}{\mathrm{d}\varepsilon}m\mathbf{E} + \varepsilon\mathbf{I}$,算子 $\dfrac{\mathrm{d}}{\mathrm{d}\varepsilon}$ 与 ε 类似,$\dfrac{\mathrm{d}}{\mathrm{d}\varepsilon}\widehat{a} = \dfrac{\mathrm{d}}{\mathrm{d}\varepsilon}(a + \varepsilon a') = a'$,$m$ 为卫星的质量,$\mathbf{I}$ 为卫星转动惯量,$\mathbf{E}$ 为单位矩阵;$\widehat{\omega}_{c}$ 为卫星质心的速度旋量;$\dot{\widehat{\omega}}_{c}^{c}$ 为 $\widehat{\omega}_{c}$ 在本体坐标系下的导数;$\widehat{F}_{c} = f_{c} + \varepsilon T_{c}$ 为作用于卫星的对偶力,f_{c} 和 T_{c} 分别表示卫星所受的力和力矩。

2. 精确相对运动模型

设 A 星本体坐标系为 $O_{a}x_{a}y_{a}z_{a}$,B 星本体坐标系为 $O_{b}x_{b}y_{b}z_{b}$,两星相对轨道和相对姿态即为坐标系 $O_{b}x_{b}y_{b}z_{b}$ 相对于坐标系 $O_{a}x_{a}y_{a}z_{a}$ 的螺旋运动,由对偶四元数描述为

$$\hat{q}_{BA} = q_{BA} + \frac{\varepsilon}{2} q_{BA} \circ \boldsymbol{\rho}_{BA}^b = q_{BA} + \frac{\varepsilon}{2} \boldsymbol{\rho}_{BA}^a \circ q_{BA} \tag{3.18}$$

B 星相对于 A 星的速度旋量在坐标系 $O_b x_b y_b z_b$ 中表示为

$$\hat{\omega}_{BA}^b = \hat{\omega}_B^b - \hat{q}_{BA}^* \circ \hat{\omega}_A^a \circ \hat{q}_{BA} = \boldsymbol{\omega}_{BA}^b + \varepsilon(\dot{\boldsymbol{\rho}}_{BA}^b + \boldsymbol{\omega}_{BA}^b \times \boldsymbol{\rho}_{BA}^b) \tag{3.19}$$

式中，$\boldsymbol{\rho}_{BA}^b$、$\dot{\boldsymbol{\rho}}_{BA}^b$、$q_{BA}$ 和 $\boldsymbol{\omega}_{BA}^b$ 分别为 B 星相对于 A 星的相对位置、相对速度、姿态四元数以及角速度在 B 星体坐标系下的投影，可由 B 星相对测量系统给出；$\hat{q}_{BA}^*$ 为 $\hat{q}_{BA}$ 的共轭。注意：当计算涉及对偶矢量与对偶四元数的运算时，把对偶矢量的实部和对偶部看成标量为零的四元数。对式(3.19)两边求导，可得

$$\dot{\hat{\omega}}_{BA}^b = \dot{\hat{\omega}}_B^b - \dot{\hat{q}}_{BA}^* \circ \hat{\omega}_A^a \circ \hat{q}_{BA} - \hat{q}_{BA}^* \circ \dot{\hat{\omega}}_A^a \circ \hat{q}_{BA} - \hat{q}_{BA}^* \circ \hat{\omega}_A^a \circ \dot{\hat{q}}_{BA} \tag{3.20}$$

结合式(3.17)～式(3.20)可得两星相对轨道和姿态的动力学方程：

$$\begin{aligned}\dot{\hat{\omega}}_{BA}^b &= \hat{M}_B^{-1} \hat{F}_B^b - \hat{M}_B^{-1}(\hat{\omega}_B^b \times \hat{M}_B \hat{\omega}_B^b) - \hat{q}_{BA}^* \circ \dot{\hat{\omega}}_A^a \circ \hat{q}_{BA} \\ &\quad + \frac{1}{2}\hat{\omega}_{BA}^b \circ \hat{q}_{BA}^* \circ \hat{\omega}_A^a \circ \hat{q}_{BA} - \frac{1}{2}\hat{q}_{BA}^* \circ \hat{\omega}_A^a \circ \hat{q}_{BA} \circ \hat{\omega}_{BA}^b\end{aligned} \tag{3.21}$$

由于 $\hat{M}^{-1} = \dfrac{\mathrm{d}}{\mathrm{d}\varepsilon} I^{-1} + \dfrac{\varepsilon}{m} E$，结合式(3.13)可得卫星基于对偶四元数的耦合动力学方程为

$$\begin{cases} \dot{\hat{q}}_{BA} = \dfrac{1}{2} \hat{q}_{BA} \circ \hat{\omega}_{BA}^b \\ \dot{\hat{\omega}}_{BA}^b = \hat{M}_B^{-1} \hat{F}_B^b - \hat{M}_B^{-1}(\hat{\omega}_B^b \times \hat{M}_B \hat{\omega}_B^b) - \hat{q}_{BA}^* \circ \dot{\hat{\omega}}_A^a \circ \hat{q}_{BA} + \hat{\omega}_{BA}^b \times \hat{\omega}_A^b \end{cases} \tag{3.22}$$

式中，$\hat{F}_B^b$ 为作用在 B 星上的对偶力，实部为作用力 F_B^b，对偶部分为作用力矩 T_B^b。$\hat{\omega}_A^b = \hat{q}_{BA}^* \circ \hat{\omega}_A^a \circ \hat{q}_{BA}$，$\hat{\omega}_B^b = \hat{\omega}_{BA}^b + \hat{\omega}_A^b$，$\hat{\omega}_A^a$ 和 $\dot{\hat{\omega}}_A^a$ 分别为 A 星在本体坐标系下的速度旋量及导数，计算表达为

$$\begin{cases} \hat{\omega}_A^a = \boldsymbol{\omega}_A^a + \varepsilon \boldsymbol{v}_A^a \\ \dot{\hat{\omega}}_A^a = \dot{\boldsymbol{\omega}}_A^a + \varepsilon\left(\boldsymbol{a}_A^a - \boldsymbol{\omega}_A^a \times \boldsymbol{v}_A^a\right) \end{cases} \tag{3.23}$$

$\boldsymbol{a}_A^a$ 为 A 星在体坐标系下的作用加速度；$\boldsymbol{v}_A^a$ 为 A 星在体坐标系下的速度矢量。

式(3.22)为完整的相对运动模型，区别于传统的描述刚体纯旋转变化的四元数方法，将两星体坐标系之间的变换进行融合、统一，具有非常简洁的形式。该模型未对相对距离及参考轨道偏心率作任何近似，理论上属于精确相对运动模型，

可用于任何参考轨道任意相对距离卫星间的相对运动高精度仿真。

将 $\widehat{F}_B^b$ 分为以下三部分：

$$\widehat{F}_B^b = \widehat{u}_c^b + \widehat{u}_g^b + \widehat{d}^b \tag{3.24}$$

式中，$\widehat{u}_c^b$、$\widehat{u}_g^b$ 和 $\widehat{d}^b$ 分别为对偶控制力、对偶地球中心引力以及其他摄动引起的对偶力。

忽略卫星特征尺寸 l 与地心距 R 之比的二阶及以上小量，作用在卫星上的对偶地球中心引力为

$$\widehat{u}_g^b = -\mu m r_B^b / r_B^3 + \varepsilon \left[3\mu (r_B^b \times Ir_B^b) / r_B^5 \right] \tag{3.25}$$

其中地球引力常数 $\mu = 3.98600442 \times 10^5 \, \text{km}^3/\text{s}^2$，$r_B = \left\| r_B^b \right\|$。

本节假设卫星运行轨道高度 1000km 以下，除了上述地球引力影响外，还考虑地球扁率 J_2 项及气动的摄动影响。

1）J_2 项摄动

地球扁率 J_2 项是卫星轨道的主要摄动项，摄动位不包含长周期项，只存在短周期及长期的摄动影响。卫星受 J_2 项非球形摄动加速度为

$$f = k_{J_2} \frac{1}{r^5} [2(r \cdot n)n + r - 5(i_r \cdot n)^2 r] \tag{3.26}$$

式中，$k_{J_2} = -\dfrac{3}{2}\mu J_2 R_e^2$，$J_2 = 1.0826361 \times 10^{-3}$，地球半径 $R_e = 6378.137 \text{km}$，$n = [0,0,1]^T$，$r = \|r\|$，$i_r = r/r$。

2）气动摄动对偶力

当轨道高度不超过 1000km 时，运行于相邻轨道的两个异构卫星所承受大气阻力加速度之差仅次于 J_2 项加速度之差。与 J_2 项摄动不同，气动摄动分为绝对影响和相对影响。绝对影响是指大气摄动是耗散力，会损耗卫星能量，使得轨道高度衰减，经过一定飞行时间后，需要通过控制手段补偿轨道衰减。相对影响是指对于异构卫星，摄动之差会影响相对飞行轨迹。气动摄动对偶力为

$$\widehat{F}_{\text{drag}} = -\frac{1}{2}\rho u C_D A u + \varepsilon \left(-\frac{1}{2}\rho u C_D A r_p \times u \right) \tag{3.27}$$

式中，u 为卫星质心相对于大气的速度，假设大气相对地球静止，则 $u = v - \omega_E \times r$，$r$ 和 v 分别为卫星在地心惯性坐标系中的瞬时位置与速度矢量，ω_E 为地球自转角速

度矢量；ρ 为大气密度(仅考虑"一维大气密度模型"，即指数模型)[5]；C_D 为阻力系数(本节中取为 2.2)；A 为垂直于 $\boldsymbol{u}$ 的星体最大截面积；$\boldsymbol{r}_p$ 为质心到压心的矢量。

3. 与传统算法解析比较

下面证明基于对偶四元数的相对动力学方程，即式(3.22)在理论上与传统的动力学方程是一致的。公式中所有相对状态矢量导数为矢量在动坐标系下的导数，如 $\dot{\boldsymbol{v}}_{BA}^b = \partial \boldsymbol{v}_{BA}^b / \partial t$，$\dot{\boldsymbol{\omega}}_A^a = \partial \boldsymbol{\omega}_A^a / \partial t$。

1) 相对运动学方程

相对运动学方程为

$$\hat{q}_{BA} \circ \hat{\boldsymbol{\omega}}_{BA}^b = \begin{pmatrix} q_{BA} \\ \dfrac{1}{2} q_{BA} \circ \boldsymbol{\rho}_{BA}^b \end{pmatrix} \circ \begin{pmatrix} \boldsymbol{\omega}_{BA}^b \\ \dot{\boldsymbol{\rho}}_{BA}^b + \boldsymbol{\omega}_{BA}^b \times \boldsymbol{\rho}_{BA}^b \end{pmatrix} = \begin{pmatrix} q_{BA} \circ \boldsymbol{\omega}_{BA}^b \\ \dot{q}_{BA} \circ \boldsymbol{\rho}_{BA}^b + q_{BA} \circ \dot{\boldsymbol{\rho}}_{BA}^b \end{pmatrix} = 2\dot{\hat{q}}_{BA} \tag{3.28}$$

由此，上式与传统姿态运动学方程一致，且对偶部分运算正确。

2) 相对动力学方程

设 A 星体坐标系下对偶四元数为 $\hat{\omega}_A^a$，则在 B 星体坐标系下的描述公式为

$$\begin{aligned}\hat{q}_{BA}^* \circ \hat{\omega}_A^a \circ \hat{q}_{BA} &= \left(q_{BA}^* - \frac{\varepsilon}{2} \boldsymbol{\rho}_{BA}^b \circ q_{BA}^* \right) \circ \left(\boldsymbol{\omega}_A^a + \varepsilon \boldsymbol{v}_A^a \right) \circ \left(q_{BA} + \frac{\varepsilon}{2} q_{BA} \circ \boldsymbol{\rho}_{BA}^b \right) \\ &= \boldsymbol{\omega}_A^b + \varepsilon(\boldsymbol{v}_A^b + \boldsymbol{\omega}_A^b \times \boldsymbol{\rho}_{BA}^b)\end{aligned} \tag{3.29}$$

同理可得

$$\hat{q}_{BA}^* \circ \dot{\hat{\omega}}_A^a \circ \hat{q}_{BA} = M_A^B \dot{\boldsymbol{\omega}}_A^a + \varepsilon(M_A^B \dot{\boldsymbol{v}}_A^a + M_A^B \dot{\boldsymbol{\omega}}_A^a \times \boldsymbol{\rho}_{BA}^b) \tag{3.30}$$

令式(3.21)等式两端实数部分与对偶部分分别相等，可得

$$\dot{\boldsymbol{\omega}}_{BA}^b = \boldsymbol{I}^{-1} \boldsymbol{T}_B^b - \boldsymbol{I}^{-1} \left(\boldsymbol{\omega}_B^b \times \boldsymbol{I} \boldsymbol{\omega}_B^b \right) - M_A^B \ddot{\boldsymbol{\omega}}_A^a + \boldsymbol{\omega}_{BA}^b \times \boldsymbol{\omega}_A^b \tag{3.31}$$

$$\begin{aligned}\dot{\boldsymbol{v}}_{BA}^b &= \boldsymbol{a}_B^b - \boldsymbol{\omega}_B^b \times \boldsymbol{v}_B^b - \left(M_A^B \dot{\boldsymbol{v}}_A^a + M_A^B \dot{\boldsymbol{\omega}}_A^a \times \boldsymbol{\rho}_{BA}^b \right) + \boldsymbol{v}_{BA}^b \times \boldsymbol{\omega}_A^b + \boldsymbol{\omega}_{BA}^b \times \left(\boldsymbol{v}_A^b + \boldsymbol{\omega}_A^b \times \boldsymbol{\rho}_{BA}^b \right) \\ &= \boldsymbol{a}_B^b - \left(M_A^B \dot{\boldsymbol{v}}_A^a + M_A^B \dot{\boldsymbol{\omega}}_A^a \times \boldsymbol{\rho}_{BA}^b \right) - \boldsymbol{\omega}_B^b \times \boldsymbol{v}_{BA}^b - \boldsymbol{\omega}_A^b \times \boldsymbol{v}_B^b \\ &= \boldsymbol{a}_B^b - \boldsymbol{a}_A^b - M_A^B \dot{\boldsymbol{\omega}}_A^a \times \boldsymbol{\rho}_{BA}^b - \left(\boldsymbol{\omega}_B^b + \boldsymbol{\omega}_A^b \right) \times \boldsymbol{v}_{BA}^b - \boldsymbol{\omega}_A^b \times \left(\boldsymbol{\omega}_A^b \times \boldsymbol{\rho}_{BA}^b \right)\end{aligned} \tag{3.32}$$

式中，$\boldsymbol{a}_B^b$ 和 $\boldsymbol{a}_A^b$ 分别为 A 星、B 星所受的力。注意 $\boldsymbol{\omega}_{BA}^b \times \boldsymbol{\omega}_A^b = \boldsymbol{\omega}_{BA}^b \times \boldsymbol{\omega}_B^b = \boldsymbol{\omega}_B^b \times \boldsymbol{\omega}_A^b$，显然，式(3.28)与一般相对姿态动力学方程一致。式(3.19)对偶部分求导可得

$$\begin{aligned}
\dot{\boldsymbol{v}}_{\mathrm{BA}}^{\mathrm{b}} &= \ddot{\boldsymbol{\rho}}_{\mathrm{BA}}^{\mathrm{b}} + \dot{\boldsymbol{\omega}}_{\mathrm{BA}}^{\mathrm{b}} \times \boldsymbol{\rho}_{\mathrm{BA}}^{\mathrm{b}} + \boldsymbol{\omega}_{\mathrm{BA}}^{\mathrm{b}} \times \dot{\boldsymbol{\rho}}_{\mathrm{BA}}^{\mathrm{b}} \\
&= \ddot{\boldsymbol{\rho}}_{\mathrm{BA}}^{\mathrm{b}} + \dot{\boldsymbol{\omega}}_{\mathrm{B}}^{\mathrm{b}} \times \boldsymbol{\rho}_{\mathrm{BA}}^{\mathrm{b}} + 2\boldsymbol{\omega}_{\mathrm{B}}^{\mathrm{b}} \times \dot{\boldsymbol{\rho}}_{\mathrm{BA}}^{\mathrm{b}} + \boldsymbol{\omega}_{\mathrm{B}}^{\mathrm{b}} \times \left(\boldsymbol{\omega}_{\mathrm{B}}^{\mathrm{b}} \times \boldsymbol{\rho}_{\mathrm{BA}}^{\mathrm{b}}\right) \\
&\quad \underbrace{-M_{\mathrm{A}}^{\mathrm{B}} \dot{\boldsymbol{\omega}}_{\mathrm{A}}^{\mathrm{a}} \times \boldsymbol{\rho}_{\mathrm{BA}}^{\mathrm{b}} + \left(\boldsymbol{\omega}_{\mathrm{BA}}^{\mathrm{b}} \times \boldsymbol{\omega}_{\mathrm{A}}^{\mathrm{b}}\right) \times \boldsymbol{\rho}_{\mathrm{BA}}^{\mathrm{b}} - \boldsymbol{\omega}_{\mathrm{A}}^{\mathrm{b}} \times \dot{\boldsymbol{\rho}}_{\mathrm{BA}}^{\mathrm{b}} - \boldsymbol{\omega}_{\mathrm{B}}^{\mathrm{b}} \times \dot{\boldsymbol{\rho}}_{\mathrm{BA}}^{\mathrm{b}} - \boldsymbol{\omega}_{\mathrm{B}}^{\mathrm{b}} \times \left(\boldsymbol{\omega}_{\mathrm{B}}^{\mathrm{b}} \times \boldsymbol{\rho}_{\mathrm{BA}}^{\mathrm{b}}\right)}_{L_{\mathrm{l}}}
\end{aligned}$$

$$\tag{3.33}$$

由于 $\left(\boldsymbol{\omega}_{\mathrm{B}}^{\mathrm{b}} \times \boldsymbol{\omega}_{\mathrm{A}}^{\mathrm{b}}\right) \times \boldsymbol{\rho}_{\mathrm{BA}}^{\mathrm{b}} - \boldsymbol{\omega}_{\mathrm{B}}^{\mathrm{b}} \times \left(\boldsymbol{\omega}_{\mathrm{A}}^{\mathrm{b}} \times \boldsymbol{\rho}_{\mathrm{BA}}^{\mathrm{b}}\right) + \boldsymbol{\omega}_{\mathrm{A}}^{\mathrm{b}} \times \left(\boldsymbol{\omega}_{\mathrm{B}}^{\mathrm{b}} \times \boldsymbol{\rho}_{\mathrm{BA}}^{\mathrm{b}}\right) = 0$，可得

$$L_{\mathrm{l}} = -M_{\mathrm{A}}^{\mathrm{B}} \dot{\boldsymbol{\omega}}_{\mathrm{A}}^{\mathrm{a}} \times \boldsymbol{\rho}_{\mathrm{BA}}^{\mathrm{b}} - \left(\boldsymbol{\omega}_{\mathrm{B}}^{\mathrm{b}} + \boldsymbol{\omega}_{\mathrm{A}}^{\mathrm{b}}\right) \times \boldsymbol{v}_{\mathrm{BA}}^{\mathrm{b}} - \boldsymbol{\omega}_{\mathrm{A}}^{\mathrm{b}} \times \left(\boldsymbol{\omega}_{\mathrm{A}}^{\mathrm{b}} \times \boldsymbol{\rho}_{\mathrm{BA}}^{\mathrm{b}}\right) \tag{3.34}$$

将上式代入式 (3.33)，结合式 (3.32) 可得

$$\ddot{\boldsymbol{\rho}}_{\mathrm{BA}}^{\mathrm{b}} + \dot{\boldsymbol{\omega}}_{\mathrm{B}}^{\mathrm{b}} \times \boldsymbol{\rho}_{\mathrm{BA}}^{\mathrm{b}} + 2\boldsymbol{\omega}_{\mathrm{B}}^{\mathrm{b}} \times \dot{\boldsymbol{\rho}}_{\mathrm{BA}}^{\mathrm{b}} + \boldsymbol{\omega}_{\mathrm{B}}^{\mathrm{b}} \times \left(\boldsymbol{\omega}_{\mathrm{B}}^{\mathrm{b}} \times \boldsymbol{\rho}_{\mathrm{BA}}^{\mathrm{b}}\right) = \boldsymbol{a}_{\mathrm{B}}^{\mathrm{b}} - \boldsymbol{a}_{\mathrm{A}}^{\mathrm{b}} \tag{3.35}$$

令 $\boldsymbol{\rho}_{\mathrm{AB}}^{\mathrm{b}} = -\boldsymbol{\rho}_{\mathrm{BA}}^{\mathrm{b}}$，式 (3.35) 可写为

$$\ddot{\boldsymbol{\rho}}_{\mathrm{AB}}^{\mathrm{b}} + \dot{\boldsymbol{\omega}}_{\mathrm{B}}^{\mathrm{b}} \times \boldsymbol{\rho}_{\mathrm{AB}}^{\mathrm{b}} + 2\boldsymbol{\omega}_{\mathrm{B}}^{\mathrm{b}} \times \dot{\boldsymbol{\rho}}_{\mathrm{AB}}^{\mathrm{b}} + \boldsymbol{\omega}_{\mathrm{B}}^{\mathrm{b}} \times \left(\boldsymbol{\omega}_{\mathrm{B}}^{\mathrm{b}} \times \boldsymbol{\rho}_{\mathrm{AB}}^{\mathrm{b}}\right) = \frac{\mu \boldsymbol{r}_{\mathrm{B}}^{\mathrm{b}}}{r_{\mathrm{B}}^{3}} - \frac{\mu \boldsymbol{r}_{\mathrm{A}}^{\mathrm{b}}}{r_{\mathrm{A}}^{3}} + \boldsymbol{a}_{\mathrm{Ad}}^{\mathrm{b}} - \boldsymbol{a}_{\mathrm{Bd}}^{\mathrm{b}} \tag{3.36}$$

式中，$\boldsymbol{a}_{\mathrm{Bd}}^{\mathrm{b}}$ 和 $\boldsymbol{a}_{\mathrm{Ad}}^{\mathrm{b}}$ 分别为两星受到的除引力外的力。显然，式 (3.33) 正是以 B 星为参考卫星，A 星相对于 B 星的运动方程。特别是当 B 星轨道坐标系与体坐标系一致时，式 (3.36) 为经典 Hill 方程。

3.1.3　相对运动误差模型及其线性化

为了以特定构形完成飞行任务，需要对卫星相对运动进行控制，除了建立相对运动模型外，还需要建立当前相对状态与期望相对状态的误差模型，以便输入控制系统。

1. 相对运动误差模型

以 B 星本体坐标系作为参考系，其期望相对状态为终端时刻坐标系下的投影，不能简单作差，需将期望相对状态转换至当前体坐标系下才能有效指导控制。下面推导相对运动的误差模型。

为简化符号，定义任意时刻 B 星体坐标系下相对状态为 $(\boldsymbol{\rho}, \dot{\boldsymbol{\rho}}, \boldsymbol{q}, \boldsymbol{\omega})$，期望相对状态为 $(\boldsymbol{\rho}_{\mathrm{d}}, \dot{\boldsymbol{\rho}}_{\mathrm{d}}, \boldsymbol{q}_{\mathrm{d}}, \boldsymbol{\omega}_{\mathrm{d}})$。假设 A 星不动，将期望 B 星体坐标系转动 $\boldsymbol{q}_{\mathrm{e}}$，紧接着平移 $\boldsymbol{\rho}_{\mathrm{e}}$ 至当前 B 星体坐标系，则有

$$\begin{cases} \boldsymbol{q}_{\mathrm{e}} = \boldsymbol{q}_{\mathrm{d}}^{*} \circ \boldsymbol{q} \\ \boldsymbol{\rho}_{\mathrm{e}} = \boldsymbol{\rho} - \boldsymbol{q}_{\mathrm{e}}^{*} \circ \boldsymbol{\rho}_{\mathrm{d}} \circ \boldsymbol{q}_{\mathrm{e}} \\ \boldsymbol{\omega}_{\mathrm{e}} = \boldsymbol{\omega} - \boldsymbol{q}_{\mathrm{e}}^{*} \circ \boldsymbol{\omega}_{\mathrm{d}} \circ \boldsymbol{q}_{\mathrm{e}} \\ \dot{\boldsymbol{\rho}}_{\mathrm{e}} = \dot{\boldsymbol{\rho}} - \boldsymbol{q}_{\mathrm{e}}^{*} \circ \dot{\boldsymbol{\rho}}_{\mathrm{d}} \circ \boldsymbol{q}_{\mathrm{e}} + \boldsymbol{\omega}_{\mathrm{e}} \times \left(\boldsymbol{q}_{\mathrm{e}}^{*} \circ \boldsymbol{\rho}_{\mathrm{d}} \circ \boldsymbol{q}_{\mathrm{e}} \right) \\ \hat{\boldsymbol{q}}_{\mathrm{e}} = \boldsymbol{q}_{\mathrm{e}} + \dfrac{\varepsilon}{2} \boldsymbol{q}_{\mathrm{e}} \circ \boldsymbol{\rho}_{\mathrm{e}} \\ \hat{\boldsymbol{\omega}}_{\mathrm{e}} = \boldsymbol{\omega}_{\mathrm{e}} + \varepsilon \left(\dot{\boldsymbol{\rho}}_{\mathrm{e}} + \boldsymbol{\omega}_{\mathrm{e}} \times \boldsymbol{\rho}_{\mathrm{e}} \right) \end{cases} \tag{3.37}$$

经推导，可得出对偶四元数描述的相对运动误差模型为

$$\begin{cases} \hat{\boldsymbol{q}}_{\mathrm{e}} = \hat{\boldsymbol{q}}_{\mathrm{d}}^{*} \circ \hat{\boldsymbol{q}} \\ \hat{\boldsymbol{\omega}}_{\mathrm{e}} = \hat{\boldsymbol{\omega}} - \hat{\boldsymbol{q}}_{\mathrm{e}}^{*} \circ \hat{\boldsymbol{\omega}}_{\mathrm{d}} \circ \hat{\boldsymbol{q}}_{\mathrm{e}} \\ \dot{\hat{\boldsymbol{q}}}_{\mathrm{e}} = \dfrac{1}{2} \hat{\boldsymbol{q}}_{\mathrm{e}} \circ \hat{\boldsymbol{\omega}}_{\mathrm{e}} \\ \dot{\hat{\boldsymbol{\omega}}}_{\mathrm{e}} = \dot{\hat{\boldsymbol{\omega}}} - \hat{\boldsymbol{q}}_{\mathrm{e}}^{*} \circ \dot{\hat{\boldsymbol{\omega}}}_{\mathrm{d}} \circ \hat{\boldsymbol{q}}_{\mathrm{e}} + \hat{\boldsymbol{\omega}}_{\mathrm{e}} \times \left(\hat{\boldsymbol{q}}_{\mathrm{e}}^{*} \circ \hat{\boldsymbol{\omega}}_{\mathrm{d}} \circ \hat{\boldsymbol{q}}_{\mathrm{e}} \right) \end{cases} \tag{3.38}$$

式中，$\dot{\hat{\boldsymbol{\omega}}}$ 由式 (3.22) 计算得出。当对偶四元数误差为零时，$\hat{\boldsymbol{q}}_{\mathrm{e}} = [1, \boldsymbol{0}] + \varepsilon_{0}$。

2. 模型线性化

1) 质心相对运动模型线性化

取状态变量 $\boldsymbol{X} = [\hat{q}, \hat{\omega}]$，转换矩阵 $\boldsymbol{A}(\hat{q}) = [\overset{+}{q}^{*}][\overset{-}{\hat{q}}]$，$\hat{\omega}_{\mathrm{B}}^{\mathrm{b}} = \hat{\omega} + \boldsymbol{A}(\hat{q}) \hat{\omega}_{\mathrm{A}}^{\mathrm{a}}$，则式 (3.22) 线性化模型为

$$\begin{cases} \dfrac{\partial \dot{\hat{q}}}{\partial \hat{q}} = \dfrac{1}{2} [\overset{-}{\hat{\omega}}] \\[2mm] \dfrac{\partial \dot{\hat{q}}}{\partial \hat{\omega}} = \dfrac{1}{2} [\overset{+}{\hat{q}}] \\[2mm] \dfrac{\partial \dot{\hat{\omega}}}{\partial \hat{q}} = \hat{\boldsymbol{M}}_{\mathrm{B}}^{-1} \dfrac{\partial \hat{F}_{\mathrm{B}}^{\mathrm{b}}}{\partial \hat{q}} - \left\{ \hat{\boldsymbol{M}}_{\mathrm{B}}^{-1} \left(\left[\hat{\omega}_{\mathrm{B}}^{\mathrm{b}} \times \right] \hat{\boldsymbol{M}}_{\mathrm{B}} - \left[\hat{\boldsymbol{M}}_{\mathrm{B}} \hat{\omega}_{\mathrm{B}}^{\mathrm{b}} \times \right] \right) + [\hat{\omega} \times] \right\} \dfrac{\partial \boldsymbol{A}(\hat{q}) \hat{\omega}_{\mathrm{A}}^{\mathrm{a}}}{\partial \hat{q}} - \dfrac{\partial \boldsymbol{A}(\hat{q}) \dot{\hat{\omega}}_{\mathrm{A}}^{\mathrm{a}}}{\partial \hat{q}} \\[2mm] \dfrac{\partial \dot{\hat{\omega}}}{\partial \hat{\omega}} = \hat{\boldsymbol{M}}_{\mathrm{B}}^{-1} \dfrac{\partial \hat{F}_{\mathrm{B}}^{\mathrm{b}}}{\partial \hat{\omega}} - \hat{\boldsymbol{M}}_{\mathrm{B}}^{-1} \left(\left[\hat{\omega}_{\mathrm{B}}^{\mathrm{b}} \times \right] \hat{\boldsymbol{M}}_{\mathrm{B}} - \left[\hat{\boldsymbol{M}}_{\mathrm{B}} \hat{\omega}_{\mathrm{B}}^{\mathrm{b}} \times \right] \right) - \left[\boldsymbol{A}(\hat{q}) \hat{\omega}_{\mathrm{A}}^{\mathrm{a}} \times \right] \end{cases} \tag{3.39}$$

式中，

$$\dfrac{\partial \boldsymbol{A}(\hat{q}) \hat{\omega}_{\mathrm{A}}^{\mathrm{a}}}{\partial \hat{q}} = \left[\hat{q}^{*} \circ \hat{\omega}_{\mathrm{A}}^{\mathrm{a}} \right] + \left[\overset{-}{\hat{\omega}_{\mathrm{A}}^{\mathrm{a}}} \circ \hat{q} \right] \dfrac{\partial \hat{q}^{*}}{\partial \hat{q}} = \left[\overset{+}{\hat{q}}^{*} \right] \left[\overset{+}{\hat{\omega}_{\mathrm{A}}^{\mathrm{a}}} \right] + \left[\overset{-}{\hat{q}} \right] \left[\overset{-}{\hat{\omega}_{\mathrm{A}}^{\mathrm{a}}} \right] \dfrac{\partial \hat{q}^{*}}{\partial \hat{q}}$$

$$\frac{\partial A(\hat{q})\dot{\hat{\omega}}_{\mathrm{A}}^{\mathrm{a}}}{\partial \hat{q}} = \left[\overset{+}{\hat{q}^*}\right]\left[\overset{+}{\dot{\hat{\omega}}_{\mathrm{A}}^{\mathrm{a}}}\right] + \left[\overset{-}{\hat{q}}\right]\left[\overset{-}{\dot{\hat{\omega}}_{\mathrm{A}}^{\mathrm{a}}}\right]\frac{\partial \hat{q}^*}{\partial \hat{q}}, \quad \frac{\partial \hat{q}^*}{\partial \hat{q}} = \begin{bmatrix} \boldsymbol{C} & \boldsymbol{0}_{4\times4} \\ \boldsymbol{0}_{4\times4} & \boldsymbol{C} \end{bmatrix}, \quad \boldsymbol{C} = \frac{\partial q^*}{\partial q} = \begin{bmatrix} 1 & \boldsymbol{0}_{1\times3} \\ \boldsymbol{0}_{3\times1} & -\boldsymbol{E}_3 \end{bmatrix}$$

由于 $\boldsymbol{r}_{\mathrm{B}}^{\mathrm{b}} = \boldsymbol{\rho} + q^* \circ \boldsymbol{r}_{\mathrm{A}}^{\mathrm{a}} \circ q = 2q^* \circ q' + q^* \circ \boldsymbol{r}_{\mathrm{A}}^{\mathrm{a}} \circ q$，则有

$$\frac{\partial \hat{u}_{\mathrm{g}}^{\mathrm{b}}}{\partial \hat{q}} = \frac{\partial \hat{u}_{\mathrm{g}}^{\mathrm{b}}}{\partial \boldsymbol{r}_{\mathrm{B}}^{\mathrm{b}}}\frac{\partial \boldsymbol{r}_{\mathrm{B}}^{\mathrm{b}}}{\partial \hat{q}} = \begin{bmatrix} 0 & \boldsymbol{0}_{1\times3} \\ \boldsymbol{0}_{3\times1} & -\mu E_3 m / r_{\mathrm{B}}^3 + 3\mu m \boldsymbol{r}_{\mathrm{B}}^{\mathrm{b}}\left(\boldsymbol{r}_{\mathrm{B}}^{\mathrm{b}}\right)^{\mathrm{T}} / r_{\mathrm{B}}^5 \\ 0 & \boldsymbol{0}_{1\times3} \\ \boldsymbol{0}_{3\times1} & 3\mu\left(\left[\boldsymbol{r}_{\mathrm{B}}^{\mathrm{b}}\times\right]\boldsymbol{I} - \left[\boldsymbol{I}\boldsymbol{r}_{\mathrm{B}}^{\mathrm{b}}\times\right]\right)/r_{\mathrm{B}}^5 - 15\mu\left(\boldsymbol{r}_{\mathrm{B}}^{\mathrm{b}}\times\boldsymbol{I}\boldsymbol{r}_{\mathrm{B}}^{\mathrm{b}}\right)\left(\boldsymbol{r}_{\mathrm{B}}^{\mathrm{b}}\right)^{\mathrm{T}} / r_{\mathrm{B}}^7 \end{bmatrix}\frac{\partial \boldsymbol{r}_{\mathrm{B}}^{\mathrm{b}}}{\partial \hat{q}}$$

$$\frac{\partial \hat{u}_{\mathrm{g}}^{\mathrm{b}}}{\partial \hat{\omega}} = \boldsymbol{0}_{6\times6}, \quad \frac{\partial \boldsymbol{r}_{\mathrm{B}}^{\mathrm{b}}}{\partial \hat{q}} = \begin{bmatrix} \dfrac{\partial \boldsymbol{r}_{\mathrm{B}}^{\mathrm{b}}}{\partial q} & \dfrac{\partial \boldsymbol{r}_{\mathrm{B}}^{\mathrm{b}}}{\partial q'} \end{bmatrix} = \begin{bmatrix} 2[\overset{-}{q'}]C + [\overset{+}{q}]\left[\overset{+}{\boldsymbol{r}_{\mathrm{A}}^{\mathrm{a}}}\right]^{\mathrm{T}} + [\overset{-}{q}]\left[\overset{-}{\boldsymbol{r}_{\mathrm{A}}^{\mathrm{a}}}\right]C & 2[\overset{+}{q}]^{\mathrm{T}} \end{bmatrix}$$

2) 质心相对运动误差模型线性化

记转换矩阵 $A(\hat{q}_{\mathrm{e}}) = [\overset{+}{\hat{q}_{\mathrm{e}}^*}][\overset{-}{\hat{q}_{\mathrm{e}}}]$，将式 (3.39) 线性化得

$$\begin{cases} \dfrac{\partial \dot{\hat{q}}_{\mathrm{e}}}{\partial \hat{q}_{\mathrm{e}}} = \dfrac{1}{2}[\overset{-}{\hat{\omega}_{\mathrm{e}}}] \\[2mm] \dfrac{\partial \dot{\hat{q}}_{\mathrm{e}}}{\partial \hat{\omega}_{\mathrm{e}}} = \dfrac{1}{2}[\overset{+}{\hat{q}_{\mathrm{e}}}] \\[2mm] \dfrac{\partial \dot{\hat{\omega}}_{\mathrm{e}}}{\partial \hat{q}_{\mathrm{e}}} = \dfrac{\partial \dot{\hat{\omega}}}{\partial \hat{q}}[\overset{+}{\hat{q}_{\mathrm{d}}}] + \left(\dfrac{\partial \dot{\hat{\omega}}}{\partial \hat{\omega}} + [\hat{\omega}_{\mathrm{e}}\times]\right)\dfrac{\partial A(\hat{q}_{\mathrm{e}})\hat{\omega}_{\mathrm{d}}}{\partial \hat{q}_{\mathrm{e}}} - \dfrac{\partial A(\hat{q}_{\mathrm{e}})\dot{\hat{\omega}}_{\mathrm{d}}}{\partial \hat{q}_{\mathrm{e}}} \\[2mm] \dfrac{\partial \dot{\hat{\omega}}_{\mathrm{e}}}{\partial \hat{\omega}_{\mathrm{e}}} = \dfrac{\partial \dot{\hat{\omega}}}{\partial \hat{\omega}} - [A(\hat{q}_{\mathrm{e}})\hat{\omega}_{\mathrm{d}}\times] \end{cases} \tag{3.40}$$

式中，

$$\frac{\partial A(\hat{q}_{\mathrm{e}})\hat{\omega}_{\mathrm{d}}}{\partial \hat{q}_{\mathrm{e}}} = [\overset{+}{\hat{q}_{\mathrm{e}}}]^{\mathrm{T}}[\overset{+}{\hat{\omega}_{\mathrm{d}}}] + [\overset{-}{\hat{q}_{\mathrm{e}}}][\overset{-}{\hat{\omega}_{\mathrm{d}}}]\frac{\partial \hat{q}_{\mathrm{e}}^*}{\partial \hat{q}_{\mathrm{e}}}, \quad \frac{\partial A(\hat{q}_{\mathrm{e}})\dot{\hat{\omega}}_{\mathrm{d}}}{\partial \hat{q}_{\mathrm{e}}} = [\overset{+}{\hat{q}_{\mathrm{e}}}]^{\mathrm{T}}[\overset{+}{\dot{\hat{\omega}}_{\mathrm{d}}}] + [\overset{-}{\hat{q}_{\mathrm{e}}}][\overset{-}{\dot{\hat{\omega}}_{\mathrm{d}}}]\frac{\partial \hat{q}_{\mathrm{e}}^*}{\partial \hat{q}_{\mathrm{e}}}$$

不失一般性，令系统 (3.35) 的平衡点为 $\hat{q}_{\mathrm{e}} = [1, 0] + \varepsilon_0$，$\dot{\hat{\omega}}_{\mathrm{e}} = \boldsymbol{0} + \varepsilon_0$。系统总的相对阶为 $n = 12$，而采用四元数进行姿态描述时系统的维数为 $n = 14$，因此经过反馈线性化后，除了 12 维线性状态外，还存在一个内动态。内动态不可线性化，而且不可观测，它受到所有输入和所有状态的影响，但不影响输出。如选择 q_0 为内动态，则该内动态具有如下特性：

$$q_0 \dot{q}_0 = -(q_1 \dot{q}_1 + q_2 \dot{q}_2 + q_3 \dot{q}_3) \tag{3.41}$$

3.1.4 相对运动模型线性化

对于极近距离操作，为方便控制器设计，常采用状态反馈法，将轨道及姿态运动模型分别线性化。

为了应用基于状态相关黎卡提方程(state-dependent Riccati equation，SDRE)进行控制器设计，需采用状态相关系数(state-dependent coefficient，SDC)对运动模型进行线性化处理。

1. 轨道运动模型线性化

对于轨道运动模型，采用状态空间方法来描述相对运动。$\tilde{x} = \left[\boldsymbol{\rho}_c, \dot{\boldsymbol{\rho}}_c \right]^T$ 表示服务星相对目标星的位置和速度状态。通过 SDC 变化，非线性动力学方程可以线性化为

$$\dot{\tilde{x}} = \begin{bmatrix} \boldsymbol{O}_{3\times3} & \boldsymbol{I}_{3\times3} \\ \boldsymbol{G}_{21} & \boldsymbol{G}_{22} \end{bmatrix} \tilde{x} + \begin{bmatrix} \boldsymbol{O}_{3\times3} \\ \boldsymbol{I}_{3\times3} \end{bmatrix} \boldsymbol{u} \tag{3.42}$$

$$\boldsymbol{G}_{21} = \begin{bmatrix} \dot{\theta}_t^2 - \dfrac{\mu}{r_c^3} + \left(\dfrac{\mu}{r_t^2} - \dfrac{\mu}{r_c^3} r_t\right)\dfrac{\tilde{x}}{\boldsymbol{\rho}_c^T \boldsymbol{\rho}_c} & \ddot{\theta} + \left(\dfrac{\mu}{r_t^2} - \dfrac{\mu}{r_c^3} r_t\right)\dfrac{\tilde{y}}{\boldsymbol{\rho}_c^T \boldsymbol{\rho}_c} & \left(\dfrac{\mu}{r_t^2} - \dfrac{\mu}{r_c^3} r_t\right)\dfrac{\tilde{z}}{\boldsymbol{\rho}_c^T \boldsymbol{\rho}_c} \\ -\ddot{\theta}_t & \left(\dot{\theta}_t^2 - \dfrac{\mu}{r_c^3}\right) & 0 \\ 0 & 0 & -\dfrac{\mu}{r_c^3} \end{bmatrix}$$

$$\boldsymbol{G}_{22} = \begin{bmatrix} 0 & 2\dot{f}_t & 0 \\ -2\dot{f}_t & 0 & 0 \\ 0 & 0 & 0 \end{bmatrix}$$

式中，r_t 为目标星地心距；r_c 为服务星地心距；f_t 为目标星轨道真近地点角。

轨道运动动力学模型通过 SDC 线性化时，有几个状态独立量会影响线性化。速度项 $\dot{\boldsymbol{\rho}}_c^T \dot{\boldsymbol{\rho}}_c$ 在进行避撞机动过程中可能会变为零。相对距离项 $\boldsymbol{\rho}_c^T \boldsymbol{\rho}_c$ 在避撞过程中不会变为零。因此，状态独立项可以通过位置项的乘法来进行线性化处理，对应的分解项可以表示为 $\left(\dfrac{\mu}{r_t^2} - \dfrac{\mu}{r_c^3} r_t\right)\dfrac{\boldsymbol{\rho}_{x,y,z}}{\boldsymbol{\rho}_c^T \boldsymbol{\rho}_c}$。

2. 姿态运动模型线性化

姿态动力学模型的处理思路和轨道动力学一致：采用 SDC 进行线性化处理。姿态动力学模型采用状态空间的表示形式，误差四元数和误差角速度作为系统状

态。在选取四元数作为系统状态时，只选取四元数的矢量部分作为系统状态，并且假定标量部分始终为正值。系统状态为 $\bar{\boldsymbol{x}} = \begin{bmatrix} \boldsymbol{\omega}_\mathrm{e} & \delta\boldsymbol{q}_{1:3} \end{bmatrix}^\mathrm{T}$。相对姿态动力学中的变量在本体坐标系下表示，动力学变化过程在 LVLH 中表示。经 SDC 线性化的姿态动力学和运动学方程为

$$\dot{\bar{\boldsymbol{x}}} = \begin{bmatrix} F_{11} & F_{12} \\ F_{21} & F_{22} \end{bmatrix} \bar{\boldsymbol{x}} + \begin{bmatrix} \boldsymbol{J}^{-1} \\ \boldsymbol{O}_3 \end{bmatrix} \boldsymbol{u} \tag{3.43}$$

其中，

$$F_{11} = -\boldsymbol{S}\big(\boldsymbol{R}(\boldsymbol{q}_\mathrm{e})\boldsymbol{\omega}_\mathrm{d}\big) + \boldsymbol{J}^{-1}\boldsymbol{S}\big(\boldsymbol{J}\boldsymbol{\omega} + \boldsymbol{J}\boldsymbol{R}(\boldsymbol{q}_\mathrm{e})\boldsymbol{\omega}_\mathrm{d}\big) - \boldsymbol{J}^{-1}\boldsymbol{S}\big(\boldsymbol{R}(\boldsymbol{q}_\mathrm{e})\boldsymbol{\omega}_\mathrm{d}\big)\boldsymbol{J}$$

$$F_{12} = -\boldsymbol{D}_1 + \boldsymbol{J}^{-1}\boldsymbol{S}\big(\boldsymbol{J}\boldsymbol{R}(\boldsymbol{q}_\mathrm{e})\boldsymbol{\omega}_\mathrm{d}\big)\boldsymbol{D}_2$$

$$F_{21} = 0.5\delta q_4 \boldsymbol{I}$$

$$F_{22} = -0.5\boldsymbol{S}(\boldsymbol{\omega}_\mathrm{e})$$

$$\boldsymbol{D}_1 = 2\begin{bmatrix} \dot{\omega}_{d2}q_{e2} + \dot{\omega}_{d3}q_{e3} + \dot{\omega}_{d1}\eta & -\dot{\omega}_{d1}q_{e2} - \dot{\omega}_{d3}q_{e4} + \dot{\omega}_{d1}\eta & -\dot{\omega}_{d1}q_{e3} + \dot{\omega}_{d2}q_{e4} + \dot{\omega}_{d1}\eta \\ -\dot{\omega}_{d2}q_{e1} + \dot{\omega}_{d3}q_{e4} + \dot{\omega}_{d2}\eta & \dot{\omega}_{d1}q_{e1} + \dot{\omega}_{d3}q_{e3} + \dot{\omega}_{d2}\eta & -\dot{\omega}_{d1}q_{e4} - \dot{\omega}_{d2}q_{e3} + \dot{\omega}_{d2}\eta \\ -\dot{\omega}_{d2}q_{e4} - \dot{\omega}_{d3}q_{e1} + \dot{\omega}_{k3}\eta & \dot{\omega}_{d1}q_{e4} - \dot{\omega}_{d3}q_{e2} + \dot{\omega}_{d3}\eta & \dot{\omega}_{d1}q_{e1} + \dot{\omega}_{d2}q_{e2} + \dot{\omega}_{d3}\eta \end{bmatrix}$$

$$\boldsymbol{D}_2 = 2\begin{bmatrix} \omega_{d2}q_{e2} + \omega_{d3}q_{e3} + \omega_{d1}\eta & -\omega_{d1}q_{e2} - \omega_{d3}q_{e4} + \omega_{d1}\eta & -\omega_{d1}q_{e3} + \omega_{d2}q_{e4} + \omega_{d1}\eta \\ -\omega_{d2}q_{e1} + \omega_{d3}q_{e4} + \omega_{d2}\eta & \omega_{d1}q_{e1} + \omega_{d3}q_{e3} + \omega_{d2}\eta & -\omega_{d1}q_{e4} - \omega_{d2}q_{e3} + \omega_{d2}\eta \\ -\omega_{d2}q_{e4} - \omega_{d3}q_{e1} + \omega_{k3}\eta & \omega_{d1}q_{e4} - \omega_{d3}q_{e2} + \omega_{d3}\eta & \omega_{d1}q_{e1} + \omega_{d2}q_{e2} + \omega_{d3}\eta \end{bmatrix}$$

$$\eta = \frac{1}{2(q_{e1} + q_{e2} + q_{e3})}$$

轨道动力学和姿态动力学方程的状态转移矩阵都是时变的，因此在使用 SDRE 时需要在每个计算周期内进行系统矩阵更新。

3.2　近距离飞行碰撞风险评估

各种空间近距离操作任务优越性的体现都要建立在安全飞行的基础上。服务星对目标星实施加注前，服务星需机动至目标星附近，并对其进行对接捕获，两星碰撞风险更加突出。碰撞风险评估作为近距离机动控制的安全约束预报，直接影响机动燃料消耗，从而影响卫星的生命周期。因此，在执行机动操作前，对碰撞风险进行评估显得尤为重要。卫星近距离飞行碰撞风险评估是指卫星在近距离相对飞行过程中，由于轨迹偏离、故障或是任务机动等影响，对卫星之间发生碰撞风险的定性或定量评价估量。

3.2.1　问题描述

与航空器及地面机器人碰撞问题不同，卫星在空间飞行本身具有一定的自然轨道。即使不施加主动控制，相对运动轨迹也可能随时间推移呈现周期变化。一般在飞行构形设计中已考虑碰撞风险的因素，但由于空间环境及某些干扰因素的影响，卫星轨道发生漂移；或者因任务需求进行轨道机动控制等，也会对邻近卫星造成碰撞威胁。

在轨服务交会对接段是服务星通过交会走廊与被服务星进行"有计划的碰撞"，两星之间有物理接触。文献[12]总结了交会对接各阶段面临的主要轨迹安全威胁。考虑到可观测性和安全性要求，平移靠拢段通常定义为一个锥形交会走廊，而服务星周围定义为碰撞安全边界。该阶段的碰撞风险主要指被服务对象轨迹超出交会走廊，面临与服务星碰撞的可能。当进行多星交会对接时，还应考虑与其他卫星碰撞的可能。

近距离操作具有以下特点：①机动过程中相对运动的不确定性，相对轨迹时变，要求研究的碰撞风险安全评估方法具有一定的实时性。②多空间目标的相对运动，要求研究的评估方法可对风险量化排序，以便确定避撞控制优先等级。

与航空器类似，卫星碰撞风险分为以下三类：

(1)有碰撞风险且不可避免；

(2)有碰撞风险，可机动避免；

(3)无碰撞风险，无须机动。

卫星碰撞风险评估需反映上述三种风险类别，并且能对第二类碰撞风险的程度进行量化描述，以指导面临多个交会危险的卫星进行避撞控制。

在卫星机动过程中，其相对运动轨迹不断变化，相遇几何构型也因此随之改变，很难评估整个任务机动过程的总碰撞风险。对于碰撞规避，近距离操作更关心机动过程中瞬时面临的碰撞风险，从而指导其制定机动控制策略。卫星碰撞风险评估的一般流程如图 3.2 所示。

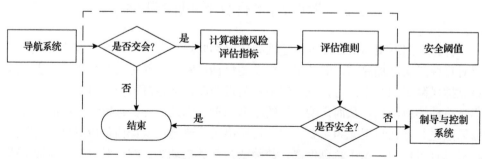

图 3.2　卫星碰撞风险评估一般流程

一般对卫星碰撞风险评估的方法有如下要求：

(1) 不误报，尽可能减小虚警率，从而减少不必要的燃料消耗和器件损耗；

(2) 不漏报，尽可能避免卫星碰撞，减少不必要的损失；

(3) 易实现，尽可能简单，减少计算。

与之对应，评价卫星碰撞风险评估方法优劣的指标为：①虚警率 P_F，即不发生碰撞的事件被误认为有碰撞风险并需要机动规避的概率；②漏报率 P_M，即发生碰撞的事件被误认为没有碰撞风险的概率；③计算时间 T_{cal}，即进行风险评估计算耗费的时间。

值得注意的是，虚警率与漏报率是相互制约的。卫星碰撞可能造成轨道的大幅偏移或硬件破坏，直接导致任务失败，因而碰撞风险评估往往倾向于保证极低的漏报率甚至是零漏报率。在这一原则指导下，传统卫星碰撞风险评估往往牺牲了一定的虚警率。

根据在轨加注任务的特点，本节提出的实时量化风险评估方法，相比于传统方法，在保证不增加漏报率的前提下降低卫星碰撞虚警率，可降低发动机额外点火导致的推进系统失效风险，延长卫星运行的生命周期。

本节研究风险评估方法基于以下两种假设：①卫星的位置不确定性服从三维高斯分布且互不相关；②单个卫星各系统误差协方差不相关。

3.2.2 常用碰撞风险评估方法

目前实际应用的碰撞风险评估包括基于安全包络体和碰撞概率两种方法。各自典型的应用代表就是航天飞机及国际空间站。前者采用长方体包络体作为安全域，大小为 2km(径向)×5km(迹向)×2km(法向)。当卫星位于包络体内时，航天飞机执行规避机动。国际空间站采用碰撞概率法进行碰撞危险评估，当碰撞概率大于预设红色警戒阈值 10^{-4} 时，执行避撞机动，目前国际空间站已基于碰撞概率执行了多次轨道机动。通常情况下，为保证安全，卫星之间的最小距离不能超过规定的安全约束范围，最大碰撞概率必须低于指定门限。

下面分别介绍基于安全包络体的最近交会点(closest point of approach，CPA)模型以及碰撞概率计算方法。

1. CPA 模型

该模型采用等效安全包络球描述卫星物理安全域。如图 3.3 所示，整个机动期间最小距离为 d。由于机动过程中采用非线性动力学模型数值方法，不能根据当前相对状态积分获得精确相对轨迹，故本节假设当前速度方向不变，定义预测CPA(P_e)及交会的时间 t_e。根据当前相对速度实时获得参考卫星之间的距离 d_e 及预测 CPA。若该距离小于预定的安全距离，则需要实施机动以保证安全。

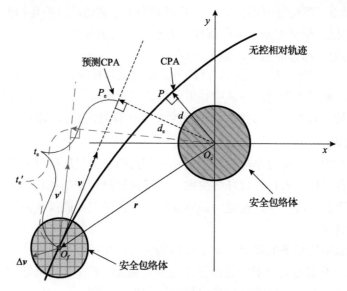

图 3.3　CPA 安全评估模型示意图

CPA 模型计算步骤如下。

步骤 1：导航系统输出相对位置及相对速度 $\boldsymbol{r}, \boldsymbol{v}$。

步骤 2：计算点 P_e，预测时间 t_e 及最小距离 d_e。当 $t_e < 0$ 时，两物体远离；否则，两星接近：

$$\begin{cases} t_e = -(\boldsymbol{r} \cdot \boldsymbol{v}) / |\boldsymbol{v}|^2 \\ d_e = |\boldsymbol{r} + t_e \boldsymbol{v}| \end{cases} \tag{3.44}$$

步骤 3：若 d_e 或 t_e 较大，则不进行机动，因为推迟机动可能给其他卫星创造避撞的机会；否则，需要通过机动增加 d_e 和 t_e，从而增加 $\boldsymbol{v}$ 与 $\boldsymbol{r}$ 的夹角和相对速度的大小。如图 3.3 所示，最简单直观的机动是沿相对位置矢量方向增加冲量 $\Delta \boldsymbol{v}$。

2. 碰撞概率计算方法

由于空间环境及状态测量存在不确定性，卫星的精确位置不易获知。一般采用椭球体描述质心位置测量误差分布。对于近圆轨道卫星，其速度方向基本与椭球最大主轴一致。除误差椭球外，卫星有自身物理安全区域。目前研究大多采用球体作为卫星刚体包络体，忽略卫星姿态对相遇模型的影响，球半径也称为等效半径。对于形状明显不规则的卫星，如航天飞机、国际空间站等，需要考虑非球形包络体，从而提高碰撞概率计算精度。

通常将可操作的卫星称为主对象(或主星)，对应的次对象(或次星)可为轨道碎片或是在轨工作或报废的卫星。一般将两星的位置误差方差 $n\sigma$ 联合起来形成联合误差椭球，将刚体包络体联合起来形成联合包络体，中心位于主星质心。相遇域指描述相遇模型的空间区域。Chan 通过数值积分，得出相对运动可近似为直线的相遇域范围[13]。图 3.4 为球形包络体的卫星相遇示意图。

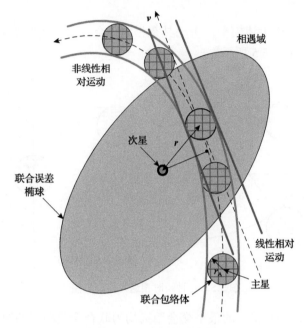

图 3.4　卫星相遇示意图

由图 3.4 可知，当相对位置矢量 r 与相对速度矢量 v 垂直时，两目标相距距离最小，即两者处于垂直于 v 的平面上，定义该平面为相遇平面。以该平面为基准面定义相遇坐标系[14]。碰撞概率定义为两个位置预报有误差的空间物体发生碰撞的概率[12]，即两物体距离小于联合等效半径的概率。设 $r \equiv (x,y,z)$ 代表主星相对于次星的相对位置，位置误差联合协方差为 C，相遇域内高斯概率密度函数(probability density function，PDF)定义为

$$f(x,y,z) = \frac{1}{\sqrt{(2\pi)^3 |C|}} \mathrm{e}^{-\frac{1}{2} r^{\mathrm{T}} C^{-1} r} \tag{3.45}$$

碰撞概率为

$$P = \iiint_V f(x,y,z)\mathrm{d}x\mathrm{d}y\mathrm{d}z \tag{3.46}$$

式中，V 为等效半径 r_A 的包络体在相遇域内运动所扫过的体积。由定义可知，碰撞概率是整个相遇过程的总碰撞概率。当积分体积 V 为联合球体时，式(3.46)为瞬时碰撞概率(instantaneous collision probability，ICP)，即某时刻次星位置落在总包络体内的概率。

3. 适用性分析

为了更好地分析上述模型，考虑具有相同联合包络体及误差椭球的空间目标若干相遇情景，如图 3.5 所示。

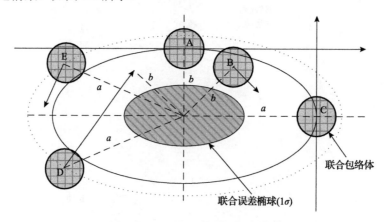

图 3.5　几种瞬时相遇几何示意图

图中，A、B、D 相遇的最小交会距离均为联合误差椭球的短半轴 b，C、E 的最小交会距离为联合误差椭球的长半轴 a。显然，A 与联合误差椭球相遇的瞬时碰撞概率小于 B 与其相遇的碰撞概率，大于 D 与其相遇的碰撞概率。因为 A 联合包络体扫过的体积包含的平均概率密度比 B 小，但比 D 大。同理，C 与联合误差椭球相遇的瞬时碰撞概率大于 E 与之相遇的碰撞概率。D 与联合误差椭球相遇最小交会距离小于 E 与之相遇最小交会距离，但两相遇瞬时碰撞概率相等。各相遇 CPA 模型评价指标 $d_A = d_B = d_D < d_C = d_E$，瞬时碰撞概率 $P_B > P_A > P_C > P_D = P_E$。由此可见，两模型评价指标之间没有对应关系。

由于最小交会距离是对交会处相对距离的预测，其结果很大程度上依赖当前相对速度的方向，实际操作中不能直接反映当前危险程度，故一般采用 CPA 模型进行危险交会的筛选，不作为指导机动的危险评估指标。采用碰撞概率作为评估指标存在以下问题：①瞬时位置误差协方差参数难以确定；②三维积分计算复杂，尤其对于不规则星体；③无法对模型进行扩展，难以加入其他影响安全的因素。

有文献直接采用质心相对距离或其指数函数作为风险评价指标，图 3.5 中各相遇相对距离关系满足 $r_A = r_B < r_C = r_D = r_E$。显然，相对距离与瞬时碰撞概率两

评价指标也不存在对应关系。相对距离小，碰撞概率不一定大；碰撞概率大，相对距离不一定小。

　　特别的，对于各向同性的联合误差协方差，相对距离及等效半径与碰撞概率的关系如图 3.6 所示。由图可知，碰撞概率在区域 $r/\sigma<10$ 且 $r_A/\sigma<10$ 内变化较大，这个区域是需要关注的研究范围。当 σ 不变时，相对距离减小或等效半径增大，则碰撞概率增大，即两星碰撞风险增加。当相对距离小于或等于误差协方差时，等效半径对碰撞概率的影响是显著的。

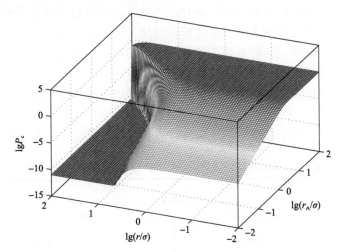

图 3.6　相对距离及等效半径对瞬时碰撞概率的影响

　　综上可知，最小交会距离及最小相对距离与两空间目标质心之间的相对速度及距离相关，未考虑位置误差协方差及包络体半径的影响(质心相对距离及位置误差协方差相同时，包络体半径大的目标碰撞风险大)。而瞬时碰撞概率与相对位置误差协方差、相对位置以及等效包络体相关，未考虑相遇模式以及相对速度对碰撞风险的影响(同一位置，两者接近的碰撞风险比两者远离的碰撞风险大)。仅用相对距离或是碰撞概率均不能完全反映卫星面临的碰撞风险。

　　由于在机动过程中，相对轨迹实时发生变化，很难预测全过程的碰撞概率，故可利用瞬时碰撞概率在线检测和预报碰撞风险的动态变化。当卫星相对距离很小(<100m)时，建议结合最小距离进行碰撞风险评估。

3.2.3　基于性能参数的碰撞风险评估方法

　　事实上，影响卫星飞行安全的因素复杂而繁多，碰撞风险除了受导航系统(相对位置、相对速度等相对状态参数测量输出)影响之外，还与系统性能参数相关，如模块的规避控制能力、相对导航定位速率以及通信性能，甚至系统可靠性等。碰撞风险需要从系统的角度进行研究，并非只着重于导航系统对碰撞风险的影响，碰撞风险评价指标应尽可能反映各影响因素的作用，从而最大限度地降低虚警率及漏报率。

1. 系统性能参数影响

对于集群卫星，各模块任务功能可能不同，导致性能参数也各不相同，研究其碰撞风险评估模型，需考虑以下特点：①长期近距离飞行 $50\mathrm{m} < r < 1\mathrm{km}$，模块之间相对速度很小，相对运动为非线性；②各模块相对导航系统的差异可使得其位置误差协方差不同；③模块结构各异，等效半径允许存在较大差别；④各模块碰撞规避能力可能存在较大差异；⑤根据模块功能差别，通信处理能力可能有很大差异。为提高碰撞风险评估模型的可靠性，综合考虑导航系统、通信系统以及推进系统的性能影响，提出基于性能参数的碰撞风险评估模型。尽量从系统性能角度提出评估指标，提高评估的可靠性。系统的可靠度可事先根据试验数据采集统计获得。

碰撞风险评估模型涉及的模块系统性能参数及符号描述如表 3.1 所示。

表 3.1　碰撞风险评估模型涉及的模块系统性能参数及符号

符号	说明	符号	说明
C_{nav}	导航系统误差协方差	C_{com}	通信系统导致的误差协方差
T_{cp}	通信处理时间	T_{tl}	通信传输延迟
η	推力效率	F_{max}	最大推力
m	模块质量	T_R	最小反应时间
T_{ca}	碰撞避免最小时间	r_A	包络体等效半径

1）导航系统性能相关参数

CPA 及 ICP 模型均与导航系统的输出参数相关，如相对位置、相对速度以及相对位置误差协方差。导航系统的两个重要的性能参数为导航精度和敏感器可靠度。在空间目标位置预报中，不考虑摄动力偏差，迹向位置误差和径向速度误差存在长期项，位置误差的量级由迹向分量决定，速度则由径向分量决定，误差发散主要在轨道面内，法向误差不发散[14]。

2）通信系统性能相关参数

通信性能对碰撞风险评估的主要影响来源于通信时延以及误码率导致的卫星之间的状态偏差。通信时延包括通信处理时间（由相互通信获得相对状态的周期）和传送延迟。通信时延产生相对状态误差可由非线性相对运动模型（考虑 J_2 及空气阻力的影响）传播计算。

3) 推进系统性能相关参数(或姿态偏差导致的控制偏差)

机动时间与模块相对速度以及机动能力(即能提供最大加速度 a_{max})相关,相对距离较大或是最小机动响应时间较小都可以延缓避撞机动,以便给对方目标机动避开的机会。定义碰撞避免最小响应时间 T_{ca} 为

$$T_{ca} = T_R + \frac{m|\boldsymbol{v}|}{F_{max}\eta} \tag{3.47}$$

T_{ca} 与 v 的大小成正比。考虑到推力器固连于体坐标系到参考系的转换, T_{ca} 还与当前的相对姿态相关。由于在碰撞风险评估中估计控制误差(如推力器安装误差)比较困难,需借鉴统计分析方法,采用认识可靠性和误差分析方法(cognitive reliability and error analysis method,CREAM)对控制器可靠性进行分析[15]。

2. 动态安全域

卫星近距离操作过程中,当面临多个交会危险时,为了更直观地指导卫星对危险交会进行避撞机动,需要综合多个量化指标统一表征危险程度。目前普遍认为碰撞概率作为评估指标可靠性较高,但其计算模型无法进行扩展,难以加入其他影响安全的因素。本节引入时间参数及相对速度定义动态安全域,以保证卫星有足够的时间执行规避机动,减小漏报率。

定义动态安全域为相对速度降为零的时间段内包络球扫过的体积,如图 3.7 所示。速度不确定性带来的影响由等效半径的动态变化反映。动态安全域终端等效半径 R_A 定义为

$$R_A = K^{g(t_e)}\left[\left(T_{ca} + T_{cp} + T_{tl}\right)\sigma_{v,max}\right] + r_A \tag{3.48}$$

式中, $\sigma_{v,max}$ 为最大相对速度误差方差; K 为缩放因子;指数函数定义为

$$g(t_e) = \begin{cases} \cos(t_e\pi / T_{lb}), & T_{lb} < t_e < 0 \\ \dfrac{1}{2} + \dfrac{1}{2}\cos(t_e\pi / T_{ub}), & 0 \leqslant t_e < T_{ub} \\ \operatorname{sgn}(\operatorname{sgn}(t_e) - 1), & 其他 \end{cases} \tag{3.49}$$

其中, T_{lb}、T_{ub} 分别为时间上、下边界量,它与 CPA(即 $t_e = 0$)处相对速度不确定性相关,一般取 $T_{lb} \leqslant -r\sigma_{v,max} / |\boldsymbol{v}|^2$, $T_{ub} \geqslant \sqrt{2(r_A + 3\sigma_{max})m / (F_{max}\eta)}$ 。指数函数与两者关系如图 3.8 所示。当两星接近时,动态增加等效半径,以增加碰撞概率;当两星远离时,减小等效半径,以减小虚警率。由定义可知,动态安全域半径的最大值为等效半径的 K 倍。一般选择 $1 < K \leqslant 3$。当多模块近距离飞行时,分别计算

卫星相对于其他目标的动态安全域，再进行碰撞风险评估。

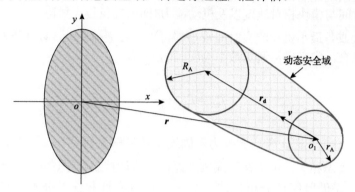

图 3.7　动态安全域定义

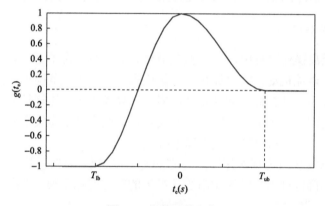

图 3.8　指数函数定义

质心的运动轨迹 $\boldsymbol{r}_\mathrm{d} = \left(T_\mathrm{R} + T_\mathrm{cp} + T_\mathrm{tl} + \dfrac{m|\boldsymbol{v}|}{2F_\mathrm{max}\eta} \right)\boldsymbol{v}$。相对速度越大，质心运动距离越大，安全域越大；反之，相对速度越小，安全域越小。动态安全域的基本思想是在碰撞风险出现之前进行避撞机动，期望降低漏报率，同时根据最小交会时间缩放终端等效半径，期望降低虚警率。

本节采用服务星的体坐标系为参考系，因此，研究中误差椭球中心位于服务星质心，安全包络体中心位于障碍物质心。

3. 碰撞风险评估 "3C" 模型

已知某时刻卫星的轨道参数、性能参数以及卫星之间的相对位置、相对速度和相对姿态。将碰撞风险评估分为三个等级（care，caution and command，简称 "3C" 模型），采用评估指标可靠性递阶式的方法对卫星进行碰撞风险估计。若在通信处理时间 T_cp 之内，$|\boldsymbol{r} + \boldsymbol{r}_\mathrm{d}| > R_\mathrm{A} + \sigma_\mathrm{max}$ 始终成立，则认为卫星无碰撞风险。σ_max 为

最大位置误差方差。

借鉴航空碰撞风险评估的思想，相对速度方向安全间隔用时间定义，相遇面投影间隔用距离定义。"3C"碰撞风险评估模型流程如图3.9所示。

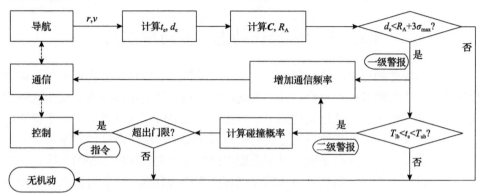

图 3.9　"3C"碰撞风险评估模型流程图

用"3C"模型进行碰撞风险评估的具体步骤如下。

步骤 1：根据导航系统或是与参考模块通信系统，获得相对状态，即相对位置 r、相对速度 v 以及相对状态误差协方差。

步骤 2：计算联合误差协方差 $C = C_{nav} + C_{com}$ 和联合包络体等效半径 R_A。

步骤 3：根据预测 CPA 模型计算 $t_e = -(r \cdot v)/|v|^2$ 及 d_e。

步骤 4：根据卫星性能参数及式(3.5)计算 R_A 及动态安全域。

步骤 5：若 $d_e < R_A + 3\sigma_{max}$，启动第一级警报，模块可能发生危险(根据相对距离定义第一级警报)，需要增加通信频率；否则，转为步骤 1。

步骤 6：若 $T_{lb} < t_e < T_{ub}$ 时，启动第二级警报，碰撞危险正在接近，需要计算相遇面上的瞬时碰撞概率(根据相对速度方向时间定义第二级警报)；否则，转为步骤 1。

步骤 7：计算动态安全域在相遇域内的碰撞概率。

计算碰撞概率时，将动态安全域分为三部分，半径分别为 r_A、R_A 的半球以及近似为高 r_d 的圆台的连接部，对三部分分别进行概率计算并求和。为简化计算，连接部概率近似表示为 $P_3 = f(r + r_d/2)V_3$，圆台体积为 $V_3 = \pi r_d \left(R_A^2 + r_A^2 + R_A r_A \right)/3$。

对于实际在线风险评估应用，由于存在协方差的影响，更关注已知轨迹的最大瞬时碰撞概率以及未知协方差条件下的最差安全情况。通常某时刻的位置协方差相对精确，但速度误差协方差较小，这是因为协方差计算仅考虑了测量误差，假设动态模型比较理想。一旦导航系统出现故障，可采用外插法预估潜在安全风险。然而，当通信系统或控制系统出现故障时，仍需要地面站进行遥操作，降低碰撞风险。对于自主或半自主运行的集群系统，安全评估模型不仅可作为控制过程的约束条件, 还可以用于指导控制方向。某一卫星的防撞机动可能导致另外卫星的碰撞, 需要对集群内所有卫星的安全等级进行分析。安全等级警报越低, 卫星越安全。当卫星处于同一安全等级时, 根据等级评估指标进行优先权排序。

3.3　近距离操作动态智能防撞控制

近距离操作的自主防撞控制难点在于动力学模型非线性、多约束条件, 强调快速规避。主要涉及的约束有: 任务机动时间约束、通信距离约束、安全区域约束、任务需求约束以及能量均衡约束。自主防撞控制既要保证各卫星与主模块之间的运动, 又要保证与其他卫星之间的相对运动安全, 属于多星协同控制。

与一般卫星避撞机动不同, 卫星近距离操作可包含有物理接触的对接, 碰撞安全评估准则不能仅采用相对距离或是碰撞概率作为判据。本节研究将当前控制对象以外的卫星均视为障碍物。为限制在障碍物密集区的机动, 需要有选择地进行避障, 既能节省燃料并减少计算成本, 又能增加控制对象接近目标的机会。

3.3.1　问题描述

编队飞行控制体系分为五类: 多输入多输出体系、主/从体系、虚拟结构体系、循环体系以及行为体系[16]。循环体系一般比多输入多输出体系更具鲁棒性, 但由于每个卫星都需要知道其他卫星的状态, 故带宽需求较大。为避免潜在危险, 需要获得整个卫星群的信息。顶层任务规划输出各卫星操作的初始状态、目标状态及机动优先级, 确保模块预计能够到达目标且满足各种约束条件。

一般用于卫星相对运动的控制方法, 如比例微分 (proportion differential, PD) 反馈、线性二次型调节器 (linear quadratic regulation, LQR) 和非线性反馈等, 难以处理复杂的任务约束。能考虑各种约束的控制往往对计算资源要求较高, 如模型预测控制, 需要在线滚动优化获取鲁棒性[17]。通常顶层任务规划通过优化算法获得满足各种约束条件的标称轨迹以及各卫星机动开启与结束时间。

实际应用中, 导航误差、控制误差、推力矢量误差、推进器故障等因素的影响会导致相对轨迹发生偏离[18]。而任务规划获得的目标最优解很可能在约束边界上, 导致近距离操作过程中仍有发生碰撞的风险。因此, 底层控制仍需要进行碰撞风险评估, 并对危险交会做出避让响应。本节假设卫星具有完成操作任务的能力, 仅研究底层控制任务。

卫星近距离操作控制结构图如图 3.10 所示。由地面系统发出操作指令, 星上飞行管理系统根据指令进行任务规划, 卫星与其他障碍物之间的相对状态由星上相对导航系统获得或者由飞行管理系统通过与地面或群中某个管理卫星交互通信获得。状态信息经坐标系转换后输入制导与控制系统和碰撞风险评估模块。故障产生可能会影响卫星的性能，从而威胁卫星的安全，因此，故障监控系统输出信息也要作为碰撞风险评估的重要参数。结合风险评估输出及相对状态参数，由制导律产生所需的控制输入矢量并驱动执行机构。

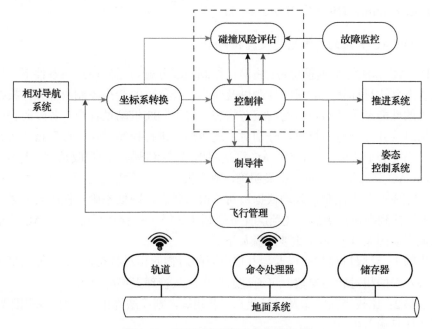

图 3.10 卫星近距离操作控制结构图

卫星近距离操作任务可以是单颗卫星机动，也可以是多颗卫星协同机动，其自主防撞控制可统一描述为：初始状态为 $\boldsymbol{X}_1(t_0),\boldsymbol{X}_2(t_0),\cdots,\boldsymbol{X}_n(t_0)$ 的 n 个卫星，在控制律 $\boldsymbol{U}_1(t),\boldsymbol{U}_2(t),\cdots,\boldsymbol{U}_n(t)$ 作用下，各自经过机动时间 t_f 安全到达各自终端状态 $\boldsymbol{X}_1(t_f),\boldsymbol{X}_2(t_f),\cdots,\boldsymbol{X}_n(t_f)$，并满足操作任务要求的某一指标或多个指标。一旦出现以下情况之一，则认为控制失败：①卫星发生碰撞；②整个任务机动时间超过最大允许值；③推进剂消耗超过最大允许值。

本节研究的基本假设条件如下：

(1)星上采用相对导航系统，实时提供与其他卫星的相对状态；

(2)采用循环与主/从相结合的控制体系；

(3)至少有一颗卫星为管理器，可与地面及其他卫星进行通信；

(4)通信带宽足够，系统数据处理能力较强；

(5)操作时间短，不考虑长期运行相对轨道的影响。

3.3.2 动态智能防撞控制算法

多星近距离操作过程中，当出现多个交会危险时，需要对多个障碍物进行避撞机动，同时使得被控对象到达目标位置。将自主防撞控制分解为两部分：①操作任务驱使的要求控制对象到达目标的机动；②安全约束驱使的与其他服务星保持一定物理距离的机动，由此提出动态智能防撞控制(dynamic intelligent collision avoidance control，DICAC)算法。

1. DICAC 算法的基本思想及流程

DICAC 算法的基本思想是：将防撞控制问题分解为无碰撞约束条件下卫星从初始状态到达目标状态的跟踪控制以及面临交会危险的避撞控制两部分，根据控制对象的性能参数及与障碍物的相对状态，自主判断机动过程中与各障碍物的交会碰撞风险并分配避撞权重，分别对上述两部分进行控制设计，最后将两者叠加重构。当交会危险解除后，DICAC 算法利用追踪控制保证卫星收敛到目标状态。

DICAC 算法结构简单，意义明确，整个机动过程不需要地面干预，由卫星在轨自主完成。每步控制输入均依据最新获得的状态，降低不确定性因素的累积作用。卫星接到操作指令后，经顶层任务规划传送至飞行管理系统。DICAC 算法的基本流程如图 3.11 所示，主要步骤如下。

步骤 1：获取目标状态以及与其他所有障碍物的相对状态 r,v，不能由星上导航系统获得的相对状态参数，可通过通信系统从管理卫星处获得。

步骤 2：比较当前状态及目标状态，若相等，则算法终止；否则，采用跟踪控制算法计算输入 u_{tc}。

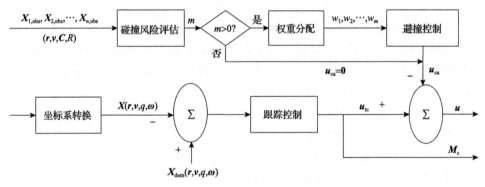

图 3.11　DICAC 算法基本流程图

步骤 3：根据与障碍物的相对状态及控制对象本身的性能参数，采用碰撞风险评估方法对可能的交会危险进行筛查并排序，记交会风险的数量为 m，若 $m>0$，则转入步骤 4；否则，$u_{ca}=0$，跳入步骤 6。

步骤 4：根据碰撞风险评估输出以及顶层能量均衡任务规划，分配与存在交会风险的障碍物进行避撞控制的权重 w_i。

步骤 5：根据与障碍物的相对状态、相遇几何构型以及目标状态，计算避撞控

制输入 $u_{ca} = \sum_{i=1}^{m} w_i u_{ca,i}$。

步骤 6：计算总控制输入 $u_c = u_{tc} + u_{ca}$，根据卫星执行机构约束条件，对 u_c 进行限幅并输出，转入步骤 1。

2. 控制器设计准则

DICAC 算法与自适应人工势场(APF)法本质上类似，相当于以下两种运动的合成：一种是对目标的趋近运动；另一种是对危险障碍物的绕行运动。DICAC 算法本身具有很强的灵活性，可以采用任何有效的非线性控制算法合成，如 PD 反馈、滑模控制、LQR 等。但不同的操作任务对控制器设计的要求有所不同。下面分别从跟踪控制、碰撞风险评估以及避撞控制三方面描述 DICAC 控制器的设计准则。

1) 跟踪控制

由于引入对障碍物的绕行运动，破坏了原有控制输入的方向性，且控制输入有限，所以增加了系统非线性环节。追踪控制需要选用鲁棒性较强的非线性控制算法。对于有物理接触的对接操作，希望相对运动缓慢平稳，避免出现超调控制，可采用自适应控制，如基于 BP 神经网络的 PD 控制等。

2) 碰撞风险评估

不论采用何种碰撞风险评估方法，首先需要判断是否存在交会的可能。对于导航精度较高的卫星，且障碍物与目标位置相距较远，则可以简单用相对距离作为评估指标以减少计算；对于交会对接任务，目标位置位于障碍物(目标星)上，则需要定义安全交会走廊，重新定义目标星的影响域，减少不必要的机动；若目标位置处于障碍物密集区，则需要采用量化的碰撞风险评估指标进行避撞优先级排序。

3) 避撞控制

由于实际控制输入为跟踪控制与避撞控制输入之和，可能会出现两输入相互抵消，从而陷入局部最小点。传统的基于位置避撞的 APF 法可能导致控制对象在目标距离与障碍物之间振荡。

因此，避撞控制的设计准则为：①目标点可达；②避开局部最小。当卫星质心、障碍物质心及目标位置三点共线时，跟踪控制与避撞控制可能相互抵消，陷入局部最小。应针对不同的任务，对可能造成局部最小或目标不可达的因素进行分析。

3. 避障区

为解决多星近距离操作计算量激增问题，定义避障区，只考虑避障区内的障碍物与卫星交会的风险。

首先，卫星当前位置到目标位置的机动轨迹在以当前位置为中心、半径为 $R = r_{cg} + L_c$ 的球域内；其次，从目标位置角度，卫星到达目标位置的可能路径在以目标位置为中心、半径为 R 的球域内。位于两球域交集内的障碍物都有可能与卫星发生碰撞。此外，若卫星位于障碍物的影响域内，则两者的碰撞风险不能忽视。因此，本节的避障区定义为

$$\begin{cases} r_{co} < r_{cg} + L_c \\ r_{og} < r_{cg} + L_c \\ r_{co} < D_o \end{cases} \tag{3.50}$$

式中，r_{co} 表示障碍物相对于被控对象的位置；r_{cg} 表示目标相对于被控对象的位置；r_{og} 表示目标相对于障碍物的位置；L_c 表示目标的包络半径。

避障区定义及各卫星相对位置关系如图 3.12 所示。

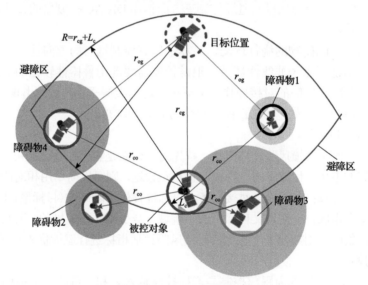

图 3.12　避障区定义及各卫星相对位置关系

由定义可知，图 3.12 中障碍物 1、4 位于避障区内，被控对象位于障碍物 3 的影响域内，必须评估与其碰撞的风险，而障碍物 2 既不在避障区，其影响域也不覆盖被控对象，可忽略其对卫星的安全威胁。

卫星的避障区是实时变化的，随着接近目标位置而减小，尽可能避免目标不可达。由于每个障碍物的动态影响域随时间变化，故影响域覆盖被控对象的卫星也是时变的。避障区的这种动态变化对多星近距离操作是有益的。

4. 动态类爬墙法

影响避撞控制的主要因素及关系如下：

(1) 障碍物相对于卫星的状态参量 r_{co}, v_{co}。随着与障碍物的距离 r_{co} 增大，斥

力减小；相对速度 v_{co} 越大，控制量越大。

（2）卫星至目标位置的矢量 r_{cg}。随着与目标距离的减小而斥力减小，尽可能避免目标不可达。

动态类爬墙法的基本思想是：斥力使得卫星悬停于障碍物等效包络体表面；绕行使得在悬停机动时间内尽可能接近目标。当陷入局部最小点时，采用优化搜索法，在卫星可达区域中选择安全约束条件下离目标位置最近的点。

近距离操作时，卫星之间的距离较小，尤其对于交会对接操作，传统基于距离的响应项 $1/r_{co}^2$ 变化量较大[19,20]，形函数系数采用指数形式。卫星对于障碍物的避撞控制输入可分为沿 r_{co} 负方向(即斥力)及垂直于 r_{co} 方向(即绕行力)，如图 3.13 所示。基于动态类爬墙法的避撞机动控制输入定义如下：

$$u_{ca} = k_g \left[k_v \frac{v_{co}}{\Delta t} - k_r \left(u_{tc} \cdot e_{co} \right) e_{co} + k_\perp u_\perp \right] \tag{3.51}$$

式中，$k_v = \dfrac{e^{-r_{co}^2/(2\sigma^2)} - e^{-D_o^2/(2\sigma^2)}}{e^{-L^2/(2\sigma^2)} - e^{-D_o^2/(2\sigma^2)}}$，$k_r = e^{-d_r(r_{co}-L)}$，$k_g = 1 - e^{-d_g r_{cg}}$，$L = L_o + L_c$，

L_o 和 L_c 分别为障碍物及卫星外表面等效直径(实际物理尺寸)，D_o 为障碍物动态影响域(根据式(3.48)计算)，d_r 和 d_g 为系数衰退速率，σ 为影响域的标准方差；e_{co} 为卫星指向障碍物的单位矢量 $e_{co} = r_{co}/r_{co}$；$k_\perp$ 为绕行速率系数；$u_\perp = u_{tc} - \left(u_{tc}^T e_{co} \right) e_{co}$，当 $u_{tc} \times e_{co} = 0$ 时，则 $u_\perp = \left[e_{co,y}, -e_{co,x}, 0 \right]^T$。若动态安全域为椭球，则绕行力沿椭球的切线方向。

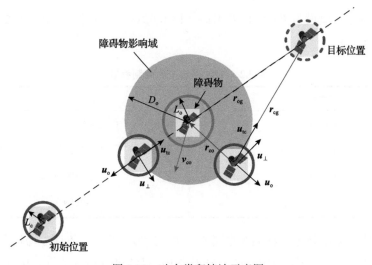

图 3.13　动态类爬墙法示意图

3.3.3 仿真分析

针对单颗卫星机动及多颗卫星协同机动两种场景,采用 DICAC 算法与英国海军研究生院提出的加强 LQR/APF 控制算法[19](简称 NPS 算法)进行仿真比较。DICAC 算法中,跟踪控制部分采用动态增益调度算法。采用机动时间、总燃料消耗以及能量均衡参数指标作为评价指标,其定义如下:

(1)完成整个任务机动时间 $T_f = \max\{t_{f1}, t_{f2}, \cdots, t_{fN}\}$;

(2)消耗总燃料 $J = \sum_{i=1}^{N} \sum_{t=t_0}^{t_f} U_i(t)$;

(3)能量均衡参数指标 $J^B = \sum_{i=1}^{N} \left(\dfrac{J(i)}{J} - \dfrac{1}{N} \right)^2$,能量均衡指数越小,体现各模块消耗的能量越平均。

本节仅对 DICAC 算法的有效性进行验证,不考虑姿态机动,假设相对位置为真实值,即不考虑位置不确定性。为描述被控对象的运动过程,运动轨迹以不作机动的模块质心轨道坐标系为参考系。

1. 单模块防撞机动

仿真中假设共有三颗模块卫星,模块 2 作为参考星,模块 3 不机动且与模块 2 相对静止,模块 1 与模块 2 交会对接。模块 1 机动过程中,模块 2 与模块 3 均被视为障碍物。为以示区别,模块 2 用下标 t 表示,模块 3 用下标 o 表示。各模块的包络体等效半径分别为 $L_1 = 0.15\text{m}, L_2 = 0.1\text{m}, L_3 = 0.156\text{m}$。DICAC 算法中系统状态期望特征值设为 $\boldsymbol{P} = [-1 \pm 0.01\text{j}, -0.1 \pm 0.001\text{j}, -1, -0.1]^T$。NPS 算法主要控制参数如表 3.2 所示。

表 3.2　NPS 算法主要控制参数

符号	参数说明	参数取值	符号	参数说明	参数取值
d_o	模块 3 影响域缩放因子	3	k_{co}	模块 3 绕行力系数	0.05
d_t	模块 2 影响域缩放因子	3	a_m	最大加速度	0.051m/s^2
d_a	参数衰退速率	10	r_m	最大相对距离	2m
k_{ct}	模块 2 绕行力系数	3	v_m	最大相对速度	0.03m/s

以模块 2 质心轨道坐标系为参考系,相对速度均为零,仿真终端状态为[0,0.3, 0,0,−0.005,0]^T。分别采用 DICAC 算法及 NPS 算法进行仿真计算。仿真中数值积

分采用四阶龙格库塔法，积分步长为 1s，仿真时间为 100s。仿真结果如图 3.14～图 3.17 所示，两算法机动时间及燃料消耗如表 3.3 所示。

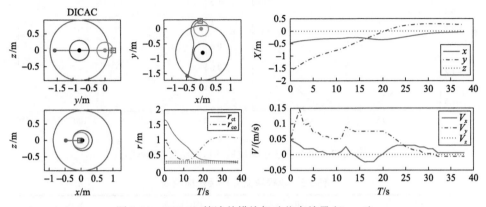

图 3.14　DICAC 算法单模块机动仿真结果(Case 1)

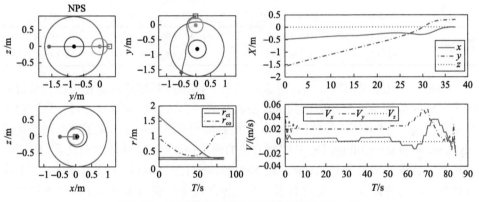

图 3.15　NPS 算法单模块机动仿真结果(Case 1)

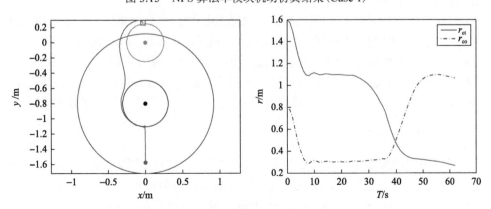

图 3.16　DICAC 算法单模块机动仿真结果(Case 2)

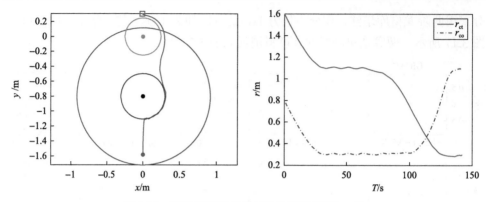

图 3.17 NPS 算法单模块机动仿真结果(Case 2)

表 3.3 单模块交会对接防撞控制

类别		初始相对位置	DICAC 算法	NPS 算法
Case 1	模块 1	$[-0.5, -1.6, 0]^T$	$\Delta V = 0.521\text{m/s}$	$\Delta V = 0.485\text{m/s}$
	模块 3	$[0.05, -0.8, 0]^T$	$T_f = 38\text{s}$	$T_f = 84\text{s}$
Case 2	模块 1	$[0, -1.6, 0]^T$	$\Delta V = 1.98\text{m/s}$	$\Delta V = 0.92\text{m/s}$
	模块 3	$[0, -0.8, 0]^T$	$T_f = 62\text{s}$	$T_f = 142\text{s}$

Case 1 仿真结果由图 3.14、图 3.15 可知,两种控制算法均能使模块到达目标状态。NPS 算法总的机动时间为 80s 左右,且径向方向相对速度在目标位置附近有小幅振荡,而 DICAC 算法经过 40s 到达目标星附近,充分体现了动态增益调度(dynamic gain scheduling, DGS)控制方法的快速控制特点。从能量消耗看,DICAC 算法所需总速度增量为 0.521m/s,比 NPS 算法消耗的 0.458m/s 略有增加。整个仿真过程中,两种控制算法均没有出现明显振荡现象,表明本节提出的动态智能防撞控制方法的有效性。

Case 2 初始时刻卫星、障碍物与目标位置三点共线,仿真结果如图 3.16 及图 3.17 所示。由于初始时刻避撞控制与追踪控制方向相反,$\boldsymbol{u}_{tc} \times \boldsymbol{e}_{co} = 0$,NPS 算法中绕行力 $\boldsymbol{u}_\perp = \boldsymbol{0}$,LQR/APF 合力使得模块 1 最终静止在模块 3 表面。由图可知,由于三点共线,且模块 1 面临的碰撞风险对称,图中两种绕行方向均可行。由表 3.3 可知,DICAC 算法机动时间不到 NPS 算法机动时间的一半,但代价是消耗了较多能量。

2. 双模块防撞机动

仿真中假设模块 1 与模块 2 分别向模块 3 附近的目标位置机动,模块 3 没有机动,模块 1 机动过程中,模块 2 与模块 3 均被视为障碍物。设模块包络体等效半径分别为 $L_1 = 0.3\text{m}, L_2 = 0.3\text{m}, L_3 = 0.35\text{m}$,最大加速度 $a_m = 0.016\text{m/s}^2$,初始相对状态以及终端状态如表 3.4 所示。取 $k_{co} = 1.5$,以增加对障碍物的绕行力。仿真时间为 80s,仿真结果如图 3.18、图 3.19 所示。图中,ΔV_1 表示模块 1 的总速度增量，ΔV_2 表示模块 2 的总速度增量，r_{12} 表示模块 1 相对于模块 2 的距离。

表 3.4 双模块机动初始相对状态及终端状态

条件	x/m	y/m	z/m	$\dot{x}$ /(m/s)	$\dot{y}$ /(m/s)	$\dot{z}$ /(m/s)
模块 1 初始相对状态	−2	−3	0	0	0	0
模块 2 初始相对状态	2	−3	0	0	0	0
模块 1 终端状态	0.75	0	0	0	0	0
模块 2 终端状态	−0.75	0	0	0	0	0

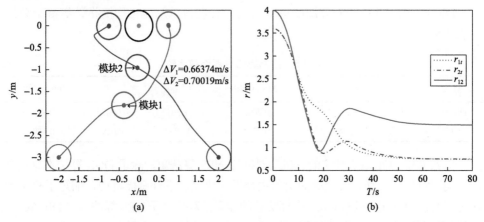

图 3.18 DICAC 算法双模块机动仿真结果

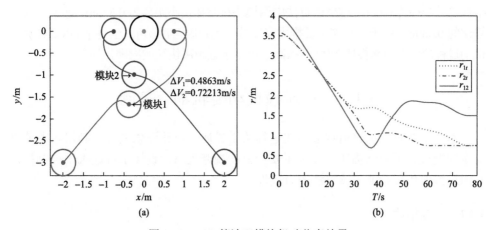

图 3.19 NPS 算法双模块机动仿真结果

由图 3.18 及图 3.19 可知，两模块均能安全到达目标位置，DICAC 算法与 NPS 算法对该仿真条件下的机动任务均有效。图中标出了两模块在整个机动过程中相对距离最小的质心位置及各自安全包络球。如图 3.18(b)所示，仿真开始 10s 后，模块 1 率先进行避撞机动，此时两模块相距 2.4m。而在 NPS 算法控制过程中，开始阶段两模块机动轨迹完全对称，直至相距约 1.5m 时 (约机动 26s)，两模块才同时进行避撞。这是由于在两模块接近过程中，DICAC 算法中"3C"碰撞风险评估模型考虑了相对速度的影响，采用模块 2 的动态安全域为影响域，比 NPS 算法提前进行避撞机动。约 18s 时，两模块相对距离达到最小，随后逐渐远离，两模块碰撞危险解除。此后两模块同时进入模块 3 的影响域，对模块 3 进行绕行避撞，直至达到目标位置。由图 3.18 (a) 所示，DICAC 算法机动过程中，模块 2 到达目标位置附近时的轨迹出现转折，这是由于随着模块 1 与模块 2 相对速度方向的改变，模块 2 对模块 1 的碰撞风险也随之改变，使得轨迹出现拐点。模块 1 与模块 2 几乎同时到达目标位置。

DICAC 算法和 NPS 算法的机动时间、总燃料以及能量均衡指数等参数总结如表 3.5 所示。

表 3.5　控制算法性能参数比较

算法	T_f /s	ΔV_1 /(m/s)	ΔV_2 /(m/s)	J /(m/s)	J^B	$\min r_{12}$ /m
DICAC	60	0.6637	0.7002	1.364	0.00036	0.923
NPS	76	0.4863	0.7221	1.2084	0.019	0.689

由表可知，DICAC 算法的总机动时间比 NPS 算法短，除了 DGS 算法本身具有快速响应特性外，动态安全域的引入也使得模块提前进行避撞机动，缩短了整个操作过程的机动时间。虽然 DICAC 算法总的能量消耗略高于 NPS 算法，但 DICAC 算法能量均衡指数较小，各模块能量消耗较平均。从机动安全性角度，两模块联合包络体等效半径为 0.6m，DICAC 算法中两模块包络体最小距离为 0.323m，远大于 NPS 算法的 0.089m，由于存在测量及推力误差等不确定因素，该仿真条件下 DICAC 算法机动过程的安全可靠性比 NPS 算法高，可用于近距离快速响应操作任务。

3.4　卫星避撞机动姿轨耦合控制

本节主要对卫星轨道规避问题进行数学描述，设计姿轨耦合控制器。本节对安全问题进行了数学描述，提出了安全机动规避策略，设计了规避机动控制律，并通过数值仿真验证了该方法的有效性。

3.4.1　问题描述

目标安全接近是指在向目标机动的过程中获取一条安全飞行轨迹。国际空间站的 SPHERES 试验项目对卫星接近机动进行了技术验证，其中包括障碍卫星的规避问题[21]。大尺寸的空间碎片需要进行规避，一般当作路径约束来处理。安全问题的描述随着卫星的特性变化而变化，如旋转、运动、尺寸大小等。目标安全接近的控制目标是：①服务星在指定时间内到达目标星；②服务星在机动过程中不与障碍物（如空间碎片）发生碰撞。目标接近过程中的障碍物规避如图 3.20 所示。

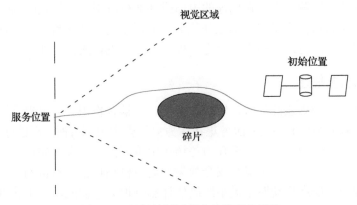

图 3.20　目标接近过程中的障碍物规避

　　相对运动距离比较远且碰撞预警时间较长时，轨道规避控制方案选择在远地点或近地点进行机动。控制方案常通过轨道机动来规避障碍物，一般不进行姿态机动。在飞行过程中，对于空间碎片等小尺寸空间目标，碰撞预警时间常小于轨道周期。在相对距离较近时，对于大附件卫星，需要进行姿态机动来最大限度地保障飞行安全。卫星之间的距离估计对避撞机动至关重要[22]。虽然对卫星的各个组件进行逐一描述能够获得更高的模型精度，但当卫星组件较多时，描述模型复杂，则计算复杂度高。因此，对卫星进行整体性几何描述能提高处理效率。鉴于卫星的对称特性，可以采用对称几何体来表示卫星外包络。带有大附件或者天线的卫星可以用椭球体来表示。在空间任务中，采用椭球体来描述空间物体具有多方面的优势。如图 3.21 所示，采用椭球体来包围服务星和空间碎片。

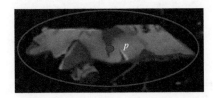

图 3.21　椭球包络体

　　椭球体的参数可以通过常见的估计算法获得，如卡尔曼滤波器。采用椭球体集合来描述空间物体的几何外形：集合 $E(\boldsymbol{p}_i, \boldsymbol{P}_i)$ 表示中心位置在 $\boldsymbol{p}_i$、形状为 $\boldsymbol{P}_i$ 的椭球体集合。通过二次型公式来表示几何椭球体：

$$E(\boldsymbol{p}_i, \boldsymbol{P}_i) = \left\{ \boldsymbol{x} \in \mathbf{R}^3 : (\boldsymbol{x} - \boldsymbol{p}_i)^{\mathrm{T}} \boldsymbol{P}_i (\boldsymbol{x} - \boldsymbol{p}_i) \leqslant 1 \right\} \tag{3.52}$$

$\boldsymbol{P}_i$ 是个正定对称矩阵。$E(\boldsymbol{p}_i, \boldsymbol{P}_i)$ 表示卫星和空间碎片的几何特性。

卫星和碎片采用最小体积等效椭球来表示，度量卫星和碎片之间的空间位置关系至关重要。检测一个点在椭球的内部或外部可以采用不等式准则[23]，目前尚无解析的方法来直接度量二者的空间位置。通常采用近似评价方法来衡量卫星和碎片的位置关系，将最小距离作为定量指标来表征飞行的安全性。

3.4.2 规避方案描述

在卫星近距离规避碎片时，轨道和姿态存在耦合作用。为了提高控制效率，避撞机动控制分为两种情况：服务星在斥力势场作用范围外时，不进行避撞机动，服务星只受目标吸引；服务星在斥力势场作用范围内时，存在碰撞风险，需要进行避撞机动。为了获得最大飞行安全效果，避撞机动包括姿态机动。在近距离避撞控制过程中，姿态机动对于最小距离估计影响很大。因此，为了获得最大分离距离，需要进行姿轨控制。

服务星当前姿态 E_2 相对期望姿态 $\hat{E}_2$ 的姿态误差称为误差姿态。假设空间碎片不存在旋转，当服务星的期望姿态与服务星几何中心和碎片几何中心的连线垂直时，二者的分离距离最大。二者的空间相对关系如图 3.22 所示。

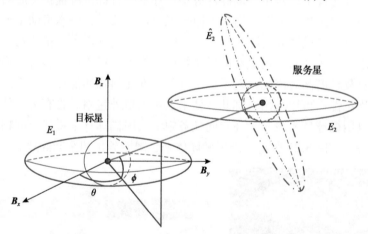

图 3.22 避撞过程空间相对关系示意图

服务星相对于障碍物的空间方位关系可以用两次旋转来表示。旋转角分别为 θ 和 ϕ，用于描述服务星和障碍物的连接线。通过服务星和障碍物的空间相对位置来计算旋转角，计算公式如下：

$$\theta = a\tan\left(\frac{y_c - y_o}{x_c - x_o}\right)$$

$$\phi = a\sin\left(\frac{z_c - z_o}{\sqrt{(x_c - x_o)^2 + (y_c - y_o)^2 + (z_c - z_o)^2}}\right) \tag{3.53}$$

根据角度计算公式，可以直接得到角速度 $\dot{\theta}$ 和 $\dot{\phi}$ 的计算公式：

$$\dot{\theta} = \frac{1}{\left(1 + \dfrac{r_{coy}^2}{r_{cox}^2 + r_{coy}^2}\right)^{0.5}} \frac{v_{coy} - r_{coy}\left(r_{cox}v_{cox} + r_{coy}v_{coy}\right)}{\left(r_{cox}^2 + r_{coy}^2\right)^{1.5}}$$

$$\dot{\phi} = \frac{1}{\left(1 + \dfrac{r_{coz}^2}{r_{cox}^2 + r_{coy}^2 + r_{coz}^2}\right)^{0.5}} \frac{v_{coz} - r_{coz}\left(r_{cox}v_{cox} + r_{coy}v_{coy} + r_{coz}v_{coz}\right)}{\left(r_{cox}^2 + r_{coy}^2 + r_{coz}^2\right)^{1.5}} \tag{3.54}$$

式中，

$$r_{cox} = x_c - x_o, \quad r_{coy} = y_c - y_o, \quad r_{coz} = z_c - z_o$$

$$v_{cox} = \dot{x}_c - \dot{x}_o, \quad v_{coy} = \dot{y}_c - \dot{y}_o, \quad v_{coz} = \dot{z}_c - \dot{z}_o$$

服务星的期望角速度在 LVLH 坐标系中表示。基于两次旋转的物理意义，期望角速度的计算公式为

$$\boldsymbol{\omega}_d = \dot{\theta}\left(\sin\phi\,\boldsymbol{e}_x + \cos\phi\,\boldsymbol{e}_z\right) - \dot{\phi}\,\boldsymbol{e}_y \tag{3.55}$$

3.4.3　控制器设计

本节主要介绍六自由度控制器设计。在飞行过程中，需进行姿轨耦合控制。使服务星的轨道和姿态都达到期望值，采用 3.1.4 节的线性化模型。

1. 六自由度跟踪控制器

六自由度耦合动力学模型在 LVLH 坐标系中表示。耦合动力学模型的系统状态定义为 $\boldsymbol{x}_{e1} = \left[\boldsymbol{\rho}_c, \boldsymbol{q}_e\right]^T$，$\boldsymbol{x}_{e2} = \left[\boldsymbol{v}_c, \boldsymbol{\omega}_e\right]^T$ 和 $\boldsymbol{x}_e = \left[\boldsymbol{x}_{e1}^T, \boldsymbol{x}_{e2}^T\right]^T$，其中，$\boldsymbol{\rho}_c$ 为服务星相对于目标星的位置矢量，$\boldsymbol{v}_c$ 为服务星相对于目标星的速度矢量，$\boldsymbol{q}_e$ 为服务星姿态相对于期望姿态的误差四元数，$\boldsymbol{\omega}_e$ 为服务星角速度相对于期望角速度的误差角速度。六自由度相对运动模型可以表示为

$$\dot{\boldsymbol{x}}_e = \boldsymbol{A}(\boldsymbol{x}_e)\boldsymbol{x}_e + \boldsymbol{B}(\boldsymbol{x}_e)\boldsymbol{u}_e = \begin{bmatrix} \boldsymbol{C}_1 & \boldsymbol{C}_2 \\ \boldsymbol{C}_3 & \boldsymbol{C}_4 \end{bmatrix}\boldsymbol{x}_e + \begin{bmatrix} \boldsymbol{O}_3 \\ \boldsymbol{B}_e \end{bmatrix}\boldsymbol{u}_e \tag{3.56}$$

式中，

$$\boldsymbol{C}_1 = \begin{bmatrix} \boldsymbol{O}_3 & \boldsymbol{O}_3 \\ \boldsymbol{O}_3 & \boldsymbol{F}_{22} \end{bmatrix}, \ \boldsymbol{C}_2 = \begin{bmatrix} \boldsymbol{I}_3 & \boldsymbol{O}_3 \\ \boldsymbol{O}_3 & \boldsymbol{F}_{21} \end{bmatrix}, \ \boldsymbol{C}_3 = \begin{bmatrix} \boldsymbol{G}_{21} & \boldsymbol{O}_3 \\ \boldsymbol{O}_3 & \boldsymbol{F}_{12} \end{bmatrix}, \ \boldsymbol{C}_4 = \begin{bmatrix} \boldsymbol{G}_{22} & \boldsymbol{O}_3 \\ \boldsymbol{O}_3 & \boldsymbol{F}_{11} \end{bmatrix}, \ \boldsymbol{B}_e = \begin{bmatrix} \boldsymbol{I}_3 \\ \boldsymbol{J}^{-1} \end{bmatrix}$$

SDRE 能够解决非线性系统线性化后的渐进稳定控制问题。对于无限时间最优控制，只需要求解代数黎卡提方程就能获得最优控制的解。对于有限时间优化控制问题，微分方程的系数是时变的，不是代数黎卡提方程。应基于有限时间求解方法设计有限时间次优控制器[24]。

控制器设计如下：

$$u_e = -R^{-1}B^T(x_e)P(x_e,t)x_e(t) \tag{3.57}$$

式中，$P(x_e,t)$ 是黎卡提方程的解，R 为姿态变化矩阵。

黎卡提方程的表达式为

$$P(x_e,t)A(x_e) + A^T(x_e)P(x_e,t) + Q - P(x_e,t)D_1P(x_e,t) = -\dot{P}(x_e,t) \tag{3.58}$$

式中，$D_1 = B(x_e)R^{-1}B^T(x_e)$，终端约束条件为 $F = P(x_e,t_f)$，Q 为黎卡提方程中的常值矩阵。

根据公式(3.57)中的控制器，闭环控制系统可以简化一个自治系统：

$$\dot{x}_e(t) = \left[A(x_e) - B(x_e)R^{-1}B^T(x_e)P(x_e,t)\right]x_e \tag{3.59}$$

根据文献[25]中的系统分析方法，公式(3.59)表示的自治系统能够收敛到平衡点。

2. 双斥力避撞控制器

在控制器设计中，避撞过程中采用姿态控制是为了获得最大分离距离，但跟踪控制器中并没有轨道避撞控制功能。本节基于 APF 方法设计轨道机动避撞控制器，设计的原理是，用高势场函数值来描述空间碎片及其周围区域，服务星沿着势场的负梯度飞行以实现安全避撞。为了能够实现对存在漂移运动的空间碎片进行避撞，按照 Ge 和 Cui[26]提出的考虑位置和速度的策略来进行基于 APF 方法的避撞控制器设计。基于空间碎片几何描述的对称性特点，采用具有对称特性的高斯势场函数来描述空间碎片。具有高斯形式的斥力势场函数表示如下：

$$V_o = \begin{cases} \lambda_o \dfrac{e^{-r_{co}^2/(2\sigma^2)} - e^{-D_o^2/(2\sigma^2)}}{e^{-L_o^2/(2\sigma^2)} - e^{-D_o^2/(2\sigma^2)}}, & r_{co} < D_o, v_{co\|} > 0 \\ 0, & \text{其他} \end{cases} \tag{3.60}$$

式中，$r_{co} = \|\rho_c - \rho_o\|$ 为服务星到碎片的距离，ρ_c 为服务星位置矢量，ρ_o 为碎片位置矢量；λ_o 为约束斥力势场的幅值，是个正值常数；$\sigma = D_o/3$ 为高斯曲线的标准差；D_o 为碎片势场的作用范围；L_o 为碎片的最大半径；$v_{co\|}$ 为服务星相对碎片

的平行速度，计算公式如下：

$$v_{co\parallel} = (\boldsymbol{v}_c - \boldsymbol{v}_o) \cdot \boldsymbol{n}_{\parallel} \tag{3.61}$$

式中，$\boldsymbol{v}_c$ 和 $\boldsymbol{v}_o$ 分别为服务星和碎片的速度矢量；$\boldsymbol{n}_{\parallel}$ 为单位矢量，从服务星指向碎片，$\boldsymbol{n}_{\parallel} = \dfrac{\boldsymbol{\rho}_o - \boldsymbol{\rho}_c}{\|\boldsymbol{\rho}_o - \boldsymbol{\rho}_c\|}$。$v_{co\parallel} \leqslant 0$ 时，服务星远离空间碎片，不需要进行轨道机动；反之，服务星不断靠近空间碎片，在斥力势场作用范围内，需要进行避撞机动来躲避空间碎片。

空间碎片势场的作用范围定义为

$$D_o = d_o (L_o + D_s) \tag{3.62}$$

式中，d_o 为常值比例系数；D_s 为最小停止距离，且 $D_s = v_{co\parallel}^2 / (2a_{max})$；$a_{max}$ 为服务星的最大控制加速度。

服务星相对于碎片的垂直速度表示为

$$v_{co\perp} \boldsymbol{n}_{\perp} = \boldsymbol{v}_c - \boldsymbol{v}_o - v_{co\parallel} \boldsymbol{n}_{\parallel} \tag{3.63}$$

式中，$v_{co\perp}$ 为速度矢量幅值；$\boldsymbol{n}_{\perp}$ 为垂直于 $\boldsymbol{n}_{\parallel}$ 的单位矢量。

避撞机动的斥力方向沿着斥力场的负梯度方向。斥力场对位置和速度求导可以得到斥力控制表达式

$$\boldsymbol{F}_o(\boldsymbol{r},\boldsymbol{v}) = -\nabla V_o(\boldsymbol{r},\boldsymbol{v}) = -\nabla_r V_o(\boldsymbol{r},\boldsymbol{v}) - \nabla_v V_o(\boldsymbol{r},\boldsymbol{v}) \tag{3.64}$$

式中，

$$\nabla_r V_o(\boldsymbol{r},\boldsymbol{v}) = \frac{\partial V_o}{\partial r_{co}} \frac{\partial r_{co}}{\partial r} + \frac{\partial V_o}{\partial D_o} \frac{\partial D_o}{\partial r}$$

$$\nabla_v V_o(\boldsymbol{r},\boldsymbol{v}) = \frac{\partial V_o}{\partial r_{co}} \frac{\partial r_{co}}{\partial v} + \frac{\partial V_o}{\partial D_o} \frac{\partial D_o}{\partial v}$$

梯度计算公式中对应的导数项描述如下：

$$\frac{\partial r_{co}}{\partial r} = -\boldsymbol{n}_{\parallel}$$

$$\frac{\partial D_o}{\partial r} = -d_o \frac{v_{co\parallel}}{a_{max}} \frac{v_{co\perp}}{r_{co}} \boldsymbol{n}_{\perp}$$

$$\frac{\partial r_{co}}{\partial v} = 0$$

$$\frac{\partial D_o}{\partial v} = \frac{v_{co\|}}{a_{max}} \boldsymbol{n}_{\|}$$

定义 $M_1 = \mathrm{e}^{-r_{ij}^2/(2\sigma^2)}$，$M_2 = \mathrm{e}^{-L_o^2/(2\sigma^2)}$ 和 $M_3 = \mathrm{e}^{-D_o^2/(2\sigma^2)}$ 来简化数学描述。势场对位置的梯度表示为

$$\nabla_r V_o(\boldsymbol{r}, \boldsymbol{v}) = \lambda_o \frac{r_{co}}{\sigma^2} \frac{M_1}{M_2 - M_3} \boldsymbol{n}_{\|} - \lambda_o \frac{D_o}{\sigma^2} \frac{M_3(M_2 - M_1)}{(M_2 - M_3)^2} d_o \frac{v_{co\|}}{a_{max}} \frac{v_{co\perp}}{r_{co}} \boldsymbol{n}_{\perp} \quad (3.65)$$

势场对速度的梯度表示为

$$\nabla_v V_o(\boldsymbol{r}, \boldsymbol{v}) = \lambda_o \frac{D_o}{\sigma^2} \frac{M_3(M_2 - M_1)}{(M_2 - M_3)^2} \frac{v_{co\|}}{a_{max}} \boldsymbol{n}_{\|} \quad (3.66)$$

空间碎片产生的排斥力表示为

$$\boldsymbol{F}_o(\boldsymbol{r}, \boldsymbol{v}) = \boldsymbol{F}_{o\|} + \boldsymbol{F}_{o\perp} \quad (3.67)$$

式中，

$$\boldsymbol{F}_{o\|} = -\frac{\lambda_o}{\sigma^2(M_2 - M_3)^2} \left[D_o M_3(M_2 - M_1) \frac{v_{co\|}}{a_{max}} + r_{co} M_1(M_2 - M_3) \right] \boldsymbol{n}_{\|}$$

$$\boldsymbol{F}_{o\perp} = \lambda_o \frac{D_o}{\sigma^2} \frac{M_3(M_2 - M_1)}{(M_2 - M_3)^2} d_o \frac{v_{co\|}}{a_{max}} \frac{v_{co\perp}}{r_{co}} \boldsymbol{n}_{\perp}$$

其中，$\boldsymbol{F}_{o\|}$ 为平行斥力，$\boldsymbol{F}_{o\perp}$ 为垂直斥力。对斥力项中的因子进行逐个分析，可以判断两种斥力的方向。对斥力项中的因子进行符号分析，可以得到如下不等式：

(1) $M_2 > M_1 > M_3$，$M_i > 0$，$i = 1, 2, 3$。

(2) $\lambda_o > 0$，$D_o > L_o > 0$，$\sigma^2 > 0$。

(3) $r_{co} > 0$，$d_o > 0$，$a_{max} > 0$。

(4) $v_{co\|} > 0$，$v_{co\perp} > 0$。

根据上面的不等式结论，得到如下两个不等式：

$$D_{o}M_{3}\left(M_{2}-M_{1}\right)\frac{v_{co\parallel}}{a_{max}}+r_{co}M_{1}\left(M_{2}-M_{3}\right)>0$$

$$\lambda_{o}\frac{D_{o}}{\sigma^{2}}\frac{M_{3}\left(M_{2}-M_{1}\right)}{\left(M_{2}-M_{3}\right)^{2}}d_{o}\frac{v_{co\parallel}}{a_{max}}\frac{v_{co\perp}}{r_{co}}>0$$

$$(3.68)$$

根据公式 (3.68) 可以得到斥力的方向，如图 3.23 所示：平行斥力 $\boldsymbol{F}_{o\parallel}$ 的方向与 $\boldsymbol{n}_{\parallel}$ 的方向相反，阻止服务星向空间碎片运动；垂直斥力 $\boldsymbol{F}_{o\perp}$ 的方向与 $\boldsymbol{n}_{\perp}$ 的方向相同，改变服务星的运动方向，远离碎片；$\boldsymbol{F}_{rep}$ 为 $\boldsymbol{F}_{o\parallel}$ 和 $\boldsymbol{F}_{o\perp}$ 的合力。

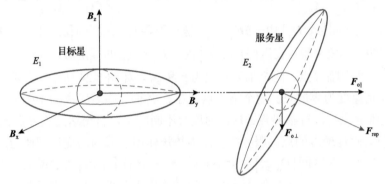

图 3.23　避撞过程中斥力作用示意图

3. 控制器分析

避撞过程中的控制器由两部分组成：一部分是六自由度跟踪控制器，另一部分是避撞控制。其中，六自由度跟踪控制中的姿态机动控制部分也有避撞的功能，集成控制器设计如下：

$$\boldsymbol{u}=\boldsymbol{u}_{oe}+\boldsymbol{F}_{o}(\boldsymbol{r},\boldsymbol{v})/m_{c}$$

$$(3.69)$$

对势场作用范围内力的变化趋势进行分析，得到避撞机动变化趋势。在垂直斥力不是很大的情况下，避撞的成功性取决于平行斥力的变化。因此，力的分析主要针对平行斥力。平行斥力对距离求导数，得到如下公式：

$$\frac{\partial\boldsymbol{F}_{o\parallel}}{\partial r_{co}}=\frac{\lambda_{o}}{\sigma^{2}\left(M_{2}-M_{3}\right)^{2}}\left(D_{o}M_{3}M_{2}\frac{v_{co\parallel}}{a_{max}}-D_{o}M_{3}\frac{v_{co\parallel}}{a_{max}}M_{1}+r_{co}M_{1}M_{2}-r_{co}M_{1}M_{3}\right)'$$

$$=\frac{\lambda_{o}}{\sigma^{2}\left(M_{2}-M_{3}\right)^{2}}\left[D_{o}M_{3}\frac{v_{co\parallel}}{a_{max}}M_{1}\frac{r_{co}}{\sigma^{2}}+M_{1}\left(M_{2}-M_{3}\right)-\frac{r_{co}^{2}}{\sigma^{2}}M_{1}\left(M_{2}-M_{3}\right)\right]$$

$$=\frac{\lambda_{o}M_{1}}{\sigma^{2}\left(M_{2}-M_{3}\right)^{2}}\left[-\frac{\left(M_{2}-M_{3}\right)}{\sigma^{2}}r_{co}^{2}+\frac{D_{o}M_{3}v_{co\parallel}}{\sigma^{2}a_{max}}r_{co}+\left(M_{2}-M_{3}\right)\right]$$

$$(3.70)$$

定义

$$f = -\frac{M_2 - M_3}{\sigma^2} r_{\text{co}}^2 + \frac{D_\text{o} M_3 v_{\text{co}\|}}{\sigma^2 a_{\max}} r_{\text{co}} + (M_2 - M_3)$$

f 是 r_{co} 的二次方程。方程中的二次项系数是负值。二次方程具有两个零点。假定 x_1 和 x_2（$x_2 > x_1$）是 f 的两个零点。由 $f(0) = M_2 - M_3 > 0$ 可以得出两个零点的分布：$x_2 > 0$ 和 $x_1 < 0$。如果 r_{co} 大于 x_2，则 f 小于零。若 r_{co} 在区间 $[0, x_2]$ 内，则 f 大于零。由于 $\dfrac{\lambda_\text{o} M_1}{\sigma^2 (M_2 - M_3)^2}$ 中的每一个因子都大于零，$\dfrac{\lambda_\text{o} M_1}{\sigma^2 (M_2 - M_3)^2}$ 也大于零。

因此，在区间 $[x_2, D_\text{o}]$ 内，$\partial \boldsymbol{F}_{\text{o}\|}/\partial r_{\text{co}}$ 是小于零的；在区间 $[0, x_2]$ 内，$\partial \boldsymbol{F}_{\text{o}\|}/\partial r_{\text{co}}$ 是大于零的。等效来说，在区间 $[x_2, D_\text{o}]$ 内，$\boldsymbol{F}_{\text{o}\|}$ 是 r_{co} 的减函数。通过合理的参数选择，存在两个临界点。两个临界点记为 ς_1 和 ς_2，如图 3.24 所示。ς_1 是合力为零的点，ς_2 是速度为零的点。两个临界点都在 L_o 外面。随着距离的不断变小，服务星先抵达临界点 ς_1，过临界点 ς_1 后，速度会不断减小，直至达到临界点 ς_2。临界点 ς_2 是距离碎片最近的点。服务星在斥力势场作用区域内的变化规律为：服务星相对碎片的速度在区间 $[D_\text{o}, \varsigma_1]$ 内会不断减小，在区间 $[\varsigma_1, \varsigma_2]$ 内会减为零。通过合适的参数设计，能够满足条件 $\varsigma_2 > L_\text{o}$。通过作用力分析可知，满足条件 $\varsigma_2 > L_\text{o}$，能进行有效的避撞机动。

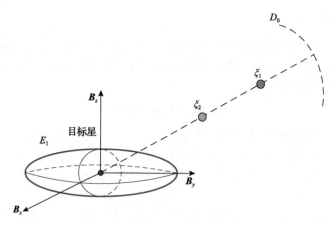

图 3.24　避撞过程中速度变化区间

3.4.4　仿真分析

为了验证控制策略的正确性和控制器的有效性，对近距离接近任务的避撞过程进行运动仿真。在目标接近过程中，服务星到达目标星的同时躲避空间碎片。目标星在椭圆轨道上飞行，轨道半长轴为 6814.426kg，轨道周期大约为 5600s。目标星和空间碎片都假设为无旋状态，服务星的姿态机动执行器安装在惯性主轴上。仿真分为三部分：第一部分主要验证控制策略的正确性；第二部分进行多种初始条件仿真，来说明控制器的有效性；第三部分是对避撞过程进行性能分析。轨道要素与仿真参数设置见表 3.6 与表 3.7。

表 3.6　参考卫星的轨道参数

参数	数值
轨道半长轴/km	6814.426
近地点半径/km	6678.137
倾角/(°)	97.13525
偏心率	0.02
近地点幅角/(°)	0

表 3.7　仿真参数设置

参数	数值
目标星初始位置	$(0m, 0m, 0m)^T$
目标星初始速度	$(0m/s, 0m/s, 0m/s)^T$
服务星初始位置	$(-400m, -500m, -300m)^T$
服务星初始速度	$(0m/s, 0m/s, 0m/s)^T$
碎片初始位置	$(-100m, -120m, -70m)^T$
碎片相对速度	$(-0.06m/s, 0.05m/s, -0.01m/s)^T$
服务星质量	175kg
服务星惯量	$(6kg \cdot m^3, 6kg \cdot m^3, 10kg \cdot m^3)$
服务星椭球主轴长度参数	$(9m, 1m, 4m)^T$
碎片椭球主轴长度参数	$(9m, 1m, 1m)^T$
服务星初始姿态	$(0°, -30°, -55°)^T$
服务星初始角速度	$(0rad/s, 0rad/s, 0rad/s)^T$
碎片初始姿态	$(0°, 0°, 0°)^T$

1. 接近避撞任务仿真

仿真时长设置为 1000s，仿真结果分析如下：如图 3.25 所示的相对位置变化曲线表明服务星能够在指定的时间内到达目标星；而图 3.26 所示的相对速度变化曲线表明服务星相对目标星的速度能够收敛到很小的范围内。由图 3.25 和图 3.26 都可以看出，服务星能够在指定的时间内到达目标星。位置变化的加速度控制曲线如图 3.27 所示。

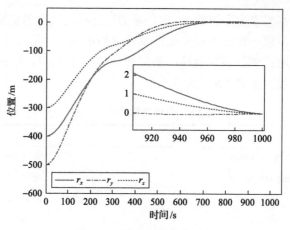

图 3.25　相对位置变化曲线

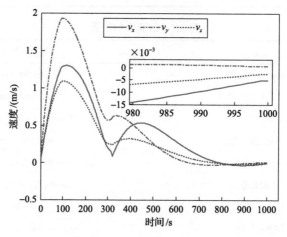

图 3.26　相对速度变化曲线

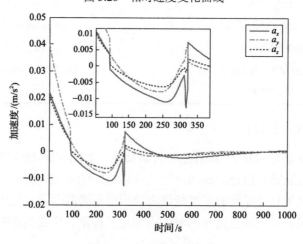

图 3.27　加速度变化曲线

　　在斥力势场作用区域，为了执行避撞机动，加速度幅值会出现明显的变化趋势。加速度变化曲线表明控制力的幅值没有超过服务星的最大执行能力，执行器一直在有效区间内工作，没有出现执行器饱和现象。避撞机动过程中，APF 产生的斥力分量如图 3.28 所示。服务星进入斥力势场作用范围内，通过对位置和速度求解梯度，会产生两种斥力：平行斥力和垂直斥力。平行斥力减少服务星相对空间碎片的速度；垂直斥力改变服务星的运动方向。平行斥力的幅值较大，对避撞起主要作用；垂直斥力的幅值较小，辅助避撞机动。避撞机动过程期望姿态变化及对应的姿态控制响应见图 3.29。图中，Eular_{d3} 表示第三欧拉角期望值，

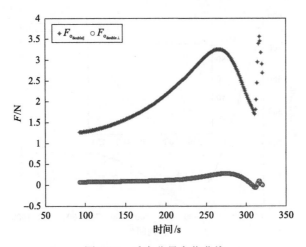

图 3.28　斥力分量变化曲线

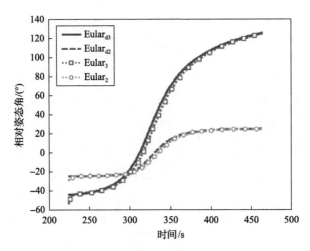

图 3.29　机动过程中相对姿态角跟踪曲线

Eular$_{d2}$ 表示第二欧拉角期望值，Eular$_2$ 和 Eular$_3$ 均表示姿态控制所设定的期望姿态。从图 3.29 中可以看出，在实施避撞机动过程中，实时姿态角与期望姿态角之间吻合度较高，表明姿态跟踪控制效果较好。图 3.30 表示的是服务星到空间碎片的距离变化。相对距离在初期是不断变小的，在 319s 处达到最小值(6.5m)，之后快速增大。由于斥力的作用，相对距离始终大于零，没有碰撞发生。姿态控制过程分为两部分：非姿态控制部分和姿态控制部分。在斥力势场作用范围外，服务星不需要进行姿态机动；在斥力势场作用范围内，需要执行姿态机动。避撞过程中姿态控制力矩变化曲线如图 3.31 所示。

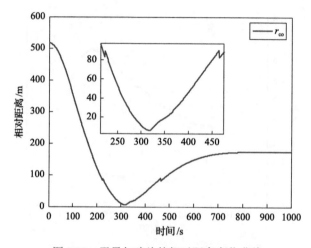

图 3.30　卫星与碎片的相对距离变化曲线

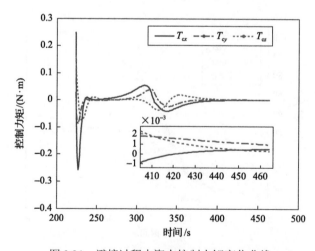

图 3.31　避撞过程中姿态控制力矩变化曲线

2. 不同初始条件仿真

为了验证控制方法的适用性，选取不同的初始条件来检验算法。选取 10 组不同的初始位置，初始位置均匀分布在距离目标 700m 左右的区域。区域沿 x 轴变化范围为$(-500m, -300m)$，沿 y 轴变化范围为$(-600m, -400m)$，沿 z 轴变化范围为$(-400m, -200m)$。10 组仿真结果如图 3.32 所示，所有的目标接近机动都在有限时间内完成。不同初始位置条件下的轨迹分布与分离距离变化分别如图 3.32 和图 3.33 所示。从距离分布图可以看出，在 10 组仿真验证中，最小距离均大于零，没有与空间碎片发生碰撞。由此可以得出结论：在不同初始位置条件下，服务星能够成功躲避空间碎片且到达目标，验证了算法的有效性。

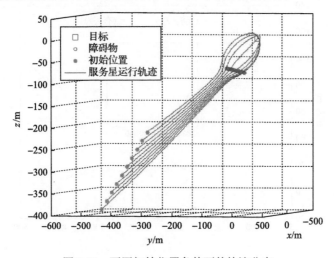

图 3.32　不同初始位置条件下的轨迹分布

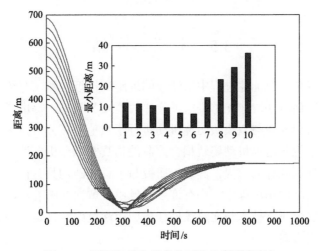

图 3.33　不同初始位置条件下的分离距离变化

3. 性能分析

为了说明避撞过程中姿态机动的必要性，分别对本节设计的控制器（见式(3.69)）和无姿态控制部分的控制器进行了数值仿真分析。在其他仿真条件均相同的情况下，观察两种控制策略作用下服务星到空间碎片的分离距离。分离距离变化曲线如图 3.34 所示。从图中可以看出，两种控制策略作用下的分离距离有所不同：在无姿态控制器作用下，服务星到空间碎片的最小距离小于零，小于安全距离，发生了碰撞；在姿态控制器作用下，分离距离一直都大于零，飞行安全得到保证。因此，在近距离避撞机动过程中，姿态控制有助于提升机动的安全性。

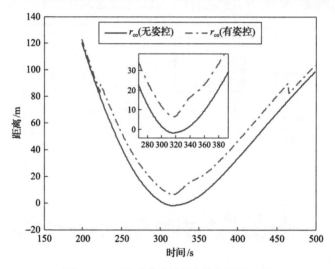

图 3.34　卫星到碎片的距离控制效果对比

3.5　本　章　小　结

本章针对卫星在轨加注过程中所涉及的近距离接近问题，介绍了基于性能参数的碰撞风险评估方法，建立了碰撞风险评估"3C"模型；提出了动态智能防撞控制方法，并对单模块与双模块防撞机动进行了数值仿真分析；进一步通过控制器设计，开展了卫星避撞机动姿轨耦合控制的仿真实例分析。近距离操控是卫星在轨加注任务顺利执行的前提，其理论研究与工程实践均具有极为重要的研究意义。然而，在实际应用过程中，尚有许多问题亟待解决。随着对以上问题的不断深入研究，将安全飞行技术与在轨操控任务应用深度融合，是未来航天领域极具发展前景的研究方向。

参 考 文 献

[1] 师谷. 航天器空间交会对接中的最大一起事故[J]. 国际太空, 2011, (9): 19-22.

[2] Berger B. Fender Bender: NASA's DART spacecraft bumped into target satellite[EB/OL]. https://www.space.com/993-fender-bender-nasa-dart-spacecraft-bumped-target-satellite.html[2010.12.06].

[3] 刘智勇, 何英姿. 相对位置和姿态动力学耦合航天器的自抗扰控制器设计[J]. 航天控制, 2010, 28(2): 17-22.

[4] Park C, Guibout V, Scheeres D J. Solving optimal continuous thrust rendezvous problems with generating functions[J]. Journal of Guidance Control, and Dynamics, 2006, 29(2): 321-331.

[5] 郗晓宁, 王威, 高玉东. 近地航天器轨道基础[M]. 长沙: 国防科技大学出版社, 2003.

[6] 屠善澄. 卫星姿态动力学与控制[M]. 北京: 宇航出版社, 2001.

[7] Brodsky V, Shoham M. Dual numbers representation of rigid body dynamics[J]. Mechanism and Machine Theory, 1999, 34(5): 693-718.

[8] Clifford M A. Preliminary sketch of biquaternions[J]. Proceedings of the London Mathematical Society, 1873, 4(64): 381-395.

[9] Study E. Geometrie der Dynamen[M]. Leipzig: Nabu Press, 1903.

[10] Pennestrì E, Stefanelli. R. Linear algebra and numerical algorithms using dual numbers[J]. Multibody System Dynamics, 2007, 18(3): 323-344.

[11] 武元新. 对偶四元数导航算法与非线性高斯滤波研究[D]. 长沙: 国防科技大学博士学位论文, 2005.

[12] 王华. 交会对接的控制与轨迹安全[D]. 长沙: 国防科技大学博士学位论文, 2007.

[13] Chan F K. Spacecraft Collision Probability[M]. California: The Aerospace Press, 2008.

[14] 白显宗. 空间目标碰撞预警中的碰撞概率问题研究[D]. 长沙: 国防科技大学硕士学位论文, 2008.

[15] 梁立波, 罗亚中, 王华, 等. 空间交会轨迹安全性定量评价指标研究[J]. 宇航学报, 2010, 31(10): 2239-2245.

[16] Scharf D P, Hadaegh F Y, Ploen S R. A survey of spacecraft formation flying guidance and control. Part II: Control[C]. Proceedings of the American Control Conference, Boston, 2004.

[17] 朱彦伟. 航天器近距离相对运动轨迹规划与控制研究[D]. 长沙: 国防科技大学博士学位论文, 2009.

[18] Wigbert Fehse. 航天器自主交会对接技术[M]. 李东旭, 李智, 译. 长沙: 国防科技大学出版社, 2009.

[19] Bevilacqua R, Lehmann T, Romano M. Development and experimentation of LQR/APF guidance and control for autonomous proximity maneuvers of multiple spacecraft[J]. Acta Astronautica, 2011, 68: 1260-1275.

[20] McCamish S, Romano M, Nolet S, et al. Ground and space testing of multiple spacecraft control during close-proximity operations[C]. AIAA Guidance, Navigation and Control Conference and Exhibit, Honolulu, 2008.

[21] McCamish S B, Romano M, Nolet S, et al. Flight testing of multiple-spacecraft control on SPHERES during close-proximity operations[J]. Journal of Spacecraft and Rockets, 2009, 46(6): 1202-1213.

[22] Badawy A, McInnes C R. On-orbit assembly using superquadric potential fields[J]. Journal of Guidance, Control, and Dynamics, 2008, 31(1): 30-43.

[23] Hwang K S, Tsai M D. On-line collision-avoidance trajectory planning of two planar robots based on geometric modeling[J]. Journal of Information Science and Engineering, 1999, 15(1): 131-152.

[24] Heydari A, Balakrishnan S N. Path planning using a novel finite horizon suboptimal controller[J]. Journal of Guidance, Control, and Dynamics, 2013, 36(4): 1210-1214.

[25] Cloutier J R, Stansbery D T. The capabilities and art of state-dependent Riccati equation-based design[C]. Proceedings of the American Control Conference, Anchorage, 2002.

[26] Ge S S, Cui Y J. Dynamic motion planning for mobile robots using potential field method[J]. Autonomous Robots, 2002, 13(3): 207-222.

第4章 基于结构变形的软对接动态接触理论

对于卫星在轨加注，服务星与目标星的可靠对接是任务顺利实施的前提。目前国际上已投入使用的空间对接机构主要面向航天飞机、空间站等大型航天器，对接机构结构复杂、质量大，且需要配备复杂的对接缓冲装置，很难直接适用于卫星对接任务。针对卫星在轨加注任务需求，有效利用结构自身变形实现对接碰撞缓冲，可望为新型小型化星体/管路一体化对接机构的设计与研制提供一条新的解决思路。为了同传统刚性对接机构进行区分，定义这种依靠自身结构变形实现碰撞缓冲的对接方式为"软对接"。在对接碰撞过程中，动态接触问题扮演着十分重要的角色，是软对接机构设计的理论基础。因此，本章重点关注基于结构变形的软对接动态接触理论研究。

接触问题在现实生活与工程实际中随处可见，在卫星对接过程中同样扮演着重要角色，对其开展深入的理论与应用研究显得尤为重要。接触问题的解析求解方法一般认为起源于1882年Hertz[1]发表的经典论文 "On the contact of elastic solids"，这标志着接触力学作为一门学科正式诞生。在其后上百年的时间里，Hertz接触理论得到工程与实验的有效检验。基于Hertz接触理论，研究者开展了大量关于接触问题的扩展性研究工作。1961年，Galin等[2]在专著 *Contact Problems in the Theory of Elasticity* 中系统性地阐述了弹性接触力学的研究进展。1980年，Gladwell等[3]在专著 *Contact Problem in the Classical Theory of Elasticity* 中对理想弹性固体的接触问题进行了比较相近的论述。上述理论在研究接触问题时进行了大量的假设与近似处理，如接触面光滑无摩擦、法向接触无滑移等。1985年，Johnson[4]出版的 *Contact Mechanics* 一书中涉及大量最新研究成果，对法向与切向接触、弹性与非弹性接触、Hertz与非Hertz接触、滑动与滚动、静压与动压、光滑表面与粗糙表面等多种情形均进行了比较系统全面的阐述。在接触理论发展的初期，解析方法在深入认识接触问题上取得了重大进展。随着工程接触情形日益复杂，基于有限元理论的数值计算方法越来越多地被引入接触问题求解过程。

传统有限元接触算法主要是通过引入接触单元，并将接触单元耦合至有限元程序以实现对接触问题的求解。而接触单元之间通过采用罚函数理论，引入接触刚度来减小接触单元之间的侵入量[5]。罚函数接触算法不会额外增加有限元变量，数值实现过程简单，因此被商业有限元软件普遍采用。有限元接触算法的产生可看作是接触问题求解方法的一场革命。然而，有限元接触算法需引入接触刚度并均会伴随接触面侵入现象发生。其中，接触刚度需人为设置，在有限元商用软件中，软件会根据工程经验设置默认值。故在采用有限元接触算法时，必须对接触刚度进行校验，否则，计算结果是不可靠的。由此可见，传统有限元接触算法存在无法避免接触面之间侵入现象发生以及人为设置接触刚度的缺陷，并且接触刚度的设置对接触算法求解结果具有显著影响。为了解决传统有限元接触算法存在的上述缺陷，基于变分不等式理论的接触算法应运而生。

变分不等式接触理论可以被看作一种解决物理问题的数学规划理论，尤其适用于解决带约束的物理问题。变分不等式接触算法直接采用接触问题的不等式约束条件，利用带约束的优化搜索算法进行求解，有效避免了接触面侵入现象的发生；无需设置接触刚度，有效避免了因接触刚度人为设置对求解结果的影响。变分不等式接触理论的先驱性工作由 Duvaut 等[6]完成，主要探讨 Signorini 接触问题的变分不等式求解方法。接着，Kinderlehrer 等从数学上证明了变分不等式理论应用于解决接触问题的可行性以及解的唯一性，从而奠定了变分不等式接触理论的基础[7, 8]。Kikuchi 等利用变分不等式接触理论解决了大量弹性接触问题，并建立了用于求解变分不等式接触模型的有限元求解算法[9-18]。Meguid 等将变分不等式接触算法应用于解决工程实际问题，包括静态接触情形与动态接触情形，使得变分不等式接触算法在工程上得到较好的应用[19-30]。Wang 等对变分不等式接触算法与有限元方法的结合进行了深入探讨[31]。Capatina[32]在其著作中系统总结了变分不等式接触理论用于解决准静态摩擦接触问题的研究进展情况。目前，变分不等式接触理论研究仍处于发展的初级阶段，在基础理论体系与工程应用等方面均具有广阔的研究前景，亟待进一步深入发展。本章在深入研究变分不等式接触算法基础上，结合卫星软对接动力学建模的实际需求，提出了基于变分不等式接触原理的软对接动力学分析方法，有效扩展了变分不等式接触理论的应用范畴。

4.1 变分不等式接触基本原理

本节主要介绍利用变分不等式原理解决接触问题的基本方法。以 Signorini 问题为例，首先引入接触约束条件，推导变分不等式应用于解决接触问题的基本方程；接着通过两步法与有限元离散，介绍变分不等式接触问题基本方程的数值求解方法；最后，给出采用变分不等式原理解决接触问题的三个简单实例，仿真结果通过 Hertz 模型与有限元商业软件进行了验证，同时通过实例揭示了采用传统罚函数法在解决接触问题时对接触刚度系数的依赖。

4.1.1　接触约束条件

首先从最基本的弹性体与刚性平面的接触问题开始研究，即所谓的经典 Signorini 接触问题[10]，如图 4.1 所示。

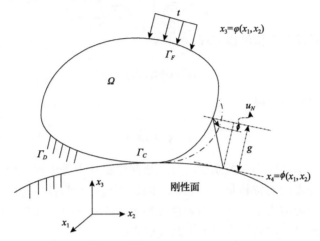

图 4.1　弹性体与刚性面接触（Signorini 接触问题）

接触问题的基本约束条件为：

(1)法向接触应力(接触面承受压应力)小于等于零；

(2)接触面各点位移量必须保证接触面之间不发生相互侵入现象。

接着，将上述接触约束条件转化为数学表达式形式。约束条件(1)可转化为数学表达式形式，即

$$\sigma_N(u) \leqslant 0, \quad 在\,\Gamma_C\,上 \tag{4.1}$$

式中，$\sigma_N(u)$ 为法向接触应力；Γ_C 为接触面。在弹性体与刚性面尚未发生接触时，法向接触应力等于零；当弹性体与刚性面发生接触时，由于接触应力均为压应力，故法向接触应力小于零。

将约束条件(2)转化为数学表达式的形式，即

$$u_N - g \leqslant 0, \quad 在\,\Gamma_C\,上 \tag{4.2}$$

式中，u_N 表示接触面位移法向分量。刚性接触面法向矢量 $\mathbf{N}$ 可通过以下方法求得

$$\mathbf{N} = (N_1, N_2, N_3) = \dfrac{\left(-\dfrac{\partial \phi}{\partial x_1}, -\dfrac{\partial \phi}{\partial x_2}, 1\right)}{\sqrt{1 + \left(\dfrac{\partial \phi}{\partial x_1}\right)^2 + \left(\dfrac{\partial \phi}{\partial x_2}\right)^2}} \tag{4.3}$$

两接触面之间距离 g 的具体求解方法为

$$g = \frac{\left| \varphi(x_1, x_2) - \phi(x_1, x_2) \right|}{\sqrt{1 + \left(\dfrac{\partial \phi}{\partial x_1}\right)^2 + \left(\dfrac{\partial \phi}{\partial x_2}\right)^2}} \tag{4.4}$$

式中，φ 表示弹性体上接触面方程，

$$x_3 = \varphi(x_1, x_2) \tag{4.5}$$

ϕ 表示刚性体接触面方程，

$$x_4 = \phi(x_1, x_2) \tag{4.6}$$

当弹性体与刚性面尚未发生接触时，法向接触应力等于零，而弹性体外表面相对于刚性体外表面的位移量小于它们之间的距离；当弹性体与刚性面之间发生接触时，法向接触应力小于零，而弹性体外表面相对于刚性体外表面的位移量等于它们之间的距离。因此，有以下关系式成立：

$$\sigma_N(\boldsymbol{u})(u_N - g) = 0, \quad \text{在 } \Gamma_C \text{上} \tag{4.7}$$

综上所述，弹性体与刚性面接触(Signorini 问题)的基本约束条件为

$$\begin{cases} \sigma_N(\boldsymbol{u}) \leqslant 0 \\ u_N - g \leqslant 0 \\ \sigma_N(\boldsymbol{u})(u_N - g) = 0 \end{cases}, \quad \text{在 } \Gamma_C \text{上} \tag{4.8}$$

从式(4.8)可以看出，接触问题本质上属于不等式约束问题。若进一步考虑摩擦作用，则引入 Coulomb 摩擦模型，即

$$\begin{cases} |\sigma_T(\boldsymbol{u})| < -\mu \sigma_N(\boldsymbol{u}), & u_T = 0 \\ |\sigma_T(\boldsymbol{u})| = -\mu \sigma_N(\boldsymbol{u}), & \exists \lambda > 0 \text{时 } u_T = -\lambda \sigma_T(\boldsymbol{u}) \end{cases} \tag{4.9}$$

式中，$\sigma_T(\boldsymbol{u})$ 为切向接触应力；u_T 为接触面切向位移；μ 为摩擦系数。当切向位移等于零时，两接触面呈黏滞状态；当切向位移不为零时，两接触面将发生相对滑移。

4.1.2　变分不等式接触基本方程

在上述弹性体与刚性面接触约束条件基础上，结合静力学平衡方程及相关边

界条件，推导变分不等式接触基本方程。首先，静力学平衡方程具体表述如下：

$$\sigma_{ij}(\boldsymbol{u})_{,j} + f_i = 0, \quad 在 \Omega 内 \tag{4.10}$$

不妨假设在弹性体边界 Γ_F 上施加有外力载荷 t，在弹性体边界 Γ_D 上施加固定位移边界条件，则弹性体与刚性面接触问题所受外力与位移边界条件可分别表述如下：

(1) 外力边界条件为

$$\sigma_{ij}(\boldsymbol{u})n_j = t_i, \quad 在 \Gamma_F 上 \tag{4.11}$$

(2) 位移边界条件为

$$u_i = 0, \quad 在 \Gamma_D 上 \tag{4.12}$$

表达式 (4.8) 至式 (4.12) 构成了弹性体与刚性面接触问题的基本约束方程。以下将基于上述基本约束方程，利用虚功原理推导变分不等式接触基本方程。在推导之前，首先定义空间 H 为

$$H = \left\{ \boldsymbol{u} \in \Omega \mid u = 0, \quad 在 \Gamma_D 上且 u_N - g \leqslant 0, \quad 在 \Gamma_C 上 \right\} \tag{4.13}$$

为了方便后续的推导过程，引入以下三个虚功表达式：
(1) 接触体抵抗自身弹性变形过程中内力所做的虚功为

$$a(\boldsymbol{u}, \boldsymbol{v}) = \int_{\Omega} \sigma_{ij}(\boldsymbol{u}) e_{ij}(\boldsymbol{v}) \mathrm{d}\Omega, \quad \boldsymbol{u}, \boldsymbol{v} \in H \tag{4.14}$$

(2) 外力所做的虚功为

$$f(\boldsymbol{v}) = \int_{\Omega} f \cdot \boldsymbol{v} \mathrm{d}\Omega + \int_{\Gamma_F} t \cdot \boldsymbol{v} \mathrm{d}s, \quad \boldsymbol{v} \in H \tag{4.15}$$

(3) 摩擦力所做的虚功为

$$j(\boldsymbol{u}, \boldsymbol{v}) \equiv \int_{\Gamma_C} \mu |\sigma_N(\boldsymbol{u})| |v_T| \mathrm{d}s, \quad \boldsymbol{u}, \boldsymbol{v} \in H \tag{4.16}$$

有了上述基本定义后，下面将正式介绍变分不等式接触基本方程的推导过程。首先根据内力虚功表达式 (4.14) 可扩展得到

$$a(\boldsymbol{u}, \boldsymbol{v} - \boldsymbol{u}) = \int_{\Omega} \sigma_{ij}(\boldsymbol{u}) e_{ij}(\boldsymbol{v} - \boldsymbol{u}) \mathrm{d}\Omega = \int_{\Omega} \sigma_{ij}(\boldsymbol{u})(v_i - u_i)_{,j} \mathrm{d}\Omega \qquad (4.17)$$

式中，$\sigma_{ij}(\boldsymbol{u})$ 为应力张量；$e_{ij}(\boldsymbol{v} - \boldsymbol{u})$ 为应变张量。采用 Green 公式，可得

$$\int_{\Omega} \sigma_{ij}(\boldsymbol{u})(v_i - u_i)_{,j} \mathrm{d}\Omega = -\int_{\Omega} \sigma_{ij}(\boldsymbol{u})_{,j}(v_i - u_i) \mathrm{d}\Omega + \int_{\Gamma} \sigma_{ij}(\boldsymbol{u}) n_j (v_i - u_i) \mathrm{d}s \quad (4.18)$$

式中，

$$\int_{\Gamma} \sigma_{ij}(\boldsymbol{u}) n_j (v_i - u_i) \mathrm{d}s = \int_{\Gamma_F} t_i(\boldsymbol{u})(v_i - u_i) \mathrm{d}s + \int_{\Gamma_C} \sigma_{ij}(\boldsymbol{u}) n_j (v_i - u_i) \mathrm{d}s \qquad (4.19)$$

联合式(4.10)、式(4.15)、式(4.18)与式(4.19)可得

$$a(\boldsymbol{u}, \boldsymbol{v} - \boldsymbol{u}) - f(\boldsymbol{v} - \boldsymbol{u}) = \int_{\Gamma_C} \sigma_{ij}(\boldsymbol{u}) n_j (v_i - u_i) \mathrm{d}s \qquad (4.20)$$

式(4.20)中等号右端表示接触力的虚功，其包含法向与切向两部分，因此，$\sigma_{ij}(\boldsymbol{u}) n_j (v_i - u_i)$ 可分解为

$$\sigma_{ij}(\boldsymbol{u}) n_j (v_i - u_i) = \sigma_T(\boldsymbol{u})(v_T - u_T) + \sigma_N(\boldsymbol{u})(v_N - u_N) \qquad (4.21)$$

联合式(4.16)、式(4.20)与式(4.21)，可得

$$\begin{aligned}
&a(\boldsymbol{u}, \boldsymbol{v} - \boldsymbol{u}) + j(\boldsymbol{u}, \boldsymbol{v}) - j(\boldsymbol{u}, \boldsymbol{u}) - f(\boldsymbol{v} - \boldsymbol{u}) \\
&= \int_{\Gamma_C} \left[\sigma_T(\boldsymbol{u})(v_T - u_T) + \mu |\sigma_N(\boldsymbol{u})| \left(|v_T| - |u_T| \right) + \sigma_N(\boldsymbol{u})(v_N - u_N) \right] \mathrm{d}s
\end{aligned} \qquad (4.22)$$

首先分析式(4.22)中等号右端 $\sigma_N(\boldsymbol{u})(v_N - u_N)$ 项，有

$$\begin{aligned}
\sigma_N(\boldsymbol{u})(v_N - u_N) &= \sigma_N(\boldsymbol{u})(v_N - u_N + g - g) \\
&= \sigma_N(\boldsymbol{u})(v_N - g) - \sigma_N(\boldsymbol{u})(u_N - g) \\
&= \sigma_N(\boldsymbol{u})(v_N - g) \geqslant 0
\end{aligned} \qquad (4.23)$$

为了更好地从物理意义上理解上述关系，可将 $\boldsymbol{v}$ 看作在无刚性接触面阻挡情况下弹性体可允许的位移量；而 $\boldsymbol{u}$ 为存在接触面阻挡时，弹性体实际能够达到的位移量；N 为刚性接触面法向矢量。这些矢量之间的关系如图 4.2 所示。

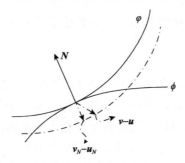

图 4.2　位移矢量关系

图 4.2 中各矢量之间的关系可表述为

$$v_N - u_N = N(v - u) \tag{4.24}$$

由于接触面法向 N 与位移矢量 $v - u$ 方向相反，故有 $v_N - u_N \leqslant 0$ 恒成立，结合接触条件 (4.1)，同样可得到关系式 (4.23) 成立。

接着分析式 (4.22) 中 $\sigma_T(u)(v_T - u_T) + \mu|\sigma_N(u)|(|v_T| - |u_T|)$ 项，结合接触摩擦模型 (4.9)，并同时分为黏滞接触与滑动接触两种情况加以讨论。当接触状态为黏滞接触时，$|\sigma_T(u)| < -\mu\sigma_N(u)$ 且 $u_T = 0$，于是有

$$
\begin{aligned}
&\sigma_T(u)(v_T - u_T) + \mu|\sigma_N(u)|(|v_T| - |u_T|) \\
&= \sigma_T(u)v_T + \mu|\sigma_N(u)||v_T| \\
&\geqslant -\mu|\sigma_N(u)|v_T + \mu|\sigma_N(u)||v_T| \geqslant 0
\end{aligned} \tag{4.25}
$$

当接触状态为滑动接触时，$|\sigma_T(u)| = -\mu\sigma_N(u)$ 且 $u_T = -\lambda\sigma_T(u)$，于是有

$$
\begin{aligned}
&\sigma_T(u)(v_T - u_T) + \mu|\sigma_N(u)|(|v_T| - |u_T|) \\
&= \sigma_T(u)v_T + \lambda|\sigma_T(u)|^2 + \mu|\sigma_N(u)||v_T| - \lambda\mu|\sigma_N(u)||\sigma_T(u)| \\
&= \sigma_T(u)v_T + |\sigma_T(u)||v_T| \geqslant 0
\end{aligned} \tag{4.26}
$$

综上分析，可得

$$a(u, v - u) + j(u, v) - j(u, u) \geqslant f(v - u), \quad \forall u, v \in H \tag{4.27}$$

上式即为变分不等式原理求解 Signorini 接触问题的基本表达式。其中，$a(u, v - u)$ 表示弹性体内力抵抗其变形所做的虚功，$j(u, v) - j(u, u)$ 表示接触面摩擦所做的虚功，$f(v - u)$ 表示外力所做的虚功。由此可知，变分不等式接触基本方程 (4.27) 所表述的物理意义为：静态接触情形下，外力所做的虚功不足以克服弹性体内力抵抗其变形及接触面摩擦所做的虚功，故两接触体仍保持相对静止状态。下面将

重点介绍上述变分不等式接触基本方程的数值求解方法。

4.1.3 数值求解方法

关于变分不等式接触的基本方程(4.27)，直接求解比较困难，目前通常的做法是将其分解为两个子问题，采用两步法进行求解。子问题 I 中，通过假设切向接触应力已知来简化基本方程；通过对子问题 I 的求解，可初步确定法向接触应力与接触区域，则在子问题 II 中即可完成对基本方程的求解。两步法求解变分不等式接触基本方程的可行性与解的唯一性均已得到证明[7,8,10]。另外，由于子问题 II 中涉及切向摩擦的求解，而切向摩擦方向的不确定导致其数学表达式存在不可微问题，给数值求解过程带来较大麻烦。因此，子问题 II 中将引入正则化近似处理方法，来解决切向摩擦不可微问题。基于以上求解技巧，分别针对两个子问题，结合有限元离散模型，即可给出具体数值求解方法。下面将分为子问题求解、切向摩擦正则化处理以及有限元求解三部分给出具体介绍。

1. 子问题求解

1)子问题 I：假设切向接触应力已知

若切向接触应力 σ_T 已知，则基本方程(4.27)可变化为

$$a(\boldsymbol{u}, \boldsymbol{v} - \boldsymbol{u}) \geqslant f_s(\boldsymbol{v} - \boldsymbol{u}), \quad \forall \boldsymbol{v} \in H \tag{4.28}$$

其中，

$$f_s(\boldsymbol{v}) = f(\boldsymbol{v}) + \int_{\Gamma_C} \sigma_T \cdot \boldsymbol{v}_T \mathrm{d}s \tag{4.29}$$

2)子问题 II：已知法向接触应力 σ_N 及接触区域 Γ_C

通过第一步的求解可确定法向接触应力 σ_N 及接触区域 Γ_C，此时基本方程(4.27)可变化为

$$a(\boldsymbol{u}, \boldsymbol{v} - \boldsymbol{u}) + j(\boldsymbol{v}) - j(\boldsymbol{u}) \geqslant f_F(\boldsymbol{v} - \boldsymbol{u}), \quad \forall \boldsymbol{u}, \boldsymbol{v} \in H \tag{4.30}$$

其中，

$$j(\boldsymbol{v}) = \int_{\Gamma_C} -\mu \sigma_N |\boldsymbol{v}_T| \mathrm{d}s \tag{4.31}$$

$$f_F(\boldsymbol{v}) = f(\boldsymbol{v}) + \int_{\Gamma_C} \sigma_N \boldsymbol{v}_N \mathrm{d}s \tag{4.32}$$

由式(4.31)可以看出，切向摩擦项存在不可微问题，给具体数值求解带来较大麻烦，下面将引入正则化近似处理方法来解决切向摩擦不可微问题。

2. 切向摩擦正则化处理

式(4.31)中不可微问题主要缘于 $|v_T|$ ，于是定义如下分段函数对其进行近似处理：

$$\phi_\varepsilon(v) = \begin{cases} |v_T| - \dfrac{\varepsilon}{2}, & |v_T| > \varepsilon \\ \dfrac{1}{2\varepsilon}|v_T|^2, & |v_T| \leqslant \varepsilon \end{cases}, \quad v \in H \tag{4.33}$$

其一阶导数为（将在后续有限元数值求解过程中用到）

$$(\phi_\varepsilon(v))' = \begin{cases} 1, & v_T > \varepsilon \\ \dfrac{1}{\varepsilon}v_T, & |v_T| \leqslant \varepsilon , \quad v \in H \\ -1, & v_T < -\varepsilon \end{cases} \tag{4.34}$$

分段函数 $\phi_\varepsilon(v)$ 及其一阶导数可用示意图如图 4.3 所示。

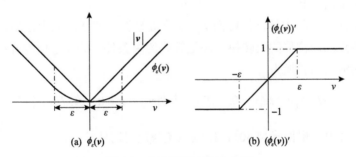

图 4.3　切向摩擦正则化处理

于是，式(4.31)中摩擦项 $j(\cdot)$ 可写成

$$j_\varepsilon(v) = \int_{\Gamma_C} -\mu\sigma_N\phi_\varepsilon(v)\mathrm{d}s \tag{4.35}$$

通过采用上述正则化处理方法后，即可结合有限元离散模型，实现对变分不等式接触基本方程的数值求解。具体有限元求解过程将在下节详细介绍。

3. 有限元求解

1)求解子问题 I

子问题 I 中，根据式(4.28)，接触系统势能可写成

$$W_1(\boldsymbol{v}) = \frac{1}{2}a(\boldsymbol{v},\boldsymbol{v}) - f_s(\boldsymbol{v}), \quad \forall \boldsymbol{v} \in H \tag{4.36}$$

根据系统势能最小原理，式(4.36)可转换为求解以下最小值问题：

$$\min\left\{\frac{1}{2}a(\boldsymbol{v},\boldsymbol{v}) - f_s(\boldsymbol{v}), \quad \forall \boldsymbol{v}\big|\boldsymbol{v} \in H\right\} \tag{4.37}$$

将式(4.37)同有限元离散模型结合后，即可得到如下有限元求解表达形式：

$$\min\left\{\frac{1}{2}\boldsymbol{U}^{\mathrm{T}}\boldsymbol{K}\boldsymbol{U} - \boldsymbol{F}_1^{\mathrm{T}}\boldsymbol{U}, \quad \forall \boldsymbol{U}\big|\boldsymbol{A}\boldsymbol{U} \leqslant \boldsymbol{G}\right\} \tag{4.38}$$

式中，$\boldsymbol{K}$ 为有限元模型刚度矩阵；$\boldsymbol{F}_1$ 为将外力及切向摩擦力离散至各节点后所得到的节点力向量。约束矩阵 $\boldsymbol{A}\boldsymbol{U} \leqslant \boldsymbol{G}$ 为根据接触约束条件(4.2)所得到的节点位移约束方程。式(4.38)为典型的二次规划(quadratic programming, QP)优化问题表述形式。通过采用 QP 优化算法，即可完成对子问题Ⅰ的求解。相对于传统有限元求解方法，变分不等式方法可避免自定义刚度系数对计算结果的影响，通过直接采用带约束的优化算法可实现对接触问题的求解。

2)求解子问题Ⅱ

通过子问题Ⅰ的求解，接触面 $\varGamma_C$ 以及接触面上的法向应力已确定，因此，接触面上各点法向位移约束转换为满足等式约束条件，即在子问题Ⅱ中，所需求解位移量的解空间转换为

$$H_{\mathrm{II}} = \left\{\boldsymbol{v} \in \varOmega \big| \boldsymbol{v} = 0, \ 在 \varGamma_D 上且 \boldsymbol{v}_N - g = 0, \ 在 \varGamma_C 上\right\} \tag{4.39}$$

子问题Ⅱ中，根据式(4.30)，接触系统势能可写成

$$W_2(\boldsymbol{v}) = \frac{1}{2}a(\boldsymbol{v},\boldsymbol{v}) + j(\boldsymbol{v}) - f_F(\boldsymbol{v}), \quad \forall \boldsymbol{v}\big|\boldsymbol{v} \in H_{\mathrm{II}} \tag{4.40}$$

同样根据系统势能最小原理，式(4.40)可转换为求解以下最小值问题：

$$\min\left\{\frac{1}{2}a(\boldsymbol{v},\boldsymbol{v}) + j(\boldsymbol{v}) - f_F(\boldsymbol{v}), \quad \forall \boldsymbol{v}\big|\boldsymbol{v} \in H_{\mathrm{II}}\right\} \tag{4.41}$$

将式(4.41)同有限元离散模型结合后，即可得到如下有限元求解表达形式：

$$\min\left\{\frac{1}{2}\boldsymbol{U}^{\mathrm{T}}\boldsymbol{K}\boldsymbol{U} + \boldsymbol{F}_3^{\mathrm{T}}\boldsymbol{\varPhi} - \boldsymbol{F}_2^{\mathrm{T}}\boldsymbol{U}, \quad \forall \boldsymbol{U}\big|\boldsymbol{B}\boldsymbol{U} - \boldsymbol{G} = 0\right\} \tag{4.42}$$

式中，$BU - G = 0$ 为节点位移所需满足的等式约束条件，包括边界 Γ_D 上的固定位移约束以及边界 Γ_C 上的接触约束条件。F_2 表示将式 (4.32) 离散至有限元模型各节点所得到的节点力向量，$F_3^{\mathrm{T}}\boldsymbol{\varPhi}$ 表示将切向摩擦力 (4.31) 离散至有限元模型各节点所得到的节点力向量。$\boldsymbol{\varPhi}$ 为正则化方程 (4.33) 通过有限元离散后得到的表述形式，具体如下：

$$\varPhi_\varepsilon(U) = \begin{cases} |U_T| - \dfrac{\varepsilon}{2}, & |U_T| > \varepsilon \\ \dfrac{1}{2\varepsilon}|U_T|^2, & |U_T| \leqslant \varepsilon \end{cases} \tag{4.43}$$

其一阶导数为

$$\varPhi_\varepsilon'(U) = \begin{cases} 1, & U_T > \varepsilon \\ \dfrac{1}{\varepsilon}U_T, & |U_T| \leqslant \varepsilon \\ -1, & U_T < -\varepsilon \end{cases} \tag{4.44}$$

其二阶导数为

$$\varPhi_\varepsilon''(U) = \begin{cases} 0, & |U_T| > \varepsilon \\ \dfrac{\boldsymbol{T}}{\varepsilon}, & |U_T| \leqslant \varepsilon \end{cases} \tag{4.45}$$

式中，U_T 表示节点切向位移量；$\boldsymbol{T}$ 为节点切向转换矩阵。对于等式约束的最小值问题，可采用拉格朗日 (Lagrange) 乘子法进行求解。引入拉格朗日乘子 $\boldsymbol{\varLambda}$ 后，最小值问题 (4.42) 可转换得到如下拉格朗日函数：

$$L(U, \varLambda) = \frac{1}{2}U^{\mathrm{T}}KU + F_3^{\mathrm{T}}\boldsymbol{\varPhi} - F_2^{\mathrm{T}}U + \varLambda^{\mathrm{T}}(BU - G) \tag{4.46}$$

其取最小值条件为

$$\begin{cases} L_1 = \dfrac{\partial L(U, \varLambda)}{\partial U} = KU + F_3^{\mathrm{T}}\boldsymbol{\varPhi}' - F_2 + B^{\mathrm{T}}\varLambda = 0 \\ L_2 = \dfrac{\partial L(U, \varLambda)}{\partial \varLambda} = BU - G = 0 \end{cases} \tag{4.47}$$

通过引入 Newton-Raphson 迭代方法，得到如下迭代求解形式：

$$\begin{bmatrix} U \\ \Lambda \end{bmatrix}_k = \begin{bmatrix} U \\ \Lambda \end{bmatrix}_{k-1} - H_{k-1}^{-1} \begin{bmatrix} L_1 \\ L_2 \end{bmatrix}_{k-1} \tag{4.48}$$

式中，偏导数矩阵 H 为

$$H = \begin{bmatrix} \dfrac{\partial L_1}{\partial U} & \dfrac{\partial L_1}{\partial \Lambda} \\ \dfrac{\partial L_2}{\partial U} & \dfrac{\partial L_2}{\partial \Lambda} \end{bmatrix} = \begin{bmatrix} K + F_3 \Phi'' & B^{\mathrm{T}} \\ B & 0 \end{bmatrix} \tag{4.49}$$

上述有限元求解步骤可用如下算法图 4.4 加以说明。

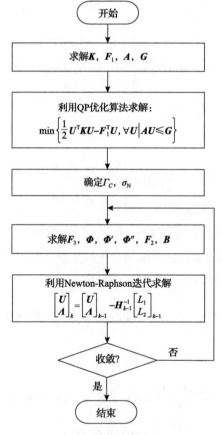

图 4.4　数值求解算法

下面将通过三个算例，介绍利用变分不等式原理求解弹性体与刚性面接触问题的基本过程。

4.1.4 仿真算例

1. 算例1: 圆柱与刚性平面接触

弹性圆柱体与刚性平面接触问题属于比较常见的算例,如图 4.5 所示。下面将首先通过该算例,掌握利用变分不等式原理求解接触问题的具体方法与步骤,并比较该方法与传统有限元接触算法之间的差异。

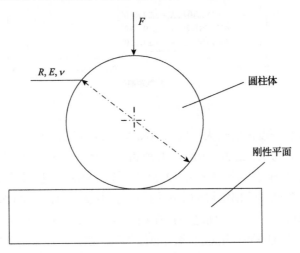

图 4.5 圆柱与刚性平面接触

图 4.5 中,弹性圆柱体的模型参数为:弹性模量 $E = 2.1 \times 10^8 \mathrm{Pa}$,泊松比 $\nu = 0.33$,圆柱体截面半径 $R = 0.01\mathrm{m}$,圆柱体长度 $L = 1\mathrm{m}$,圆柱体顶端施加的外力为 $F = 10000\mathrm{N}$。由于圆柱体长度相对于其截面半径较大,上述接触问题可简化为平面应变问题进行近似处理。采用平面 4 节点等参单元对圆柱体划分有限元网格,并对可能发生接触的区域进行网格加密。在完全相同的有限元网格基础上,同时利用 ANSYS 接触算法求解上述实例,并且通过设置不同的接触刚度比较接触刚度对 ANSYS 仿真结果的影响。经典 Hertz 接触理论中所给出的该算例的解析解将作为对变分不等式接触算法及 ANSYS 接触算法的有效验证。依据 Hertz 接触理论,最大法向接触应力为 $\sigma_{\max} = 2F/(\pi b L)$,其中 $b = \sqrt{4FR/(\pi E^* L)}$ 表示接触区域的长度,E^* 为等效模量,其满足 $1/E^* = (1 - \nu^2)/E$。由于外力作用于弹性圆柱体顶端,圆柱体与刚性平面接触区域及其上应力均呈左右对称分布,以下仅给出右半部分的法向接触应力分布规律,如图 4.6 所示。

图 4.6 中关于法向接触应力的计算结果暂未考虑切向摩擦影响,其模型求解仅需用到变分不等式接触求解两步算法中的第一步,即 QP 优化算法。从图 4.6 中的仿真结果比较可以看出,QP 算法与 Hertz 解析解吻合得较好,而 ANSYS 接触算法

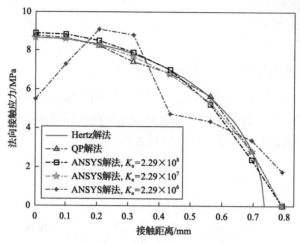

图 4.6　法向接触应力分布(无摩擦，算例 1)

求解结果受其接触刚度影响较大。仅当 ANSYS 接触算法取较大接触刚度时(图 4.6 中，$K_n=2.29\times10^7$ 与 $K_n=2.29\times10^8$)，其所得结果才与 Hertz 解析解比较接近；当接触刚度取值较小时(图 4.6 中，$K_n=2.29\times10^6$)，ANSYS 接触算法所求结果将会出现较大偏差，甚至是给出错误的求解结果。其主要原因在于 ANSYS 接触算法以罚函数理论为基础，假设接触面之间存在相互侵入现象，并通过人为设置较大的接触刚度来减小(但无法避免)接触面之间的侵入量。因此，在采用 ANSYS 接触算法进行求解时，必须对接触刚度设置进行校验，否则仿真结果不可靠。

　　接着考虑切向摩擦影响，则需采用完整的变分不等式接触算法，即两步法。对算例求解结果的验证采用 ANSYS 接触算法，其中接触刚度设置为 $K_n=2.29\times10^8$。当考虑切向摩擦时，切向应力的分布规律如图 4.7 所示。

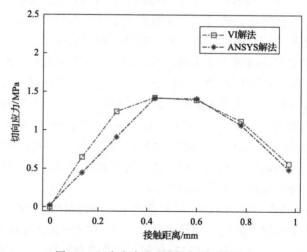

图 4.7　切向应力分布(有摩擦，算例 1)

从图 4.7 可以看出，利用变分不等式接触算法所求得的切向应力同 ANSYS 所得结果比较接近。在圆柱体顶端施加外力作用时，接触面切向应力同样呈现左右对称分布，且在接触区域中心位置的切向应力为零。

通过以上算例，有效验证了变分不等式接触算法的正确性。同时，通过在 ANSYS 接触算法中选取不同接触刚度，探讨了接触刚度对传统有限元接触算法求解结果的影响。变分不等式接触算法可以有效避免用户自定义参数(接触刚度)对算法求解结果的影响，这正是其相对于传统有限元接触算法的优势所在。同时，直接采用不等式约束，避免了接触面之间发生相互侵入现象，也表明变分不等式接触原理更加符合接触问题的实际物理情形。

2. 算例 2：方形柱体与刚性平面接触

以方形柱体与刚性平面接触为例(如图 4.8 所示)，继续加深对变分不等式接触算法求解静态接触问题的理解与认识。

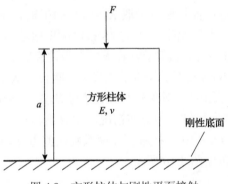

图 4.8　方形柱体与刚性平面接触

图 4.8 中，方形柱体的弹性模量 $E = 2.1 \times 10^8 \text{Pa}$，泊松比 $\nu = 0.33$，横截面边长 $a = 0.04\text{m}$，长度 $L = 1\text{m}$。在柱体顶端中心位置施加沿垂线方向的外力载荷为 $F = 10000\text{N}$。该算例同样可简化为平面应变问题，并将同时采用变分不等式接触算法与 ANSYS 接触算法进行求解。两种算法求解过程中，有限元模型完全相同，均采用平面 4 节点等参单元进行网格划分，并在可能发生接触的区域进行网格加密处理。首先研究无摩擦情形下，接触面上应力分布规律。此时，变分不等式接触算法仅需用到第一步的 QP 优化算法即可完成对上述无摩擦接触问题的求解。由于方形柱体上表面所受外力载荷处于中心位置，接触面应力将呈现左右对称分布规律。因此，后续仿真结果均仅给出对接轴右侧区域的接触应力分布情况。两种算法所求得法向接触应力如图 4.9 所示。

图 4.9 给出了变分不等式接触算法及三种接触刚度下 ANSYS 的仿真结果。从中可以看出，ANSYS 接触算法在接触刚度取值为 $K_n = 1.66 \times 10^6$ 与 $K_n = 1.66 \times 10^7$

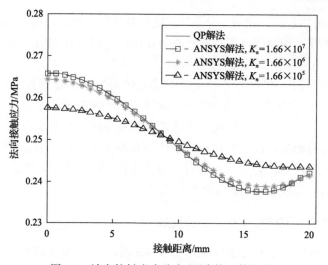

图 4.9　法向接触应力分布(无摩擦，算例 2)

时，仿真结果十分接近；而接触刚度取 $K_n=1.66\times10^5$ 时，求解结果与前两种情形偏差较大。由此可知，对于算例 2，ANSYS 接触刚度取值应不小于 $K_n=1.66\times10^6$，仿真结果才合理。变分不等式接触算法在无需人为设置参数的情况下，仿真结果与 $K_n=1.66\times10^7$ 时的 ANSYS 接触算法求解结果十分吻合，从而再次验证其有效性。

　　若考虑接触面摩擦影响，则变分不等式接触算法须采用完整的两步法进行求解，且切向摩擦将对法向接触应力分布情况产生影响。此时，ANSYS 接触算法中，接触刚度取值为 $K_n=1.66\times10^7$，接触面摩擦系数取值为 $\mu=0.2$。通过两种算法所求得法向接触应力分布如图 4.10 所示。

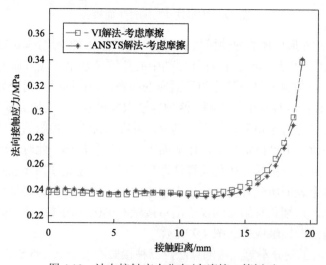

图 4.10　法向接触应力分布(有摩擦，算例 2)

对比图 4.9 与图 4.10 仿真结果可以看出，接触面光滑时，法向接触应力最大值出现在方形柱体中心点的位置；而存在摩擦影响时，法向接触应力最大值出现在方形柱体边缘位置。其主要原因在于：光滑情形下，接触面应力完全由柱体上表面中心位置的外力载荷产生；而存在摩擦影响时，由于切向摩擦的作用，接触面边缘区域将出现相对滑移，且伴随应力集中现象发生。切向摩擦的影响规律可从切向接触应力分布图中得到更加清晰的体现，如图 4.11 所示。

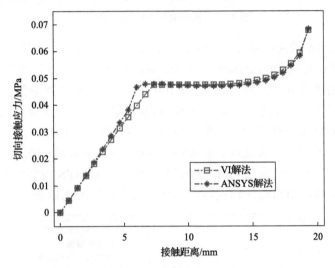

图 4.11　切向接触应力分布（有摩擦，算例 2）

从图 4.11 可以明显看出，从接触区域中心向边缘位置，接触状态明显分为黏滞接触与滑移接触两种状态。在黏滞接触区域，切向接触应力由中心向外逐渐增加，直至接触面出现相对滑移状况，此时切向接触应力会保持相对稳定状态。当逐渐接近接触区域边缘位置时，方形柱体与刚性面在接触边缘位置出现明显的分界，导致接触面边缘产生应力集中现象，故法向与切向接触应力均陡然增加。

通过算例 2 仿真结果的比较分析，进一步验证了变分不等式接触算法的有效性与正确性，同时也用实例再次揭示传统有限元接触算法目前仍存在不足之处。算例 2 在采用变分不等式接触算法求解时，仅需在算例 1 的基础上，改变其输入的有限元模型数据文件即可。由此表明变分不等式接触算法具有良好的通用性。

3. 算例 3：悬臂梁与斜面接触

相对于前两个算例，悬臂梁与斜面接触问题略显复杂。本算例中，悬臂梁为弹性体，且顶端为球状结构，斜面将被简化为刚性面处理，如图 4.12 所示。

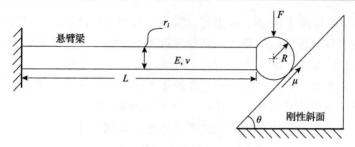

图 4.12　悬臂梁与刚性斜面接触

本算例模型参数为：悬臂梁弹性模量 $E = 2.1 \times 10^8 \text{Pa}$，泊松比 $\nu = 0.33$，长度 $L = 0.2\text{m}$，梁截面半径 $r_1 = 0.006\text{m}$，梁顶端球体半径 $R = 0.01\text{m}$，斜面倾角 $\theta = \pi/4$，球体上施加沿垂线方向的外力载荷 $F = 10000\text{N}$，接触面摩擦系数 $\mu = 0.2$。该算例将同时采用变分不等式接触算法与 ANSYS 接触算法进行求解，两种算法采用完全相同的有限元网格模型，均为平面 4 节点等参单元网格，且在可能发生接触的区域进行了网格加密处理。在 ANSYS 接触算法求解时，通过对接触刚度进行校验可知，接触刚度取值为 K_n=5.0334×10^6 时，ANSYS 仿真结果可靠。下面首先给出两种算法所求得法向接触应力仿真结果，如图 4.13 所示。

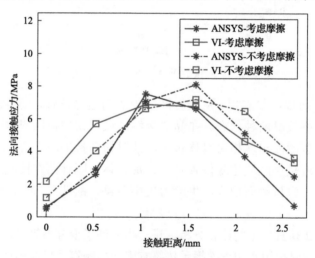

图 4.13　法向接触应力仿真结果

图 4.13 中给出了有无摩擦影响时，法向接触应力通过变分不等式接触算法与 ANSYS 接触算法所得仿真结果。比较仿真结果可知，两种算法在光滑与存在摩擦影响两种情形下，仿真结果均比较接近，且切向摩擦将使得法向接触应力分布沿摩擦方向产生一定偏移。存在摩擦影响时，切向接触应力分布如图 4.14 所示。

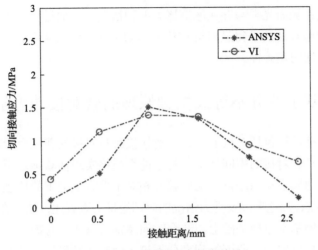

图 4.14　切向接触应力仿真结果

从图 4.14 中仿真结果可以看出，两种算法所求得切向接触应力亦较为吻合。通过比较分析图 4.13 中存在摩擦时法向接触应力分布与图 4.14 中切向接触应力分布可得，切向应力与法向应力满足滑移接触条件。故可知悬臂梁顶端球体将在外力作用下，沿刚性斜面向下产生滑移。此现象将通过悬臂梁整体变形情况得到验证，如图 4.15 所示。

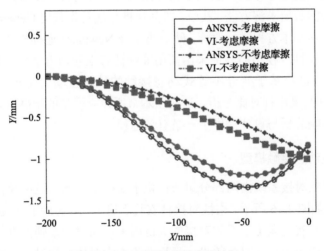

图 4.15　悬臂梁整体变形情况

从图 4.15 中悬臂梁的整体变形情况可以看出，悬臂梁顶端沿斜面向下产生一定偏移。接触面光滑时，悬臂梁仅发生简单弯曲变形；而接触面存在切向摩擦时，悬臂梁整体变形将受到沿斜面向上摩擦力的作用，变形情况略显复杂。更加值得注意的是，在接触面光滑与存在摩擦影响两种情况下，通过变分不等式接触算法与 ANSYS 接触算法所求得悬臂梁整体变形均十分接近，从而进一步验证了变分不等式接触算法的正确性。

4.2　基于变分不等式接触原理的软对接动力学模型

卫星软对接过程包括对接前准备、对接接触与对接捕获三个阶段，其中，对接接触过程属于软对接的中间环节，对于能否最终实现捕获锁定至关重要。卫星软对接接触问题属于动态摩擦接触问题，相对于静态情形下的接触，动态接触需引入位移、速度、加速度以及受力情况的时间递推关系表述方法。在 4.1 节介绍的变分不等式接触基本原理基础上，结合时间递推关系式，对静态情形下的变分不等式接触算法加以扩展，即可得到变分不等式动态接触算法。动态接触算法涉及时间递推，普遍采用的 Newmark 时间递推方法虽然能够获得二阶精度，然而数值实验表明，仅采用 Newmark 时间递推方法可能导致仿真结果发散。针对该问题，目前已有文献提出结合 Newmark 与 Generalized-α 两种时间递推算法，可有效保证计算精度以及仿真结果的收敛性。

本节在变分不等式接触基本原理的基础上，介绍了变分不等式动态摩擦接触问题通用表达式的推导方法。以卫星软对接动力学问题为具体研究对象，给出了动态接触问题的数值求解方法。其中，时间递推算法首先采用 Generalized-α 方法对有限元动力学基本方程进行改善，然后再结合 Newmark 递推格式，可有效保证计算精度与稳定性。模型的验证采用商用非线性有限元动力学仿真软件（ANSYS LSDYNA），通过将基于变分不等式动态接触的软对接动力学模型仿真结果同 LSDYNA 仿真结果进行对比分析，证明了本节所建立模型的正确性，为后续软对接系统参数影响分析与设计提供了一条有效途径。

4.2.1　软对接动态接触模型

微小卫星软对接系统由两部分组成：位于对接主动端的追星及位于对接被动端的目标星，如图 4.16 所示。柔性对接杆安装于追星上，对接锥安装于目标星上。对接杆的柔性是实现微小卫星软对接的关键因素，而对接锥则被近似为刚性锥参与建模过程。微小卫星软对接的设计目标即为增大对接机构对两星相对姿态的容差能力，故绝大多数对接情形为对接杆首先与倾斜内锥面发生低速碰撞接触，然后在对接锥的导引下进入锁紧机构，因此，对接杆顶端与对接锥的接触是建模过程中必须着重考虑的关键问题。该接触属于动态接触，相对于静态接触问题，建模过程更加复杂，而对动态接触的准确描述直接决定软对接模型的准确性。本章将利用变分不等式接触原理，解决对接杆与对接锥之间的动态接触问题，进而建立软对接动力学模型。以下将分为动态接触约束条件、变分不等式动态接触方程以及数值求解方法三部分详细介绍具体建模过程。

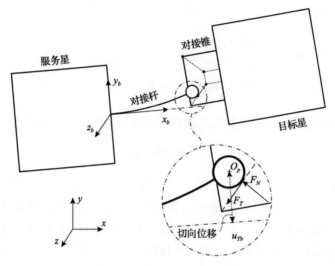

图 4.16　微小卫星软对接系统

1. 动态接触约束条件

动态接触约束条件主要源于对接杆顶端与对接锥内锥面之间的接触过程，如图 4.17 所示。

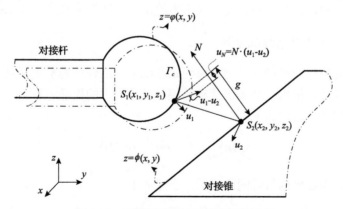

图 4.17　对接杆顶端与对接锥接触过程

图 4.17 中各物理量所表示的含义可参见 4.2 节，其中每一时刻对接杆与对接锥的接触过程同样需满足以下基本接触条件：

(1)法向接触应力小于等于零；

(2)接触面各点位移量必须保证接触面之间不发生相互侵入现象。

因此，与4.1节中接触约束条件推导方式类似，可得对接杆与对接锥所需满足的接触约束条件为

$$
\begin{cases}
\sigma_N(u) \leqslant 0 \\
u_N - g \leqslant 0 \\
\sigma_N(u)(u_N - g) = 0
\end{cases}
\quad , \quad \text{在}\,\Gamma_C\,\text{上} \tag{4.50}
$$

式中，u_N 为对接杆与对接锥表面两点相对位移在锥面法线方向的投影，即

$$
u_N = N \cdot (u_1 - u_2) \tag{4.51}
$$

式中，u_1 与 u_2 分别为对接杆顶端点 S_1 与对接锥面上点 S_2 各自的位移矢量。对接锥面法线方向矢量 N 以及对接杆与对接锥表面之间的距离 g 的具体求解方法可参见式(4.3)与式(4.4)。进一步地，若考虑切向摩擦影响，其切向摩擦模型表述形式与静态接触情形式(4.9)略有区别，具体如下：

$$
\begin{cases}
\left|\sigma_T(u)\right| < -\mu\sigma_N(u), \quad \dot{u}_T = 0 \\
\left|\sigma_T(u)\right| = -\mu\sigma_N(u), \quad \exists\lambda > 0\text{时}\,\dot{u}_T = -\lambda\sigma_T
\end{cases} \tag{4.52}
$$

式中，$\dot{u}_T$ 为接触面相对切向速度。当相对切向速度近似为零时，对接杆与对接锥之间的接触为黏滞接触状态；当相对切向速度不为零时，对接杆与对接锥之间的接触为滑动接触，此时必然存在一大于零的常量，使得关系式 $\dot{u}_T = -\lambda\sigma_T$ 成立。

2. 变分不等式动态接触方程

在上述对接杆与对接锥动态接触约束基础上，结合动力学平衡基本方程及其他相关边界条件，给出变分不等式动态接触基本方程的推导过程。首先，动力学平衡基本方程具体表述如下：

$$
\sigma_{ij}(u)_{,j} + f_i = \rho\ddot{u}_i, \quad \text{在}\,\Omega\,\text{内} \tag{4.53}
$$

其中，位移量为点坐标与时间的函数，表述如下：

$$
u = u(x, y, z, t) \tag{4.54}
$$

以下为表述方便，在具体公式推导过程中，将省略括号内的信息。动力学平衡方程(4.53)需满足的边界条件同样包括位移边界条件(同式(4.12))、外力边界条

件(同式(4.11))及动态接触约束条件(式(4.50)与式(4.52))。变分不等式动态接触基本方程的推导正是基于上述平衡方程以及各边界约束条件，且在具体推导过程中，仍需沿用 4.1 节中关于三个虚功表达式的定义方法，详见式(4.14)～式(4.16)。另外，定义如下表达式：

$$\langle \rho \ddot{u}, v \rangle = \int_{\Omega} \rho \ddot{u} \cdot v \mathrm{d}\Omega \tag{4.55}$$

由 4.1 节中式(4.17)～式(4.19)，可得

$$a(\boldsymbol{u}, \boldsymbol{v}-\boldsymbol{u}) = -\int_{\Omega} \sigma_{ij}(\boldsymbol{u})_{,j}(v_i - u_i)\mathrm{d}\Omega + \int_{\Gamma_F} t_i(\boldsymbol{u})(v_i - u_i)\mathrm{d}s + \int_{\Gamma_C} \sigma_{ij}(\boldsymbol{u})n_j(v_i - u_i)\mathrm{d}s \tag{4.56}$$

联合式(4.53)～式(4.56)可得

$$\int_{\Omega} \rho \ddot{u}_i(v_i - u_i)\mathrm{d}\Omega + a(\boldsymbol{u}, \boldsymbol{v}-\boldsymbol{u}) - f(\boldsymbol{v}-\boldsymbol{u}) = \int_{\Gamma_C} \sigma_{ij}(\boldsymbol{u})n_j(v_i - u_i)\mathrm{d}s \tag{4.57}$$

式中，$\sigma_{ij}(\boldsymbol{u})n_j(v_i - u_i)$ 包含法向与切向两部分(参见式(4.21))，通过联立式(4.16)，可得

$$\langle \rho \ddot{u}, v-u \rangle + a(\boldsymbol{u}, \boldsymbol{v}-\boldsymbol{u}) + j(\boldsymbol{u}, \boldsymbol{v}) - j(\boldsymbol{u}, \boldsymbol{u}) - f(\boldsymbol{v}-\boldsymbol{u})$$
$$= \int_{\Gamma_C} \left[\sigma_T(\boldsymbol{u})(v_T - u_T) + \mu|\sigma_N(\boldsymbol{u})|(|v_T| - |u_T|) + \sigma_N(\boldsymbol{u})(v_N - u_N) \right]\mathrm{d}s \tag{4.58}$$

与 4.1 节中证明过程类似，可分别证明式(4.58)等号右端有下列关系成立：

$$\sigma_N(\boldsymbol{u})(v_N - u_N) \geqslant 0$$
$$\sigma_T(\boldsymbol{u})(v_T - u_T) + \mu|\sigma_N(\boldsymbol{u})|(|v_T| - |u_T|) \geqslant 0 \tag{4.59}$$

于是可推得变分不等式动态接触基本方程为

$$\langle \rho \ddot{u}, v-u \rangle + a(\boldsymbol{u}, \boldsymbol{v}-\boldsymbol{u}) + j(\boldsymbol{u}, \boldsymbol{v}) - j(\boldsymbol{u}, \boldsymbol{u}) \geqslant f(\boldsymbol{v}-\boldsymbol{u}), \quad \forall \boldsymbol{u}, \boldsymbol{v} \in H \tag{4.60}$$

其满足如下初始条件：

$$u(0) = u_0, \quad \dot{u}(0) = u_1 \tag{4.61}$$

分析式(4.60)可知，相对于静态接触情形，求解动态接触问题需额外考虑动力项 $\langle \rho \ddot{u}, v-u \rangle$ 的影响，且基本方程中所涉及的位移、速度、加速度以及外力载荷都

必须同时间项关联起来。后续微小卫星软对接动力学问题将基于上述变分不等式动态接触基本方程(4.60)建立相应模型，并结合有限元离散方法进行数值求解。下面重点介绍变分不等式动态接触基本方程的数值求解方法。

3. 数值求解方法

1)时间递推关系

动态接触问题必须考虑时间项，因此在有限元数值求解之前，需首先定义位移、速度与加速度的时间递推关系。一般采用经典 Newmark 递推关系式，具体表述如下：

$$
\begin{aligned}
{}^{t+\Delta t}\dot{U} &= {}^{t}\dot{U} + \left[\left(1-\gamma\right){}^{t}\ddot{U} + \gamma\,{}^{t+\Delta t}\ddot{U}\right]\Delta t \\
{}^{t+\Delta t}U &= {}^{t}U + {}^{t}\dot{U}\Delta t + \left[\left(\frac{1}{2}-\beta\right){}^{t}\ddot{U} + \beta\,{}^{t+\Delta t}\ddot{U}\right]\Delta t^{2}
\end{aligned}
\tag{4.62}
$$

由于后续求解主要以位移量作为未知变量，故对式(4.62)作如下变换：

$$
\begin{aligned}
{}^{t+\Delta t}\dot{U} &= \frac{\gamma}{\beta\Delta t}\left({}^{t+\Delta t}U - {}^{t}U\right) + \left(1-\frac{\gamma}{\beta}\right){}^{t}\dot{U} + \left(1-\frac{\gamma}{2\beta}\right)\Delta t\,{}^{t}\ddot{U} \\
{}^{t+\Delta t}\ddot{U} &= \frac{1}{\beta\Delta t^{2}}\left({}^{t+\Delta t}U - {}^{t}U\right) - \frac{1}{\beta\Delta t}\,{}^{t}\dot{U} - \left(\frac{1}{2\beta}-1\right){}^{t}\ddot{U}
\end{aligned}
\tag{4.63}
$$

式中，γ 与 β 为 Newmark 递推参数，仅当其取值为 $\gamma=\beta=0.5$ 时，Newmark 递推格式才能达到二阶精度。然而，在实际数值仿真过程中，仅采用 Newmark 递推方法常伴随数值求解发散的问题。借鉴目前已有文献所提到的解决办法[28,33]，首先通过引入 Generalized-α 方法对有限元动力学基本方程进行改善，然后结合 Newmark 递推格式，可有效保证数值求解的精度。Generalized-α 方法的具体递推格式表述如下：

$$
\begin{aligned}
{}^{t+\Delta t}U &= \left(1-\alpha_{H}\right){}^{t+\Delta t}U + \alpha_{H}\,{}^{t}U \\
{}^{t+\Delta t}\dot{U} &= \left(1-\alpha_{H}\right){}^{t+\Delta t}\dot{U} + \alpha_{H}\,{}^{t}\dot{U} \\
{}^{t+\Delta t}\ddot{U} &= \left(1-\alpha_{B}\right){}^{t+\Delta t}\ddot{U} + \alpha_{B}\,{}^{t}\ddot{U} \\
{}^{t+\Delta t}F &= \left(1-\alpha_{H}\right){}^{t+\Delta t}F + \alpha_{H}\,{}^{t}F
\end{aligned}
\tag{4.64}
$$

另有求解有限元动力学问题的基本方程表述如下：

$$
M\,{}^{t+\Delta t}\ddot{U} + C\,{}^{t+\Delta t}\dot{U} + K\,{}^{t+\Delta t}U = {}^{t+\Delta t}F
\tag{4.65}
$$

将式(4.64)代入基本方程(4.65)后，有限元动力学基本方程可改写为如下形式：

$$M_\alpha{}^{t+\Delta t}\ddot{U} + C_\alpha{}^{t+\Delta t}\dot{U} + K_\alpha{}^{t+\Delta t}U = {}^{t+\Delta t}F_\alpha \tag{4.66}$$

式中，

$$\begin{aligned}
M_\alpha &= (1-\alpha_B)M \\
C_\alpha &= (1-\alpha_H)C \\
K_\alpha &= (1-\alpha_H)K \\
{}^{t+\Delta t}F_\alpha &= (1-\alpha_H){}^{t+\Delta t}F + \alpha_H{}^tF - \alpha_B M{}^t\ddot{U} - \alpha_H C{}^t\dot{U} - \alpha_H K{}^tU
\end{aligned} \tag{4.67}$$

通过结合 Newmark 递推格式与 Generalized-α 方法，能够较好地保证数值求解的稳定性。下面将具体介绍有限元求解的方法与步骤。

2) 有限元求解

变分不等式动态接触基本方程的数值求解同静态接触情形类似，同样需要将基本方程分解为两个子问题，采用两步法进行求解。具体实施过程如下：

(1) 子问题Ⅰ：假设切向接触应力已知。

若切向接触应力 σ_T 已知，则基本方程(4.60)可简化为

$$\langle\rho\ddot{u}, v-u\rangle + a(u, v-u) \geqslant f_s(v-u), \quad \forall u, v \in H \tag{4.68}$$

式中，$f_s(v-u)$ 包含外力所做虚功及切向摩擦所做虚功两部分，其定义参见(4.29)。接触系统总的虚功为

$$W_1(v) = \langle\rho\ddot{v}, v\rangle + \frac{1}{2}a(v, v) - f_s(v), \quad \forall v \in H \tag{4.69}$$

根据虚功原理，式(4.69)等效于求解以下最小值问题：

$$\min\left\{\langle\rho\ddot{v}, v\rangle + \frac{1}{2}a(v, v) - f_s(v), \quad \forall v \big| v \in H\right\} \tag{4.70}$$

结合有限元动力学基本方程(4.66)，上述最小值问题可转换获得如下有限元求解形式：

$$\min\left\{U^{\mathrm{T}}M_\alpha\ddot{U} + \frac{1}{2}U^{\mathrm{T}}K_\alpha U - U^{\mathrm{T}}F_{s\alpha}, \quad \forall U \big| AU \leqslant G\right\} \tag{4.71}$$

式中，M_α 为经过 Generalized-α 方法修改后的整体质量矩阵；K_α 为经过 Generalized-α 方法修改后的整体刚度矩阵，$AU \leqslant G$ 为根据接触约束条件(4.50)所得到的节点

位移约束不等式。$\boldsymbol{F}_{s\alpha}$ 为等效外力载荷，

$$\boldsymbol{F}_{s\alpha} = \boldsymbol{F}_\alpha + \boldsymbol{F}_T \tag{4.72}$$

式中，$\boldsymbol{F}_\alpha$ 的具体表述形式参见式(4.67)；$\boldsymbol{F}_T$ 为接触面摩擦力向量。接着，将式(4.63)与式(4.67)代入式(4.71)，可将上述最小值问题转换为

$$\min\left\{\frac{1}{2}{}^{t+\Delta t}\boldsymbol{U}^\mathrm{T}\hat{\boldsymbol{K}}\,{}^{t+\Delta t}\boldsymbol{U} - {}^{t+\Delta t}\hat{\boldsymbol{F}}_1,\ \forall{}^{t+\Delta t}\boldsymbol{U}\,\Big|\,\boldsymbol{A}\,{}^{t+\Delta t}\boldsymbol{U} \leqslant {}^{t+\Delta t}\boldsymbol{G}\right\} \tag{4.73}$$

式中，

$$\hat{\boldsymbol{K}} = \frac{1}{\beta\Delta t^2}(1-\alpha_B)\boldsymbol{M} + (1-\alpha_H)\boldsymbol{K}$$

$${}^{t+\Delta t}\hat{\boldsymbol{F}}_1 = (1-\alpha_H){}^{t+\Delta t}\boldsymbol{F} + \alpha_H{}^{t}\boldsymbol{F} + {}^{t}\boldsymbol{F}_T - \alpha_B\boldsymbol{M}\,{}^{t}\ddot{\boldsymbol{U}} - \alpha_H\boldsymbol{C}\,{}^{t}\dot{\boldsymbol{U}} - \alpha_H\boldsymbol{K}\,{}^{t}\boldsymbol{U} \tag{4.74}$$

$$+ (1-\alpha_B)\boldsymbol{M}\left[\frac{1}{\beta\Delta t^2}{}^{t}\boldsymbol{U} + \frac{1}{\beta\Delta t}{}^{t}\dot{\boldsymbol{U}} + \left(\frac{1}{2\beta}-1\right){}^{t}\ddot{\boldsymbol{U}}\right]$$

式(4.73)为典型的 QP 优化问题表述形式。通过采用 QP 优化算法，可完成对子问题 Ⅰ 的求解。

(2)子问题 Ⅱ：已知法向接触应力 σ_N 及接触区域 Γ_C。

通过子问题 Ⅰ 的求解，接触面 Γ_C 及作用于其上的法向接触应力 σ_N 均可初步确定。此时基本方程(4.60)可简化为

$$\langle\rho\ddot{\boldsymbol{u}}, \boldsymbol{v}-\boldsymbol{u}\rangle + a(\boldsymbol{u},\boldsymbol{v}-\boldsymbol{u}) + j(\boldsymbol{v}) - j(\boldsymbol{u}) \geqslant f_F(\boldsymbol{v}-\boldsymbol{u}),\ \forall\boldsymbol{u},\boldsymbol{v}\in H \tag{4.75}$$

式中，$j(\cdot)$ 与 $f_F(\cdot)$ 的具体表述形式分别参见式(4.31)与式(4.32)。在对式(4.75)进行数值求解时，同样需要引入正则化处理方法来解决由切向摩擦项 $|v_T|$ 所带来的不可微问题。对于子问题 Ⅱ，由于接触面 Γ_C 及其法向接触应力 σ_N 均已初步确定，因此可将位移变量的取值空间转换至 H_II，其具体定义参见式(4.39)。式(4.75)同样可通过虚功原理进行求解，此时接触系统总的虚功为

$$W_2(\boldsymbol{v}) = \langle\rho\ddot{\boldsymbol{v}}, \boldsymbol{v}\rangle + \frac{1}{2}a(\boldsymbol{v},\boldsymbol{v}) + j(\boldsymbol{v}) - f_F(\boldsymbol{v}),\ \forall\boldsymbol{v}\,\big|\,\boldsymbol{v}\in H_\mathrm{II} \tag{4.76}$$

根据虚功原理，式(4.76)等效于求解以下最小值问题：

$$\min\left\{\langle\rho\ddot{\boldsymbol{v}}, \boldsymbol{v}\rangle + \frac{1}{2}a(\boldsymbol{v},\boldsymbol{v}) + j(\boldsymbol{v}) - f_F(\boldsymbol{v}),\ \forall\boldsymbol{v}\,\big|\,\boldsymbol{v}\in H_\mathrm{II}\right\} \tag{4.77}$$

结合有限元动力学基本方程(4.66)，上述最小值问题可转换获得如下有限元求解

形式:

$$\min\left\{\boldsymbol{U}^{\mathrm{T}}M_\alpha\ddot{\boldsymbol{U}}+\frac{1}{2}\boldsymbol{U}^{\mathrm{T}}K_\alpha\boldsymbol{U}+\boldsymbol{\varPhi}^{\mathrm{T}}F_j-\boldsymbol{U}^{\mathrm{T}}F_\alpha,\ \ \forall\boldsymbol{U}\big|\boldsymbol{BU}-\boldsymbol{G}=0\right\} \tag{4.78}$$

式中,$\boldsymbol{BU}-\boldsymbol{G}=0$ 为节点位移所需满足的等式约束条件,包括边界 $\varGamma_D$ 上的固定位移约束以及边界 $\varGamma_C$ 上的接触约束条件。F_α 为等效外力载荷(具体参见式(4.67)),$\boldsymbol{\varPhi}^{\mathrm{T}}F_j$ 共同表示切向摩擦产生的虚功,其中 $\boldsymbol{\varPhi}$ 为正则化分段函数,其具体表达式参见式(4.43)。接着,将式(4.63)与式(4.67)分别代入式(4.78),可将此最小值问题转化为

$$\min\left\{\frac{1}{2}\,^{t+\Delta t}\boldsymbol{U}^{\mathrm{T}}\hat{K}\,^{t+\Delta t}\boldsymbol{U}+\boldsymbol{\varPhi}^{\mathrm{T}\,t+\Delta t}F_j-\,^{t+\Delta t}\boldsymbol{U}^{\mathrm{T}\,t+\Delta t}\hat{F}_2,\ \ \forall\,^{t+\Delta t}\boldsymbol{U}\big|\boldsymbol{B}\,^{t+\Delta t}\boldsymbol{U}-\,^{t+\Delta t}\boldsymbol{G}=0\right\}$$
$$\tag{4.79}$$

式中,

$$\begin{aligned}
^{t+\Delta t}\hat{F}_2&=\left(1-\alpha_H\right)^{t+\Delta t}F+\alpha_H\,^tF-\alpha_B M\,^t\ddot{U}-\alpha_H C\,^t\dot{U}-\alpha_H K\,^tU\\
&\quad+\left(1-\alpha_B\right)M\left[\frac{1}{\beta\Delta t^2}\,^tU+\frac{1}{\beta\Delta t}\,^t\dot{U}+\left(\frac{1}{2\beta}-1\right)^t\ddot{U}\right]
\end{aligned} \tag{4.80}$$

对于式(4.79)中出现的等式约束最小值问题,可采用拉格朗日乘子法进行求解。引入拉格朗日乘子 $\varLambda$ 后,可得到如下拉格朗日函数:

$$\begin{aligned}
L\left(^{t+\Delta t}\boldsymbol{U},\,^{t+\Delta t}\varLambda\right)&=\frac{1}{2}\,^{t+\Delta t}\boldsymbol{U}^{\mathrm{T}}\hat{K}\,^{t+\Delta t}\boldsymbol{U}+\boldsymbol{\varPhi}^{\mathrm{T}\,t+\Delta t}F_j-\,^{t+\Delta t}\boldsymbol{U}^{\mathrm{T}\,t+\Delta t}\hat{F}_2\\
&\quad+\,^{t+\Delta t}\varLambda^{\mathrm{T}}(\boldsymbol{B}\,^{t+\Delta t}\boldsymbol{U}-\,^{t+\Delta t}\boldsymbol{G})
\end{aligned} \tag{4.81}$$

其取最小值条件为

$$\begin{cases}
L_1=\dfrac{\partial L\left(^{t+\Delta t}\boldsymbol{U},\,^{t+\Delta t}\varLambda\right)}{\partial\,^{t+\Delta t}\boldsymbol{U}}=\hat{K}\,^{t+\Delta t}\boldsymbol{U}+\,^{t+\Delta t}F_j^{\mathrm{T}}\boldsymbol{\varPhi}'-\,^{t+\Delta t}\hat{F}_2+\boldsymbol{B}^{\mathrm{T}\,t+\Delta t}\varLambda=0\\[3mm]
L_2=\dfrac{\partial L\left(^{t+\Delta t}\boldsymbol{U},\,^{t+\Delta t}\varLambda\right)}{\partial\,^{t+\Delta t}\varLambda}=\boldsymbol{B}\,^{t+\Delta t}\boldsymbol{U}-\,^{t+\Delta t}\boldsymbol{G}=0
\end{cases} \tag{4.82}$$

通过引入 Newton-Raphson 迭代方法,得到如下迭代求解形式:

$$\begin{bmatrix}^{t+\Delta t}\boldsymbol{U}\\^{t+\Delta t}\varLambda\end{bmatrix}_k=\begin{bmatrix}^{t+\Delta t}\boldsymbol{U}\\^{t+\Delta t}\varLambda\end{bmatrix}_{k-1}-\boldsymbol{H}_{k-1}^{-1}\begin{bmatrix}L_1\\L_2\end{bmatrix}_{k-1} \tag{4.83}$$

式中，偏导数矩阵 $\boldsymbol{H}$ 为

$$\boldsymbol{H} = \begin{bmatrix} \dfrac{\partial L_1}{\partial^{t+\Delta t}\boldsymbol{U}} & \dfrac{\partial L_1}{\partial^{t+\Delta t}\boldsymbol{\Lambda}} \\[3mm] \dfrac{\partial L_2}{\partial^{t+\Delta t}\boldsymbol{U}} & \dfrac{\partial L_2}{\partial^{t+\Delta t}\boldsymbol{\Lambda}} \end{bmatrix} = \begin{bmatrix} \hat{K} + {}^{t+\Delta t}\boldsymbol{F}_j^{\mathrm{T}}\boldsymbol{\Phi}'' & \boldsymbol{B}^{\mathrm{T}} \\ \boldsymbol{B} & 0 \end{bmatrix} \tag{4.84}$$

$\boldsymbol{\Phi}'$ 与 $\boldsymbol{\Phi}''$ 分别为 $\boldsymbol{\Phi}$ 的一阶与二阶导数，其公式分别参见式(4.44)与式(4.45)。于是，通过式(4.83)的迭代格式，即可实现对子问题Ⅱ的数值求解。上述有限元求解步骤可用如图4.18所示算法加以说明。

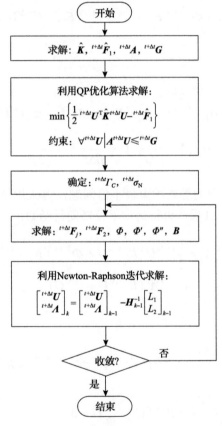

图 4.18　数值求解算法

4.2.2　结果与讨论

由于在软对接建模过程中已将对接锥视作刚性体近似处理，所以目标星整体将在接触力作用下做刚体运动。在有限元网格划分时，仅需对主动端服务星划分

有限元网格，如图 4.19 所示。

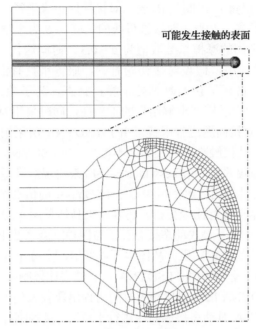

图 4.19　主动端服务星有限元模型

图 4.19 中有限元网格采用平面 4 节点等参单元，并且在对接杆顶端可能发生接触的区域进行了网格加密处理。基于以上有限元网格，结合表 4.1 中给出的模型参数取值，即可获得模型求解所需的整体刚度矩阵 $\boldsymbol{K}$ 和整体质量矩阵 $\boldsymbol{M}$，可实现对软对接动力学模型的求解。

表 4.1　模型仿真参数

项目	参数取值			
主动端 服务星	$E_1 = 210\text{GPa}$	$\nu_1 = 0.33$	$\rho_1 = 7850\text{kg}/\text{m}^3$	$l_1 = 0.2\text{m}$
	$E_p = 70\text{GPa}$	$\nu_p = 0.33$	$\rho_p = 2740\text{kg}/\text{m}^3$	$d_p = 0.012\text{m}$
	$l_p = 0.2\text{m}$	$R_T = 0.01\text{m}$		
被动端 目标星	$m_2 = 67.63\text{kg}$	$I_2 = 2.467\text{kg}\cdot\text{m}^2$	$l_2 = 0.2\text{m}$	$c = 0.16\text{m}$
	$\beta = \pi/4$	$b = 0.045\text{m}$	$R_2 = 0.015\text{m}$	$l_3 = 0.0707\text{m}$

表 4.1 中，E_1、ν_1 与 ρ_1 分别表示服务星星体配重部分的弹性模量、泊松比与材料密度；l_1 与 l_2 分别表示服务星与目标星的几何尺寸；E_p、ν_p 与 ρ_p 分别表示对接杆的弹性模量、泊松比与材料密度；l_p 与 d_p 分别表示对接杆的长度与横截

面直径；R_T 表示对接杆顶端球头的半径。目标星被简化为刚体后，其质量特性主要由质量 m_2 与转动惯量 I_2 控制。R_2 表示对接锥内边缘半径，c 表示目标星质心与对接锥内边缘的距离，l_3 表示对接锥母线的长度，β 为半锥角。

另外，接触面之间的摩擦系数取值为 $\mu = 0.3$，时间迭代步长取值为 $\Delta t = 1 \times 10^{-5}\text{s}$。模型求解过程中，假设对接初始时刻，服务星具有沿 X 轴方向的初始速度 $V_{1x} = 0.4\text{m/s}$，目标星初始时刻处于静止状态。为了验证基于变分不等式接触理论的软对接动力学模型求解结果的正确性，同时采用有限元软件 ANSYS LSDYNA 对上述软对接问题进行求解。由于 LSDYNA 所采用的接触算法仍是基于罚函数原理，故对其接触刚度的校验必不可少。在 LSDYNA 接触算法中，主要通过设置不同接触刚度系数(stiffness factor，SF)来实现对模型接触刚度的改变。因此，以下将给出几种不同接触刚度系数下 LSDYNA 的仿真结果，并且同变分不等式接触算法所得结果进行比较分析。仿真结果具体见图 4.20～图 4.22。

图 4.20 给出了变分不等式动态接触算法与四种刚度系数下 LSDYNA 所求得接触力时间历程曲线的比较结果。从图中可以看出，变分不等式动态接触算法求解结果同 SF=1×10^{-2} 及 SF=1 时 LSDYNA 仿真结果比较吻合。当 SF=1×10^{-5} 或 SF=1×10^{-7} 时，LSDYNA 所求得接触力时间历程出现较大偏差，此时仿真结果不可靠。在采用 LSDYNA 对动态接触问题进行求解时，接触刚度系数的经验取值范围一般即为 0.01～1。通过对接触力时间历程曲线的比较分析，验证了基于变分不等式动态接触原理所建立软对接动力学模型的正确性；同时通过实例揭示了目前广泛使用的有限元接触算法所存在的缺陷，以及在使用过程中需着重留意对接触刚度系数的正确设置与有效校验。

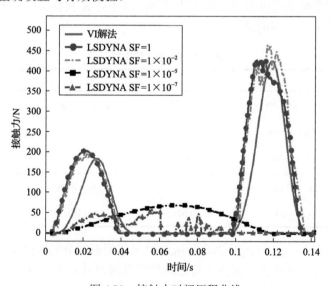

图 4.20 接触力时间历程曲线

图 4.21 给出了变分不等式动态接触算法与四种刚度系数下 LSDYNA 所求得首次接触过程对接杆最大变形比较情况。从图中同样可以看出，变分不等式动态接触算法求解结果与 LSDYNA 求解结果(SF=1×10^{-2} 与 SF=1)吻合较好，从而进一步验证了变分不等式动态接触算法的正确性。另外，通过观察对接杆的变形情况，可以更加直观形象地理解对接杆在微小卫星软对接中的动力学行为。微小卫星软对接正是通过对接杆的变形来实现对两星对接碰撞的缓冲，从而有效引导对接杆进入对接锥末端锁紧机构，实现对接锁紧。

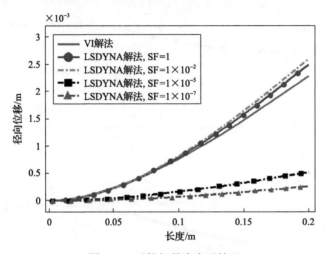

图 4.21 对接杆最大变形情况

图 4.22 给出了变分不等式动态接触算法与三种刚度系数下 LSDYNA 所求得两星质心沿 X 轴与 Y 轴速度分量随时间变化关系。通过对速度仿真结果的比较，再次验证了变分不等式动态接触算法的有效性。从速度随时间变化关系可以看出，对接杆与内锥面接触过程使得追星质心沿 X 轴速度逐渐减小，而目标星质心沿 X 轴速度逐渐增加，使得两星质心相对速度沿 X 轴分量逐渐减小。两星质心速度沿 Y 轴分量主要由接触力 Y 向分量引起，由于模型中两星质量特性相近，两星质心沿 Y 轴速度分量呈现正负交替变化的规律。

综上所述，基于变分不等式动态接触算法所建立的软对接动力学模型能够在有效避免人为设置接触刚度系数的同时，给出较为准确合理的仿真结果，为微小卫星软对接问题的解决提供一条新途径。同时，变分不等式接触算法由于其本身具有更加严密的数学逻辑，更加符合接触问题真实的物理情形，因而具有更加广阔的理论与应用研究前景。

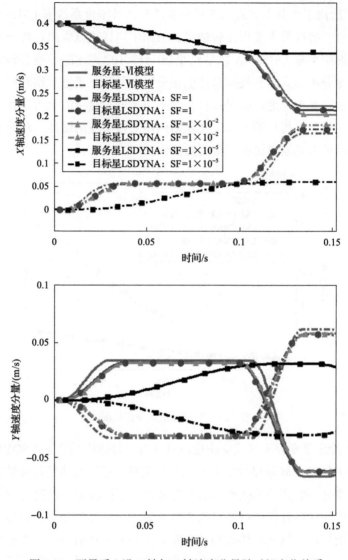

图 4.22　两星质心沿 X 轴与 Y 轴速度分量随时间变化关系

4.3　本章小结

　　本章从软对接过程中的动态接触问题入手，通过引入变分不等式接触基本原理，建立了基于结构变形的软对接动态接触理论模型，为软对接机构参数设计提供理论指导。传统有限元接触算法基于罚函数理论，实现过程简单，但无法避免接触刚度对仿真结果的影响，只有经过接触刚度校验的仿真结果才可信赖。而变分不等式接触算法直接使用不等式约束，通过引入带约束优化算法，有效避免用户自定义参数(接触刚度)对求解结果的影响，这正是其相对于传统有限元接触算法的优势所在。直接采用不等式约束，避免接触面之间发生相互侵入现象，也表明变分不等式接触原理更加符合接触问题的实际物理情形。同时，采用变分不等式动态接触算法所建立的软对接模型，无需用户自定义接触刚度，可有效避免用户自定义参数对仿真结果的影响。

　　本章中提到的基于结构变形的软对接方案，为面向卫星在轨加注任务需求的轻质小型对接机构设计提供了一条新的解决思路。

参 考 文 献

[1] Hertz H. On the contact of elastic solids[J]. Journal Für Die Reine and Ange-Wandte Mathematik, 1882, 92: 156-171.

[2] Galin L A, Moss H, Sneddon I N. Contact Problems in the Theory of Elasticity[M]. Moscow: Publishing House of Technical and Theoretical Literature, 1961.

[3] Gladwell G M L. Contact Problem in the Classical Theory of Elasticity[M]. Alphen aan den Rijn: Kluwer, 1980.

[4] Johnson K L. Contact Mechanics[M]. Cambridge: Cambridge University Press, 1985.

[5] Hughes T J R. The Finite Element Method: Linear Static and Dynamic Finite Element Analysis[M]. New York: Dover Publications, Inc., 2012.

[6] Duvaut G, Lions J L. Inequalities in Mechanics and Physics[M]. Berlin: Springer, 1976.

[7] Kinderlehrer D, Stampacchia G. An Introduction to Variational Inequalities and Their Applications[M]. Philadelphia: Society for Industrial and Applied Mathematics, 1980.

[8] Lions J L, Stampacchia G. Variational inequalities[J]. Communications on Pure and Applied Mathematics, 1967, 20(3): 493-519.

[9] Oden J T, Kikuchi N. Use of variational methods for the analysis of contact problems in solid mechanics//Variational Methods in the Mechanics of Solids[M]. Amsterdam: Elsevier, 1980: 260-264.

[10] Kikuchi N, Oden J T. Contact Problems in Elasticity: A study of Variational Inequalities and Finite Element Methods[M]. Philadelphia: Society for Industrial and Applied Mathematics, 1988.

[11] Kikuchi N, Song Y J. Remarks on relations between penalty and mixed finite element methods for a class of variational inequalities[J]. International Journal for Numerical Methods in Engineering, 1980, 15(10): 1557-1561.

[12] Campos L T, Oden J T, Kikuchi N. A numerical analysis of a class of contact problems with friction in elastostatics[J]. Computer Methods in Applied Mechanics and Engineering, 1982, 34 (1): 821-845.

[13] Kikuchi N. A smoothing technique for reduced integration penalty methods in contact problems[J]. International Journal for Numerical Methods in Engineering, 1982, 18(3): 343-350.

[14] Martins J A C, Oden J T. A numerical analysis of a class of problems in elastodynamics with friction[J]. Computer Methods in Applied Mechanics and Engineering, 1983, 40(3): 327-360.

[15] Oden J T, Martins J A C. Models and computational methods for dynamic friction phenomena[J]. Computer Methods in Applied Mechanics and Engineering, 1985, 52(1/2/3): 527-634.

[16] Rabier P, Martins J A C, Oden J T, et al. Existence and local uniqueness of solutions to contact problems in elasticity with nonlinear friction laws[J]. International Journal of Engineering Science, 1986, 24(11): 1755-1768.

[17] Ghosh S, Kikuchi N. An arbitrary Lagrangian-Eulerian finite element method for large deformation analysis of elastic-viscoplastic solids[J]. Computer Methods in Applied Mechanics and Engineering, 1991, 86(2): 127-188.

[18] Oden J T, Browne J C, Babuška I, et al. A computational infrastructure for reliable computer simulations[C]. Proceedings of the International Conference on Computational Science, 2003: 385-390.

[19] Refaat M H, Meguid S A. On the elastic solution of frictional contact problems using variational inequalities[J]. International Journal of Mechanical Sciences, 1994, 36(4): 329-342.

[20] Refaat M H. Nonlinear Finite Element Analysis of Frictional Contact Problems Using Variational Inequalities[D]. Toronto: University of Toronto (Doctor of Philosophy), 1995.

[21] Refaat M H, Meguid S A. On the modeling of frictional contact problems using variational inequalities[J]. Finite Elements in Analysis and Design, 1995, 19(1/2): 89-101.

[22] Refaat M H, Meguid S A. A Novel finite element approach to frictional contact problems[J]. International Journal for Numerical Methods in Engineering, 1996, 39(22): 3889-3902.

[23] Refaat M H, Meguid S A. Updated Lagrangian formulation of contact problems using variational inequalities[J]. International Journal for Numerical Methods in Engineering, 1997, 40(16): 2975-2993.

[24] Refaat M H, Meguid S A. A new strategy for the solution of frictional contact problems[J]. International Journal for Numerical Methods in Engineering, 1998, 43(6): 1053-1068.

[25] Czekanski A. Novel Nonlinear Finite Element Analysis of Dynamic Contact Problems using Variational Inequalities[D]. Toronto: University of Toronto (Doctor of Philosophy), 2001.

[26] Czekanski A, Meguid S A. Analysis of dynamic frictional contact problems using variational inequalities[J]. Finite Elements in Analysis and Design, 2001, 37(11): 861-879.

[27] Czekanski A, Meguid S A, El-Abbasi N, et al. On the elastodynamic solution of frictional contact problems using variational inequalities[J]. International Journal for Numerical Methods in Engineering, 2001, 50(3): 611-627.

[28] Czekanski A, Meguid S A. On the use of variational inequalities to model impact problems of elasto-plastic media[J]. International Journal of Impact Engineering, 2006, 3(9): 1485-1511.

[29] Meguid S A, Czekanski A. Advances in computational contact mechanics[J]. International Journal of Mechanics and Materials in Design, 2008, 4(4): 419-443.

[30] Ho R J, Meguid S A, Zhu Z H, et al. Consistent element coupling in nonlinear static and dynamic analyses using explicit solvers[J]. International Journal of Mechanics and Materials in Design, 2010, 6(4): 319-330.

[31] Hua D, Wang L. The nonconforming finite element method for Signorini problem[J]. Journal of Computational Mathematics, 2007, 25 (1): 67-80.

[32] Capatina A. Variational Inequalities and Frictional Contact Problems[M]. New York: Springer, 2014.

[33] Chung J, Hulbert G M. A time integration algorithm for structural dynamics with improved numerical dissipation: The generalized-α method[J]. Journal of Applied Mechanics, 1993, 60(2): 371-375.

第5章　真空条件下接口密封与泄漏理论

卫星在轨加注过程中，星体对接与加注管路对接同步展开。通过加注管路对接实现服务星与目标星之间推进剂传输管路相互连通。然而，在发出推进剂传输命令前，需确定管路连接接口密封效果良好，确保推进剂不会发生泄漏。否则，一旦出现推进剂泄漏，将引起服务星或目标星出现故障甚至损坏。因此，开展密封机理和流体泄漏过程分析，对于卫星在轨加注任务的顺利实施非常重要。

按流体泄漏途径不同，密封泄漏可分为沿接触面泄漏和经密封体渗漏[1]。其中，沿接触面泄漏是指流体经密封件宏观接触面间相互连通的微观未接触区域向外界泄漏。密封泄漏机理耦合表面微观形貌、接触力学、泄漏通道表征、流体在无序介质中的流动及微流动等问题，是一个复杂的多学科交叉问题。在以往的研究中，为便于接触分析和流动分析，对接触面的表面形貌过分简化，导致得出的结论说服力不强，因此，有必要从表面真实形貌建模表征入手，对密封中的接触问题和泄漏问题展开深入研究。

日常经验和实验观测表明，表面微观形貌是与观测尺度密切相关的，具有明显的尺度相关性。例如，对于同一表面，如果用不同分辨率的仪器进行观测，将呈现出完全不同的几何形貌，且观察到的表面形貌具有高度复杂、随机、无序的特点，很难用传统欧氏几何方法进行描述。但表面微观形貌精确建模不仅对密封泄漏问题至关重要，也是研究预测现代微纳米系统机械性能不可回避的一个基础问题。因此，有必要另辟新的思路、采用新的方法、利用新的工具，对表面微观形貌进行准确的建模表征。

与碰撞接触、齿轮接触等宏观接触不同，密封中接触问题的特征尺寸跨越纳米到毫米量级，需要综合考虑表面微观形貌、表面黏着和微观弹塑性变形等效应对接触特性的影响。如果两接触面之间还存在气相或液相介质，则气-固界面或液-固界面之间的相互作用对接触行为的影响也是不可忽略的。此外，在实际接触过程中，接触体间的相互作用往往是在多物理场(力、热、电、磁等)耦合作用下产生的，如果接触面存在滑移，还需考虑表面摩擦热效应。因此，在表面接触建模时，需综合考虑上述因素对接触行为的影响，现有接触力学无论是在研究内容还是在研究方法上都面临巨大的挑战。

密封表面不是理想光滑的，密封接触面也不是完全贴合的，流体会沿相互贯通的泄漏通道发生泄漏。在一定工况下，如何准确预测泄漏量大小和泄漏趋势，对分析密封件的性能、预测密封件的寿命、优化密封件的设计以及评估由泄漏引发的安全风险具有重要意义。对泄漏量的准确预测离不开对流体泄漏通道的准确描述，但目前已有的泄漏通道模型十分理想化，与真实情况差别较大，基于这些模型得出的结论可信度不高。因此，有必要寻找一种理论方法或技术路径，对密封泄漏通道这种形状复杂、通断随机、尺度相关的网状几何体进行描述，并对流体在泄漏孔道中的流动规律进行建模研究。

5.1　密封端面形貌的分形表征

两个看似光滑的密封面，如果放大观察，从某一观测尺度开始表面都是粗糙的，即密封面的表面粗糙度具有尺度相关性，绝对光滑的密封面是不存在的。受此影响，无论对密封面施加多大的压紧应力，密封面间也不可能实现完全嵌合，当密封面两侧存在泄漏推动力时，就会发生界面泄漏。因此，密封面的形貌特征对密封性能影响显著，对其进行数学表征是后续接触分析、流动分析以及泄漏分析的前提。此外，表面形貌的随机、无序、尺度相关等特点，对摩擦、润滑、导热、导电和流体沿表面的流动阻力等诸多输运现象均有重要影响。为了深入理解接触面间的上述输运物理机理，必须尽可能准确地对表面形貌进行表征。

自 1966 年 Greenwood 和 Williamson 提出了采用统计学方法对粗糙表面进行描述后，人们基于传统几何(欧氏几何)建立了许多定量描述表面形貌的统计学方法，如提出了用高度分布函数、自相关函数及相关统计学参数等来描述表面轮廓的不规则特性。但基于欧氏几何的传统表面表征方法只能局部地反映表面轮廓的某些特征，大量有用的信息被忽略；而且用于描述表面形貌的统计参数随取样长度和测量仪器的分辨率的变化而变化，导致测量结果不稳定，难以反映出表面轮廓的"固有"特征。相对于研究规则几何体的欧氏几何，分形几何是研究复杂、无规几何体的有利数学工具。粗糙表面具有不光滑、不可微、不规则和尺度相关的特点，这正是分形几何的研究范畴，可以用分形理论和方法对表面进行描述表征。

本节主要对表面形貌的分形表征问题进行了研究。首先，对研究中应用到的分形几何理论的基本概念和基本性质进行了简要介绍；然后，讨论了自仿射分形表面的表征方法，包括基于 W-M 函数的表面轮廓线表征方法以及基于表面粗糙度能量谱的频域表征方法，并对表面是否具备分形特征的检测方法、检测步骤及表面分形维数的确定方法进行了介绍；最后，利用傅里叶级数变换法对具有自仿射分形特性的各向同性随机表面进行了数值仿真，一方面模拟验证了真实表面的复杂、随机、多尺度和自相似的特征；另一方面为后续接触和泄漏仿真分析提供了几何边界条件。

5.1.1　分形几何简介

传统的欧氏几何学用点、直线、平面和各种规整的三维几何体来表征各种形状，它所描述的几何对象是规则和平整光滑的。如果要表征自然界中存在的复杂事物时，多年来人们都是在传统几何方法的框架下利用规则形体去逼近。但利用这种方法得到的结果与现实是有很大差距的，并且需要大量的数据。尤其当被描述的物体形状极不规则或极不光滑时，如变幻无常的浮云、起伏不平的山脉、弯弯曲曲的海岸线、粗糙不堪的断面等，传统科学显得束手无策。分形几何学与传统几何学不同，它是一门以非规则几何形态为研究对象的几何学，可以处理自然界中不光滑、不规则、具有自相似性且没有特征长度的形状和现象，并可以更加深刻地描述自然界中那些初看起来杂乱无章的自然形态。正因为如此，人们将分形称为"大自然的几何学"[2]。自 Mandelbort 于 1982 年创立分形几何以来，分形几何已被广泛地应用于物理学、气象学、地貌学、材料学甚至社会科学和艺术领域研究中。近年来，国内外在表征和研究机械加工表面的微观结构、接触机理等方面越来越多地使用了分形几何理论这一有力的数学工具。

分形(fractal)一词来源于拉丁语"fractus"，其原意是"不规则的、分数的、支离破碎的"，特指没有特征长度的图形、构造以及现象。一般说来，分形体均具有如下特点：分形集具有精细的结构，即有任意小尺度下的比例细节；分形集具有某种自相似性，或为严格近似的，或为统计意义的；分形集是如此的不规则，以致不能用传统的几何语言来描述。

分形的两个基本特征是自相似性和分形维数[3]。自相似性是指结构或过程的特征从不同的空间尺度或时间尺度来看都是相似的，或者系统的局部性质、结构与整体相似，体现了分形具有跨越不同尺度的对称性。分形维数，是定义在 n 维空间中，超越"长度、面积、体积"旧概念的新度量，是描述分形的一个参量，它定量地描述了一个分形图形的"非规则"程度。一般来说，分形维数越大，客体越复杂。分形维数 D 的定义很多，各有优缺点，如豪斯多夫(Hausdorff)维数、计盒维数、容量维数、相似性维数等。分形维数是分形几何中最核心的研究内容[4]。

5.1.2　表面形貌的分形表征

1. 自仿射分形表面

1)表面的统计自仿射特性

自然海岸线的特点是，将小尺度的粗糙度在水平和垂直两个方向上放大相同倍数后，其概率分布与大尺度下的一致，这类具有统计自相似特性的曲线称为自相似分形曲线。但研究表明，绝大多数工程表面形貌的轮廓线并不具有统计自相似特性，而是都具有统计自仿射特性[5,6]，即只有在水平方向和垂直方向分别以不同的比例对材料表面进行放大观察，放大前、后材料表面在几何形貌上才会表现出相似性。图 5.1 为表面轮廓统计自仿射性的定性描述示意图，该图表明粗糙表面在不同尺度下的相似性可能是唯一的、确定的。

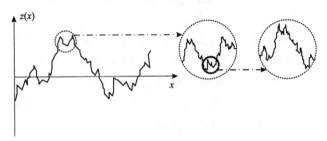

图 5.1　表面轮廓统计自仿射性的定性描述

对于自仿射分形表面，尺度变换前后表面轮廓满足如下标度不变性：

$$x' = \zeta x, \quad y' = \zeta y, \quad z' = \zeta^H z \tag{5.1}$$

式中，ζ 为放大倍数；H 为豪斯多夫指数，其与表面分形维数 D_f 满足关系式 $D_f = 3 - H$。因为 $2 < D_f < 3$，所以有 $0 < H < 1$。由式 (5.1) 可知，只有当 $H = 1$ 时，表面轮廓才严格满足自相似分形的特征；当 $0 < H < 1$ 时，表面呈现自仿射分形的特征。

研究表明，工程表面的统计自仿射分形特性只在一定的尺度范围内才成立，也就是说式 (5.1) 的成立存在一个尺度上限 λ_0 和下限 λ_1，这个尺度范围称为无标度区间。设某一观测尺度下可分辨的表面轮廓波动的最小波长为 λ，则只有当观测尺度介于 $[\lambda_1, \lambda_0]$ 区间时，表面才表现出自仿射分形的特征。如果在频域空间表征表面形貌，设频率项 $q = 2\pi / \lambda$，类似于长度空间，在频率空间中同样存在一个频率下限 $q_0 = 2\pi / \lambda_0$ 和上限 $q_1 = 2\pi / \lambda_1$，使得表面只有在 $[q_0, q_1]$ 区间才表现出自仿射分形的特征，称 q_0 为最小波动频率，q_1 为最大波动频率。

2) 表面形貌分形特性的数学表征

对于各向同性的粗糙表面，可以证明沿任意方向垂直截取该粗糙表面得到的轮廓曲线的分形维数 D 与表面分形维数 D_f 满足关系式[7]

$$D = D_f - 1 \tag{5.2}$$

因此，可以通过测量表面二维轮廓曲线的分形维数 D 来计算表面的分形维数 D_f。

如果用 $h(x)$ 表示各向同性粗糙表面轮廓曲线相对于中线的变化，则表面轮廓曲线与海岸线一样，都是随机的、多重尺度的和无序的。$h(x)$ 与海岸线的共同点在于它们都是处处连续但又处处不可导；不同点在于表面轮廓曲线具有统计自仿射分形特性，而海岸线具有统计自相似分形特征。Weierstrass-Mandetbrot 函数（简称 W-M 函数）可满足表面轮廓曲线 $h(x)$ 的上述所有数学特征，其表达式为[8]

$$Z(x) = G^{(D-1)} \sum_{q=q_0}^{\infty} \frac{\cos 2\pi \gamma^q x}{\gamma^{(2-D)q}}, \quad 1 < D < 2, \gamma > 1 \tag{5.3}$$

式中，γ^q 为离散频率的模；q_0 为轮廓线的低截止频率；D 为所截取表面轮廓线的分形维数，它描述函数 $h(x)$ 在所有尺度上的不规则性；G 为尺度系数，它是反映 $h(x)$ 幅值大小的尺度系数，决定了 $h(x)$ 的具体尺寸。

由式 (5.3) 可以看出，$h(x)$ 级数收敛，而 $\mathrm{d}h/\mathrm{d}x$ 则发散，这意味着函数在任何点均不可微，同时满足式 (5.1) 中的自仿射关系。

2. 表面粗糙度能量谱

1) 表面高度轮廓的自相关函数

为定量描述表面形貌，取一参考表面（光滑表面），表面上任一点相对该参考表面的距离 $h(x)$ 满足关系式 $\langle h(x) \rangle = 0$，符号 $\langle\ \rangle$ 表示对尖括号内的物理量进行统计平均。表面上点 $x(x, y)$ 与平均表面间的距离定义为表面轮廓高度。随机粗糙表面的统计特性由轮廓高度 $h(x)$ 的所有自相关函数 $\langle h(x_1)h(x_2) \rangle$，$\langle h(x_1)h(x_2)h(x_3) \rangle$，$\langle h(x_1)h(x_2)h(x_3)h(x_4) \rangle \cdots$ 决定。假设表面轮廓高度值是随机分布的，且任意点间的高度分布是相互独立的，则奇数个点间的轮廓高度自相关函数等于零，偶数个点间的轮廓高度自相关函数可以用任意两点间轮廓高度自相关函数表示。例如，如果设 $h(x_1) = h_1$，$h(x_2) = h_2$，$h(x_3) = h_3$，$h(x_4) = h_4$，则有

$$\langle h_1 h_2 h_3 h_4 \rangle = \langle h_1 h_2 \rangle \langle h_3 h_4 \rangle + \langle h_1 h_3 \rangle \langle h_2 h_4 \rangle + \langle h_1 h_4 \rangle \langle h_2 h_3 \rangle$$

如果表面轮廓高度的统计特性具有平移不变性，那么高度自相关函数 $\langle h(x + x_0)\ h(x_0) \rangle$ 只与两点之间的距离矢量 x 有关。

为利用表面高度自相关函数 $\langle h(x + x_0)h(x_0) \rangle$ 表征表面形貌，将其进行傅里叶变换，并将其在频率空间的表达形式称为表面粗糙度能量谱 $C(q)$，即

$$C(q) = \frac{1}{(2\pi)^2} \int \mathrm{d}^2 x \langle h(x)h(0) \rangle \mathrm{e}^{-iq \cdot x} \tag{5.4}$$

式中，q 为频率空间中的向量，称为波动向量，其模值 $q = |q|$ 等于粗糙表面轮廓波长的倒数。对于各向同性的随机粗糙表面，$C(q)$ 由波动向量的模 q 决定，即 $C(q) = C(q)$。

表面粗糙度能量谱 $C(q)$ 的定义式 (5.4) 适用于无限大的表面，但实际表面不可能是无限大的，其面积大小是有限的。对于实际表面，$C(q)$ 可由下式求出[9]：

$$C(q) = \frac{(2\pi)^2}{A} \langle |h_A(\boldsymbol{q})|^2 \rangle \tag{5.5}$$

式中，

$$h_A(\boldsymbol{q}) = \frac{1}{(2\pi)^2} \int_{-\sqrt{A}/2}^{+\sqrt{A}/2} \mathrm{d}x_1 \int_{-\sqrt{A}/2}^{+\sqrt{A}/2} h(x) \mathrm{e}^{-iq\cdot x} \mathrm{d}x_2 \tag{5.6}$$

A 为表面的投影面积；$h_A(\boldsymbol{q})$ 为表面轮廓高度 $h(x)$ 的傅里叶变换，且当 $A \to \infty$，$h(\boldsymbol{q}) = h_A(\boldsymbol{q})$。

由上所述，对于具有平移变形性的随机表面，其表面几何特性由表面轮廓高度自相关函数决定。因此，只要求出了轮廓高度自相关函数的频域表达式，即表面粗糙度能量谱 $C(q)$，就可以求出表面形貌的其他统计参数。如对式 (5.4) 进行傅里叶逆变换，可得

$$\langle h(\boldsymbol{x})h(\boldsymbol{0}) \rangle = \int C(q) \mathrm{e}^{iq\cdot x} \mathrm{d}^2 q$$

因此，粗糙表面高度的均方根 $h_{\mathrm{rms}} = \langle h^2 \rangle^{1/2}$ 可以表达为

$$h_{\mathrm{rms}}^2 = \langle h^2 \rangle = \int C(q) \mathrm{d}^2 q = 2\pi \int_0^\infty q C(q) \mathrm{d}q \tag{5.7}$$

2) 自仿射分形表面的表面粗糙度能量谱

假设粗糙表面的投影面积 $A = L \times L$，且表面在 $[q_0, q_1]$ 上具有统计自仿射分形特性，利用关系式 (5.1)、式 (5.7) 可将式 (5.4) 简化为[10]

$$\begin{cases} C(q) = C_0 q^{-2(H+1)}, & q_0 < q < q_1 \\ C(q) = C_0, & q_L < q < q_0 \end{cases} \tag{5.8}$$

式中，

$$C_0 = \frac{H}{\pi} \langle h^2 \rangle (q_0^{-2H} - q_1^{-2H})^{-1}$$

$H = 3 - D_{\mathrm{f}}$ 为豪斯多夫指数；q_0 为最小截止频率；q_1 为最大截止频率；$q_L = 2\pi / L$ 称为特征频率，表示表面的特征长度 L 对应的频率项。

由式(5.8)可知,在双对数坐标系中,自仿射分形表面的表面粗糙度能量谱 $C(q)$ 在区间 $[q_0, q_1]$ 上为一条直线(如图5.2所示),其斜率由表面分形维数 D_f 决定。

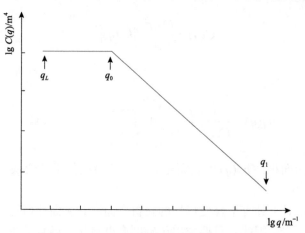

图5.2　自仿射分形表面的表面粗糙度能量谱

对于自仿射分形表面,如果 $q_1 \gg q_0$,则表面高度均方根 h_{rms}、表面平均斜率 $\langle(\nabla h)^2\rangle$ 与表面波动频率 q 有如下关系式[9]:

$$h_{rms}^2 \sim \int_{q_0}^{q_1} \mathrm{d}q \ q^{-2H-1} \sim (q_0^{-2H} - q_1^{-2H}) \approx q_0^{-2H} \tag{5.9}$$

$$\langle(\nabla h)^2\rangle \sim \int_{q_0}^{q_1} \mathrm{d}q \ q^{1-2H} \sim (q_1^{2(1-H)} - q_0^{2(1-H)}) \approx q_1^{2(1-H)} \tag{5.10}$$

由式(5.9)、式(5.10)可知,表面高度均方根 h_{rms} 主要由表面最小波动频率 q_0 (即表面波动最大波长 λ_0)决定;而表面平均斜率 $\langle(\nabla h)^2\rangle$ 主要由表面最大波动频率 q_1 (即表面波动最小波长 λ_1)决定。由此可见,不同尺度级别的表面波动对表面的宏观几何性质的贡献是不一样的,而且表面的某一宏观特性往往只由特定尺度的波动波长决定。因此,可以预测密封表面的微观几何结构对密封性能的影响可能仅由特定尺度的波动波长决定,通过对密封面的表面形貌进行优化设计,将会大大提升密封件的密封性能。

3. 表面分形特性的检测方法

并非所有的粗糙表面都具有分形特性,即不是任意一个粗糙表面都可以使用分形参数表征其表面形貌。因此,利用分形理论研究某类表面形貌的表征问题时,首先必须对该类表面是否具有分形特征进行检测。

由前分析可知，自仿射分形表面的表面粗糙度能量谱 $C(q)$ 与表面波动频率 q 服从幂定律。因此，可以通过实际表面的 $C(q)$ 在双对数坐标系中是否近似为一条直线来判断其是否具有分形特性。

由式 (5.5) 可知，投影面积为 A 的粗糙表面的 $C(q)$ 可以表达为

$$C(q) = \frac{(2\pi)^2}{A} \langle |h_A(\boldsymbol{q})|^2 \rangle$$

式中，

$$h_A(\boldsymbol{q}) = \frac{1}{(2\pi)^2} \int_A h(\boldsymbol{x}) \mathrm{e}^{-\mathrm{i}\boldsymbol{q}\cdot\boldsymbol{x}} \mathrm{d}^2 x$$

为计算 $C(q)$，将待检测表面离散成 $N \times N$ 个同样大小的网格，网格相邻节点间的距离为 a。每个节点的坐标可表示为

$$\boldsymbol{x} = (n_x, n_y)a = \boldsymbol{n}a = \boldsymbol{x}_n$$

式中，$n_x = 1, 2, \cdots, N$，$n_y = 1, 2, \cdots, N$。设每个节点的高度为 $h(\boldsymbol{x}_n)$，则 $h(\boldsymbol{x}_n)$ 的傅里叶变换可用如下级数近似表示：

$$h_A(\boldsymbol{q}) \approx \frac{a^2}{(2\pi)^2} \sum_n h_n(\boldsymbol{x}_n) \mathrm{e}^{-\mathrm{i}(q_x n_x a + q_y n_y a)} \tag{5.11}$$

式中，$\boldsymbol{q} = (q_x, q_y) = (2\pi m_x / L, 2\pi m_y / L)$，$m_x$ 和 m_y 为 $(0, N)$ 之间的整数。

将表面轮廓高度的采样值代入式 (5.5)、式 (5.11) 中，就可以求出待表征表面的表面粗糙度能量谱 $C(q)$。

由表面轮廓高度的采样值可以求得表面高度均方根 $\langle h^2 \rangle^{1/2}$ 为

$$\langle h^2 \rangle^{1/2} = \frac{1}{N^2} \sum (h_n(\boldsymbol{x}) - \bar{h})^2 \tag{5.12}$$

式中，$\bar{h}$ 表示表面高度均值。

由式 (5.7) 得 $\langle h^2 \rangle^{1/2}$ 与 $C(q)$ 间满足关系式

$$\langle h^2 \rangle = \int C(q) \mathrm{d}^2 q = 2\pi \int_0^\infty C(q) \mathrm{d}q$$

因此，可以通过比较由式 (5.7) 求出的 $\langle h^2 \rangle^{1/2}$ 与由式 (5.12) 求出的 $\langle h^2 \rangle^{1/2}$ 是否相等，来验证由式 (5.5)、式 (5.11) 计算得到的 $C(q)$ 是否正确。

　　工程表面常用的加工方法有铣削、车削、内圆磨、外圆磨、平面磨以及抛光等。试验表明[6,11-13]，这几类加工方法生成的材料表面形貌具有统计自仿射分形特性，可以用分形几何进行表征。

5.1.3　具有自仿射分形特征的密封表面数值模拟

　　为模拟粗糙表面，人们提出了若干模拟粗糙表面形貌多尺度特性的模型，如分形几何模型、快速傅里叶变换法、分数布朗运动函数法、随机中点位移法、分形插值法等。这些方法和模型有的用来产生泊松分布和高斯分布的表面，有的可以产生非高斯分布表面，在一定程度上能够定量描述出多尺度参数对粗糙表面特性的影响。本节根据表面粗糙度能量谱，利用傅里叶变换法生成具有高斯分布的粗糙表面。

　　1. 数学模型

　　对于投影面积为 $L \times L$ 的各向同性自仿射分形表面，表面上任一点的高度可以表示为如下傅里叶级数的形式：

$$h(\boldsymbol{x}) = \sum_{\boldsymbol{q}} B(\boldsymbol{q}) e^{i[\boldsymbol{q} \cdot \boldsymbol{x} + \phi(\boldsymbol{q})]} \tag{5.13}$$

式中，$\boldsymbol{q}$ 为频率空间矢量，其模值遍历 $2\pi / L$ 的整数倍；$\phi(\boldsymbol{q})$ 为在 $[0, 2\pi]$ 均匀分布的随机数；$B(\boldsymbol{q})$ 为矢量 $\boldsymbol{q}$ 对应的高度幅值项。由于表面上任一点的轮廓高度均为实数，所以有 $B(-\boldsymbol{q}) = B(\boldsymbol{q})$，$\phi(-\boldsymbol{q}) = \phi(\boldsymbol{q})$。因此，式(5.13)可简化为

$$h(\boldsymbol{x}) = \sum_{\boldsymbol{q}} B(\boldsymbol{q})[\cos(\boldsymbol{q} \cdot \boldsymbol{x}) + \cos(\phi(\boldsymbol{q}))] \tag{5.14}$$

　　对于实际的密封面，只有在无标度区间内表面才具有分形特征。设无标度区为 $[\lambda_0, \lambda_1]$，其在频率空间对应的区间为 $[q_0, q_1]$，其中 $q_0 = 2\pi / \lambda_0$，$q_1 = 2\pi / \lambda_1$。因此，式(5.14)可表达为

$$h(\boldsymbol{x}) = \sum_{q_0}^{q_1} B(\boldsymbol{q})[\cos(\boldsymbol{q} \cdot \boldsymbol{x}) + \cos(\phi(\boldsymbol{q}))] \tag{5.15}$$

　　如果最小观测尺度取 $\lambda = L / \zeta$（即表面波长小于 λ 的波动项忽略不计），其中 ζ 为整数，表示对表面的观测放大倍数。由式(5.15)知，观测尺度为 λ 时表面轮廓高度可表达为

$$h(\boldsymbol{x}) = \sum_{q_0}^{q} B(\boldsymbol{q})[\cos(\boldsymbol{q} \cdot \boldsymbol{x}) + \cos(\phi(\boldsymbol{q}))] \tag{5.16}$$

式中，$q = 2\pi / \lambda = 2\pi\zeta / L$。设 $q_L = 2\pi / L$，则 $q = \zeta q_L$。式(5.16)中，反映不同尺度下表面轮廓高度的参数 $B(\boldsymbol{q})$ 与表面粗糙度能量谱 $C(\boldsymbol{q})$ 满足如下关系式[9]：

$$B(\boldsymbol{q}) = \frac{2\pi}{L}(C(\boldsymbol{q}))^{1/2} \tag{5.17}$$

根据式(5.16)、式(5.17)，便可利用计算机生成表面粗糙度能量谱为 $C(\boldsymbol{q})$ 的自仿射分形表面。可以证明，生成的随机粗糙表面的轮廓高度服从高斯分布。

$$P_h = \frac{1}{(2\pi)^{1/2}\sigma}\mathrm{e}^{-h^2/(2\sigma^2)}$$

式中，σ 表示粗糙表面高度的均方根，即 $\sigma = h_{\mathrm{rms}} = \langle h^2 \rangle^{1/2}$。

由式(5.16)可知，随着放大倍数 ζ 的逐渐增大，表面更小尺度的轮廓细节不断显现，生成的表面所包含的几何信息也越丰富。

2. 算例

图 5.3 为经研磨处理的某不锈钢材料的表面粗糙度能量谱。由图可知，当 $q_0 \leqslant q \leqslant q_1$ 时，该表面具有自仿射分形特性。该表面分形维数 $D_{\mathrm{f}} = 2.2$，肉眼分辨率下的特征频率 $q_L = 10^4 \mathrm{m}^{-1}$，最低截止频率 $q_0 = 10^5 \mathrm{m}^{-1}$，最高截止频率 $q_1 = 10^{10}\mathrm{m}^{-1}$，表面高度均方根 $h_{\mathrm{rms}} = 10\mathrm{nm}$。

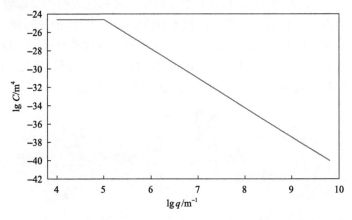

图 5.3　经研磨处理的某不锈钢材料的表面粗糙度能量谱

根据式(5.16)、式(5.17)，当放大倍数 $\zeta = 216$ 时，由计算机生成的粗糙表面二维轮廓线图如图 5.4 所示。将(a)图中矩形区域的轮廓线水平方向放大 10 倍，垂直方向放大 10^H 倍（$H = 3 - D_f$，这里 H 取 0.8），得到的表面轮廓线如(b)图所示。对比可知，本方法生成的表面轮廓线是满足统计自仿射分形性质的。

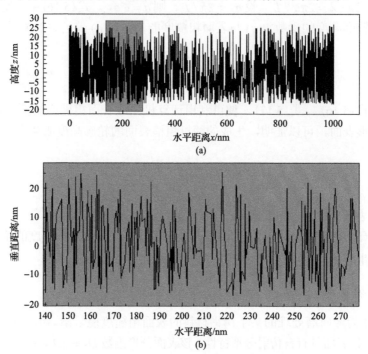

图 5.4　自仿射分形表面二维轮廓线

根据式(5.16)、式(5.17)，由计算机生成的三维粗糙表面的局部效果如图 5.5 所示。图中给出的模拟表面的投影面积为 $10^{-4}\,\mathrm{mm}^2$，其中(a)图对应的放大倍数 $\zeta = 216$，(b)图对应的放大倍数 $\zeta = 4$。对比可知，两图整体轮廓一致，但(a)图中的表面明显比(b)图中的要粗糙。由此可见，材料的表面形貌是尺度相关的，随着观测尺度的不断减小，表面将呈现出更加丰富的几何细节。

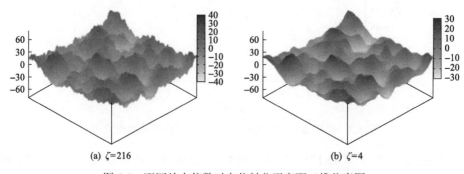

图 5.5　不同放大倍数时自仿射分形表面三维仿真图

5.2　考虑尺寸效应的端面密封接触力学

对于粗糙表面间的接触问题，以往的研究中大多将接触面简化为高度随机分布的微凸体（椭球形、锥形等），通过对所有的微凸体的接触力学行为进行统计平均，求出两表面的宏观接触特性，比较有代表性的模型有 G-W 模型、Bush 模型等。材料表面形貌是尺度相关的，同一表面在不同观测分辨率下将呈现出不同的微观几何构形。那么当两表面受力发生接触时，形成的接触面也应该是尺度相关的。此外，为建模方便，以往的接触模型大多忽略了微凸体间的相互作用，但对于接触密封这类压紧力很大的问题，这一假设往往失效。

接触问题的复杂性除了表现在由表面粗糙度带来的多尺度效应，还表现在接触过程中伴随着诸如塑性屈服、接触疲劳、表面黏着等一系列复杂的力学现象，如零外载下接触面的塑性屈服、接触过程中的突跳、两个接触表面的黏着现象等。对于密封问题，两接触面间还存在气-固、液-固以及固-固界面力学的耦合问题。因此，建立表面接触模型需综合考虑上述因素对接触行为的影响。近年来，国外 Persson 等借鉴统计力学的研究思路，提出了一套考虑尺寸效应的接触力学理论。该理论考虑了接触问题的尺度关联性和不同尺寸级别微凸体的相互作用，通过修改相关边界条件，还可以对表面弹塑性接触行为和黏着接触行为进行预测。

本节主要利用 Persson 接触理论，建立了端面密封接触问题的多尺度力学模型，研究了表面应力概率密度在尺度-应力空间中的分布规律，以及真实接触面积、接触区平均分离距离等宏观接触参数的尺度相关性；讨论了密封面塑性变形和表面黏着力对接触特性和流体微泄漏孔隙分布规律的影响。

5.2.1　接触问题的多尺度力学模型

1. 密封接触问题的尺度相关性

受表面粗糙度多尺度效应的影响，当对同一接触面不断放大观察时，接触区域的形态将不断发生改变。将对接触面的观察放大倍数记为 ζ；放大倍数为 ζ 时可以识别的表面最小波动波长记为 λ，放大倍数为 ζ 时观测到的真实接触面积记为 $A(\zeta)$。如图 5.6 所示，当两表面受力发生接触时，如果对表面放大观察，则原本看似完全接触的区域发生了"破碎"，出现了许多为非接触区，即真实接触面积 $A(\zeta)$ 是尺度相关的，它随放大倍数 ζ 的增大而逐渐减小。假设当 $\zeta=1$ 时，在压紧力 F 的作用下两表面发生了完全接触，如果忽略边界效应，接触面上各点的应力大小相同，均为 $\sigma_0 = F/A_0$。如果用 $P(\sigma)$ 表示接触区域应力大小概率分布函数，则 $\zeta=1$ 时，$P(\sigma)=\delta(\sigma-\sigma_0)$，即接触区的应力在应力概率空间集中在一点。如

图 5.6 所示，当继续缩小观测尺度(提高放大倍数)时，接触体表面更小的粗糙度将显现出来，真实接触面积 $A(\zeta)$ 越来越小，接触区域中的表面应力在应力概率空间上的分布范围越来越广。由此可见，当两表面受力发生接触时，真实接触区域上的应力分布也应该是尺度相关的，即 $P(\sigma)$ 应改写为 $P(\sigma,\zeta)$。

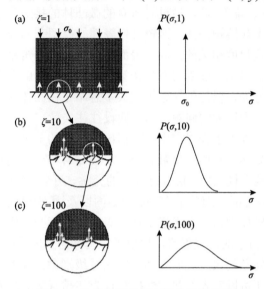

图 5.6　接触过程的尺度相关性示意图

　　研究某一物理规律，首先必须明确所研究问题的尺度量级。例如，对于气体在多孔介质中的流动，当多孔介质的孔隙尺寸较大时，可以采用传统的经典流体力学(N-S 方程)进行描述。但当多孔介质中的孔隙尺寸非常小，甚至达到纳米量级时，基于连续介质的流体 N-S 方程已不再成立，必须考虑稀薄气体效应。事实上，流体在各个尺度级别上运动都可以统一表示成基于统计物理的 Boltzmann 方程。Boltzmann 方程的二级近似为 Burnett 方程，适用于过渡区气体流动规律的描述；Boltzmann 方程的一级和零级近似分别为 N-S 方程和欧拉方程，适用于滑移区和连续介质区气体流动规律的描述。而粒子分布函数的引入，是推导 Boltzmann 方程的关键。因此，在研究具有尺度关联特性的接触问题时，利用统计物理的思想，引入接触区应力分布概率密度是十分必要的。

　　对于密封问题，用肉眼观察密封接触面是观测不到流体泄漏通道的，但如果对密封接触面不断放大观察，则各种尺度级别的泄漏通道将不断显现。因此，在研究密封接触问题时，必须考虑尺度效应对实际接触行为的影响。

　　2. 接触区表面应力分布尺度关联方程

　　为建模方便，提出如下假设：

(1)表面接触变形为小应变，且表面变形远小于物体的宏观尺寸，如接触体表面特征长度 L；

(2)接触区域中表面应力 σ 的方向沿 z 向，其他方向的应力分量为零，且表面形貌满足 $|\nabla h(x)| < 1$；

(3)接触体可以看成半空间弹性体；

(4)表面无摩擦。

当放大倍数为 ζ 时，接触区域中的表面应力分布函数 $P(\sigma,\zeta)$ 可表达为

$$P(\sigma,\zeta) = \langle \delta(\sigma - \sigma_1(x,\zeta)) \rangle \tag{5.18}$$

式中，$\sigma(x,\zeta)$ 表示忽略更小尺度的表面波动，仅以放大倍数为 ζ 时观察到的表面为最终接触面时，接触区域中点 x 处的应力大小；符号 $\langle \ \rangle$ 表示对括号内的物理量取统计平均。

当放大倍数变为 $\zeta + \Delta\zeta$ 时，由于表面形貌发生了改变，真实接触区域也会相应地发生改变。如果以 $\zeta + \Delta\zeta$ 下的表面作为最终受力面，并假设接触区域中各点的表面应力分布相互独立，则有如下关系式：

$$\begin{aligned}
P(\sigma,\zeta + \Delta\zeta) &= \langle \delta(\sigma - \sigma_1 - \Delta\sigma) \rangle \\
&= \int d\sigma' \langle \delta(\sigma' - \Delta\sigma)\delta(\sigma - \sigma_1 - \sigma') \rangle \\
&= \int d\sigma' \langle \delta(\sigma' - \Delta\sigma) \rangle P(\sigma - \sigma',\zeta)
\end{aligned} \tag{5.19}$$

对式(5.19)进行一阶泰勒展开，并利用 δ 函数傅里叶变换的导数和积分性质可得[14]

$$\frac{\partial P}{\partial \zeta} = f(\zeta)\frac{\partial^2 P}{\partial \sigma^2} \tag{5.20}$$

式中，

$$f(\zeta) = \frac{1}{2}\frac{\langle \Delta\sigma^2 \rangle}{\Delta\zeta} \tag{5.21}$$

如果将式(5.20)中的自变量 ζ 和 σ 分别看成是时间和空间坐标点，则式(5.20)是一个典型的扩散型偏微分方程。根据扩散型偏微分方程解的特点，可知当观测尺度越来越小(即 ζ 越来越大)时，表面应力概率密度 $P(\sigma,\zeta)$ 在"应力空间"中的分布将越来越广，这与实际情况是相吻合的。

根据接触力学相关理论[15]，如果忽略接触面间的摩擦力，则接触面上的应力分布只由加载前两接触面的表面形貌决定。因此，为建模方便，可以将端面接触简化为光滑弹性体与粗糙刚体间的接触，其中粗糙刚体的表面形貌为原密封面表面形貌的叠加，弹性体的弹性模量和泊松比满足

$$\frac{1-\nu^2}{E} = \frac{1-\nu_1^2}{E_1} + \frac{1-\nu_2^2}{E_2} \tag{5.22}$$

式中，E_1、E_2 分别为接触面 1 和接触面 2 的弹性模量；ν_1、ν_2 分别为接触面 1 和接触面 2 的泊松比。

假设粗糙表面发生接触时，其表面因挤压变形而发生的沿 Z 向的位移分量近似等于表面高度轮廓，即 $u_z \approx h(\boldsymbol{x})$，则 $f(\zeta)$ 可表达为

$$f(\zeta) = \frac{\pi}{4}\left(\frac{E}{1-\nu^2}\right)^2 q_L q^3 C(q) \tag{5.23}$$

式中，$C(q)$ 为表面粗糙度能量谱；E 为复合表面的弹性模量；ν 为复合表面的泊松比；$q_L = 2\pi / L$ 表示波动表面(即粗糙表面)的最小波动频率；$q = \zeta q_L$ 表示放大倍数 ζ 下可分辨的表面最小波动对应的波动频率。

对于纯弹性接触，如果忽略接触面间的表面黏着力，则式(5.20)对应的边界条件为

$$\begin{cases} P(\sigma,1) = P_0(\sigma) \\ P(0,\zeta) = 0 \\ P(\infty,\zeta) = 0 \end{cases} \tag{5.24}$$

式中，$P(\sigma,1) = P_0(\sigma)$ 表示以 $\zeta = 1$ 时表面作为最终受力面时，接触区域中的应力分布概率密度；$P(0,\zeta) = 0$ 和 $P(\infty,\zeta) = 0$ 的物理意义是接触区域中的表面应力大小一定是大于零的有限值。

1)垫片式端面密封接触应力分布

两密封端面均为平面的密封方式称为垫片式密封，如图 5.7 所示。为建模方便，将端面密封的密封面简化为两个 $L \times L$ 大小的矩形平板。假设 $\zeta = 1$ 时，观察不到平板表面的粗糙度，即肉眼所见的两平板表面均为光滑的平面。

当两"光滑"的矩形板在压紧力 F 的作用下挤压接触时，两表面名义上将发生完全接触，即 $\zeta = 1$ 时的真实接触面积 $A_0 = L \times L$，称 A_0 为名义接触面积。此时，式(5.24)可进一步表达为

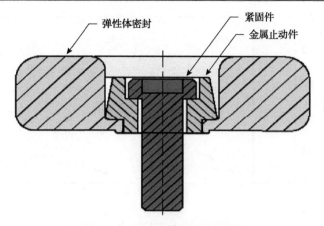

图 5.7　垫片式密封简化示意图

$$\begin{cases} P(\sigma,1) = P_0(\sigma) = \delta(\sigma - \sigma_0) \\ P(0,\zeta) = 0 \\ P(\infty,\zeta) = 0 \end{cases} \tag{5.25}$$

式中，$\sigma_0 = F / A_0$。

设 $\sigma_Y \to \infty$，由边界条件 (5.25)，利用分离变量法求解偏微分方程 (5.20)，可以求得表面应力分布概率密度 $P(\sigma,\zeta)$ 的表达式为[16]

$$P(\sigma,\zeta) = \frac{2}{\sigma_Y} \sum_{n=1}^{\infty} \sin\left(\frac{n\pi\sigma_0}{\sigma_Y}\right) \sin\left(\frac{n\pi\sigma}{\sigma_Y}\right) \exp\left[-\left(\frac{n\pi}{\sigma_Y}\right)^2 \sigma_0^2 G(\zeta)\right] \tag{5.26}$$

式中，

$$G(\zeta) = \frac{1}{\sigma_0^2} \int_1^{\zeta} f(\zeta') \mathrm{d}\zeta'$$

设 $s = n\pi / \sigma_Y$，利用公式 $\sum_{n=1}^{\infty} \to \int_0^{\infty} \mathrm{d}n = \dfrac{\sigma_Y}{\pi} \int_0^{\infty} \mathrm{d}s$，式 (5.26) 可表达为

$$P(\sigma,\zeta) = \frac{2}{\pi} \int_0^{\infty} \sin(s\sigma_0) \exp\left[-s^2 \sigma_0^2 G(\zeta)\right] \sin(s\sigma) \mathrm{d}s \tag{5.27}$$

当 G 分别取 0、0.6 和 2 (即放大倍数 ζ 逐渐增大) 时，接触区的应力分布概率密度如图 5.8 所示。图中，σ_H 表示 $\zeta = 1$ 时密封面上的最大接触应力，对于垫片式密封 $\sigma_H = \sigma_0$。

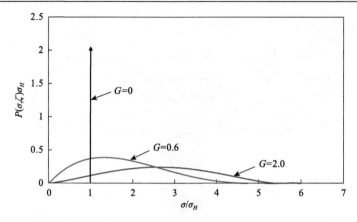

图 5.8　不同放大倍数下垫片密封接触区应力分布概率密度

由图 5.8 可知，当 $\zeta = 1$ 时，接触面上各点的应力大小相同，即 $P(\sigma) = \delta(\sigma - \sigma_0)$。当增大观测放大倍数时，接触区域中的表面应力在应力概率空间上的分布范围越来越广。

2) 密封圈式端面密封接触应力分布

常用密封圈的纵向截面为圆形或椭圆形(如 O 形圈)，而被密封面通常为平面，如图 5.9 所示。因此，密封圈式端面密封可以简化为圆柱体和平面间的接触。

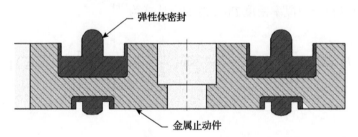

图 5.9　密封圈式端面密封示意图

由于式 (5.26) 是线性的，对于表面为曲面的端面接触，可以将接触曲面表示成一系列宽度为无限小的矩形，每个矩形条间的接触应力分布满足式 (5.26)。如果已知 $\zeta = 1$ 时的表面应力分布规律，即已知 $P_0(\sigma)$，则对于任何形式的端面接触，其表面应力分布 $P(\sigma, \zeta)$ 可表达为

$$
\begin{aligned}
P(\sigma, \zeta) = &\frac{2}{\sigma_Y} \sum_{n=1}^{\infty} \int_0^{\sigma_Y} d\sigma' P_0(\sigma') \sin\left(\frac{n\pi\sigma'}{\sigma_Y}\right) \sin\left(\frac{n\pi\sigma}{\sigma_Y}\right) \\
&\times \exp\left[-\left(\frac{n\pi}{\sigma_Y}\right)^2 \sigma_0^2 G(\zeta)\right]
\end{aligned}
\tag{5.28}
$$

对于圆柱体与平面间的接触，假设当 $\zeta = 1$ 时，圆柱体和平面均是光滑的，则由 Hertz 接触理论，$\zeta = 1$ 时接触区的表面应力分布为

$$\sigma(\boldsymbol{x}) = \sigma_H \left[1 - \left(\frac{x}{a_H} \right)^2 \right]^{1/2} \tag{5.29}$$

式中，$L_H = 2a_H$ 表示接触区的宽度；σ_H 表面最大接触应力。

由式(5.29)可得 $\zeta = 1$ 时接触区的表面应力分布概率密度为

$$P(\sigma, 1) = \frac{1}{2a_H} \int_{-a_H}^{a_H} \delta[\delta - \delta(x)] \mathrm{d}x = \frac{\sigma}{\sigma_H^2} \left[1 - \left(\frac{\sigma}{\sigma_H} \right)^2 \right]^{-1/2} \tag{5.30}$$

将式(5.30)代入式(5.28)中，可得密封圈式端面密封的接触应力概率分布为

$$P(\sigma, \zeta) = \frac{2}{\sigma_Y} \sum_{n=1}^{\infty} B_n \sin\left(\frac{n\pi\sigma}{\sigma_Y} \right) \exp\left[-\left(\frac{n\pi}{\sigma_Y} \right)^2 \sigma_0^2 G(\zeta) \right] \tag{5.31}$$

式中，

$$B_n = \int_0^1 x(1-x^2)^{-1/2} \sin\left(\frac{n\pi\sigma_H}{\sigma_Y} x \right) \mathrm{d}x$$

当 G 分别取 0、0.6 和 2 时，接触区的应力分布概率密度如图 5.10 所示。图中，σ_H 表示 $\zeta = 1$ 时密封面上的最大接触应力。由图可知，与平面垫片式密封类似，当增大观测放大倍数时，接触区域中的表面应力在应力概率空间上的分布范围越来越广。

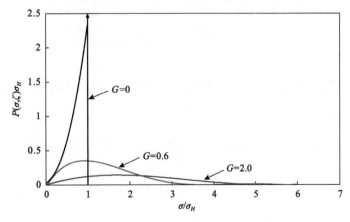

图 5.10　不同放大倍数下密封圈接触区应力分布概率密度

3) 球头/锥面式密封接触应力分布

球头/锥面式密封结构的端面形状及密封原理如图 5.11 所示。为建模方便，可以将球头与锥面间的接触简化为球与平面间的接触。

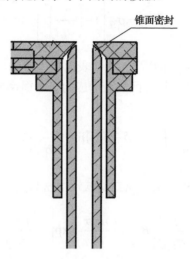

图 5.11　球头/锥面密封剖面示意图

对于球体与平面间的接触，假设当 $\zeta = 1$ 时，球体和平面均是光滑的，则由 Hertz 接触理论，$\zeta = 1$ 时接触区的表面应力分布为

$$\sigma(\boldsymbol{x}) = \sigma_H \left[1 - \left(\frac{r}{r_H} \right)^2 \right]^{1/2} \tag{5.32}$$

式中，r_H 为接触圆的半径；σ_H 为最大接触应力。

由式 (5.32) 可得 $\zeta = 1$ 时接触区的表面应力分布概率密度为

$$P(\sigma, 1) = \frac{1}{\pi r_H^2} \int_{-a_H}^{a_H} \delta[\delta - \delta(x)] \mathrm{d}^2 x = \frac{2\sigma}{\sigma_H^2} \tag{5.33}$$

将式 (5.33) 代入式 (5.28) 中，可得球体/锥面式密封的接触应力概率分布可近似表达为

$$P(\sigma, \zeta) = \frac{2}{\sigma_Y} \sum_{n=1}^{\infty} B_n \sin\left(\frac{n\pi\sigma}{\sigma_Y} \right) \exp\left[-\left(\frac{n\pi}{\sigma_Y} \right)^2 \sigma_0^2 G(\zeta) \right] \tag{5.34}$$

式中，

$$B_n = 2\left(\frac{\sin \gamma_n}{\gamma_n^2} - \frac{\cos \gamma_n}{\gamma_n} \right)$$

$$\gamma_n = \frac{n\pi\sigma_H}{\sigma_Y}$$

当 G 分别取 0、0.6 和 2.0 时,接触区的应力分布概率密度如图 5.12 所示。图中,σ_H 表示 $\zeta = 1$ 时密封面上的最大接触应力。由图可知,当增大观测放大倍数时,接触区域中的表面应力在应力概率空间上的分布范围越来越广。

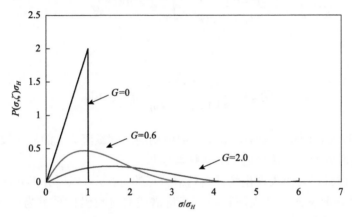

图 5.12　不同放大倍数下球头/锥面密封接触区应力分布概率密度

3. 不同观测尺度下的真实接触面积

1)真实接触面积的尺度相关性

假设 $\zeta = 1$ 时,在压紧力 F 的作用下,端面均为平面的两密封面发生了完全接触,则接触区平均压力 $\sigma_0 = F / A_0$,其中 A_0 表示名义接触面积。当对接触面的放大倍数为 ζ 时,设真实接触面积为 $A(\zeta)$,接触区域的平均压力为 $\langle \sigma \rangle_\zeta$。由于尺寸变换过程中 F 保持不变,有关系式

$$\sigma_0 A_0 = \langle \sigma \rangle_\zeta A(\zeta) \tag{5.35}$$

则真实接触面积与名义接触面积之比为

$$A(\zeta) / A_0 = \sigma_0 / \langle \sigma \rangle_\zeta \tag{5.36}$$

接触区域内的平均压强 $\langle \sigma \rangle_\zeta$ 可表达为

$$\langle \sigma \rangle_\zeta = \int_0^\infty \sigma P(\sigma,\zeta)\mathrm{d}\sigma \bigg/ \int_0^\infty P(\sigma,\zeta)\mathrm{d}\sigma \tag{5.37}$$

将式(5.37)代入式(5.36)中，可得

$$\frac{A(\zeta)}{A_0} = \sigma_0 \int_0^\infty P(\sigma,\zeta)\mathrm{d}\sigma \bigg/ \int_0^\infty \sigma P(\sigma,\zeta)\mathrm{d}\sigma \tag{5.38}$$

利用方程(5.20)和边界条件(5.25)，式(5.38)可简化为

$$\frac{A(\zeta)}{A_0} = \frac{1}{(\pi G)^{1/2}} \int_0^{\sigma_0} \mathrm{e}^{-\sigma^2/G(\zeta)}\mathrm{d}\sigma \tag{5.39}$$

式中，

$$G(\zeta) = \frac{\pi}{4}\left(\frac{E}{1-v^2}\right)^2 \int_{q_L}^{\zeta q_L} q^3 C(q)\,\mathrm{d}q \tag{5.40}$$

$q_L = 2\pi/L$ 称为表面特征频率，表示表面波动的尺度量级为 L 的表面波的频率。

2) 自仿射分形表面接触时的真实接触面积

许多工程材料表面表现出统计自仿射分形的特征，可以用分形几何进行表征。对于自仿射分形表面，其表面粗糙度能量谱在双对数坐标系上为一条直线，即 $C(q)$ 标度区间内满足

$$C(q) = C_0 q^{-2(H+1)}, \quad q_0 < q < q_1 \tag{5.41}$$

其中，

$$C_0 = \frac{H}{\pi}\langle h^2 \rangle (q_0^{-2H} - q_1^{-2H})^{-1}$$

式中，H 为豪斯多夫指数，其与表面分形维数的关系为 $H = 3 - D_f$；q_0 为最小截止频率；q_1 为最大截止频率。

设 $q = q_L \zeta$，且 $q \gg q_0$，将式(5.41)代入式(5.39)可得

$$P(\zeta) \approx \frac{4(1-v^2)}{q_0 h_0}\left(\frac{1-H}{\pi a H}\right)^{1/2} \frac{\sigma_0}{E}\left(\frac{q}{q_0}\right)^{H-1} \tag{5.42}$$

设 $\sigma_0 = F/A_0$，$\lambda = 2\pi/q$，将以上两式代入式(5.42)，可得

$$A(\zeta) = \frac{4(1-v^2)}{q_0 h_0}\left(\frac{1-H}{\pi a H}\right)^{1/2} \frac{F}{E}\left(\frac{\lambda}{\lambda_0}\right)^{1-H} \tag{5.43}$$

　　图 5.13 中给出了观测尺度固定（$\zeta = 1000$）时，真实接触面积随压紧力的变化曲线。数值求解时，表面粗糙度能量谱 $C(q)$ 的取值如图 5.3 所示。由图 5.13 可知，当压紧力比较小时，真实接触面积与施加的压紧力成正比；而当压紧力增大到一定程度时，继续增加压紧力对真实接触面积的改变不大，这与数值仿真和实验测量结果是相吻合的。这也解释了为什么在端面密封的加载过程中，初始阶段通过增大压紧力可以迅速减小密封泄漏量，而当压紧力增大到一定程度，随着压紧力的继续增大，密封泄漏量几乎不发生变化。

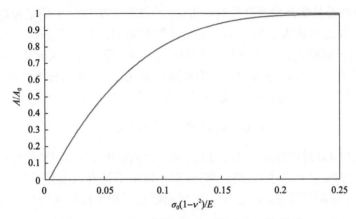

图 5.13　$\zeta = 1$ 时接触面积与压紧力之间的关系

　　图 5.14 中给出了压紧力一定时（$\sigma_0 (1 - v^2) / E = 0.001$），真实接触面积随观测放大倍数的变化曲线。数值求解时，表面粗糙度能量谱 $C(q)$ 的取值如图 5.3 所示。由图可知，真实接触面积是尺度相关的，通过增大压紧力，可以消除孔径较大的泄漏孔道，但很难压平孔径很小的泄漏孔道。因此，当密封介质为气体时，密封装置或多或少都存在泄漏，绝对的零泄漏几乎是不可能的。

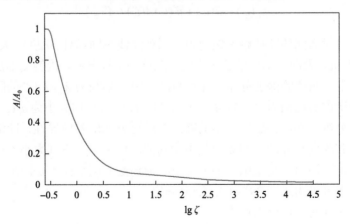

图 5.14　压紧力一定时真实接触面积与观测尺度之间的关系

4. 不同观测尺度下接触区域的平均分离距离

1) 密封泄漏通道的多尺度效应

假设 $\zeta=1$ 时，观察到端面为平面的两密封面是平整光滑的，则两密封面在压紧力 F 的作用下将发生完全接触，那么密封管路中的流体与外界即使存在压差，流体也不会发生泄漏。但实际情况却是，用肉眼（$\zeta=1$）虽然观察到两密封面完全贴合，但流体或多或少总会发生泄漏。因此，$\zeta=1$ 下看似完全贴合的密封面，从统计学的角度看其实是相互分离的，其相互分离距离的统计平均记为 $\bar{u}_0$。当对密封面观测的放大倍数为 ζ 时，原先完全接触的密封区域发生破碎，此时面积为 $L \times L$ 待密封区域将由接触区域和非接触区域组成。设接触区域的总面积为 $A(\zeta)$、平均分离距离为 $\bar{u}(\zeta)$；非接触区域的总面积为 $A_n(\zeta)$、平均分离距离为 $\bar{u}_n(\zeta)$，则不同观测尺度下，表面间未接触区域的体积满足如下守恒关系：

$$\bar{u}_0 A_0 = \bar{u}(\zeta)A(\zeta) + \bar{u}_n(\zeta)A_n(\zeta) \tag{5.44}$$

理解式（5.44）时应注意，$\bar{u}_0$、$\bar{u}(\zeta)$ 和 $\bar{u}_n(\zeta)$ 是表面分离距离的统计平均值，包含各个尺度级别的尺寸（分离距离）信息，取值不具有尺度相关性；而 $A(\zeta)$ 和 $A_n(\zeta)$ 反映了观测尺度 $\lambda = L/\zeta$ 下，密封面接触区和非接触区的相对大小，取值具有尺度相关性。

设 $u_c(\zeta)$ 表示观测放大倍数由 ζ 变为 $\zeta - \Delta\zeta$（$\Delta\zeta$ 为无穷小量）时，新增加的接触区域的平均分离距离，则由式（5.44）可以推得

$$\bar{u}(\zeta - \Delta\zeta)A(\zeta - \Delta\zeta) = \bar{u}(\zeta)A(\zeta) + u_c(\zeta)[A(\zeta - \Delta\zeta) - A(\zeta)]$$

即有

$$u_c(\zeta) = \bar{u}(\zeta) + \bar{u}'(\zeta)A(\zeta) / A'(\zeta) \tag{5.45}$$

如果将密封面间的非接触区域视为一系列深浅不同（纵向深度）、大小不一（横向半径）的凹坑，表面波动的波长 λ 决定了凹坑的半径分布，接触变形后表面波动的幅值 h 决定了凹坑的深度分布。在密封区域中，半径为 $\lambda = L/\zeta$ 的凹坑在整个密封区域中所占的比例为 $A'(\zeta)/A_0$，这些凹坑深度的平均大小为 $u_c(\zeta)$。

由以上分析可知，接触密封中的微泄漏通道表现出各向异性，即泄漏微孔道的横向尺寸和纵向尺寸的分布规律是不相同的。如果用一系列大小不同的毛细管来模拟密封泄漏通道，则毛细管的截面形状应该是椭圆形而不是圆形。椭圆长轴和短轴的分布可以由式（5.39）和式（5.45）确定。

2) 接触区域的平均分离距离

如果知道放大倍数 ζ 下接触区域的平均分离距离 $\bar{u}(\zeta)$，便可由式（5.39）和

式(5.45)确定密封区域中不同尺寸级别的微泄漏孔道的分布规律。对于端面为平面的接触密封，可将其简化为如图 5.15 所示的接触模型。建立直角坐标系，使 $o\text{-}xy$ 面与接触面 1 的参考表面(表面高度轮廓相对于该表面满足 $\langle h(\boldsymbol{x})\rangle = 0$)重合，$z$ 轴方向与压紧力方向相反。设两接触体的参考表面之间的距离为 u，且 $u \geqslant 0$。注意到压紧力 F 越大，平均表面之间的距离 u 越小。因此，平均压力 $\sigma_0 = F / A_0$ 是 u 的函数，即 $\sigma_0 = \sigma_0(u)$。

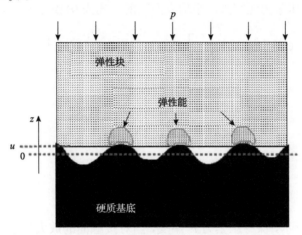

图 5.15　端面接触示意图

对于无摩擦接触问题，如果忽略表面黏着力和能量耗散，则压紧力所做的功应该等于接触体弹性势能的增量，即有关系式

$$\int_u^\infty A_0 \sigma_0(u')\mathrm{d}u' = U_{\mathrm{el}}(u) \tag{5.46}$$

对式(5.46)两边求导可得

$$\sigma_0(u) = -\frac{1}{A_0}\frac{\mathrm{d}U_{\mathrm{el}}}{\mathrm{d}u} \tag{5.47}$$

如果不考虑弹性基体的变形，即假设弹性变形只发生在靠近表面的区域，则弹性能 U_{el} 可近似表达为

$$U_{\mathrm{el}} \approx A_0 E^* \frac{\pi}{2}\gamma \int_{q_0}^{q_1} q^2 P(q)C(q)\mathrm{d}q \tag{5.48}$$

式中，$E^* = E / (1-\nu^2)$；$P(q)$ 为放大倍数取 $\zeta = q / q_0$ 时，有效接触面积与名义接触面积之比，即 $P(q) = A(\zeta) / A_0$；$C(q)$ 为表面粗糙度能量谱；γ 为小于 1 的常数，

其物理意义为两表面发生部分接触时单位面积弹性变形能与发生完全接触时单位面积弹性变形能之比。

将式 (5.39)、式 (5.48) 代入式 (5.47) 中，可得[17]

$$du = -\sqrt{\pi}\int_{q_0}^{q_1} q^2 C(q)w(q)[\gamma+3(1-\gamma)P^2(q,p')]e^{-[w(q)\sigma_0/E^*]^2}\frac{dqd\sigma_0}{\sigma_0} \qquad (5.49)$$

将上式从 $u=0$（压紧力无穷大，平均表面间的距离为 0）积分至 u，可得

$$u = \sqrt{\pi}\int_{q_0}^{q_1} q^2 C(q)w(q)dq \times \int_{\sigma_0}^{\infty}\frac{1}{p'}[\gamma+3(1-\gamma)P^2(q,p')]e^{-[w(q)p'/E^*]^2}dp' \qquad (5.50)$$

式中，

$$w(q) = \left(\pi\int_{q_0}^{q} q'^3 C(q')dq'\right)^{-1/2}$$

$$P(q,p') = \frac{2}{\sqrt{\pi}}\int_0^{w(q)p/E^*} e^{-x^2}dx$$

如图 5.16 所示，保持压紧力 F 不变，当对接触面的放大观察倍数变为 ζ 时，真实接触面积将由 A_0 变为 $A(\zeta)$，接触区域的表面应力平均值将由 σ_0 变为 $\langle\sigma\rangle_\zeta = \sigma_0 A_0 / A(\zeta)$，可识别的最小表面波动的波动频率将由 q_0 变为 $q_0\zeta$。

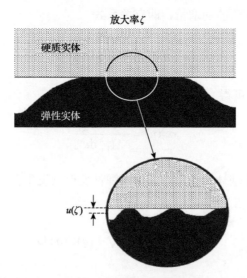

图 5.16　接触区表面间平均分离距离随观测放大倍数的变化

因此，由式(5.50)知，放大倍数 ζ 下接触区域的平均分离距离可表达为

$$\bar{u}(\zeta) = \sqrt{\pi} \int_{q_0\zeta}^{q_1} q^2 C(q)w(q)\mathrm{d}q$$

$$\times \int_{\langle\sigma\rangle_\zeta}^{\infty} \frac{1}{p'} [\gamma + 3(1-\gamma)P^2(q,p',\zeta)] \mathrm{e}^{-[w(q)p'/E^*]^2} \mathrm{d}p' \tag{5.51}$$

式中，

$$w(q,\zeta) = \left(\pi \int_{\zeta q_0}^{q} q'^3 C(q')\mathrm{d}q' \right)^{-1/2}$$

$$P(q,p',\zeta) = \frac{2}{\sqrt{\pi}} \int_0^{w(q)p/E^*} \mathrm{e}^{-x^2} \mathrm{d}x$$

设 $E^* = 2\mathrm{GPa}$，$\gamma = 0.38$，接触面为自仿射分形表面，其表面粗糙度能量谱 $C(q)$ 如图 5.3 所示。不同压紧力下（σ_0 分别取 1MPa、10MPa、100MPa 和 200MPa），接触区域平均分离距离 $\bar{u}$ 随观测放大倍数 ζ 的变化关系如图 5.17 所示。

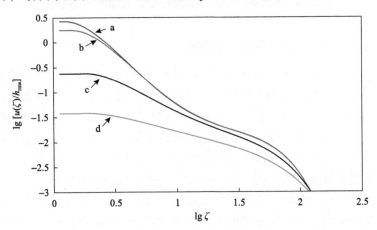

图 5.17　不同压紧力下接触区平均分离距离随观测放大倍数变化曲线

由图 5.17 可知，a、b 两条曲线对应的压紧力大小虽然相差 10 倍，但当 $\zeta > 2$ 时，两条曲线几乎重合。这是因为，当压紧力比较小时，真实接触面积与压紧力呈线性关系，表面应力分布、接触点的分布以及接触区平均分离距离与压紧力大小无关。当 $\zeta > 10$ 时，接触区平均分离距离迅速减小，也就是说孔径较大的泄漏孔隙决定了密封面间的平均分离距离，即使这些大孔径的孔隙在密封面上分布的很散，但仍可能通过小孔径的孔隙相互连通形成流体主要的泄漏通道。这也解释了为什么当密封端面存在非常少的划痕、瑕疵时，流体泄漏量会成倍的增长。

图 5.18 为某一观测尺度下，接触区的平均分离距离与该尺度下能识别的最小

泄漏孔隙(横向尺寸)的平均高度。由图可知，横向尺寸级别相同的泄漏孔隙的平均高度要大于以该尺寸为最大分辨率时不能识别的泄漏孔隙的平均高度，这与实际物理场景是相吻合的。

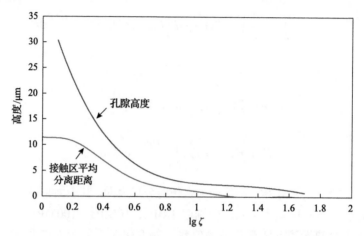

图 5.18　表面不同尺寸级别(横向尺寸)孔隙的平均高度

5.2.2　密封面塑性变形对接触行为的影响

由前可知，两密封面在接触过程中，真实接触面积要远小于名义接触面积，每一个接触微凸体将承受很大的载荷，其所受的压力将明显高于理想光滑表面接触时的情形。实际上，两个粗糙表面的接触通常是一种混合的弹塑性系统，也就是较高的峰点将发生塑性变形，而较低的峰点可能处于弹性变形状态。随着载荷的增加，两表面法向变形量增大，塑性变形的接触点数也相应增多。

表面塑性变形是不可逆的，挤压接触后，密封端面的几何形貌会发生改变，尤其当施加的压紧力比较大或密封件反复使用时，接触面的几何性质(分形维数、表面粗糙度能量谱、微泄漏通道的拓扑性等)和物理性质(弹性模量、表面硬度、残余应力等)会发生更大的变化。因此，研究设计可重复使用的端面密封装置时，必须考虑塑性变形对密封装置密封性能的影响。

1. 屈服判据

当物体中某一点的应力达到材料的屈服极限时，该点将产生屈服，发生不可逆的塑性变形，通常多数韧性材料的屈服取决于 von Mises 剪切应变准则[18]：

$$J_2 = \frac{1}{6}\Big[(\sigma_1 - \sigma_2)^2 + (\sigma_2 - \sigma_3)^2 + (\sigma_3 - \sigma_1)^2\Big] = \tau_s^2 = \frac{\sigma_s^2}{3} \tag{5.52}$$

或取决于 Tresca 最大剪应力准则

$$\max\left\{\left|\sigma_1 - \sigma_2\right|, \left|\sigma_2 - \sigma_3\right|, \left|\sigma_3 - \sigma_1\right|\right\} = 2\tau_s = \sigma_s \tag{5.53}$$

式中，σ_1、σ_2、σ_3 是复杂应力状态下的主应力；τ_s 和 σ_s 分别表示材料纯剪切时和单向拉伸时的屈服应力。

第三个屈服准则又称为最大偏应力准则，其表达式为

$$\max\left\{\left|\sigma_1 - \sigma\right|, \left|\sigma_2 - \sigma\right|, \left|\sigma_3 - \sigma\right|\right\} = \tau_s = \frac{2}{3}\sigma_s \tag{5.54}$$

式中，$\sigma = (\sigma_1 + \sigma_2 + \sigma_3) / 3$。

2. 弹塑性接触的多尺度力学模型

设密封接触面的屈服应力为 σ_s，则当施加压紧力为 F、观测放大倍数为 ζ 时，整个密封区域将由弹性接触区、塑性接触区和非接触区三部分组成。各区域面积之和应等于名义接触面积，即

$$A_{\mathrm{el}}(\zeta) + A_{\mathrm{pl}}(\zeta) + A_{\mathrm{no}}(\zeta) = A_0 \tag{5.55}$$

式中，$A_{\mathrm{el}}(\zeta)$ 表示弹性接触区的面积；$A_{\mathrm{pl}}(\zeta)$ 表示塑性接触区的面积；$A_{\mathrm{no}}(\zeta)$ 表示非接触区的面积。如果设 $P_{\mathrm{el}}(\zeta) = A_{\mathrm{el}}(\zeta) / A_0$、$P_{\mathrm{pl}}(\zeta) = A_{\mathrm{pl}}(\zeta) / A_0$、$P_{\mathrm{no}}(\zeta) = A_{\mathrm{no}}(\zeta) / A_0$，则式 (5.55) 可改写为

$$P_{\mathrm{el}}(\zeta) + P_{\mathrm{pl}}(\zeta) + P_{\mathrm{no}}(\zeta) = 1 \tag{5.56}$$

弹性接触区的应力分布概率密度 $P(\sigma, \zeta)$ 仍满足偏微分方程 (5.20)，但边界条件应修改为

$$\begin{cases} P(\sigma, 1) = P_0(\sigma) \\ P(0, \zeta) = 0 \\ P(\sigma_s, \zeta) = 0 \end{cases} \tag{5.57}$$

式中，$P(\sigma_s, \zeta) = 0$ 的物理意义是弹性接触区中的表面应力值不可能超过屈服应力 σ_s。

利用边界条件 (5.57)，由方程 (5.20) 可以求得[19]

$$P_{\mathrm{non}} = \frac{2}{\pi} \sum_{n=1}^{\infty} \frac{\sin a_n}{n} \left\{ 1 - \exp[-a_n^2 G(\zeta)] \right\} \tag{5.58}$$

$$P_{\mathrm{pl}} = -\frac{2}{\pi} \sum_{n=1}^{\infty} (-1)^n \frac{\sin a_n}{n} \left\{ 1 - \exp[-a_n^2 G(\zeta)] \right\} \tag{5.59}$$

式中，

$$G(\zeta) = \frac{\pi}{4} \left[\frac{E}{(1-v^2)\sigma_0} \right]^2 \int_{q_L}^{\zeta q_L} q^3 C(q) \, \mathrm{d}q$$

$$a_n = \frac{n\pi\sigma_0}{\sigma_s}$$

分析式(5.59)可知，当 $\sigma_s \to \infty$ 时，$P_{pl} \to 0$，此时 $P_{el} = 1 - P_{non}$ 的表达式将退化为式(5.39)。

取 $E = 10\text{GPa}$，$v = 0.3$，$\sigma_0 = 10\text{MPa}$，$C(q)$ 的取值如图 5.3 所示。不同屈服应力下，弹性接触区面积、塑性接触区面积随观测放大倍数的变化曲线如图 5.19 所示。

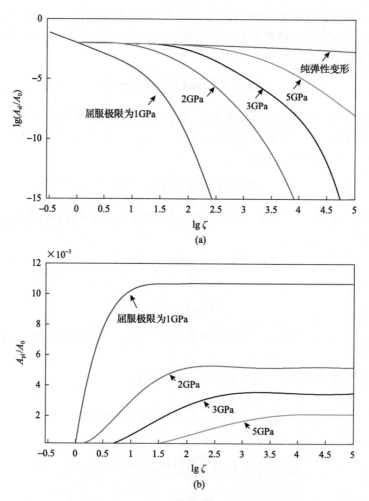

图 5.19　表面塑性变形对真实接触面积的影响

由图可知，屈服应力越小，塑性接触区的面积越大；当压紧力一定时，随着观测尺度的不断缩小，弹性接触区的面积逐渐减小，而塑性接触区的面积逐渐增大，并逐渐趋近于极限值 σ_0/σ_s。因此，两密封面发生接触时，真实接触面积虽然随观测尺度的缩小而不断变小，但受塑性变形的影响，其值不会趋于零，而是逐渐趋近于塑性接触区域的面积，即密封间的最小接触面积是由塑性变形决定的。对于可重复使用的密封件，每一次挤压接触，密封端面的形貌都会因塑性变形而发生改变，在建模分析时，应该予以考虑。总体而言，表面塑性变形是有利于端面密封的，因为在压紧力的作用下，那些高度比较大的微凸体最先达到屈服应力并被永久压平，密封端面将会变得越加平坦。但当压紧力超过一定限度时，可能会造成密封端面的损坏，不利于密封件的长久使用。

5.2.3　表面黏着力对密封接触行为的影响

传统的接触理论没有考虑接触面之间表面力的作用。但是当研究对象的特征尺度减小到一定范围时，将出现很多传统宏观接触理论无法解释的现象，如零外载下接触面的塑性屈服、接触过程中的突跳、两个接触表面的黏着现象等。研究表明，表面能和由其派生的表面力是导致上述物理现象的关键因素。表面黏着现象是指固体表面由于存在带有方向性的剩余力场而表现出的对其他物质的吸引作用，这种作用力称为表面黏着力。现实生活中，两表面之间的黏着力因表面粗糙度的存在而被大幅消减，人们甚至感受不到黏着力的存在。但对于密封问题，当压紧力比较大时，密封面间的真实接触面积较大，而未接触区域的孔隙尺寸很小，此时两表面间的黏着现象显著，泄漏通道的几何性质和拓扑性质将会受到很大影响。因此，在研究接触密封时，需要考虑表面黏着对密封接触行为和密封性能的影响。

1. 表面黏着的本质

晶体中每个质点周围都存在一个力场。在晶体内部这个力场是有心的、对称的。但在固体表面，质点排列的周期性被中断，表面上的质点力场的对称性遭到破坏，进而产生有指向的剩余力场，表现出固体表面对其他物质有吸引作用(如吸附、湿润等)，这种作用力称为固体表面力[20]。表面力主要可分为化学力和范德瓦尔斯力(分子引力)。化学力本质是静电力，主要来自表面质点的不饱和键。范德瓦尔斯力又称为分子引力，可分为取向力、诱导力和色散力。在固体表面上，化学力和范德瓦尔斯力可以同时存在，但两者在表面力中所占比重将根据具体情况而定。

固体表面能是指通过向表面增加附加原子形成新表面时所做的功。由于分子间相互作用力的存在，要增加特定物质体系的表面积，外界必须对该体系做功。在恒温恒压条件下，物质增加单位表面积所做的功，称为表面自由能。在真空中，将单位面积的两种介质 1 和 2 从理性接触状态分离到无穷远时，其自由能会发生变化，该自由能变化会产生黏着功。由此可知，对于同一介质，增大单位面积表面自由能的变化等效于分离两个相互接触的大小为半个单位面积的区域时所做的功。

固体界面是指结构或组分不同的两个固体相接触之间的界面。当结构或组分不同的两个固相相互接触形成界面时，单位面积的自由能在扩大的界面区域的变化称为界面能。从能量角度，当两固体的表面 a 和 b 相互接触、黏着并形成界面 ab 后，如果施加外力将黏着界面分离，并使两固体相距无穷远，则外力在单位面积上所做的功定义为黏着能。

传统接触理论都是对光滑表面间的黏着力进行分析，但是现实生活中物体的表面具有一定粗糙度，而非原子级光滑，这样所有物体的宏观接触最终都要归结于原子尺度的微观接触。考虑微观粗糙度后的接触和黏着要远复杂于光滑表面。例如，微、纳米尺度下的黏着是导致微机电/微纳机电系统（MEMS）器件在制造和使用中性能受到严重影响甚至失效的主要因素。

2. 接触面黏着能

设表面自由能为 $\Delta\gamma$，则名义接触面积为 A_0 的固体材料的表面能可以表达为

$$U_{ad} = -\Delta\gamma \int \left(1 + |\nabla h(x)|^2\right)^{1/2} dx^2 \tag{5.60}$$

对式 (5.60) 的右边进行一阶泰勒展开，则表面能可近似表示为

$$U_{ad} \approx -\Delta\gamma A_0 \left[1 + \frac{1}{2}\int q^2 C(q)\, d^2 q\right] \tag{5.61}$$

式中，$C(q)$ 为表面粗糙度能量谱；A_0 为名义接触面积。

当两表面发生接触时，接触面的弹性能可近似表示为

$$U_{el} \approx \frac{A_0 E}{4(1-\nu^2)} \int q C(q)\, d^2 q \tag{5.62}$$

假设两表面发生了完全接触，则表面能、弹性能和黏着能满足如下关系式：

$$U_{el} + U_{ad} = -\gamma_{eff} A_0 \tag{5.63}$$

式中，γ_{eff} 为接触形成的界面的界面能。

将式(5.61)、式(5.62)代入式(5.63)，可得界面能与表面自由能之比为

$$\frac{\gamma_{\text{eff}}}{\Delta\gamma} = 1 + \pi \int_{q_0}^{q_1} q^3 C(q)\mathrm{d}q - \frac{2\pi}{\delta}\int_{q_0}^{q_1} q^2 C(q)\mathrm{d}q \tag{5.64}$$

式中，δ 表示黏着长度，并有

$$\delta = 4(1-\nu^2)\frac{\Delta\gamma}{E} \tag{5.65}$$

对于自仿射分形表面，将表面粗糙度能量谱 $C(q)$ 的表达式(5.8)代入式(5.64)，可得

$$\frac{\gamma_{\text{eff}}}{\Delta\gamma} = 1 + \frac{1}{2}(q_0 h_0)^2 g(H)\left(1 - \frac{a(H)}{q_0\delta}\right) \tag{5.66}$$

式中，

$$a(H) = \frac{2f(H)}{g(H)}$$

$$f(H) = \frac{H}{1-2H}\left(\zeta_1^{1-2H} - 1\right)$$

$$g(H) = \frac{H}{2(1-H)}\left(\zeta_1^{2(1-H)} - 1\right)$$

$$\zeta_1 = \frac{q_1}{q_0}$$

$$h_0^2 = \langle h^2 \rangle = \int C(q)\mathrm{d}^2 q = 2\pi\int_0^\infty C(q)\mathrm{d}q$$

由于表面豪斯多夫指数满足 $0 < H < 1$，所以 $g(H) > 0$。分析式(5.66)可知，如果 $a(H) < q_0\delta$，则两表面间的黏着力随表面高度的均方根 h_0 增大而增大。定义临界弹性模量 E_c，使 $E < E_\text{c}$ 时，$\Delta\gamma_{\text{eff}}$ 随 h_0 的增大而增大；$E > E_\text{c}$ 时，$\Delta\gamma_{\text{eff}}$ 随 h_0 的增大而减小。由式(5.65)、式(5.66)可得临界弹性模量 E_c 的表达式为

$$E_\text{c} = \frac{4(1-\nu^2)\Delta\gamma q_0}{a(H)} \tag{5.67}$$

由式(5.67)可知，临界弹性模量 E_c 与表面微观形貌密切相关，它由表面的豪斯多夫指数 H 和表面最小截止频率 q_0 决定。文献[21]对常见材料表面的表面粗糙度能量谱进行了测量，指出对于大多数光滑表面，$H \approx 0.8$、$\lambda_0 = 2\pi/q_0 \approx 100\mu\text{m}$、$\Delta\gamma \approx 3\text{meV/A}$，由式(5.67)得到 $E_\text{c} \approx 1\text{MPa}$。这也解释了日常生产生活中一个常见的物理现象：非常柔软的弹性体(弹性模量很小)与粗糙度不是很大的刚性物理之

间通常表现出很强的黏着力，且表面黏着力随着固体表面粗糙度的增大而增大。

　　表面能计算公式(5.61)成立的前提是表面高度均方根 h_0 很小，如果 h_0 较大，则对式(5.60)的右边进行泰勒展开时，二阶以上的量不能忽略。因此，式(5.61)~式(5.67)只有对表面粗糙度很小的接触情形才成立。当表面比较粗糙时，真实接触面积很小，真实接触区域的表面能将远远小于整个表面的弹性变形能，以至于观测不到表面黏着力的存在。因此，受表面粗糙度的影响，大多数工程材料在受力发生接触时的表面弹性力会大大抵消表面黏着力。这也就是为什么在日常生活中，人们在分离两个接触面时，基本感受不到表面黏着力的存在。

　　3. 黏着对密封接触面积的影响

　　受表面黏着效应的影响，即使压紧力 $F=0$，两密封面也会发生接触，但与受压紧力导致的接触变形不同，由表面黏着产生的表面应力与由弹性变形产生的表面应力方向相反。因此，偏微分方程(5.20)的边界条件(5.24)应修改为

$$\begin{cases} P(-\sigma_a(\zeta),\zeta)=0 \\ P(\infty,\zeta)=0 \\ P(\sigma,1)=\delta(\sigma-\sigma_0) \end{cases} \tag{5.68}$$

式中，$P(-\sigma_a(\zeta),\zeta)=0$ 的物理意义是，观察放大倍数 ζ 下，接触区域中因表面黏着而引起的表面应力的最大值不超过 $\sigma_a(\zeta)$。

　　为求解方便，定义 $R(s,\zeta)=P(s-\sigma_a(\zeta),\zeta)$，则式(5.20)可变换为

$$\frac{\partial R}{\partial \zeta}+\frac{\partial R}{\partial \zeta}\sigma_a'(\zeta)=f(\zeta)\frac{\partial^2 R}{\partial \sigma^2} \tag{5.69}$$

边界条件(5.68)可变换为

$$\begin{cases} R(0,\zeta)=0 \\ R(\infty,\zeta)=0 \\ R(s,1)=\delta(s-\sigma_a(1)-\sigma_0) \end{cases} \tag{5.70}$$

由边界条件(5.70)，偏微分方程(5.69)的解满足如下方程式：

$$\begin{aligned} R(s,\zeta)=&\left[4\pi a(\zeta)\right]^{-1/2}\exp\left\{\frac{\left[s-\sigma_a(\zeta)-\sigma_0\right]^2}{4a(\zeta)}\right\} \\ &-\int_1^\zeta \mathrm{d}\zeta' f(\zeta')g(\zeta')\left\{4\pi\left[a(\zeta)-a(\zeta')\right]\right\}^{-1/2} \\ &\times\exp\left\{-\frac{s-(\sigma_a(\zeta)-\sigma_a(\zeta'))^2}{4[a(\zeta)-a(\zeta')]}\right\} \end{aligned} \tag{5.71}$$

式中，

$$a(\zeta) = \int_1^\zeta f(\zeta')\mathrm{d}\zeta'$$

$$g(\zeta) = \left.\frac{\partial R(s,\zeta)}{\partial s}\right|_{s=0}$$

将上式代入边界条件 $R(0,\zeta)=0$ ，可得

$$
\begin{aligned}
&\int_1^\zeta f(\zeta')g(\zeta')\left(\frac{a(\zeta)}{a(\zeta)-a(\zeta')}\right)^{1/2}\exp\left\{-\frac{\sigma_a(\zeta)-\sigma_a(\zeta')}{4[a(\zeta)-a(\zeta')]}\right\}\mathrm{d}\zeta' \\
&= \exp\left\{-\frac{[\sigma_a(\zeta)+\sigma_0]^2}{4a(\zeta)}\right\}
\end{aligned}
\tag{5.72}
$$

式 (5.72) 是 $g(\zeta)$ 的线性积分方程，通过矩阵转置就可求解出 $g(\zeta)$ 。

由式 (5.38) 可知，真实接触面积与名义接触面积之比可表示为

$$P(\zeta) = \int_{-\sigma_a}^\infty P(\sigma,\zeta)\mathrm{d}\sigma = \int_0^\infty R(s,\zeta)\mathrm{d}s \tag{5.73}$$

将式 (5.71)、式 (5.72) 代入式 (5.73)，可得

$$P(\zeta) = \frac{A(\zeta)}{A_0} = 1 - \int_1^\zeta f(\zeta')g(\zeta')\mathrm{d}\zeta' \tag{5.74}$$

设 $E=10\mathrm{MPa}$ ， $\nu=0.5$ ， $\Delta\gamma=0.05\mathrm{J/m^2}$ ，接触面为自仿射分形表面，其表面粗糙度能量谱如图 5.3 所示。表面黏着对真实接触面积的影响如图 5.20 和图 5.21 所示。

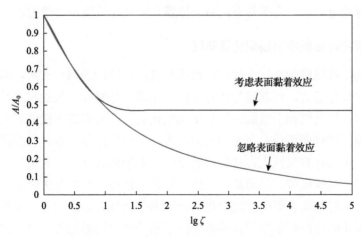

图 5.20　表面黏着对真实接触面积的影响

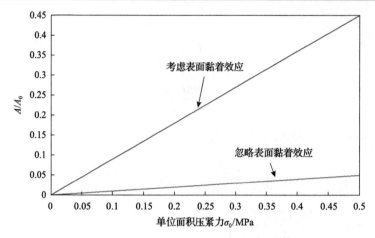

图 5.21　加载过程中表面黏着对真实接触面积的影响

图 5.20 给出了 $\sigma_0 = 0.5\mathrm{MPa}$ 时真实接触面积随观测放大倍数的变化曲线, 图中给出了不考虑表面黏着和考虑表面黏着两种情况。由图可知, 当观测放大倍数 $\zeta > 10$ 时, 考虑表面黏着时的真实接触面积开始逐渐大于忽略表面黏着的情形。也就是说当 $\sigma_0 = 0.5\mathrm{MPa}$ 时, 如果观测尺度选取小于微米量级, 表面黏着对真实接触面积的影响是不能被忽略的。那些小于微米量级的泄漏孔道可能会在表面黏着力的作用下自动闭合。

图 5.21 给出了 $\zeta = 10^5$ 时真实接触面积随压紧力的变化曲线。由图可知, 在所给工况下, 表面黏着可大幅增加真实接触面积; 在压紧力和表面黏着力的共同作用下, 微小尺寸量级(纳米量级)的微泄漏孔道迅速减小, 流体将主要沿着相互贯通的大尺寸量级(微米量级)的泄漏孔道发生泄漏。因此, 在对流体沿泄漏孔道的流动特性建模时, 在一定条件下, 将流体视为连续介质流是合理的。

5.2.4　端面密封接触理论模型仿真验证

考虑到接触问题的高度非线性, 很难对其进行精确的理论求解, 因此利用计算机强大的计算能力, 对其进行仿真分析就显得十分必要。接触问题数值仿真的难点主要有: 仿真过程中接触区域是动态变化的, 需要设置合理的判据来判断是否发生接触; 接触面形貌是尺度相关的, 为精确模拟接触过程, 表面离散点将取得非常密, 仿真计算量巨大; 接触问题是一个多场耦合问题, 数值仿真需综合考虑塑性屈服、接触疲劳、表面黏着、热应力等一系列复杂的力学现象。

本节首先将粗糙表面的接触简化为弹性半空间复合表面的受力变形问题, 给出了离散形式的接触控制方程; 然后提出了基于多网格叠加算法(MLMS)和共轭梯度法(C-G 法)的接触控制方程求解算法; 以生成的粗糙表面为边界条件, 对不同尺度下和不同压紧力下的粗糙表面的接触特性进行了仿真研究，并与理论预测结果进行了对比。

1. 粗糙表面接触力学数值仿真模型

1) 接触问题的弹性半空间假设及 Boussinesq 势函数

当两粗糙表面受力发生接触时，真实接触区域只发生在部分微凸体之间，而微凸体的曲率半径要远远小于宏观表面的曲率半径。因此，接触应力在接触区域附近高度集中，其强度随距离接触点的距离而迅速减小。于是，只要表面的宏观尺寸远大于微凸体的尺寸，表面接触应力就不依赖于远离接触面的接触体的形状，也不依赖于支撑接触体的确切方式。如果将接触体看作以接触面为界的半无限大弹性固体，即弹性半空间，就能利用关于弹性半空间所建立的大弹性体理论，近似计算出接触应力和表面变形。求弹性半空间在表面压力作用下的应力及变形的经典方法归功于 Boussinesq 基于位势理论提出的势函数法。

如果忽略接触面间的摩擦力和黏着力，根据弹性半空间理论，两粗糙表面的接触可以等效为一个复合粗糙表面的受力变形，其中复合表面的初始形貌和弹性变形量分别等于两粗糙表面初始形貌和弹性变形的叠加，复合表面上的压力分布等于接触面上的应力分布。当压紧力为零时，两粗糙表面仍可以发生部分接触，只不过两表面并不会产生接触变形。因此，可以以压紧力为零时的接触面为参考平面来度量复合表面三维形貌，即

$$h(x, y) = h_1(x, y) + h_2(x, y)$$

式中，$h_1(x, y)$ 和 $h_2(x, y)$ 分别表示接触上、下表面相对于参考平面(压紧力为零时的接触面)的高度；$h(x, y)$ 表示复合表面的高度。实际上，复合表面的高度 $h(x, y)$ 就是未施加压紧力时粗糙表面间的孔隙高度。

复合表面与原表面的弹性模量和泊松比满足

$$\frac{1 - v^2}{E} = \frac{1 - v_1^2}{E_1} + \frac{1 - v_2^2}{E_2}$$

式中，E_1、E_2 分别为接触上、下表面的弹性模量；v_1、v_2 分别为接触上、下表面的泊松比；E、v 分别为复合表面的弹性模量和泊松比。

设复合表面的压力分布为 $p(x, y)$，则表面上点 (x, y) 处的弹性变形量可以表示为

$$u(x,y) = \iint_{A_0} K(x,y,x',y')p(x',y')\mathrm{d}\,x'\mathrm{d}\,y' \tag{5.75}$$

式中，A_0 为名义接触面积；$p(x',y')$ 为表面上点 (x',y') 处所受的压力；积分核 $K(x,y,x',y')$ 的物理意义是，在表面点 (x',y') 处施加的单位大小的压力对点 (x,y) 处弹性应变改变的贡献。

对于各向同性的弹性体，积分核 $K(x,y,x',y')$ 可由 Boussinesq 势函数表达为

$$K(x,y,x',y') = \frac{1-v^2}{\pi E}\frac{1}{\sqrt{(x-x')^2-(y-y')^2}} \tag{5.76}$$

2) 离散形式的接触控制方程

为利用式 (5.75)、式 (5.76) 求解复合表面在压力分布函数 $p(x,y)$ 作用下的表面变形量，将复合表面离散成 $N = M_x \times M_y$ 个长宽相同但高度不等的长方体，每个长方体单元用其所在行和列的行号 i 与列号 j 唯一标识。设所有长方体单元组成的集合为 I_g，则有

$$I_g = \left\{(i,j); 0 \leqslant i < M_x, 0 \leqslant j < M_y\right\} \tag{5.77}$$

式中，M_x 和 M_y 分别表示长方体序列的总行数与总列数。

为满足弹性半空间假设，复合表面上所有微凸体的斜率应该非常小，即应满足

$$\left|h_{ij}-h_{kl}\right| \ll \sqrt{(x_i-x_k)^2+(y_j-y_l)^2}$$

式中，$\forall(i,j)\in I_g$，$\forall(k,l)\in I_g$，且 $(i,j)\neq(k,l)$。

设标号为 (i,j) 的长方体单元的高度为 $h_{i,j}$，其上表面作用有均匀分布的压力 $p_{i,j}$，受力后的变形量为 $u_{i,j}$，则式 (5.75)、式 (5.76) 的离散形式可以表达为

$$u_{i,j} = -\sum_{(k,l)\in I_g} K_{i-k,j-l}p_{kl}, \quad (i,j)\in I_g \tag{5.78}$$

式中，

$$K_{i,j} = \iint_{S_{00}} K(x_i-x',y_i-y')\mathrm{d}x'\mathrm{d}y' \tag{5.79}$$

对于正方形网格，式 (5.79) 可进一步表达为

$$K = (x_i - x_k + a)\ln\left[\frac{(y_j - y_l + a) + \sqrt{(y_j - y_l + a)^2 + (x_i - x_k + a)^2}}{(y_j - y_l - a) + \sqrt{(y_j - y_l - a)^2 + (x_i - x_k + a)^2}}\right]$$

$$+ (y_j - y_l + a)\ln\left[\frac{(x_j - x_l + a) + \sqrt{(y_j - y_l + a)^2 + (x_i - x_k + a)^2}}{(x_j - x_l - a) + \sqrt{(y_j - y_l - a)^2 + (x_i - x_k + a)^2}}\right]$$

$$+ (x_i - x_k - a)\ln\left[\frac{(y_j - y_l - a) + \sqrt{(y_j - y_l - a)^2 + (x_i - x_k - a)^2}}{(y_j - y_l + a) + \sqrt{(y_j - y_l + a)^2 + (x_i - x_k - a)^2}}\right] \quad (5.80)$$

$$+ (y_j - y_l - a)\ln\left[\frac{(x_j - x_l - a) + \sqrt{(y_j - y_l - a)^2 + (x_i - x_k - a)^2}}{(x_j - x_l + a) + \sqrt{(y_j - y_l - a)^2 + (x_i - x_k + a)^2}}\right]$$

式中，$a = L_x / M_x = L_y / M_y$ 表示正方形网格的大小。

由接触区域和非接触区域的几何性质可知，当施加压紧力后，如果两表面上在 (x, y) 处的点的变形量与宏观表面的位移之和等于变形前两点之间的间隙，则这两点将发生接触；如果两表面上在 (x, y) 处的变形量与宏观表面的位移之和小于变形前两点之间的间隙，则这两点不会发生接触。另外，由接触应力分布规律可知，接触区域的表面应力大于零，而非接触区域的表面应力等于零。因此，粗糙表面间的弹性接触问题的离散形式控制方程可表达为

$$\begin{cases} \displaystyle\sum_{(k,l)\in I_g} K_{i-k, j-l}\, p_{kl} = h_{i,j} + a, \quad (i, j) \in I_c \\ p_{i,j} > 0, \quad (i, j) \in I_c \\ \displaystyle\sum_{(k,l)\in I_g} K_{i-k, j-l}\, p_{kl} \geqslant h_{i,j} + a, \quad (i, j) \notin I_c \\ p_{i,j} = 0, \quad (i, j) \notin I_c \\ a_x a_y \displaystyle\sum_{(i,j)\in I_g} p_{ij} = F \end{cases} \quad (5.81)$$

式中，F 为压紧力；a 为在压紧力作用下的表面宏观位移；I_c 为接触点构成的集合。

2. 粗糙表面接触控制方程求解算法

从数学角度来看，对粗糙表面离散形式的接触控制方程 (5.81) 的求解，实质上是求解一个二次最优的问题。求解方程 (5.81) 的一种经典方法是[22]：首先，给

出接触区域 I_c 和表面宏观位移 a 的一个可能值,并将其作为迭代程序的初始值;将 I_c 和 a 代入方程组的第一个式子中,利用 Gauss-Scidel 法求解出表面应力分布 p_{ij} 。然后,利用约束条件(方程组第二、第三和第四个式子)对假设的接触区域 I_c 进行修正;将修正后的 I_c 代入方程组第一个式子中重新求解 p_{ij} ,直到求解出的 p_{ij} 满足约束条件。最后,验证 p_{ij} 是否满足力学平衡方程(方程组第五个式子),如果不满足,则对假设的 a 值进行修正,重复上述迭代求解过程;如果满足,则迭代循环停止。

数值仿真试验表明[22],上述方法只适用于表面离散单元的总数 N 比较小的情况,当 N 很大时,该方法收敛速度慢、计算效率低。对于粗糙表面接触问题,为准确模拟真实接触情况,表面高度采样点要取得很密,即 N 会很大(通常 $N > 10^5$)。因此,当考虑小尺寸级别的表面粗糙度对接触问题的影响时,需综合考虑求解算法的求解速度和精度。

由上述分析可知,对由等式和不等式组成的方程组(5.81)的求解,本质上是求解一个具有线性不等式约束的二次最优化问题,可以利用共轭梯度法进行迭代求解。在每一迭代过程中,计算工作量主要集中在求解表面接触变形方程组第一个式子,该方程本质上是一个卷积积分,可以利用多网格叠加法(MLMS)大幅减少计算量。因此,将多网格叠加法和共轭梯度法结合使用,可以在一定的求解精度下,用相对较少的仿真时间(数小时)实现接触问题的数值模拟。

1)表面接触变形的多网格叠加法

当表面应力分布 $p(x, y)$ 已知时,表面弹性变形可以表示为式(5.75),即

$$u(x, y) = \iint\limits_{A_0} K(x, y, x', y') p(x', y') \mathrm{d}\, x' \mathrm{d}\, y'$$

式(5.75)的离散形式为式(5.78),即

$$u_{i,j} = -\sum_{(k,l) \in I_g} K_{i-k, j-l} p_{kl}, \quad (i, j) \in I_g$$

式(5.78)本质上就是卷积积分的离散表达形式,其快速求解算法有快速傅里叶变换法[23]和多网格叠加法[24]。根据接触问题的特点,选择后者对表面变形方程(5.78)进行求解。

式(5.78)中的计算网格共有 $N = M_x \times M_y$ 个节点,如果使网格节点间距离增大一倍,则得到的粗糙网格的节点数目为 $(M_x / 2) \times (M_y / 2)$ 。假设式(5.75)中的积分核 $K(x, y, x', y')$ 沿坐标 x' 和 y' 光滑,则原网格节点对应的积分核可以由粗糙网格对应的积分核插值得到,即

$$K_{i-k,\,j-l}^{\mathrm{f}} = \prod\nolimits_{\mathrm{c}}^{\mathrm{f}} K_{i-k,\,j-l}^{\mathrm{c}} \tag{5.82}$$

式中，上角标 f 表示精密网格对应的变量，c 表示粗糙网格对应的变量；符号 $\prod_{\mathrm{c}}^{\mathrm{f}}$ 表示拉格朗日插值运算。

将式(5.82)代入式(5.78)，可得粗糙网格对应的弹性变形量为

$$
\begin{aligned}
u_{i,j}^{\mathrm{c}} &= - \sum_{(k,l)\in I_{\mathrm{g}}^{\mathrm{f}}} K_{i-k,\,j-l}^{\mathrm{f}} p_{k,l}^{\mathrm{f}} = - \sum_{(k,l)\in I_{\mathrm{g}}^{\mathrm{f}}} (\prod\nolimits_{\mathrm{c}}^{\mathrm{f}} K_{i-k,\,j-l}^{\mathrm{c}}) p_{k,l}^{\mathrm{f}} \\
&= - \sum_{(k,l)\in I_{\mathrm{g}}^{\mathrm{f}}} K_{i-k,\,j-l}^{\mathrm{c}} \left[\left(\prod\nolimits_{\mathrm{c}}^{\mathrm{f}} \right)^{\mathrm{T}} p_{k,l}^{\mathrm{f}} \right] = - \sum_{(k,l)\in I_{\mathrm{g}}^{\mathrm{c}}} K_{i-k,\,j-l}^{\mathrm{c}} p_{k,l}^{\mathrm{c}}
\end{aligned}
\tag{5.83}
$$

式中，$p_{k,l}^{\mathrm{c}} = \left[\left(\prod\nolimits_{\mathrm{c}}^{\mathrm{f}} \right)^{\mathrm{T}} p_{k,l}^{\mathrm{f}} \right]$，上角标 T 表示矩阵转置。

如果 $K(x,y,x',y')$ 沿坐标 x 和 y 也是光滑的，则原网格节点对应的弹性变形量可以由粗糙网格对应的弹性变形量插值得到，即

$$u_{i,j}^{\mathrm{f}} = \prod\nolimits_{\mathrm{c}}^{\mathrm{f}} u_{i,j}^{\mathrm{c}} \tag{5.84}$$

因此，可以把原先的精密网格转换成一个粗糙网格，由式(5.83)计算出粗糙网格对应节点的变形量后，再由式(5.84)将粗糙网格的计算结果转变为精密网格的计算结果，这就是多网格叠加法求解卷积的基本思想。当积分核 $K(x,y,x',y')$ 存在奇点时，式(5.83)和式(5.84)还需进行修正，这里不进行详述，具体可参见文献[24]。

当利用多网格叠加法求解方程(5.78)时，拉格朗日插值多项式可以写为

$$\prod\nolimits_{\mathrm{c}}^{\mathrm{f}} = s_i^t = \prod_{\substack{k=l \\ k \neq i}}^{2t} \left(\frac{2(t-k)+1}{2(i-k)} \right), \quad 1 \leqslant i \leqslant 2t \tag{5.85}$$

每一次变换中，产生的粗糙网格的节点数与精密网格(本次变换之间的网格)的节点数之间的关系为

$$M_x^{\mathrm{c}} = M_x^{\mathrm{f}} / 2 + 2t - 1, \quad M_y^{\mathrm{c}} = M_y^{\mathrm{f}} / 2 + 2t - 1 \tag{5.86}$$

式中，符号"/"表示对分子与分母相除后的结果取整。

每一次变换中，变换后粗糙网格节点应力与变换前精密网格节点应力之间满足

$$p_{mn}^{c} = p_{ij}^{f} + \sum_{k=1}^{2t} s_k^t p_{i+2(k-t)-1,j}^{f} + \sum_{l=1}^{2t} s_l^t p_{i,j+2(l-t)-1}^{f}$$
$$+ \sum_{k=1}^{2t}\sum_{l=1}^{2t} s_k^t s_l^t p_{i+2(k-t)-1,j+2(l-t)-1}^{f} \tag{5.87}$$

重复式(5.86)和式(5.87)的变换操作，直到粗糙网格的节点数 $M_x^c M_y^c \approx \sqrt{N}$。最粗糙网格节点的弹性变形量为

$$u_{i,j}^{c} = -\sum_{k=0}^{M_x^c-1}\sum_{l=0}^{M_y^c-1} K_{i-k,j-l}^{c} p_{kl}^{c} \tag{5.88}$$

式中，$0 \leqslant i < M_x^c$，$0 \leqslant j < M_y^c$。

各级网格的影响系数之间满足

$$K_{ij}^{c} = K_{2di,2dj}, \quad K_{ij}^{f} = K_{di,dj} \tag{5.89}$$

式中，K_{ij} 表示原始网格的积分核；$d = 2^q$，q 表示网格的近似水平，$q = 0$ 对应最精密的网格(原始网格)。

计算出最粗糙网格的弹性变形量后，再将计算结果依次向上一级精密网格转换，直到重新变换到原始网格为止。粗糙网格向精密网格的每一次转换，包括一次插值运算和两次修正。插值运算中的插值系数为

$$\begin{cases} C_{ij}^{(1)} = 0, & i,j\text{为偶数} \\ C_{ij}^{(1)} = K_{ij}^{f} - \sum_{k=1}^{2t} s_k^t K_{i-2(k-t)+1,j}^{f}, & i\text{为奇数},j\text{为偶数} \\ C_{ij}^{(1)} = K_{ij}^{f} - \sum_{l=1}^{2t} s_l^t K_{i,j-2(l-t)+1}^{f}, & i\text{为偶数},j\text{为奇数} \\ C_{ij}^{(1)} = K_{ij}^{f} - \sum_{k=1}^{2t}\sum_{l=1}^{2t} s_k^t s_l^t K_{i-2(k-t)+1,j-2(l-t)+1}^{f}, & i,j\text{为奇数} \end{cases} \tag{5.90}$$

利用式(5.90)，粗糙网格节点的弹性变形量可以修正为

$$u_{i,j}^{c} \leftarrow u_{i,j}^{c} + \sum_{k=-m_c}^{m_c}\sum_{l=-m_c}^{m_c} C_{kl}^{(1)} p_{2(i-t+1)-k,2(j-t+1)-l}^{f}, \quad (i,j)\in I_g^c \tag{5.91}$$

利用式(5.91)，精确网格节点的弹性变形量可以由下一级粗糙网格节点的弹性变形量插值得到，即

$$
\begin{cases}
u_{i,j}^{\mathrm{f}} = u_{mn}^{\mathrm{c}}, & i,j\text{为偶数}; \\[2mm]
u_{i,j}^{\mathrm{f}} = \displaystyle\sum_{k=1}^{2t} s_k^t u_{m+k-t-1,n}^{\mathrm{c}}, & i\text{为奇数}, j\text{为偶数}; \\[4mm]
u_{i,j}^{\mathrm{f}} = \displaystyle\sum_{l=1}^{2t} s_l^t u_{m,n+l-t-1}^{\mathrm{c}}, & i\text{为偶数}, j\text{奇数}; \\[4mm]
u_{i,j}^{\mathrm{f}} = \displaystyle\sum_{k=1}^{2t}\sum_{l=1}^{2t} s_k^t s_l^t u_{m+k-t-1,n+l-t-1}^{\mathrm{c}}, & i,j\text{为奇数}
\end{cases}
\tag{5.92}
$$

式中，$m=(i+1)/2+t-1$，$n=(j+1)/2+t-1$，以上两式中的符号"/"表示对分子与分母相除后的结果取整。

精确网格节点弹性变形量的修正系数为

$$
\begin{cases}
C_{ij}^{(2)} = K_{ij}^{\mathrm{f}} - \displaystyle\sum_{k=1}^{2t} s_k^t K_{i+2(k-t)-1,j}^{\mathrm{f}} \\[4mm]
C_{ij}^{(3)} = K_{ij}^{\mathrm{f}} - \displaystyle\sum_{l=1}^{2t} s_l^t K_{i,j+2(l-t)-1}^{\mathrm{f}} \\[4mm]
C_{ij}^{(4)} = K_{ij}^{\mathrm{f}} - \displaystyle\sum_{k=1}^{2t}\sum_{l=1}^{2t} s_k^t s_l^t K_{i+2(k-t)-1,j+2(l-t)-1}^{\mathrm{f}}
\end{cases}
\tag{5.93}
$$

利用式(5.93)，精确网格节点弹性变形可以修正为

$$
u_{i,j}^{\mathrm{f}} \leftarrow u_{i,j}^{\mathrm{f}} + \sum_{k=-m_c}^{m_c}\sum_{l=-m_c}^{m_c} C_{kl}^{(1)} p_{i-k,j-l}^{\mathrm{f}}, \quad (i,j)\in I_{\mathrm{g}}^{\mathrm{f}}
\tag{5.94}
$$

式中，如果 i 和 j 为偶数，则 $C_{kl}^{(1)}=0$；如果 i 为奇数、j 为偶数，则 $C_{kl}^{(1)}=C_{kl}^{(2)}$；如果 i 为偶数、j 为奇数，则 $C_{kl}^{(1)}=C_{kl}^{(3)}$；如果 i 和 j 为奇数，则 $C_{kl}^{(1)}=C_{kl}^{(4)}$。

2) 基于共轭梯度法的接触问题求解算法

粗糙表面接触控制方程(5.81)本质上是一个二次最优问题，可以利用共轭梯度法(简称 C-G 法)进行求解。虽然 C-G 法主要用来求解无约束条件的最优化问题，但可以证明，对于式(5.81)这种具有线性不等式约束的二次最优化问题，利用 C-G 法仍可以求出收敛解。与其他求解方法相比，利用 C-G 法求解接触控制方程(5.81)的优点是：每一次迭代循环，都可以进一步强化约束条件；而且 C-G 法求解接触问题这类二次最优问题具有很好的收效效果。因此，即使表面采样点总数 N 很大，迭代程序的收敛速度仍然很快。

利用 C-G 法求解二次最优问题的原理和流程参见文献[25]，本节只给出利用 C-G 法求解接触控制方程(5.81)的基本步骤。

（1）设定迭代循环程序的初始条件。假设一个表面应力分布 $p_{i,j}$，其中 $p_{i,j} > 0$，且满足方程组（5.81）第五式；将假设的 $p_{i,j}$ 代入方程组（5.81）第一式中，利用 MLMS 方法求出表面变形量 $u_{i,j}$，则两表面上各点之间的间隙可表示为

$$g_{i,j} = -u_{i,j} - h_{i,j}, \quad (i,j) \in I_g \tag{5.95}$$

两表面间的宏观位移可表示为

$$\bar{g} = N_c^{-1} \sum_{(k,l) \in I_c} g_{kl} \tag{5.96}$$

由式（5.96）知，将两表面上各点之间的间隙修正为

$$g_{i,j} \leftarrow g_{i,j} - \bar{g}, \quad (i,j) \in I_g \tag{5.97}$$

（2）确定共轭方向。新的共轭方向 $t_{i,j}$ 可以表示为

$$t_{i,j} \leftarrow g_{i,j} + \delta(G/G_{\text{old}})t_{i,j}, \quad (i,j) \in I_c \tag{5.98}$$

$$t_{i,j} = 0, \quad (i,j) \notin I_c \tag{5.99}$$

式中，$G = \sum\limits_{(i,j) \in I_c} g_{i,j}^2$；$G_{\text{old}}$ 表示上一次迭代时的 G 值，第一次迭代时（即程序初始化时）取 $G_{\text{old}} = 1$；δ 取 0 或 1，第一次迭代时 δ 取 0。

（3）寻找在共轭方向的最优值。$t_{i,j}$ 上的迭代步长为

$$\tau = \frac{\sum\limits_{(i,j) \in I_c} g_{i,j} t_{i,j}}{\sum\limits_{(i,j) \in I_c} r_{i,j} t_{i,j}} \tag{5.100}$$

式中，

$$r_{i,j} = \sum K_{i-k,j-l} t_{kl}, \quad (i,j) \in I_g$$

$$\bar{r} = N_c^{-1} \sum_{(k,l) \in I_c} r_{kl}$$

$$r_{i,j} \leftarrow r_{i,j} - \bar{r}, \quad (i,j) \in I_g$$

为比较本次迭代解与上次迭代解的偏差，需保存上次求出的应力向量，即在程序中作如下处理：

$$p_{ij}^{\text{old}} = p_{ij}, \quad (i,j) \in I_{\text{g}} \tag{5.101}$$

在共轭方向 t_{ij} 上的最优解为

$$p_{ij} \leftarrow p_{ij} + \tau t_{ij}, \quad (i,j) \in I_{\text{c}} \tag{5.102}$$

视所有 $p_{ij} < 0$ 的点为未接触点，并将这些点的压力值设为 0，则约束条件得到强化。本次迭代中所有接触点的集合与所有未接触点的集合的交集为

$$I_{\text{ol}} = \left\{ (i,j) \in I_{\text{g}} : p_{ij} = 0, g_{ij} < 0 \right\} \tag{5.103}$$

如果 $I_{\text{ol}} = \varnothing$，则将 δ 值设为 1；否则，将 δ 值设为 0，并将该集合内接触点的压力修正为

$$p_{ij} \leftarrow p_{ij} + \tau g_{ij}, \quad (i,j) \in I_{\text{ol}} \tag{5.104}$$

(4)判断迭代循环是否终止。由本次迭代值算出的压紧力大小为

$$F = a_x a_y \sum_{(i,j) \in I_{\text{g}}} p_{ij} \tag{5.105}$$

为使本次迭代产生的表面压力分布满足力学平衡约束条件，进行如下处理：

$$p_{ij} \leftarrow (F / F_0) p_{ij}, \quad (i,j) \in I_{\text{g}} \tag{5.106}$$

本次迭代与上次迭代的相对误差为

$$\varepsilon = a_x a_y F_0 \sum_{(i,j) \in I_{\text{g}}} \left| p_{ij} - p_{ij}^{\text{old}} \right| \tag{5.107}$$

如果 $\varepsilon \geqslant \varepsilon_0$，则重复以上步骤，进行下一次迭代循环，否则迭代停止。

3. 算例

本节主要利用前两节介绍的 C-G 算法和 MLMS 算法对自仿射分形表面和光滑平面间的弹性接触问题进行数值仿真，并将数值仿真结果与理论模型结果进行了对比分析。仿真中使用的自仿射分形表面由 5.1.3 节提出的算法生成，其在 o-xy 面的投影面积 $A_0 = L \times L$；表面离散网格取正方形网格，即节点距离 $a_x = a_y$，节点个数 $N = M_x \cdot M_y = M^2$；观测放大倍数 ζ 对应的观测尺度 $\lambda = L / M$。取 $E^* = 2\text{GPa}$，$L = 5\text{mm}$，$\sigma_0 = F_0 / A_0 = 10\text{MPa}$，则不同观测放大倍数($M$ 分别取 100、200、400、600、800、1000)下的真实接触面积仿真结果与理论模型预测结果的对比情况如图 5.22 所示。

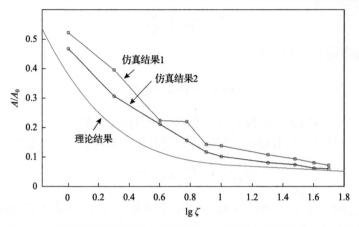

图 5.22　不同观测尺度下真实接触面积仿真结果与理论预测结果对比

由图 5.22 可知，理论结果与仿真结果的区别是接触收敛精度不同。其中，仿真结果 2 对应的仿真算例的计算精度要高于仿真结果 1 对应的仿真算例。由图可知，仿真模型和理论模型对真实接触面积随观测尺度的变化规律的预测结果相一致，但数值仿真结果要大于理论预测结果，而两者之间的差值随观测尺度的缩小而逐渐减小。由图可知，仿真结果 2 对应的精度高的仿真算例更加接近于理论预测结果。因此，迭代收敛条件是造成仿真结果高于理论预测结果的主要原因。此外，当观测放大倍数比较小时，大量表面形貌波动信息被忽略也将带来较大的仿真误差，这也解释了为什么随着 ζ 的增大，数值仿真结果和理论预测结果之间的差距逐渐变小。

当固定观测放大倍数（$\zeta=10$），σ_0 分别取 20MPa、40MPa、60MPa、80MPa 时，真实接触面积仿真结果与理论预测结果如图 5.23 所示。由图可知，数值仿真要大于理论预测结果，但当压紧力比较大时，两者之间的差距逐渐变小。

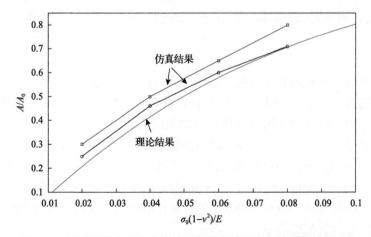

图 5.23　不同压紧力下真实接触面积仿真结果和理论预测结果对比

5.3 端面密封泄漏孔道的输运性质

受表面粗糙度的影响，密封面并不是完全闭合的，而是包含许多大小和形状各异、无序分布的孔隙。这些孔隙有的相互连通贯穿整个泄漏面，有的部分连通截止于密封面内某一区域，有的完全不连通孤立存在于密封面中。当密封面两端存在压力差或浓度差时，流体就会沿着那些相互连通横贯整个密封面的孔隙所形成的通道向外泄漏。由于泄漏通道的尺寸跨度跨越微米到纳米量级，流体在密封面上的流动呈现出宏观流、介观流和微观流相互交织的情形。不同尺寸级别的流道既相互独立且适用不同的流动规律，又相互联系，承接着流体从高压区向低压区(或高浓度向低浓度)的空间转移，以及各种流态(宏观流、介观流和微观流)之间的过渡衔接。流体泄漏通道以复杂、无序的网络形式呈现出来，网络中不同的分支相互影响、相互耦合。例如，泄漏通道中只要有一处泄漏点的几何形状发生变化，整个网络的流体压力分布就会发生变化。对于微小泄漏，虽然任何一条泄漏通道对总的泄漏量和其他流道中流体的影响均可忽略不计，但任何泄漏通道间的相互作用的量级又都是相同的，这就决定了每条泄漏通道又都是不可忽略的。因此，密封泄漏问题并不是流体在单条泄漏通道中流动规律的简单叠加，而是整个流动网络的系综平均。

综上所述，密封泄漏通道具有异质复合介质的特征，其异质复合性主要体现在泄漏通道的无序性、流体在泄漏通道中输运过程的无规性以及结构无序和过程无序之间的相互作用与耦合，可以借鉴异质复合介质的研究思路和相关理论工具，对密封泄漏问题进行建模分析。

本节首先分析了密封泄漏通道的异质复合性，指出流体在不同尺寸的流道中适用不同的流动方程，当泄漏孔道主要集中在小尺寸级别时，需要考虑流体微流动的影响；然后利用 N-S 方程和体积平均理论，推导了连续压力流经密封面发生泄漏的平均体积流量表达式；利用有效介质理论，推导了泄漏孔道的有效渗流率表达式；利用逾渗理论，建立了密封泄漏量计算模型；讨论了密封压紧力、密封端面几何形貌以及密封垫片几何尺寸和物理性质对端面密封装置密封性能的影响，并给出了密封件设计的基本思路。

5.3.1 泄漏孔道中流体流动的多样性

密封泄漏孔道中的流动是多种多样的，在我们的视野之外，还存在着很多没有直观察觉到的流动。如果从泄漏的动力来区分，可分为宏观力(压差流、密度流、壁面驱动流、温度差流等)和微动力(静电力、离子力、表面张力等)两大类。如果按照流体自身特征，则有牛顿流、宾厄姆流、非牛顿黏滞流等。如果按照分子自由程影响的程度，又有连续流、滑移流、过渡流和自由分子流。随着尺度的缩小，一些在宏观流动中不易出现或影响不大的因素，到了微流动时就会表现出来，甚至成为微流动的主要影响因素。因此，密封泄漏孔道中的流体流动不仅表现出宏观流动中常见的连续流体、稳定流体、牛顿流体，还表现出微流动中的滑移流、微动力流，甚至是蠕动流、摄动流。

1. 密封泄漏孔道的异质复合性

介质的异质复合性是指介质中任一微观组分的尺度都比分子尺度大得多，却又比宏观样品的尺度小得多。在这种的情形下，异质复合介质虽然在宏观上是非均匀的，但其输运物理性质(如电导率、导热系数、渗流率等)可近似用一个均匀介质的物理性质来表述，即有效物理介质。因此，异质复合介质的输运性质在微观尺度上是均匀的，服从经典物理的规律；但在宏观尺度上是非均匀的，其输运物理性质可以用有效(等效)介质来描述。要理解和预测异质复合介质的物理性质，必须理解和掌握介质的异质性，尤其是其无序特征在微结构和输运过程中的体现。

受表面粗糙度多尺度效应的影响，密封泄漏孔道也呈现出高度的复杂性和无序性，其渗流率是空间位置的函数，即流体在泄漏孔道的不同位置有不同的流动阻力。如果将泄漏孔道看成是由不同孔径的孔隙组成的复合体，那么其异质复合特性主要体现在三个方面。一是泄漏孔径的多尺度性。泄漏通道的孔径没有一个确定的特征长度，其尺寸跨越微米到纳米量级，各个尺寸级别的泄漏孔道的体积分数是与密封端面的加工质量和压紧力密切相关的。二是泄漏孔道的拓扑无序性。密封泄漏通道是高度分叉的，各个尺寸级别的泄漏孔道之间以一种无序的状态互相连接，用一张千疮百孔、杂乱无章、陈旧破烂的"渔网"来形容泄漏通道是再合适不过的。三是泄漏孔道截面几何构形的无序。泄漏孔道的截面形状和大小是复杂无规律的，既不是圆形、椭圆形的毛细管，也不是长方形、三角形的沟槽。密封泄漏孔道的上述无序特点，使流体在其间的流动也呈现出高度的无规性，而且流道几何无序和流动过程无规之间存在着相互作用和耦合。例如，流体通过无规分布的多孔介质时，孔或孔隙在空间的无规分布和无序构形，以及与流体之间的动力学相互作用，产生了丰富多彩的物理现象[16, 26]。

2. 泄漏孔道中流区的分类

密封泄漏孔道的一个最大特点是其尺寸量级跨度很大，从微米量级跨越到纳米量级。对于常规尺度下的泄漏孔道，可以用传统的经典流体力学描述流体的输运性质。然而在微孔道中，流体动力学以及流体和孔壁表面的相互作用与宏观流动有很大区别。在微泄漏孔道中，流动对液体是"颗粒状的"，对气体是"稀薄的"，对壁面是"移动的"；流体流动呈现出稀薄效应、不连续效应、表面优势效应、低雷诺数效应和多尺度多物态效应[27]。

泄漏孔道尺寸对流体流动的影响，可以用一个无量纲的参数——克努森数（Knudsen 数）来表征，其定义为

$$Kn = \frac{\lambda}{L} \tag{5.108}$$

式中，L 为流动的特征尺度或泄漏孔隙的尺寸；λ 为气体分子的平均自由程，代表分子在两次碰撞间经过的距离的平均值，可表示为

$$\lambda = \sqrt{\frac{\pi k}{2}} \frac{\mu}{\rho a} \tag{5.109}$$

式中，μ 为气体的动力黏度；k 为比热比；ρ 为气体密度；a 为当地声速。

根据克努森数 Kn 的不同，流动可以划分为四个不同的区域：$Kn < 10^{-3}$ 的流区称为连续流区，$10^{-3} \leqslant Kn < 10^{-1}$ 的流区称为滑移流区，$10^{-1} \leqslant Kn < 10^{3}$ 的流区称为过渡流区，$Kn \geqslant 10^{3}$ 的流区称为自由分子流区。

3. 不同泄漏孔道中流体流动的处理方法

当密封介质为气体时，在不同孔径中气体流动的克努森数 Kn 大小不同，分子运动对气体流动的影响也有所不同，因此在分析气体在泄漏孔道中的流动时必须针对实际流道的尺寸大小，利用不同的数学模型分别加以描述。图 5.24 给出了不同数学模型的大致适用范围。

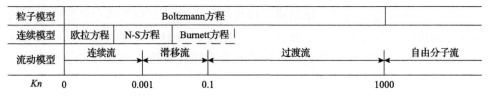

粒子模型	Boltzmann方程			
连续模型	欧拉方程	N-S方程	Burnett方程	
流动模型	连续流	滑移流	过渡流	自由分子流
Kn	0　　　0.001	0.1	1000	

图 5.24　不同流区所对应的不同数学模型

从图 5.24 可以看出，在连续流区（$Kn < 10^{-3}$），气体分子之间的相互碰撞远比其与孔道壁面的碰撞频繁，此时可以用 N-S 方程描述气体的流动。当 Kn 非常小趋于零时，N-S 方程可以简化为欧拉方程。在滑移流区（$10^{-3} \leqslant Kn < 10^{-1}$），气体流动仍可以采用 N-S 方程描述，但边界条件必须考虑气体与孔壁交界处的速度滑移。在过渡流区（$10^{-1} \leqslant Kn < 10^{3}$）和自由分子流区（$Kn \geqslant 10^{3}$），连续介质假设和 N-S 方程不再成立。对于过渡流区，气体分子之间的碰撞频率和气体分子与孔壁

间的碰撞频率相当，因此要从包含碰撞积分项的 Boltzmann 方程出发，通过求解
Burnett 方程来描述气体流动。对于自由分子流区，气体分子相互之间的碰撞已经
十分稀少，只存在气体分子与孔壁的相互碰撞，可采用无碰撞积分项的 Boltzmann
方程来描述气体流动。

　　分析表明，连续的 N-S 方程是可以从分子碰撞模型出发的 Boltzmann 方程求
得的。不同流区中，流体控制方程之间的关系如图 5.25 所示。

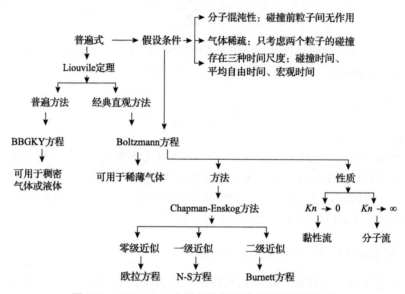

图 5.25　Boltzmann 方程与其他流体方程之间的关系

　　密封面中不同尺寸的泄漏通道，对应的流动规律不同。尺寸较大的泄漏通道
主要表现为连续流、稳定流、牛顿流；尺寸较小的泄漏通道主要表现为滑移流、
微动力流，甚至是蠕动流、摄动流。以往的研究中，都将流体在泄漏孔道中的
流动视为连续、稳定的层流，并未考虑微泄漏通道的多尺度效应对流体流动规
律的影响，因此，对流体微流动规律的不合理简化是造成理论与实际偏差的一
个主要原因。

5.3.2　泄漏孔道中的连续压力流

　　由 5.3.1 节可知，流体在密封泄漏孔道的流动呈现出连续流、滑移流、过渡流
和自由分子流。但当密封面上存在微米量级的表面粗糙度，而压紧力不足以将其
压平时，密封泄漏量主要由流经微米量级的泄漏孔道的连续流决定，其他流区对
泄漏量的贡献可以忽略不计。但即使忽略更小尺寸孔道中的流体微流动对泄漏的
影响，建立密封泄漏模型仍然是困难的。如前文所述，泄漏孔道呈现出拓扑无序、

形状无序和尺寸分布无序。从统计学上来讲，微米量级的泄漏孔隙的平均大小虽比分子线度大得多，但又比密封面的特征尺度小得多。因此，流体在这部分泄漏孔道中的流动在微观尺度上是均匀的，服从经典物理的规律(N-S 方程)；但在宏观尺度上是非均匀的，其宏观的物理性质可以用有效(等效)物理参数(有效渗透率、有效扩散率等)来描述。

1. 泄漏孔道中的 Poseuille 流

假设流体在微米量级泄漏孔道中的流动为不可压缩黏性流体的层流，则描述连续介质区流体运动规律的 N-S 方程可以简化为

$$\begin{cases} -\nabla p + \eta \nabla^2 \boldsymbol{v} = 0 \\ \nabla \cdot \boldsymbol{v} = 0 \end{cases} \tag{5.110}$$

在壁面处，满足无滑移速度边界条件

$$\boldsymbol{v} \cdot \boldsymbol{n} = 0 \tag{5.111}$$

图 5.26 中，α 为泄漏孔道夹角，h^0 为泄漏孔道高度，l^0 为泄漏孔道宽度，$\boldsymbol{v}$、p 分别为泄漏孔道内流体的流速和压力。假设泄漏孔道的高度缓慢变化，则式 (5.110) 可以进一步简化为

$$\nabla p(x, y) = \eta \frac{\partial \boldsymbol{v}^2}{\partial z^2} \tag{5.112}$$

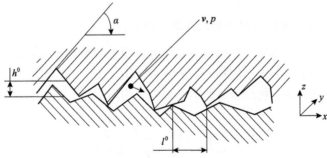

图 5.26　密封泄漏孔道示意图

沿孔隙高度方向(z 向)对上式进行积分，可得泄漏孔道中点 (x, y) 处的流体体积流量 q_v 为

$$q_v = -\frac{u^3(x, y)}{12\eta} \nabla p \tag{5.113}$$

如果将密封区域中的非接触区用 β 表示，接触区用 σ 表示，边界区域用 $C_{\beta\sigma}$ 表示，利用式(5.113)可以将密封泄漏问题简化为一个如图 5.27 所示的二维问题。

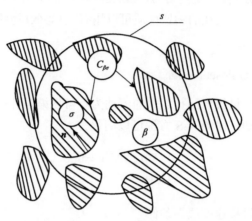

图 5.27　密封面接触区与非接触区二维投影示意图

流体在图 5.27 所示泄漏孔道的流动可以表示为

$$\begin{cases} \boldsymbol{q}_v = -k\nabla p, & \text{在 } \beta \text{ 上} \\ \nabla \cdot \boldsymbol{q}_v = 0, & \text{在 } \beta \text{ 上} \\ \boldsymbol{q}_v \cdot \boldsymbol{n} = 0, & \text{在 } C_{\beta\sigma} \text{ 上} \end{cases} \tag{5.114}$$

式中，$k = u^3(x,y)/(12\eta)$ 表示泄漏点 (x,y) 处的渗流率。

2. 泄漏孔道中流体体积流量的雷诺平均方程

相比较于泄漏通道中一点的体积流量 $\boldsymbol{q}$，更关心整个密封面的平均体积流量 $\langle \boldsymbol{q} \rangle$。本节主要利用体积平均法，推导 $\langle \boldsymbol{q} \rangle$ 的表达式。

设泄漏孔道中某一物理量 φ 的名义体积平均为

$$\langle \varphi \rangle = \frac{1}{A_0} \int_{A_\beta} \varphi \mathrm{d}s = \frac{1}{A_\beta + A_\sigma} \int_{A_\beta} \varphi \mathrm{d}s \tag{5.115}$$

其中，A_0 为密封面总面积，A_β 为非接触区面积，A_σ 为接触区面积。物理量 φ 的真实体积平均为

$$\langle \varphi \rangle^\beta = \frac{1}{A_\beta} \int_{A_\beta} \varphi \mathrm{d}s \tag{5.116}$$

体积平均理论[24]中的一个重要变化关系为

$$\langle \nabla \varphi \rangle = \nabla \langle \varphi \rangle + \frac{1}{A_0} \int_{C_{\beta\sigma}} \boldsymbol{n}\varphi \mathrm{d}s \tag{5.117}$$

利用体积平均关系式(5.115)～式(5.117)，由式(5.114)可以推导出整个密封面的平均体积流量$\langle \boldsymbol{q} \rangle$为[28]

$$\langle \boldsymbol{q} \rangle = -\boldsymbol{k} \cdot \nabla \langle p \rangle^{\beta} \tag{5.118}$$

式中，$\boldsymbol{k}$为流体沿密封面泄漏的有效渗流张量，其表达式为

$$\boldsymbol{k} = \langle k(\boldsymbol{I} + \nabla \boldsymbol{b}) \rangle \tag{5.119}$$

$\boldsymbol{b}$是如下封闭方程组的解：

$$\begin{cases} \nabla \cdot (k\nabla \boldsymbol{b}) = -\nabla \tilde{k}, & \text{在 } \beta \text{ 上} \\ -\boldsymbol{n} \cdot \nabla \boldsymbol{b} = \boldsymbol{n}, & \text{在 } C_{\beta\sigma} \text{ 上} \\ \langle \boldsymbol{b} \rangle = 0 \\ \boldsymbol{b}(\boldsymbol{x} + \boldsymbol{r}_i) = \boldsymbol{b}(\boldsymbol{x}) \end{cases} \tag{5.120}$$

其中，$\tilde{k} = k - \langle k \rangle$。

3. 泄漏孔道渗流率的有效介质近似

由式(5.118)可知，只要求出密封面的有效渗流张量$\boldsymbol{k}$，就可以求出密封面的平均体积流量。求解$\boldsymbol{k}$的方法有两种：一种是数值方法，即利用有限差分法等数值方法通过求解方程组(5.120)求出$\boldsymbol{b}$，再利用式(5.119)求出有效渗流张量$\boldsymbol{k}$；另一种方法是解析方法，即利用有效介质理论和重整化群等理论对泄漏孔道这一典型的异质复合介质进行近似求解。

1)有效介质理论

有效介质近似最早是由 Bruggeman 在研究异质复合介质的有效电导率σ_e时提出的。考虑具有不同体积分数$f_1, f_2, \cdots, f_M$和电导率$\sigma_1, \sigma_2, \cdots, \sigma_M$的颗粒无规聚集而成的异质复合介质的有效电导率$\sigma_e$，有效介质近似的基本思想是：认为在复合介质中任何一个颗粒受到其他颗粒的作用可等效于该颗粒嵌入在一个电导率为σ_e的均匀基质(即有效介质)中。该近似方法的物理图像清晰，数学计算相对简单，是一个平均场理论的近似，是一种很实用的方法。

自 Bruggeman 提出有效介质近似理论方法以来，该方法已广泛应用于各种异质结构的复合介质的输运问题，包括各种有效输运系数，如电导率、导热系数、

电容率、磁导率、扩散率和弹性模量等。这是由于有效介质近似的物理图像清楚和简便易用，然而在将此近似应用于异质复合介质输运系数的简明表达式时，简单起见，通常将异质复合材料的组分看作有相同的微结构，且组分的形状都视为是相同的球形。其实宏观非均匀复合材料的微结构的实际情形并非如此简单，颗粒的形状和体积一般都不相同，存在一定的分布，它们对异质复合材料的输运性质都有着重要的作用。因此，有效介质理论预测的有效物理性质与实际情况相比仍有不少差距。引起误差的主要问题不在于自洽近似本身，而是缺少微结构构形的信息，包括杂质组分在空间的分布和相互之间的关联。由于颗粒间不可避免地存在间隙，在试探杂质颗粒周围存在有效介质的假设常常不严格成立。另外，逾渗阈值与组分电导率的配比及几何形状有关，并不能简单地用几何维数和形状因子来表述[29]。

2) 泄漏孔道的有效渗流率

设泄漏通道中，泄漏点 $\boldsymbol{x} = (x, y)$ 处表面间距为 u。如果 u 沿泄漏通道走向缓慢变化，则泄漏点 $\boldsymbol{x}$ 处的流密度 $\boldsymbol{J}$（单位时间内流经该泄漏点的体积流量）为

$$\boldsymbol{J} = -k\nabla P \tag{5.121}$$

式中，∇P 为点 $\boldsymbol{x}$ 处的压力梯度；k 为点 $\boldsymbol{x}$ 处的渗流率。

$$k = \frac{u^3}{12\eta}$$

η 为流体黏性系数。

密封面的平均流密度为

$$\langle \boldsymbol{J} \rangle = \langle -k\nabla P \rangle \tag{5.122}$$

如果将泄漏通道等效为一个渗流率为 k_e 的平行夹层（均匀介质），且夹层的流密度等于密封面的平均流密度，则有

$$\langle \boldsymbol{J} \rangle = -k_e \langle \nabla P \rangle \tag{5.123}$$

为求解 k_e，将平行夹层假设成一个有效介质，即密封面中任一泄漏点的输运性质与将该点"嵌入"到这个等效夹层（有效介质）后所表现出的输运性质相同。对于压力流，上述有效介质近似可表述为：任一泄漏点处的流体压力受其他泄漏点微结构的影响，等效于将其单独"嵌入"渗流率为 k_e 的有效夹层后，夹层对流经该点的流体压力的影响，如图 5.28 所示。

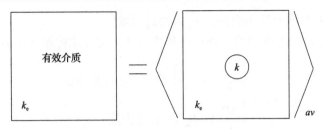

图 5.28　密封泄漏有效介质近似原理图

如果将泄漏点的几何构形均简化为高度 u、半径 r 的圆柱体，且每个泄漏点相对有效夹层足够小，则渗流率为 $k(u)$ 的泄漏点"嵌入"有效夹层的简化物理模型如图 5.29 所示。

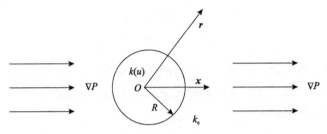

图 5.29　单个泄漏点嵌入有效介质物理模型

以圆心 O 为坐标原点，r 为位置矢量，嵌入的泄漏点和有效夹层的流密度分别为

$$J = \begin{cases} -k(u)\nabla P \\ -k_e \nabla P \end{cases} \tag{5.124}$$

对于稳态流动和无旋流动，有

$$\begin{cases} \nabla \cdot J = 0 \\ \nabla \times \nabla P = 0 \end{cases} \tag{5.125}$$

对于连续流动，有边值条件

$$\begin{cases} P_u|_{r=R} = P_e|_{r=R} \\ n_u \cdot J_u = n_e \cdot J_e \end{cases} \tag{5.126}$$

式中，$P_u|_{r=R}$ 和 J_u 分别为边界处的压力和流密度；n_u 和 n_e 为径向单位矢量。另外，当 $r \to \infty$ 时，有

$$\nabla P = \frac{\Delta P}{L_x} \tag{5.127}$$

式中，ΔP 为密封面两端压力差；L_x 为密封面宽度。

由式(5.124)～式(5.127)，应用分离变量法，可以求得流体压力分布为

$$\nabla P = \begin{cases} \dfrac{\Delta P}{L}[1 + b_{ue}R^2 \boldsymbol{i}(r)], & \text{圆柱形泄漏点} \\[3mm] \dfrac{\Delta P}{L}(1 - b_{ue}), & \text{有效夹层} \end{cases} \tag{5.128}$$

式中，

$$b_{ue} = \frac{k(u) - k_e}{k(u) + k_e}$$

$$\boldsymbol{i}(r) = \frac{2\boldsymbol{n} \cdot \boldsymbol{n} - \boldsymbol{I}}{r^2}$$

基于有效介质假设，将渗流率为 $k(u)$ 的泄漏点单独嵌入有效夹层中得到的流体压力，就是该泄漏点在真实泄漏通道中流体压力。泄漏通道中各泄漏点流体压力分布的平均值可表达为

$$\langle \nabla P \rangle = \int f(u)(\nabla P)_u \, \mathrm{d}u = \int f(u)\frac{2k_e}{k(u) + k_e}\mathrm{d}u \tag{5.129}$$

式中，$f(u)$ 表示渗流率为 $k(u)$ 的泄漏点的体积分数；$(\nabla P)_u$ 表示渗流率为 $k(u)$ 的泄漏点的流体压力。

将式(5.129)代入式(5.123)中，整理得

$$\int f(u)\frac{k(u) - k_e}{k(u) + k_e}\mathrm{d}u = 0 \tag{5.130}$$

或

$$\int f(u)\frac{2k_e}{k(u) + k_e}\mathrm{d}u = 1 \tag{5.131}$$

式中，

$$k(u) = \frac{u^3}{12\eta}$$

当放大倍数从 ζ 增大至 $\zeta + \mathrm{d}\zeta$（$\mathrm{d}\zeta$ 为无穷小量）时，有效接触面积由 $A(\zeta)$ 将减小至 $A(\zeta + \mathrm{d}\zeta)$。设新增加的未接触区域的高度（平均值）为 $u_1(\zeta)$，则高度为

$u_1(\zeta)$ 的泄漏点在整个密封面中的体积分数 $f(u)$ 为

$$f(u) = \frac{A(\zeta + d\zeta) - A(\zeta)}{A_0} = \frac{-A'(\zeta)}{A_0} \tag{5.132}$$

由此可见，$f(u)$ 和 $k(u)$ 均为放大倍数 ζ 的函数。式(5.131)可变换为

$$\int_1^{\infty} d\zeta\, f(\zeta) \frac{2k_e}{k(\zeta) + k_e} = 1 \tag{5.133}$$

式中，

$$f(\zeta) = \frac{-A'(\zeta)}{A_0} \tag{5.134}$$

$$k(\zeta) = \frac{u_1(\zeta)^3}{12\eta} \tag{5.135}$$

以上两式中，$A'(\zeta)$ 和 $u_1(\zeta)$ 可由式(5.39)、式(5.45)和式(5.51)求得。利用迭代算法，就可由式(5.133)求出密封面的有效渗流率 k_e。

5.3.3　端面密封流体泄漏率逾渗模型

1. 逾渗现象

为避免混淆，在介绍逾渗理论前首先解释一下"逾渗"与"渗流"的区别。就密封泄漏而言，逾渗研究的是密封区域中由不存在横贯整个密封面的泄漏孔道到第一次出现泄漏孔道的临界条件，以及临界状态下连通团的结构形状及其相关现象的理论。而关于渗流，则是研究流体在杂乱无章、纵横交错的泄漏孔道(异质复合介质)中的流动规律与现象的理论。

"逾渗"一词是在 1957 年由 Broadbent 和 Hammersley 研究流体通过无规介质时首先提出来的[30]。从数学角度来看，逾渗理论描述的是在一个二维或三维有限或无限区域，划分许多大小相等的精细单元，每一个属性被随机地确定为 0 或 1，如对于密封问题，"0"表示泄漏孔隙(未接触区域)，"1"表示接触区域。随着出现"0"属性单元的概率 P 的增加，其组成的连通团的数量和大小都在急剧变化，当概率 P 达到某一临界值 P_c 时，不同大小的团迅速连通成更大的连通团，使团的数量迅速减小，最大连通团迅速增大，并跨越了有限区域的边界，如图 5.30 所示。科学界把这类数学和相关的物理问题定义为逾渗。无规系统中的组元(如颗粒、格点、键等)相互连接形成大小不同的集团，在一定的条件下(如临界点或临界阈值)将首次形成跨越整个系统的集团，这个现象称为逾渗转变。

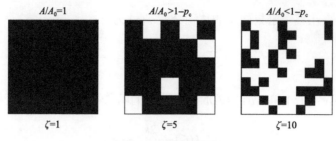

图 5.30　逾渗过程

由此可见，逾渗是用概率的理论和方法研究与表征一类随机介质由量变到质变的临界条件与临界现象的物理与数学理论，在 1957 年至今的几十年中，逾渗理论在物理学、数学、自然、工程学科等领域受到了重视和应用。

2. 泄漏孔道的逾渗近似

当施加的密封压紧力 F 较大时，仅凭肉眼观察两密封面似乎是完全闭合的，密封面间并无可供流体流动的泄漏通道。但如果缩小观测尺度，对密封面进行放大观察，则密封面上就会出现许多非接触区域，且它们之间有相互连通的趋势。当放大倍数 ζ 增大到某一临界值 ζ_c 时，将第一次出现由不同大小的非接触区相互连接而贯穿整个接触面的泄漏通道。当 ζ 继续增大时，将会呈现出更多高度分叉的泄漏通道，原先"光滑"的密封面也变成了一种千疮百孔、杂乱无章、陈旧破烂的"渔网"，如图 5.31 所示。

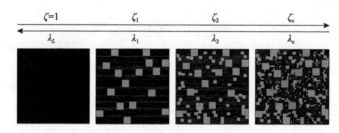

图 5.31　密封泄漏通道逾渗过程示意图

上述真实接触面积 $A(\zeta)$ 随放大倍数 ζ（即观测尺度）的变化过程是一个典型的逾渗现象，临界放大倍数 ζ_c 下未接触面积与名义接触面积的比值就是逾渗阈值 P_c。相互连通横贯整个密封面的泄漏通道就是逾渗集团。该逾渗集团不仅包含多种长度标度，而且包含各种不同大小的空洞。将每条泄漏通道中最窄的部分称为瓶颈，并定义当 $\zeta=\zeta_c$ 时，观测到的泄漏通道中最窄的部分为临界瓶颈。显然，临界瓶颈的宽度大于其他泄漏通道瓶颈的宽度。如果用方格座逾渗来描述 $A(\zeta)$ 的变化过程，那么基座被占概率为 $P=1-A(\zeta)/A_0$，逾渗几何相变点发生在 $\zeta=\zeta_c$ 处。根据逾渗理论，对于无限大系统，二维方格基座的逾渗阈值 $P_c\approx0.593$。对于有限大系统，发生逾渗时的 P 值要略小于 P_c 。分析式(5.131)可知，当有效接触面积与名义接触面积之比 $P(\zeta)$ 等于 0.5 时，有效渗流率 k_e 为 0，即密封面的泄漏率为 0，流体不发生泄漏。因此，有效介质理论预测密封面的临界泄漏阈值 P_c 为 0.5。如果取 $P_c \approx 0.6$ ，那么真实接触面积与名义接触面积之比 $A(\zeta_c)/A_0 = 0.4$ 。

3. 密封泄漏量逾渗近似模型

　　为建模方便，将密封端面视为一个长 L_x 、宽 L_y 的细长矩形区域。待密封的矩形区域又进一步划分为 $N = L_x / L_y$ 个边长为 L_y 的正方形。如果密封端面的几何形貌是各向同性的，则每个正方形区域的泄漏孔道都是一样的。根据逾渗理论，当对正方形密封区域的观察放大倍数为 ζ_c 时，密封面第一次出现相关贯通的泄漏通道。假设流体只沿 ζ_c 下出现的泄漏通道流出，忽略更小尺寸微泄漏通道对总泄漏量的影响，则密封泄漏孔道可以简化为如图 5.32(a) 所示。图中圆点代表临界瓶颈或者临界放大倍数附近出现的流道瓶颈，直线代表流体的流道。由图 5.32(a) 可知，即使忽略了更小尺度的泄漏孔道， ζ_c 下出现的泄漏通道的拓扑性仍然十分复杂。为了研究方便，将图 5.32(a) 中的泄漏通道进一步简化为如图 5.32(b) 所示，并假设 x 方向上相邻两个瓶颈之间的距离与 y 方向上相邻两个瓶颈之间的距离相等。

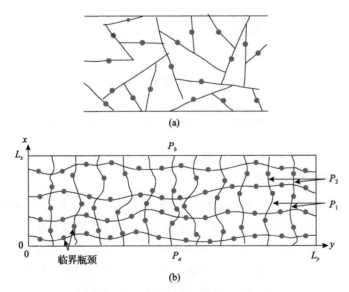

图 5.32　密封泄漏孔道逾渗简化模型

　　设 x 方向上，同一条微泄漏通道中相邻两个瓶颈之间的距离为 b ，那么同一条微泄漏通道上总的瓶颈数为 $n = L_x / b$ 。假设流体沿泄漏通道流动时，只在临界瓶颈处发生压降，且流体在临界瓶颈中的流动为 Poiseulle 流。对于稳态流动，由

质量守恒定律可得每条微泄漏通道单位时间内的体积流量 Q_1 为

$$Q_1 = \frac{K}{n}(P_a - P_b) \tag{5.136}$$

式中，K 表示每个瓶颈的渗透率；P_a、P_b 分别为泄漏管道 a、b 点的压力。

可以看出当同一条微泄漏通道上的瓶颈个数增加时，流体经单条微泄漏通道的泄漏量减小，但此时总的微泄漏通道的个数 L_y / b 增大，因此，总的泄漏量为

$$Q = \frac{L_y}{L_x}K(P_a - P_b) \tag{5.137}$$

由 Poiseulle 方程，渗透率 K 可表示为

$$K = a\frac{u_1^3(\zeta_c)}{12\eta} \tag{5.138}$$

式中，a 为修正系数，其值与临界瓶颈的具体形状有关，如果假设其为长方形，则 $a = 1$；η 为流体的黏性系数；$u_1(\zeta_c)$ 为瓶颈的尺寸，可以由式(5.39)、式(5.45)和式(5.51)求出，即

$$\frac{A(\zeta)}{A_0} = \frac{1}{(\pi G)^{1/2}}\int_0^{\sigma_0} e^{-\sigma^2/G(\zeta)}d\sigma$$

$$u_c(\zeta) = \bar{u}(\zeta) + \bar{u}'(\zeta)A(\zeta)/A'(\zeta)$$

$$\bar{u}(\zeta) = \sqrt{\pi}\int_{q_0\zeta}^{q_1} q^2 C(q)w(q)dq\int_{\langle\sigma\rangle_\zeta}^{\infty} \frac{1}{p'}[\gamma + 3(1-\gamma)P^2(q,p',\zeta)]e^{-[w(q)p'/E^*]^2}dp'$$

5.3.4 端面密封泄漏影响因素分析

密封装置的可靠性既取决于最初的周密设计，还与工作环境和使用条件有关。一般而言，影响密封性能的主要因素有：被密封介质的物理性质、密封面表面粗糙度、密封压紧力、密封件物理性质和几何尺寸以及工作工况等。以工程中常用的聚四氟乙烯密封垫片和橡胶垫片为例，利用本章提出的密封接触模型和泄漏模型分析密封件不同设计参数和工况条件对密封性能的影响。

为方便计算，考虑由矩形垫片与金属表面组成的条形密封。如图 5.33 所示，密封垫片的长度为 L_y，宽度为 L_x；密封介质与外界环境的压差为 ΔP；施加在垫片上的压紧力为 F；被密封端面为车床加工出的不锈钢表面，其表面分形维数和高度均方根分别为 D_f 和 h_{rms}，模型具体参数见表 5.1。

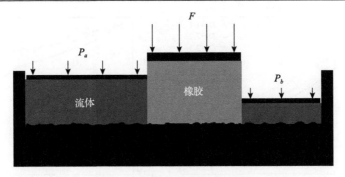

图 5.33　接触密封简化示意图

表 5.1　密封垫片与密封端面参数

密封件物理性质					
材料	弹性模量 E /MPa	泊松比 ν	分形维数 D_f	高度均方根 h_{rms} /μm	标度区间 $[q_0, q_1]$ /m^{-1}
聚四氟乙烯垫片	200	0.3	—	—	—
天然橡胶	2.3	0.3	—	—	—
不锈钢	2.1×10^5	0.35	2.1~2.4	0.4~10	$[10^4, 10^8]$
密封工况					
密封介质	黏度系数 η /(N·s/m^2)	流体压差 ΔP /MPa	压紧应力 σ_0 /MPa	密封区长度 L_y /m	密封区宽度 L_x /m
水	0.01	0.4	0.02~1	0.08	0.01 或优化值

1. 压紧应力和表面形貌对泄漏率的影响

考虑由矩形垫片(材质为聚四氟乙烯或橡胶)和不同粗糙表面(分形维数 D_f 不同或表面高度均方根 h_{rms} 不同)组成的端面密封,其密封泄漏率和临界泄漏孔道尺寸随压紧应力的变化情况见图 5.34~图 5.36。

图 5.34、图 5.35 分别为密封端面分形维数 D_f 和表面高度均方根 h_{rms} 取不同值时,密封泄漏率随压紧力变化曲线。图 5.34(a)中,垫片材质为聚四氟乙烯,不锈钢表面高度均方根 h_{rms} 为 2μm;图 5.34(b)中,垫片材质为橡胶,不锈钢表面高度均方根 h_{rms} 为 10μm;两图中 D_f 分别取 2.1、2.2、2.3 和 2.4。图 5.35(a)中,垫片材质为聚四氟乙烯;图 5.35(b)中,垫片材质为橡胶;两图中不锈钢表面分形维数 D_f 为 2.2,表面高度均方根 h_{rms} 分别取 0.4μm、2μm、5μm 和 10μm。

图 5.36 为相同工况下垫片材质对密封性能的影响。图中,密封端面的高度均方根 h_{rms} 为 5μm,表面分形维数 D_f 为 2.2。

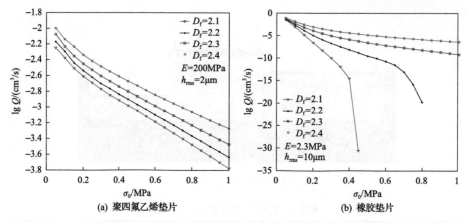

图 5.34　不同分形维数下密封泄漏率随压紧力变化曲线

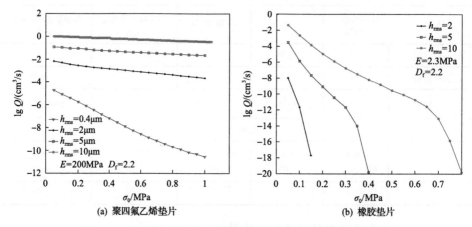

图 5.35　不同表面高度均方根下密封泄漏率随压紧力变化曲线

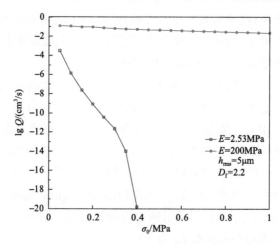

图 5.36　垫片材质对密封性能的影响

　　由图 5.34～图 5.36 可知，密封泄漏率随压紧力的增大而减小，且密封垫片的
弹性模量越小，增大压紧力对提高密封性能的效果越明显。这是因为垫片上的压
紧应力越大，其变形量就越大。垫片的变形有效地填补了密封面凹穴形成的泄漏
孔道，使得界面泄漏大为减少。压紧力越大，被阻断的泄漏流道越多，流体泄漏
率也相应地减少。但压紧应力也不是越大越好，因为不同材质的垫片可以承受的
最大应力是有限的，如果垫片的压紧应力过大，则易将垫片压溃，从而失去回弹
能力，导致泄漏率急剧增大。因此要维持良好的密封，必须使垫片的压紧应力保
持在一定的范围内。

　　当压紧力一定时，密封泄漏率随表面分形维数和表面高度均方根的增大而增
大。这是因为表面分形维数和表面高度均方根表征了密封端面的粗糙程度。分形
维数和表面高度均方根越大，表面形貌越不规则，当与垫片接触时形成的泄漏孔
道也越多。因此，密封端面的不规则性不仅体现在波动幅值上，还体现在波动频
率上。这种不规则性反映在泄漏孔道上，就是泄漏孔道的宽度和高度有着不同的
分布。

　　图 5.37、图 5.38 分别为密封端面分形维数 D_f 和表面高度均方根 h_{rms} 取不同
值时，密封区域中临界泄漏孔道的等效宽度随压紧力变化曲线。图 5.37 中，不锈
钢表面高度均方根保持不变，而表面分形维数 D_f 分别取 2.1、2.2、2.3 和 2.4；
图 5.38 中，不锈钢表面分形维数保持不变，而表面高度均方根 h_{rms} 分别取 0.4μm、
2μm、5μm 和 10μm。由图可知，压紧力越大，临界泄漏孔道的等效宽度越小；
当压紧力一定时，表面分形维数和表面高度均方根越大，临界泄漏孔道的等效宽
度越大。

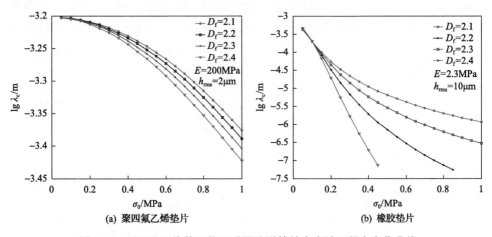

(a) 聚四氟乙烯垫片　　　　　　　　　　　　　(b) 橡胶垫片

图 5.37　不同分形维数下临界泄漏孔道等效宽度随压紧力变化曲线

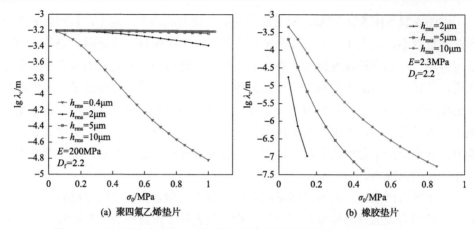

图 5.38　不同表面高度均方根下临界泄漏孔道等效宽度随压紧力变化曲线

图 5.39、图 5.40 分别为密封端面分形维数 D_f 和表面高度均方根 h_{rms} 取不同值时，密封区域中临界泄漏孔道的等效高度随压紧力变化曲线。图 5.39 中，不锈钢表面高度均方根保持不变，而表面分形维数 D_f 分别取 2.1、2.2、2.3 和 2.4；图 5.40 中，不锈钢表面分形维数保持不变，表面高度均方根 h_{rms} 分别取 0.4μm、2μm、5μm 和 10μm。由图可知，压紧力越大，临界泄漏孔道的等效高度越小；当压紧力一定时，表面分形维数和表面高度均方根越大，临界泄漏孔道的等效高度越大。

在以往的研究和工程实践中，往往将表面高度均方根 h_{rms} 作为衡量密封表面粗糙程度的参数。但由 5.1 节可知，表面高度均方根 h_{rms} 主要由表面波动最大波长 λ_0 决定，即只表征表面大尺度级别的粗糙度，仅反映表面诸多不规则性中的一个方面。而表面分形维数 D_f 是综合反映表面不规则程度的物理量。即使表面高度均方根 h_{rms} 很小，但如果在小尺度级别表面波动剧烈，D_f 仍然会很大。因此，用分辨率一定的仪器观测到的两个十分相似的表面，在相同工况下，二者的密封性能仍

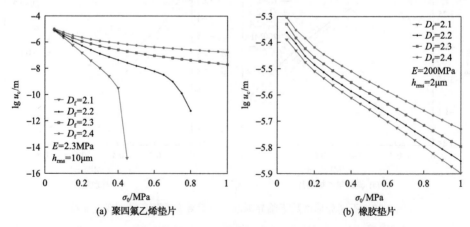

图 5.39　不同分形维数下临界泄漏孔道等效高度随压紧力变化曲线

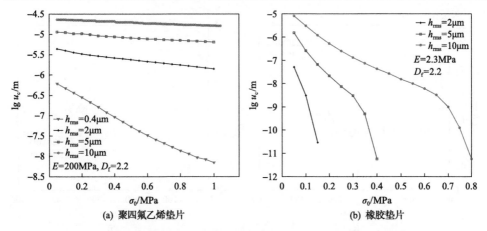

(a) 聚四氟乙烯垫片　　　　　　　　　(b) 橡胶垫片

图 5.40　不同表面高度均方根下临界泄漏孔道等效高度随压紧力变化曲线

然会有所不同。综上所述，在分析表面形貌对密封性能的影响时，仅仅考虑表面高度均方根是不够的，应综合考虑各个尺度级别的表面形貌特征对密封性能的影响。对于自仿射分形表面，表面粗糙度能量谱 $C(q)$ 反映了表面分形维数、高度均方根、无标度区间以及表面各个尺度级别的波动量，可以作为衡量密封面几何特性的参数。

2. 密封件几何尺寸对泄漏率的影响

为研究垫片宽度对密封泄漏率的影响，取密封压紧力 $F = 40\text{N}$；密封端面的分形维数 $D_f = 2.2$，表面高度均方根 $h_{rms} = 0.4\mu\text{m}$。当总压紧力 F 保持不变时，密封压紧应力和密封泄漏率随垫片宽度变化曲线分别如图 5.41、图 5.42 所示。

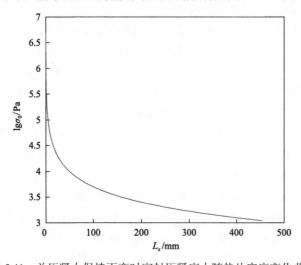

图 5.41　总压紧力保持不变时密封压紧应力随垫片宽度变化曲线

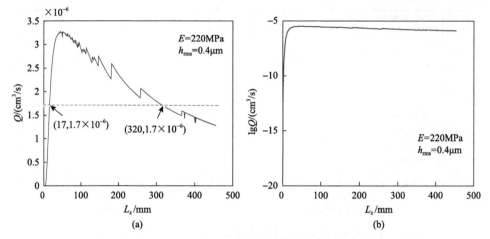

图 5.42　总压紧力保持不变时密封泄漏率随垫片宽度变化曲线

由图 5.41 可知，如果压紧力 F 保持不变，垫片越宽，密封压紧应力越小。因此，泄漏率与垫片宽度之间并不是简单的正比关系。垫片越宽，垫片的表面积就越大，这样要在垫片上产生同样的压紧应力，宽垫片的压紧力就要比窄垫片大得多。所以在进行密封设计时，需要根据实际密封工况和最小允许泄漏率对垫片宽度进行设计。

如图 5.42 可知，当总的压紧力保持不变时，密封泄漏率先是随着垫片宽度的增加而迅速增大；当垫片宽度达到一定值后，密封泄漏率达到最大值；此时如果继续增大垫片宽度，泄漏率总的趋势是随着垫片宽度的增加而缓慢减少，但这一过程存在波动，即在一定宽度区间内泄漏率随垫片宽度的增加而减少，而在相邻区间的节点上，泄漏率出现跳跃现象。

由于密封端面的分形维数 $D_f = 2.2$，表面高度均方根 $h_{rms} = 0.4\mu m$，因此所取的密封端面是比较光滑的。如果忽略流体压力对密封接触的影响，那么对于所给表面，即使施加的压紧力为零，密封泄漏率也不大。例如，如果将垫片与密封端面间的泄漏孔道近似为一个高度为 h_{rms} 的平行夹层，由式 (5.114) 得到垫片与密封端面自然接触(压紧力为零)时的密封泄漏率约为 $1.7 \times 10^{-5} \, cm^3 / s$。当加载装置可提供的最大压紧力 $F_{max} = 40N$ 时，如果认为密封泄漏率达到上述值的十分之一 ($1.7 \times 10^{-6} \, cm^3 / s$)时，端面密封发生失效。那么由图 5.42 可知，在设计垫片尺寸时，聚四氟乙烯垫片的宽度要么小于 17.1mm，要么大于 320.1mm。对于密封装置，320.1mm 以上的垫片宽度显然是不合理的，这就解释了为什么在工程实践中，密封垫片的宽度一般会设计得很小，只有当小宽度尺寸的垫片不满足密封需求时，才会考虑通过大幅增加密封宽度与压紧力的方法减小泄漏率。

综上所述，在进行端面密封设计时，需综合考虑密封端面形貌、压紧应力、垫片几何尺寸和物理性质以及密封工况等因素对密封性能的影响。总的来说，应尽量减小密封端面的粗糙度，尽量施加较大的压紧力，尽可能选择弹性模量小和宽度窄的垫片。但在具体设计中，受材料表面加工精度、垫片可承受的最大压应力、加载方式以及密封件结构尺寸等因素的影响，应结合密封工况和密封需求对诸多设计参数进行综合考虑。

5.4　本章小结

卫星在轨加注任务要求管路接口密封必须具有在轨自主对接装配、可重复使用以及高可靠性等特点。管路接口密封技术直接影响在轨加注任务的成败，是后续加注动作得以完成的前提，是在轨加注必须掌握的关键技术之一。为保证加注任务的顺利进行，有必要对密封问题展开深入研究。本章根据端面密封装置的密封机理和流体泄漏过程，将密封泄漏问题视为密封面初始形貌表征、密封端面接触变形和密封泄漏孔道输运行为三者之间的相互耦合问题，考虑尺度效应对密封问题的影响，对密封端面几何特性、接触特性、泄漏孔道连通特性和流体流动特性等问题进行了研究。通过研究可以得到如下主要结论：

(1)材料表面形貌具有随机性和尺度相关性，基于传统欧氏几何的表面粗糙度统计参数与观测仪器的分辨率相关，不能准确和完整的描述表面形貌特征。表面粗糙度能量谱包含了各尺度级别的表面波动信息，是衡量表面性质的重要参数。大多数密封端面具有统计自仿射分形特征，可以用分形几何加以表征。

(2)密封接触问题是与尺度相关的，在不同尺度下，得到的真实接触面积、表面应力分布、接触面平均分离距离等参数的观测值不同。密封面间的最小接触面积由塑性变形决定。当压紧力比较大或接触面弹性模量很小且表面十分光滑时，表面黏着对密封接触的影响是不能被忽略的。在压紧力和表面黏着力的共同作用下，小尺寸量级的微泄漏孔道将迅速减小。

(3)密封泄漏孔道是尺度相关、拓扑无序和形状无规的，具有明显的异质复合性质。密封泄漏孔道的连通性随观测尺度的变化是一个典型的逾渗现象，如果用二维逾渗模型描述泄漏通道的成形过程，逾渗阈值 $P_c \approx 0.6$；而有效介质理论预测逾渗阈值 $P_c \approx 0.5$。

(4)密封泄漏逾渗模型表明，密封泄漏率随压紧力的增大而减小，随密封垫片弹性模量的减小而增大，随密封端面表面粗糙度的增大而减小。垫片弹性模量越小，增大压紧力对提高密封性能的效果越明显。在分析表面形貌对密封性能的影响时，仅仅考虑表面高度均方根是不够的，应综合考虑各个尺度级别的表面形貌特征对密封性能的影响。对于自仿射分形表面，表面粗糙度能量谱反映了表面分形维数、高度均方根、无标度区间以及表面各个尺度级别的波动量，可以作为衡量密封面几何特性的参数。

（5）当总的压紧力保持不变时，密封泄漏率先是随着垫片宽度的增加而迅速增大；当垫片宽度达到某一阈值后，泄漏率将随着垫片宽度的增加而缓慢减小，但这一过程存在波动。因此，在进行密封设计时存在一个最优密封宽度。一般情况下，在设计密封结构时，应在垫片不被压坏的前提下，尽量减小垫片宽度；只有当小宽度的垫片难以加工或压紧应力非常大时，再考虑通过大幅增加密封宽度与压紧力的方法减小泄漏率。

（6）在密封初始阶段，密封泄漏率与时间相关；经过一段时间后，如果不考虑环境变化和密封件的老化，密封泄漏率趋于稳定，与时间无关。对端面密封装置施加压紧力后，密封件要经历一段时间才能达到最优密封性能。

参 考 文 献

[1] 顾伯勤. 静密封设计技术[M]. 北京: 中国标准出版社, 2004.

[2] 张济忠. 分形[M]. 2 版. 北京: 清华大学出版社, 2011.

[3] 邹明清. 分形理论的若干应用[D]. 武汉: 华中科技大学博士学位论文, 2007.

[4] 谢和平. 岩土介质分形孔隙和分形粒子[J]. 力学进展. 1993, 25(2): 145-164.

[5] Majumdar A, Bhushan B. Fractal model of elastic-plastic contact between rough surfaces[J]. Journal of Tribology, 1991, 113(1): 1-11.

[6] Gagnepain J J, Roques-Carmes C. Fractal approach to two-dimensional and three-dimensional surface roughness[J]. Wear, 1986, 109: 119-126.

[7] Mandelbrot B B. The Fractal Geometry of Nature[M]. San Francisco: Freeman, 1982.

[8] Majumdar A, Bhushan B. Role of fractal geometry in roughness characterization and contact mechanics of surfaces[J]. Journal of Tribology, 1990, 112(2): 205-216.

[9] Persson B N J, Albohr O, Tartaglino U, et al. On the nature of surface roughness with application to contact mechanics, sealing, rubber friction and adhesion[J]. Journal of Physics Condensed Matter, 2005, 17(1): R1-R62.

[10] Persson B N J. Contact mechanics for randomly rough surfaces[J]. Surface Science Reports, 2006, 61(4): 201-227.

[11] Hasegawa M, Liu J C, Okuda K. Calculation of the fractal dimensions of machined surface profiles[J]. Wear, 1996, 192(1/2): 40-45.

[12] 王安良, 杨春信. 评价机械加工表面形貌的小波变换方法[J]. 机械工程学报. 2001, 37(8): 65-69, 74.

[13] Meakin P. Fractals, Scaling and Growth Far From Equilibrium[M]. New York: Cambridge University Press, 1998.

[14] Persson B N J. Theory of rubber friction in contact mechanics[J]. Chemical Physics, 2001, 115(8): 3840-3861.

[15] Johnson K L. Contact Mechanics[M]. Cambridge: Cambridge University Press, 1985.

[16] 郑仟. 分形多孔介质中气体流动与扩散的输运特性研究[D]. 武汉: 华中科技大学博士学位论文, 2012.

[17] Persson B N J. Relation between interfacial separation and load: A general theory of contact mechanics[J]. Physical Review Letters, 2007, 99(12): 125502.

[18] 黄平, 郭丹, 温诗铸. 界面力学[M]. 北京: 清华大学出版社, 2013.

[19] Persson B N J. Elastoplastic contact between randomly rough surfaces[J]. Physical Review Letters, 2001, 87(11): 116101.

[20] 仇和兵. 纳米尺度接触的分子动力学模拟[D]. 重庆: 重庆大学博士学位论文, 2011.

[21] Mihailidis A, Bakolas V. Numerical simulation of real 3-d rough surfaces[J]. Journal of the Balkan Tribological Association, 1999, 8: 247-255.

[22] Kubo A, Okamoto T, Kurokawa N. Contact stress between rollers with surface irregularity[J]. Journal of Mechanical Design, 1981, 103(2): 492-498.

[23] Polonsky I A, Keer L M. A Fast and accurate method for numerical analysis of elastic layered contacts[J]. Transactions of the ASME, 2000, 122(1): 30-35.

[24] Brandt A, Lubrecht A A. Multilevel matrix multiplication and fast solution of integral equations[J]. Journal of Computational Physics, 1990, 90(2): 348-370.

[25] 栗塔山. 最优化计算原理与算法程序设计[M]. 长沙: 国防科技大学出版社, 2002.

[26] 郁伯铭, 徐鹏, 邹明清. 分形多孔介质输运物理[M]. 北京: 科学出版社, 2014.

[27] 计光华, 计洪苗. 微流动及其元器件[M]. 北京: 高等教育出版社, 2009.

[28] Prat M, Plouraboue F, Letalleur N. Averaged Reynolds equation for flows between rough surfaces in sliding motion[J]. Transport in Porous Media, 2002, 48: 291-313.

[29] 李振亚, 高雷, 孙华. 异质复合介质的电磁性质[M]. 北京: 北京大学出版社, 2012.

[30] Broadbent S R, Hammersley J M. Percolation processes I. Crystals and mazes[J]. Proceedings of the Cambridge Philosophical Society, 1957, 53(3): 629-641.

第6章 微重力条件下板式贮箱内推进剂 流动特性分析

卫星在轨加注之所以不同于空间站等现有的加注模式，其中很大的一个不同点在于所选用的贮箱类型不同。现有的空间站等大型航天器采用金属隔膜贮箱，该类贮箱质量大，难以满足卫星加注系统轻质化设计要求。同时，金属隔膜贮箱内部存在运动部件，在反复运动过程中存在损坏风险，工作寿命受限，难以满足卫星加注系统多次可重复使用需求。为了适应卫星对轻质化、可重复使用贮箱的实际需求，表面张力贮箱应运而生。表面张力贮箱设计的基本原理是在空间微重力条件下，重力影响非常小，推进剂管理可以利用表面张力作用使得贮箱内气液有效分离。早期的表面张力贮箱采用筛网式结构，利用液体在毛细筛网（直径约6～7μm）上的表面张力收集推进剂，并利用筛网阻止气体进入管道。该类型贮箱可以满足各种微重力加速度和流量的要求，并可以进行地面环境下的挤出效率试验。近几年，随着在轨加注技术的发展，对表面张力贮箱提出了更高的要求：不仅需要更强的推进剂管理能力，而且要满足寿命长、可重复使用等要求。板式表面张力贮箱是新一代的表面张力贮箱，其推进剂管理装置以板式结构为主，内部不存在任何运动部件。它的工作原理是在表面张力作用下，利用导流板和贮箱壁以及导流板之间形成的夹角来驱动推进剂，其理论基础是液体的内角流动。对微重力条件下板式表面张力贮箱内部的推进剂流动特性展开分析，是对板式表面张力贮箱进行设计与优化的理论基础，对于提高贮箱管理性能及保证卫星在轨加注任务成功实施均具有重要的研究意义。

6.1 表面张力流动的基本理论

6.1.1 表面张力作用

在许多工程问题中，表面张力及其效应通常被忽略不计，这是因为在地面上，表面张力与重力相比是小量，表面张力引起的效应与重力效应相比可以忽略。但是，在空间微重力环境下，由于重力场的作用极大地减小，表面张力成为液体运动的主要作用力。因此，液体在空间中的动力学状态与常重力条件下有很大区别，空间液体管理是空间技术中至关重要又十分复杂的问题。20世纪60年代以来，空间技术的快速发展，引起了人们对表面张力、毛细和界面现象的关注。

1. 表面张力

1) 表面张力的物理描述

自然界中的物质存在固态、液态、气态等多种相，相与相之间界面上的现象称为毛细现象，表面张力就是一种存在于两相交界面上的作用力，影响着接触相物质的行为。在接触面上，由于各相分子间的不同作用，最终会出现一个指向某一相内部的合力，这个力就是表面张力。从能量的观点看，两相流体间(包括液体和气体)表面张力的严格定义为[1]

$$\sigma = \left(\frac{\Delta F}{\Delta S} \right)_{T,P} \tag{6.1}$$

式中，ΔF 和 ΔS 分别为表面自由能和表面层面积的变化。表面自由能又称为吉布斯自由能，是热力学中常用的研究等温、等压过程的状态函数。根据式(6.1)表面张力可定义为：存在于单位面积上的吉布斯自由能。如果液体的表面以润湿周长与固体介质相接，则表面张力等于作用在单位润湿周长上的力，力的作用方向为周长的法线方向，力的作用线位于与流体自由表面相切的平面内[1]。

2) 表面张力的影响因素

表面张力是由于两相接触面上两侧分子的作用力不同而产生的，因此，影响表面张力的因素主要有两相物质的结构、温度和压力。

(1) 物质的结构与组成。

不同物质之间的分子作用力不同，产生的表面张力也不同。一般来说，非极性有机体的表面张力一般较小，有氢键相互作用的液体表面张力较大，而有金属键作用的液体表面张力更大[1]。

(2) 温度。

对于纯液体和其蒸汽的界面，当液体温度增加时，液相分子的热运动加剧，引起液相与气相的密度差变小，此外，温度升高使分子间的平均距离增大，使得表面张力下降[1]。对大多数物质而言，温度的升高引起表面张力的减小。在微重力环境下，液体表面张力随温度的变化是影响液体运动与稳定的重要作用力。

(3) 压力。

对某种液体和气体的交界面而言，气相压力从两方面影响界面张力：一方面，当温度不变时，液体的蒸汽压是一定的，增加气相压力只有加大周围环境气体的压力，这会使得气相中物质在液相中的溶解度增加，产生吸附，如果为正吸附情况，会使表面张力下降；另一方面，由于表面物质的密度低于液体相的密度，当气相压力增大时，表面积减小，液体的体积减小，表面张力随压力的增大而增大[1]。表面张力随压力的变化由以上两方面的因素综合决定，一般来说，气液交界面上的表面张力随着气相压力的增大而减小。

2. 接触角

在日常生活与工业生产中，许多问题与液体和固体之间的接触角紧密相关，小到玻璃杯中啤酒凸起的液面，大到纺织印染、防水设计、石油开采等工业生产。在气体、液体和固体的交界面上，三种表面张力作用下的接触形态称为润湿现象。接近固体表面的液体-气体交界面呈弯月形，弯月面与固体相交的线称为润湿周长，交点处固体润湿表面和弯月面液体之间的夹角称为接触角θ，通常用接触角来描述润湿的特征[1]。

假设弯月面是二维且平衡静止的，则作用在接触线上的三个表面张力相互平衡。如图 6.1 所示，该平衡关系由润湿方程描述

$$\cos\theta = \frac{\sigma_{23} - \sigma_{13}}{\sigma_{12}} \tag{6.2}$$

该方程表明，接触角θ是由三相物质的性质及交界面的特性决定的。如图 6.1(a)所示，$\sigma_{23} > \sigma_{13}$，$\theta < \pi/2$，此时弯月面呈凹形，称此种情况为液体对固体浸润；若$\sigma_{23} < \sigma_{13}$，$\theta > \pi/2$，如图 6.1(b)所示，弯月面呈凸形，则称液体对固体不浸润。若$\theta = 0$，液体在固体表面完全铺展，如常温下水在洁净的玻璃表面上，称为完全润湿；若液体在固体表面呈一圆珠，如常温下汞在洁净玻璃表面上一样，此时$\theta = 180°$，称为完全不润湿。

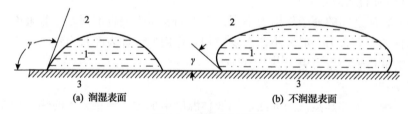

(a) 润湿表面   (b) 不润湿表面

图 6.1   接触角示意图

研究表明，接触角除了受三相物质特性的影响，还受液体尺寸、固体表面光滑程度及重力水平的影响。此外，接触角还存在动态接触及接触滞后的问题，此处不再深入讨论。

3. 表面张力作用下的液面分布

对于同种同量的液体，若是表面积越大，则表面的分子就越多，体系能量越高。由静力学平衡理论可知，液体的稳定平衡条件是表面自由能达到最小值，这就意味着表面积最小。忽略外力作用，一定量的液体达到最低的表面自由能时呈球形，这也是通常所见的微重力状态下浮于气体中的液体呈球形的原因。微重力状

态下，在液体与其蒸汽的交界面上，分子间作用力形成的表面张力会指向液体的内部，液面向内弯曲，气液之间的压力差与表面张力相平衡。这种表面张力作用控制的弯曲界面位形构成了微重力流体位形和流动行为的最基本、最重要的特征。

界面两侧的两种流体处于平衡静止的状态，根据受力分析，两侧的流体压力差与表面张力相平衡，共同决定了界面的形状。而流体的压力差与重力水平密切相关。在描述重力与表面张力的相对重要性时，通常用静 Bond 数来描述。静 Bond 数表达式为

$$Bo = \frac{(\Delta\rho)gL^2}{\sigma} \tag{6.3}$$

式中，$\Delta\rho$ 为分界面上两种介质的密度差；g 为重力加速度；L 为特征尺度；σ 是界面上的表面张力系数。从物理意义上来说，Bond 数是流体静压强与毛细压力之比，是衡量重力与表面张力大小相对重要性的无量纲特征数。在空间中，重力水平一般为地面重力加速度的 $10^{-6} \sim 10^{-4}$ 量级，Bond 数很小，表面张力占主要作用。在表面张力的作用下，界面弯曲，作用在界面周边的表面张力形成一个指向曲面曲率中心的合力，该合力与作用在界面上的压力差相互平衡。表面张力、压力差与液面曲率半径之间的关系可以用 Young-Laplace 方程来描述：

$$p_1 - p_2 = -\sigma\left(\frac{1}{R_1} + \frac{1}{R_2}\right) \tag{6.4}$$

式中，p_1、p_2 为作用在流体界面上的压力；R_1、R_2 为曲面在点 M 处的主曲率半径，如图 6.2 所示。

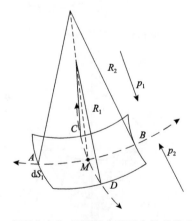

图 6.2　表面曲率与表面张力及压力差的关系示意图

Young-Laplace 方程将"看不见的"表面张力的作用与"看得见的"液面曲率联系在一起，是研究表面张力流动中最基本的公式之一，也是后续建模讨论的理

论基础。在 Young-Laplace 方程的基础上，吴宗谕等在表面张力下的液面分布快速建模方面进行了积极的探索[2]。

6.1.2　内角流动理论概述

1. 内角流动的基本概念

内角流动主要指在微重力环境下，液体在表面张力驱动下沿着由两个固壁组成的夹角流动的现象。在表面张力作用下，液体会沿着固体表面铺展，而在两个固体表面组成的夹角，这种表面张力驱动流体的效果更加明显。板式表面张力贮箱就是利用这种表面张力驱动效果来对推进剂进行有效管理。

最初的内角流动模型采用了沿 z 轴方向的一维流动模型作为研究对象，其模型如图 6.3 所示。因此，可以截取垂直于 z 轴的一个截面作为研究对象，如图 6.4 所示。图中，α 是内角的半角；θ 是液体与固壁的接触角；r 是液面的曲率半径；h 是液面中心的高度，简称液面高度；S 是液面任意点的高度函数；δ 是液面的曲率张角，$\delta = \pi/2 - \alpha - \theta$。

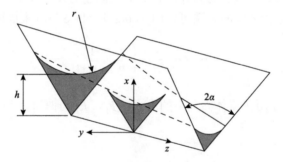

图 6.3　内角流动示意图

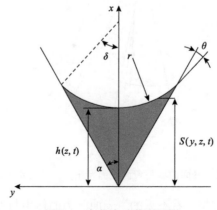

图 6.4　内角流动截面视图

从上面的两个图可以看出，液面是一个狭长的凹面，且具有一定的规律性，这里称为弯月面。下面介绍描述液面形状的几个重要参数。

2. 液面参数

1) 液面高度

20 世纪 90 年代，Weislogel[3]在刘易斯研究中心进行了一系列内角流动微重力落塔试验研究，如图 6.5 所示。

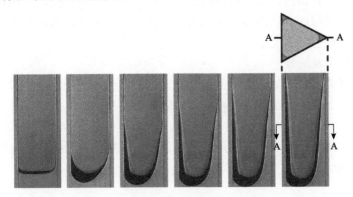

图 6.5　三角柱形容器内的液体自主上升流动

试验中采用的是一个三角柱形容器，原本静止的液体在重力消失以后，在表面张力的作用下，沿着内角做自主爬升流动。通过试验可以发现，在内角流动过程中，存在一个横截面，在此横截面处，液面的高度始终保持不变。经过更多的试验发现，该截面处的液面高度与容器的形状及液体的物理性质等相关，因此把它称作液面的特征高度。

2) 液面的曲率半径

三角柱形容器内的液面在内角流动过程中的俯视图及曲率半径示意图如图 6.6 所示[4]。可以看出，在各个截面处，容器内三个内角的气液分界面都是一个圆弧，且在同一截面每个圆弧的半径都是相同的。该半径称作液面的曲率半径 r。

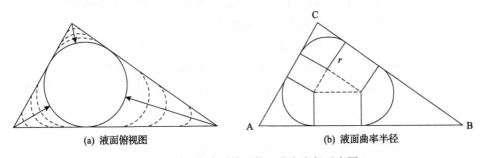

(a) 液面俯视图　　　　　　　　　(b) 液面曲率半径

图 6.6　容器内液面的形状及曲率半径示意图

3）液面的曲率

为便于分析，在内角流动研究中，液面的曲率设定为液面高度和液面曲率半径之比[5]，其表达式为

$$f = \frac{h}{r} = \frac{\sin\alpha}{\cos\theta - \sin\alpha} \tag{6.5}$$

从中可以看出，液面曲率只和内角的半角及接触角大小相关。

在一个柱型容器内，每个内角的液面曲率都是一个固定值，且在各个截面处液面的曲率半径相同。从图 6.5 可以看出，随着液面上升，液面高度逐渐变小，因此其曲率半径也随之变小。

4）液面长度及流量

液面长度 L 是从初始液面截面 $z=0$ 处到弯月面尖端处的距离，即是液体在表面张力的作用下流过的距离。流量是在内角流动过程中流过初始截面 $z=0$ 处的液体流量。

利用上述几个参数可以对内角流动过程的液面形状进行描述，分析和预测容器内的内角流动过程。

3. 研究方法分析

关于内角流动的研究主要采用解析计算与数值计算结合的方法。在内角流动理论研究中，其研究对象大多从简单模型入手，因此对微重力时间要求不长，可以利用落塔进行试验验证。

1）Concus-Finn 条件

关于内角流动的计算首先要提到 Concus-Finn 条件[6]。1969 年，Paul Concus 和 Robert Finn 首次提出了关于液体在内角流动的性质，其内容可以表述为：假设在失重环境下液体处于一个无限长的 V 形槽内，当液体与固壁的接触角足够小，满足 $\theta < \pi/2 - \alpha$ 的时候，液体可以在表面张力的驱动下沿着槽的内角做无限长流动。

Concus-Finn 条件包含两个部分的内容：

（1）对接触角的限制，即 $\theta < \pi/2$，满足该条件时，固体对液体润湿，相反，当 $\theta > \pi/2$ 时，固体对液体不润湿，如玻璃上的汞。

（2）对内角的限制，即 $\alpha < \pi/2$，表示两个板之间的夹角必须小于 π。

如要研究内角流动的动态过程，必须满足 Concus-Finn 条件。只有内角流动满足该条件时，才可以建立液体流动的控制方程，用解析计算的方法计算内角流动过程。

2）解析计算

微重力环境下的表面张力流动属于黏性流体力学的范围，因此可以根据流动

模型建立流体运动的数学模型，并建立流体力学方程组，进而进行求解。这也是目前内角流动的主要研究方法。

通过建立数学模型，用解析计算的方法可以精确地描述内角流动过程。但是该方法只适用于相对简单的模型，对于结构复杂的内角模型，很难建立流动控制方程并确定边界条件。对于一些简单的模型，其微分方程组也不能求出精确解，因此要结合数值计算的方法求解微分方程。

3）数值仿真与试验验证

在内角流动的研究中，因为微重力试验的成本比较高，数值仿真和模拟是很重要的手段。目前市面上有很多流体力学计算软件，如 Fluent、Flow-3D、OpenFoam以及 Surface Evolver[7,8]等。内角流动大体上属于宏观流动，但是其液面的尖端又非常细，而且在流动过程中对气液分界面跟踪要求非常高。因此，目前来说还没有哪一种软件能够对内角流动进行非常精确的模拟，误差一般都在 10%～20%，但是通过数值模拟仍然可以分析内角流动规律和趋势。

关于内角流动的试验验证一般采用微重力试验的方法。在内角流动理论的研究中，模型一般相对比较简单且体积较小，但是它对微重力环境的要求较高。因此，落塔是一个很好的选择。落塔能够提供微重力水平很高的稳定的微重力环境，虽然持续时间只有几秒钟，但是对于结构简单的内角流动模型来说是足够的。

微重力飞机通过在高空进行大弧度飞行可以提供微重力环境，但是微重力水平不高，且稳定性也不好，因此在内角流动研究中应用得不是很多。在空间环境下，能够得到长时间的稳定的微重力环境，但是空间试验对技术和成本要求很高，目前只有少数国家具备这种能力。

此外，也有人提出利用两种密度相近的液体进行中性浮力试验，或利用磁性液体进行悬浮试验等，但是其稳定性都不高，对环境要求苛刻，不能得到广泛应用。

6.2　微重力下内角自流研究

板式表面张力贮箱的原理是推进剂在导流板和贮箱壁构成的内角的流动，而在实际的板式表面张力贮箱模型中，贮箱内的内角模型都比较复杂。如何对内角模型进行改进，使内角流动理论能够应用到板式表面张力贮箱的设计中是一项重要的课题。

在内角流动理论的应用方面，之前已经有不少研究成果。如针对导流板装配过程中出现的倒角问题，Chen 等[9,10]研究了内角顶点是圆弧形状的内角模型；Weislogel 等[11,12]研究了液体在两个固壁的接触角不相同时的内角流动，以及截面是梯形的内角流动模型等；Wu 等[13]研究了弯曲流道下的内角自流模型。

6.2.1　不对称内角模型

目前比较常用的板式表面张力贮箱结构有内导流板和外导流板结构,其中外导流板一般是垂直安装在贮箱壁上的,贮箱截面视图如图 6.7(a) 所示。图中,R 表示贮箱截面的半径,v 表示导流板的宽度,r 是在某一截面上液面的曲率半径。卫星贮箱普遍采用球形或椭球形结构,因此导流板和贮箱壁构成一个不对称内角。图中灰色部分表示液体,每个导流板两侧都形成了一个弯曲液面,因为贮箱是轴对称结构,所以每个内角的液面形状都是一样的,如图 6.7(b) 所示。

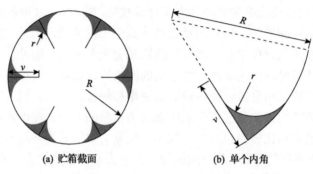

(a) 贮箱截面　　　　　　　　　　(b) 单个内角

图 6.7　带有外导流板的板式表面张力贮箱截面视图

从图 6.7(b) 中可以看出,导流板和贮箱壁构成了一个不对称内角,因此不能确定内角大小和液面高度等参数。为了解决这个问题,在不对称内角模型上构建了一个虚拟内角。液体在两个壁面的接触角是相同的,在液面与弧形壁面的接触点 C 画圆弧的切线,该切线和直壁面 AO 的延长线相交于 O' 点,可构成一个对称内角 $AO'C$,如图 6.8 所示。该对称内角不是真实存在的,而是根据液面形状绘出的一个虚拟内角,其目的是求解液面参数。

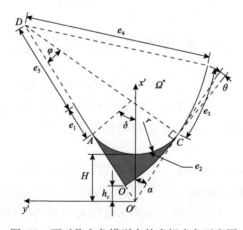

图 6.8　不对称内角模型上的虚拟内角示意图

6.2.2　液面特征参数求解

在液面的自主上升过程中初始液面截面处液面的特征参数保持不变。不仅如此，液面的特征参数还决定着内角流动过程中液面长度和流量的变化趋势，因此求解初始液面截面处的液面参数是非常重要的。根据液面的曲率表达式，利用 Young-Laplace-Gauss 定理及二维散度定理[14,15]可得出

$$\sum_{i=1}^{n} e_i \cos\theta_i = \frac{\Omega^*}{r} \tag{6.6}$$

式中，e_i 表示液面分界线和形成封闭内角的各个边；θ_i 表示各个边对应的液面的接触角；Ω^* 是由液面和各个边界围成的区域的面积。在图 6.8 所示的不对称内角模型中，根据式 (6.6) 可得出

$$(e_1 + e_3)\cos\theta + e_2 = \frac{\Omega^*}{r} \tag{6.7}$$

各个边的长度和所围面积表达式为

$$\begin{cases} e_1 = v - R\left(1 + \tan\varphi - \dfrac{1}{\cos\varphi}\right), \quad e_2 = 2r\delta, \quad e_3 = R\left(\dfrac{\pi}{n} - \varphi\right) \\ \Omega^* = \dfrac{1}{2}R(R - v + e_1)\sin\varphi + \dfrac{1}{2}r^2(2\delta - \sin 2\delta) + \pi R^2\left(\dfrac{1}{2n} - \dfrac{\varphi}{2\pi}\right) \end{cases} \tag{6.8}$$

从模型中可以看出，$\varphi = \dfrac{\pi}{2} - 2\alpha$。

另外，根据正弦定理可得

$$\frac{r}{\sin\alpha} = \frac{R\tan\varphi}{\sin\delta} \tag{6.9}$$

式中，$\delta = \dfrac{\pi}{2} - \alpha - \theta$。

在上面三个方程中，容器截面的半径 R、导流板宽度 v 以及接触角 θ 都是已知变量，因此利用这三个方程可求出液面曲率半径 r 和虚拟内角 α，进而可求出液面曲率 f 和液面特征高度 H。

6.2.3　不对称内角流动过程计算

1. 内角流动控制方程

1) 变量的无量纲化

内角流动的基本方程组是一个二阶非线性偏微分方程组，除了极少数情况，

很难求得其精确解，往往根据流动的具体条件对方程进行化简，从而得出近似解。为了对内角流动方程进行求解，首先对基本微分方程进行无量纲化，以便对近似解进行数量级的比较。在图 6.8 所示的不对称内角流动模型中，首先对各个参数进行无量纲化，如表 6.1 所示。

表 6.1　直角坐标下的无量纲参数表

长度变量	速度变量	其他
$x = (x' - h_c) / (H - h_c)$	$u = u' / (\epsilon W)$	$P = HfP' / \sigma$
$y = (y' - h_c \tan\alpha) / (H - h_c) \tan\alpha$	$v = v' / (\epsilon W \tan\alpha)$	$t = Wt' / L$
$z = z' / L$	$w = w' / W$	$A = A' / (H - h_c)^2 \tan\alpha$
$S = (S' - h_c) / (H - h_c)$	$\langle w \rangle = \langle w' \rangle / W$	$\dot{Q} = \dot{Q}' / W(H - h_c)^2 \tan\alpha$
$h = (h' - h_c) / (H - h_c)$	$W = \epsilon\sigma \sin^2\alpha(1 - \lambda) / (\mu f)$	

表 6.1 中，ϵ 是液面长细比参数，其值等于

$$\epsilon = \frac{(1 - \lambda)H}{L} \tag{6.10}$$

W 表示特征速度，它是通过表面张力和黏性力的平衡关系确定的，在 z 方向其表达式如下：

$$P_{0z} = \mu(w_{0xx} + w_{0yy}) \tag{6.11}$$

利用表 6.1 中的无量纲参数把它转换成无量纲式：

$$\frac{\sigma}{HfL} P_z = \mu W \left[\frac{w_{xx}}{(H - h_c)^2} + \frac{w_{yy}}{(H - h_c)^2 \tan^2\alpha} \right] \tag{6.12}$$

可得出

$$W = \frac{\epsilon\sigma \sin^2\alpha(1 - \lambda)}{\mu f} \tag{6.13}$$

2）流体运动方程

内角流动的运动方程，即 N-S 方程为

$$\rho \frac{\mathrm{D}u}{\mathrm{D}t} = -\mathrm{grad}P + \mu\nabla^2 u \tag{6.14}$$

对 N-S 方程进行无量纲化，把无量纲参数代入式(6.14)，化简可得出三个坐标方

向 N-S 方程的无量纲表达式：

$$\epsilon^2 \Re \frac{Du}{Dt} = -P_x + \epsilon^2 \nabla^2 u \tag{6.15}$$

$$\epsilon^2 \Re \frac{Dv}{Dt} = -P_y + \epsilon^2 \tan^2 \alpha \nabla^2 v \tag{6.16}$$

$$\frac{\Re}{1-\lambda} \frac{Dw}{Dt} = -P_z + \frac{1}{1-\lambda} \nabla^2 w \tag{6.17}$$

式中，

$$\Re = \frac{\epsilon^2 (1-\lambda)^2 H \rho \sigma \sin^4 \alpha}{f \mu^2} \tag{6.18}$$

$$\frac{D}{Dt} = \left[(1-\lambda) \frac{\partial}{\partial t} + u \frac{\partial}{\partial x} + v \frac{\partial}{\partial y} + (1-\lambda) w \frac{\partial}{\partial z} \right] \tag{6.19}$$

$$\nabla^2 = \sin^2 \alpha \frac{\partial^2}{\partial x^2} + \cos^2 \alpha \frac{\partial^2}{\partial y^2} + \epsilon^2 \sin^2 \alpha (1-\lambda)^2 \frac{\partial^2}{\partial z^2} \tag{6.20}$$

2. 方程求解

1）利用润滑近似法对方程进行化简

可以看出，内角流动的 N-S 方程(6.15)、方程(6.16)、方程(6.17)非常复杂，因此必须对其进行化简，而参数 ϵ 使得方程可以进行渐进展开。内角流动过程中，液面长度一般比液面高度大很多，因此在满足 $\epsilon^2 \ll 1$ 条件时，可以利用润滑近似法对相对小的变量进行化简，这是在流体力学计算中常用的方法[16,17]。在满足 $\epsilon^2 \ll 1$ 条件时，内角流动的 N-S 方程(6.15)、方程(6.16)、方程(6.17)可以简化为

$$\frac{\partial P}{\partial z} = \frac{1}{1-\lambda} \left(\sin^2 \alpha \frac{\partial^2 w}{\partial x^2} + \cos^2 \alpha \frac{\partial^2 w}{\partial y^2} \right) \tag{6.21}$$

其边界条件示意图如图 6.9 所示，具体描述如下。

（1）液体在壁面上的无滑移边界条件为

$$\begin{cases} w = 0 \big|_{x=S_{w1}}, & y_p \leqslant y \leqslant y_{m1} \\ w = 0 \big|_{x=S_{w2}}, & y_p \leqslant y \leqslant y_{m2} \end{cases} \tag{6.22}$$

式中，

$$
\begin{cases}
y_p = \lambda H \tan\alpha \\
x_p = \lambda H \\
y_{m1} = -y_{m2} = -r\sin\delta \\
S_{w1} = \dfrac{y}{\tan\alpha} \\
S_{w2} = R\cos\alpha + \lambda H + \sqrt{1 - (y - R\sin\alpha - \lambda H\tan\alpha)^2}
\end{cases}
\tag{6.23}
$$

(2)对称条件为

$$
\frac{\partial w}{\partial y} = 0, \qquad y = 0
\tag{6.24}
$$

(3)液体表面的剪切应力等于零，$x = S$ 时，有

$$
\frac{\partial w}{\partial x} - \frac{\partial S}{\partial y}\frac{\partial w}{\partial y}\cot^2\alpha = 0
\tag{6.25}
$$

可求出液面函数表达式为

$$
S = \frac{h}{1-\lambda}(1+f) - \left[f^2\left(\frac{h}{1-\lambda}\right)^2 - y^2 \right]^{1/2}
\tag{6.26}
$$

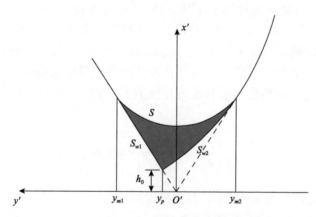

图 6.9　不对称内角流动边界条件示意图

微分方程(6.21)无法求出精确解，因此可以在边界条件式(6.22)～式(6.25)下，利用数值计算的方法进行求解。通过对偏微分方程进行求解，可以求出流过截面的液体的平均流速表达式

$$\langle w \rangle = -F_i \frac{\partial h}{\partial z} \tag{6.27}$$

式中，F_i 是与 α 及 θ 弱相关的流阻函数，可在微分方程数值计算过程中求解。通过对微分方程(6.21)进行求解，把平均流速表示成液面高度 h 在 z 方向的梯度表达式，为下一步计算打下基础。

根据内角流动过程中 z 轴方向的质量守恒，可得出

$$\frac{\partial A}{\partial t} = -\frac{\partial \dot{Q}}{\partial z} = -\frac{\partial (A\langle w \rangle)}{\partial z} \tag{6.28}$$

根据不对称内角模型，可以用几何方法把液面的截面积表示成液面高度 h 的表达式

$$A' = F_A h'^2 - \frac{R^2}{2}(\tan \varphi - \varphi) = F_A h'^2 - \frac{R^2}{2}\left(\cot 2\alpha + 2\alpha - \frac{\pi}{2}\right) \tag{6.29}$$

式中，

$$F_A = f^2 \left[\frac{\cos \theta \cos(\alpha + \theta)}{\sin \alpha} - \frac{\pi}{2} + \alpha + \theta \right] \tag{6.30}$$

利用三角函数可以把容器截面半径表示成液面高度的函数

$$R = \frac{2h'f \cos \alpha \cos(\alpha + \theta)}{\cos 2\alpha} \tag{6.31}$$

代入式(6.29)可得出

$$A' = F_B h'^2 \tag{6.32}$$

式中，

$$F_B = F_A - 2\left[\frac{f \cos \alpha \cos(\alpha + \theta)}{\cos 2\alpha} \right]^2 \left(\cot 2\alpha + 2\alpha - \frac{\pi}{2}\right) \tag{6.33}$$

对上式进行无量纲化可得出

$$A = F_B \frac{[h(1-\lambda) + \lambda]^2}{(1-\lambda)^2 \tan \alpha} \tag{6.34}$$

代入式(6.28)可得出

$$2\frac{\partial h}{\partial t} = 2F_i \left(\frac{\partial h}{\partial z}\right)^2 + hF_i \frac{\partial^2 h}{\partial z^2} + \frac{\lambda}{1-\lambda} F_i \frac{\partial^2 h}{\partial z^2} \tag{6.35}$$

引入一个时间相关变量，令 $\tau = F_i t / 2$，上式变成

$$\frac{\partial h}{\partial \tau} = 2\left(\frac{\partial h}{\partial z}\right)^2 + h\frac{\partial h^2}{\partial z^2} + \frac{\lambda}{1-\lambda}\frac{\partial^2 h}{\partial z^2} \tag{6.36}$$

2) 稳态求解

引入正则摄动法，变量 h 可以展开如下：

$$h = h_0 + \epsilon h_1 + \epsilon^2 h_2 + \cdots \tag{6.37}$$

因为 $\epsilon^2 \ll 1$，只需把 $h = h_0 + \epsilon h_1$ 代入式 (6.36) 可得

$$\frac{\partial(h_0 + \epsilon h_1)}{\partial \tau} = 2\left[\frac{\partial(h_0 + \epsilon h_1)}{\partial z}\right]^2 + \left[(h_0 + \epsilon h_1) + \frac{\lambda}{1-\lambda}\right]\frac{\partial^2(h_0 + \epsilon h_1)}{\partial z^2}$$

$$\left(\frac{\partial h_0}{\partial \tau} + \epsilon\frac{\partial h_1}{\partial \tau}\right) = 2\left[\left(\frac{\partial h_0}{\partial z}\right)^2 + 2\epsilon\frac{\partial h_0}{\partial z}\frac{\partial h_1}{\partial z} + \epsilon^2\left(\frac{\partial h_1}{\partial z}\right)^2\right]$$
$$+ \left(h_0\frac{\partial^2 h_0}{\partial z^2} + \epsilon h_1\frac{\partial^2 h_0}{\partial z^2} + \epsilon h_0\frac{\partial^2 h_1}{\partial z^2} + \epsilon^2 h_1\frac{\partial^2 h_1}{\partial z^2}\right) + \frac{\lambda}{1-\lambda}\left(\frac{\partial^2 h_0}{\partial z^2} + \epsilon\frac{\partial^2 h_1}{\partial z^2}\right) \tag{6.38}$$

因此可得出

$$O(1): \quad \frac{\partial h_0}{\partial \tau} = 2\left(\frac{\partial h_0}{\partial z}\right)^2 + h_0\frac{\partial^2 h_0}{\partial z^2} + \frac{\lambda}{1-\lambda}\frac{\partial^2 h_0}{\partial z^2} \tag{6.39}$$

$$O(\epsilon): \quad \frac{\partial h_1}{\partial \tau} = 4\frac{\partial h_0}{\partial z}\frac{\partial h_1}{\partial z} + \left(h_1\frac{\partial^2 h_0}{\partial z^2} + h_0\frac{\partial^2 h_1}{\partial z^2}\right) + \frac{\lambda}{1-\lambda}\frac{\partial^2 h_1}{\partial z^2} \tag{6.40}$$

求解式 (6.39) 可得出一个解 $h_0 = \text{const}$，再对式 (6.40) 进行求解可得出 h 的 $O(\epsilon)$ 阶表达式

$$h = h_0 + \epsilon\exp\left[-\xi^2\left(h_0 + \frac{\lambda}{1-\lambda}\right)\tau\right]C_1\cos(\xi z + C_2) + O(\epsilon^2) \tag{6.41}$$

3. 近似计算

为了求解偏微分方程 (6.36)，可以根据式 (6.41) 所示的 h 的解的形式引入几个近似函数和变量，令

$$h = C_1 \tau^a F(\eta), \quad \eta = C_2 z \tau^b, \quad L = z_{\text{tip}} = \eta_{\text{tip}} C_2^{-1} \tau^{-b} \tag{6.42}$$

代入式 (6.36) 进行转换

$$aC_1\tau^{a-1}F + C_1\tau^a F_\eta C_2 z b \tau^{b-1} = 2(C_1\tau^a F_\eta C_2\tau^b)^2 + \left(C_1\tau^a F + \frac{\lambda}{1-\lambda}\right)C_1\tau^a C_2\tau^b F_{\eta\eta}C_2\tau^b$$

$$2F_\eta^2 C_1 C_2^2 \tau^{a+2b} + F F_{\eta\eta} C_1 C_2^2 \tau^{a+2b} + \frac{\lambda}{1-\lambda}F_{\eta\eta}C_2^2\tau^{2b} - \left(a\tau^{-1}F + F_\eta b\eta\tau^{-1}\right) = 0$$

$$FF_{\eta\eta} + \frac{\lambda}{1-\lambda}F_{\eta\eta} + 2F_\eta^2 - \frac{\tau^{-1-a-2b}}{C_1 C_2^2}(aF + b\eta F_\eta) = 0 \tag{6.43}$$

式中，$F_\eta = \dfrac{\partial F}{\partial \eta}$，$F_{\eta\eta} = \dfrac{\partial^2 F}{\partial \eta^2}$。

　　这里需要计算原本静止的液面在重力消失以后在表面张力的作用下沿不对称内角的流动过程。若要对方程 (6.43) 进行计算，需满足

$$-1 - a - 2b = 0，\quad 即 \quad b = -\frac{(1+a)}{2} \tag{6.44}$$

另外，在流动过程中，在 $z = 0$ 处的液面特征高度保持不变，即 $h(0,\tau) = 1$，因此可得出 $a = 0$，$b = -1/2$，$C_1 = 1$，$C_2 = 2^{-1/2}$，$F(0) = 1$。式 (6.42) 变成

$$h = F, \quad \eta = z(2\tau)^{-1/2}, \quad L = \eta_{\text{tip}}(2\tau)^{1/2} \tag{6.45}$$

式 (6.43) 变成

$$\left(F + \frac{\lambda}{1-\lambda}\right)F_{\eta\eta} + 2F_\eta^2 + \eta F_\eta = 0 \tag{6.46}$$

　　在不对称内角坐标系 $O'x'y'$ 中，虚拟内角的液面高度的无量纲参数 $h^* = h'/H$，且 $A^* = F_A h^{*2}$。此时，$h^* = h(1-\lambda) + \lambda$，令

$$h^* = F^*, \quad \eta^* = z^*(2\tau)^{-1/2}, \quad L^* = \eta_{\text{tip}}^*(2\tau)^{1/2} \tag{6.47}$$

可得出

$$F^* = F(1-\lambda) + \lambda \tag{6.48}$$

将 $A^* = F_A h^{*2}$ 代入式 (6.28) 可得出

$$\frac{\partial h^*}{\partial \tau} = 2\left(\frac{\partial h^*}{\partial z}\right)^2 + h\frac{\partial h^{*2}}{\partial z^2} \tag{6.49}$$

将式(6.47)代入式(6.49)可得出

$$F^* F^*_{\eta^* \eta^*} + 2F^{*2}_{\eta^*} + \eta^* F^*_{\eta^*} = 0 \tag{6.50}$$

把式(6.48)代入式(6.50)可得出

$$\left(F + \frac{\lambda}{1-\lambda}\right)F_{\eta\eta} + 2F_{\eta}^2 + \frac{\eta^*}{(1-\lambda)}\frac{\partial \eta^*}{\partial \eta}F_{\eta} = 0 \tag{6.51}$$

将式(6.51)和式(6.46)进行对比可得出 $\dfrac{\eta^*}{(1-\lambda)}\dfrac{\partial \eta^*}{\partial \eta} = \eta$，因此可求出

$$\eta^* = \eta(1-\lambda)^{1/2} \tag{6.52}$$

引入一个中间函数和变量，令

$$F^* = \zeta^2 F^{*+}, \quad \eta^* = \zeta\eta^{*+} \tag{6.53}$$

可得出

$$F^{*+} F^{*+}_{\eta^{*+}\eta^{*+}} + 2F^{*+2}_{\eta^{*+}} + \eta^{*+} F^{*+}_{\eta^{*+}} = 0 \tag{6.54}$$

式中，$F^* = F(1-\lambda) + \lambda = \zeta^2 F^{*+}$，$\eta^* = \eta(1-\lambda)^{1/2} = \zeta\eta^{*+}$，因此可得出

$$\begin{cases} F = \dfrac{\zeta^2 F^{*+} - \lambda}{(1-\lambda)} \\ \eta = (1-\lambda)^{-1/2}\zeta\eta^{*+} \\ F_{\eta} = \dfrac{\zeta F^{*+}_{\eta^*}}{(1-\lambda)^{1/2}} \end{cases} \tag{6.55}$$

在虚拟内角存在边界条件 $F^{*+}(1) = 0$，代入式(6.54)，可得出 $F^{*+}_{\eta^{*+}}(1) = -\dfrac{1}{2}$。

利用这两个初始条件对式(6.54)进行求解。因为式(6.54)是一个二阶非线性方程，可以通过变换把二阶方程转化为一阶方程组。

令 $K_1(\eta^+) = F^{*+}(\eta^{*+})$，$K_2(\eta^{*+}) = F^{*+}_{\eta^{*+}}(\eta^{*+})$，则原方程变化为

$$\begin{cases} K_1' = K_2 \\ \left(K_1 + \dfrac{\lambda}{1-\lambda}\right)K_2' + 2K_2^2 + \eta^{*+}K_2 = 0 \end{cases} \tag{6.56}$$

式中，$K_1(1) = 0$，$K_2(1) = -\dfrac{1}{2}$。

可以通过数值计算，求出 $F^{*+}(0) = 0.345$，$F_{\eta}^{*+}(0) = -0.2051$。因此可以求出以下几个变量值：

$$\eta_{\text{tip}} = (1-\lambda)^{-1/2}\zeta\eta_{\text{tip}}^{*+} = 1.702(1-\lambda)^{-1/2} \tag{6.57}$$

式中，$\eta_{\text{tip}}^{*+} = 1$。

$$F_{\eta}(\eta_{\text{tip}}) = \frac{\zeta F_{\eta}^{*+}(\eta_{\text{tip}}^{+})}{(1-\lambda)^{1/2}} = -0.851(1-\lambda)^{-1/2} \tag{6.58}$$

$$F_{\eta}(0) = \frac{\zeta F_{\eta}^{*+}(0)}{(1-\lambda)^{1/2}} = -0.349(1-\lambda)^{-1/2} \tag{6.59}$$

对 $L_{\text{tip}} = \eta_{\text{tip}}(2\tau)^{1/2}$ 进行无量纲化，可求解实际的液面长度

$$\frac{L_{\text{tip}}'}{L} = \eta_{\text{tip}}\left(\frac{F_i W t'}{L}\right)^{1/2} \tag{6.60}$$

将特征速度 W 的表达式代入并化简，可得

$$L_{\text{tip}}' = 1.702(1-\lambda)^{1/2} G^{1/2} H^{1/2} t'^{1/2} \tag{6.61}$$

式中，

$$G = \frac{\sigma F_i \sin^2\alpha}{\mu f} \tag{6.62}$$

同样，可求出流过初始截面的流量

$$\dot{Q} = A\langle w \rangle = A\left(-F_i\frac{\partial h}{\partial z}\right) = -AF_i\left(F_{\eta}(\eta)2^{-1/2}\tau^{-1/2}\right) \tag{6.63}$$

对其量纲化

$$\frac{\dot{Q}'}{W(H-h_c)^2\tan\alpha} = -\frac{(H-h_c)^2 F_B}{(H-h_c)^2\tan\alpha}F_{\eta}(0)F_i\left(\frac{F_i W t'}{L}\right)^{-1/2} \tag{6.64}$$

将 $F_\eta(0) = -0.349(1-\lambda)^{-1/2}$ 代入上式，并化简可得

$$\dot{Q}' = 0.349(1-\lambda)^{5/2}F_B G^{1/2}H^{5/2}t'^{-1/2} \qquad (6.65)$$

6.2.4 内角自流落塔试验

在内角流动的研究中，不仅理论上要对流动情况进行计算和预测，更重要的是利用微重力试验来进行观察和分析。不对称内角流动因为形状与一般内角有较大差别，其内角流动也存在更多不可预测因素，因此在微重力环境下进行内角流动试验是很有必要的。因为空间搭载试验成本过高，落塔是一个不错的微重力试验平台，它的微重力持续时间虽然比较短，但是外部干扰小，可以提供微重力水平很高的稳定的微重力环境。为了分析不对称内角流动现象，本节利用一个带有外导流板的圆柱形容器及三个弓形截面容器进行了微重力环境下液体在不对称内角的流动试验。试验是在中国科学院国家微重力实验室中的落塔中进行的。落塔高92m，有效下落高度为60m，可以提供3.5s的微重力时间，对于小尺度模型的内角流动实验，时间是充足的。

1. 试验模型

试验采用两种模型。一种是带有外导流板的圆柱形容器，如图6.10所示，导流板垂直安装在容器壁上，构成不对称内角。圆柱形容器模型参数如表6.2所示。

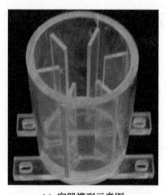 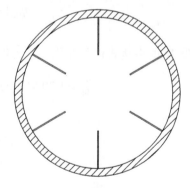

(a) 容器模型示意图　　　　　　(b) 截面视图

图6.10　带有外导流板的圆柱形容器模型

表6.2　带有外导流板的圆柱形容器模型参数

容器内部半径/mm	容器高度/mm	导流板数量	导流板长度/mm	导流板宽度/mm	导流板厚度/mm
30	100	6	95	15	3

另一种是三个截面为弓形的柱形容器，其截面视图如图6.11所示。其中中间

的模型由于照明等原因未能采集到完整试验数据，因此只列出左右两侧的弓形截面模型试验结果(h 为弓形的高度，α 为弦切角)。弓形截面容器模型参数如表 6.3 所示。

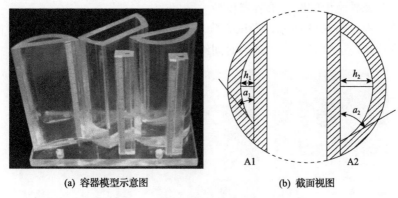

(a) 容器模型示意图　　　　　　　　(b) 截面视图

图 6.11　截面是弓形的柱形容器模型

表 6.3　弓形容器模型参数

模型编号	圆弧半径/mm	弦切角 $a/(°)$	弓形的高度 $h/$mm
A1	30	37	5
A2	30	60	12.5

2. 试验平台及设备

试验平台位于内舱的最上面一层，用于安放试验载荷及摄像机等，如图 6.12 所示。试验模型由有机玻璃制成，利用钢架固定在试验平台上。试验数据采集主要用两台高清便携式摄像机完成，在平台上还安装了四台 CCD 相机用于观察试验现象。平台上还有触控设备、指示灯以及电线插头等部件。

图 6.12　试验平台俯视图

3. 试验结果

1) 带有外导流板的圆柱形容器模型

实验过程如图 6.13 所示，当试验舱下落，进入微重力环境，液体沿着内角做自主上升流动，达到导流板顶部的时间约为 2.6s。

图 6.13　带有外导流板的圆柱形容器内的内角流动过程

从初始液面位置到液面尖端处的距离就是液面长度 L，图 6.14 是液面长度的变化曲线，图 6.15 是 L 随 $t^{1/2}$ 的变化曲线。其中三角形点连线是试验值，而直线是根据不对称内角流动方程计算的理论值。从内角流动方程可知，L 和时间的平方根 $t^{1/2}$ 成正比，而试验值分布基本上满足该条件。

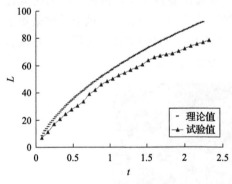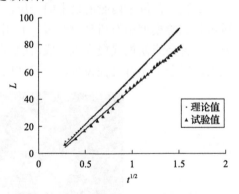

图 6.14　液面长度随时间的变化曲线　　　图 6.15　液面长度随时间平方根的变化曲线

通过试验可以看出，液面长度 L 的变化曲线不能严格满足理论公式 (6.61) 的形式，这是因为在推导内角流动方程时需要满足一个重要的约束条件，即液面必须是一个狭长形状的。因为在内角流动的初始阶段液面形状不满足该条件，所以液面长度值有一个偏移量 L_0，时间项也存在一个延迟 t_0。

通过分析试验数据，时间延迟项 $t_0 \approx 0.16s$，液面长度的表达式为

$$L = 61.25 \times (t - 0.16)^{1/2} + 11.3 \tag{6.66}$$

从液面长度曲线对比可以看出，试验值比理论值小，误差约为 13%。产生较大误差的原因主要有：

(1)在加工模型时，容器及导流板的尺寸存在一定误差，影响试验结果；

(2)因为导流板是用有机黏合剂粘贴到贮箱壁上，在内角会残留一点黏合剂，不仅影响了内角的锐度，而且增加了容器壁的流阻，影响液体在内角的流动；

(3)到内角流动的后期，因为液面尖端变得非常细，会造成观测上的误差；

(4)另外，残余重力、惯性等也会产生一定误差。

因此利用内角流动方程对实际内角流动过程进行预测时，要充分考虑上述几个因素。从试验结果的分析和对比看，虽然存在不小的误差，但是其流动现象和流动趋势与内角流动理论保持一致。

2)弓形截面容器模型

两个模型的内角流动情况如图 6.16 和图 6.17 所示。

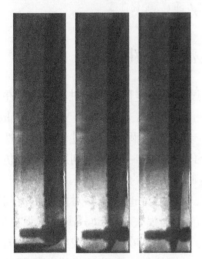 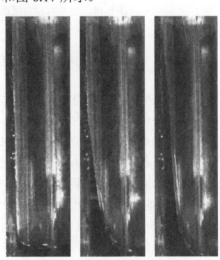

图 6.16　模型 A1 内的内角流动　　　　图 6.17　模型 A2 内的内角流动

图 6.18 是内角流动过程中两个弓形容器内液面长度 L 随 $t^{1/2}$ 变化曲线。弦切角越小，内角流动速度越快，但是从曲线上看，液体在模型 A1 和 A2 内的上升速度相差不大。这是因为内角流动速度还和容器截面积相关，模型 A1 的弦切角虽然比 A2 小，但是模型 A2 的截面积更大，内角流动速度也更快。

3)讨论

从以上三个模型的微重力试验结果看，由圆弧和直线构成的不对称内角流动规律和一般内角流动规律相同，只是因其形状较复杂，计算过程更加复杂。利用构建虚拟内角的方法，对不对称内角流动过程进行了计算和预测，虽然与试验结果相比存在一定误差，但还是能够反映内角流动的趋势。如果能够大幅提高试验条件和模型精度，将进一步减少和理论计算值之间的误差。

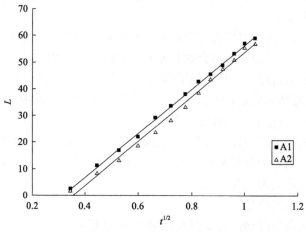

图 6.18   弓形容器内液面长度 L 随 $t^{1/2}$ 变化曲线

6.3   微重力下内角过流稳定性研究

本节以推进剂排出过程为背景，讨论内角过流的稳定性。内角过流是流体在一定的压强边界条件下，通过内角型流道的一种流动形式。本节基于 Young-Laplace 方程和流动的动量方程，建立了内角过流的一维控制方程，并通过牛顿非线性方法求解了控制方程，讨论了方程各项对流动的影响。同时，本节利用了三维仿真方法对内角过流问题进行了研究，提出了确定临界流速的仿真方法。在此基础上，利用了微重力落塔试验数据进行验证，结果表明：一维理论能够对内角过流问题进行有效的表述，但是由于没有考虑流动转换的压强损失和流动分离的压强损失，计算的临界流量偏高，仿真方法得到的数据与试验数据吻合得比较好。本节的工作对推进剂排出过程的临界流量分析具有理论参考价值，有助于推进剂管理装置的初始设计。

6.3.1   内角过流的基本概念

内角过流与内角自流主要的不同在于：在内角自流中，流体在运动过程中的驱动力是表面张力引起的流体气液交界面内外压强差，是一种自发性流动；内角过流是流动以一定的流量通过内角型流道，在微重力条件下，流动主要受到对流、流道中的黏性以及液面的表面张力导致的压强的影响。在地面常重力条件下，这种流动主要受到重力的影响，表面张力的作用并不明显，流量过大时，流动将从层流演变成为湍流，不会出现表面失稳的现象。在微重力条件下，重力的影响可以忽略，随着流量的增加，气液交界面内外的压强差逐渐增加，液面通过曲率的变化进行平衡。这时，表面张力通过曲率的形式转换成压强而发挥作用。当流量持续增大时，压强差的增速大于液面的变化率，液面将出现失稳，导致外界的气泡卷入。气泡卷入的临界状态，即临界流量。

图 6.19 显示了内角过流模型。流体通过内角型流道，在出口处指定流量为 Q。在出口指定流量的原因主要是以推进剂排出作为研究的模型。在入口处，流体的压强边界条件转化为曲率边界条件 h_0，关于边界条件将在模型求解过程中详细讨论。流体的压强为 p，气体压强假定为常数 p_a，压强差 $p_a - p$ 由曲率 h 来平衡。

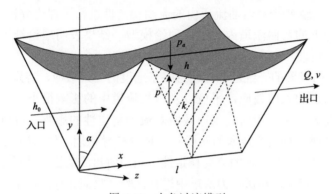

图 6.19　内角过流模型

对于内角过流稳定性的研究可以追溯到 20 世纪 90 年代，NASA 对于不同的推进剂管理装置在空间中进行了试验研究，与此同时，相关的理论研究也逐渐展开。Jaekle[18]提出了一维控制方程，在方程中通过忽略流动方向的曲率得到了一维近似解，但是后来发现这样的近似误差太大，因为在流动方向上接近失稳状态时，流动方向的曲率成为主要影响，不能忽略。

在德国航空中心(DLR)的支持下，不来梅大学应用空间技术和微重力中心(ZARM)对气液界面的失稳进行了多年的研究，特别是在平板型流道的稳定性研究方面取得了丰硕的成果。Rosendahl[19]于 2004 年发表的文章中提出了界面稳定性控制方程，利用 Young-Laplace 方程将自由界面的主曲率引入流体动量方程中，充分考虑两个方向的曲率半径，得到了一维控制方程。该方程是对三维情况的近似，忽略了其他两个方向的流动影响。这样的近似方法在流道充分狭窄时是满足近似要求的。Rosendahl[20-22]曾利用探空火箭 TESUS-37 和微重力落塔产生的微重力条件，对不同长度的流道进行了试验，试验结果表明了一维近似在平板型流动中的有效性。Rosendahl[23]还提出了衡量失稳的临界流速指标(speed index)，速度超过指标时界面将不稳定，并导致气体卷入。Grah[24,25]在此基础上，对非稳态的流动进行了分析，在非稳态情况中，流量将随时间变化，所以液面曲率的变化会使加速度存在，并通过隐性形式包括到控制方程中。曲率的加速度将会导致液面的稳定性变弱，相对稳态形式液面更加容易失稳。Grah 利用探空火箭 TEXUS-41 进行了试验研究，并提出了非稳态的临界流速指标。在这些工作中，流动被分为超临界和亚临界状态，控制方程表征了对流项和流道中的压力损失项。如果不考虑流道黏性损失，在稳态问题中，液面曲率和对流项的梯度变化是液面失稳的主要因素，而在非稳态问题中，其绝对值变化是液面失稳的主要因素。Haake 等[26, 27]应用稳定性方程分析了槽型流道的稳定性并利用落塔试验得到了临界流速。Klatte 等[28]对窄长型内角(内角 $\alpha = 8°$，长宽比 5.71)流动的稳定性进行了分析和落塔试验。在槽型和窄长型内角的分析结果都表明了一维近似理论的有效性。吴宗谕等[29]对弯曲流道内的流动稳定性进行了理论分析和数值仿真，建立了微重力下的弯曲流道内角过流理论模型，结果表明理论结果和数值仿真有着良好的一致性。

沿流道方向发展的一维近似理论忽略了速度的三维效应，特别是流体从封闭流道到开口流道的入口效应，平板以及窄长流道中的影响很小，而在短宽流道中的影响比较大。进一步研究入口效应对流动稳定性的影响，可以更好地理解液面失稳的机理，对相关技术的发展具有理论指导作用。针对研究短宽型(内角 $\alpha = 15°$，长宽比 2.15)流道的流动稳定性，利用内角流动稳定性模型进行计算，得到理论的临界流速，在微重力落塔中进行试验，验证并分析理论计算的结果。

6.3.2　内角过流控制方程与求解

1. 内角过流的控制方程

考虑图 6.19 所示的模型，流动沿 x 方向从入口处向出口处流动，在稳定状态时流量为 Q，由于气液交界面存在压强差，液面向内弯曲，交界面的压强差可以用 Young-Laplace 方程来表示

$$p_a - p = \sigma \frac{1}{R_1} + \frac{1}{R_2} \tag{6.67}$$

式中，R_1 和 R_2 是液面的两个主曲率半径，R_2 在沿流动方向 x 的平面内，R_1 为垂直于 R_2 所在平面内。定义平均曲率为

$$h = \frac{1}{R_1} + \frac{1}{R_2} \tag{6.68}$$

附加压强的微分形式可以表示为

$$\frac{dp}{dx} = -\sigma \frac{dh}{dx} \tag{6.69}$$

再考虑内角中的流动动量方程的一维形式

$$\rho v \frac{\mathrm{d}v}{\mathrm{d}x} = -\frac{\mathrm{d}p}{\mathrm{d}x} - \frac{\mathrm{d}w_{\mathrm{f}}}{\mathrm{d}x} \tag{6.70}$$

式中，$\mathrm{d}w_{\mathrm{f}}/\mathrm{d}x$ 表示黏性压力损失的微分形式。v 表示平均速度，定义为

$$v = \frac{1}{A}\int_A v_x \mathrm{d}A = \frac{Q}{A} \tag{6.71}$$

据此，方程(6.70)的左侧可以表示为

$$v\frac{\mathrm{d}v}{\mathrm{d}x} = \frac{Q^2}{A^3}\frac{\mathrm{d}A}{\mathrm{d}x} \tag{6.72}$$

式中，A 表示流道中被流体润湿的截面积，将在稍后详细讨论。方程(6.70)中的黏性压强损失可以表示为

$$\frac{\mathrm{d}w_{\mathrm{f}}}{\mathrm{d}x} = \frac{K_{d_h}}{Re_{d_h}d_h}\frac{\rho v^2}{2} \tag{6.73}$$

其中，K_{d_h} 是由 Awasswamy 定义的完全发展的流动情况下，内角中流道压强损失常数，在不同的内角中有不同的值；Re_{d_h} 是以内角的特征长度为尺度的雷诺数，d_h 是内角的特征长度，表示为

$$d_h = \frac{4A}{P} \tag{6.74}$$

P 为流体润湿的周长。

$$Re_{d_h} = \frac{\upsilon d_h}{\mu} \tag{6.75}$$

表 6.4 给出了不同内角流道中黏性压强损失常数。

表 6.4　不同内角流道中黏性压强损失常数 K_{d_h}

α	5	10	20	30
K_{d_h}	45.691	43.784	4.588	37.797

根据以上的讨论，内角过流的控制方程表示为

$$\frac{\mathrm{d}h}{\mathrm{d}x} = \frac{\rho}{\sigma}\left(-\frac{Q^2}{A^3}\frac{\mathrm{d}A}{\mathrm{d}x} + \frac{K_{d_h}}{2Re_{d_h}d_h}\frac{Q^2}{A^2}\right) \tag{6.76}$$

为了求解方程(6.76)，必须将方程中的各项进行分解，得到单一变量的方程。选择液面距离底部的高度 k 作为参数，$k=k(x)$，并将其他变量 A, h 等转换为 k 的函数。

在流动过程中，液面的高度可以成为三种形式，如图 6.20 所示。

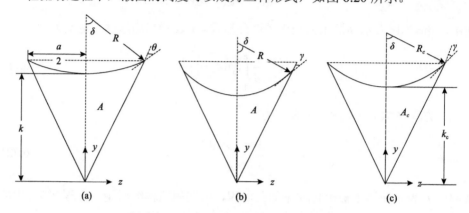

图 6.20　流动过程中不同的液面高度情形

通常情况下，液面与固壁接触需要满足接触角条件，即 $\theta = \gamma$。但是如果液体超过了一定的范围时，液面就会向外溢出，导致接触角条件不能满足。图 6.20(a)显示的是流量较大时液面溢出的情况，此时 $\theta \neq \gamma$。而另外两种情况如图 6.20(b)和图 6.20(c)所示，将严格满足接触角条件。图 6.20(b)显示的是流量比较小时，液面无法填满流道，接触线将在流动截面以下。图 6.20(c)所示的情形为这两种类型的临界点，对于不同的情况，截面 A 的计算也不同。这里给出计算结果。

对于 $k < k_c = b \tan \alpha / \cos \delta$，

$$\delta = \frac{\pi}{2} - \alpha - \gamma \tag{6.77}$$

$$R = k \left[\sin(\alpha + \gamma) + \frac{\cos(\alpha + \gamma)}{\tan \alpha} - 1 \right] \tag{6.78}$$

对于 $k \geqslant k_c$，有

$$R = \frac{(b \tan \alpha)^2 + (b - k^2)}{2(b - k)} \tag{6.79}$$

$$\delta = \arcsin \frac{b \tan \alpha}{R} \tag{6.80}$$

润湿截面 A 可以写成一般形式：

$$A = (R + k) R \sin \delta - R^2 \delta \tag{6.81}$$

根据曲率计算方法，流动方向的曲率半径 R_2 可以表示为

$$R_2 = \frac{(1+k_x^2)^{3/2}}{k_{xx}} \tag{6.82}$$

对于 R_1，由于液面的倾斜 k_x 在接近失稳的情况时很大，必须考虑到方程中，其计算方法可以由图 6.21 得出。

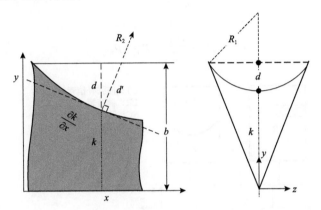

图 6.21　曲率半径 R_1 的计算

根据几何计算可以得到 R_1 的一般形式

$$R_1 = \frac{(R\sin\delta)^2 + d^{*2}}{2d^*} \tag{6.83}$$

式中，

$$d^* = d\left(1+k_x^2\right)^{1/2}, \quad d = R(1-\cos\delta) \tag{6.84}$$

考虑接触角的边界条件，方程(6.76)的边界条件为

$$k(x=0) = k(x=1) = b \tag{6.85}$$

2. 压强边界条件

图 6.19 所示的流动问题存在压强边界条件，同时是方程(6.76)求解的必要条件。在推进剂管理中，这个压强的边界条件是随机的，由贮箱内的气体、推进剂的剩余量等决定。作为理论研究，该条件是确定方程解的重要条件。为了与试验数据进行比较，理论计算充分考虑试验过程，引入压强边界条件的计算方法。图 6.22 显示了试验中流体的流动过程，在内角流道入口处的压强由压强补偿管和流道的压强

损失共同决定。补偿管内的液体压强可以由 Young-Laplace 方程得到，即

$$p_c = p_a - \frac{2\sigma}{r_c} \tag{6.86}$$

式中，p_c 和 r_c 分别为补偿管内的压强和液面曲率半径。流体进入流道后，经过一段封闭的管道，其中的压强损失表示为 p_n，根据伯努利方程，沿流线的压强方程可以表示为

$$p_c = \frac{\rho v_0^2}{2} + p_0 + p_n \tag{6.87}$$

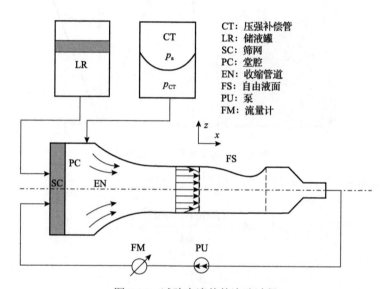

CT: 压强补偿管
LR: 储液罐
SC: 筛网
PC: 堂腔
EN: 收缩管道
FS: 自由液面
PU: 泵
FM: 流量计

图 6.22　试验中流体的流动过程

在试验中流体经过收缩管进入封闭管道，由于收缩管的结构复杂，在理论中很难进行计算，所以应用一段直管道对收缩管进行近似，如图 6.23 所示。McCOMAS利用 Sparrow 的计算结果，对以平均流速进入内角型封闭管道的压强损失进行了近似，可以表示为

$$p_{tl} = \frac{\rho v_0^2}{2} \left(f_f \frac{l}{d_h} + K \right) \tag{6.88}$$

式中，$f_f = C / Re_{d_h}$ 是由 McCOMAS 计算的黏性系数；l 为流动长度；K 表示入流的入口效应的影响，部分计算结果在表 6.5 中给出，并同时给出了速度比 v_{max} / v_0 和流动发展的相对长度 $X_e / (d_h Re_{d_h})$。

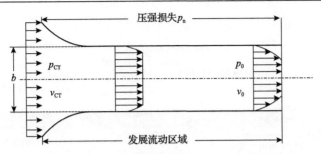

图 6.23　收缩管道的流动与压强损失

表 6.5　封闭内角流道中压强损失常数 C 和 K

α	C	$\dfrac{v_{max}}{v_0}$	K	$\dfrac{X_e}{d_h Re_{d_h}}$
5	49.9	2.521	2.418	0.0589
10	51.29	2.364	2.128	0.0480
15	52.26	2.289	1.966	0.0435
20	52.88	2.245	1.876	0.0490
30	53.32	2.223	1.818	0.0398

McCOMAS 所述的 K 值表示流动在整个发展区域中的入流压强损失，而在试验中所使用的封闭管道长度 $l_d < X_e$，如果使用 K 值必然导致流动损失计算误差，为此，假定入流压强损失常数 K 在整个封闭管道中线性变化，引入 K_n，

$$K_n = \frac{l_d}{X_e} K \tag{6.89}$$

从而可以将压强损失 p_n 表示为

$$\frac{p_n}{\frac{1}{2}\rho v_0^2} = f_f \frac{l_d}{d_h} + K_n \tag{6.90}$$

对于压强边界条件，特别是针对收缩管道的情况，还可以由 CFD 仿真工具进行分析。为了比较理论计算的压强损失和仿真结果，对两种方法进行了计算，并比较其计算结果。

仿真采用非结构化网格，这样能够对收缩管道进行网格剖分和计算。仿真包括流体堂腔、收缩管道和封闭管道，如图 6.24 所示。仿真中的封闭管道长度是试验使用管道的 4 倍，用于避免出口处的速度分布影响上游的压强计算。同时，在获得完全发展的流动速度比 $\gamma = v_{max}/v_0$ 后还可以对仿真结果进行验证。对于 $2\alpha = 30°$ 的封闭管道，完全发展的流动速度比 $\gamma = 2.289$。图 6.25 给出了不同雷诺

数下仿真得到的 γ 值。

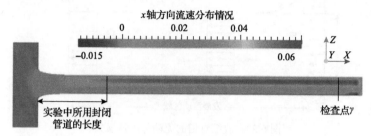

图 6.24　封闭管道压强损失 CFD 仿真

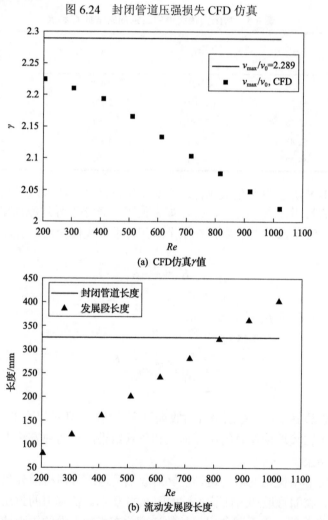

图 6.25　不同雷诺数对应的流动发展段长度和 γ 值

从图 6.25 可以看出，γ 值随着雷诺数的增大而减小，并且小于理论计算值。

因此，CFD 仿真得到的完全发展的流动速度小于理论值，表示仿真的压强损失偏小。试验所用的流量为 2.21～3.11mL/s，雷诺数在 300 附近，而封闭管道的长度(包括收缩管道的长度)为 86.5mm，所以试验中内角入口处均为非完全发展的流动。

为了得到不同雷诺数的压强损失，必须对 p_n 进行拟合，以便适应求解临界流速过程的迭代。通过多项式近似，p_n 可以表示为

$$\frac{p_n}{\rho v_0^2 / 2} = C_0 + \frac{C_1}{Re_{d_h}} + \frac{C_2}{Re_{d_h}^2} + \frac{C_3}{Re_{d_h}^3} \tag{6.91}$$

通常情况下，前两阶的精度已经足够，结合方程(6.90)得

$$\frac{p_n}{\rho v_0^2 / 2} = C_0 + \frac{C_1}{Re_{d_h}} = f \frac{l}{d_h} + K - 1 \tag{6.92}$$

由此可以得到 C_1 和 C_2 参数。同时，对不同雷诺数的压强损失进行仿真，可以得到多个数据点，同样利用方程的前两项进行拟合，可以得到相关参数。图 6.26 给出了仿真数据和理论计算数据的比较。在 Re 为 300 附近，理论计算和仿真结果的吻合比较好，当雷诺数较大时，理论计算的压强损失小于仿真结果。

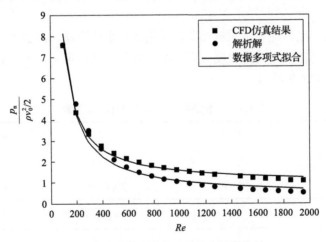

图 6.26　封闭流道中压强损失计算比较

由计算得到的压强损失 p_n 和方程(6.87)可以得到初始的压强边界条件，并由 Young-Laplace 方程转换成初始曲率条件：

$$h_0 = \frac{2}{r_c} + \frac{\rho v_0^2}{2\sigma} + \frac{p_n}{\sigma} \tag{6.93}$$

3. 内角过流控制方程的解

内角过流的控制方程(6.76)是关于 k 的非线性微分方程，可以通过牛顿方法求解。首先采用离散格式对方程(6.76)进行离散，为了提高求解精度，对 k_x 和 k_{xx} 采用中心差分格式，对 A 及 h 采用后向差分格式，即

$$k_x^i = \frac{k^{i+1} - k^{i-1}}{2\Delta x} \tag{6.94}$$

$$k_{xx}^i = \frac{k^{i+1} - 2k^i + k^{i-1}}{(\Delta x)^2} \tag{6.95}$$

$$A_x^i = \frac{A^i - A^{i-1}}{\Delta x} \tag{6.96}$$

$$h_x^i = \frac{h^i - h^{i-1}}{\Delta x} \tag{6.97}$$

方程离散化以后，构造迭代函数利用牛顿方法进行求解。为了确定临界流量，采用二分法进行迭代，直到求解过程中的微分矩阵出现奇异，此时的流量即为临界流量。

为了更为一般性地表示求解结果，采用无量纲化方法，得到无量纲的结果，如此更为方便地扩展到其他尺度。无量纲参数如表 6.6 所示，求解过程中使用的无量纲参数如表 6.7 所示。

表 6.6　无量纲参数、特征尺度和特征数

无量纲化参数	$k' = k/b$	$h' = hl_c$	$R' = R/R_c$
	$p' = p/p_c$	$v' = v/v_c$	$x' = x/l$
	$A' = A/A_0$	$Q' = Q/Q_c$	$Q_c = A_0 v_c$
特征尺度	$l_c = (a/2)/\cos(\alpha+\gamma)$	$v_c = \sqrt{p_c/\rho}$	$p_c = \sigma/l_c$
特征数	$Re = v_c l_c/v$	$Bo = \rho g l_c^2/\sigma$	$Oh = \sqrt{\rho v^2/(\sigma l)_c}$

表 6.7　求解过程的无量纲参数

参数	Oh	p_c	v_c	Q_c	l_c	h_0'
值	0.84×10^{-6}	2.6545	0.0405	5.3×10^{-6}	0.0061	1.0038

图 6.27(a) 显示了临界状态下液面高度 k'、曲率 h' 及平均流速 v' 和润湿截面 A' 的变化，图 6.27(b) 显示了流动过程中对流压强损失 $0.5\rho(v^2-v_0^2)$、黏性压强损失 w_f 以及曲率形成的压强 σ_h 的变化。随着流道内黏性压强损失的增加，流道内流体压强逐渐降低，液面弯曲以形成压强平衡液面内外的压强差。

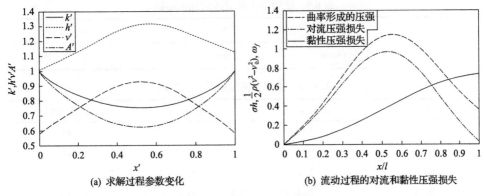

(a) 求解过程参数变化　　　　　　(b) 流动过程的对流和黏性压强损失

图 6.27　内角过流求解结果

液面形状的变化导致润湿截面 A' 的变化，进而导致对流项的影响增加。流动经过一定的长度以后，受到出口处接触角边界条件的限制，液面开始恢复，润湿截面积开始增加，导致速度降低，对流压强损失开始恢复。但黏性压强损失不可恢复，并持续增加，此后液面的曲率主要用于平衡黏性压强损失。在流动的最小截面，也就是喉部以前，稳定状态时曲率的增加速度能够大于对流压强损失的增加速度，而在非稳定状态时，曲率的增加速度小于对流损失的增加速度，导致液面失稳。而液面失稳以后，上游的流量无法满足出口处对流量的要求，气体将卷入流体中，出现气液混合流动。

6.3.3　内角过流试验验证

本节利用微重力落塔试验的试验数据对内角过流的理论计算和三维仿真的结果进行验证。微重力落塔是地面实现微重力的重要手段，其可重复性好、成本相对较低的特点对基础理论研究更为有利。试验在不来梅大学微重力研究中心进行，该中心落塔能够提供目前世界上最长的微重力落塔时间。试验流体选用 3M 公司生产的 HFE-7500，该流体最重要的特点就是接触角在常温下能够很好地保持为 0，即使在试验中受到杂质等的污染，接触角的变化依然很小。这一点对理论研究非常重要，因为曲率半径 R_1 受接触角影响较大，在流道的前半部分，R_1 是主要影响因素。流体的相关物理参数在表 6.8 中给出。试验中内角流道的几何参数在表 6.9 中给出。

落塔试验临界流量研究的试验数据情况如表 6.10 所示，由于采用了弹射和降落的两种不同方式，微重力时间有相应差别。

表 6.8　流体 HFE-7500 相关物理参数

参数	σ	ρ	γ	μ
值	0.0162kg/s	1610kg/m³	0°	$7.15 \times 10^{-7} \, \text{m}^2/\text{s}$

表 6.9　试验中内角流道的几何参数

参数	a	b	l	α
值	11.68mm	22mm	25mm	15°

表 6.10　临界流量试验及相关数据

编号	流量/(mL/s)	试验结果	落塔时间/s
DT-1	3.11	失稳	9.5
DT-2	2.42	稳定	4.8
DT-3	2.21	稳定	4.8
DT-4	2.84	稳定	9.5
DT-5	2.61	失稳	9.5
DT-6	2.52	失稳	9.5
DT-7	2.46	临界	9.5

1. 亚临界流动

两个亚临界流量的试验 DT-2 和 DT-3 均是利用直接降落式的试验方法,液面在经过约 4s 的微重力时间以后不再继续发展而是保持稳定状态。图 6.28 给出了 DT-3 中液面的发展过程。液面在亚临界状态下,可以利用内角过流的一维近似理论进行计算,同时也可以对其进行三维仿真分析。

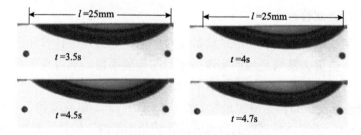

图 6.28　DT-3 试验液面发展过程

图 6.29 比较了由理论方法和仿真方法得到的液面高度 k 与试验结果。理论方法得到的 k 值高于试验值。由于 k 反映了液面曲率的变化,过高的 k 表明理论计算的曲率变化小于实际的曲率变化,液面更加稳定。这个误差将会导致过高的估计临界流量。三维仿真的结果在 k 值上更加接近试验结果,由于液面表面的震荡

比较剧烈，图 6.29 给出的是一个时刻的情形，所以在液面最低点附近有一定差别。但是从整个曲线的发展来看，三维仿真结果与试验值吻合得比较好。

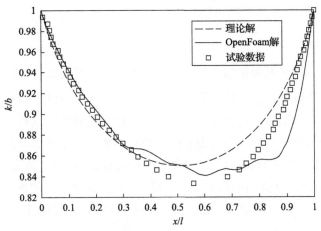

图 6.29　DT-3 液面高度与理论计算和三维仿真结果

2. 超临界流动

在试验中发现，流量大于 2.52mL/s 时为超临界流量。当流量比较大时，比较容易确定液面的状态，但是当流量接近于临界流量，如在 2.52mL/s 时，无法直接观察到液面的失稳状态，只能通过对试验图片的仔细测量，判断在试验结束前一段时间，液面是否继续向前发展。如果发现继续向前发展的情况，那么就确定为超临界流量。图 6.30 给出了 DT-1 液面失稳过程与仿真结果，在该流量下，能够清楚地看到液面失稳，气泡即将卷入的过程。

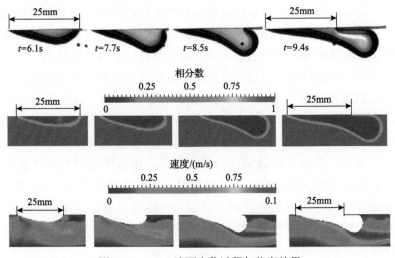

图 6.30　DT-1 液面失稳过程与仿真结果

一维内角过流理论无法对超临界状态进行计算，图 6.30 同时给出了三维仿真的液面和速度计算结果，速度最大值跟随液面最低点向前发展，并在经过最大值以后逐渐恢复。

3. 临界流动

试验采用二分法来确定临界流量，即找到试验中液面稳定的最大流量 Q_{crit}^h 和液面失稳的最小流量 Q_{crit}^l，临界流量取平均值，即 $Q_{crit} = (Q_{crit}^h + Q_{crit}^l)/2$。当然通过二分法临界流量的精度可以无限提高，但是试验本身的流量精度有限，而且最重要的是确定临界流量的一个合理范围，没有必要追求很高精度的临界值。临界值最终确定在 DT-2 和 DT-6 之间。DT-7 作为验证性试验，确定该流量的液面状态。在 DT-7 中，液面在试验结束时发展非常缓慢，受到流动震荡的影响，难以确定继续发展或者已经停止，所以定义这个流量值为临界流量。DT-7 的液面发展过程如图 6.31 所示。

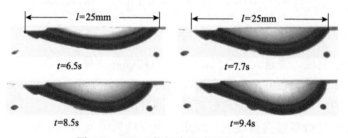

图 6.31　DT-7 临界流量液面发展过程

表 6.11 给出了一维理论计算值和三维仿真的临界流量值。一维理论值的结果过高估计了临界流量，其主要原因可以从试验过程中总结：流体从封闭流道进入开口的内角流道，贴近上壁面的流体在封闭流道中速度为 0，而在开口流道中变为自由液面，速度成为流道中的最大值，即无滑移边界条件转化为无压力边界条件，流体在开口流道中需要经过一段距离的发展才能达到完全发展状态。这段转换状态与流动的发展段原理是一样的，同样带来附加的压强损失。反观内角过流的一维控制方程(6.76)，其基本假设为流动在开口内角流道中是完全发展的，忽略了流动入口的压强损失。过高估计流体内部的压强，结果将导致过高估计临界流量。另外，流线在经过液面最低点以后，压强的逆增长导致流动分离，同样带来了附加压强损失。这一点目前还没有办法将其考虑到流动控制方程中，但是同样会导致临界流量的计算误差。相比一维理论值，三维仿真计算结果与试验值的误差较小。三维计算对实际问题的仿真包括了上述的两种附加压强损失，所以得到的误差很小。

表 6.11　临界流量理论、仿真与试验值

	试验值	一维理论	三维仿真
Q_{crit} /(mL/s)	2.46 ± 0.05	3.10	2.60 ± 0.05

6.4　基于内角流动理论的板式贮箱设计

本节对内角流动的研究源自对板式表面张力贮箱设计的需求，且内角自流模型和内角过流模型都是根据板式表面张力贮箱实际结构提出的。因此，内角流动理论要能够应用到工程实际中，指导板式表面张力贮箱的设计。本节利用内角流动理论对板式表面张力贮箱进行设计和优化，分析贮箱及推进剂管理装置（propellant management device，PMD）结构对推进剂流动的影响。

6.4.1　贮箱结构设计

卫星上的贮箱一般采用球形或椭球形结构，板式表面张力贮箱也不例外。卫星内部空间是非常有限的，因此贮箱结构设计受到很多因素的影响。采用图 6.32 所示的结构，既可以充分利用空间，也有助于提高板式表面张力贮箱的推进剂管理能力。其中，贮箱的具体参数如球冠部分的半径 R 及中间圆柱部分高度 a 可以根据卫星具体情况设定。

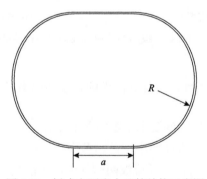

图 6.32　板式表面张力贮箱结构示意图

6.4.2　导流板布局设计与优化

在板式表面张力贮箱中，导流板作为主要的 PMD 部件，直接影响贮箱的质量及推进剂管理性能。对导流板的数量、布局及装配等进行讨论，以求用最少的 PMD 质量获得最优的推进剂管理性能。

经过几十年的发展，PMD 结构以及装配技术得到了很大发展，目前比较常见的有外导流板结构、内导流板结构以及内外导流板结构。经过多年研究和实践，其性能得到了普遍验证。下面对内外导流板结构进行分析。

为了提高板式表面张力贮箱的推进剂管理性能，结合外导流板和内导流板优点的内外导流板结构的 PMD 得到了应用，其截面视图如图 6.33 所示，为了保持液面稳定性，内外导流板采用相同数量。这种结构的板式表面张力贮箱不仅能够提高推进剂管理性能，而且可以使推进剂更加均匀地分布在贮箱里，提高了液面的稳定性。取其中一个对称单元作为研究对象，如图 6.33(b) 所示。两个内角的大小不相同，因此液面曲率也不一样，但是两个内角的液面的曲率半径是相同的。

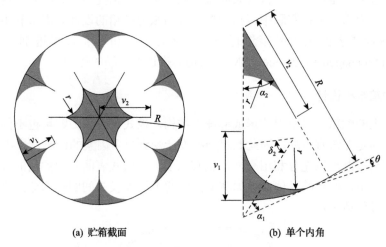

(a) 贮箱截面   (b) 单个内角

图 6.33 内外导流板结构的板式表面张力贮箱截面视图

1) 导流板宽度限制

为了满足内角流动条件，内外导流板的宽度和曲率半径 r 需服从以下几个约束条件：

(1) $v_1 < R$，外导流板宽度要小于贮箱截面半径；

(2) $v_2 < R$，内导流板宽度要小于贮箱截面半径；

(3) $r \leqslant v_2 \sin \alpha_2 / \sin \delta_2$，内导流板两侧的液面不能高于内导流板；

(4) $R(1 - \tan \alpha_1) \leqslant v_1$，外导流板两侧的液面不能高于外导流板；

(5) $r \leqslant f_2(R - v_1)$，外导流板 v_1 不能接触到内侧液面；

(6) $r \leqslant R \tan \alpha_2 \sin \alpha_1 / \sin \delta_1$，两个外导流板之间的弯月面不能连接在一起。

根据以上几个约束条件，可以对液面特征参数进行求解。

当内/外导流板个数 $n = 6$ 时，根据上面的约束条件，外导流板宽度的临界值分别为 $v_{1\min} = 0.17$、$v_{1\max} = 0.89$，初始液面的曲率半径随内外导流板宽度的变化如图 6.34 所示。$n = 8$ 和 $n = 12$ 时初始液面的曲率半径随内外导流板宽度的变化分别如图 6.35、图 6.36 所示。

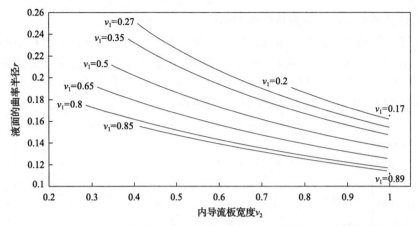

图 6.34　$n = 6$ 时初始液面的曲率半径随内外导流板宽度变化曲线

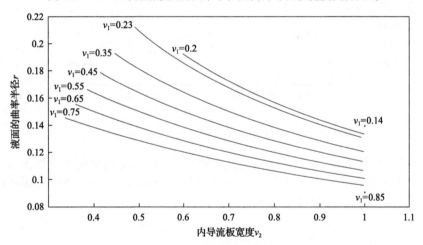

图 6.35　$n = 8$ 时初始液面的曲率半径随内外导流板宽度变化曲线

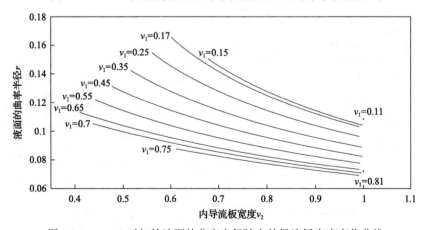

图 6.36　$n = 12$ 时初始液面的曲率半径随内外导流板宽度变化曲线

2)内外导流板结构对内角流动的影响

为了分析内外导流板的推进剂管理性能，对贮箱内推进剂定位过程中的流量进行了计算。当导流板数量 $n = 6$ 时，液体总流量随内外导流板宽度变化曲线如图 6.37 所示。从图中可以看出，$v_1 = 0.27$，$v_2 = 0.41$ 时推进剂流量最大，此时液面曲率半径 $r = 0.25$，推进剂流量 $Q_{\text{total}} = 0.047$。

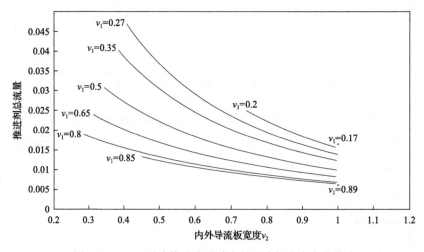

图 6.37　$n = 6$ 时液体总流量随内外导流板宽度变化曲线

当导流板数量 $n = 8$ 时，液体总流量随内外导流板宽度变化曲线如图 6.38 所示。从图中可以看出，$v_1 = 0.23$，$v_2 = 0.49$ 时推进剂流量最大，此时液面曲率半径 $r = 0.21$，推进剂流量 $Q_{\text{total}} = 0.082$。

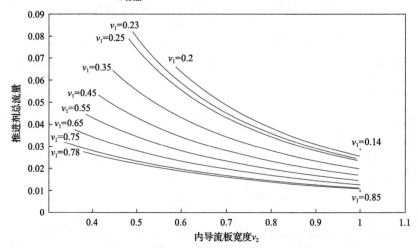

图 6.38　$n = 8$ 时液体总流量随内外导流板宽度变化曲线

当导流板数量 $n = 12$ 时，液体总流量随内外导流板宽度变化曲线如所图 6.39

所示。从图中可以看出，$v_1 = 0.17$，$v_2 = 0.60$ 时推进剂流量最大，此时液面曲率半径 $r = 0.17$，推进剂流量 $Q_{\text{total}} = 0.143$。

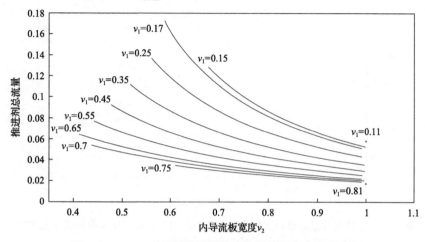

图 6.39　$n = 12$ 时液体总流量随内外导流板宽度变化曲线

当导流板数量 $n = 14$ 时，液体总流量随内外导流板宽度变化曲线如图 6.40 所示。从图中可以看出，$v_1 = 0.15$，$v_2 = 0.64$ 时推进剂流量最大，此时液面曲率半径 $r = 0.15$，推进剂总流量 $Q_{\text{total}} = 0.169$。

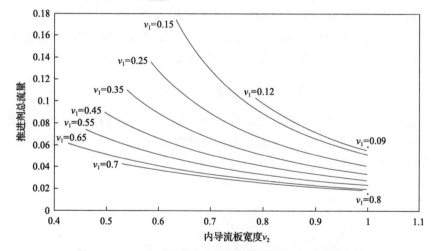

图 6.40　$n = 14$ 时液体总流量随内外导流板宽度变化曲线

从上面几个曲线图可以看出，随着导流板数量的增加，液体总流量的最大值也是增加的。下面分析单位尺寸导流板对应的推进剂流量，即 PMD 的效率。图 6.41 是单位尺寸导流板对应的推进剂流量变化曲线，其中外导流板宽度是固定的。从图中可以看出，当 $n = 14$ 时，PMD 的效率最高，之后随着导流板数量的增加，PMD 的效率下降。

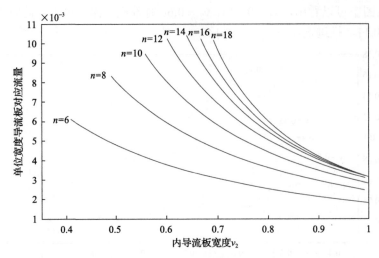

图 6.41　单位尺寸导流板对应的推进剂流量随内导流板宽度及数量的变化曲线

6.4.3　导流板构型设计与优化

从内角流动的计算模型以及各种试验结果可知，液体在内角流动时其形状是上宽下窄的弯月面。因此在设计 PMD 时，可以根据液面的形状对导流板结构进行设计和优化，尽量减少多余的质量。

以外导流板的 PMD 结构和内外导流板的 PMD 结构为例，对导流板的结构进行设计和优化，贮箱结构采用球冠和圆柱结合体。

1. 内角流动过程中液面形状参数计算

推进剂在带有外导流板的板式表面张力贮箱内的流动过程是一个不对称内角流动，如图 6.42 所示。下面对贮箱内推进剂液面定位过程和恒定流量加注过程中的推进剂液面形状参数进行计算和分析。

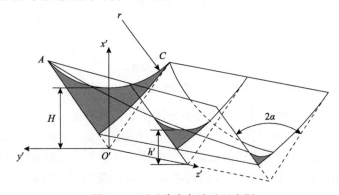

图 6.42　不对称内角流动示意图

1) 液面定位过程

在分析定位过程中弯月面的形状时，首先需要求解弯月面在 z 轴的各个截面的液面高度 h'，根据式(6.47)、式(6.53)可得出

$$\eta^{*+} = \frac{\eta^*}{\zeta} = \frac{z(2\tau)^{-1/2}}{\zeta} \tag{6.98}$$

对式(6.98)进行量纲化，可得出

$$\eta^{*+} = 0.587\left(\frac{\mu f}{\sigma H F_i \sin^2\alpha}\right)^{1/2} z t^{-1/2} \tag{6.99}$$

且根据式(6.54)~式(6.54)及表 6.6，可得出 h' 的近似解

$$h' = H(1 - 0.571\eta^{*+} - 0.429\eta^{*+2}) \tag{6.100}$$

在设计导流板结构时，导流板两侧的液面不能高于导流板，因此在图 6.43 所示截面里，需要求解液体与导流板接触部分 AO 的长度 S_v，利用三角函数可求出其表达式

$$S_v = \frac{h'f\cos(\alpha+\theta)}{\sin\alpha} - R\left(\frac{1}{\sin 2\alpha} - 1\right) \tag{6.101}$$

在沿 z 轴的每个截面求解 S_v 就可以绘出内角流动过程中液面与导流板相交的曲线。

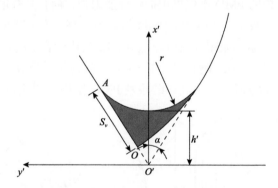

图 6.43　内角流动截面中液面形状参数

2) 加注过程

当推进剂以恒定流量 q' 加注到贮箱里面时，同样可以对弯月面的形状参数进行计算。

$$\eta^+ = \frac{\eta}{\zeta} = \frac{q^{-1/5}z(5\tau)^{-3/5}}{\zeta} \tag{6.102}$$

对式(6.102)进行量纲化可得出

$$\eta^{+\prime} = 0.613 z' \left(\frac{F_A \mu^2 f^2}{q' F_i^2 \sigma^2 \sin^4 \alpha} \right)^{1/5} t'^{-3/5} \tag{6.103}$$

另外，有

$$h = q^{2/5} (5\tau)^{1/5} F^+ \zeta^2 \tag{6.104}$$

对其进行量纲化，可得出

$$h' = 1.066 \left(\frac{q'}{F_A} \right)^{2/5} \left(\frac{\mu f}{F_i \sigma \sin^2 \alpha} \right)^{1/5} t'^{1/5} F^+ \zeta^2 \tag{6.105}$$

近似求出

$$F^+ = (1.2 - 0.9\eta^+ - 0.3\eta^{+2}) \tag{6.106}$$

$$S_v = \frac{h' f \cos(\alpha + \theta)}{\sin \alpha} \tag{6.107}$$

2. 内外导流板结构的板式表面张力贮箱内推进剂液面形状计算

内外导流板结构的 PMD 不仅推进剂管理能力强，而且具有很好的稳定性。从分析结果看，导流板数量 $n = 14$ 时，PMD 的效率最高。为了减少结构质量且考虑到装配精度等方面因素，采用导流板数量 $n = 12$ 是比较合适的，虽然比 $n = 14$ 时的效率略低，但是能够满足在轨加注的需求。当导流板数量 $n = 12$ 时，导流板宽度 $v_1 = 0.17$，$v_2 = 0.60$ 时效率最高，贮箱及 PMD 结构如图 6.44 所示。

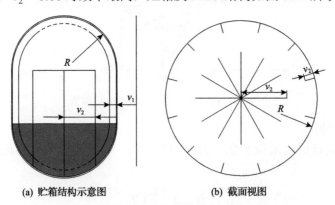

(a) 贮箱结构示意图　　　　　　　　　　(b) 截面视图

图 6.44　内外导流板结构的板式表面张力贮箱示意图

下面计算定位过程和加注过程中贮箱内推进剂液面的形状参数。从对贮箱及 PMD 结构的分析可知，外导流板的作用主要是保持液面的稳定性，而内导流板的主要作用体现在加注过程中的推进剂管理上。因此分别计算了定位过程中外导流板两侧液面的特征参数以及加注过程中内导流板两侧液面的特征参数。

1) 推进剂定位过程中外导流板两侧液面的特征参数计算

设液面初始位置如图 6.44(a) 所示，可求出外导流板两侧初始液面的特征参数为

$$\begin{cases} r = 0.166 \\ \alpha = 39.8° \\ H_1 = 0.092 \end{cases}$$

根据式 (6.61) 可求出液面长度表达式：

$$L = 0.294t^{1/2} \tag{6.108}$$

在如图 6.44 所示贮箱内，当 $t = 76.4$ 时，各个导流板两侧的弯月面到达贮箱顶部并汇合在一起。把液面特征参数及推进剂的几个物理参数代入式 (6.101) 即可计算液面与导流板相交的曲线，其变化如图 6.45 所示。

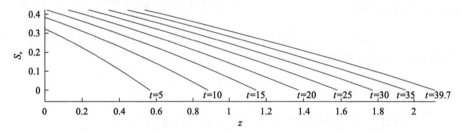

图 6.45　定位过程中液面与外导流板交线随时间变化曲线

图 6.45 中，可根据 $t = 76.4$ 时刻的液面与导流板的交线设计外导流板的最小构型，此时交线的表达式为

$$S_v = 0.167 - 0.038z - 0.01z^2 \tag{6.109}$$

利用该表达式可以对外导流板构型进行优化。

2) 推进剂加注过程中内导流板两侧液面的特征参数计算

在内外导流板结构的板式表面张力贮箱，可以适当加大推进剂流量，假设推进剂加注流量 $q' = 0.005$，可求出加注过程中内导流板的液面长度为

$$L = 0.3378t^{1/2} \tag{6.110}$$

在如图 6.44 所示贮箱内，当 $t = 19.4$ 时，内导流板两侧的弯月面到达导流板

顶部并汇合在一起。把液面特征参数及推进剂的几个物理参数代入式 (6.107) 即可计算液面与导流板相交的曲线，其变化如图 6.46 所示。图 6.46 中，可根据 $t = 19.4$ 时刻的液面与导流板的交线设计内导流板的最小构型。

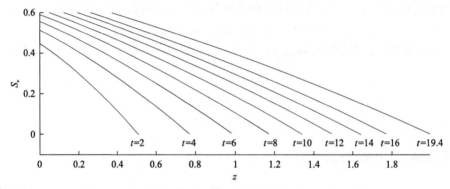

图 6.46　加注过程中液面与内导流板交线随时间变化曲线

另外，在根据液面形状设计导流板构型时，为了保证液面的稳定性，需要为导流板尺寸留出一定的余量。

6.4.4　贮箱设计实例

基于内角流动理论应用，设计一款内外导流板结构的板式表面张力贮箱，并对其 PMD 结构进行优化，下面进行详细介绍。

1. 贮箱设计参数

本节拟设计一个中小型贮箱，其设计参数如表 6.12 所示。

表 6.12　内外导流板结构的板式表面张力贮箱参数

参数	内容
箱体结构	球柱结合体
贮箱容量	197.8L
截面半径	0.3m
PMD	内外导流板结构
导流板数量	内外导流板各 12 个
最大加注流量	0.6L/s
加注时推进剂最大填充体积	95%

贮箱箱体采用球柱结合体，导流板数量设定为 12 个，贮箱结构如图 6.47 所示。

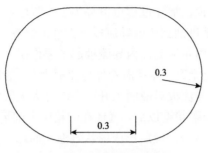

图 6.47　贮箱外形结构参数

2. 外导流板构型参数

经过计算，外导流板宽度设定为 $v_1 = 0.051\text{m}$，可以对其进行优化。优化以后的外导流板构型如图 6.48 所示，导流板宽度的表达式为

$$v_1 = \begin{cases} 0.051, & AB段 \\ 0.051 - 0.037z - 0.033z^2, & BC段 \quad z \in [0, 0.3] \\ 0.0369 - 0.037R\varphi - 0.033(R\varphi)^2, & CD段 \quad \varphi \in \left[0, \dfrac{\pi}{2}\right] \end{cases} \quad (6.111)$$

式中，坐标值 z 是从在贮箱壁上 B 点到 C 点的长度。经过优化，外导流板可以节省结构质量约 18.7%。

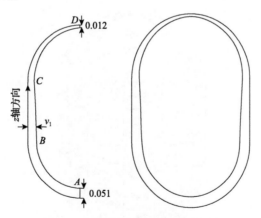

图 6.48　外导流板构型优化示意图

3. 内导流板构型参数

1)推进剂加注过程分析

内导流板的主要作用体现在对在轨加注过程中进入贮箱的推进剂的管理，保

持液面稳定性。一般来说，加注过程可以分为三个阶段：

（1）从加注开始到推进剂到达内导流板顶部并汇合在一起。这个阶段推进剂主要沿着内导流板之间的内角流动，内导流板起主要作用。

（2）推进剂液面稳定上升，并且沿着外导流板上升，在贮箱顶部汇合直到铺满整个贮箱壁，该阶段内导流板对液面上升过程没有太大影响。

（3）推进剂铺满整个贮箱壁以后，气体在贮箱中上部形成一个大气泡，气泡沿着内外导流板边缘逐渐减少，最后形成球状气泡，而球状气泡的上下沿和内外导流板是接壤的。

因此在内导流板的设计中，主要考虑了两个方面的内容：一方面是在第一阶段推进剂加注过程中内导流板的影响；另一方面是加注最后阶段内外导流板边缘形状对球状气泡的影响。

2）内导流板高度

在表面张力的作用下，当气泡的表面积达到最小时，相应的静平衡状态是最稳定的，因此在加注过程最后气体会在贮箱上部形成球状气泡。因为导流板壁面的吸附作用，气泡的上沿和外导流板顶部接壤，下沿和内导流板顶部接壤。

假设加注过程中推进剂填充体积要达到贮箱体积的 95%，即气泡的体积是贮箱体积的 5%，可以算出此时球状气泡半径 $r_{gas} = 0.133\mathrm{m}$，在贮箱顶部外导流板的宽度为 0.012m，因此可以求出内导流板高度 $h_{innervane} = 0.622\mathrm{m}$，如图 6.49 所示，图中灰色部分表示推进剂。

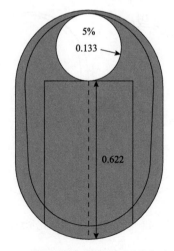

图 6.49　推进剂加注到 95%时的气泡形状

3）内导流板构型

可以根据初始阶段的内角流动过程对内导流板进行优化，确定导流板的最小构型。没有经过优化之前，内导流板宽度为 $v_2 = 0.18\text{m}$，可以求出液面与导流板的交线。加注过程中，推进剂达到内导流板顶部的时间为 5.6s，各个内角的液面汇合形成稳定液面，这个过程需要大约 1s 的时间，在 6.6s 时刻液面与导流板的交线如图 6.50 所示，其表达式为

$$v_2 = 0.233 - 0.243z - 0.113z^2 \qquad (6.112)$$

其中，在贮箱入口处 $z = 0$，在对内导流板进行优化时导流板宽度不能小于该交线。

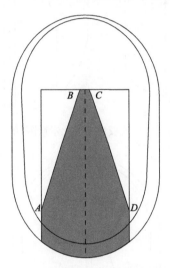

图 6.50　6.6s 时刻液面与内导流板交线示意图

　　贮箱内大部分推进剂集中在贮箱底部靠近入口处的地方，因此为了保证推进剂的稳定性，在导流板高度低于 0.3m 处导流板宽度保持 0.18m 不变，相应地，液面交线 AB 和 CD 向外移动，其表达式变为

$$v_2 = 0.263 - 0.243z - 0.113z^2 \qquad (6.113)$$

　　在贮箱中部，利用一个直径为 0.02m 的圆柱支撑并固定内导流板，如图 6.51 所示。

　　加注过程中推进剂填充体积达到贮箱体积的 95% 时，气泡的半径为 $r_{\text{gas}} = 0.133\text{m}$。为了保持气泡的稳定性，内导流板上部 BC 段可以设计成半径为 0.133m 的圆弧，最后在 B 点和 C 点进行倒角处理。经过对内导流板的优化，可以节省质量约 17.9%。

　　完整的板式表面张力贮箱及 PMD 结构如图 6.52 所示，经过优化，PMD 的结构质量可以节省约 18.2%。

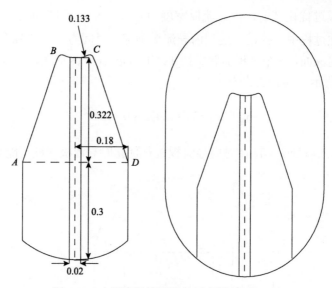

图 6.51　内导流板构型优化示意图(单位：m)

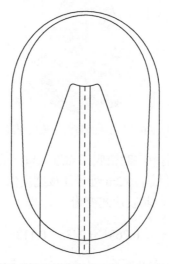

图 6.52　内外导流板结构的板式表面张力贮箱及 PMD 结构

6.4.5　推进剂加注过程仿真

在加注之前，被加注贮箱都会有一定的剩余推进剂，这里假设被加注贮箱推进剂剩余体积为 20%，推进剂加注量为 0.6L/s。在加注过程中，推进剂进入被加注贮箱，其体积从 20%增加到 95%，在 PMD 作用下，逐渐填满整个贮箱。推进剂加注过程中板式表面张力贮箱内的推进剂液面变化如图 6.53 所示。

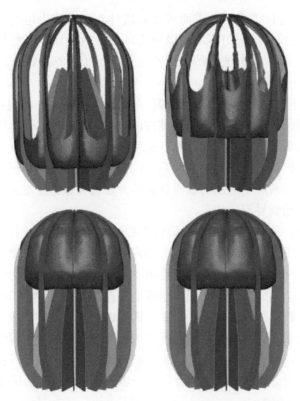

图 6.53　推进剂体积分别为 20%、40%、70% 和 95% 时的液面分布图

从以上几个图中可以看出，在加注过程中推进剂液面逐渐升高，其体积达到70% 时，推进剂已经覆盖整个贮箱壁，而气体在贮箱中部形成一个大的气泡。随后，气泡沿着内外导流板边缘不断缩小，当推进剂体积达到 95% 时，在贮箱上部形成一个球状气泡，而气泡的上下沿和内外导流板接壤。

6.5　本章小结

微重力条件下贮箱内推进剂流体特性分析是提升贮箱推进剂管理性能、实现稳定传输的理论基础，同时是卫星在轨加注技术的核心理论之一。本章以微重力条件下贮箱内推进剂流体特性分析为切入口，基于表面张力流动的基本理论开展了微重力下内角自流与过流稳定性研究，进一步开展了导流板布局与构型优化，并给出了板式贮箱设计实例，这对贮箱推进剂传输与管理性能提升具有一定借鉴意义。本章的主要研究内容及结论如下：

（1）微重力下的内角自流研究。对简单的内角流动模型进行推广，研究了板式表面张力贮箱内普遍存在的不对称内角流动问题。建立液体在不对称内角的流动控制方程并进行了求解，进而可以对液体在不对称内角的流动过程进行比较精确的计算和预测。利用落塔的微重力环境，对液体在不对称内角的液面定位过程进行了试验，并把试验结果和理论计算结果进行对比，分析和验证了内角流动理论。

（2）微重力下的内角过流稳定性研究。以 Young-Laplace 方程和动量方程为基础，建立了一维形式的内角过流稳定性控制方程，并通过牛顿非线性方法求解该方程，得到了沿流动方向的液面高度、曲率和速度等的变化，以及控制方程的对流项和黏性项在流动过程中的相应关系。同时，从数学角度分析了控制方程达到无解状态的原因，对应于液面的临界状态；并通过微重力落塔试验进一步研究了亚临界、临界和超临界流动状态。

（3）利用内角流动理论对板式表面张力贮箱及 PMD 结构进行了设计和优化。利用内角流动模型分析板式表面张力贮箱内的推进剂定位与流动，得出了推进剂管理效率最高的 PMD 结构。利用内角流动理论对板式表面张力贮箱及导流板结构等进行了比较全面的分析，并在内角流动理论指导下，设计了一款小型的板式表面张力贮箱。根据所设计贮箱，建立了板式表面张力贮箱的数值模型，利用数值仿真的方法对板式表面张力贮箱的推进剂定位过程和加注过程进行了模拟。通过仿真计算发现，所设计的板式表面张力贮箱能够对推进剂进行有效管理，仿真计算的结果和理论分析结果也相吻合，进一步验证了内角流动理论。

参 考 文 献

[1] 胡文瑞. 微重力科学概论[M]. 北京: 科学出版社, 2010.

[2] Wu Z Y, Huang Y Y, Chen X Q, et al. Surrogate modeling for liquid-gas interface determination under microgravity[J]. Acta Astronautica, 2018, 152: 71-77.

[3] Weislogel M M. Capillary flow in containers of polygonal section theory and experiment[R]. NASA. NASA/CR-2001-210900, 2001.

[4] Mason G, Morrowt N R. Capillary behavior of a perfectly wetting liquid in irregular triangular tubes[J]. Journal of Colloid and Interface Science, 1991, 141(1): 262-274.

[5] Weislogel M M, Licther S. Capillary flow in an interior corner[J]. Journal of Fluid Mechanics. 1998, 373: 349-378.

[6] Concus P, Finn R. On the behavior of a capillary surface in a wedge[J]. Applied Mathematical Sciences, 1969, 63(2): 292-299.

[7] Brakke K A. Surface Evolver Manual[R]. Selinsgrove: Susquehanna University, 2012.

[8] Brakke K A. The surface evolver[J]. Experimental Mathematics, 1992, 1: 141-165.

[9] Chen Y, Weislogel M M. Analysis of capillary flow in rounded corners[C]. ASME Heat Transfer/Fluids Engineering Summer Conference, Charlotte, 2004.

[10] Chen Y, Weislogel M M. Capillary-driven flows along rounded interior corners[J]. Journal of Experiments in Fluid Mechanics, 2006, 56: 235-271.

[11] Weislogel M M, Nardin C L. Capillary driven flow along interior corners formed by planar walls of varying wettability [J]. Microgravity Science & Technology, 2005, 17(3): 45-55.

[12] Weislogel M M, Chen Y, Bolleddula D. A better nondimensionalization scheme for slender laminar flows: The Laplacian operator scaling method[J]. Physics of Fluids, 2008, 20(9): 93602.

[13] Wu Z Y, Huang Y Y, Chen X Q, et al. Capillary-driven flows along curved interior corners[J]. International Journal of Multiphase Flow, 2018, 109: 14-25.

[14] Lazzer A, Langbein D, Dreyer M E, et al. Mean curvature of liquid surface in containers of arbitrary cross-section[J]. Microgravity Science and Technology, 1996, 9(3): 208-219.

[15] Farassat F, Farris M. The mean curvature of the influence surface of wave equation with sources on a moving surface[J]. Journal Mathematical Methods in the Applied Sciences, 1999, 22: 1485-1503.

[16] Kheshigi H S. Profile equations for films flow at moderate Reynolds numbers[J]. Aiche Journal, 1989, 35(10): 1719-1727.

[17] Mayer F J, Mcgrath J F, Steele J W. A class of similarity solutions for the nonlinear thermal conduction problem [J]. Journal of Physics a General Physics, 1983(16): 3393-3400.

[18] Jaekle J. Propellant management device conceptual design and analysis: Vanes[C]. AIAA Joint Propulsion Conference, San Diego, 1991.

[19] Rosendahl U, Ohlhoff A, Dreyer M E. Choked flows in open capillary channels: Theory, experiment and computations[J]. Journal of Fluid Mechanics, 2004, 518: 187-214.

[20] Rosendahl U, Ohlhoff A, Dreyer M E, et al. Investigation of forced liquid flows in open capillary channels[J]. Microgravity Science and Technology, 2002, 4: 53-58.

[21] Rosendahl U, Fechtmann C, Dreyer M E. Sounding rocket experiment on capillary channel flow[C]. The 17th ESA Symposium on European Rocket and Balloon Programmes and Related Research, 2005: 551-556.

[22] Rosendahl U, Dreyer M E. Design and performance of an experiment for the investigation of open capillary channel flows Sounding rocket experiment TEXUS-41[J]. Experiments in Fluids, 2007, 42: 683-696.

[23] Rosendahl U, Grah A, Dreyer M E. Convective dominated flows in open capillary channels[J]. Physics of Fluids, 2010, 22(5): 1-13.

[24] Grah A, Haake D, Rosendahl U, et al. Stability limits of unsteady open capillary channel flow[J]. Journal of Fluid Mechanics, 2008, 600: 271-289.

[25] Grah A, Dreyer M E. Dynamic stability analysis for capillary channel flow: One-dimensional and three-dimensional computations and the equivalent steady state technique[J]. Physics of Fluids, 2010, 22(1): 014101.

[26] Haake D, Rosendahl U, Ohlhoff A, et al. Flow rate limitation in open capillary channel flows[J]. Interdisciplinary Transport Phenomena in the Space Sciences, 2006, 1077: 443-458.

[27] Haake D, Klatte J, Grah A, et al. Flow rate limitation of steady convective dominated open capillary channel flows through a groove[J]. Microgravity Science and Technology, 2010, 22: 129-138.

[28] Klatte J, Haake D, Weislogel M M, et al. A fast numerical procedure for steady capillary flow in open channels[J]. Acta Mechanica, 2008, 201(1): 269-276.

[29] Wu Z Y, Huang Y Y, Chen X Q, et al. Flow rate limitation in curved open capillary groove channels[J]. International Journal of Multiphase Flow, 2019, 116: 164-175.

第7章　微重力条件下多孔介质中的液体输运特性

卫星在轨加注过程中，贮箱推进剂在管理装置的作用下，通常情况下能够实现气液分离，液体推进剂被蓄集在贮箱排液口附近，气体则聚集于排气口附近。然而，在加注的传输过程中，贮箱内压力变化容易导致气液界面不稳定，引起排液口附近出现气泡或者排气口附近出现液滴，给卫星在轨加注过程带来隐患。如何在推进剂管理装置之外，通过气液分离装置设计，实现排液口排液不排气、排气口排气不排液，可有效提高卫星在轨加注任务的安全性与可靠性。

随着材料科学与表面处理科学的发展，新型多孔介质材料的出现与表面活性剂的使用为贮箱推进剂管理及气液分离提供了新思路。诸多研究机构纷纷采用多孔介质材料与表面处理技术设计和研制新的空间流体管理装置[1,2]。这些研制方案为多孔介质材料和表面处理技术在贮箱推进剂管理装置中的使用提供了参考。多孔介质材料具有比重小、比表面积大、渗透性优、抗热震、加工性好等特性，应用越来越广泛。在空间环境下，表面张力成为液体的主要控制力，由于多孔介质材料比表面积大，故对液体具有很强的吸附作用。

本章以多孔介质材料在可加注式贮箱推进剂管理装置中的应用为背景，基于随机几何理论、分形几何理论、分子动力学理论、流体动力学理论对微重力环境下流体在多孔介质内的输运特性进行研究，开展多孔介质结构特性、流体在多孔介质材料中的过流特性、多孔介质材料的润湿特性研究，并根据研究成果，设计出新型的多孔介质气液分离装置，为其应用于卫星可加注式贮箱奠定基础。

7.1　基于随机几何理论的多孔介质结构特征

7.1.1　多孔介质结构特征统计模型

根据多孔介质材料的定义，多孔介质在空间上分为两部分：一部分为固体所占据的"骨架"；另一部分为空气或者其他物质填充所占的体积。如果将多孔介质材料看成由空间若干点构成的集合 $V(w)$，如图 7.1 所示，则该集合可以分为两个子集：填充材料部分的点集 $V_1(w)$，其体积分数为 ϕ_1；固体骨架部分的点集 $V_2(w)$，其体积分数为 ϕ_2。易知，$V_1(w)$ 和 $V_2(w)$ 互为补集。这里定义函数

$$I^{(i)}(X;w) = \begin{cases} 1, & X \in V_i(w) \\ 0, & \text{其他} \end{cases} \tag{7.1}$$

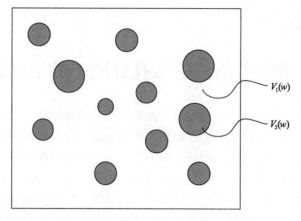

图 7.1 多孔介质不同相

若点 X 属于点集 $V_i(w)$ 中，则 $I^{(i)}(X;w)=1$；若不属于，则 $I^{(i)}(X;w)=0$。其中上标 i 表示多孔介质中不同的相，为了方便表示，下述公式中不加上标，如果没有特别注明，则表示为孔隙。

可以假设多孔介质孔隙中，由 N 个半径为 R 的小球填充，小球的圆心组成的集合表示为 $r^N = \{r_1, r_2, \cdots, r_N\}$，则小球内点集合可以表示为[3]

$$I(X - r_i) = \begin{cases} 1, & |X - r_i| < R \\ 0, & |X - r_i| \geqslant R \end{cases} \tag{7.2}$$

同时，小球表面的点集可以用如下函数表示[3]：

$$M(X, r^N) = \left[\sum_{i=1}^{N} \delta(|X - r_i| - R) \right] \times \prod_{i=1}^{N} [1 - I(X - r_i)] \tag{7.3}$$

式中，$\delta(X)$ 为狄拉克函数。

多孔介质单位体积内小球的表面积——比表面积，可以表示为

$$\frac{S}{V} = \int \left[\sum_{i=1}^{N} \delta(|X - r_i| - R) \right] \prod_{i=1}^{N} [1 - I(X - r_i)] \times P_N(r^N) \mathrm{d}r^N \tag{7.4}$$

式中，$P_N(r^N)\mathrm{d}r^N$ 表示在 $(r_1 - \mathrm{d}r_1, r_1)$ 内找到小球 1 圆心，在 $(r_2 - \mathrm{d}r_2, r_2)$ 内找到小球 2 圆心，$\cdots$，在 $(r_N - \mathrm{d}r_N, r_N)$ 内找到小球 N 圆心的概率。其中 $\mathrm{d}r^N = \mathrm{d}r_1 \mathrm{d}r_2 \cdots \mathrm{d}r_N$，且

$$\int P_N(r^N)\mathrm{d}r^N = 1 \tag{7.5}$$

由于考虑的多孔介质为各向同性结构，结构特性不随坐标 X 而变化，式(7.4)可变为

$$\frac{S}{V} = \int \left[\sum_{i=1}^{N} \delta(r_i - R) \right] \prod_{i=1}^{N} [1 - I(r_i)] \times P_N(r^N) \mathrm{d}r^N \tag{7.6}$$

将式(7.6)展开，可得

$$\frac{S}{V} = A_0 - A_1 + A_2 - A_3 + \cdots \tag{7.7}$$

式中，A_0 表示单位体积内所有小球的表面积之和；A_1 表示至少在一个球内的表面积部分，因此需要减去，如图 7.2 所示；A_2 表示至少在两个球内的表面积，包含在 A_1 中，因此需要加上。

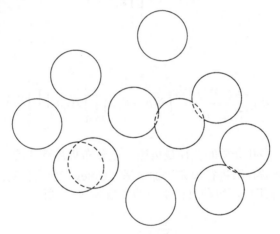

图 7.2　多孔介质表面积

对于 A_n，展开式(7.6)可得

$$A_n = \sum_{i=1}^{N} \int \delta(r_i - R) \left[\sum_{j=1 < \cdots < j=n}^{N} \prod_{s=1}^{n} I(r_{js}) \right] \times P_N(r^N) \mathrm{d}r^N \tag{7.8}$$

又考虑 n 个点的概率密度和 n 个点的自相关函数得[3,4]

$$\rho_n(r^n) = \frac{N!}{(N-n)!} \int P_N(r^N) \mathrm{d}r^{N-n} \tag{7.9}$$

$$g_n(r^n) = \frac{\rho_n(r^n)}{\rho^n} \tag{7.10}$$

式中，ρ 为单位体积内小球数量，即小球个数密度，$g_n(r^n)$ 为 n 个点的自相关函数，则

$$A_n = \frac{\rho^{n+1}}{n!} \int \delta(r_i - R) I(r_2) \cdots I(r_{n+1}) \times g_{n+1}(r^{n+1}) \mathrm{d}r^{n+1} \tag{7.11}$$

式 (7.6) 变为

$$\frac{S}{V} = 4\pi R^2 \rho + \sum_{n=1}^{\infty} \frac{(-1)^n \rho^{n+1}}{n!} \int \delta(r_i - R) \times \left[\prod_{i=1}^{n+1} I(r_i) \right] g_{n+1}(r^{n+1}) \mathrm{d}r^{n+1} \tag{7.12}$$

根据 Percus-Yevick 近似[5]，得

$$g_n(r^n) \simeq \prod_{\substack{j=1 \\ j<k}}^{n} g_2(r_{jk}) \tag{7.13}$$

则由式 (7.12) 得

$$\frac{S}{V} = 4\pi R^2 \rho + \sum_{n=1}^{\infty} \frac{(-1)^n \rho^{n+1}}{n!} \int \delta(r_i - R) \times \left[\prod_{i=1}^{n+1} I(r_i) \right] \left[\prod_{\substack{j=1 \\ j<k}}^{n+1} g_2(r_{jk}) \right] \mathrm{d}r^n \tag{7.14}$$

实际情况中，多孔介质的孔径是按照一定分布规律形成的，因此采用不同孔径的小球对多孔介质孔隙进行填充更加合适。Chiew 等[3]将多孔介质填充球细分为由 M 种直径小球组成，每种直径小球的个数为 N_I，则

$$\sum_{I=A}^{M} N_I = N \tag{7.15}$$

则式 (7.11) 变为

$$A_n = \frac{1}{n!} \sum_{I_1=A} \cdots \sum_{I_{n+1}=A} \int \delta(r_i - R) I(r_2) \cdots I(r_{n+1}) \times \rho_{I_{n+1}} \cdots \rho_{I_1} g_{n+1}(r^{n+1}) \mathrm{d}r^{n+1} \tag{7.16}$$

多重分布多孔介质比表面积为

$$\begin{aligned}
\frac{S}{V} &= \sum_{I=A}^{M} 4\pi R_I^2 \rho_I + \sum_{n=1}^{\infty} \frac{(-1)^n}{n!} \times \sum_{I_1=A}^{M} \cdots \sum_{I_{n+1}=A}^{M} \left(\prod_{j=1}^{n+1} \rho_{I_j} \right) \\
&\quad \times \int \delta(r_I - R_{I_1}) \left[\prod_{j=2}^{n} I(r_j) \right] g_{n+1}(r^{n+1}) \mathrm{d}r^n
\end{aligned} \tag{7.17}$$

式 (7.17) 中, n 个点的自相关函数 $g_n(r^n)$, 对于不同的堆积方式的小球, 其取值亦不相同。因此对于不同的堆积方式, 其比表面积的计算模型不同, 有硬球 (Hard-Sphere) 模型、布恩利 (Boolean) 模型、可渗透 (Interpenetrable) 模型。Hard-Sphere 模型就是小球在堆积过程中不产生变形, 球与球之间只是点接触; Boolean 模型是球与球之间可以互相完全重合, 即球与球之间的位置关系对球的位置没有影响; 可渗透模型则是球与球之间部分重合, 如图 7.3 所示。

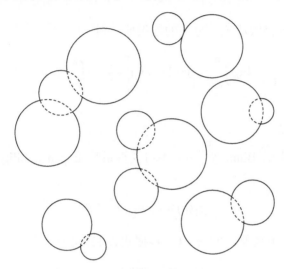

图 7.3　不同的小球堆积方式

1. Hard-Sphere 模型

根据 Hard-Sphere 模型定义可知, 球与球之间为点接触, 因此多孔介质的表面积即球表面积之和。式 (7.17) 中右边第二部分为零, 变为

$$\frac{S}{V} = \sum_{I=A}^{M} 4\pi R_I^2 \rho_I \tag{7.18}$$

对于孔径服从 $f(r)$ 分布的堆积球, 则

$$\frac{S}{V} = 4\pi\rho \int_0^R f(r) r^2 \mathrm{d}r \tag{7.19}$$

式中, 球圆心服从泊松分布, ρ_I 为常值, 取为 ρ。

2. Boolean 模型

对于 Boolean 模型, $g_n(r^n) = 1^{[4]}$, 则式 (7.17) 变为

$$\frac{S}{V} = \sum_{I=A}^{M} 4\pi R_I^2 \rho_I + \sum_{n=1}^{\infty} \frac{(-1)^n}{n!} \times \left(\sum_{I=A}^{M} 4\pi R_I^2 \rho_I \right) \left(\sum_{I=A}^{M} \frac{4}{3} \pi R_I^3 \rho_I \right)^n \tag{7.20}$$

即

$$\frac{S}{V} = \left(\sum_{I=A}^{M} 4\pi R_I^2 \rho_I \right) \exp\left(-\sum_{I=A}^{M} \frac{4}{3} \pi R_I^3 \rho_I \right) \tag{7.21}$$

同理,对于孔径服从 $f(r)$ 分布的堆积球,则

$$\frac{S}{V} = 4\pi\rho \int_0^R f(r) r^2 \mathrm{d}r \times \exp\left[-\frac{4}{3} \pi\rho \int_0^R f(r) r^3 \mathrm{d}r \right] \tag{7.22}$$

3. 可渗透模型

对于可渗透模型,Blum 等[6]引入不可变形系数 (impenetrability parameter) 在自相关函数中,即

$$g_2(r) = 1 - \varepsilon, \quad r < 2R \tag{7.23}$$

式中, ε 为不可变形系数, $0 \leqslant \varepsilon \leqslant 1$。根据式 (7.13) 可得

$$g_{n+1}(r^n) \simeq (1-\varepsilon)^{n(n+1)/2}, \quad r < 2R \tag{7.24}$$

则式 (7.17) 为

$$\frac{S}{V} = 4\pi\rho \int_0^R f(r) r^2 \mathrm{d}r \times \left[1 + \sum_{n=1}^{\infty} \frac{(-1)^n (1-\varepsilon)^{n(n+1)/2}}{n!} \left(-\frac{4}{3} \pi\rho \int_0^R f(r) r^3 \mathrm{d}r \right)^n \right] \tag{7.25}$$

7.1.2　多孔介质孔隙的分形分布特性

假设颗粒 (或者孔隙) 分布与海平面小岛分布一样,已经知道小岛的累积分布服从指数分布, $N(A > a) \sim a^{-D/2}$,式中 N 为所有岛屿面积大于 a 的岛屿数目, D 表示表面积的分形维度,也可表示为[7]

$$N(A \geqslant a) \sim \left(\frac{a_{\max}}{a} \right)^{D_{\mathrm{f}}/2} \tag{7.26}$$

参考以上分析,将分形介质中的颗粒面积 $a = gr^2$ 代入式 (7.26) 中得到

$$N(L \geqslant r) = \left(\frac{r_{\max}}{r}\right)^{D_{\mathrm{f}}} \tag{7.27}$$

式(7.27)表示颗粒或孔隙直径大于 r 的孔隙个数所服从的指数分布。对式(7.27)中 r 进行微分，则有

$$-\mathrm{d}N = D_{\mathrm{f}} r_{\max}^{D_{\mathrm{f}}} r^{-(D_{\mathrm{f}}+1)} \mathrm{d}r \tag{7.28}$$

式(7.28)中的负号表示颗粒或孔隙数量随着孔隙大小的增大而减小，并且颗粒或孔隙的总数可以表示为

$$N_t(L \geqslant r_{\min}) = \left(\frac{r_{\max}}{r_{\min}}\right)^{D_{\mathrm{f}}} \tag{7.29}$$

将式(7.27)代入式(7.29)中得[8]

$$-\frac{\mathrm{d}N}{N_t} = D_{\mathrm{f}} r_{\min}^{D_{\mathrm{f}}} r^{-(D_{\mathrm{f}}+1)} \mathrm{d}r = f(r)\mathrm{d}r \tag{7.30}$$

式中，

$$f(r) = D_{\mathrm{f}} r_{\min}^{D_{\mathrm{f}}} r^{-(D_{\mathrm{f}}+1)} \geqslant 0 \tag{7.31}$$

$f(r)$ 为颗粒或孔隙概率密度。

由式(7.31)可知，多孔介质的分形颗粒或孔径分布特性可以归纳为[9]

$$f(r) = A r^{-(D_{\mathrm{f}}+1)} \tag{7.32}$$

其中，A 为归一化系数，$f(r)$ 实质是一种指数分布的形式，$r^{-1-D_{\mathrm{f}}}$ 使得颗粒或孔隙半径分布函数能够从 r 到 $r^{-D_{\mathrm{f}}}$ 区间内连续。

7.1.3　多孔介质结构特征建模

在以往的研究中，随机几何理论的研究人员以及分形理论的学者分别将各自领域的理论研究成果用于分析多孔介质材料的结构特性。Hermann 等[10-13]将不同直径的颗粒密度与颗粒直径服从分形幂定律引入随机几何的 Boolean 模型中，建立了考虑多孔介质材料分形特征的结构特性模型，并且分析了其分形维数。但是，其建立的模型并未深入考虑多孔介质材料实际结构参数，难以用到实际情况分析中。这里将分形理论的最新结论引入随机几何模型中，考虑多孔介质的微结构特性，建立更加一般的多孔介质结构特征模型。

1. 多孔介质结构特征模型

多孔介质单胞内的颗粒体积为

$$V_s = N_t \int_{r_{\min}}^{r_{\max}} \frac{4}{3}\pi r^3 f(r)\mathrm{d}r = N_t A \int_{r_{\min}}^{r_{\max}} \frac{4}{3}\pi r^3 r^{-(D_f+1)}\mathrm{d}r$$
$$= \frac{4\pi}{3}\frac{r_{\max}^{3-D_f}}{3-D_f}N_t A(1-\xi^{3-D_f}) \tag{7.33}$$

式中，$\xi = \dfrac{r_{\min}}{r_{\max}}$。将多孔介质单胞内颗粒个数 N_t 乘以颗粒的平均体积，可得到多孔介质单胞内的颗粒体积，则多孔介质单胞的体积为

$$V_u = \frac{V_p}{1-\phi} = \frac{4\pi}{3}\frac{N_t A}{\phi}\frac{r_{\max}^{3-D_f}}{3-D_f}(1-\xi^{3-D_f}) \tag{7.34}$$

同理，多孔介质单胞内的表面积为

$$S_p = N_t \int_{r_{\min}}^{r_{\max}} 4\pi r^2 f(r)\mathrm{d}r = N_t A \int_{r_{\min}}^{r_{\max}} 4\pi r^2 r^{-(D_f+1)}\mathrm{d}r$$
$$= \frac{4\pi r_{\max}^{2-D_f}}{2-D_f}N_t A(1-\xi^{2-D_f}) \tag{7.35}$$

将式(7.34)和式(7.35)分别代入式(7.19)、式(7.22)、式(7.25)，得到多孔介质比表面积模型如下：

Hard-Sphere 模型

$$\overline{S}_H = \frac{3(1-\phi)}{r_{\max}}\frac{3-D_f}{2-D_f}\frac{(1-\xi^{2-D_f})}{(1-\xi^{3-D_f})} \tag{7.36}$$

Boolean 模型

$$\overline{S}_B = \frac{3(1-\phi)}{r_{\max}}\frac{3-D_f}{2-D_f}\frac{(1-\xi^{2-D_f})}{(1-\xi^{3-D_f})}(1-\phi) \tag{7.37}$$

可渗透模型

$$\overline{S}_I = \frac{3(1-\phi)}{r_{\max}}\frac{3-D_f}{2-D_f}\frac{(1-\xi^{2-D_f})}{(1-\xi^{3-D_f})} \times \left[1 + \sum_{n=1}^{\infty}\frac{(-1)^n(1-\varepsilon)^{n(n+1)/2}}{n!}(\phi\xi^{-D_f})^n\right] \tag{7.38}$$

式(7.36)~式(7.38)中，$\bar{S}_{\mathrm{H}}$、$\bar{S}_{\mathrm{B}}$、$\bar{S}_{\mathrm{I}}$分别代表不同模型的比表面积。相比于 Hard-Sphere 模型与 Boolean 模型，可渗透模型更具一般性，当$\varepsilon=1$时，可渗透模型与 Hard-Sphere 模型相同，当$\varepsilon=0$时，可渗透模型与 Boolean 模型相同。

以上三式将多孔介质结构特性与其分形特征建立了关系，但尚未建立比表面积与多孔介质微结构特性的关系。一般，多孔介质的孔隙率与颗粒半径容易获得，因此需要通过多孔介质微结构特征建立多孔介质分形特征的关系。

分形维度为[8]

$$D_{\mathrm{f}} = d - \frac{\ln(1-\phi)}{\ln \xi} \tag{7.39}$$

最大孔隙半径[14]

$$r_{\max} = \frac{D_s}{8}\left[\sqrt{\frac{2\phi}{1-\phi}} + \sqrt{\frac{\phi}{1-\phi}} + \sqrt{\frac{\pi}{4(1-\phi)}} - 1\right] \tag{7.40}$$

式中，D_s为颗粒直径，也是最大颗粒直径。

2. 算例验证

为了验证模型的准确性和一般性，先将多孔介质的比表面积模型归一化，再与仿真结果比较。采用颗粒直径D_s作为基准，则有如下公式：

Hard-Sphere 模型

$$\bar{S}_{n\mathrm{H}} = \bar{S}_{\mathrm{H}} r_{\max} = 3(1-\phi)\frac{3-D_{\mathrm{f}}}{2-D_{\mathrm{f}}}\frac{(1-\xi^{2-D_{\mathrm{f}}})}{(1-\xi^{3-D_{\mathrm{f}}})} \tag{7.41}$$

Boolean 模型

$$\bar{S}_{n\mathrm{B}} = \bar{S}_{\mathrm{B}} r_{\max} = 3(1-\phi)\frac{3-D_{\mathrm{f}}}{2-D_{\mathrm{f}}}\frac{(1-\xi^{2-D_{\mathrm{f}}})}{(1-\xi^{3-D_{\mathrm{f}}})}(1-\phi) \tag{7.42}$$

可渗透模型

$$\bar{S}_{n\mathrm{I}} = \bar{S}_{\mathrm{I}} r_{\max} = 3(1-\phi)\frac{3-D_{\mathrm{f}}}{2-D_{\mathrm{f}}}\frac{(1-\xi^{2-D_{\mathrm{f}}})}{(1-\xi^{3-D_{\mathrm{f}}})}\times\left[1 + \sum_{n=1}^{\infty}\frac{(-1)^n(1-\varepsilon)^{n(n+1)/2}}{n!}(-\phi)^n\right] \tag{7.43}$$

验证方法是采用商用软件生成堆积球模型模拟多孔介质，再通过蒙特卡罗模拟方法进行数值仿真获取堆积球模型表面积结构特性，并将仿真结果分别与式(7.41)~式(7.43)计算结果进行比较。

采用基于 DEM 的 PFC 软件来模拟球体的堆积过程[15]，从而生成堆积球模拟的多孔介质。软件可直接模拟球形颗粒的运动和相互作用。模拟过程如下：首先在预先设定的区域内，按照给定的尺寸和数量随机生成松散球体，然后对球体施加重力作用使其下落，在堆积过程中球体间及球体与管壁间相互碰撞产生相互作用力而发生位移，小球颗粒的直径在相互作用下可能会变小，当达到收敛标准后计算停止。

PFC 软件生成的堆积球模型如图 7.4 所示，即在 $10\times10\times10$ 空间内采用排挤法生成若干等直径球体，以模拟多孔介质材料。所谓排挤生成法，即指定颗粒体的半径，不限制颗粒的数目，使足够多的颗粒产生来达到所需要的孔隙率。但这种方法的缺点是可能在局部区域造成大面积的颗粒重叠，产生很大的挤压力，使得颗粒体脱离墙体的限制。为避免此情况的发生，可通过初始的有限步循环计算将颗粒的动能减至零，然后再计算至平衡态。堆积球多孔介质结构参数如表 7.1 所示。

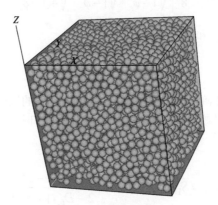

图 7.4　堆积球模型

表 7.1　堆积球多孔介质结构参数

编号	直径/mm	颗粒个数	孔隙率	比表面积
Test 1	0.15	374498	0.340	1.911
Test 2	0.3	46454	0.344	1.895
Test 3	0.45	13635	0.349	1.885
Test 4	0.6	5686	0.357	1.875
Test 5	0.75	2871	0.367	1.851
Test 6	0.9	1639	0.375	1.828
Test 7	1.2	678	0.387	1.798

采用蒙特卡罗方法[16]对表 7.1 中的模拟多孔介质结构特性进行数值计算，算

法如图 7.5 所示。对孔隙率的仿真原理是：在多孔介质的 $10 \times 10 \times 10$ 空间内生成总数为 N 的随机点，用落在多孔介质外部的点数 N_V 除以总点数 N 得到多孔介质孔隙率。数值计算比表面积的原理为：在每个球表面随机生成 N_s 个测试点，并从中找到在其他球内的测试点数 N_i，从而得到每个小球不在其他球内的表面积比 $s_i = 1 - N_i / N_s$，再根据式(7.44)得到模拟多孔介质的比表面积：

$$S = \frac{4\pi R^2}{V} \sum_{i=1}^{n} s_i \tag{7.44}$$

式中，n 为小球个数；V 为样品空间体积。

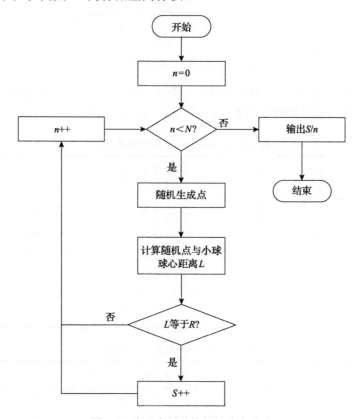

图 7.5　多孔介质结构特性仿真算法

为了验证蒙特卡罗方法的有效性和收敛性，对于 Test 4 多孔介质模拟样本，对 N 分别为 10^2、10^3、10^4、10^5、10^6、10^7、10^8 的测试点进行数值实验。实验结果(如图 7.6 所示)显示，随着随机数值的提高，体积分数仿真值逐渐收敛。根据数值实验结果可知，当 $N \geqslant 10^6$ 时，蒙特卡罗仿真能够有效逼近实际值。在其他多孔介质模拟样本的仿真计算中，采用 $N = 10^6$ 时，$N_s = 10^3$，进行仿真计算。

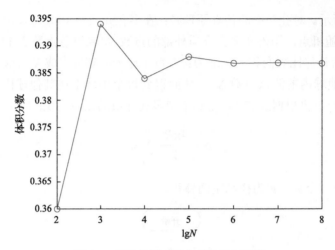

图 7.6　蒙特卡罗方法收敛性验证结果

将仿真结果(表 7.1)与 Hard-Sphere 模型、Boolean 模型、可渗透模型计算结果相对比，得到的结果分别如表 7.2、表 7.3、表 7.4 所示。

表 7.2　Hard-Sphere 模型结果对比

编号	直径/mm	孔隙率	蒙特卡罗法仿真结果	$\bar{S}_{nH}$	误差
Test 1	0.15	0.340	1.911	2.789	45.9%
Test 2	0.3	0.344	1.895	2.771	46.2%
Test 3	0.45	0.349	1.885	2.489	32.0%
Test 4	0.6	0.357	1.875	2.713	44.7%
Test 5	0.75	0.367	1.851	2.668	44.1%
Test 6	0.9	0.375	1.828	2.633	44.0%
Test 7	1.2	0.387	1.798	2.579	43.4%

表 7.3　Boolean 模型结果对比

编号	直径/mm	孔隙率	蒙特卡罗法仿真结果	$\bar{S}_{nB}$	误差
Test 1	0.15	0.340	1.911	1.841	3.7%
Test 2	0.3	0.344	1.895	1.818	4.1%
Test 3	0.45	0.349	1.885	1.789	5.1%
Test 4	0.6	0.357	1.875	1.745	6.9%
Test 5	0.75	0.367	1.851	1.689	8.8%
Test 6	0.9	0.375	1.828	1.646	10.0%
Test 7	1.2	0.387	1.798	1.581	12.1%

表 7.4　可渗透模型结果对比

编号	直径/mm	孔隙率	蒙特卡罗法仿真结果	$\bar{S}_{nI}$	ε
Test 1	0.15	0.340	1.911	1.910	0.91
Test 2	0.3	0.344	1.895	1.895	0.90
Test 3	0.45	0.349	1.885	1.882	0.88
Test 4	0.6	0.357	1.875	1.876	0.83
Test 5	0.75	0.367	1.851	1.853	0.79
Test 6	0.9	0.375	1.828	1.826	0.77
Test 7	1.2	0.387	1.798	1.794	0.73

如表 7.2 所示，采用 Hard-Sphere 模型计算的结果与仿真结果相比较，有较大的误差，误差均在 45%左右。结果表明，在传统的多孔介质研究中，仅考虑颗粒的平均体积所求出的统计量会有较大的误差。因此，在研究多孔介质材料结构特征特性时，不能忽略颗粒之间的相互位置关系。

如表 7.3 所示，采用 Boolean 模型计算的结果与仿真结果相比较，误差在 10%左右，与 Hard-Sphere 模型计算结果相比较，精度有较大提高。结果中，随着颗粒直径的增加，误差有所增加，这是由于当球体积增大时，其刚度降低，变形量增大，所以重合度增大，受位置关系影响较大，而 Boolean 模型简单地将颗粒之间位置关系处理成能够互相重合，其误差也增加了。

表 7.4 中显示的是采用可渗透模型计算的结果与仿真结果的比较。在计算可渗透模型中，通过数值实验发现，当 $n = 10000$ 时，结果收敛。结果中，7 个样本通过不断调整不可变形系数 ε 都可以获得与仿真结果几乎相同的值，进一步证明了可渗透模型的正确性；随着颗粒直径的增大，不可变形系数 ε 逐渐减小，说明大颗粒球变形增大，这与 Boolean 模型结果中的分析一致。

从图 7.7 中可以看出，所有仿真数据全都落在 Hard-Sphere 模型、Boolean 模型计算结果之内，计算和仿真结果显示比表面积随着孔隙率减小而减小，该结果与文献[3]相同。而对于可渗透模型，$\varepsilon=0.8$ 时仿真和计算结果误差在 10%以内。这表示采用孔径按照分形幂定律分布的圆球填充到多孔介质内部的颗粒中，能够很好地逼近多孔介质材料的内部结构，因此计算填充所有小球的统计规律能够很好地得到多孔介质材料内部结构特性。

根据结果可知，Boolean 模型与可渗透模型计算结果相差较小，且具有相同的趋势，而与 Boolean 模型相比，可渗透模型中的不可变形系数 ε 需要先验信息进行确定，多孔介质材料在一般情况下难以获得这些信息。因此为了方便，在后续章节的分析中如果没有特殊注明，将采用 Boolean 模型进行分析和计算。

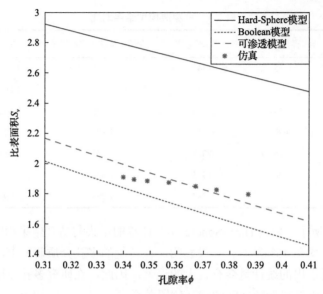

图 7.7　不可变形系数 ε 对比表面积计算结果的影响

7.2　多孔介质过流特性与润湿特性

本节基于已建立的多孔介质结构特征理论模型,提出新的多孔介质材料水力直径模型与等效半径模型,并将其引入已有的多孔介质过流特性与润湿特性模型中,建立新的多孔介质过流特性模型与润湿特性模型。

7.2.1　多孔介质过流特性

本节从水力直径模型出发,基于多孔介质的结构特征模型,建立水力直径的理论模型,并引入迂曲度的理论模型,完善并拓展多孔介质材料过流特性模型。根据 Poiseuille 公式和 Brillouin 公式,得到流体流经多孔材料的压降,可表示为[17]

$$\frac{\Delta P}{L_t} = 32 \frac{\mu}{d_h^2} V^* + \frac{1}{2} \frac{\rho}{d_h} V^{*2} \tag{7.45}$$

式中,L_t 为流体流经多孔介质的总长度,根据迂曲度的定义,

$$L_t = L\tau \tag{7.46}$$

V^* 为流体通过毛细管的速度[18],则

$$V^* = \frac{V}{\phi}\tau \tag{7.47}$$

将式(7.46)和式(7.47)代入式(7.45)得到

$$\frac{\Delta P}{L} = 32\tau^2 \frac{\mu}{\phi d_h^2} V + \frac{\tau^3}{2} \frac{\rho}{\phi^2 d_h} V^2 \tag{7.48}$$

则有

$$\alpha = 32\tau^2 \tag{7.49}$$

$$\beta = \frac{\tau^3}{2} \tag{7.50}$$

1. 水力直径

式(7.48)中，水力直径 d_h 为重要的参数。在以往的研究中，往往将水力直径简单用传统的水力直径定义，即 4 倍的流通面积除以润湿周长来进行计算。在多孔介质材料中，内部结构复杂，流体通过时方向是随机的，并且流动方向的截面积各不相同，所以难以用传统的水力直径计算方法进行计算。从多孔介质材料整体考虑定义平均流通面积 A 和平均润湿周长 P，两者分别是各截面平均流通面积和平均润湿周长沿球床长度上的加权平均，可分别得到球床整体的流道体积，即孔隙体积 V_v 和内表面积 S_s，然后根据孔隙率，以及球体体积和面积的关系，整理得到水力直径 d_h，推导过程如下：

$$d_h = \frac{4A}{P} = \frac{4\int_0^l A_i \mathrm{d}x/l}{\int_0^l P_i \mathrm{d}x/l} = \frac{4V_v}{S_s} = 4\frac{V_v}{V_t}\frac{V_t}{S_s} \tag{7.51}$$

式中，V_t 为多孔介质总体积，又有

$$\phi = \frac{V_v}{V_t} \tag{7.52}$$

$$S_v = \frac{S_s}{V_t} \tag{7.53}$$

则新的水力直径定义为

$$d_h = \frac{4\phi}{S_v} \tag{7.54}$$

这里需要指出，与 Ergun[17]将单个颗粒球的比表面积当成多孔介质整体的比

表面积不同，这里的 S_v 为多孔介质整体的比表面积，水力直径 d_h 为

$$d_h = \frac{4\phi r_{max}}{3(1-\phi)^2}\frac{2-D_f}{3-D_f}\frac{(1-\xi^{3-D_f})}{(1-\xi^{2-D_f})} \tag{7.55}$$

将式(7.55)与文献[19]中的水力直径定义进行对比，如图 7.8 所示。

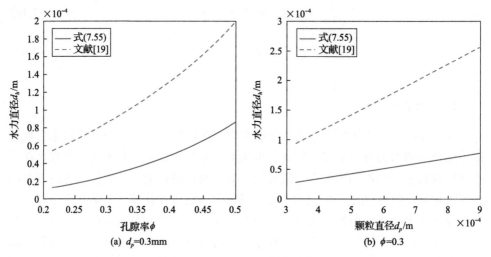

图 7.8　水力直径定义对比

图7.8 中，两水力直径模型随着孔隙率、颗粒直径的变化而变化，且具有相同的变化趋势，水力直径的定义更加深入地考虑了多孔介质材料内部结构特征。

2. 迂曲度模型

根据 Ergun 的研究以及式(7.49)、式(7.50)可知，$\alpha \propto \tau^2$，$\beta \propto \tau^3$，多孔介质材料的迂曲度对流体通过多孔介质时的流动影响很大。根据迂曲度的定义可知，迂曲度是指流体在通过单位长度介质时实际流经的长度，它反映了多孔介质材料内部的连通性。对于多孔介质迂曲度，一般采用试验和理论相结合的办法进行研究[20]。

对于试验研究，迂曲度主要通过经验常数或者通过拟合曲线给出，难以进行物理解释。Comiti 等[21]给出了对于不同颗粒的迂曲度模型：对于球形颗粒，有

$$\tau = 1 + 0.41\ln\left(\frac{1}{\phi}\right) \tag{7.56}$$

对于立方体颗粒，有

$$\tau = 1 + 0.63 \ln\left(\frac{1}{\phi}\right) \tag{7.57}$$

对于板状颗粒，有

$$\tau = 1 + 0.58 \exp\left(\frac{0.18a}{e}\right) \ln\left(\frac{1}{\phi}\right) \tag{7.58}$$

式中，a 和 e 为颗粒几何参数。

由式(7.56)～式(7.58)可知，多孔介质材料的结构特性，如孔隙率、颗粒直径对多孔介质材料迂曲度有很大影响。

图 7.9 为流体通过多孔介质时，采用不同模型计算的黏性损失修正系数 α 随孔隙率 ϕ 变化的曲线图。其中两条直线为早期 Ergun 和 MacDonald 通过试验得到的修正系数[22]。图中所示采用迂曲度理论模型结果与文献中的计算结果有较大差距，因为文献采用了试验数据进行修正，为半经验公式。理论模型在较大孔隙率时具有较大的误差，这是因为简单和规则的堆积颗粒模型的孔隙率无法达到较大值。

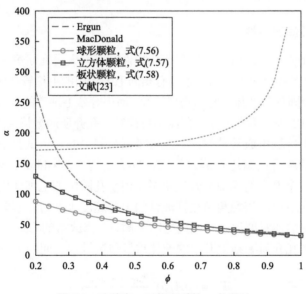

图 7.9　孔隙率 ϕ 对修正系数 α 的影响

图 7.10 为流体通过多孔介质时，采用不同模型计算的黏性损失修正系数 β 随孔隙率变化的曲线图。

从图 7.9 和图 7.10 可以看出，基于不同的水力直径定义与不同的迂曲度模型所得到的黏性损失修正系数和传统经验模型有较大的差别，相比于经验模型，理论模型具有更为广泛的应用范围。

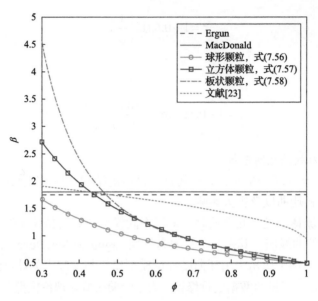

图 7.10　孔隙率 ϕ 对修正系数 β 的影响

7.2.2　多孔介质润湿特性

由于多孔介质复杂的内部结构和拓扑特性，研究人员在研究多孔介质的润湿特性时，一般将多孔介质等效为一根具有相同毛细作用的毛细管，认为液体与固体的接触角取决于固体与液体自身的物理特性，而用等效毛细管的半径作为多孔介质的等效半径，用以表征多孔介质内部结构特性对多孔介质润湿特性的影响。

多孔介质的接触角通常是通过毛细自吸试验测得的。该试验中，需要对液体在多孔介质中的爬升高度进行测定。这种方法是基于 Washburn 和 Lucas 建立的理论[24-26]。在一个典型的毛细上升试验中，由于孔隙中的毛细作用，液体可上升并扩散到多孔介质。接触角可根据液体的上升速度来获得。实际上，液体被吸收到多孔介质中的质量要比上升高度更容易测量。修改后的 Lucas-Washburn 方程描述了液体在多孔介质毛细上升中的液体重量与接触角之间的关系[27]：

$$W^2 = (\rho A_f \phi)^2 \frac{r_{\text{eff}} \gamma_{lv} \cos\theta}{2\mu} t \tag{7.59}$$

式中，W 为液体的重量；ρ 为液体的密度；A_f 为样品的截面积；ϕ 为在多孔介质的孔隙率；γ_{lv} 为液体的表面张力；θ 为液体与固体之间的接触角；μ 为该液体的黏度；t 为时间；r_{eff} 为等效半径，表征所述样品的微观结构。式 (7.59) 中并未考虑流体重力和惯性力。

多孔介质材料的润湿特性由两个参数决定：一个参数是多孔介质与液体的接

触角 θ ,该接触角与多孔介质材料、液体自身特性相关,当液体和多孔介质材料确定时,接触角也是相应确定的;另一个参数是多孔介质的等效半径 r_{eff} ,它表征多孔介质材料内部微结构特征,与多孔介质的内部结构特征有关系。

1. Lucas-Washburn 方程改进

在 Lucas-Washburn 方程中,仅将多孔介质等效为一根弯曲的毛细管,通过求取毛细管内的毛细上升高度来获得多孔介质中吸附的液体质量,根据吸附液体质量的变化来判断多孔介质材料的润湿特性。因此,Lucas-Washburn 方程中有两个明显的问题:

(1)忽略了多孔介质材料的结构特性,简单地将多孔介质材料等效为单根毛细管。因此在测量多孔介质材料与液体接触角时,需要增加参考液体,通过获取多孔介质材料与参考液体的接触角来测定与被测液体的接触角,而对于一部分多孔介质材料,难以获取参考液体。

(2)忽略了吸附液体质量的影响,因此无法分析多孔介质材料的动态润湿特性,而动态润湿特性是分析液体在多孔介质材料中输运特性的重要影响因素。

这里,将针对以上两个问题对 Lucas-Washburn 方程进行改进,考虑多孔介质材料的结构特性,同时考虑吸附液体质量的影响,得到改进后的 Lucas-Washburn 方程[27]:

$$\frac{2\gamma_{lv}\cos\theta}{r_{\text{eff}}}=\rho gh + 32\tau^2\frac{\mu h}{\phi d_h^2}\dot{h} \tag{7.60}$$

将 $W = \rho A_f \phi h$ 代入式(7.60)中, A_f 为多孔介质材料截面积,得

$$\dot{W} = \frac{a}{W} - b \tag{7.61}$$

式中,

$$a = \frac{\rho^2 A_f^2 \phi^3 d_h^2 \gamma_{lv}\cos\theta}{16\tau^2 \mu r_{\text{eff}}} \tag{7.62}$$

$$b = \frac{\rho^2 \phi^2 d_h^2 g A_f}{32\tau^2 \mu} \tag{7.63}$$

在毛细运动初期,液体质量忽略不计,可得

$$W^2 = (\rho^2 A_f^2 \phi^2)\frac{\phi d_h^2 \gamma_{lv}\cos\theta}{8\tau^2 \mu r_{\text{eff}}}t \tag{7.64}$$

式(7.64)与式(7.59)相比，考虑了多孔介质的结构特性。其中，A_f、ϕ可以通过多孔介质材料样本获得，d_h、τ可以通过7.2.1节内容计算获得，因此由式(7.64)可以获得毛细自吸液体质量 W 随时间 t 的变化关系。当知道等效半径 r_{eff} 时，即可通过毛细自吸试验获得接触角 θ，从而知道多孔介质材料的润湿特性。

随着时间的增加，毛细方程必须考虑被吸附液体质量，可通过求解方程(7.61)得到

$$t = -\frac{W}{b} - \frac{a}{b^2}\ln\left(1 - \frac{bW}{a}\right) \tag{7.65}$$

该方程为时间 t 与质量 W 的关系，需要通过迭代法进行计算。

2. 接触角

接触角是三相接触问题的重要参数。以一滴液体滴在平面为例，如果液体分子受固体分子引力作用大于气体分子受固体分子引力作用，液体将固体表面气体挤出并在固体表面铺展，三相作用平衡时，三相之间形成稳定界面，其中液体表面与固体表面形成的夹角即为液体与固体之间的接触角。当接触角 $\theta < 90°$ 时，如图7.11(a)所示，液体在固体表面铺展，随着接触角的减小，其铺展面积增大；当接触角 $\theta \geqslant 90°$ 时，液体分子受固体分子引力作用小于气体分子受固体分子引力作用，那么液体将不能在固体表面铺展，并随着接触角的增大而逐渐形成一个稳定的圆球，如图7.11(b)所示。

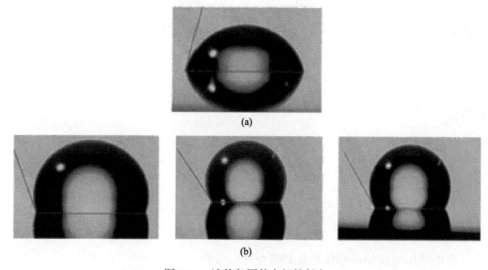

图7.11　液体与固体之间接触角

图7.11中显示的是当液体与固体相互作用稳定时，固定形状下的接触角，也

叫做静态接触角[28]。静态接触角根据观测尺度的不同，又分为实际接触角 θ_{act}、微观接触角 θ_{micro} 和表观接触角 θ_{app}，如图 7.12 所示。实际接触角是在分子层面进行讨论的，是指液体分子与固体分子的实际接触区域，该接触角目前是无法进行实际测量的；微观接触角是指液体与固体接触线切线与固体表面的夹角，是由液体与固体本身物化特性确定的；表观接触角是指液体自由液面切线与固体表面的夹角，其测量点距离实际接触点的距离大于 $10^{-5}\mathrm{m}$[29]。在实际试验中，直接测量所得到的接触角为表观接触角，它确定了界面的形状，对试验过程中数据的分析工作具有重要的影响，因此所指的静态接触角即为表观接触角。

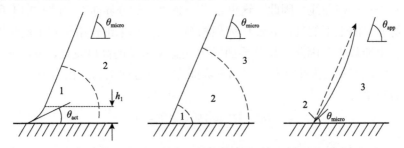

图 7.12　实际接触角、微观接触角与表观接触角

与静态接触角相对应的是动态接触角，即当液体仍在运动时，液体自由液面切线与固体表面的接触角，如图 7.13 所示。动态接触角与液体自由液面运动速度有关：当自由液面运动速度 U 小于液体与固体表面接触线运动速度 V，或者自由液面运动速度 U 和液体与固体表面接触线运动速度 V 方向相反时，动态接触角 θ_D 将小于实际表观接触角；相反地，当自由液面运动速度 U 大于液体与固体表面接触线运动速度 V，或者自由液面运动速度 U 和液体与固体表面接触线运动速度 V 方向相同时，动态接触角 θ_D 将大于实际表观接触角。

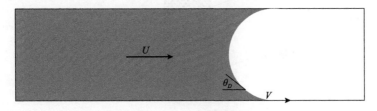

图 7.13　动态接触角

3. 等效半径

目前，许多学者将多孔介质润湿特性分为接触角与等效半径两部分，将多孔介质等效为半径为 r_{eff} 的单根毛细管。White[30] 通过能量方程推导了多孔介质材料的等效半径，并将其与单位质量比表面积联系起来。Hupka 等[31] 通过堆积球多孔介

质的毛细自吸试验验证了 White 模型的正确性。Hupka 等[32]通过试验研究，将等效半径推导为带有修正系数的模型，在已知接触角的情况下通过最小二乘法得到修正系数，从而获得多孔介质的等效半径，该方法具有一定的局限性。White 模型中的单位质量比表面积对于类似堆积球等堆积的多孔介质较易获得，但对于一些结构复杂的多孔介质材料则较难以获取。本节按照 White 的思路推导等效半径模型。

　　将多孔介质等效成半径为 r_{eff} 的单根毛细管，在该毛细管中，液体在表面张力的作用下克服重力，上升至一定高度。实际多孔介质中，气液分界面为"锯齿"状，并非一条规则曲线，因此，这里定义一条"平均分界面"，如图 7.14 所示，在该平均分界面上下的气体和液体体积相等。当液体毛细作用达到平衡状态时，系统的自由能最小。因此平均分界面发生任意无穷小的高度变化，$h \to h + \mathrm{d}h$，系统的自由能都不会发生变化。平均分界面在垂直方向上的变化为 $\mathrm{d}h$，导致表面自由能的变化为

$$\mathrm{d}E = \mathrm{d}E_s + \mathrm{d}E_g + \mathrm{d}W = 0 \tag{7.66}$$

式中，$\mathrm{d}E_s$ 为分界面变化导致的自由能变化；$\mathrm{d}E_g$ 为重力势能变化；$\mathrm{d}W$ 为外界压强 ΔP 做功。其中

$$\mathrm{d}E_s = (\gamma_{PB} - \gamma_{PA})\mathrm{d}A_{PB} \tag{7.67}$$

A_{PB} 为液体与多孔介质接触面积，即多孔介质表面积；γ_{PA} 和 γ_{PB} 分别为气体表面自由能和液体表面自由能。

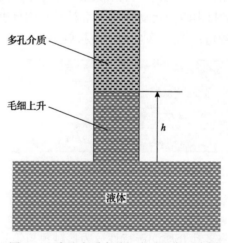

图 7.14　多孔介质中毛细上升现象示意图

$$dA_{PB} = S_v(\pi R^2 dh) \tag{7.68}$$

式中，S_v 为多孔介质材料比表面积。当液体在多孔介质中垂直变化尺度远大于 dh 时，S_v 指的是对应高度 h 时的值。

重力势能为

$$dE_g = (\rho_B - \rho_A)gh dV_v \tag{7.69}$$

式中，dV_v 为湿润部分中孔隙体积的变化，

$$dV_v = \phi\pi R^2 dh \tag{7.70}$$

ρ_A 和 ρ_B 为流体密度；ϕ 为孔隙率。

外力做功为

$$dW = \Delta P dV_v \tag{7.71}$$

将式 (7.67)、式 (7.69)、式 (7.71) 代入式 (7.66)，得

$$0 = dV_v[(\gamma_{PB} - \gamma_{PA})S_v + (\rho_B - \rho_A)gh + \Delta P] \tag{7.72}$$

整理得

$$\Delta P = \frac{2(\gamma_{PA} - \gamma_{PB})}{r_{\text{eff}}} - (\rho_B - \rho_A)gh \tag{7.73}$$

式中，r_{eff} 为多孔介质材料的等效半径，

$$r_{\text{eff}} = \frac{2}{S_v} \tag{7.74}$$

由 Young 方程得

$$\gamma_{PA} = \gamma_{PB} + \gamma_{AB}\cos\theta \tag{7.75}$$

因此，式 (7.73) 可变为

$$\Delta P = \frac{2\gamma_{AB}\cos\theta}{r_{\text{eff}}} - (\rho_B - \rho_A)gh \tag{7.76}$$

根据采用随机几何理论建立的多孔介质结构特性模型，很容易建立多孔介质的等效半径模型，由 Boolean 模型，即将式 (7.37) 代入式 (7.74) 可得

$$r_{\text{eff}} = \frac{2r_{\max}(2-D_{\text{f}})(1-\xi^{3-D_{\text{f}}})}{3(3-D_{\text{f}})(1-\xi^{2-D_{\text{f}}})(1-\phi)} \tag{7.77}$$

将式(7.77)代入式(7.64)得

$$W^2 = (\rho A_{\text{f}}\phi)^2 \frac{3\phi d_h^2 \gamma_{lv} \cos\theta}{16\tau^2 \mu} \frac{(3-D_{\text{f}})(1-\xi^{2-D_{\text{f}}})(1-\phi)}{r_{\max}(2-D_{\text{f}})(1-\xi^{3-D_{\text{f}}})} t \tag{7.78}$$

由式(7.78)得

$$\cos\theta = \frac{16\tau^2 \mu}{3\phi d_h^2 \gamma_{lv}} \frac{W^2}{(\rho A_{\text{f}}\phi)^2} \frac{r_{\max}(2-D_{\text{f}})(1-\xi^{3-D_{\text{f}}})}{(3-D_{\text{f}})(1-\xi^{2-D_{\text{f}}})(1-\phi)t} \tag{7.79}$$

求解方程(7.79)即可获得动态过程中液体与固体的接触角。

根据式(7.78)、式(7.79)可以得到多孔介质材料毛细自吸液体质量与多孔介质材料结构特性的关系,为多孔介质材料的润湿特性试验研究提供了理论支持。

7.3 微重力条件下多孔介质中的毛细流动

7.3.1 多孔介质中的毛细流动模型

如图 7.15 所示,液体在多孔介质表面张力的作用下竖直上升,为了建立其毛细上升流动的动力学模型,有如下假设:

(1)液体为牛顿流体;

(2)流动为竖直方向的一维流动;

(3)液体上升时,气体流动对液体流动无影响;

(4)不考虑液体在多孔介质外的流动损失以及入口损失。

根据一维不可压定常流动量方程可得[33]

$$P_0 + \frac{1}{2}\rho u_0^2 + \rho g h_0 = P_{\text{f}} + \frac{1}{2}\rho u_{\text{f}}^2 + \rho g h + P_V \tag{7.80}$$

式中,左边为毛细自吸初始阶段,P_0 为入口压力,ρ 为液体密度,u_0 为初始速度,认为是 0,h_0 为初始高度,认为是 0;右边为 t 时刻毛细流动的状态,P_{f} 为多孔介质内压力,$P_0 - P_{\text{f}} = P_{\text{c}}$,$P_{\text{c}}$ 为表面张力,u_{f} 为液面表观速度,h 为液面平均高度,P_V 为黏性损失。设 P_g 为重力引起的压力,整理得

$$P_{\text{c}} = P_g + P_V + P_K \tag{7.81}$$

式中，$P_K = \dfrac{1}{2}\rho u_f^2 - \dfrac{1}{2}\rho u_0^2$，可理解为惯性损失。

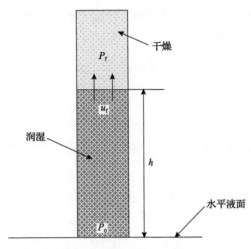

图 7.15　多孔介质毛细自吸流动

1. 表面张力

根据 7.2 节对多孔介质润湿特性的研究，多孔介质的润湿特性由等效半径 r_{eff} 和接触角 θ 表示为

$$P_c = \frac{2\gamma_{lv}\cos\theta}{r_{\text{eff}}} \tag{7.82}$$

将式 (7.77) 代入式 (7.82)，并考虑考虑动态接触角，得

$$P_c = \frac{3\gamma_{lv}\cos\theta}{\eta}\frac{(3-D_f)(1-\xi^{2-D_f})}{r_{\max}(2-D_f)(1-\xi^{3-D_f})}(1-\phi) \tag{7.83}$$

同时考虑动态接触过程，将 $\cos\theta_t = \cos\theta_0 - \dfrac{\dot{h}\zeta}{\gamma_{lv}}$ 代入式 (7.83) 中，得

$$P_c = \frac{3\gamma_{lv}}{\eta}\frac{(3-D_f)(1-\xi^{2-D_f})}{r_{\max}(2-D_f)(1-\xi^{3-D_f})}(1-\phi)\left(\cos\theta_0 - \frac{\dot{h}\zeta}{\gamma_{lv}}\right) \tag{7.84}$$

2. 重力影响

以多孔介质毛细入口为参考点，重力压差项为

$$P_g = \rho g h \tag{7.85}$$

3. 黏性损失

将多孔介质材料等效为一根弯曲的半径等于多孔介质水力半径的毛细管。则根据式(7.48)中右边第一项可得

$$P_V = 32\tau^2 \frac{\mu}{\phi d_h^2} h\dot{h} \qquad (7.86)$$

4. 惯性损失

将惯性损失项中的速度等效于相同水力半径毛细管中的速度,取式(7.48)右边第二项可得

$$P_K = \frac{1}{2}\tau^3 \frac{\rho}{\phi^2 d_h} V^2 \qquad (7.87)$$

5. 控制方程

将式(7.82)、式(7.85)、式(7.86)、式(7.87)代入式(7.81)得

$$\frac{2\gamma_{lv}\left(\cos\theta_0 - \dfrac{\zeta\dot{h}}{\gamma_{lv}}\right)}{r_{\text{eff}}} = \rho g h + 32\tau^2 \frac{\mu}{\phi d_h^2} h\dot{h} + \frac{1}{2}\tau^3 \frac{\rho}{\phi^2 d_h}\dot{h}^2 \qquad (7.88)$$

式中,

$$r_{\text{eff}} = \frac{2r_{\max}(2-D_f)(1-\xi^{3-D_f})}{3(3-D_f)(1-\xi^{2-D_f})(1-\phi)}$$

$$d_h = \frac{4\phi r_{\max}}{3(1-\phi)^2}\frac{2-D_f}{3-D_f}\frac{(1-\xi^{3-D_f})}{(1-\xi^{2-D_f})}$$

$$\tau = 1 + 0.41\ln\left(\frac{1}{\phi}\right)$$

h、$\dot{h}$分别表示毛细上升高度和上升速度。与传统的毛细方程相比,方程(7.88)深入考虑了多孔介质的结构特性。

7.3.2 模型求解及分析

本节对所建立的流动模型进行数值求解,同时与试验数据进行比较,验证模型的正确性,分析对于不同的流动时段,重力、黏性力、惯性力等因素对毛细流动的影响,分析多孔介质材料结构特性对毛细上升运动的平衡状态的影响,为进一步的研究奠定基础。

1. 模型求解与验证

对式(7.88)进行整理得

$$\frac{2\gamma_{AB}\cos\theta_0}{r_{\text{eff}}} = \rho gh + \left(32\tau^2\frac{\mu}{\phi d_h^2}h + \frac{2\zeta}{r_{\text{eff}}}\right)\dot{h} + \frac{1}{2}\tau^3\frac{\rho}{\phi^2 d_h}\dot{h}^2 \tag{7.89}$$

初始条件为

$$\begin{cases} h = 0, & t = 0 \\ \dot{h} = 0, & t = 0 \end{cases} \tag{7.90}$$

采用有限差分[34]数值计算方法对式(7.89)进行计算。计算过程中，γ_{AB} 为 72.7mN/m，ρ 为 1.0g/cm³，μ 为 1.0mPa·s，ξ 为 20Pa·s，接触角 θ_0 分别选取0°、15°、30°，ζ 为 0.6，多孔介质颗粒直径 D_s=0.185mm，ϕ 为 0.35。计算结果如图 7.16 所示。

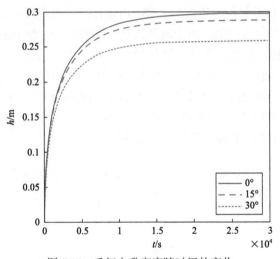

图 7.16　毛细上升高度随时间的变化

图 7.16 给出了毛细上升高度随时间的变化，其中，实线为 $\theta_0=0°$，长虚线为 $\theta_0=15°$，短虚线为 $\theta_0=30°$，在初期液体在毛细作用下快速上升，速度增大，液体所受的流阻也越来越大，导致毛细上升速度减小，最终由于质量的增加，重力影响增加，毛细上升运动达到平衡状态。图中，接触角越小平衡高度越高，因此，不同的润湿特性直接影响了最终的平衡状态。

2. 毛细上升过程分析

在毛细上升过程中，流体在多孔介质内速度较大，黏性力和惯性力为毛细上升运动的主要影响因素，为了分析各因素对毛细流动的影响，令 $K_1 = 32\tau^2 \dfrac{\mu}{\phi d_h^2} h$，

$K_2 = \dfrac{1}{2}\tau^3 \dfrac{\rho}{\phi^2 d_h}$，则式(7.89)变为

$$\frac{2\gamma_{AB}\cos\theta_0}{r_{\text{eff}}} = \rho g h + \left(K_1 + \frac{2\zeta}{r_{\text{eff}}}\right)\dot{h} + K_2 \dot{h}^2 \tag{7.91}$$

7.2 节中已经分析了动态接触角对毛细流动的影响，故这里通过控制参数 K_1、K_2 的变化来分析黏性损失和惯性损失对液体在多孔介质材料中毛细上升过程的影响。

采用有限差分数值计算方法对式(7.91)进行计算。计算过程中，γ_{AB} 为 72.7mN/m，ρ 为 1.0g/cm³，μ 为1.0mPa·s，θ_0 为 30°，ξ 为 0.6，D_s 为 0.185mm，ϕ 为 0.35。计算结果如图 7.17 和图 7.18 所示。

图 7.17 中显示了毛细上升运动过程中有无惯性损失对流动过程的影响。图 7.17(a)描述了在毛细上升运动初期 0.06s 内惯性损失对毛细运动的影响，从图中可以看出，在毛细运动初期，由于液体被吸附质量较少，液体在表面张力作用下上升速度快速增长，惯性损失所占比例较大，对毛细运动影响较为强烈，但其影响时间较短，因此在大多数研究中，都会忽略惯性损失的影响。图 7.17(b)显示了 0～500s 内的毛细运动过程，图中有无惯性损失的曲线几乎重合，当 t 为 250.2530s 时，有无惯性损失的毛细上升高度相差小于 1%，因此，从长时间的毛细作用来看，惯性作用对多孔介质中毛细现象的影响较小。

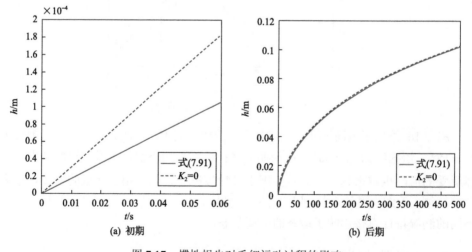

图 7.17　惯性损失对毛细运动过程的影响

图7.18 中显示了毛细运动中有无黏性损失对流动过程的影响。图7.18(a)显示

了毛细上升运动初期 0.6s 内的黏性损失对毛细运动的影响，从图中可以看出，在毛细运动初期，液体上升速度较小，黏性损失所占比例较小，对毛细运动影响较小，t 为 0.1480s 时，有无黏性损失的毛细上升高度相差开始大于 1%，因此往往忽略掉黏性损失的影响。图7.18(b) 显示了 0～10000s 内的毛细运动过程，在毛细运动初期，由于运动速度较小，黏性损失没有惯性损失明显，随着流速的增加，黏性损失增大，较大程度地影响了液体的爬升速度，但是与惯性损失和动态接触因素一样，黏性损失对毛细上升运动仅仅起到阻尼的作用，不影响毛细运动最后的稳态过程。

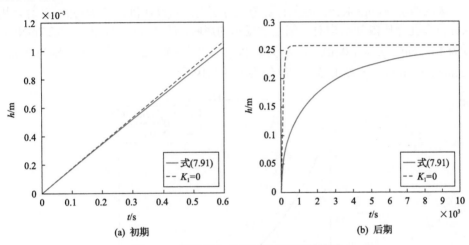

图 7.18　黏性损失对毛细运动过程的影响

比较可知，在毛细上升运动初期，毛细运动受惯性损失影响较大，而受黏性损失影响较小，随着毛细上升速度的增大，黏性损失逐渐增加，而随着液体质量的增加，速度逐渐减小，惯性损失迅速减弱。同时，黏性损失并不影响毛细上升运动的最终平衡状态。

3. 毛细上升稳态分析

毛细上升流动过程中，惯性损失、黏性损失和动态接触过程仅仅影响毛细流动过程中的流动形态，对最终的稳态没有影响。因此，在最终的稳态时，$\dot{h}=0$，式 (7.89) 变为

$$\rho g h_{\mathrm{e}} = \frac{2\gamma_{AB}\cos\theta_0}{r_{\mathrm{eff}}} \tag{7.92}$$

即平衡高度为

$$h_{\mathrm{e}} = \frac{3\gamma_{AB}\cos\theta_0}{\rho g}\frac{(3-D_{\mathrm{f}})(1-\xi^{2-D_{\mathrm{f}}})(1-\phi)}{r_{\max}(2-D_{\mathrm{f}})(1-\xi^{3-D_{\mathrm{f}}})} \tag{7.93}$$

一般将爬升高度到达最终平衡高度 99%的时间 t_e 定义为平衡时间，则有

$$t_e = \frac{3.62a}{b^2} \tag{7.94}$$

式中，

$$a = \frac{\phi d_h^2 \gamma_{AB} \cos\theta_0}{16\tau^2 \mu r_{\text{eff}}}, \quad b = \frac{\rho g \phi d_h^2}{32\tau^2 \mu} \tag{7.95}$$

采用四阶 Runge-Kutta 数值计算方法分别对式(7.93)和式(7.94)进行计算，用以分析多孔介质内部结构对毛细运动稳态的影响。计算过程中，γ_{AB} 为 72.7mN/m，ρ 为 1.0g/cm^3，μ 为 1.0mPa·s，ξ 为 20Pa·s，θ_0 为 30°，ξ 为 0.6，D_s 分别为 1mm、0.5mm、0.1mm，ϕ 为 0.35。计算结果如图 7.19 所示。

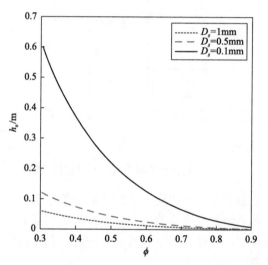

图 7.19　多孔介质结构特性对平衡高度的影响

图 7.19 显示了液体在不同颗粒直径的多孔介质材料中的毛细上升平衡高度随孔隙率变化的趋势。图中，随着多孔介质材料孔隙率的增大，毛细上升平衡高度下降，在相同截面积的情况下，液体上升高度增大；多孔介质材料所吸附液体的质量越大，毛细上升运动受重力影响就越明显。在相同孔隙率条件下，随着颗粒直径减小，毛细上升运动的平衡高度增大，是因为颗粒直径减小使多孔介质材料的比表面积增大，材料的润湿特性增强，从而使平衡高度上升。

图 7.20 显示了液体在不同颗粒直径的多孔介质材料中的毛细上升平衡时间随孔隙率变化的趋势。图中，随着多孔介质材料孔隙率的增大，平衡时间减少，这与文献[35]中的结论一致，因为孔隙率增大会使平衡高度减小，所以到达平衡高

度的时间减少。在相同孔隙率条件下，随着颗粒直径的减小，多孔介质比表面积增大，黏性损失增加，使得平衡时间增大；同时导致了平衡高度增大，故也增加了平衡时间。

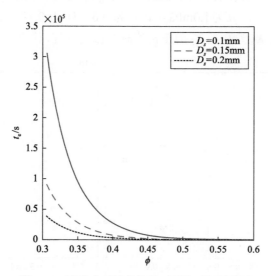

图 7.20　多孔介质结构特性对平衡时间的影响

　　通过分析多孔介质材料结构特性对液体在多孔介质材料中毛细上升运动的平衡高度和平衡时间的影响可知，提高多孔介质材料的孔隙率能够有效降低液体毛细运动的平衡高度和平衡时间，而减小颗粒半径则增加了其平衡高度和平衡时间。

7.3.3　微重力条件下大颗粒大孔隙率多孔介质中的毛细流动

　　在微重力条件下，流体在多孔介质中的输运特性与重力条件下有所不同。首先由于重力影响较小，流体在表面张力的作用下流动速度增大，其黏性损失和惯性损失与地面状态时不同；其次，重力的减小使得其平衡状态发生改变。同时，在常重力条件下，具有大颗粒大孔隙率结构特征的多孔介质材料的表面张力小于重力，液体难以进行毛细上升运动，而在微重力条件下，其毛细运动则发生改变。因此，本节在 7.3.2 节研究基础之上，分析重力的减小对流体在多孔介质中输运特性的影响，并且对具有大颗粒大孔隙率结构特征的多孔介质中的输运特性进行分析。

　　1. 微重力条件下的输运特性

　　用 g_0 代替式(7.91)中的重力加速度 g，得到

$$\frac{2\gamma_{AB}\cos\theta_0}{r_{\text{eff}}} = \rho g_0 h + \left(K_1 + \frac{2\zeta}{r_{\text{eff}}}\right)\dot{h} + K_2\dot{h}^2 \tag{7.96}$$

分析 g_0 分别为 0、0.01g、0.1g、1g 时流体流动过程和输运稳态的变化。

采用有限差分数值计算方法对式(7.96)进行计算,分析不同重力水平下惯性损失对毛细运动过程的影响。计算过程中, γ_{AB} 为 72.7mN/m, ρ 为 1.0g/cm³, θ_0 为 30°, ζ 为 20Pa·s, μ 为 1.0mPa·s, ξ 为 0.6, D_s 为 0.185mm, ϕ 为 0.35,可得到不同时间段内 K_2 为 0 与 K_2 为正常值时的流动过程,计算结果如图 7.21 所示。

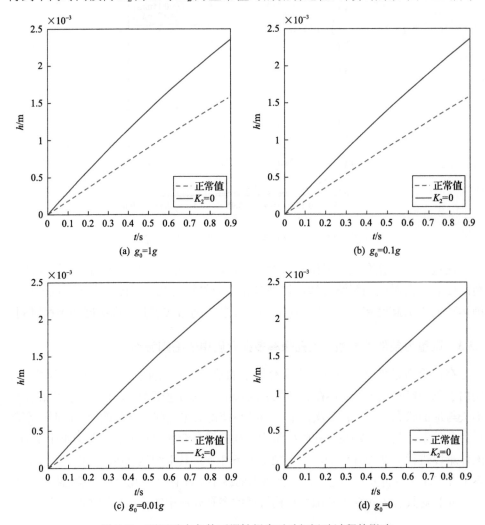

图 7.21 不同重力条件下惯性损失对毛细运动过程的影响

由于惯性损失在毛细上升过程初期影响较大,这里仅分析 1s 内的毛细运动过程中,不同重力水平下,惯性损失对液体在多孔介质材料中的毛细运动影响。图 7.21 显示了不同重力水平条件下,液体毛细上升高度随时间的变化。由图可以看出,在不同重力条件下,爬升高度并没有明显变化。在毛细上升运动初期,多孔介质材料所吸附的液体质量较小，因此所受重力影响较小，对于零重力条件下，毛细运动中的惯性损失影响较小。

图 7.22 显示了不同重力条件下黏性损失对液体的毛细上升运动过程的影响，其中，γ_{AB} 为 72.7mN/m，ρ 为 1g/cm^3，θ_0 为 30°，ξ 为 20Pa·s，ζ 为 0.6，ϕ 为 0.35，D_s 为 0.185mm，黏度 μ 分别为 1mPa·s、0.5mPa·s、0.1mPa·s。

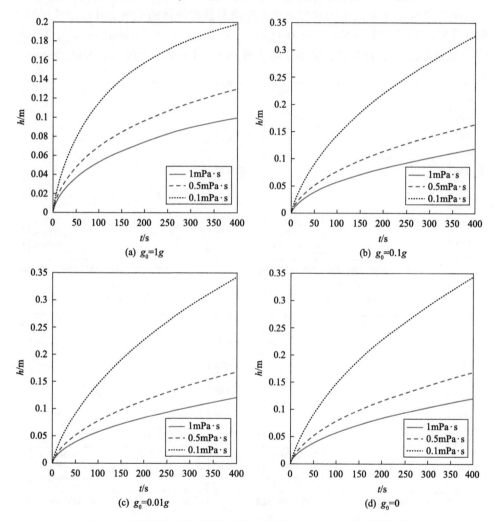

图 7.22　不同重力条件下黏性损失对液体毛细上升运动过程的影响

图 7.22 中，随着重力的减小，毛细上升运动爬升速度增加。如图 7.22(a) 所示，在常重力条件下，三种液体在 400s 内的爬升高度分别为 0.2m、0.13m、0.1m；如图 7.22(b) 所示，在 0.1g 重力条件下，三种液体在 400s 内的爬升高度分别为 0.33m、0.16m、0.12m；如图 7.22(c) 所示，在 0.01g 重力条件下，三种液体在 400s 内的

爬升高度分别为 0.34m、0.165m、0.13m；如图 7.22(d)所示，在无重力条件下，三种液体在 400s 内的爬升高度分别为 0.345m、0.17m、0.13m。通过数据对比可知，对于黏度较小的液体，随着重力加速度的减小，其毛细上升的速度增大，但随着重力水平的逐渐减小，爬升速度的变化越来越不明显；而对于黏度较大的液体，重力水平的变化对其毛细上升运动过程的影响较小。

图 7.23 显示了不同重力水平下动态摩擦系数对液体的毛细上升运动过程的影响，其中，γ_{AB} 为 72.7mN/m，ρ 为 1g/cm³，θ_0 为 30°，μ 为 1.0mPa·s，ξ 为 0.6，D_s 为 0.185mm，ϕ 为 0.35。摩擦系数 ζ 分别为 20Pa·s、40Pa·s、80Pa·s。

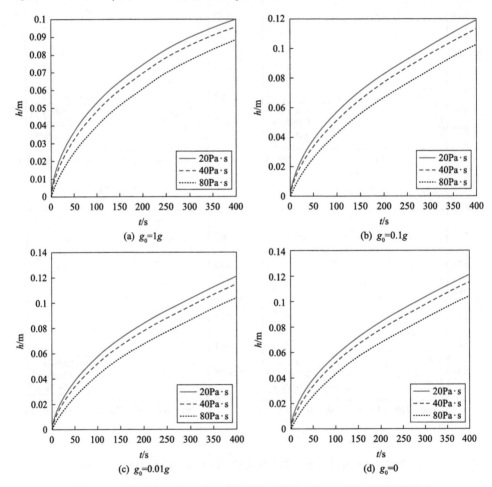

图 7.23　不同重力条件下动态摩擦系数对液体毛细上升运动过程的影响

图 7.23 中，对于摩擦系数较小的液体，随着重力的减小，毛细上升运动爬升速度增大。如图 7.23(a)所示，在常重力条件下，三种液体在 400s 内的爬升高度分别为 0.1m、0.096m、0.088m；如图 7.23(b)所示，在 0.1g 重力条件下，三种液

体在 400s 内的爬升高度分别为 0.12m、0.112m、0.104m；如图 7.23 (c) 所示，在 0.01g 重力条件下，三种液体在 400s 内的爬升高度分别为 0.12m、0.113m、0.106m；如图 7.23 (d) 所示，在无重力条件下，三种液体在 400s 内的爬升高度分别为 0.12m、0.116m、0.108m。通过数据对比可知，与黏性损失类似，对于摩擦系数较小的液体，随着重力加速度的减小，其毛细上升的速度增大，但随着重力水平的逐渐减小，爬升速度的变化越来越不明显；而对于摩擦系数较大的液体，重力水平的变化对其毛细上升运动过程影响较小。随着重力加速度减小到一定值，$g_0 < 0.1g$ 时，毛细上升运动受摩擦系数变化的影响较小。

　　由于重力减小至为零时，液体在多孔介质中毛细运动的稳态过程不同于在重力作用下的稳态，不能用式 (7.93)、式 (7.94) 来分析微重力条件下的稳态高度和稳态时间。

　　g_0 分别取 0、0.01g、0.1g、1g，采用有限差分数值计算方法对式 (7.96) 进行计算，以分析多孔介质内部结构对毛细运动稳态的影响。计算过程中，γ_{AB} 为 72.7mN/m，ρ 为 1.0g/cm^3，θ_0 为 30°，μ 为 1.0mPa·s，ξ 为 0.6，ϕ 为 0.35，D_s 为 0.185mm，分析在不同重力条件下稳态高度和稳态时间的变化。

　　图 7.24 中显示了不同重力条件下液体毛细上升运动的稳态过程。图中，在常重力条件下，液体快速爬升达到平衡状态，而随着重力水平的减小，毛细上升的稳态高度以及稳态时间逐渐增大，并且随着微重力减小至零，毛细上升运动无法达到稳态。由重力水平对液体在多孔介质材料中的毛细上升运动过程以及稳态的影响可知，重力水平最终决定了毛细上升运动的平衡状态，而对运动过程中的影响有限，可以通过调节液体的黏度、摩擦系数等来降低重力水平的影响。

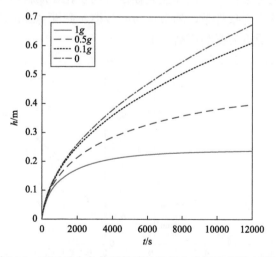

图 7.24　不同重力条件下的液体毛细上升运动的稳态过程

2. 结构特性影响

在颗粒直径较大、孔隙率较大的多孔介质中，由于其结构特性，流体受重力影响较大，其输运特性也随着重力的不断减小显示出不同的特征。下面在对颗粒直径、孔隙率影响因素分析的基础上，对微重力条件下流体在大颗粒直径、大孔隙率的多孔介质中的输运特性进行研究。

g_0 分别取 0、0.01g、0.1g、1g，采用四阶 Runge-Kutta 数值计算方法对式(7.96)进行计算，分析多孔介质内部结构对毛细运动稳态的影响。计算过程中，γ_{AB} 为 72.7mN/m，ρ 为 1.0g/cm³，θ_0 为 30°，μ 为 1.0mPa·s，ξ 为 0.6，ϕ 为 0.35。分析在不同重力条件下，D_s 分别为 0.2mm、0.4mm、0.8mm、1mm 时毛细上升运动过程的变化，以及在不同孔隙率 ϕ 分别为 0.2、0.4、0.6、0.8 多孔介质材料中的毛细爬升过程的变化。

图 7.25 显示了不同重力水平下，液体在不同颗粒直径多孔介质材料中的毛细爬升过程。如图 7.25(a)所示，在常重力条件下，与较小颗粒直径多孔介质材料相比，在大颗粒直径多孔介质材料中，由于表面张力较小，液体爬升之后，迅速达到平衡位置；如图 7.25(b)所示，在 0.1g 重力条件下，液体在 1mm 与 0.8mm 颗粒直径多孔介质材料中的爬升速度迅速超过较小颗粒直径多孔介质材料，其中，0.8mm 颗粒直径的多孔介质材料表面张力较 1mm 多孔介质材料更大，其液体爬升高度超过了 1mm 多孔介质材料中液面爬升高度；如图 7.25(c)和(d)所示，液体在大颗粒直径多孔介质材料中的爬升高度较 0.1g 重力水平条件下有了较大提高，但由于黏性损失逐渐占据主导地位，爬升速度及爬升高度随着重力的减小变化不大。因此，在微重力条件下，液体在大颗粒直径多孔介质材料中的爬升速度及爬升高度要大于在常重力条件下，随着重力的减小，黏性力逐渐成为主要因素，爬升速度及爬升高度受重力影响逐渐减小。

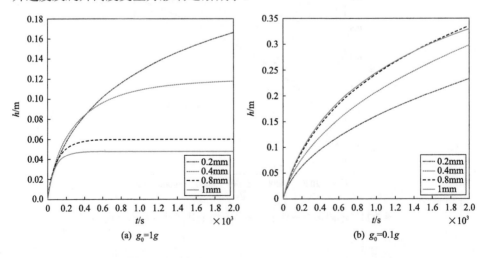

(a) g_0=1g　　　　　　　　　　　　(b) g_0=0.1g

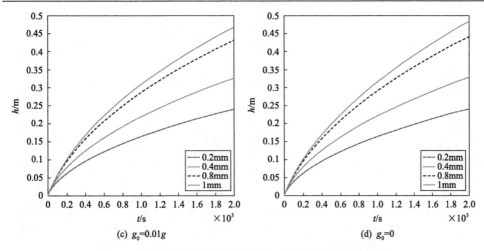

(c) $g_0=0.01g$

(d) $g_0=0$

图 7.25　不同重力条件下颗粒直径对毛细爬升过程的影响

图 7.26 显示了不同重力水平条件下，液体在不同孔隙率多孔介质材料中的毛细爬升过程。如图 7.26(a) 所示，在常重力条件下，与小孔隙率多孔介质材料相比，在大孔隙率多孔介质材料中，由于表面张力较小，液体爬升之后，迅速达到平衡位置；如图 7.26(b) 所示，在 0.1g 重力水平下，液体在 0.6 孔隙率多孔介质材料中的爬升速度迅速超过其他孔隙率多孔介质材料，其中，由于 0.8 孔隙率的多孔介质材料表面张力较小，迅速达到平衡状态；如图 7.26(c) 和 (d) 所示，液体在大孔隙率多孔介质材料中的爬升高度较 0.1g 重力水平下有了较大提高，但由于黏性损失逐渐占据主导地位，爬升速度及爬升高度随着重力的减小变化不大。液体在大孔隙率多孔介质中的毛细运动受重力影响加大，随着重力的减小，大孔隙率多孔介质中的毛细上升速度增大，同时黏性损失影响要大于重力影响。

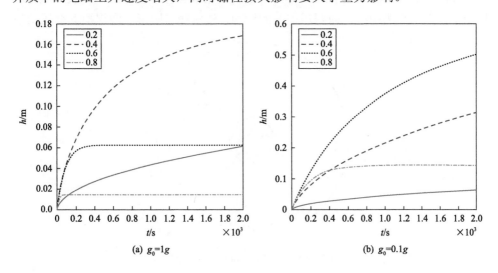

(a) $g_0=1g$

(b) $g_0=0.1g$

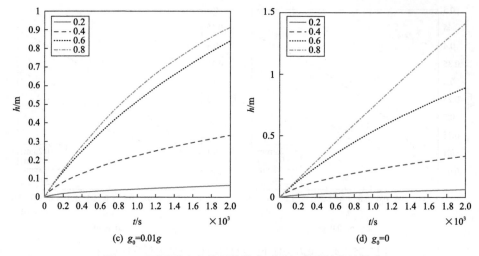

图 7.26 不同重力条件下孔隙率对毛细爬升过程的影响

综上所述，液体在大颗粒大孔隙率多孔介质材料的爬升过程中，在常重力条件下，由于表面张力较小，爬升过程受重力影响较大，爬升迅速达到平衡状态，随着重力水平的降低，液体爬升速度和爬升高度迅速增大，由于大颗粒、大孔隙率多孔介质材料中黏性损失小，其爬升速度和爬升高度要大于液体在表面张力更大且黏性损失更大的小颗粒、小孔隙率多孔介质材料。

7.3.4 液体在多层多孔介质中的毛细流动过程分析

1. 多孔介质中圆周型毛细运动建模

如图 7.27 所示，理想化圆周型毛细运动是指液体在多孔介质中在表面张力的作用下，以一点为中心，向四周扩散的运动，接触线呈圆形。圆周型毛细运动基

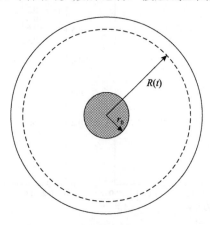

图 7.27 圆周型毛细运动示意图

于两个假设：

(1) 多孔介质是"扁平"的，即液体多孔介质垂直方向上的运动对其周向运动并不影响，同时不用考虑重力的影响。

(2) 多孔介质内部结构是各向同性的，这就保证了液体与多孔介质的接触线为一个圆形。

根据柱坐标 r 方向上的动量方程[36]，同时忽略轴向和切向速度，可得圆周型毛细运动的控制方程[37]为

$$\rho\left(\frac{\mathrm{d}v}{\mathrm{d}t} + v\frac{\mathrm{d}v}{\mathrm{d}r}\right) + K_1 v = -\frac{\mathrm{d}p}{\mathrm{d}r} \tag{7.97}$$

式中，v 为液体扩散速度；K_1 为黏性损失系数。式(7.97)两端同时乘以 $\mathrm{d}r$，并进行积分可得

$$\frac{\mathrm{d}}{\mathrm{d}t}\int_{r_0}^{R}\rho v\mathrm{d}r + \int_{r_0}^{R}\rho v\mathrm{d}v + \int_{r_0}^{R}K_1 v\mathrm{d}r = -\int_{P_0}^{P_R}\mathrm{d}p \tag{7.98}$$

由 Young-Laplace 方程可得

$$-\int_{P_0}^{P_R}\mathrm{d}p = \frac{2\gamma\cos\theta}{r_{\mathrm{eff}}} \tag{7.99}$$

同时，在柱坐标系中，径向速度为

$$v(r) = \frac{1}{r}R\dot{R} \tag{7.100}$$

将式(7.100)代入式(7.98)中，得

$$\frac{2\gamma\cos\theta}{r_{\mathrm{eff}}} = K_1 R\frac{\mathrm{d}R}{\mathrm{d}t}\ln\left(\frac{R}{r_0}\right) - \rho\left\{\frac{\mathrm{d}}{\mathrm{d}t}\left[R\frac{\mathrm{d}R}{\mathrm{d}t}\ln\left(\frac{R}{r_0}\right)\right] + \left(\frac{\mathrm{d}R}{\mathrm{d}t}\right)^2\left(\frac{1}{2} - \frac{R^2}{2r_0^2}\right)\right\} \tag{7.101}$$

式中，右侧第一项为表面张力项，第二项为黏性损失项，第三项为惯性损失项。惯性损失对毛细运动影响较小，黏性损失为主要影响因素，因此，式(7.101)变为

$$K_1 R\frac{\mathrm{d}R}{\mathrm{d}t}\ln\left(\frac{R}{r_0}\right) = \frac{2\gamma\cos\theta}{r_{\mathrm{eff}}} \tag{7.102}$$

将 $K_1 = 32\tau^2\mu/(\phi d_h^2)$ 代入可得

$$32\tau^2 R\frac{\mu}{\phi d_h^2}\frac{\mathrm{d}R}{\mathrm{d}t}\ln\left(\frac{R}{r_0}\right) = \frac{2\gamma\cos\theta}{r_{\mathrm{eff}}} \tag{7.103}$$

式(7.103)为液体在多孔介质中圆周型毛细运动的控制方程,其中, d_h 和 r_{eff} 为关于多孔介质内部微结构特性的参数。其初始条件为

$$R = r_0, \quad t = 0 \tag{7.104}$$

由于方程(7.103)为常微分方程,可以对其进行解析求解。令

$$\begin{cases} a = 32\tau^2 \dfrac{\mu}{\phi d_h^2} \\ b = \dfrac{2\gamma\cos\theta}{r_{\text{eff}}} \end{cases} \tag{7.105}$$

则对式(7.103)整理得

$$\frac{a}{b}R\frac{\mathrm{d}R}{\mathrm{d}t}\ln\left(\frac{R}{r_0}\right) - 1 = 0 \tag{7.106}$$

通过分离变量法求解方程(7.106)得

$$t(R) = \frac{a}{b}R^2\left[\frac{1}{2}\ln\left(\frac{R}{r_0}\right) + \frac{r_0^2}{4R^2} - \frac{1}{4}\right] \tag{7.107}$$

式(7.107)为时间 t 关于扩散半径 R 的函数,并非扩散半径 R 关于时间 t 的函数。Fries 等[38]通过 Lambert W 方程[39]求解出扩散半径 R 关于时间 t 的函数 $R(t)$,这里也采用 Lambert W 方程进行求解。对式(7.107)进行整理得

$$\mathrm{e}^{-1}\left(\frac{4b}{ar_0^2}t - 2\right) = \left(\frac{R}{r_0\sqrt{\mathrm{e}}}\right)^2\ln\left(\frac{R}{r_0\sqrt{\mathrm{e}}}\right)^2 \tag{7.108}$$

根据 Lambert W 方程中 $y = x\ln x \leftrightarrow x = y/W(y)$ 的关系,可得

$$R = \pm\sqrt{\frac{\dfrac{4b}{a}t - 2r_0^2}{W\left[\mathrm{e}^{-1}\left(\dfrac{4b}{ar_0^2}t - 2\right)\right]}} \tag{7.109}$$

根据文献[35]、[36]中的分析,式(7.109)中的 "−" 可以忽略,得

$$R = \sqrt{\frac{\dfrac{4b}{a}t - 2r_0^2}{W\left[\mathrm{e}^{-1}\left(\dfrac{4b}{ar_0^2}t - 2\right)\right]}}, \quad 0 \leqslant t \leqslant \infty \tag{7.110}$$

式中,

$$W(x) = \frac{2ex - 10.7036 + 7.56859\sqrt{2 + 2ex}}{12.7036 + 5.13501\sqrt{2 + 2ex}}, \quad -e^{-1} \leqslant x \leqslant 0 \qquad (7.111)$$

e 为欧拉数 $(2.718282\cdots)$。当 $-e^{-1} \leqslant x \leqslant 0$ 时,采用式(7.111)计算,误差在 0.1%内。

分别取 $r_0 = 1\text{mm}$、0.1mm、0.01mm 对式(7.111)进行计算。计算过程中,$\gamma_{AB} = 72.7\text{mN/m}$,$\rho = 1\text{g/cm}^3$,$\mu = 1.0\text{mPa·s}$,$\theta_0 = 0°$,$\xi = 0.6$,$D_s = 0.2\text{mm}$,$\phi = 0.35$,计算结果如图 7.28 所示。

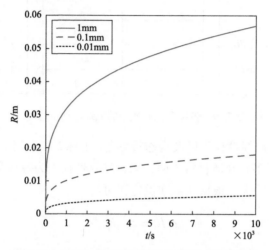

图 7.28　不同初值条件下扩散半径随时间的变化

图 7.28 为选取不同初值条件下的计算结果。图中三条曲线在初期快速上升,随后上升速度在黏性损失的作用下减小,上升曲线变得平缓,这与毛细上升过程类似。在相同条件下、相同时间内,初值为 $r_0 = 1\text{mm}$ 时,要比初值为 $r_0 = 0.1\text{mm}$、0.01mm 时的运动半径大,由此可以看出,圆周型毛细运动初始时,速度较小,其运动速度慢。

2. 多层多孔介质中的毛细运动

如图 7.29 所示,多孔介质材料中包含 N 层不同颗粒直径、不同孔隙率的多孔介质。当最底层 $k = 1$ 多孔介质材料与液体接触时,液体在表面张力作用下上升至 $k = 2, k = 3, \cdots, k = k$ 层,其上升高度为 h,上升时间为 t。根据建立的毛细运动模型,在第 k 层多孔介质材料中的运动模型为

$$\frac{2\gamma_{AB}^k \cos\theta_0^k}{r_{\text{eff}}^k} = \rho g h^k + \sum_{i=1}^{k} K_i h^k \dot{h}^k \qquad (7.112)$$

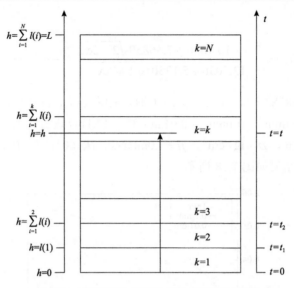

图 7.29　多层多孔介质中的毛细运动示意图

式 (7.112) 中，不考虑惯性损失以及动态接触角，上标 k 表示第 k 层多孔介质材料，其表面张力为 k 层多孔介质材料表面张力，其黏性损失为液体爬升过程中经过的所有层的黏性系数损失。根据质量守恒定律可得

$$\phi_k \dot{h}_0^k = \phi_{k-1} \dot{h}_t^{k-1} \tag{7.113}$$

又有

$$h_0^k = \sum_{i=1}^{k} l(i) \tag{7.114}$$

下标 0 表示在第 k 层多孔介质材料中的初始条件。在不同层的多孔介质材料中，以式 (7.113)、式 (7.114) 为初始条件，对式 (7.112) 进行积分即可求得液体爬升高度 h。

三层多孔介质结构特性如表 7.5 所示。

表 7.5　不同尺度堆积球模型

样本	D_s / μm	$\bar{D}_s$ / μm	ϕ
A	38~45	40.5	0.351
B	90~106	99.6	0.366
C	150~180	169.6	0.371

取 l 为 10mm，γ_{AB} 为 72.7mN/m，ρ 为 1.0g/cm³，μ 为 1.0mPa·s，θ_0 为 0°，

ξ 为 0.6,采用 Runge-Kutta 法对式(7.112)进行计算,选取样本 A 作为第一层,样本 B 和样本 C 分别为第二和第三层,结果如图 7.30 所示。

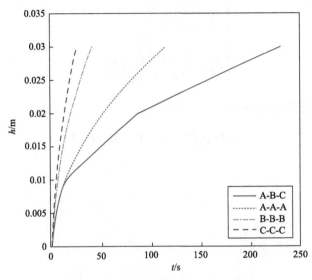

图 7.30　多层多孔介质毛细上升曲线

　　图 7.30 中显示了液体在多层多孔介质中的毛细上升过程与液体在单一结构多孔介质中的毛细上升过程的对比。在上升过程中,ABC 排列的多层多孔介质的上升速度要慢于单一结构特性多孔介质材料,因此,能够通过多层不同结构特性的多孔介质材料的组合运用对液体在多孔介质中的毛细运动进行有效控制。

　　图 7.30 中,液体在多孔介质表面张力的作用下逐步上升,上升过程中有明显的速度变化,这是由于不同层的多孔介质结构特性不同,导致其阻力和表面张力不同,以致上升速度不一样,可以通过调配不同结构特性多孔介质的特性来改变液体上升的过程。

3. 多层多孔介质的圆周型毛细运动

　　针对不同实际应用情况,需要对多孔介质的内部结构进行特殊设计,例如将多孔介质颗粒直径、孔隙率进行梯度化。本节将在前两部分理论模型基础上建立多层、内部结构梯度化的圆周型毛细运动(如图 7.31 所示)模型。

　　如图 7.29 所示,多孔介质材料中包含 N 层不同颗粒直径,不同孔隙率的多孔介质。当最内层多孔介质材料与液体接触时,液体在表面张力作用下扩散至 $k=2,\ k=3,\cdots,k=k$ 层,其扩散半径为 R,扩散时间为 t。根据毛细运动模型,将式(7.112)中的毛细上升模型替换为式(7.106),则式(7.112)、式(7.113)、式(7.114)变为

$$
\begin{cases}
\dfrac{a_k}{b_k} R_k \dfrac{\mathrm{d}R_k}{\mathrm{d}t}\ln\left(\dfrac{R_k}{r_0}\right)-1=0 \\[3mm]
R_0^k=\displaystyle\sum_{i=1}^{k} l(i) \\[3mm]
\dot{R}_0^k=\left(\dfrac{k-1}{k}\right)^2 \dfrac{\phi_{k-1}}{\phi_k}\dot{R}_t^{k-1}
\end{cases}
\tag{7.115}
$$

式中，$\dot{R}_0^k$ 由质量守恒定律得

$$
\pi(kl)^2 \phi_k \dot{R}_0^k=(k-1)^2 l^2 \phi_{k-1}\dot{R}_t^{k-1}
\tag{7.116}
$$

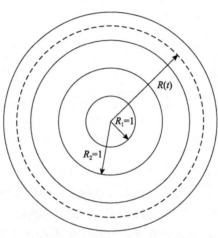

图 7.31　多层圆形多孔介质示意图

通过 Runge-Kutta 积分即可求解式 (7.115)，接下来分析沿半径梯度颗粒直径、梯度孔隙率的多层圆中多孔介质的毛细扩散运动。

取 l 为 10mm，γ_{AB} 为 72.7mN/m，ρ 为 1.0g/cm^3，μ 为 1.0mPa·s，θ_0 为 0°，ξ 为 0.6，ϕ 为 0.3，采用 Runge-Kutta 法对式 (7.115) 进行计算，选取颗粒直径 0.2mm 作为第一层，颗粒直径 0.3mm 和颗粒直径 0.4mm 分别为第二和第三层，结果如图 7.32 所示。

图 7.32 中显示了液体在多层多孔介质中的圆周型毛细运动过程与液体在单结构多孔介质中的圆周型毛细运动过程的对比。可以发现，该图与图 7.30 有同样的规律，即可以通过多层多孔介质有效控制液体的毛细运动。

取 l 为 10mm，γ_{AB} 为 72.7mN/m，ρ 为 1.0g/cm^3，μ 为 1.0mPa·s，θ_0 为 0°，ξ 为 0.6，D_s 为 0.3mm，采用 Runge-Kutta 法对式 (7.115) 进行计算，选取孔隙率 0.35 作为第一层，孔隙率 0.4 和孔隙率 0.45 分别为第二和第三层，结果如图 7.33 所示。

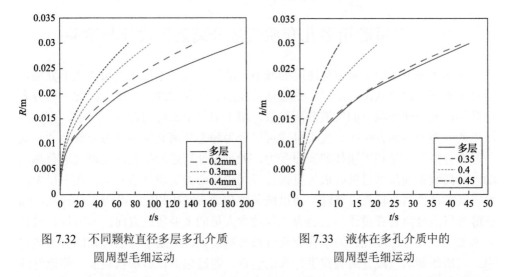

图 7.32　不同颗粒直径多层多孔介质
圆周型毛细运动

图 7.33　液体在多层多孔介质中的
圆周型毛细运动

图 7.33 中显示了液体在多层多孔介质中的圆周型毛细运动过程与液体在单结构多孔介质中的圆周型毛细运动过程的对比，同样验证了多层多孔介质对液体毛细运动的控制能力。

假设液体与多孔介质表面接触角为 120°，并基于式 (7.115)，分析液体在该多孔介质中的运动过程。假设液体充满第一层多孔介质，并开始向第二层过渡，在表面张力的作用下，液体向第二层多孔介质运动，并运动到第三层多孔介质，直至到达多孔介质边缘。

如图 7.34 所示，液体在具有梯度孔隙率和梯度颗粒直径的多层多孔介质中，在表面张力的作用下向四周扩散。梯度孔隙率中的黏性损失更小，使得液体毛细运动速度加大。

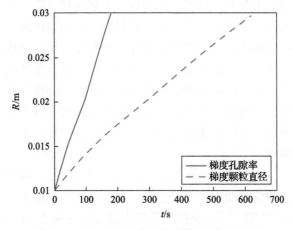

图 7.34　不浸润多层多孔介质圆周型毛细运动

7.4　卫星贮箱多孔介质气液分离装置设计与试验

空间环境下，由于重力加速度的减小，液体和气体不像在地面环境下分层，而是处于高度混合状态，给卫星中液体的使用和贮存增加了难度。因此，研究人员开始研究空间环境下的气液分离装置，用于卫星中液体的管理。目前，空间环境下的气液分离装置按照其使用机理可以分为静态分离装置和动态分离装置，其中静态分离装置是利用液体的表面张力，通过设计巧妙的结构来实现气液分离，动态分离装置则是通过离心机等机械装置利用离心力实现气液分离。在卫星中，要求其零部件具有较高可靠性，而机械装置与静态结构相比，其可靠性较低，因此静态气液分离装置设计与试验为工程技术人员的主要研究方向。本节旨在设计并研制一种具有梯度孔径的多孔介质气液分离装置，应用于卫星贮箱的排气装置中；对所研制的气液分离装置进行数值仿真，通过地面试验加以验证；将该气液分离装置用于卫星贮箱排气装置中，通过落塔试验进行验证。

7.4.1　气液分离装置设计

卫星运行时，常常需要将贮箱内的气体排出以控制贮箱内压力，而贮箱排气的前提是贮箱内的推进剂管理装置能够实现贮箱内的气液分离，推进剂管理装置主要是通过在排气时形成大气泡来实现气液分离，这就给贮箱推进剂管理装置的设计提出了很高的要求。此外，为了安全，在排气孔出口处还需要设置液体收集装置，从而保证气路的洁净，给贮箱管路系统增加了复杂性。

目前，在贮箱排气孔的设计中尚未考虑气液分离功能，只是通过选择排气孔位置与排气管长短设计降低排气过程中推进剂溢出的可能性。卫星板式表面张力贮箱内的排气孔设计主要有三种形式，分别为扩展式排气管、内缩式排气管、一体式排气管。扩展式排气管的优点是排气时只有少量的推进剂排出，但影响贮箱内气泡的稳定性；内缩式排气管的优点是排气时有较少推进剂排出，并且有利于气泡定位；一体式排气管安装在中心导流板中，几乎没有推进剂排出。目前大部分卫星以及在轨加注试验贮箱，仍然采用以上三种形式的排气装置，而以上三种排气装置的设计都比较简单，未考虑气液分离功能，对贮箱内推进剂管理装置依赖较大，所以亟须提供一种能实现气液分离，可降低贮箱对推进剂管理装置的依赖性的贮箱排气装置。

根据分析可知，当液滴与固体壁面接触角大于 90°时，液滴会在表面张力的作用下朝孔隙大的方向运动。基于该原理，排气装置的设计思路为：将排气装置设计为圆柱形，如图 7.35 所示，该排气装置内部由具有梯度孔径的多孔介质组成，孔径沿径向逐渐增大。该多孔介质经表面处理，使得贮箱内液体在多孔介质表面不浸润，即接触角大于 90°，当气液两相流沿轴向进入排气装置时，液体在表面张力的作用下被排挤出排气装置。

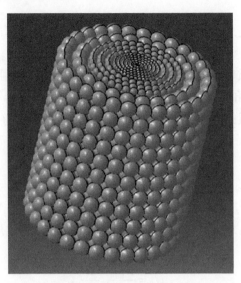

图 7.35　梯度孔径多孔介质

多孔介质气液分离装置的设计方法首先基于以下三点假设：

(1) 在贮箱排气时，气液两相流进入多孔介质，在设计过程中仅考虑有液体在多孔介质中的运动，不考虑气体(包括蒸气)的影响。

(2) 在运动过程中，液体运动速度要小于气体运动速度，在设计过程中假设液体运动速度等于气体的排放速度。

(3) 假设液体的体积要大于多孔介质孔隙体积，因此可以认为，在设计过程中液体的运动是连续的。

如图 7.36 所示，气液分离装置为底部直径 W、高 L 的圆柱形，其尺寸可由贮箱的外形尺寸确定，要求通过对装置内的多孔介质结构特殊设计，使得当气液分离装置两端压强为 ΔP 时，液体以排气速度由多孔介质中部进入，在表面张力作用下由气液分离装置底部分离出去。目前，通过工程实践，一般三层多孔介质即可

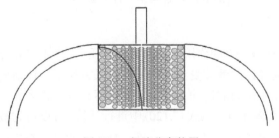

图 7.36　气液分离装置

完成气液分离，而三层多孔介质材料的厚度可以均分，通过设计各层多孔介质的颗粒直径及孔隙率，可完成气液分离装置的设计。因此，多孔介质内部设计方法介绍如下。

首先，要求液体不能透过气液分离装置的最内层多孔介质材料，这就要求最内层多孔介质材料对液体的表面张力要大于气液分离装置两端的压差 ΔP，因此，确定最内层多孔介质的等效半径 $r_{\min}$ 及接触角 θ，其中接触角可由表面处理材料确定，要求接触角尽量大，当确定接触角后，能够根据等效半径 $r_{\min}$ 选择合适的最内层多孔介质的颗粒直径 D_p 和孔隙率 ϕ，选择依据为

$$\Delta P \leqslant \frac{2\sigma|\cos\theta|}{r_{\min}} \tag{7.117}$$

当最内层多孔介质材料的结构特性确定之后，可以根据 Darcy 公式确定一旦液体进入最内层多孔介质材料，其在压差 ΔP 作用下轴向通过最内层多孔介质的平均速度为

$$U_l = \frac{K_{\min}}{\mu_l} \cdot \frac{\Delta P}{L} \tag{7.118}$$

从而得到液体轴向通过最内层多孔介质的时间 t_z 为

$$t_z = \frac{L}{U_l} \tag{7.119}$$

$$\begin{cases} \dfrac{a_k}{b_k} R_k \dfrac{dR_k}{dt} \ln\left(\dfrac{R_k}{r_0}\right) - 1 = 0 \\[2mm] R_0^k = \displaystyle\sum_{i=1}^{k} l(i) \\[2mm] \dot{R}_0^k = \left(\dfrac{k-1}{k}\right)^2 \dfrac{\phi_{k-1}}{\phi_k} \dot{R}_t^{k-1} \\[2mm] \pi(kl)^2 \phi_k \dot{R}_0^k = (k-1)^2 l^2 \phi_{k-1} \dot{R}_t^{k-1} \end{cases} \tag{7.120}$$

式中，$k = 1, 2, 3$。

当液体在内外压差 ΔP 的作用下进入多孔介质后，由于多孔介质材料经表面处理及内部结构梯度设计，液体受到径向的表面张力作用，逐渐向气液分离装置边缘运动。假设液体在轴向的运动与径向运动互不影响，将多孔介质第二层、第三层颗粒直径 D_p 和孔隙率 ϕ 代入式 (7.120) 中进行计算，可以得到液体在气液分离装置的径向 $W/2$ 运动时间 t_r，若 $t_r \leqslant t_z$，则得到所需的多孔介质材料结构参数，若

$t_r > t_z$，则更新多孔介质材料结构参数，重新计算。气液分离装置的设计流程如图 7.37 所示。

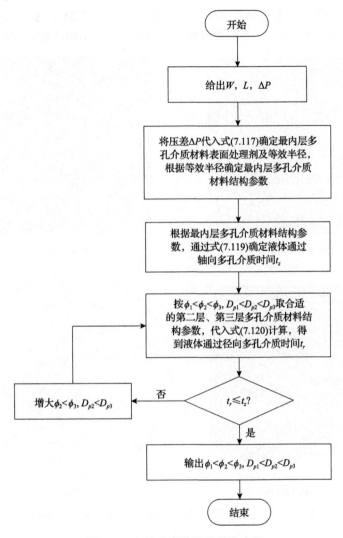

图 7.37 气液分离装置的设计流程

7.4.2 气液分离装置数值仿真

1. 几何模型

本节设计了梯度颗粒直径、梯度孔隙率、梯度表面能的气液分离装置，采用 Fluent 软件进行了仿真，以分析微重力环境下，液体分别通过不同梯度颗粒直径、不同梯度孔隙率、不同梯度表面能的多孔介质气液分离装置时的分布情况。

为了分析微重力条件下气液两相流通过梯度多孔介质时的气液分布,选择外形尺寸为 20mm×20mm 的多孔介质气液分离装置作为仿真对象。该多孔介质气液分离装置由三层多孔介质组成,其具体尺寸如图 7.38 所示,各层结构参数与表面特性如表 7.6 所示,考虑划分网格的难度,设计案例的颗粒直径相对较大。

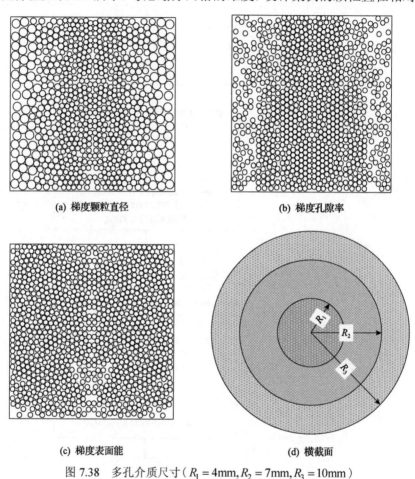

(a) 梯度颗粒直径   (b) 梯度孔隙率

(c) 梯度表面能   (d) 横截面

图 7.38　多孔介质尺寸($R_1 = 4\text{mm}, R_2 = 7\text{mm}, R_3 = 10\text{mm}$)

表 7.6　多孔介质几何尺寸信息

参数	梯度颗粒直径			梯度孔隙率			梯度表面能		
	内层	中层	外层	内层	中层	外层	内层	中层	外层
颗粒直径/mm	0.3	0.35	0.5	0.3	0.3	0.3	0.3	0.3	0.3
孔隙率	0.3	0.3	0.3	0.22	0.41	0.58	0.3	0.3	0.3
接触角/(°)	120	120	120	120	120	120	90	120	150

在梯度颗粒直径气液分离装置中,各层多孔介质材料孔隙率与表面能相同,

通过设计各层不同的颗粒直径来分析液体在不同颗粒直径多孔介质材料中的分布情况；在梯度孔隙率气液分离装置中，各层多孔介质材料颗粒直径与表面能相同，通过设计不同的孔隙率来分析液体在不同孔隙率多孔介质中的分布情况。对于梯度表面能，则是在相同颗粒直径与孔隙率情况下，因各层多孔介质材料的表面能不同，即分析接触角不同的情况下的液体分布，同时与前两案例进行对比。

2. 边界条件

定解条件包括边界条件和初始条件。壁面采用无滑移边界条件，根据计算需要设定不同入口条件。计算中，采用 Fluent 软件中自带 VOF 分析模型，基本相为空气，第二相为水。

在计算中，具体的边界条件和计算条件如下：

1）固壁边界条件

多孔介质固相都设为固壁边界条件，即采用无穿透、无滑移边界条件。在近壁区域，采用对数律壁面函数法模拟近壁流动。

2）体积组分的初始条件

该计算域包括液体和气体两部分，在进行计算时，先设定计算域内的初始体积组分分布。这之前要定义其中一个相为主相，通过预先设定主相的体积组分来给定计算域内的气液两相分布。这里设定计算域内充满空气，在入口边界中，设置不同气液体积分数，以分析不同气体流量情况下的气液分布。

3. 网格与模型求解

采用 Gambit 软件进行网格划分，由于多孔介质内部结构复杂，采用易于生成的非结构网格，网格总数达到了 20 万。

利用 Fluent 软件进行数值模拟时，在每一个新的时间步首先求解体积分数输运方程，然后利用得到的体积分数求解主场的密度和黏度，其次再求解主场的控制方程。压力项的离散采用 Body Force Weighted 方法离散，动量项采用 QUICK 方法离散，体积分数项离散采用 Geo-Construct 方法离散。压力速度的耦合采用 PISO 方法。

4. 仿真结果

在气液两相流进入梯度颗粒直径的多孔介质时，由于内层多孔介质直径与外层直径相差不大，可得内层与外层的表面压差为 1000Pa，当气液进入多孔介质时，液体迅速进入，并在表面张力的作用下逐渐向直径大的孔隙渗透。

图 7.39 显示了 0.02s 时的气液分布。图中，液体在表面张力的作用下，逐渐由多孔介质入口向多孔介质两端流动，并且处于多孔介质两端的液体逐渐超过处

于多孔介质内层的液体。由于各层多孔介质的孔隙率同为 0.3，流体在多孔介质中的渗透率相差不大，导致在多孔介质内层的液体逐渐渗透进入多孔介质内部。

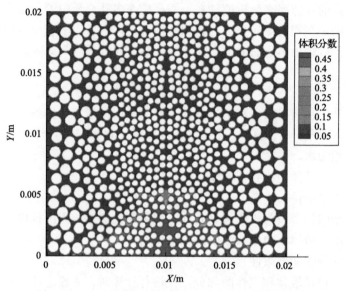

图 7.39　0.02s 时梯度颗粒直径多孔介质内的气液分布

图 7.40 显示了 0.06s 时的气液分布。各层多孔介质的孔隙率同为 0.3，流体在多孔介质中的渗透率相差不大，导致在多孔介质内层的液体逐渐渗透进入多孔介质内部，多孔介质内部除几处留有气泡之外，几乎被液体充满。

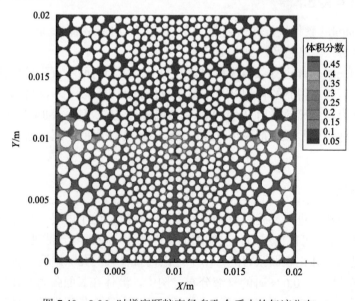

图 7.40　0.06s 时梯度颗粒直径多孔介质内的气液分布

　　图 7.41 为气液两相流通过梯度颗粒直径多孔介质时的液体分布。液体最高点的坐标变化如图 7.41(a)所示，液体在 0.22s 时爬升至多孔介质顶部。图 7.41(b)中显示了液体分布的平均高度坐标，在多孔介质中，液体的平均高度坐标在 0.2s 左右达到平衡状态，其平均高度为 0.013m。

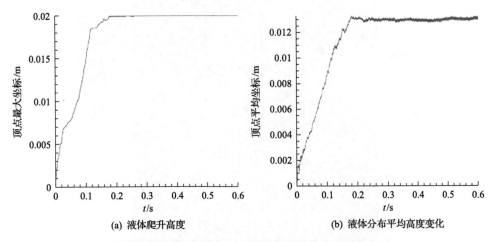

(a) 液体爬升高度　　　　　　　　(b) 液体分布平均高度变化

图 7.41　梯度颗粒直径多孔介质内的液体爬升分布

　　由于内层多孔介质孔隙率与外层孔隙率相差大，当内层与外层的表面压差为1000Pa，气液两相流进入梯度孔隙率的多孔介质时，液体迅速进入，并在表面张力的作用下向孔隙率大的外层孔隙渗透，如图 7.42 所示。

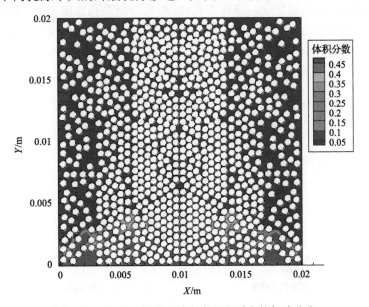

图 7.42　0.03s 时梯度孔隙率多孔介质内的气液分布

　　图 7.43 中，在 0.11s 时，液体在表面张力的作用下，逐渐由多孔介质入口向多孔介质两端流动，处于多孔介质两端的液体逐渐超过处于多孔介质内层的液体，迅速向多孔介质末端流动。

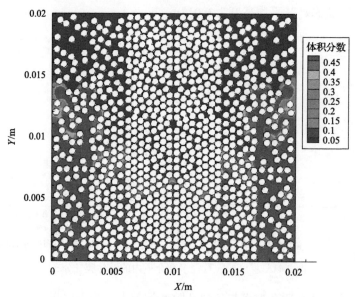

图 7.43　0.11s 时梯度孔隙率多孔介质内的气液分布

　　图 7.44 为气液两相流通过梯度孔隙率多孔介质内的气液分布。图 7.44(a) 显示了液体最高点的坐标变化，液体在 0.18s 时爬升至多孔介质顶部。图 7.44(b) 显示了液体分布的平均高度坐标，在多孔介质中，液体的平均高度坐标在 1s 左右达到平衡状态，其平均高度为 0.013m。

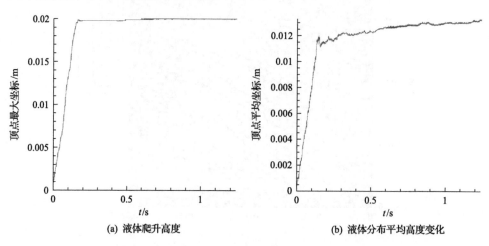

(a) 液体爬升高度　　　　　　　　　　(b) 液体分布平均高度变化

图 7.44　梯度孔隙率多孔介质内的液体爬升分布

如图 7.45 所示，在气液两相流进入梯度表面能的多孔介质时，由于内层多孔介质表面能低于外层表面能，对液体吸附力弱，使得多孔介质内层与外层之间存在大约 1000Pa 的表面压差，当液体进入多孔介质时，液体在表面张力的作用下向表面能大的外层孔隙渗透。由于多孔介质表面能较小，接触角较大，液体无法像在梯度颗粒直径和梯度孔隙率内部一样，迅速进入多孔介质内部，而是沿多孔介质外沿运动。

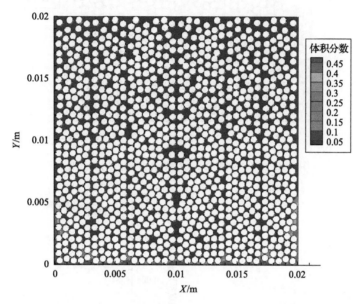

图 7.45　0.01s 时梯度表面能多孔介质内的气液分布

如图 7.46 所示，在 0.1s 时，液体在表面张力的作用下，逐渐由多孔介质入口向多孔介质两端流动，并且处于多孔介质两端的液体逐渐超过处于多孔介质内层的液体，迅速向多孔介质末端流动。

图 7.47 为气液两相流通过梯度表面能多孔介质时的液体分布。图 7.47(a) 显示了液体最高点的坐标变化，液体在 0.05s 时爬升至多孔介质顶部。图 7.47(b) 显示了液体分布的平均高度坐标，在多孔介质中，液体的平均高度坐标在 0.2s 左右达到平衡状态，其平均高度为 0.0075m。

由以上仿真结果分析可知，在微重力环境下，气液两相流通过不同性质多孔介质时，具有不同的输运特性。其中，不同梯度颗粒直径对气液分布影响较小；而不同的孔隙率对气液分布有较大影响，在多孔介质表面特性大于90°时，液体向孔隙率大的多孔介质中渗透；不同的表面特性对气液分布影响最大，液体在表面张力作用下，向表面能大的，即接触角小的多孔介质渗透。

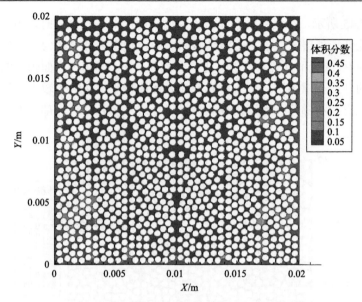

图 7.46 0.1s 时梯度表面能多孔介质内的气液分布

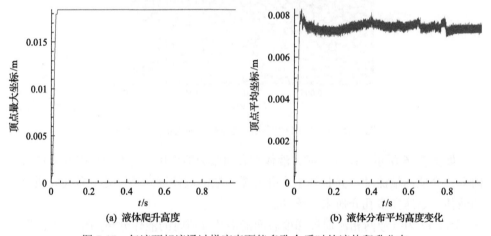

(a) 液体爬升高度   (b) 液体分布平均高度变化

图 7.47 气液两相流通过梯度表面能多孔介质时的液体爬升分布

7.4.3 气液分离装置地面试验

1. 原理样机设计

以水模拟推进剂，贮箱排气装置的长度为 2cm，底部直径为 2cm，已知气液分离装置内外压差为 2000Pa，可得最内层等效孔径为 100μm。根据式 (7.118) 可得到液体通过最内层多孔介质平均速度为 0.0019m/s，通过时间为 10.5s，平均渗透率为 $5.62 \times 10^{-8} \mathrm{m}^2$，选择的等效孔径为 0.5mm，孔隙率为 0.3 的泡沫铜作为排气装置的最外层泡沫金属，可确定贮箱排气装置最内层与最外层的表面张力压差 ΔP_c 约为4000Pa，贮箱排气装置中间层选取孔径为0.3mm的泡沫铝，最内层直径为8mm，中间层外径为14mm，最外层为20mm。

图7.48为根据设计所研制的多孔介质气液分离装置原理样机。该原理样机最内层为由粉末材料烧结而成的泡沫铝，第二层与第三层为泡沫铜材料。原理样机采用EGC-7200表面处理剂进行涂层，使得水与多孔介质气液分离装置的接触角达到120°。

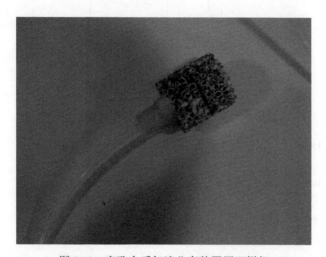

图7.48 多孔介质气液分离装置原理样机

2. 试验方案

试验原理是将气液分离装置安装于试验贮箱底部出口处，通过控制通入的气体压力来控制贮箱内压力与外界压差，同时通过高度落差将加注液体加进贮箱内。在气体和液体同时进入贮箱时，通过高精度压力传感器测定贮箱内压力，从而定量分析多孔介质的气液分离能力。

试验装置如图7.49所示，包括铁架台、气罐、试验贮箱、高精度压力传感器(绝压)、水箱以及若干导管。

3. 试验结果

试验操作过程为：往贮箱内注入水，待液面上升到气液分离器一半高度时，停止注水；打开气源，调节减压阀，使得气源压力维持在102000Pa，观察贮箱底部出口情况，发现没有水流出，同时再次增压至最大压力134228Pa时，观察仍未有水流出。图7.50为试验过程中记录的贮箱内压力曲线图。

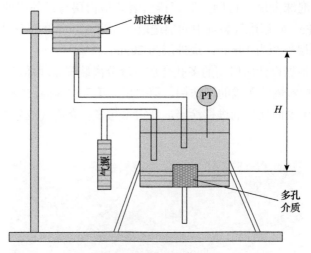

图 7.49　试验装置示意图

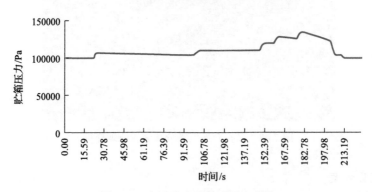

图 7.50　水试验中贮箱内压力曲线

　　经过试验发现，水能够很好地达到试验效果，并且能够在高压差的情况下工作良好，其原因是水的表面张力为 72N/m，经过表面处理的多孔介质气液分离器能够很好地实现不浸润效果。此外，气液分离器周围的水所受压差并非贮箱内外压差，而是由于气流通过多孔介质时的动压，降低了气液分离装置内的静压，故水所受的压差要小于贮箱内外压差；同时通过试验发现，液体运动时的阻力要远大于气体，因此其运动速度要小于估算速度。

7.4.4　气液分离装置落塔试验

1. 试验方案

　　落塔试验方案如图 7.51 所示，包括贮箱、贮箱 PMD 装置、多孔介质气液分离装置、出气管。出气口处接液体收集装置，内含海绵用于吸附液体，试验过后，通过读取液体收集装置质量变化判断分离装置的性能；电磁阀通过微重力信号控制，落舱开始降落时，开启电磁阀；气瓶与减压阀相连，使得加注时压力差控制在 2000Pa 左右。

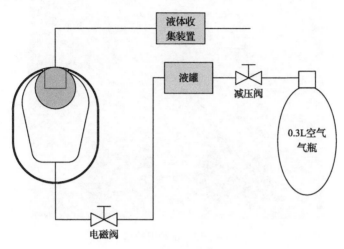

图 7.51 落塔试验方案示意图

国家微重力实验室的落塔塔体高 92m，有效下落高度为 60m，微重力时间为 3.5s，采用双舱结构(内外舱之间抽真空，以减少空气阻力)，微重力水平可达到 $10^{-5}g$，缓冲过载 $\leqslant 20g$。一共分四层，下面两层是电源、控制电路等设备，最上面一层可安装试验载荷，内舱的直径为 $\phi 550mm$。

在落塔试验开始时，电磁阀在微重力信号的控制之下迅速开启，接通液路，气瓶内的压缩空气通过减压阀，以 2000Pa 的压力将液罐内的推进剂挤压进入贮箱，形成短时间内的加注试验。在加注的同时，贮箱内的空气被挤压出贮箱，通过液体收集装置，一旦有液体泄漏必将残留在液体收集装置中。

试验舱电压需求为：需要照明与摄像，通过摄像获得试验现场画面，摄像机的调试；需要电磁阀的开关控制动作，需要在地面发出落塔指令时开始工作并且落塔试验完成瞬间关闭电磁阀，控制电路的安排；需要数据采集。

试验舱提供重力测量信号，并且微重力测量信号由独立存储数据采集器输入采集信号。常重力情况下，信号幅值为 1.5V，微重力情况下为 0.4V，过载情况下为 10V。同时提供+5V/2A 直流电源；提供+3V/1A 直流电源，即大功率 LED 照明灯电源，可以多个并联；提供+24V/30A 和+12V/30A 两组直流电源。

2. 试验设备

图 7.52 为落塔试验用贮箱。该贮箱采用有机玻璃制成，中间采用法兰盘结构连接，内部装有推进剂管理装置，用以管理微重力条件下的气液界面。气液分离

装置安装于贮箱顶部，当液体沿导流板爬升至贮箱顶部时，与气液分离装置接触，同时加注液体，检测分离效果。

图 7.52　试验用贮箱

3. 试验步骤

表 7.7 给出了具体试验步骤。

表 7.7　试验步骤

步骤	内容	试验地点
1	测量液体收集装置质量	地面
2	贮箱内填充 345mL 水，液体管路中填充满液体，液体管路中的液体体积约为 15mL	地面
3	安装固定、封闭、吊装	落塔
4	当落塔下落时，收到重力信号，电磁阀打开，加注开始	落塔
5	3s 后，电磁阀关闭	地面
6	落舱回收后，测量液体收集装置质量，对比试验前液体收集装置质量，判断气液分离装置性能	地面

4. 试验结果

图 7.53 显示了在加注过程中的气液界面。试验过程中的液面稳定，由于初始液面较高，在 5mL/s 的加注流速下并未产生射流现象。

先后进行了 4 次落塔试验，结果如表 7.8 所示。

前 3 次试验气液分离装置成功阻止液体流出，第 4 次则完全流出，分析认为，气液分离装置与贮箱之间结合部密封效果不好，导致水渗出，使得在加注时，工质持续泄漏。

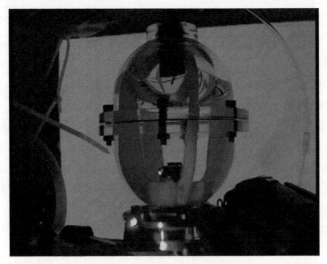

图 7.53　落塔试验时液面

表 7.8　气液分离器落塔试验结果　　　　　　　　　(单位：g)

试验工质	收集装置试验前质量	收集装置试验后质量
70%初始液面	1.33	1.35
30%初始液面	1.33	1.35
5%液面倒置填充	1.33	1.33
10%液面倒置填充	1.33	1.99(导管内充满液体)

7.5　本章小结

卫星在轨加注过程中,贮箱内推进剂的有效气液分离直接影响加注任务成败。实现贮箱内推进剂气液分离,除主要依靠推进剂管理装置以外,通过引入多孔介质气液分离装置,可进一步保证气液分离效果。本章以微重力条件下多孔介质中的液体输运特性为切入点,开展了多孔介质内部结构特性、过流特性、润湿特性研究,建立了以多孔介质内部结构特征模型、过流特性模型、润湿特性模型为基础的输运特性模型;分析了多孔介质内部结构特性、微重力条件对流体输运特性的影响;研制了相应的卫星贮箱气液分离装置。

主要工作及结论如下:

(1)分析了液体在多孔介质中的毛细上升运动过程:在毛细运动初期,由于运动速度较小,惯性损失占主导地位;随着流速的增加,黏性损失增大,逐渐成为主要影响因素。

　　(2)分析了微重力条件下液体在多孔介质中的毛细运动,结果表明:随着重力水平的降低,惯性损失对液体在多孔介质中的毛细运动影响变化较小;对于黏度较小液体,黏性损失对其毛细运动的影响增强,而对于黏度较大液体,黏性损失对其毛细运动的影响减弱;液体在多孔介质中的动态接触过程对其毛细运动的影响也随着重力的减小而逐渐降低。

　　(3)建立了液体在多层多孔介质中的毛细运动模型,通过数值求解发现通过排列不同结构特征的多层多孔介质能够有效控制液体在多孔介质中的毛细运动;分别对梯度颗粒直径、梯度孔隙率、不浸润多层多孔介质中的圆周型毛细运动进行了分析,发现在不浸润多孔介质中,梯度孔隙率中液体运动速度较梯度颗粒直径中的液体运动速度更快。

　　(4)研制多孔介质气液分离装置,基于研究结果提出了气液分离装置的设计方法,完成了原理样机设计。采用数值仿真手段对设计方案进行仿真,结果显示当液体进入具有梯度孔径多孔介质时,能够在表面张力的作用下沿径向从分离装置底部边缘位置离开,实现气液分离。通过地面试验发现,梯度多孔介质气液分离装置对水能够很好地达到试验效果,并且能够在高出设计压差的情况下工作良好。通过 4 次落塔试验证明了多孔介质气液分离装置在微重力条件下能够较好地实现气液分离。

参 考 文 献

[1] Fischer W P P, Stirna U, Yakushin V, et al. Cryogenic insulation for LOX and LH2-tank application[C]. The 40th International Conference on Environmental Systems, Barcelona, 2010.

[2] Conrath M, Smiyukha Y, Fuhrmann E, et al. Double porous screen element for gas-liquid phase separation[J]. International Journal of Multiphase Flow, 2013, 50: 1-15.

[3] Chiew Y C, Glandt E D. Interfacial surface area in dispersions and porous media[J]. Journal of Colloid and Interface Science, 1984, 99(1): 86-96.

[4] Torquato S. Random heterogeneous materials: Microstructure and macroscopic properties[J]. Applied Mechanics Reviews, 2002, 55(4): B62-B63.

[5] Stell G. The Equilibrium Theory of Classical Fluids[M]. New York: John Benjamin Publishing, 1964.

[6] Blum L, Stell G. Polydisperse systems. I. Scattering function for polydisperse fluids of hard or permeable spheres[J]. The Journal of Chemical Physics, 1979, 71(1): 42-46.

[7] Mandelbrot B B. The Fractal Geometry of Nature[M]. San Francisco: W. H. Freeman and Company, 1982.

[8] Yu B. Analysis of flow in fractal porous media[J]. Applied Mechanics Reviews, 2008, 61(5): 050801.

[9] Hunt A G. Applications of percolation theory to porous media with distributed local conductances[J]. Advances in Water Resources, 2001, 24(3/4): 279-307.

[10] Hermann H, Elsner A. Geometric models for isotropic random porous media: A review[J]. Advances in Materials Science and Engineering, 2014, 2014: 1-16.

[11] Hermann H, Elsner A, Stoyan D. Surface area and volume fraction of random open-pore systems[J]. Modelling & Simulation in Materials Science & Engineering, 2013, 21(8): 085005.

[12] Hermann H, Ohser J. Determination of microstructural parameters of random spatial surface fractals by measuring chord length distributions[J]. Journal of Microscopy, 1993, 170(1): 87-93.

[13] Herman H. A new random surface fractal for applications in solid state physics[J]. Physica Status Solidi, 1991, 163(2): 329-336.

[14] Cai J C, Yu B M, Zou M Q, et al. Fractal characterization of spontaneous co-current imbibition in porous media[J]. Energy & Fuels, 2010, 24(3): 1860-1867.

[15] Ding X B, Zhang L Y, Zhu H H. Effect of model scale and particle size distribution on PFC3D simulation results[J]. Rock Mechanics & Rock Engineering, 2014, 47(6): 2139-2156.

[16] Elsner A, Wagner A, Aste T, et al. Specific surface area and volume fraction of the cherry-pit model with packed pits[J]. Journal of Physical Chemistry B, 2009, 113(22): 7780-7784.

[17] Ergun S. Fluid flow through packed columns[J]. Chemical Engineering Progress, 1952, 48(2): 89-94.

[18] Carman P C. Permeability of saturated sands, soils and clays[J]. The Journal of Agricultural Science, 1939, 29(2): 262-273.

[19] Turpin J L, Huntington R L. Prediction of pressure drop for two-phase, two-component concurrent flow in packed beds[J]. ALCHE Journal, 1967, 13(6): 1196-1202.

[20] Ghanbarian B, Hunt A G, Ewing R P, et al. Tortuosity in porous media: A critical review[J]. Soil Science Society of America Journal, 2013, 77(5): 1461-1477.

[21] Comiti J, Renaud M. A new model for determining mean structure parameters of fixed beds from pressure drop measurements: Application to beds packed with parallelepipedal particles[J]. Chemical Engineering Science, 1989, 44(7): 1539-1545.

[22] MacDonald I F, El-Sayed M S, Mow K, et al. Flow through porous media-the ergun equation revisited[J]. Industrial & Engineering Chemistry Fundamentals, 1979, 18(3):199.

[23] Plessis J P D, Woudberg S. Pore-scale derivation of the Ergun equation to enhance its adaptability and generalization[J]. Chemical Engineering Science, 2008, 63(9): 2576.

[24] Lucas R. Über das Zeitgesetz des Kapillaren Aufstiegs von Flüssigkeiten[J]. Kolloid-Zeitschrift, 1918, 23(1): 15-22.

[25] Washburn E W. The dynamics of capillary flow[J]. Physical Review, 1921, 17(3): 273-283.

[26] Siebold A, Nardin M, Schultz J, et al. Effect of dynamic contact angle on capillary rise phenomena[J]. Colloids and Surfaces A: Physicochemical and Engineering Aspects, 2000, 161(1): 81-87.

[27] Handy L L. Determination of effective capillary pressures for porous media from imbibition data[J]. Transactions of the AIME, 1960, 219(1): 75-80.

[28] Tuteja A, Choi W, Ma M, et al. Designing superoleophobic surfaces[J]. Science, 2007, 318(5856): 1618-1622.

[29] 魏月兴. 微重力条件下航天器贮箱推进剂流动特性研究[D]. 长沙: 国防科技大学博士学位论文, 2013.

[30] White L R. Capillary rise in powders[J]. Journal of Colloid and Interface Science, 1982, 90(2): 536-538.

[31] Diggins D, Fokkink L G J, Ralston J. The wetting of angular quartz particles: Capillary pressure and contact angles[J]. Colloids and Surfaces, 1990, 44: 299-313.

[32] Hupka J, Dang-Vu T. Characterization of porous materials by capillary rise method[J]. Physicochemical Problems of Mineral Processing, 2005, 39(1): 47-65.

[33] Masoodi R, Pillai K M, Varanasi P. Role of hydraulic and capillary radii in improving the effectiveness of capillary model in wicking[C]. ASME Fluids Engineering Conference, Jacksonville, 2008.

[34] Chebbi R. Dynamics of liquid penetration into capillary tubes[J]. Journal of Colloid and Interface Science, 2007, 315(1): 255-260.

[35] Cai J C, Hu X Y, Standnes D C, et al. An analytical model for spontaneous imbibition in fractal porous media including gravity[J]. Colloids and Surfaces A: Physicochemical and Engineering Aspects, 2012, 414: 228-233.

[36] White F M. Fluid Mechanics[M]. 5th Ed. New York: McGraw Hill, 2003.

[37] Conrath M, Fries N, Zhang M, et al. Radial capillary transport from an infinite reservoir[J]. Transport in Porous Media, 2010, 84(1): 109-132.

[38] Fries N, Dreyer M. An analytic solution of capillary rise restrained by gravity[J]. Journal of Colloid and Interface Science, 2008, 320(1): 259-263.

[39] Corless R M, Gonnet G H, Hare D E G, et al. On the Lambert W function[J]. Advances in Computational Mathematic, 1996, 5(1): 329-359.

第8章 贮箱内推进剂剩余量精确测量

卫星携带的推进剂剩余量多少直接关系到卫星的工作寿命与后续任务安排。在开展卫星在轨加注任务的过程中，需要监测服务星贮箱及目标星贮箱内的推进剂剩余量。对目标星贮箱内推进剂剩余量进行监测，将决定加注时机和发送加注任务请求；对服务星贮箱内推进剂剩余量进行监测，可以评估加注能力，确定是否执行加注任务。特别是针对"一对多""多对多"场景的在轨加注任务，即一个或多个服务星对多个目标星实施在轨加注，推进剂量的精确检测结果可以作为在轨加注路径优化的输入量，为优化在轨加注路径提供可靠的参考。另外，在深空探测任务中，当卫星处于无动力环绕地球自由飞行阶段和离开地球轨道时，发动机要重新启动一次甚至多次。此时必须确保在执行探测任务前有足够的推进剂，对卫星的轨道机动能力进行准确的预估，因此一种高精度、稳定、可靠的用于微重力条件下的液体推进剂剩余量测量方法尤为重要。由此可见，准确可靠的微重力环境下液体推进剂量自主测量方法，不仅是卫星在轨加注技术的重要组成部分，更是未来航天技术发展所需探索的重要课题。

8.1 微重力条件下推进剂量测量的特点

8.1.1 微重力影响分析

在地面对液体体积量进行测量是一项成熟的技术，已有的测量技术可靠性好、操作简单方便。但在空间微重力环境下，由于空间特殊环境条件的影响和限制，液体体积量测量是一件非常困难的事情，其主要原因包括：

（1）卫星上的液体通常处于微重力或零重力状态。没有可以利用的足够大的加速度和与之相应的浮力，使得地面常用的依赖于常规重力加速度或相应浮力的称重法、静压差法、浮子液位计法等测量技术不能应用。

（2）微重力条件下液体的表面张力起主导作用，加上容器内部液体管理元件的影响，使得容器内液气相界面为复杂曲面。而各种随机扰动产生的加速度跳动，又使得液体的位置和气液相界面随之变化，造成依赖于确定液气界面的辐射法、光学法等地面测量技术也不能在空间应用。

（3）卫星本身运动稳定性要求或限制。如三轴稳定卫星不允许通过旋转液体推进剂贮箱来产生足够大的旋转加速度，利用液体压差测量。

（4）空间应用液体种类多，物理化学性质差别大，给测量方法和测量技术的通用性造成障碍。如液氦在 2K 温度以下具有超流体特性,其爬壁薄层、向高温区流动特性等现象会造成一些液体测量方法的不适用。

(5)卫星载荷对测量设备质量、体积、结构等方面有严格的要求和限制。

(6)低的热量负荷限制。如空间探测卫星射电望远镜的超流体氦恒温器,只容许小于 0.5mW 的热负荷施加在低温液体系统,否则会增加低温液体消耗量,缩短使用寿命,并产生其他消极影响。

(7)液体容器系统的不一致性。如有些容器充有挤压气体,而有些容器没有,由此带来测量原理、方法的不适用。

其中,(1)、(2)、(5)为普遍性因素,而(3)、(4)、(6)、(7)为特殊性因素。

8.1.2 低温推进剂贮存

随着航天任务的发展,人们对空间的开发及利用逐渐由低轨到高轨,近地到月球、火星,甚至太阳等,深空探测已成为各航天大国的研究热点,这对运载火箭及发动机的推力要求越来越高。液氢、液氧、液态甲烷等低温推进剂比冲远高于常规化学燃料,推进剂本身和燃烧废物无毒、无污染,被认为是卫星进入空间及轨道转移最经济、效率最高的化学推进剂,是未来航天运载器的理想推进剂。美国洛克希德-马丁公司在重返月球计划中采用常规推进剂和低温推进剂方案进行了对比分析,发现采用低温推进剂时进入近地轨道的系统重量能够减小近 45%,单次发射费用能够降低约 10 亿美元[1]。因此,研究低温推进剂贮存技术具有重要科学价值与经济价值,而剩余量测量是低温推进剂贮存技术的关键技术之一。

在低温推进剂贮存过程中,目前主要是采用被动压力/温度控制措施[2,3]或者与简单主动压/温控措施相结合[4-6]的方式对蒸发量进行控制,仍不可避免地会导致液体推进剂的蒸发。对于低温推进剂长时间在轨贮存,蒸发量可以通过前文所述方法进行估计,满足贮箱设计要求。但是在需要精确的液体推进剂量信息预估加注能力、卫星寿命及机动能力时,该估算量不能满足测量误差小于 1%的要求;此外,在推进剂贮存过程中不定期为目标星实施加注任务,依靠初始质量减去消耗质量计算贮箱内剩余液体量的误差将会增大。在轨环境下,气液分布的随机性及微重力下流体流动的特异性也为液体量的精确测量带来困难。因此,需要对推进剂贮存过程中的液体量精确测量技术展开研究,实现推进剂贮存过程中的实时高精度测量。

本章在吸收总结国内外关于微重力条件下贮箱液体推进剂量测量方法的基础上,以体积激励法为研究重点,详细分析该方法的测量原理及其影响因素,重点对低温推进剂的剩余量测量进行分析。

8.2　体积激励法测量推进剂量的原理与数值仿真

8.2.1　测量方法分析

1. 测量方法选择依据

(1)可用于测量气液两相共存的贮箱内的液体推进剂质量,并且测量精度达到贮箱总体积的 1%,同时测量方法不受贮箱内气液分布的影响。因为在微重力条件下,虽然有推进剂管理装置的参与,但其功能只是收集液体,保证进入发动机前的推进剂不含气体,而在要测量的整个贮箱范围内,很可能由于重力消失导致液体推进剂中存在气泡,呈现气液共存的状态。

(2)满足各项兼容性要求,测量方法能够测量多类型的液体推进剂、应用于各种形状和体积的贮箱,同时减小对贮箱结构设计的影响,具有较强的通用性,重量轻、体积小、耗能少,低风险、高可靠性和操作性,并且在地面和微重力条件下的测量差别不大。

(3)考虑微重力条件下的气泡力学。空间存贮贮箱包括气泡破裂成小气泡和小气泡结合或溶入液体中形成大气泡过程,如果气泡破裂和生成同时以相对均匀的速率进行,则两个过程间能达到一个动态平衡。在充液和排放液体过程中,由于贮箱晃动,表面波破坏时将会产生气泡,或是低温推进剂蒸发也会产生气泡。目前国内外对微重力条件下单个气泡的动力学和热力学过程已有一定的研究,如果有很多气泡共存时,仍然很难精确估计气泡的数量和大小,但是在一定的存贮条件下,利用一些已知的理论进行计算是可以满足测量要求的。

2. 测量方法的确定

通过对各种典型测量方法的对比分析,结合已有的各类测量方法,可以得到如下结论:

(1)热容量法要求测量时贮箱系统达到热平衡状态,但是由于失重影响,一般推进剂贮箱系统达到平衡的时间非常长,该方法仅适合于导热系数比较高的超流体氦。

(2)通过点取样技术形成气泡的三维图再计算其体积的方法,需要复杂的采样技术和众多的传感器才能达到测量精度要求;而通过线采样技术测量液体深度的方法将受到气液分布随意性的影响,两种方法对贮箱结构设计影响比较大。

(3)光学衰减吸收法对贮箱壁面的发射系数要求高,并且目前还没有研究表明其不受贮箱内气液体分布的影响;气体注入法对低温推进剂不适用,增压过程会促使液体推进剂蒸发,并且受限于气源的量。

(4) X 射线成像技术的装置体积大，质量重，增加发射负担，降低了发射任务的推重比。

综合各种方法的优缺点和测量要求，体积激励法在测量精度、可重复性、通用性等方面体现了良好的性能，具有很好的应用前景，本章主要研究体积激励测量方法。

3. 体积激励法与传统 PVT 法的区别

传统 PVT 法主要是通过测量贮箱内气体的压力和温度，利用气体状态方程计算气体体积量。两种方法都是基于气体体积测量，采用的都是气体状态方程。体积激励法优于 PVT 法主要体现在：

(1) 对贮箱进行周期性的体积改变，得到交流测量信号，相对于直接测量的直流信号，更容易滤掉噪声，获得更好的测量精度。

(2) 在一定的频率下对贮箱进行激励，可以实现气体的绝热压缩过程，避免等温条件下的推进剂蒸气的凝结发生，因此，该方法对低温推进剂同样适用。

4. 贮箱内液体推进剂量的定义

在微重力条件下，贮箱内气液两相没有明显的边界面，存在液体中包含有气泡，气体中包含有液滴的情况，如图 8.1 所示。

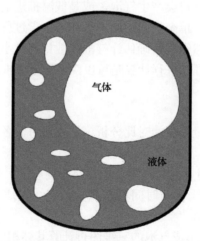

图 8.1 微重力条件下贮箱内气液分布图

本章所要测量的推进剂量为贮箱内的纯液体量，可以为体积和质量，分别用 V_1 和 m_1 表示。对于规则形状的液体，假设液体占据三维空间实体的三个方向长度分别为 D_1、D_2 和 D_3，如果能测量出这三个量，并知道乘积规则，则液体体积为

$$V_1 = D_1 D_2 D_3 \tag{8.1}$$

对于不规则形状的液体占据空间，通常很难确定这种简单的关系。这时需要利用数学上的多重积分方法，把液体占据空间分割成小的规则形状，测量每个小形状的长度得其体积大小，再把小体积相加得到液体体积。液体体积表达式为

$$V_1 = \sum_{i=1}^{n} \nabla V_i = \sum_{i=1}^{n} D_{i1} D_{i2} D_{i3} \tag{8.2}$$

式中，n 为小体积的分割数，其值越大，测量准确性越高，但需测量的长度数量也三倍地成正比增加。对于微重力条件下贮箱内气液混合分布的情况，即液体占据空间不是单连通区域，存在很多连通或隔离情况，使得测量数学关系比较复杂。由此可见，直接测量液体体积的难度较大，而测量容器内剩余空间体积(气体或蒸汽占据)相对容易，因此采用先测量气体体积 V_g，再由已知容器总体积 V_t 求出液体体积 V_1 的办法。基本方程为

$$V_1 = V_t - V_g \tag{8.3}$$

推进剂的质量与体积存在如下关系：

$$m_1 = \rho_1 V_1 \tag{8.4}$$

式中，ρ_1 为液体推进剂的密度。

液体推进剂量的表达式为质量或体积，无论是基于哪一个具体物理量的测量，均需建立液体质量或体积与测量物理量之间的内在关系。概括起来，与体积相关的测量，包括以下测量途径，如图 8.2 所示。

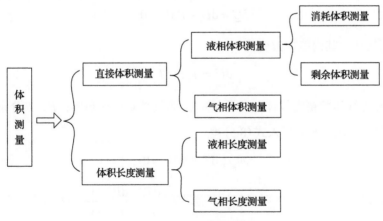

图 8.2 体积测量途径

与质量相关的测量所包括的测量途径如图 8.3 所示。

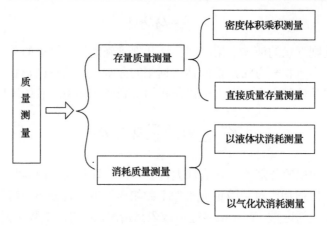

图 8.3　质量测量途径图

8.2.2　体积激励法的测量原理

体积激励法是根据体积激励装置对贮箱系统施加某种形式的体积伸缩变化，考虑液体的近似不可压缩性，施加的体积变化完全由气体承载，利用气体热力学方程和初始及终态温度压力测量数据及体积激励幅值计算出气体体积，再由贮箱总体积和液体密度计算出箱内液体推进剂体积和质量，其基本原理是从气体状态方程和能量方程得出的。

在理想状态下，即不考虑贮箱的可压缩性，激励装置对贮箱内的气体施加的周期体积激励为绝热等熵的压缩膨胀过程，气体服从理想气体状态方程，则对于贮箱内受激励的气体，其能量方程为

$$\delta Q = \mathrm{d}U + P\mathrm{d}V = 0 \tag{8.5}$$

对于理想气体，其内能的改变为

$$\mathrm{d}U = m_{\mathrm{g}} c_p \mathrm{d}T \tag{8.6}$$

其中，m_{g} 为气体贮箱内气体部分质量；c_p 为气体定压比热容；P、T 分别为气体压力和温度。将式 (8.6) 代入式 (8.5) 得

$$m_{\mathrm{g}} c_p \mathrm{d}T + P\mathrm{d}V = 0$$

两边同时除温度 T，并考虑理想气体状态方程 $\dfrac{\mathrm{d}T}{T} = \dfrac{\mathrm{d}P}{P} + \dfrac{\mathrm{d}v}{v}$，所以有

$$-\frac{P\mathrm{d}V}{T} = m_{\mathrm{g}} c_p \frac{\mathrm{d}T}{T} = m_{\mathrm{g}} c_p \left(\frac{\mathrm{d}P}{P} + \frac{\mathrm{d}V}{V} \right) \tag{8.7}$$

又由理想气体状态方程知 $\dfrac{P}{T} = \dfrac{m_{\mathrm{g}} R}{V}$，所以式 (8.7) 可转化为

$$-\frac{\mathrm{d}V}{V} = \frac{c_V}{R} \times \frac{\mathrm{d}P}{P} + \frac{c_V}{R} \times \frac{\mathrm{d}V}{V}$$

$$\Rightarrow \frac{c_V}{R} \times \frac{\mathrm{d}P}{P} = -\frac{c_P}{R} \times \frac{\mathrm{d}V}{V} \tag{8.8}$$

其中，$c_p = c_V + R$，从而气体体积可以通过其体积改变引起的压力变化值得到

$$V = -\gamma P \frac{\mathrm{d}V}{\mathrm{d}P} \tag{8.9}$$

式中，γ 为气体的比热比，且有 $\gamma = c_p / c_V$；负号表示压力与体积的变化不同，即体积变小时压力增大，体积增大时压力变小。对于小体积改变，式 (8.9) 变为

$$V = -\gamma P \frac{\Delta V}{\Delta P} \tag{8.10}$$

式中，ΔV 为体积改变幅值；ΔP 为压力改变幅值。

8.2.3　影响体积激励法测量的因素及修正

8.2.2 节所推导的气体体积计算公式是在理想情况下得到的，即在不考虑贮箱变形定质量的工质在绝热等熵压缩膨胀条件下得到的，而实际操作过程中，气体部分不可能完全绝热，贮箱液体仍存在一定的可压性，气体部分又不是单纯的增压气体，还可能包含推进剂蒸气等。本节主要对影响测量的各影响因素进行分析，重点讨论对测量控制方程进行修正的因素，并对部分可以忽略的因素进行简要分析。

1. 非完全绝热影响

对于体积激励法要研究的整个贮箱系统，在受到周期性激励的情况下在气体与液体或贮箱壁接触处将出现热边界层，其热扩散方程为

$$\frac{\partial \varphi(y,t)}{\partial t} = D \frac{\partial^2 \varphi(y,t)}{\partial y^2} \tag{8.11}$$

式中，φ 为热力学参数；t 为时间；y 为两相接触面的法向距离；D 为热扩散系数。

$$D = \frac{\lambda}{\rho c} \tag{8.12}$$

式中，λ、ρ、c分别为气体的导热系数、密度、比热容。

假设研究对象受到正弦激励的影响，对于任何热力学参数都有以下的形式：

$$\varphi(y,t) = \varphi(y)\exp(-i\omega t) \tag{8.13}$$

将式(8.13)代入式(8.11)得

$$\frac{d^2\varphi(y)}{dy} + \frac{i\omega}{D}\varphi(y) = 0 \tag{8.14}$$

其解为

$$\begin{aligned}\varphi(y) &= A + \varphi_0 \exp\left[\left(\frac{-i\omega}{D}\right)^{1/2} y\right] \\ &= A + \varphi_0 \exp\left[(i-1)\frac{y}{d}\right]\end{aligned} \tag{8.15}$$

式中，$d=\sqrt{2D/\omega}$，令其为边界层厚度，所有的热力学参数在边界层处都具有上式的变化形式。由于在边界层处存在热扩散，气体的过程指数不是绝热系数γ，以κ表示气体的平均过程指数。

若存在气固边界面上，则气体经周期性激励的过程指数κ由如下方程得到：

$$\begin{cases} \dfrac{1}{\kappa} = A + \kappa_0 \exp(i-1)\dfrac{y}{d} \\ \dfrac{1}{\kappa}\bigg|_{y=0} = \dfrac{1}{\kappa_b} \\ \dfrac{1}{\kappa}\bigg|_{y\gg d} = \dfrac{1}{\gamma} \end{cases} \tag{8.16}$$

解得

$$\frac{1}{\kappa} = \frac{1}{\gamma} + \left(\frac{1}{\kappa_b} - \frac{1}{\gamma}\right)\exp(i-1)\frac{y}{d} \tag{8.17}$$

如果同时存在两个或多个热扩散过程，联立多个扩散方程可得

$$\frac{1}{\kappa} = \frac{1}{\gamma} + \left(\frac{1}{\kappa_{b1}} - \frac{1}{\gamma}\right)\exp(i-1)\frac{y}{d_1} + \left(\frac{1}{\kappa_{b2}} - \frac{1}{\gamma}\right)\exp(i-1)\frac{y}{d_2} \tag{8.18}$$

方程(8.17)一般用于气固边界面，方程(8.18)一般用于气液热边界层的计算。

对于气固边界面，边界层厚度为

$$d=\sqrt{\frac{2D}{\omega}}=\sqrt{\frac{2\lambda}{\rho c_p \omega}}=\frac{d_0}{\sqrt{f}} \tag{8.19}$$

式中，λ 为气体导热系数；ρ 为气体密度；c_p 为气体比热容；ω 为压缩角频率；f 为压缩频率。

对于气固边界层，固体部分 $\kappa_b=1$，边界层外部分气体 $\kappa=\gamma$，因此过程指数平均值由式(8.17)可得。对于气液边界层，首先通过多个动力学系统和能量守恒方程求解 κ_b 和 d，再利用方程(8.18)求解 κ。

整个气体部分 κ 的均值应为

$$\frac{1}{\kappa_{av}}=\frac{1}{\kappa_{avout}}\frac{V_{out}}{V_0}+\frac{1}{\kappa_{avin}}\frac{V_{in}}{V_0} \tag{8.20}$$

式中，V_0 为气体总体积；V_{out} 为边界层外气体体积；V_{in} 为边界层内气体体积。

若边界层为式(8.17)的形式，则在距离 $y=L$ 处的 $1/\kappa$ 的均值

$$\frac{1}{\kappa_{LS}}=\frac{1}{\gamma}+\left(\frac{1}{\kappa_b}-\frac{1}{\gamma}\right)\frac{d}{2L}(1+i)\left[1-\exp(i-1)\frac{L}{d}\right] \tag{8.21}$$

由于 $L\gg d$，化简得

$$\frac{1}{\kappa_{LS}}=\frac{1}{\gamma}+\left(\frac{1}{\kappa_b}-\frac{1}{\gamma}\right)\frac{d}{2L}(1+i) \tag{8.22}$$

同理，对于气液边界面，由方程(2.23)求平均值得

$$\frac{1}{\kappa_{Ll}}=\frac{1}{\gamma}+\left|\frac{1}{\kappa_{b1}}-\frac{1}{\gamma}\right|\frac{d_1}{2L}(1+i)+\left(\frac{1}{\kappa_{b2}}-\frac{1}{\gamma}\right)\frac{d_2}{2L}(1+i) \tag{8.23}$$

式中，κ_{b1} 和 d_1 分别指散热过程 1 相应的壁面过程指数和热边界层厚度；κ_{b2} 和 d_2 分别为散热过程 2 相应的壁面过程指数和热边界层厚度。

贮箱内气体总体积为 V_0，V_{sb} 为气固边界层内气体体积，V_{lb} 为气液边界层内气体体积，气体 $1/\kappa$ 的平均值为

$$\frac{1}{\kappa_{av}}=\frac{1}{\gamma}\frac{(V_0-V_{sb}-V_{lb})}{V_0}+\frac{1}{\kappa_{Ls}}\frac{V_{sb}}{V_0}+\frac{1}{\kappa_{Ll}}\frac{V_{lb}}{V_0} \tag{8.24}$$

边界层内气体体积又可表示为 $y=L$ 处截面积与平均距离 $y=L$ 的乘积

$$V_{sb}=A_s L,\ \ V_{lb}=A_l L \tag{8.25}$$

因此 $1/\kappa$ 平均值为

$$\frac{1}{\kappa_{\text{av}}} = \frac{1}{\gamma} + \frac{(1+i)}{2V_0}\left[\left(\frac{1}{\kappa_{\text{bs}}} - \frac{1}{\gamma}\right)A_s d + \left(\frac{1}{\kappa_{\text{b1}}} - \frac{1}{\gamma}\right)A_1 d_1 + \left(\frac{1}{\kappa_{\text{b2}}} - \frac{1}{\gamma}\right)A_1 d_2\right] \qquad (8.26)$$

在方程 (8.26) 中，消除了 L，将其求倒数得到

$$\kappa_{\text{av}} = \frac{\gamma}{1 + \dfrac{(1+i)\gamma}{2V_0}\left[\left(\dfrac{1}{\kappa_{\text{bs}}} - \dfrac{1}{\gamma}\right)A_s d + \left(\dfrac{1}{\kappa_{\text{b1}}} - \dfrac{1}{\gamma}\right)A_1 d_1 + \left(\dfrac{1}{\kappa_{\text{b2}}} - \dfrac{1}{\gamma}\right)A_1 d_2\right]} \qquad (8.27)$$

由于 $d = \dfrac{d_0}{\sqrt{f}}$，令

$$C = \frac{1}{V_0}\left[\left(\frac{\gamma}{\kappa_{\text{bs}}} - 1\right)A_s d_0 + \left(\frac{\gamma}{\kappa_{\text{b1}}} - 1\right)A_1 d_{10} + \left(\frac{\gamma}{\kappa_{\text{b2}}} - 1\right)A_1 d_{20}\right] \qquad (8.28)$$

所以

$$\kappa_{\text{av}} = \frac{\gamma}{1 + \dfrac{(1+i)}{2}\dfrac{C}{\sqrt{f}}} \qquad (8.29)$$

边界面上的截面积 A，边界层厚度 d 和 κ_{b} 一般很难测量，事实上，并不一定需要知道这些量才能完成测量操作。在充液水平一定的情况下，这些量是常数，因此 C 为常数，可以通过多测量的方法，消除常数 C 得到需要的气体体积量，亦可利用测量数据计算出相应的 C。因此，对理想计算方程修正得到

$$V = -\frac{\gamma P \Delta V}{\Delta P\left[1 + \dfrac{(1+i)}{2}\dfrac{C}{\sqrt{f}}\right]} \qquad (8.30)$$

由于气体体积为实数，而式 (8.30) 分母存在相位角

$$\phi = \arctan \frac{\dfrac{C}{2\sqrt{f}}}{1 + \dfrac{C}{2\sqrt{f}}} \approx \arctan \frac{C}{2\sqrt{f}} \approx \frac{C}{2\sqrt{f}} \qquad (8.31)$$

因此 ΔP 落后 ΔV 的相位角为 ϕ。分母幅值为

$$\left[\left(1+\frac{C}{2\sqrt{f}}\right)^2+\left(\frac{C}{2\sqrt{f}}\right)^2\right]^{1/2}\approx1+\frac{C}{2\sqrt{f}} \qquad (8.32)$$

所以气体体积为

$$V_{\mathrm{b}}=\frac{\gamma P\dfrac{|\Delta V|}{|\Delta P|}}{1+\dfrac{C}{2\sqrt{f}}} \qquad (8.33)$$

上述气体的过程指数平均值是基于平面热边界层得到的，假设平面边界层相交得到一拐角，则在式(8.26)中将拐角处边界层内气体体积计算了两遍，因此需要减去一个拐角的体积，拐角处气体体积 V_{corner} 为

$$V_{\mathrm{corner}}=\begin{cases}d_0^2\dfrac{l_{\mathrm{c}}}{f}, & 气固边界\\[3mm] d_i^2\dfrac{l_{\mathrm{c}}}{f}, & 气液边界\end{cases} \qquad (8.34)$$

式中，l_{c} 为拐角周长。在式(8.26)中减去重复计算的拐角体积得气体过程指数

$$\kappa_{\mathrm{av}}=\frac{\gamma}{1+\dfrac{C}{2\sqrt{f}}-\dfrac{N}{f}} \qquad (8.35)$$

在同一填充水平下，N 为类似于 C 的常数。

2. 贮箱的可压性影响

贮箱受压产生拉伸会导致体积变化，所以液体受压缩也引起体积变化，体积激励装置施加给贮箱系统的体积改变可能不仅仅由气体部分承载。现从误差源入手，分析其产生的机理，并得到其修正模型。

假设激励装置给定的体积改变为 ΔV_{c}，其中气体(气泡)的改变为 ΔV，贮箱膨胀 ΔV_{t}，液体压缩 ΔV_{l}，则有以下方程：

$$\Delta V_{\mathrm{c}}=\Delta V+\Delta V_{\mathrm{t}}+\Delta V_{\mathrm{l}} \qquad (8.36)$$

贮箱压缩系数为一常数，依据物体压缩性的定义，可将压缩系数表示如下：

$$\frac{\Delta V_t}{\Delta P V_t} = \kappa_t \quad \Rightarrow \quad \Delta V_t = \kappa_t \Delta P V_t \tag{8.37}$$

液体压缩系数也为一常数,有如下表达式:

$$\frac{\Delta V_l}{\Delta P V_l} = \kappa_l = \frac{1}{\rho_l c_l^2} \quad \Rightarrow \quad \Delta V_l = \kappa_l \Delta P V_l \tag{8.38}$$

式中,ρ_l 是液体的密度;c_l 是液体中的声速。

将式(8.37)、式(8.38)代入式(8.36)得到

$$\Delta V = \Delta V_c - \kappa_l \Delta P V_l - \kappa_t \Delta P V_t = \Delta V_c - \kappa_l \Delta P(V_t - V) - \kappa_t \Delta P V_t \tag{8.39}$$

将式(8.39)代入气体理想条件下的计算方程 $V = \gamma P \dfrac{\Delta V}{\Delta P}$ 得到气体体积为

$$V = \frac{\gamma P \left(\dfrac{\Delta V_c}{\Delta P} - (\kappa_l + \kappa_t) V_t \right)}{1 - \gamma P \kappa_l} \tag{8.40}$$

由于液体的压缩性非常小,κ_l 非常小,将其忽略得到

$$V = \gamma P \left(\frac{\Delta V_c}{\Delta P} - \kappa_t V_t \right) \tag{8.41}$$

方程中的 $\gamma P \kappa_t V_t$ 为贮箱体积变化引起的修正项,令 $\alpha = \kappa_t V_t$,得到如下最终的修正控制方程式:

$$V = \gamma P \left(\frac{\Delta V_c}{\Delta P} - \alpha \right) \tag{8.42}$$

式中参数都为幅值。

3. 气体组分影响

贮箱系统内气体部分包含增压气体和液体推进剂蒸气,两种气体组分的压力及性质不同,其中推进剂蒸气的压力为液体推进剂对应气液边界温度下的饱和蒸气压 P_v。假设气体部分的总比热比为 γ,γ_v、γ_b 分别推进剂蒸气和增压气体的比热比,则气体总比热比为

$$\gamma = \frac{\gamma_v P_v}{P_0} + \frac{\gamma_b (P_0 - P_v)}{P_0} \tag{8.43}$$

式中,P_v、P_0 分别为推进剂饱和蒸气压和气体总压。

4. 温度分层影响

由于微重力条件下贮箱内气液相互混合，气体部分可能由温度不同的液滴（体）包含的气泡组成，因此无法判定用哪个温度来确定 γ。对于理想的单原子气体，如氦气和氩气，内部的唯一运动为电子的转移，并且这种情况发生在 1000K 以上的高温下，所以在一般的推进剂存储温度下，单原子气体的比热容 c_P 和 c_V 不依赖于温度。因此利用推进剂存储条件下气体的主体温度就可以确定 γ，如果说其值对温度梯度有一定的依赖，那也是气体的非理想行为造成的。只要存贮条件下不是在临界点附近，对于单原子气体，即使是 10K 的温度梯度，其引起的误差也不会超过 0.5%。

对于多原子气体，如果分子能量级接近 KT，即 Boltzman 常数与存在温度的乘积，则 $\mathrm{d}c_V / \mathrm{d}T$ 将比较明显。如果能量级都大于等于 $2KT$，则对于温度梯度较大情况，如 10K 时，γ 的误差仍在 0.5% 以内，可以忽略不计。

在计算推进剂质量时，由于计算公式中含有推进剂密度项，而密度与温度密切相关，所以温度分层对质量计算会引入误差。通常情况下，$\mathrm{d}\rho_1 / (\rho_1\mathrm{d}T) < 10^{-3}/K$，所以温差为 5K 时引起的质量计算误差小于 0.5%。如果推进剂的热膨胀系数和温度梯度都很大，则可以通过安装热电偶阵来减小温差引入的误差。

8.2.4　其余影响因素讨论

1. 流体力学影响

流体力学的影响主要包括在微重力条件下流体在外界激励作用下的晃动效应和流体对压力测量传感器的力学行为。液体晃动有其固有频率，必须分析液体晃动频率，使得体积激励的施加频率控制在一定的范围内，避免引起贮箱、液体及激励装置的耦合振动，影响气体参数的变化规律，甚至导致测量数据完全失效。

贮箱内气体的压力为动压，动压的测量依赖于压力传感器的频率特性，流体的流动会对压力传感器的频率特性产生一定的影响，因此必须分析其影响效应，进而修正测量的压力数据，并为压力传感器的安装提供参考。

流体力学的影响并不直接体现在测量控制方程内，主要影响试验操作和数据处理，这将在卫星姿态干扰对测量的影响中进行详细分析。

2. 推进剂蒸气凝结

由于推进剂蒸气的凝结效应，体积激励法看似不能用于存储饱和蒸气压下的液体推进剂。如果是等温条件，在压缩过程中，由于饱和蒸气压不变，从气体状态方程可知，气体质量必然减少，即推进剂蒸气要发生凝结。但是，本方法通过一定的激励频率可以使得热力学过程处于绝热状态，故有：

(1)凝结将发生在降压冲程而不是压缩冲程，因为相对于气液相饱和曲线，绝热压缩过程的 dT/dP 更大；

(2)由于系统的总熵不变，能够凝结的蒸气成分很小；

(3)实际上的凝结也远小于这个最大值，因为凝结的速率受限于成核过程。

3. 贮箱泄漏

对于体积激励装置施加的体积改变 ΔV，包括以下几项：气体的体积改变 ΔV_{b}，贮箱的压缩 ΔV_{t} 和泄漏 ΔV_{l}，它们存在以下关系：

$$\frac{dV}{dt} = -\frac{dV_{\mathrm{b}}}{dt} + \frac{dV_{\mathrm{l}}}{dt} + \frac{dV_{\mathrm{t}}}{dt} \tag{8.44}$$

这里活塞向内压缩为正，向外扩张为负，其中贮箱的压缩性在前面已有讨论，为了更好地分析泄漏的影响，在此将其忽略，进而简化研究。

由于激励为正弦变化，所有的热参量都将有一个时间变化项 $\exp(i\omega t)$，因此式(8.44)可转化为

$$\Delta V_0 = -\Delta V_{\mathrm{b0}} + Q_{\mathrm{m}} / (i\omega) \tag{8.45}$$

式中，Q_{m} 为泄漏率。将式(8.45)两边同除以气体体积 V_{b} 与压力改变 ΔP_0 的乘积得到

$$\frac{\Delta V_0}{V_{\mathrm{b}}\Delta P_0} = \frac{-\Delta V_{\mathrm{b0}}}{V_{\mathrm{b}}\Delta P_0} + \frac{Q_{\mathrm{m}}}{i\omega V_{\mathrm{b}}\Delta P_0} \tag{8.46}$$

所以气体体积 V_{b} 为

$$V_{\mathrm{b}} = \gamma P\left(\frac{\Delta V_0}{\Delta P_0} - \frac{Q_{\mathrm{m}}}{i\omega\Delta P_0}\right) \tag{8.47}$$

因此必须求解 $Q_{\mathrm{m}}/\Delta P_0$ 的值，对于泄漏流，存在以下 N-S 方程：

$$i\omega u = \nu\nabla^2 u - \frac{1}{\rho_{\mathrm{g}}}\frac{dP}{dx} \tag{8.48}$$

式中，ν 为流体的动黏性系数。若能求解出泄漏流方向的平均速度 $\bar{u}$，则泄漏率 $Q_{\mathrm{m}} = \bar{u}\bar{A}$，其中 $\bar{A}$ 为泄漏方向的平均截面积。如果泄漏流形状和尺寸未知，则泄漏率无法计算。但是对于方程(8.48)有一般的特征解

$$\frac{Q_m}{\Delta P} = \frac{C_m(\omega, \nu)}{\rho L_{ong}} \tag{8.49}$$

式中，C_m 为一个与泄漏缝形状、频率和动黏性系数有关的复型常数；L_{ong} 为泄漏的长度。

对于半径为 R 的圆孔泄漏：

$$\frac{Q_m}{\Delta P} = \frac{i}{\omega \rho L_{ong}} \left[1 - \frac{J_1(aR)}{aR J_0(aR)} \right] = \frac{C_m(\omega, \nu)}{\rho L_{ong}} \tag{8.50}$$

式中，$a = (-i\omega / \nu)^{1/2}$，因此气体体积 V_b 为

$$V_b = \gamma P \left(\frac{\Delta V_0}{\Delta P_0} - \frac{C_m(\omega, \nu)}{i\omega \rho L_{ong}} \right) \tag{8.51}$$

泄漏的大小可以通过增加贮箱压力然后记录压力随时间的变化来估算，在这种情况下频率 $\omega = 0$，并且

$$\frac{Q_m}{\Delta P} = \frac{C_m(0, \nu)}{\rho L_{ong}} = \frac{B(0, \eta)}{L_{ong}} = \frac{B}{L_{ong}} \tag{8.52}$$

式中，η 为运动黏性系数，因此有

$$dQ_m = \frac{B}{L_{ong}} d\Delta P \tag{8.53}$$

$$\frac{d\rho_g}{dt} = -\frac{\rho_g Q_m}{V_0} \tag{8.54}$$

式中，ρ_g 为贮箱内气体密度。对于理想气体，存在以下关系式：

$$P = a\rho_g^{\gamma} = P_0 + \Delta P, \quad d\Delta P = a\gamma\rho_g^{\gamma-1}dP \tag{8.55}$$

$$\frac{d\Delta P}{dt} = \frac{a\gamma\rho_g^{\gamma}}{V_b} \frac{B}{L_{ong}} \Delta P = \frac{\gamma PB}{V_b L_{ong}} \Delta P \tag{8.56}$$

$$\Delta P = \Delta P_0 \exp\left(-\frac{\gamma PB}{L_{ong} V_0} t \right) \tag{8.57}$$

这里假设 $P_0 \gg \Delta P$ 和 $V_0 \gg \int Q dt$，因此，压力变化将以指数形式衰退。通过式

(8.55)～式(8.57)可以计算$C_\mathrm{m}(\omega=0,\eta)$，但式(8.51)要求计算压缩频率下的$C_\mathrm{m}(\omega,\eta)$。一般在微重力条件下，贮箱密封性良好，不考虑其发生泄漏。此处的泄漏影响模型主要用来对泄漏情况分析，式(8.57)中压力幅值衰退速度可以用来与泄漏速度比较，并不用于修正测量方程。

4. 表面张力

在微重力条件下，流体的表面张力将起主导作用。表面张力的影响主要体现在：气体(气泡)内部的压力P_g不同于液体推进剂压力P_l，二者存在如下关系式：

$$P_\mathrm{g} = P_\mathrm{l} + \frac{2\sigma}{R} = P_\mathrm{l}(1+\gamma) \tag{8.58}$$

式中，σ为表面张力；R为气泡半径。

当对气体进行体积激励ΔV时，气泡半径和气液压力都会变化，由式(8.58)得

$$\Delta P_\mathrm{g} = \Delta P_\mathrm{l} - \frac{2\sigma\Delta R}{R_0^2} \tag{8.59}$$

当气泡内的气体为理想状态，压缩为绝热过程，则有

$$P_\mathrm{g} V^\gamma = P_{\mathrm{g}0} V_0^\gamma = P_\mathrm{g}(4\pi/3)^\gamma R^{3\gamma} = P_{\mathrm{g}0}(4\pi/3)^\gamma R_0^{3\gamma}$$

$$\left(\frac{R}{R_0}\right)^{3\gamma} = \frac{P_{\mathrm{g}0}}{P_\mathrm{g}} \tag{8.60}$$

对式(8.60)求微分得

$$\frac{\Delta R}{R_0} = -\frac{1}{3\gamma}\frac{\Delta P_\mathrm{g}}{P_{\mathrm{g}0}} \tag{8.61}$$

则式(8.59)可写为

$$\Delta P_\mathrm{l} = \Delta P_\mathrm{g}\left(1 - \frac{2\sigma}{3\gamma R_0 P_{\mathrm{g}0}}\right) = \Delta P_\mathrm{g}(1-x) \tag{8.62}$$

或

$$\Delta P_\mathrm{g} = \frac{\Delta P_\mathrm{l}}{1 - \dfrac{2\sigma}{3\gamma R_0 P_{\mathrm{l}0}(1+\gamma)}} = \frac{\Delta P_\mathrm{l}}{1 - \dfrac{z}{1+\gamma}} \tag{8.63}$$

而测量方程为

$$V = -\frac{\Delta V}{\Delta P_\mathrm{g}}\gamma P_{\mathrm{g}0} \tag{8.64}$$

因此，如果可以测量出气体的平均压力和压力变化，表面张力将不影响测量方程；如果压力传感器接触液体或者测量气泡外气体的压力，则测量方程中的 P_{g0} 和 ΔP_g 将利用 P_{10} 和 ΔP_1 分别通过式 (8.58) 和式 (8.63) 求解得到，此时表面张力将对测量方程有影响。记

$$x = \frac{2\sigma}{3\gamma R_0 P_{g0}}, \quad y = \frac{2\sigma}{R_0 P_{10}}, \quad z = \frac{2\sigma}{3\gamma R_0 P_{10}} \tag{8.65}$$

因此测量方程为

$$V = \frac{-\Delta V \gamma P_{g0}(1+y)\left(1 - \dfrac{z}{1+y}\right)}{\Delta P_1} \approx \frac{-\Delta V \gamma P_{10}}{\Delta P_1}(1+y-z) \tag{8.66}$$

该公式表明了压力传感器处于液体部分时表面张力对原始测量公式的修正作用，但是该修正影响非常小，对于传感器到底是接触液体还是气体并不是非常重要。

5. 液体的可压性

在 8.2.3 节分析贮箱的可压缩性时对液体的可压性进行了分析，由于液体的可压性非常小，其引起的气体体积测量误差基本可以忽略不计。

6. 气体的非理想性

计算模型是以气体为理想气体为前提的，对于大多数气体，在通常的贮藏温度或压力高于临界压力的 75% 情况下，这一假设条件能够使计算误差在可行的范围内。但是当气体接近于临界点状态时，则需考虑气体的真实气体状态方程，最常用的为范德瓦尔斯方程，因此计算方程为

$$V - bM = -\gamma P \frac{\Delta V}{\Delta P} \tag{8.67}$$

式中，b 为范德瓦尔斯第二常数。

7. 推进剂量计算

对影响测量的各因素进行分析研究，可得到最终的气体体积计算公式

$$V_b = \frac{\gamma P}{1 + \dfrac{C}{2\sqrt{f}}}\left(\frac{\Delta V}{\Delta P} - \alpha\right) \tag{8.68}$$

保持 ΔV 和 f 不变，测量不同压力条件下的压力变化可求得 α

$$\alpha = \Delta V \frac{\left(\dfrac{P_1}{\Delta P_1} - \dfrac{P_2}{\Delta P_2}\right)}{P_1 - P_2} \tag{8.69}$$

保持 ΔV 和 P 不变，测量不同频率下的 ΔP，通过方程(8.68)可得

$$C = (f_1 f_1)^{1/2} \left[\frac{2\Delta V (\Delta P_1 - \Delta P_2)}{\sqrt{f_1}(\Delta V \Delta P_2 + \alpha) - \sqrt{f_2}(\Delta V \Delta P_1 + \alpha)} \right] \tag{8.70}$$

或者

$$\frac{C}{2} = \frac{\sqrt{f_1 f_2}(\Delta P_1 P_2 - \Delta P_2 P_1)}{\sqrt{f_1}\Delta P_2 P_1 - \sqrt{f_2}\Delta P_1 P_2} \tag{8.71}$$

若消除常数 C，直接利用测量计算气体体积为

$$V_{\mathrm{b}} = \frac{\gamma P_1 \left[(\Delta V / \Delta P_1 + \alpha)\sqrt{f_1} - (\Delta V / \Delta P_2 + \alpha)\sqrt{f_2} \right]}{\sqrt{f_2} - \sqrt{f_1}} \tag{8.72}$$

化简为如下形式：

$$V_{\mathrm{b}} = -\gamma P \left[\alpha + \frac{\Delta V}{\Delta P_1} + \frac{\Delta V}{\Delta P_1} \frac{(\Delta P_1 - \Delta P_2)\sqrt{f_2}}{\Delta P_2 \left(\sqrt{f_2} - \sqrt{f_1}\right)} \right] \tag{8.73}$$

所以液体推进剂体积为

$$V_{\mathrm{l}} = V_{\mathrm{t}} - V_{\mathrm{b}} = V_{\mathrm{t}} + \gamma P Z \tag{8.74}$$

式中，

$$Z = \left[\alpha + \frac{\Delta V}{\Delta P_1} + \frac{\Delta V}{\Delta P_1} \frac{(\Delta P_1 - \Delta P_2)\sqrt{f_2}}{\Delta P_2 \left(\sqrt{f_2} - \sqrt{f_1}\right)} \right] \tag{8.75}$$

液体推进剂质量为

$$m_{\mathrm{l}} = \rho_{\mathrm{l}} \left(V_{\mathrm{t}} - V_{\mathrm{b}} \right) = \rho_{\mathrm{l}} \left(V_{\mathrm{t}} + \gamma P Z \right) \tag{8.76}$$

若考虑热边界层重叠的情况，气体体积则为

$$V_b = \frac{\gamma P \dfrac{\Delta V}{\Delta P}}{1 + \dfrac{C}{2\sqrt{f}} - \dfrac{N}{f}} \tag{8.77}$$

此时常数 C 和 N 存在如下关系式：

$$\frac{C}{2}\left(\frac{\Delta P_i P_j}{\sqrt{f_i}} - \frac{\Delta P_j P_i}{\sqrt{f_j}} \right) - N\left(\frac{\Delta P_i P_j}{f_i} - \frac{\Delta P_j P_i}{f_j} \right) = \Delta P_j P_i - \Delta P_i P_j \tag{8.78}$$

8.2.5　测量系统的误差分析

对于理想控制方程，测量评判的误差为 $\dfrac{\delta V_1}{V_t} < 1\%$，填充系数 $F = \dfrac{V_1}{V_t}$，

$$\frac{\delta V_1}{V_t} = \frac{\delta(V_t - V_g)}{V_t} = \frac{\delta V_t}{V_t} - \frac{\delta V_g}{V_g}\frac{V_g}{V_t} = \frac{\delta V_t}{V_t} - \frac{\delta V_g}{V_g}(1 - F) \tag{8.79}$$

式中，δ 为测量误差量，是个随机变化量，服从 $\delta \sim N(0, \sigma_i^2)$，$\sigma_i^2$ 为直接测量的方差，与测量设备的精度相关；$\dfrac{\delta_{xi}}{x_i} \sim N\left(0, \left(\dfrac{\sigma_i}{x_i}\right)^2\right) \sim N(0, \varepsilon_{x_i}^2)$，$\varepsilon_{x_i}^2$ 为各个直接测量方差的相对形式，仍与相应设备有关，直观的理解为测量的误差与真值的百分比。由于各个量的测量是独立不相关的，它们的线形组合仍服从正态分布，所以

$$\varepsilon_F^2 = \varepsilon_{V_t}^2 + (1 - F)^2 \varepsilon_{V_g}^2 \tag{8.80}$$

对于理想控制方程两边取对数有

$$\ln V_g = \ln \gamma + \ln P + \ln \Delta V - \ln \Delta P \tag{8.81}$$

由误差分析原理得

$$\frac{\delta V_g}{V_g} = \frac{\delta \gamma}{\gamma} + \frac{\delta p}{p} + \frac{\delta \Delta V}{\Delta V} - \frac{\delta \Delta p}{\Delta p} \tag{8.82}$$

同理可得

$$\varepsilon_{V_g}^2 = \varepsilon_\gamma^2 + \varepsilon_P^2 + \varepsilon_{\Delta V}^2 + \varepsilon_{\Delta P}^2 \tag{8.83}$$

将式 (8.83) 代入式 (8.80) 得到

$$\varepsilon_F^2 = \varepsilon_{V_t}^2 + (1-F)^2(\varepsilon_\gamma^2 + \varepsilon_P^2 + \varepsilon_{\Delta V}^2 + \varepsilon_{\Delta P}^2) \tag{8.84}$$

可知测量误差因填充水平不同而不同，并且在同一填充水平下，测量误差与各直接测量量的测量误差有关。随着推进剂的消耗，填充系数逐渐变小，测量误差逐渐变大。

对于误差公式中各个测量量，一般能实现以下指标：$\varepsilon_{V_t} \leqslant 0.1\%$，$\varepsilon_P \leqslant 0.1\%$，$\varepsilon_\gamma \leqslant 0.6\%$，$\varepsilon_{\Delta V} \leqslant 0.1\%$，$\varepsilon_{\Delta P} \leqslant 0.5\%$，代入式(8.84)，可得测量的最大误差为

$$
\begin{aligned}
\varepsilon_F &= \sqrt{\varepsilon_{V_t}^2 + \varepsilon_\gamma^2 + \varepsilon_p^2 + \varepsilon_{\Delta V}^2 + \varepsilon_{\Delta P}^2} \\
&= \sqrt{(0.1\%)^2 + (0.1\%)^2 + (0.6\%)^2 + (0.1\%)^2 + (0.5\%)^2} \\
&= 0.8\%
\end{aligned}
\tag{8.85}
$$

在给定的上述各项最大误差下得到的最大测量误差为 0.8%，满足测量误差小于 1%的要求。

8.2.6　贮箱体积激励过程仿真

通过对体积激励法的测量原理分析可知，关键的测量量为气体压力及压力变化幅值，对于整个激励过程中各热参数的变化情况没有严格的要求。由于绝热条件很难完全保证，气体受激励过程中不可避免地与周围物体进行热交换，本节主要以贮箱系统为研究对象，仿真分析体积激励过程中非完全绝热条件下系统热参量的变化情况，进一步分析传热及气液边界面上的传质对测量的影响情况。

对于贮箱系统，当发动机系统没有工作，即贮箱内液体推进剂没有质量变化（正常工作没有泄漏）情况下，对贮箱内液体推进剂量的测量称为静态测量；反之，当发动机工作，液体推进剂由贮箱逐渐流入发动机燃烧室情况下，对贮箱推进剂量的测量称为动态测量。在燃料加注过程中，液体推进剂质量不断增加，这时对推进剂量的测量也为动态测量，动态测量结果可以随时反馈给燃料加注控制系统，从而控制好加注量。当然这只是控制加注量的一种方式，也可以通过在加注管道上安装流量计来控制加注量。

1. 基本假设

1)贮箱系统假设

假设受激励的贮箱系统包括固体贮箱壁、液体推进剂和气体部分，其中气体部分又包含增压气体和推进剂蒸气。为了便于进行地面试验验证，在此假设推进剂为蒸馏水，增压气体为氮气，因此气相部分为水蒸气和氮气。

假设体积激励前整个贮箱系统已达平衡态，贮箱内气体、推进剂、贮箱壁的温度相等，为推进剂饱和温度，气相部分包括增压气体氮气和模拟推进剂水的蒸

气，由于两种气体的性质不同，因此应分别建立各自的气体状态方程。

2)贮箱内部相互作用假设

假设封闭贮箱中的液体与气相的传质发生在气液界面之间很小的部分空间内，在此空间以外，气相空间参数和液相空间参数都认为已经均匀混合，传质速率取决于气液界面处的传热，并且气相传递给液相的能量全部用于液体的蒸发。

根据对贮箱气体激励过程的分析，建立气相空间的参数模型需要做进一步的假设[7]：

(1)假设气体的温度、压力、质量及体积被看作是时间的函数，它们仅随时间的改变而改变，贮箱壁温度也仅是时间的函数；

(2)假设贮箱系统初始达到相平衡，因此气体温度、推进剂温度、贮箱壁温度都相同，且为推进剂饱和温度；

(3)假设液体主体温度不变，不考虑液体内部、液体主体与液面、贮箱壁的导热传热；

(4)气体与容器壁面之间以及气体与液氧表面之间的传热通过自然对流传热方式进行；

(5)气相部分包括推进剂蒸汽和增压气体，分别列出二者的状态方程，采用R-K真实气体状态方程进行分析。

2. 数学模型

1)模拟体积激励的工作机理

初始时贮箱系统的温度为推进剂饱和温度，随着体积激励装置对贮箱施加周期性的激励，贮箱体积发生周期性改变，这时相当于体积激励装置对气体部分做功。以压缩冲程为例，当活塞压缩贮箱体积，贮箱体积变小，主要由气体承载，因此气体体积变小，压力增大，温度升高，为了达到新的平衡态，气体将与贮箱壁、液体传热，使得贮箱壁温升高，液体受热使得部分推进剂蒸发成为气态，系统达到新的平衡状态，此时系统温度高于初始温度。

2)需要模拟的物理过程

贮箱系统受激励过程中，主要考虑以下几种热量和做功交换过程：

(1)激励装置对气体部分做功；

(2)气体与贮箱壁之间的热交换；

(3)气体与推进剂液体表面之间的热交换；

(4)气体与液体推进剂表面之间的质量交换。

3)计算模型

(1)气体能量方程。

有 $Q = \Delta E + W + \Psi_{出} - \Psi_{入}$ ，即

$$\left(m_1 c_{p_1} + m_2 c_{p_2} \right) \frac{\mathrm{d}T}{\mathrm{d}t} + \dot{m}_2 c_{p_2} \left| T - T_{\mathrm{sat}} \right| = P(t)(\mathrm{d}V)' - \dot{Q}_{\mathrm{wall}} \tag{8.86}$$

假定在一个体积变化微元内压力近似相等，则对功进行微分时只对体积变化微分。T 为气相的温度；m_1、c_{p_1} 分别为增压气体空气的质量和定压比热容；m_2、c_{p_2} 分别为推进剂水蒸气的质量和定压比热容；T_{sat} 为推进剂饱和蒸气压对应的饱和温度；$P(t)$ 为气相压力，是时间的函数；$\mathrm{d}V$ 为体积变化量。根据施加的激励情况可以得到随时间的变化，本节以正弦激励为例，即 $\mathrm{d}V = \Delta V_0 \sin(\omega t)$，$\Delta V_0$ 为激励的幅值，ω 为激励的角速度。定压比热是温度的函数，采用如下经验式：

$$c_p = \frac{1}{M}(a_0 + a_1 T + a_2 T^2 + a_3 T^3) \tag{8.87}$$

对于式 (8.87) 中的系数，表 8.1 列举了两种常见气体的系数值。

表 8.1　氮气和水蒸气的比热常数

流体	a_0	a_1	a_2	a_3
氮气	28.90	-1.57×10^3	8.081×10^6	-28.73×10^9
水蒸气	32.24	19.24×10^3	10.56×10^6	-3.595×10^9

(2) 气体状态方程。

贮箱内气体部分含有两组分，对两组分分别采用 R-K 真实气体状态方程[8] 得到

$$p_1 = \frac{RT}{M_1 \left(\dfrac{V}{m_1} - b \right)} - \frac{a_1}{T^{0.5} \dfrac{V}{m_1} \left(\dfrac{V}{m_1} + b_1 \right)} \tag{8.88}$$

$$p_2 = \frac{RT}{M_2 \left(\dfrac{V}{m_2} - b \right)} - \frac{a_2}{T^{0.5} \dfrac{V}{m_2} \left(\dfrac{V}{m_2} + b_2 \right)} \tag{8.89}$$

$$a_1 = \frac{\Omega_a R^2 T_{\mathrm{c1}}^{2.5}}{p_{\mathrm{c1}}}, \quad b_1 = \frac{\Omega_b R T_{\mathrm{c1}}}{p_{\mathrm{c1}}}, \quad a_2 = \frac{\Omega_a R^2 T_{\mathrm{c2}}^{2.5}}{p_{\mathrm{c2}}}, \quad b_2 = \frac{\Omega_b R T_{\mathrm{c2}}}{p_{\mathrm{c2}}} \tag{8.90}$$

式中，$\Omega_a = 0.42748$，$\Omega_b = 0.08664$。

R-K 方程用于计算简单流体、标准流体，甚至某些极性物质的 p、V、T 时，所得的结果是比较满意的。T_c、p_c 为临界点对应的温度和压力，可查表得到。

若无特别说明，下标 "1" 为气相部分中增压气体的物理量；"2" 为气相部分

推进剂蒸气的物理量。

(3) 气体与贮箱壁的传热 $\dot{Q}_{\text{wall}}$。

由于气相部分的两组分的热力学性质不同，其传热系数不同，在此分别列两种气体的自然对流传热方程[9]：

$$\dot{Q}_{\text{wall1}} = [h_1 A]_{\text{g-s}}(T - T_{\text{wall}}) \tag{8.91}$$

$$\dot{Q}_{\text{wall2}} = [h_2 A]_{\text{g-s}}(T - T_{\text{wall}}) \tag{8.92}$$

$$\dot{Q}_{\text{wall}} = \dot{Q}_{\text{wall1}} + \dot{Q}_{\text{wall2}} \tag{8.93}$$

式中，

$$h = K_H C_h \frac{\lambda}{l}(GrPr)^n \tag{8.94}$$

$$Gr = (l^3 g \beta_{\text{f}} |\Delta T| / v^2), \quad Pr = c_p \rho v / \lambda \tag{8.95}$$

$$A_{\text{g-s}} = \frac{V}{\pi r^2} \times 2\pi r = \frac{2V}{r}, \quad |\Delta T| = |T - T_{\text{wall}}| \tag{8.96}$$

式中，l 为热交换面的特征长度；ρ 为流体密度；g 为加速度；β_{f} 为流体热膨胀系数；v 为流体的运动黏性系数；λ 为导热系数；c_p 为流体的定压比热容；r 为贮箱半径。根据空气与氧气的性能参数可以分别求得气体与贮箱壁之间的 h_{1gs} 和 h_{2gs}。根据参考文献取 $C_h = 0.54$，$n = 0.25$，$K_H = 1$。运动黏性系数采用如下的经验公式计算：

$$v = \frac{\eta_0}{\rho} \frac{273.15 + c}{T + c} \left(\frac{T}{273.15}\right)^{3/2} \tag{8.97}$$

式 (8.97) 中的系数如表 8.2 所示。

表 8.2　几种气体的黏性常数

气体	空气	氮气	水蒸气
η_0		17.484×10^6	8.022×10^6
c	122	102	961

不考虑与气相接触的贮箱壁和与液相接触的贮箱壁之间的导热，得到与气相部分接触的贮箱壁的能量方程

$$m_{\text{wall}} c_{p,\text{wall}} \frac{\text{d}T_{\text{wall}}}{\text{d}t} = \dot{Q}_{\text{wall}} \tag{8.98}$$

$$m_{\text{wall}} = \rho_{\text{wall}} A_{\text{u-w}} \delta_{\text{wall}} \tag{8.99}$$

式中，ρ_{wall}、$A_{\text{u-w}}$、δ_{wall} 分别为贮箱壁密度、与气体接触的贮箱壁面积和贮箱壁厚度。

(4) 气体与推进剂的传热 $\dot{Q}_{\text{prop}}$。

与气体和贮箱壁之间的传热原理相似，在此分别建立两种气体的自然对流传热方程：

$$\dot{Q}_{\text{prop1}} = (hA)_{\text{g-1}}(T - T_{\text{prop}}) = (h_1 A)_{\text{g-1}}(T - T_{\text{sat}}) \tag{8.100}$$

$$\dot{Q}_{\text{prop2}} = (hA)_{\text{g-1}}(T - T_{\text{prop}}) = (h_2 A)_{\text{g-1}}(T - T_{\text{sat}}) \tag{8.101}$$

$$\dot{Q}_{\text{prop}} = \dot{Q}_{\text{prop1}} + \dot{Q}_{\text{prop2}} \tag{8.102}$$

传热系数的求法同上，根据流体的性能参数可求得 h_{1gl} 和 h_{2gl}。取 $C_h = 0.27$，$n = 0.25$，$|\Delta T| = |T - T_{\text{sat}}|$，$A_{\text{g-1}} = \pi r^2$，$r$ 为贮箱半径。

(5) 气体与推进剂之间的传质 $\dot{m}_2$。

由于气相部分与推进剂的传热全部用于推进剂蒸发，所以气液间的传质速率为[8]

$$\dot{m}_2 = \frac{\dot{Q}_{\text{prop}}}{\delta} \tag{8.103}$$

利用华生(Waton)公式计算任意温度的相变潜热 δ：

$$\delta = \delta_b \left(\frac{1 - T_r}{1 - T_{\text{rb}}} \right)^m \tag{8.104}$$

$$T_r = \frac{T_{\text{sat}}}{T_c}, \quad T_{\text{rb}} = \frac{T_b}{T_c}, \quad m = 0.38 \tag{8.105}$$

式中，T_b 和 T_c 分别为对比态温度和临界点温度；δ_b 为对比态温度下的相变潜热。

3. 仿真结果及分析

1) 静态测量

利用前面的数学模型，并采用表 8.3 的仿真初始条件：

表 8.3　仿真初始条件

参数	V_0/m^3	$\Delta V_0/\text{m}^3$	T_0/K	$\omega_0/(\text{rad/s})$
值	5	0.0005	293.15	2

结合气体部分的相关初始质量和物性参数，如表 8.4 所示。

表 8.4　气体部分参数

参数	m_0/kg	λ_0/[W/(m·K)]	p_c/atm	T_c/K
氮气	5.69	2.6418×10^2	33.5	126.2
水蒸气	0.0864	1.94×10^2	217.6	647.3

将得到关于气体温度、压力、贮箱壁温和推进剂蒸气关于时间的变化情况。由于给定的体积激励非常小，因此气体部分的热参量的变化也非常小，为了便于观察，在编写仿真程序时将步长设为 0.01，精度设为 10^{-8}，得到图 8.4 的仿真结果。

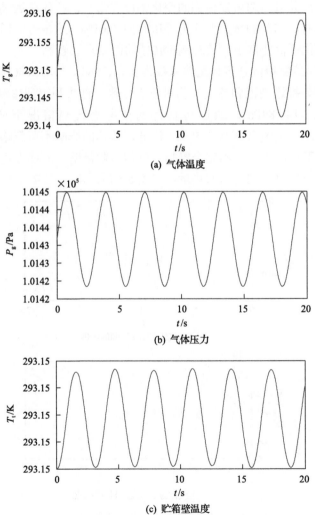

(a) 气体温度

(b) 气体压力

(c) 贮箱壁温度

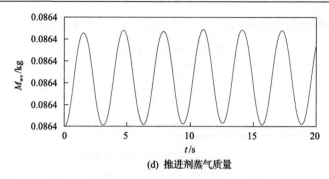

(d) 推进剂蒸气质量

图 8.4　贮箱内各参数的变化情况

　　贮箱系统受到正弦周期变化的激励时，引起贮箱内气体温度和压力也呈现正弦的周期变化，并且由图可知他们的变化幅度非常小，在体积激励幅值为贮箱总体积的 0.01%时，引起的压力变化为静压时的 0.01%，这也可以通过控制方程计算出。由于变化幅值非常小，故对测量传感器的要求比较高。

　　通过式 (8.43) 解得混合气体绝热系数为 $\gamma = 1.3984$，与增压气体绝热系数相差不大，这是因为推进剂饱和蒸气压相对较小导致，直接利用理想测量方程 (8.10) 计算得到 $\Delta P_I = 14.184 \text{Pa}$，通过仿真得到在考虑传热情况下的压力变化为 $\Delta P_R = 13.1838 \text{Pa}$，相对误差为 7.59%，因此，传热的影响不可忽略。

　　由于贮箱受激励过程中不完全绝热，气体与贮箱壁、液体推进剂之间存在传热现象，通过仿真可得到传递的热量，如图 8.5 所示。

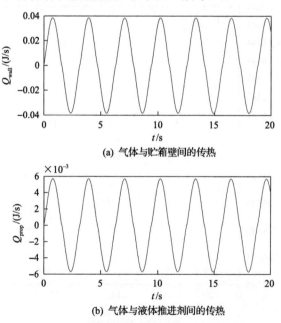

(a) 气体与贮箱壁间的传热

(b) 气体与液体推进剂间的传热

图 8.5　气体与贮箱壁及推进剂之间的传热量

气体温度变化非常小，导致气体与贮箱壁之间及气体与液体推进剂间的温差很小，因此它们之间进行的自然对流传热程度比较弱，传热量比较小，并且气液之间的传热系数小于气固之间的传热系数，其传热量相比而言更小。

图8.6和图8.7的仿真结果是传热和传质对气体参数的影响情况。由图可看出，传热对温度和压力在其幅值附近的影响最明显，这是压力幅值计算的关键采集点处，因此对传热的影响因素不可忽略，而传质对气体热力学参数基本没影响。

2)动态测量

假设在测量过程中有推进剂进入发动机或者贮箱正在进行加注任务时的推进剂质量不断增加，贮箱内气体体积将增加或减小。以加注为例，加注稳定入流速度为 10.34L/min，即气体体积增加速度为 $1.7233 \times 10^{-4} \mathrm{m/s}$。气体体积整体呈下降趋势，又由于受到正弦体积激励的影响，呈现等幅震荡。图 8.8 为加注过程气体参数变化图。

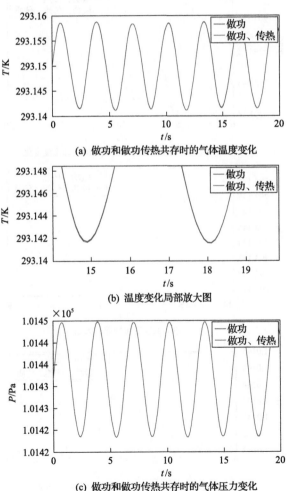

(a) 做功和做功传热共存时的气体温度变化

(b) 温度变化局部放大图

(c) 做功和做功传热共存时的气体压力变化

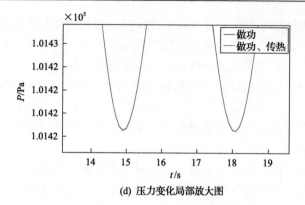

(d) 压力变化局部放大图

图 8.6　传热对气体参数的影响

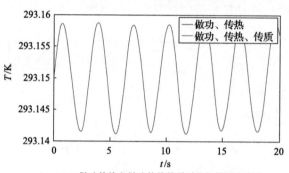

(a) 做功传热和做功传热传质时的气体温度变化

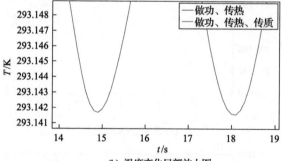

(b) 温度变化局部放大图

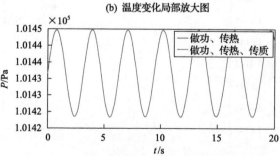

(c) 做功传热和做功传热传质时的气体压力变化

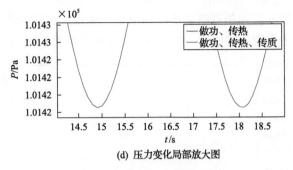

(d) 压力变化局部放大图

图 8.7　传质对气体参数的影响

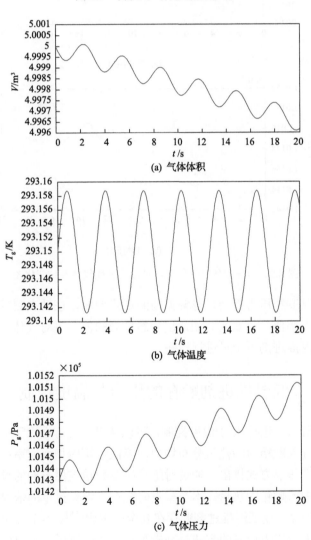

图 8.8　加注过程气体参数变化图

以上动态测量分析的仿真结果是没有考虑气体加注过程中液体对气体做功的影响，如果再考虑该因素的影响，将得到图 8.9 所示的仿真结果。

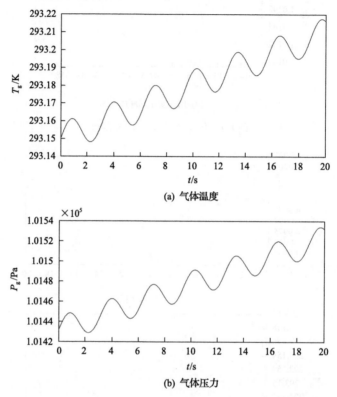

(a) 气体温度

(b) 气体压力

图 8.9　考虑液体对气体做功时加注过程气体参数变化图

贮箱整体温度和压力都会以等幅振荡的形式增加，在动态测量中，如果已知体积幅值和压力幅值，只要实时测量出静态压力的值即可对气体体积进行实时观测，即对贮箱内推进剂剩余量进行检测。

8.3　低温推进剂贮存的压力与温度控制方法

对低温贮箱系统进行压力/温度控制，可以从以下几方面入手：减少进入贮箱内的热量；使进入贮箱内的热量分布均匀，降低贮箱内相变速率；将进入贮箱内的热量通过一定传热方式排出。通过对绝热层及贮箱支撑机构的设计，可以在一定程度上减少进入贮箱的热量。本节重点研究在一定导热量的情况下，如何进行压力和温度的控制，使低温推进剂贮存在安全范围内[7-9]。本节提出了一种在贮箱壁面布置肋片进行压力控制的方法，分析了该方法控制压力和温度的传热机制，并对影响其压控性能的因素展开了分析；同时研究了排气降压过程中发生的液体闪蒸现象，建立了液体温度变化模型，并通过试验验证了其精度。

8.3.1　物理及数学模型

在空间贮箱内，为了防止液体晃动引起的姿态干扰效应，往往会在内部布置相应的液体防晃隔板，防晃隔板将对贮箱内部液体的流动产生影响，从而改善贮箱内温度分层状况，在一定程度上延缓并降低相变速率，达到抑制贮箱增压速率的作用。同时，壁面肋片将对流体流动和对流换热系数产生影响[10,11]，因此，本节将对在贮箱壁面布置肋片的被动压控方式进行研究，采用数学模型结合流-固耦合边界条件进行数值模拟，分析肋片间距、材料、形状等因素对压力和温度控制的影响。

图 8.10 为壁面布置肋片的贮箱示意图。圆柱贮箱直径 D_i=0.5m，高 H=1m，填充 50%的液氢推进剂，气体部分仅为液氢蒸气。肋片的高度为 q_r，宽度 s，肋片间距为 p_r，定义肋片的上界面、下界面、端面如图 8.10 所示。取 q=0.05m 和 s=0.05m，对三种肋片间距进行分析，分别得到 p_r/q_r=3.6、2.2 和 1.6，对应的肋片数分别为 2、4 和 6。

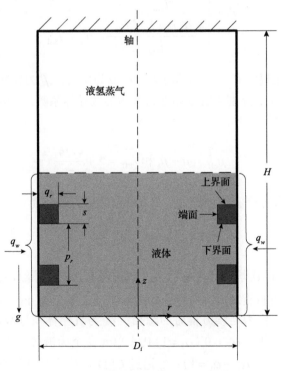

图 8.10　壁面布置肋片的贮箱示意图

采用 VOF 欧拉方法求解流体的守恒方程和组分方程，由于温度变化值较小，

密度采用 Boussinesq 近似进行计算，仅为温度的函数，流体守恒方程为

$$\frac{\partial \rho}{\partial t} + \nabla \cdot (\rho V) = 0 \tag{8.106}$$

$$\frac{\partial (\rho V)}{\partial t} + \nabla \cdot (\rho V V) = -\nabla p - \rho \beta g (T - T_0) + \nabla \cdot \left[\mu_{\text{eff}} \left(\nabla V + \nabla V^{\text{T}} \right) \right] + F \tag{8.107}$$

$$\frac{\partial (\rho E)}{\partial t} + \nabla \cdot (V(\rho E + p)) = \nabla \cdot (\lambda_{\text{eff}} \nabla T) + S_h \tag{8.108}$$

组分方程为

$$\frac{\partial}{\partial t}(\alpha_v \rho_v) + \nabla \cdot (\alpha_v \rho_v V) = \dot{m} \tag{8.109}$$

相变方程为

$$\dot{m} = \begin{cases} \dfrac{\varsigma_1 \alpha_1 \rho_1 (T_1 - T_{\text{sat}})}{T_{\text{sat}}}, & T_1 \geqslant T_{\text{sat}} \\[3mm] \dfrac{\varsigma_v \alpha_v \rho_v (T_v - T_{\text{sat}})}{T_{\text{sat}}}, & T_v < T_{\text{sat}} \end{cases} \tag{8.110}$$

式中，ρ 为流体密度；V 为流体速度矢量；p 为压力；β 为体膨胀系数；g 为重力加速度；μ_{eff} 和 λ_{eff} 分别为等效黏性系数和等效导热系数，由分子扩散作用和湍流脉动综合作用得到

$$\mu_{\text{eff}} = \mu + \mu_t \ \text{和} \ \lambda_{\text{eff}} = \lambda + \frac{c_p \mu_t}{\sigma_t}$$

F 是由于表面张力等产生的体积力；E 为单位质量的流体能量：

$$E = h - \frac{p}{\rho} + \frac{V^2}{2} = u + \frac{V^2}{2}$$

h 和 u 分别为流体的比焓和比内能；S_h 为能量源相，包含外部辐射或体积热源等；$\dot{m}$ 是由于两相之间的蒸发或冷凝导致的质量源项，单位为 $\text{kg/(m}^3 \cdot \text{s)}$，蒸发时为正，冷凝时为负，作为连续方程时的源相；$\alpha_v$ 为气相体积分数，$\alpha_v = 1$（$\alpha_1 = 0$）代表单元完全为气体，$\alpha_v = 0$（$\alpha_1 = 1$）代表单元完全为液体，当 $0 < \alpha_1 < 1$ 时，说明单元为两相的混合（$\alpha_v + \alpha_1 = 1$）；ς 通过 CFD 计算值与试验值对比确定，当计算值收敛到试验值时即可获得该系数的大小。下标 sat 表示饱和状态(saturation)，下标 l 和 v 分别代表液体和气体。

流-固交界面处采用耦合边界条件，对于固体肋片，采用一维导热控制方程

$$\frac{\partial T}{\partial t} = \left(\frac{\lambda}{\rho c_p}\right)_{rib}\left[\frac{1}{r}\frac{\partial}{\partial r}\left(r\frac{\partial T}{\partial r}\right) + \frac{\partial^2 T}{\partial z^2}\right] \tag{8.111}$$

对湿壁面施加一定的热流密度 $q_w = 50\text{W/m}^2$，被加热的流体在浮力驱动下沿着壁面向 z 轴正向运动到气液界面进行蒸发，壁面满足边界条件

$$-\lambda_1\frac{\partial T}{\partial n} = q_w \tag{8.112}$$

贮箱顶部和底部绝热，即

$$\frac{\partial T}{\partial n} = 0 \tag{8.113}$$

初始时贮箱系统处于饱和静止状态，有

$$u(r,z) = u_r = u_z = 0 \tag{8.114}$$

初始压力设为 $p_0 = 101325\text{Pa}$，初始温度为对应压力下的饱和温度 $T_0 = 20.268\text{K}$。假设贮箱系统的初始温度一致，壁面为无滑移边界条件。

8.3.2 壁面肋片对压控的影响性分析

1. 肋片间距对压力与温度控制的影响

光滑壁面贮箱与壁面布置肋片贮箱内的压力变化对比图如图 8.11 所示。

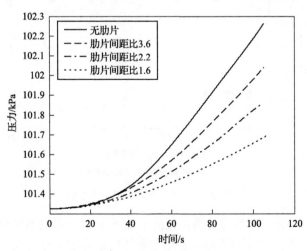

图 8.11 肋片贮箱与光滑贮箱内压力变化对比

　　由压力对比图可知，通过在壁面布置肋片，可以降低压力上升的速率；在相同的时间内，压力值也会有所降低。这是因为当贮箱壁面存在肋片时，液-固交界面的传热系数和流体流动发生了很大变化。图 8.12(a) 定义了不同肋片间距下流-固交界面序列，经计算得到相应交界面上的平均换热系数如图 8.12(b) 所示。

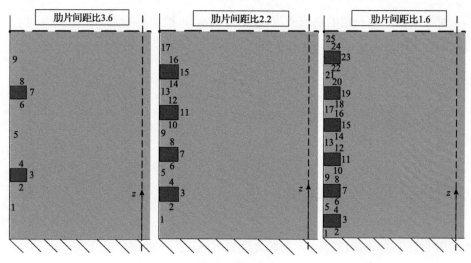

(a) 流-固交界面序列

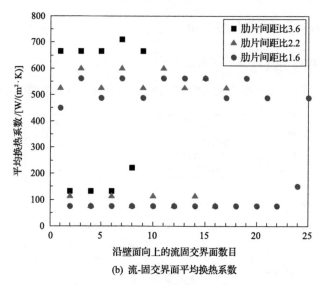

(b) 流-固交界面平均换热系数

图 8.12　流-固交界面平均换热系数

　　由上图可知，肋片顶部的传热系数高于上下流-固交界面的换热系数，即顶部换热效应更为显著；顶部的传热系数随着肋片间距的增加而增大，即在较大肋片间距的情况下，通过肋片顶部进入到流体中的热量更多；随着肋片间距增大，肋片对流体流动的降速效果将减弱，被加热的流体更容易在浮力驱动下达到气液交界面进行蒸发。因此，压力值和压力上升速率都随肋片间距的减小而降低。而换热系数在肋片的上/下面较小，一是因为肋片的存在使得流体速度在上/下面附近降低幅度较大；二是因为在垂直于上/下交界面的方向存在比较明显的温度分层现象。图 8.13 和图 8.14 分别给出了壁面布置肋片时贮箱内流体流动及温度分布情况。

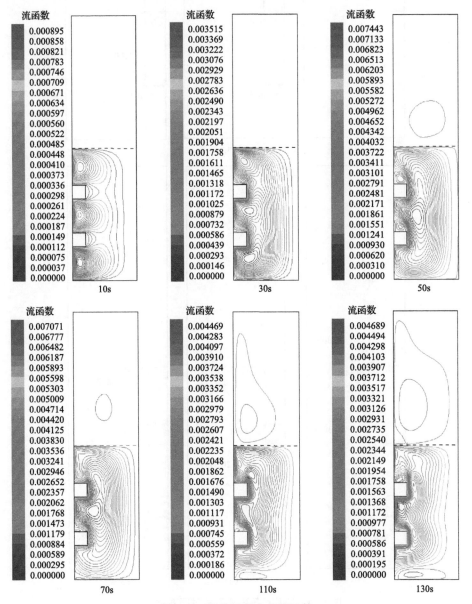

图 8.13　肋片贮箱内的流函数

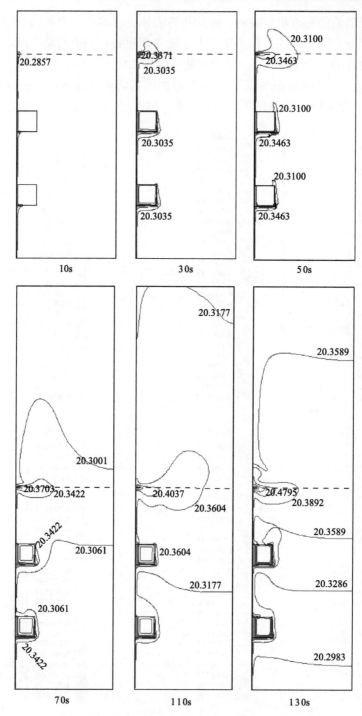

图 8.14　肋片贮箱内温度随时间变化情况

相比于光滑壁面贮箱，壁面肋片贮箱内的流体首先会在肋片之间形成一个小型循环流动，待流体混合较为充分后，动量和热量传输逐步往流体主体发展，这一现象在 10~50s 的流函数图中尤为明显；在 50s 时，肋片上表面存在明显的涡流，涡流的产生进一步加强了壁面附近流体的混合；随着贮箱漏热的进行，流体动量受到黏性耗散，经过交界面后向下运动的热流不能直接到达贮箱底部，从 70~130s 的流函数图可知，在贮箱底部出现另一个循环流。在相同计算时间内，肋片贮箱内温度也要比光滑壁面贮箱内的温度值小，一方面由于肋片吸收部分漏热导致进入流体的热量减少；另一方面由于壁面附近流体混合作用加强，热量不易传入到流体主体区。因此，在轴向同一高度的液体温度会更低。综合图 8.13 和图 8.14 可以得出，在贮箱壁面布置肋片能实现一定程度的压力和温度控制作用。

图 8.15 为 p_r/q_r=2.2 时，肋片附近的流函数、速度和温度分布示意图。贮箱内的流体经过一段时间的加热，肋片间会形成一个漩涡，该漩涡循环流增强了流体的混合，降低了液体温度分层程度，从而达到降低压力上升速率的效果。涡流处具有较大的流体速度，而在肋片下表面速度明显下降，从涡流处的 0.016m/s 过渡到主流区的 0.004m/s，最后在肋片下表面附近速度降为 0.002m/s；流体温度在贮箱轴向及垂直于漏热壁面方向上仍存在一定程度的温度分层，肋片内靠近壁面处温度梯度最大，其余地方则呈现"回"字形温度分布，因为肋片还受到液体对流的影响。

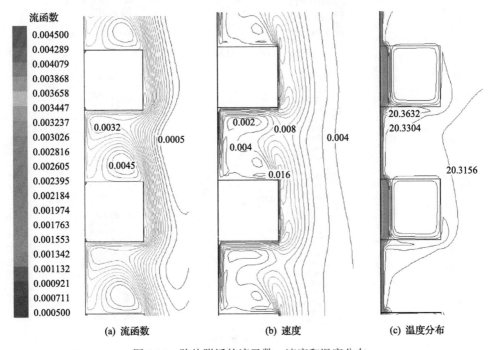

图 8.15　肋片附近的流函数、速度和温度分布

　　图 8.16 给出了两种肋片间距下，在相同漏热时刻贮箱内的流函数、温度分布和流体组分图。肋片间的流型随着肋片间距的不同而有所改变，肋片间距越大，间距中的流体发展越充分，流体主体渗透到肋片间的能力越强；肋片间距越小，流体最高温度越小，降温效果越明显；在贮箱两相系统中，压力上升速率降低，对应的饱和温度上升速率也降低，与光滑壁面贮箱相比，在相同的加热条件下，液体的总焓值更容易超过饱和状态下对应的焓值，进而导致相变的产生。如图 8.16 的组分图所示，在肋片流-固界面上流体内部开始有气泡产生。

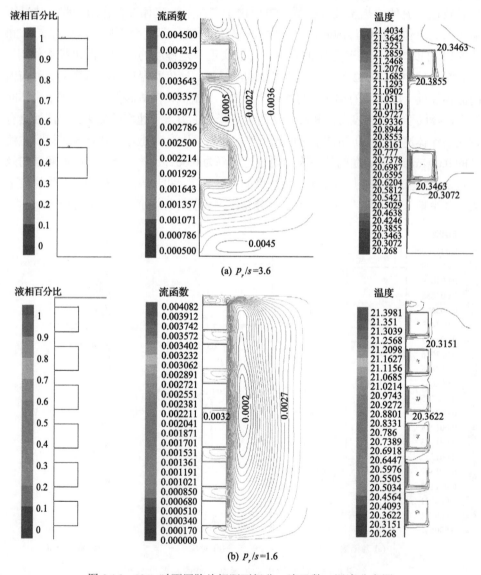

(a) $p_r/s=3.6$

(b) $p_r/s=1.6$

图 8.16　121s 时不同肋片间距下组分、流函数、温度分布图

2. 肋片材料对压力与温度控制的影响

保持除肋片材料外其余参数相同，改变肋片材料，分析其对肋片压/温控的影响。选用具有较高导热系数的铝肋片和较小导热系数的木肋片进行分析，导热系数分别为202.4W/(m·K)和0.18W/(m·K)。图8.17给出了两种肋片贮箱与光滑壁面贮箱内压力的变化曲线。

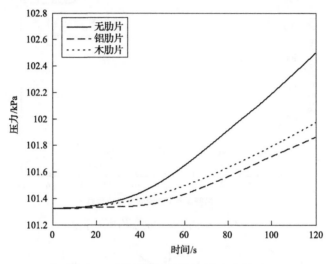

图 8.17　不同肋片材料下压力变化情况

肋片的存在使贮箱内压力大小及其上升速率都有下降，是由于肋片的导热作用降低了壁面与附近流体的温度差，并且肋片对流体速度也有阻碍作用，从而降低了肋片上下表面的对流效果，降低了温度分层和压力上升速率。在两种不同材质的肋片下，达到同样的压力铝肋片所需要的时间更长。铝和木对应的热扩散系数分别为$8.55×10^{-5}m^2/s$和$1.07×10^{-5}m^2/s$，在相同的时间内，铝肋片顶部的温度要高于木肋片顶部温度，导致肋片顶部与附近流体的温度更高；在相同的热流密度边界条件下，其换热系数将会更低，如图8.18所示，因而进入到流体中的热量更多，流体将混合得更为充分，从而使得温度分层现象减弱、压力上升速率降低。

3. 肋片形状对压力与温度控制的影响

保持肋片截面积、材料、安装位置一致，以肋片横截面为矩形和半圆形为例分析肋片形状对压力与温度控制的影响。半圆形横截面肋片如图8.19所示，得到两种肋片形状下压力变化如图8.20所示。在横截面为半圆形肋片时，压力上升速率更低。因为半圆形肋片增大了流-固交界面积，引起速度降低值没有矩形肋片大。由图8.20可知，在半圆形肋片下，更多的流体参与到流体的循环流动中，因此增强了流体的混合，降低了温度分层程度。在矩形截面肋片贮箱中，流体在肋片的上下表面附近速度非常低，只在顶部交界面处具有较高的速度；半圆形肋片的整个流-固交界面处的流体速度都具有较高值，因此，半圆形肋片的传热效果更好并且对流体流动具有更强的混合作用。

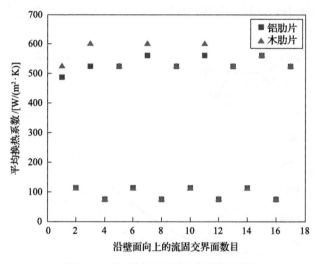

图 8.18　流-固交界面的平均换热系数

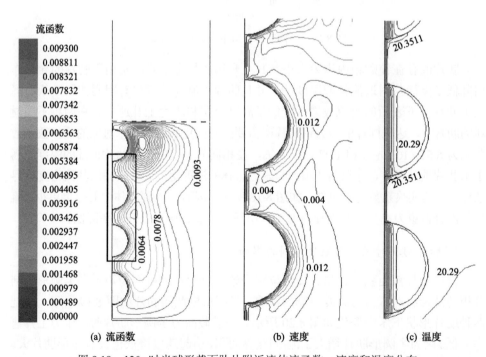

(a) 流函数　　　　　　　(b) 速度　　　　　　　(c) 温度

图 8.19　120s 时半球形截面肋片附近流体流函数、速度和温度分布

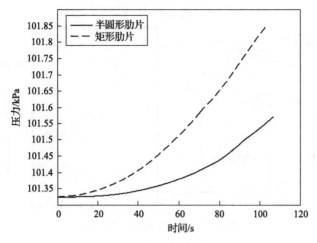

图 8.20　不同肋片形状下压力变化情况

8.3.3　排气降压

在执行航天任务的过程中，需要经常性地对推进剂系统进行压力调节，如对贮箱进行排气降压或补气增压；当贮箱发生自增压现象，压力持续升高到设计临界值后，需要进行排放降压释放能量。在真空环境下，推进剂暴露于压力极低的环境很容易导致液体闪蒸。当过冷液体表面压力突然降到其贮存温度对应的饱和压力以下时，液体由初始的稳定状态变成过热状态，其中不稳定原因主要是液体中的部分内能转化为汽化潜热，导致液体瞬间快速蒸发，这种现象称为闪蒸[12,13]。下面将通过试验对压力控制排气降压过程中的闪蒸现象进行分析。

1. 试验系统及流程

排气降压地面试验系统由试验腔、真空腔、真空泵、压力传感器、热电阻、高速摄像机数据采集及处理显示等设备组成，如图 8.21 所示。

本组试验流程如下：

(1) 往试验腔内加注需要的液体介质。加注的液体质量通过高精度的电子秤控制。

(2) 封装试验系统，主要保证试验腔和真空腔没有泄漏，在各接口处采用真空密封泥进行密封，同时确保测量系统的连线正确。

(3) 创造真空环境。对真空腔进行抽真空，达到设定的真空度，该真空度低于液体贮存温度对应饱和压力值。

(4) 启动数据测量与采集系统。利用压力传感器和热电阻测量实验开始前实验腔、真空腔的压力及温度值，并利用 NI 公司的采集卡和配套程序采集、记录测量值。

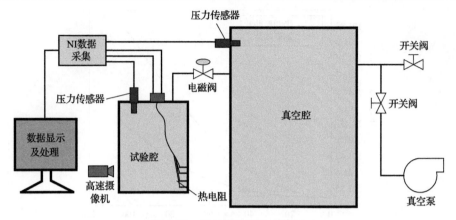

图 8.21　排气降压试验系统图

（5）排放降压。断开试验腔与真空腔之间的电磁阀，模拟贮箱排放降压过程，利用相机拍摄液体闪蒸过程。

（6）结束试验。压力及温度达到稳定状态后停止试验。

（7）数据处理。对试验数据进行处理，分析、总结排放降压过程中液体温度变化规律。

2. 试验结果与讨论

图 8.22 给出了真空度 P_e=3000Pa、初始系统温度 T_e=25.56℃的条件下试验腔压力及液体温度随时间的变化曲线。试验腔压力在液体闪蒸初期快速上升，而后上升速率下降，直至压力达到稳定；液体突然暴露于低压时，其温度迅速下降，在达到温度变化速度转折点后，随着时间的推移，温度变化平稳，直至达到稳定值。为了观测试验现象，未对试验腔做绝热处理，在闪蒸后期因环境温度高于闪蒸后的液体温度，液体温度有逐渐上升的趋势。

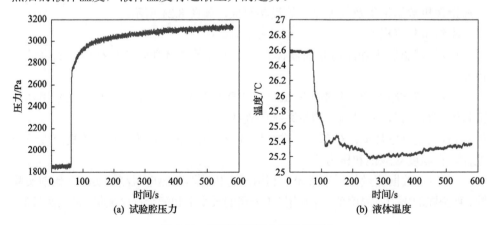

(a) 试验腔压力　　　　　　　　　　　(b) 液体温度

图 8.22　闪蒸过程压力及温度变化

液体降压沸腾过程中，液体内能的改变等于汽化带走的热量，能量方程为

$$\rho_1 c_p A_1 H_1 \frac{\mathrm{d}T}{\mathrm{d}t} = -jA_1 L \tag{8.115}$$

式中，H_1 为液膜高度；A_1 为气液交界面面积；L 为汽化潜热。液体蒸发速率 j 为单位面积内的质量流量，$\mathrm{kg/(m^2 \cdot s)}$，采用 Hertz-Knudsen-Schrage 模型进行计算

$$j = \frac{1}{\sqrt{2\pi R_v}} \frac{2\sigma_{lv}}{2 - \sigma_{lv}} \left(\frac{P_{sat}(T_1)}{\sqrt{T_1}} - \frac{P_e}{\sqrt{T_e}} \right) \tag{8.116}$$

式中，σ_{lv} 为蒸发/凝结过程的伴随系数；R_v 为气体常数；P_{sat} 为液体温度对应的饱和蒸气压力；P_e 为环境压力；T_e 为环境温度。

液体体积变化为

$$\frac{\mathrm{d}V_1}{\mathrm{d}t} = -\frac{jA_1}{\rho_1} \Rightarrow \frac{\mathrm{d}H}{\mathrm{d}t} = -\frac{j}{\rho_1} \tag{8.117}$$

假设气体处于饱和状态且热力性质均匀，由理想气体状态方程可知

$$P_e V_1 = m_v R_v T_e \Rightarrow \frac{P_e}{T_e} = \rho_v R_v \tag{8.118}$$

Antoine 饱和蒸气压方程为

$$\lg\left(10^{-5} P\right) = a - \frac{b}{T - 273.15 + c} \tag{8.119}$$

代入式(8.118)并对时间求导得

$$\frac{\mathrm{d}P}{\mathrm{d}t} = \frac{\mathrm{d}\rho_v}{\mathrm{d}t} R_v T_e^2 \left[T_e - \frac{b}{\ln 10(a - \lg 10^{-5} P)^2} \right] \tag{8.120}$$

由贮箱内气液两相的总质量守恒得

$$\frac{\mathrm{d}\rho_v}{\mathrm{d}t} = \frac{jA_1}{V_{v,0}} \tag{8.121}$$

式中，$V_{v,0}$ 为气体初始体积。

图 8.23 给出了液膜高度 H_1=0.0125m、不同初始条件下液体温度的试验值和计算值对比情况，其中伴随系数 σ_{lv} 为 0.002。由图可看出，计算模型能够较好地预测闪蒸过程中液体温度变化。

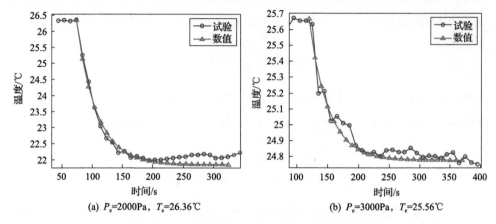

(a) $P_e=2000\text{Pa}$，$T_e=26.36\text{℃}$ (b) $P_e=3000\text{Pa}$，$T_e=25.56\text{℃}$

图 8.23　液体温度变化的试验值与计算值对比

　　降压沸腾过程中容易在传感器引线上及平整度较差的铝箔加热片上产生气泡（图 8.24），由于这些位置凹坑较多，贮气量比较充分，所以试验系统降压后液体过热，在这些地方最容易产生气泡。

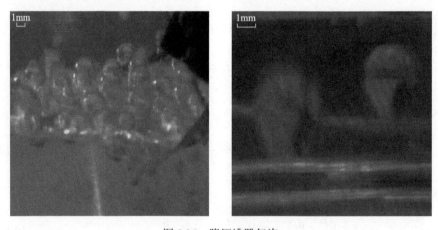

图 8.24　降压沸腾气泡

3. 液体闪蒸过程的影响因素分析

1) 过热度影响

　　定义过热度为液体初始温度与真空度对应的饱和温度差值，即 $\Delta T = T_0 - T_e(P_{e0})$。在相同的初始温度和填充水平下，分析过热度对液体温度变化的影响，得到图 8.25 所示的结果。液体闪蒸后的终态平衡温度随过热度的增大而减小，因为闪蒸相变所需的能量来源于液体的内能，过热度越大，闪蒸越发剧烈，相变消耗的能量越大，所以液体温度下降速度更快，平衡温度也会越低，达到平衡所需要的时间越长。液面变化规律与温度变化规律相似。

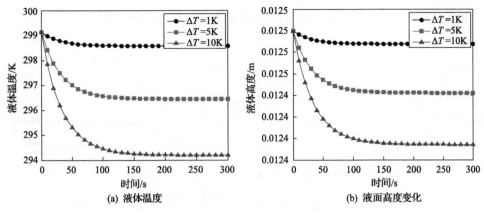

图 8.25　过热度对闪蒸过程的影响

2) 初始温度影响

保持过热度和初始液位一致，图 8.26 给出了初始温度对闪蒸过程的影响。液体温度变化趋势基本一致，初始水温越高，水温变化越快，液位变化也越快。

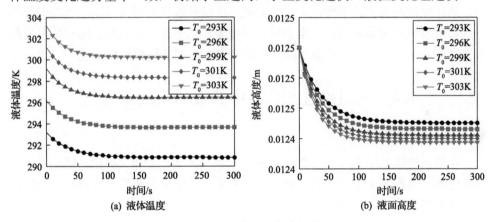

图 8.26　初始温度对闪蒸过程的影响

3) 填充水平影响

在初始温度和过热度相同的情况下，分析填充水平对闪蒸过程的影响。图 8.27 给出了不同液位下，闪蒸过程中液体温度随时间变化曲线。可以看出，液位越高，液体温度下降速度越小，闪蒸结束达到平衡时液体温度越高。这是因为闪蒸最开始在液体表面发生，当蒸发相变不足以将多余的热量带走时，液体内部逐渐自上而下发生沸腾相变，产生大量气泡将不稳定的能量释放，促使液体温度降低，达到环境压力对应的饱和温度，而填充水平越高，下层液体受到的静压越大，产生气泡需要的汽化潜热增大，气泡向上移动并脱离液体的阻力增加，因此，闪蒸量越少，闪蒸结束后液体的温度越高。气相压力随填充水平增加而增大，因为气体体积在高液位下越小，相变带来的热量越容易导致气体受热升压。

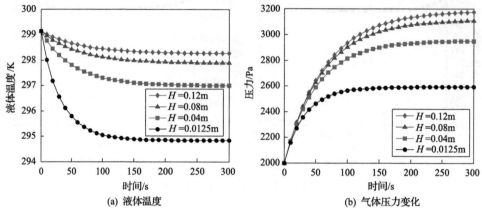

(a) 液体温度　　　　　　　　　　　　(b) 气体压力变化

图 8.27　液体填充水平对闪蒸过程的影响

　　闪蒸现象的可视化研究表明，闪蒸开始前液体处于静止状态，电磁阀打开瞬间，液体出现剧烈沸腾现象，大量气泡的产生导致液位有很大波动。随着闪蒸的持续，蒸发现象明显减弱，气泡数量明显减少。试验现象还表明，随初始温度和过热度的升高，闪蒸中气泡数量及体积随之增大，闪蒸现象更加剧烈。

8.4　低温推进剂贮存中的液体量测量方法

8.4.1　试验系统设计

　　在地面搭建如图 8.28 所示的试验系统，系统主要由贮箱、体积激励装置、压力传感器、数据采集系统和数据处理系统组成，其中压力测量系统包括一个静压测量传感器和一个差压测量传感器。

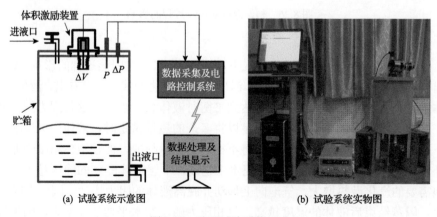

(a) 试验系统示意图　　　　　　　　　　(b) 试验系统实物图

图 8.28　地面试验系统组成

1. 体积激励装置

　　体积激励装置采用曲柄转动驱动活塞做功的设计思路。图 8.29 给出了激励装置的示意图和实物图。装置包括波纹管、活塞、偏心轮、电机、轴承及模块化的激励桶组成，所有零部件都安装于激励桶上。波纹管与活塞焊接，波纹管的拉伸运动导致活塞的上下运动，实现对贮箱体积的改变；偏心轮的偏心距确定后，活塞进行激励的体积幅值则为定值；从能量、体积、质量方面综合考虑，并与误差分析相结合，得到体积激励幅值一般为贮箱总体积的 10^{-4} 量级。激励装置的工作原理为：电机在控制电路作用下以一定的速度旋转，带动偏心轮以同样的速度旋转，然后通过连杆作用将偏心轮的旋转运动转换为波纹管和活塞的拉伸压缩运动，从而实现对贮箱内气体的激励，引起压力变化[14,15]。

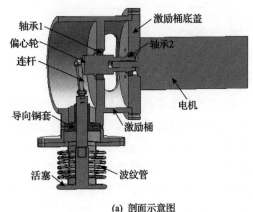

(a) 剖面示意图　　　　　　　　　　　(b) 实物图

图 8.29　体积激励装置

　　试验电机的转速(即激励频率)通过图 8.30 所示闭环反馈控制电路进行控制。上位机控制界面下达转速控制指令，通过数据线传至驱动器，控制卡的转速与编码器的实测转速相比较，形成闭环转速控制系统，使电机最终以控制指令的转速转动。控制方式为脉冲控制，选择定长运动方式，可以使电机在转过给定的脉冲数后回到激励前的初始位置。

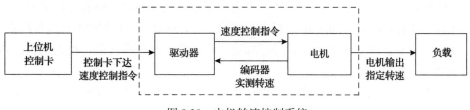

图 8.30　电机转速控制系统

2. 数据采集与处理

数据测量采集系统包括静压测量和差压测量，静压为激励前贮箱内初始压力值，也可以理解为激励过程中的贮箱压力均值。采用一个绝对压力传感器对静压进行测量，传感器精度为满量程的±0.05%，利用 NI USB-4432 数据采集卡采集数据，并通过 USB 接口将测量值存储于计算机内，方便后续数据处理工作；差压测量主要测量激励过程贮箱与外界大气的压差，采用精度为±0.05%的高精度差压传感器进行测量，差压数据通过 RS-232 串口接收并存储于计算机内，用于计算压力变化幅值。

数据处理系统关键在于体积改变引起的压力变化幅值计算，其处理流程如图 8.31 所示。

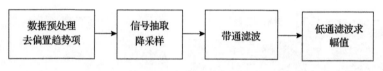

图 8.31　数据处理流程图

由于放大器随温度变化产生的零点漂移、传感器频率范围外低频性能的不稳定以及传感器周围的环境干扰，在振动测试中采集到的振动信号数据往往会偏离基线，甚至偏离基线的大小还会随时间变化。趋势项就是在随机信号中存在线性项或缓慢变化的、周期大于记录长度的非线性成分。趋势项的存在，会使时域中的相关分析和频域中的功率谱分析产生较大的误差，甚至使低频谱完全失去真实性，应将其去除。常用的消除趋势项的方法是多项式最小二乘法。为了获取较多的试验数据，在工程试验中，采样率在满足香农采样原则的基础上，会选得较大一些。但是为了提高数据处理速度，节省数据处理时间，需对所获得的高频数据进行一定的降采样，多次降采样过程中每次降 4～5 倍为最佳。

8.4.2　试验方案及流程

1. 试验方案

试验在常温常压下进行，液体推进剂采用水，填充到贮箱内的液体量采用最小读数为 0.1g，量程为 20kg 的高精度台秤（ADAM model PGC 20001el）进行标定；同样，贮箱总体积也采用此台秤进行标定，通过多次测量求均值，得到贮箱总体积为 28.1617L。

采用参数辨识法对体积改变量进行标定，由于在填充率较高时测量具有比较高的精度，故往贮箱内注入 90%以上的液体，利用式(8.10)变化得到

$$\Delta V = \frac{V \Delta P}{\gamma P} \tag{8.122}$$

多次测量求平均值，可得到高精度的体积改变量为 17.21mL，式中 V 为气体体积。

为了分析不同工况下体积激励法的测量精度，进行以下液面及频率的试验。

(1) 五个填充液面：0，10%，30%，50%，70%；

(2) 激励频率：1~5Hz；

(3) 传感器安装在贮箱顶部，测量气体压力，没有液体进入；

(4) 试验在常温常压下进行。

2. 试验流程

试验流程如下：

(1) 对填充液体量和激励体积进行标定。利用高精度台秤测量注入贮箱内的液体量，该测量值作为体积激励法测量的参考基准，从而获得测量方法的精度。

(2) 对贮箱系统进行封装检漏。往贮箱内填充气体加压，观测压力传感器数据变化情况，保证贮箱具有良好密封性。

(3) 测量大气压力。将外界大气压作为差压传感器的参考端，在每次试验前精确测量基准压力，以便试验中利用高精度差压传感器测量激励过程中贮箱内压力的变化。

(4) 设置激励频率。通过电机控制面板设置合适的激励频率，进行不同激励频率下的测量分析，掌握激励频率对测量精度的影响规律。

(5) 启动数据测量与采集系统。启动绝对压力传感器、差压传感器及相应的数据采集系统，以适当的采集频率对数据进行采集并记录。

(6) 启动激励电机。电机在指定频率下工作，对波纹管施加拉伸作用，实现贮箱总体积的改变，从而引起贮箱内压力变化。

(7) 本次试验结束。在 1min 内完成测量及数据采集，停止激励装置、采集系统及激励电机的工作。

(8) 填充水平不变时，重复步骤 (3)~(7)；若需改变填充水平，则重复步骤 (1)~(7)，直至完成本组试验。

8.4.3　试验结果与讨论

表 8.5 给出了六个测量液面在 1Hz 和 2Hz 激励频率下的测量结果，在各测量频率下试验重复 6 次。每个液面的液体量提前用高精度台秤标定好，作为测量参考的"真实值"。从测量结果中可以看出，每个液面的测量值都围绕在一个偏离真实值特定大小的值附近分布，液位越高，偏离值越小；液位越低，偏离值越大，

表 8.5　不同填充水平下的测量结果

激励频率/Hz	试验次数	0	10%-2.8162kg	30%-8.4485kg	50%-14.0809kg	70%-19.7132kg	90%-25.3455kg
1	1	1.2460	4.0385	9.3456	14.6862	19.9883	25.3252
	2	1.2352	4.0449	9.3692	14.6557	19.9953	25.3136
	3	1.2618	3.9877	9.3750	14.6098	19.9969	25.3216
	4	1.2208	4.0727	9.3419	14.6616	19.9870	25.3250
	5	1.2471	4.0220	9.3541	14.6739	19.9838	25.3358
	6	1.1837	4.0945	9.4000	14.6761	20.0018	25.3259
2	1	1.1956	4.0991	9.4223	14.7457	20.0189	25.3578
	2	1.2334	4.1655	9.3827	14.7313	20.0576	25.3685
	3	1.2110	4.2276	9.5662	14.7170	20.0474	25.3684
	4	1.2807	3.9250	9.3935	14.7454	20.0417	25.3677
	5	1.2694	4.0844	9.5246	14.7408	20.0527	25.3671
	6	1.3580	4.0880	9.4505	14.7327	20.0422	25.3734
3	1	—	4.3740	9.6238	14.6460	20.0366	25.4084
	2	—	4.3556	9.4175	14.6843	20.0472	25.3607
	3	—	4.2647	9.3045	14.7625	20.1659	25.3896
	4	—	4.4482	9.3928	14.8308	20.1108	25.3651
	5	—	4.2631	9.5286	14.6795	20.0408	25.3624
	6	—	4.3471	9.4004	14.6923	20.0542	25.3624
4	1	—	4.1793	9.5050	14.7013	20.1519	25.3808
	2	—	4.0259	9.3340	14.8481	20.1158	25.4043
	3	—	4.0312	9.5739	14.7527	20.0308	25.3679
	4	—	4.1995	9.4905	14.7689	20.0155	25.4037
	5	—	3.9803	9.7383	14.8138	20.0817	25.3678
	6	—	4.0023	9.4974	14.8123	20.0968	25.3662

说明测量精度随发动机消耗液体推进剂而下降。通过下面的误差分析公式也可以解释这一结论：

$$\frac{U_{V_t}}{V_t} = \left\{ \frac{U_{V_t}^2}{V_t^2} + \left(1 - F\right)^2 \left[\left(\frac{U_P}{P}\right)^2 + \left(\frac{U_{\Delta V_t}}{\Delta V_t}\right)^2 + \left(\frac{U_{\Delta P}}{\Delta P}\right)^2 \right] \right\}^{1/2} \tag{8.123}$$

式中，U 为参数误差；F 为填充水平。在低液位下，气体体积更大，相同的激励体积下引起的压力波动更小，即对体积改变的敏感度降低，因此，测量误差随气体体积的增大而增大。

　　虽然测量值与真实值不严格一致，但是围绕某一特定值分布，因此系统具有较好的稳定性，可以认为测量值与真实值的偏差是系统误差，可以通过多次试验进行标定，在数据分析时再将其剔除。剔除系统误差后得到测量精度如表 8.6 所示，可以看出测量误差都控制在±1%以内，在较低频激励下(如 1Hz)测量值都低于真实值；而在较高频激励下(如 4Hz)，测量值大部分都高于真实值；低频激励下的测量误差大于高频激励下的误差。

表 8.6　不同填充水平下的测量精度

激励频率/Hz	试验次数	0	10%-2.8162kg	30%-8.4485kg	50%-14.0809kg	70%-19.7132kg	90%-25.3455kg
1	1	0.003%	−0.355%	−0.361%	−0.133%	−0.213%	−0.131%
	2	−0.035%	−0.332%	−0.277%	−0.242%	−0.188%	−0.172%
	3	0.059%	−0.535%	−0.257%	−0.405%	−0.183%	−0.144%
	4	−0.087%	−0.233%	−0.375%	−0.220%	−0.218%	−0.131%
	5	0.007%	−0.413%	−0.331%	−0.177%	−0.229%	−0.093%
	6	−0.219%	−0.156%	−0.169%	−0.169%	−0.166%	−0.128%
2	1	−0.176%	−0.139%	−0.089%	0.078%	−0.105%	−0.015%
	2	−0.042%	0.096%	−0.230%	0.027%	0.033%	0.023%
	3	−0.122%	0.317%	0.422%	−0.024%	−0.004%	0.023%
	4	0.126%	−0.758%	−0.191%	0.077%	−0.024%	0.020%
	5	0.086%	−0.192%	0.274%	0.061%	0.015%	0.018%
	6	0.400%	−0.179%	0.011%	0.032%	−0.022%	0.040%
3	1	—	0.836%	0.626%	−0.276%	−0.042%	0.165%
	2	—	0.771%	−0.106%	−0.140%	−0.004%	−0.005%
	3	—	0.449%	−0.507%	0.138%	0.417%	0.098%
	4	—	1.100%	−0.194%	0.380%	0.222%	0.011%
	5	—	0.443%	0.288%	−0.157%	−0.027%	0.001%
	6	—	0.741%	−0.167%	−0.111%	0.021%	0.001%
4	1	—	0.145%	0.205%	−0.080%	0.368%	0.066%
	2	—	−0.400%	−0.383%	0.442%	0.239%	0.150%
	3	—	−0.381%	0.449%	0.103%	−0.063%	0.021%
	4	—	0.217%	0.153%	0.161%	−0.117%	0.148%
	5	—	−0.561%	1.033%	0.320%	0.118%	0.020%
	6	—	−0.483%	0.178%	0.315%	0.172%	0.015%

由表 8.5 可知，低液位时，同一激励频率下多次测量的液体值虽高于贮箱内液体真实值，但测量值相对稳定，说明系统的测量重复性好。由表 8.6 可知，对同一套试验系统，该稳定的差值可以通过地面试验进行标定，剔除系统误差后，体积激励法在不同填充水平下都具有较高的测量精度。因此，可以对各个液位下的测量进行标定，得到如图 8.32 所示的测量值与真实值(台秤标定值)的关系。

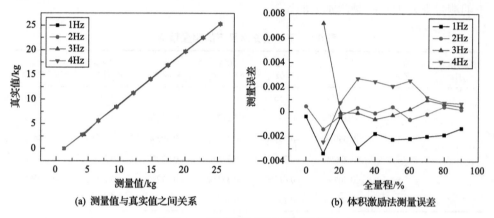

(a) 测量值与真实值之间关系   (b) 体积激励法测量误差

图 8.32 不同激励频率下的测量值

图 8.32(a)表示测量值与真实值之间存在一定的线性关系，当液位高于 50%时，测量值与真实值相差很小；当液位低于 50%时，系统误差非常明显，导致测量结果偏离真实值很大。图 8.32(b)表明在高激励频率下，测量值一般高于真实值，在低激励频率下则低于真实值，因为在高激励频率下更大范围内的噪声混入测量信号中，增大了压力变化幅值，减小了气体体积计算值，增大了液体体积值。

为了验证标定的测量值与真实值之间的关系，往贮箱内注入任意量的液体，利用体积激励法进行测量，并通过插值计算，得到表 8.7 所示的测量结果。对试验系统而言，对任意液体量的测量都优于 1%的测量精度，这表明体积激励法具有比较高的测量精度。

表 8.7 标定曲线验证

真实值/kg	测量值/kg	插值计算值/kg	测量精度
0.5446	1.6293	0.3503	−0.690%
4.2101	5.3861	4.3408	0.460%
6.7374	7.7677	6.7667	0.104%

试验中，观察到不同激励频率下，差压信号的幅频响应特性有明显的谐波效应。因此，在设计滤波器时，必须考虑谐波效应的影响，否则，所获得压力幅值

与真实值有较大偏差，进而降低测量精度。

　　1Hz 激励频率、不同填充水平下的测量信号的幅频特性如图 8.33 所示，由图可知存在倍频谐波现象，即在频率为激励频率倍数关系处存在较强的信号幅值。在低填充水平下尤为明显，在 20%液面时最为强烈，随着填充水平的增大，该倍频谐波效应逐渐减弱。

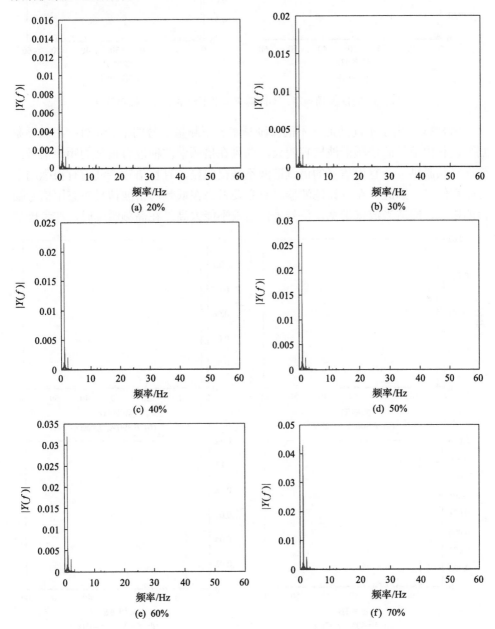

(a) 20%

(b) 30%

(c) 40%

(d) 50%

(e) 60%

(f) 70%

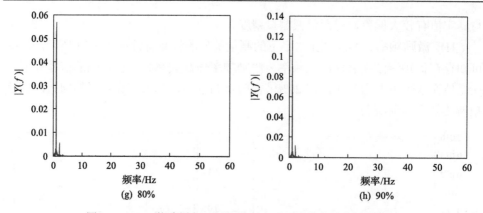

图 8.33　1Hz 激励频率、不同填充水平下测量信号的幅频特性

图 8.34 给出了不同液面在不同激励频率 f_c 下测量信号的幅频特性。在低频激励下，有用信号的倍频谐波比较明显，并且在倍频谐波前没有很强的噪声信号；而在高频激励下，有用信号的倍频谐波不是很明显，且在倍频谐波前有很强的干扰噪声信号。因此，在设计滤波器时有必要考虑在低频时谐波信号对有用信号幅值的影响，应适当放宽带宽，信号采样倍数不能太高；在高频激励时，在考虑倍

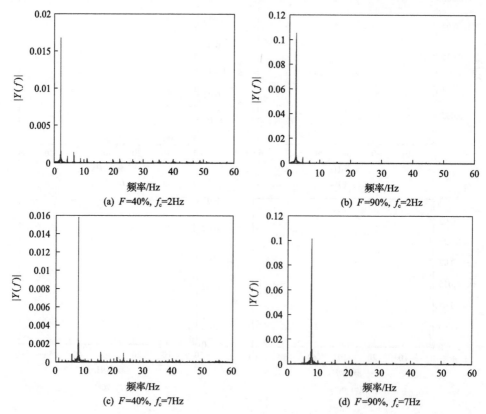

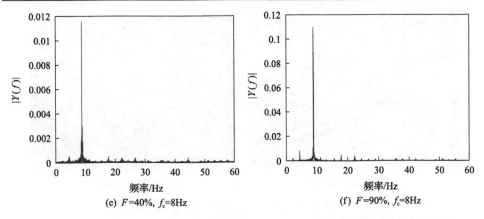

图 8.34　填充水平为 40% 和 90% 时液面在 1、2、7、8Hz 激励频率下的幅频特性图

频谐波的基础上还要考虑有用信号之间的噪声影响，带通滤波器的带通过宽且包含了倍频谐波时，也可将较强的噪声信号通过滤波器。对比图 8.34 中相同激励频率下的幅频特性曲线可知，测量信号在不同填充水平下的幅频特性产生相同倍数的谐波现象；低频激励在高填充水平下产生的噪声较弱；高频激励下，噪声对不同填充水平下的测量都有较大噪声影响。因此，在能产生激励效果的基础上，激励频率尽量选择较低频率。

8.4.4　贮箱非接触式测量的影响

目前对体积激励法开展的试验主要是将模块化的体积激励装置放置于贮箱内部进行研究，这样在体积激励法实施过程中，不可避免地会产生热量，为推进剂贮存带来安全隐患。为了保证贮箱结构的完整性及尽量减少对贮箱结构的改变，充分利用贮箱表面的管路接口，利用一段管路将贮箱与激励腔连通，体积激励装置对激励腔进行体积改变，从而实现对贮箱内液体量的非接触式测量。本小节将对该非接触式测量方法的可靠性及测量精度进行验证，并分析相关因素对测量的影响。

1. 试验系统

试验中，为了充分利用上节的试验系统，增加的激励腔直径与贮箱直径相同，因此，激励腔与贮箱系统可以互换贮箱盖及安装在贮箱盖上的激励装置和传感器等。非接触式体积激励法试验系统如图 8.35 所示，在图 8.28 的基础上增加了激励腔。通过调节两容器上、下的开关阀实现对不同相的介质进行体积激励。激励腔填充气体时，两容器上端的阀门打开，下部阀门关闭，测量系统安装在激励腔上；激励腔填充液体时，两容器上端的阀门关闭，下部阀门打开，测量系统安装在贮箱上。

(a) 激励装置激励气体　　　　　　　(b) 激励装置激励液体

图 8.35　非接触式测量系统示意图

2. 试验方案及试验流程

在空间环境下，与激励装置波纹管接触的可能是气体，也可能是液体，因此，本组试验将验证激励腔分别填充气体和液体两种情况下体积激励法的测量精度。对于填充水平 10%、30%和 70%，在每种填充情况下对三个液面进行不同激励频率下的测量，试验安排如表 8.8 所示。由于连接管路的影响，高频激励很容易导致激励腔内快速变化的压力不易传递到贮箱内而直接进入下一个激励循环，因此，本组试验的激励频率都控制在 1Hz 以内。试验流程见本章 8.4.2 节。

表 8.8　试验组成

试验编号	填充水平/%	激励频率/Hz
试验-1	10	0.25
试验-2	10	0.5
试验-3	10	1
试验-4	30	0.25
试验-5	30	0.5
试验-6	30	1
试验-7	70	0.25
试验-8	70	0.5
试验-9	70	1

3. 试验结果及讨论

1) 激励腔为气体

假设贮箱内推进剂管理装置对流体具有较强的管理能力，能够使微重力下的贮箱内两相流介质具有较为明显的气液交界面,因此,通过贮箱顶部的管路连接到激励腔后与激励波纹管接触的介质主要为气体。利用体积激励法测量贮箱内液体量测量结果如表 8.9 所示。在不同液面和不同激励频率下,测量系统具有较好的稳定性。当激励频率 $f_c=1\text{Hz}$ 时,测量值远远高于真实值;当 $f_c=0.5\text{Hz}$ 时,10%和30%液面的测量值仍高于真实值,而 70%液面的测量值低于真实值;当 $f_c=0.25\text{Hz}$ 时,所有液面的测量值都低于真实值。只在较低的激励频率下($f_c=0.25\text{Hz}$),测量值才具有较高的可信度。在高频激励下,如 $f_c=1\text{Hz}$,测量值基本不可信。贮箱和激励腔连通后初始静压一致,激励过程为同一个过程,因此,误差主要来源为两个容器内的差压值。

表 8.9　激励腔为气体时的测量结果

激励频率/Hz	试验次数	10%-2.8278kg	30%-8.4834kg	70%-19.7946kg
	1	2.2220	7.3758	19.0109
	2	2.1914	7.4624	18.9612
0.25	3	2.2387	7.3886	19.0155
	4	1.9987	7.4148	19.0308
	5	2.1173	7.4583	19.0174
	1	6.4444	9.5676	19.1934
	2	6.4577	9.5921	19.1873
0.5	3	6.4990	9.6507	19.1936
	4	6.5082	9.6645	19.1795
	5	6.4726	9.6776	—
	1	19.2359	18.9184	20.3772
	2	19.2626	18.9199	20.3949
1	3	19.2833	18.9250	20.3785
	4	19.2539	18.9611	20.3696
	5	19.2649	18.9372	20.3732

在贮箱及激励腔上各安装一个差压传感器,并保持填充水平相同,在不同激励频率下都同时测量贮箱、激励腔与外界大气的压差。图 8.36 给出了不同容器内压力波动曲线。当 $f_c=0.25\text{Hz}$ 时,二者压力波动幅值基本一致;当 $f_c=0.5\text{Hz}$ 时,贮箱压力波动幅值小于激励腔内压力波动幅值;当 $f_c=1\text{Hz}$ 时,贮箱内压力变化幅值为激励腔内压力波动幅值的 50%。因此,随着激励频率降低,激励腔和贮箱内的压力波动幅值趋于一致,测量误差也减小。由于连接管路的影响,贮箱压力变化相对于激励腔有一定的时延,时延现象随激励频率增加变得更为明显。

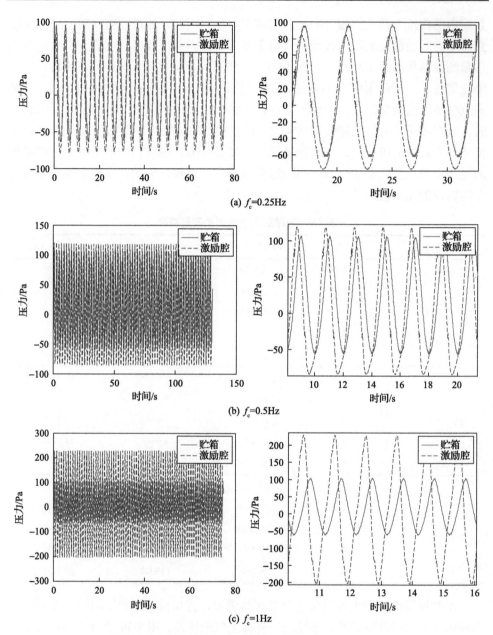

图 8.36 激励腔为气体时激励腔及贮箱内压力变化

2)激励腔为液体

激励腔与贮箱底部通过管路相连，与激励波纹管接触的介质为液体，对不同液面进行体积激励测量，得到表 8.10 所示的测量结果。当 $f_c=1$Hz 时，受限于电机输出力矩不能很好地克服贮箱内液体重力作用，未获得测量数据，因此只开展了两个较低激励频率的测量。结果显示：系统仍具有较好稳定性和可重复操作性；测量值都低于真值，f_c=0.5Hz 时的测量误差最大。

表 8.10　激励腔为液体时的测量结果

激励频率/Hz	试验次数	19.2%-5.4291kg	29.95%-8.4701kg	70%-19.7946kg
0.25	1	3.0524	8.0384	18.9813
	2	3.0164	7.9380	18.9324
	3	2.8716	7.9199	18.9561
	4	2.9716	8.0232	18.9049
	5	—	8.0872	18.9420
0.5	1	−6.9698	6.8446	18.7057
	2	−7.1114	6.9039	18.7227
	3	−6.9464	6.8941	18.7435
	4	—	6.9045	18.7347
	5	—	6.9614	18.7550

3)测量误差

由测量结果可知，在较低激励频率下，测量系统具有相对稳定的系统误差，将系统误差剔除后，得到测量精度如表 8.11 和表 8.12 所示，测量误差几乎都控制在 ±1% 以内。

表 8.11　激励腔为气体时的测量误差

激励频率/Hz	试验次数	10%-2.8278kg	30%-8.4834kg	70%-19.7946kg
0.25	1	0.268%	−0.151%	0.012%
	2	0.148%	0.145%	−0.143%
	3	0.334%	−0.107%	0.026%
	4	−0.608%	−0.018%	0.074%
	5	−0.142%	0.131%	0.032%

表 8.12　激励腔为液体时的测量误差

激励频率/Hz	试验次数	19.2%-5.4291kg	29.95%-8.4701kg	70%-19.7946kg
0.25	1	0.405%	0.117%	0.118%
	2	0.209%	−0.200%	−0.034%
	3	−0.579%	−0.257%	0.040%
	4	−0.035%	0.069%	−0.120%
	5	—	0.271%	−0.004%

8.5 卫星姿态干扰和贮箱漏热对液体量测量的影响分析

8.4节对体积激励法测量贮箱内液体量的研究是假设低温推进剂贮箱系统在较为理想的环境进行，即贮箱系统静止并完全绝热。但实际在轨条件下，贮箱系统会受到很多因素的影响，如姿态干扰、贮箱漏热、微重力、真空等，这些因素对体积激励法测量的影响机制并不清楚。从体积激励法的测量原理来看，微重力和真空条件对体积激励法测量参数影响不大；而姿态干扰通过液体晃动影响贮箱压力和温度分布，贮箱漏热对压力和温度有直接影响，这些都会对液体量测量参数产生影响[16-19]。因此，本节在搭建体积激励法测量液体量试验系统的基础上，对试验系统进行改进和完善，重点分析卫星姿态干扰和贮箱漏热对液体量测量的影响，总结了二者对体积激励测量法的影响规律，为体积激励法的未来空间应用提供了可靠的试验参考。

8.5.1 卫星姿态干扰对体积激励法测量的影响

1. 干扰模型分析

一定填充水平的贮箱在受到卫星姿态干扰时，容易导致液体晃动，已有研究表明，低温流体贮箱的晃动会引起贮箱内热力学参数的变化，如压降、温度分层破坏等，压力突降在一定程度上会对贮箱结构稳定性产生破坏。而测量液体量的体积激励法需要利用贮箱静压和温度值，所以有必要掌握液体晃动对贮箱内热力学参数的影响规律，分析其对液体量测量的影响。

液体晃动主要因为卫星姿态受到干扰时外界对贮箱系统施加的额外加速度，所以贮箱内流体介质守恒方程中主要是动量方程受到影响，与无干扰的情况有所区别。图8.37给出了贮箱受到外部激励加速度时的示意图。动量方程变为

$$\frac{\partial(\rho V)}{\partial t} + \nabla \cdot (\rho V V) = -\nabla p - \rho \beta a(T - T_0) + \nabla \cdot \left[\mu_{\text{eff}} \left(\nabla V + \nabla V^{\text{T}} \right) \right] + F \quad (8.124)$$

式中，$a = [a_x, a_y, a_z]^{\text{T}}$ 为加速度矢量，$a_x = 0$，$a_y = a_y(t)$，$a_z = -9.8 \text{m/s}^2$。$a_y(t)$为外界施加给贮箱的激励加速度，圆柱形充液贮箱的第一阶固有频率计算式为

$$\omega_{11}^2 = 1.84 \frac{a_z}{R} \tanh\left(1.84 \frac{H}{R} \right) \quad (8.125)$$

式中，R 为贮箱半径；H 为贮箱液面相对于底部的高度。贮箱半径 $R=0.25\text{m}$，液面高度 $H=0.5\text{m}$ 时，得到 $f_1=1.35\text{Hz}$。为了避免共振对分析产生影响，选择接近一

阶固有频率的 1.0Hz 作为振动频率，振幅为 0.03m。加速度为

$$a_y(t) = -0.03\omega^2 \cos(\omega t) \qquad (8.126)$$

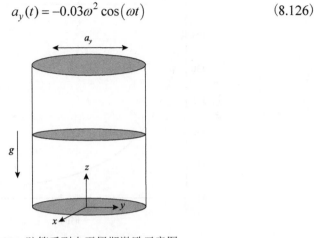

图 8.37　贮箱受到水平周期激励示意图

低温推进剂贮存过程中，不可避免地会有热量进入到贮箱内部，会引起温度分层和压力上升。因此，在分析贮箱晃动对内部热力学参数的影响之前，假设贮箱已经历了自增压过程，达到温度分层和压力上升的动态平衡状态，利用 50%填充水平的贮箱均匀受热的计算终态作为振动分析的初始态。压力为 138908Pa，初始温度分布如图 8.38 所示。

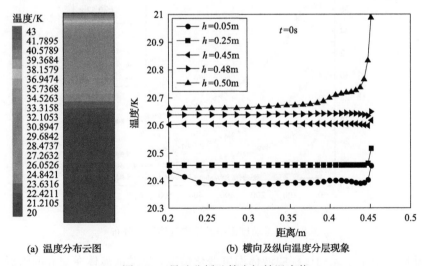

(a) 温度分布云图　　　(b) 横向及纵向温度分层现象

图 8.38　晃动分析贮箱内初始温度值

从上述初始状态对贮箱施加振动激励，经计算得到贮箱内压力变化曲线如图 8.39 所示。在晃动初期，压力迅速下降，然后下降速率逐渐变小，达到转折点

后下降相对平缓，直至达到最低压力值后，再以较小的速率缓慢上升。

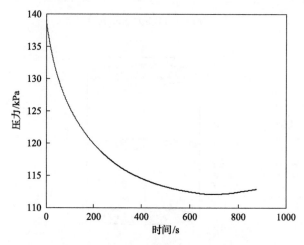

图 8.39　晃动过程中贮箱内压力变化

图 8.40 给出了晃动过程中贮箱内气体温度变化情况。不同高度的气体温度在晃动初始都迅速下降，逐渐达到一个相对稳定值。由于贮箱顶部在振动过程中一直存在漏热，此处的温度梯度最大，故越靠近贮箱顶部，气体温度初态和终态的差值越大。

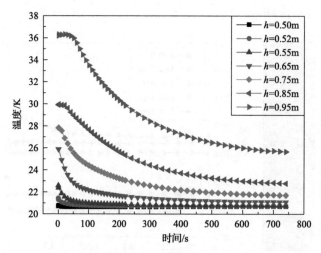

图 8.40　晃动过程中贮箱内气体温度分布

图 8.41 给出了晃动过程中液体温度变化情况。晃动前液体在交界面附近的薄层内有较大的温度梯度，晃动达到压力最低点后，该薄层的温度分层被破坏，液体温度趋于一致。计算交界面处温度值对应的饱和压力，与气体压力进行对比，发现该饱和压力小于气体压力。由相变公式(8.116)可知，$\dot{m} < 0$，会有冷凝现象

发生，这也是导致气体压降和近交界面处温度降低的原因。

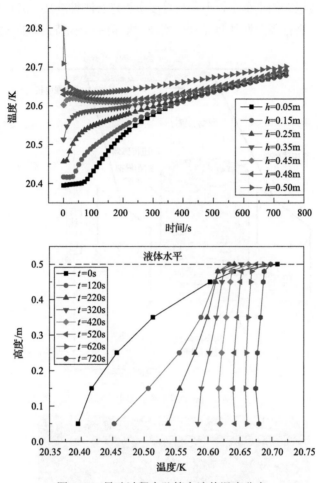

图 8.41　晃动过程中贮箱内液体温度分布

若液体量测量的时机在晃动导致贮箱压力迅速下降阶段，如在图 8.39 中前 200s 内，压力变化引起的误差达到 10%～15%，体积激励得到的压力波动幅值也将是不定值。传感器测量得到的静压和差压值很难用于计算，并且在该段时间内，液体温度仍存在一定的分层现象。因此，必须通过观测测量值的变化，选择合适的时机再进行液体量的测量。

2. 试验系统

下面在试验装置的基础上，开展姿态干扰对体积激励法测量液体量影响的试验研究。对图 8.28 所示的试验系统进行适当改进，得到图 8.42 所示晃动情况下液体量测量的试验系统。将正常工况下(贮箱静止于地面且无漏热发生)的试验设备放置于可做直线运动的小车上,小车与直线电机进行刚性连接,通过直线电机带动小车及贮箱系统进行周期性往复晃动,实现对贮箱系统在特定方向上的晃动激励。

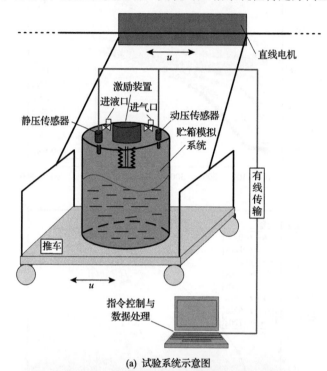

(a) 试验系统示意图

(b) 试验系统实物图

图 8.42　晃动情况下的测量试验示意图

气浮直线导轨由8m长的高精度直线导轨和7m长的直线电机驱动与控制系统构成,直线导轨的平面度为000级。直线电机定子总长7.68m,实际行程为7.2m,

额定输出推力为450N,峰值推力为1600N,系统分辨率为5μm,最大速度为2.5m/s。由于直线电机在气浮导轨上,从安全方面考虑,不直接将试验系统置于气浮导轨上进行试验,而是将贮箱系统安放在地面开展试验。因此,需要直线电机支架与安放贮箱系统的小车设计连接结构,如图8.43所示的方杆连接件。直线电机的晃动周期和频率可通过程序进行控制,试验中晃动频率选择在充液贮箱的固有频率附近,晃动方式为水平方向周期性的正弦振动和直线运动。若将小车的定向轮改为万向轮,则可通过手动旋转小车给系统施加随机振动,验证测量方法在多种振动类型下的测量精度。

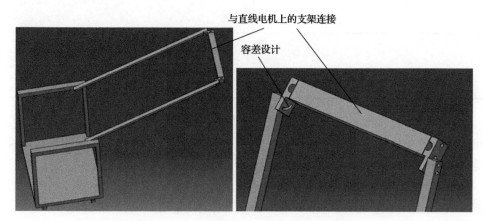

图 8.43　直线电机与小车的连接结构三维图

3. 试验方案及试验流程

经计算,填充水平为10%和70%的充液贮箱的固有频率分别为1.181Hz和1.753Hz,通过程序施加给电机的晃动平均速度为0.08m/s,开展两种条件已知的振动类型:直线振动和正弦振动。对于直线振动,激励和振动频率分别同时为1Hz和2Hz;对于正弦振动试验,测量内容如表8.13所示。

本组试验流程如下:

(1)参数标定,包括填充液体量和激励体积的标定。利用高精度台秤测量注入贮箱内的液体量,该测量值作为体积激励法测量的参考基准,从而获得测量方法的精度。

(2)对贮箱系统进行封装检漏。往贮箱内填充气体加压,观测压力传感器数据变化情况,保证贮箱具有良好密封性。

(3)对气浮直线导轨供气。在高压气体作用下,将直线电机悬浮于直线导轨之上,同时打开控制程序界面,设定电机运动频率及平均运动速度并测试,达到要求后暂停程序,等待振动指令。

表 8.13　正弦晃动测量内容

激励频率/Hz	晃动频率/Hz	
	填充水平 10%	填充水平 70%
	0.5	0.5
1	1	1
	1.5	1.5
	0.5	1
1.5	1	1.5
	1.5	2
	0.5	1
2	1	1.5
	1.5	2

(4)测量大气压力。由于试验中需利用高精度的差压传感器测量激励过程中贮箱内压力的变化情况,将外界大气压作为差压传感器的参考端,必须在每次试验前进行精确测量。

(5)启动数据测量与采集系统。启动绝对压力传感器、差压传感器及相应的数据采集系统,以适当的采集频率对数据进行采集并记录。

(6)启动直线电机系统。对贮箱系统施加水平横向振动,模拟贮箱受到姿态干扰下的晃动情形。

(7)启动激励装置。启动激励装置电机,根据试验需求,通过激励装置的控制系统改变激励频率,对贮箱进行体积改变,从而实施体积激励法对液体量的测量。

(8)本次试验结束。在 100s 内完成测量及数据采集,停止激励装置、采集系统及直线电机系统的工作。

(9)填充水平不变时,直接改变激励频率和电机运动频率,进入下一次试验,重复步骤(5)～(7);如果需要改变填充水平,那么重复步骤(1)～(8),直至完成本组试验。

4. 试验结果及讨论

表 8.14 给出了填充水平为 10%(2.8162kg)和 70%(19.7132kg)时的充液贮箱在受到直线振动时液体量测量结果,测量误差小于±1%,满足测量要求;高液面下的测量结果具有较好测量精度。晃动试验过程中气液交界面有晃动,但是液面晃动频率并未与激励频率同步,因此这一现象并未对液体量的测量结果产生很大影响。

表 8.14　贮箱填充水平分别为 10%和 70%时在直线晃动激励下的测量结果

激励频率和晃动频率/Hz	试验次数	测量误差	
		10%	70%
1	1	0.431%	−0.012%
	2	0.147%	0.022%
	3	0.528%	−0.020%
	4	0.299%	0.029%
	5	0.120%	0.080%
2	1	0.060%	0.035%
	2	0.351%	0.073%
	3	0.250%	0.058%
	4	0.113%	0.008%
	5	0.256%	0.035%

表 8.15 给出了两个液位的充液贮箱在正弦振动下的测量结果，晃动频率为 0 时等效为无姿态干扰情况（即正常工况），重点研究体积激励频率在充液贮箱固有频率附近的测量情况。结果表明：在振幅较小情况下，体积激励法仍具有较好的测量精度（误差<±1%）；充液贮箱的固有频率并不容易被外界振动激励所激发，在小振幅晃动情况下可以忽略液体晃动给测量带来的测量误差。但是与正常情况下的测量结果相比，测量误差有所增加。

表 8.15　两个液位为 10%和 70%的充液贮箱的正弦振动试验结果

激励频率/Hz	晃动频率/Hz	试验次数	测量误差	
			10%	70%
1	0	1	−0.692%	−0.005%
		2	−0.415%	0.052%
	0.5	1	0.957%	0.043%
		2	0.471%	−0.033%
	1	1	−0.964%	0.055%
		2	−0.697%	0.033%
	1.5	1	0.199%	−0.879%
		2	0.180%	−0.551%
1.5	0	1	0.196%	−0.112%
		2	0.367%	−0.087%
	0.5	1	0.267%	—
		2	0.580%	—
	1	1	−0.149%	−0.461%
		2	−0.230%	−0.505%
	1.5	1	0.082%	−0.825%
		2	0.591%	−0.624%

激励频率/Hz	晃动频率/Hz	试验次数	测量误差	
			10%	70%
2	0	1	−0.139%	−0.041%
		2	0.096%	0.097%
	0.5	1	0.513%	—
		2	0.243%	—
	1	1	0.825%	−0.172%
		2	0.418%	0.115%
	1.5	1	−0.505%	0.157%
		2	−0.538%	0.477%
	2	1	—	−0.753%

当填充水平为 10%，激励频率和振动频率都为 1Hz 时，测量误差增大到接近 ±1%(−0.964%)，因为三种频率，即激励频率、固有频率和振动频率非常接近，导致液面晃动剧烈产生接近于有用信号的噪声，从而影响测量精度。当激励频率为 1.5Hz 时，测量结果又具有较高精度。因为这时有用信号(激励频率)也为 1.5Hz，即使振动频率(如 1Hz)接近充液贮箱的固有频率(1.181Hz)，产生的共振噪声信号(1~1.181Hz)与有用信号频率相差较大，可以通过滤波使测量结果具有较高精度。激励频率为 2Hz 时与 1.5Hz 的情况相似，也有相同的现象。

当填充水平为 70% 时，在接近充液贮箱固有频率(1.753Hz)的振动频率下(1.5Hz 和 2Hz 的情况)，测量误差要大于正常情况下的测量。因为在高液位下，气体体积小，对液体晃动产生的噪声更为敏感。液体晃动时贮箱内的流体产生流动，流体的流动和噪声的综合作用使测量误差增加。

对比表 8.14 和表 8.15 发现，正弦周期性的振动相比直线周期性振动对测量产生的影响更大。

差压传感器对贮箱内压力变化有更高的灵敏性，因此利用差压传感器的测量结果绘制贮箱内压力变化曲线，如图 8.44 所示。在测量时间内(1min 左右)，在体积激励装置作用下，贮箱压力在一个均值附近波动，波动幅度即为式(8.10)中的 ΔP，并没有观测到类似图 8.39 所示比较明显的压力下降过程，形成这一现象的原因有：一是测量时间短，在测量时间内贮箱内压力变化只有 0.001% 左右，没有超过误差平均分配下的 0.5%，测量仍具有较高精度；二是在常温常压环境下进行的测量，测量前系统达到稳定平衡态，在气液交界面处并没有形成较为强烈的温度分层，因此，即使在外界对贮箱系统施加振动的情况下，也不会引起交界面处冷凝相变发生导致压力下降。由此得出，对于体积激励法测量贮箱内液体量，只要测量时刻不在振动初始压力下降速度最大的时期，贮箱姿态干扰并不会对短时间内的液体量测量产生很大影响。

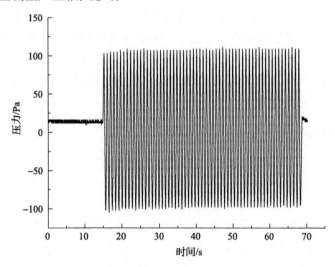

图 8.44　10%充液贮箱在激励频率为1Hz、振动频率 0.5Hz 下贮箱内压力变化

　　贮箱受到在轨条件下的姿态干扰往往具有一定的随机性，振动类型也是未知的，因此，试验中将小车的定向轮变换为万向轮，使小车在水平面内随意晃动，模拟随机振动。对贮箱内液体量进行测量，得到表 8.16 和表 8.17 所示的测量结果。测量系统仍具有较好的测量精度，随机振动对测量的影响并不明显。

表 8.16　10%随机振动试验结果　　　　　　（单位：%）

	激励频率	1Hz	1Hz 振动	2Hz	2Hz 振动
	1	0.238	0.431	0.475	0.060
	2	0.478	0.147	0.440	0.351
试验次数	3	0.320	0.528	−0.072	0.250
	4	0.492	0.299	0.202	0.113
	5	0.663	0.120	0.257	0.256
	6	0.373	−0.073	0.401	0.463

表 8.17　70%液面随机振动结果　　　　　　（单位：%）

	激励频率	1Hz	1Hz 振动	1Hz 高速晃动
	1	−0.008	−0.012	0.035
	2	0.108	0.022	0.073
试验次数	3	0.078	−0.020	0.058
	4	0.055	0.029	0.008
	5	0.025	0.080	0.035
	6	−0.008	0.002	0.057

对于具体的贮箱类型和姿态干扰工况，应对贮箱液体进行受迫晃动分析，分析被激发的固有频率、模态响应和液体对贮箱的冲击力，指导试验激励频率的施加范围，避免有用信号和噪声信号在一个频率点上给数据处理带来困难；分析液体对贮箱的冲击力，对压力传感器选择提供参考；也可在贮箱内增加响应隔板设置，减小液体冲击力，使得即使在干扰下，液体对传感器的冲击力仍在其能承受的安全范围内，保障其在轨期间正常工作。

8.5.2 贮箱漏热对体积激励法测量的影响

由前述章节对低温推进剂贮存过程中的自增压现象分析可知，当贮箱系统存在漏热情况下，内部压力及温度会随时间变化。而测量液体量的体积激励法需要利用压力值计算液体体积量，利用温度值确定密度计算液体质量，因此，有必要对测量方法实施期间贮箱内各热力学参数变化引起的液体量测量误差进行分析。体积激励法的测量时间一般在100s以内，主要分析该段时间内漏热对压力和温度的影响。

1. 干扰模型分析

气体体积测量方程为

$$V_v = \gamma P \frac{\Delta V}{\Delta P} \tag{8.127}$$

式中，ΔV 和 ΔP 为绝对量。贮箱漏热通过影响贮箱内压力 P、气体绝热系数 γ 及相应的压力改变 ΔP 对气体体积的计算精度产生影响。液体质量为

$$m_l = \rho_l (V_T - V_v) \tag{8.128}$$

其中，液体密度 ρ_l 受温度影响。因此，当需要计算液体质量时，贮箱漏热对密度的影响也应该给予考虑。

低温液氢在20K到30K范围内的气体比热比和液体密度随温度变化如图8.45所示，每变化1K，液体密度变化都超过1%，比热比则是在后期变化较大。

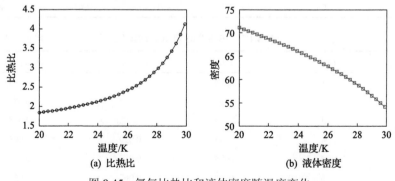

图 8.45 氢气比热比和液体密度随温度变化

温度每变化 1K 的具体比热比值和误差如表 8.18 所示。由表 8.18 可知，温度变化 1K 引起比热比的误差大于 1%，而体积激励法要求液体量的测量误差小于 1%，在误差均匀分配原则下，每项引起的误差必须控制在 0.5% 以内。因此，当温度变化引起的比热比误差超过 0.5% 时必须对其进行修正，利用测量时间内的温度平均值对应的比热比进行计算。

表 8.18　氢气比热比随温度变化值

温度	比热比	误差	误差
20	1.6886	3.85%	—
21	1.7536		4.43%
22	1.8313	5.06%	
23	1.9239		5.77%
24	2.0350	6.65%	
25	2.1703		7.74%
26	2.3383	9.22%	
27	2.5540		11.35%
28	2.8440	14.7%	
29	3.2622		20.70%
30	3.9374	—	

经计算，液氢贮箱漏热引起贮箱压力变化，在进行影响因素分析中，基本每种情况在 100s 内的压力变化都超过了 1%。特别是在加热后期，压力上升速率更大，在体积激励法 100s 的实施时间内，压力变化超过 1%。贮箱系统静压力值的变化，进一步为压力变化幅值的测量带来困难。压力变化幅值本身是一个小量，微小的误差将对最终计算结果产生较大偏差。

贮箱漏热引起温度变化，一方面导致在测量时间内比热比发生变化；另一方面导致贮箱内产生温度分层现象，在需要计算液体质量时，对密度计算引入误差，会影响最终计算结果。由图 8.45 和表 8.18 可知，温度变化 0.5~1K，就能引起比热比和密度超过 1% 的误差。经计算，采用液相加热方式，在 $h=0.25m$ 的液体从 300s 到 400s 温度变化就达到 1K，因此，计算参数应根据实测温度实时变化或对测量时间取平均值，以降低误差。

2. 试验系统

通过地面模拟试验研究贮箱系统存在热量进出情况下液体量测量的精度，模拟贮箱漏热试验包括热量进入贮箱和传出贮箱，分别对应图 8.46 中的加热和图 8.47 中的冷却工况。加热工况在贮箱侧壁面放置加热器进行加热；冷却工况则是将加热的沸水注入贮箱内，在常温常压环境下进行液体量测量。

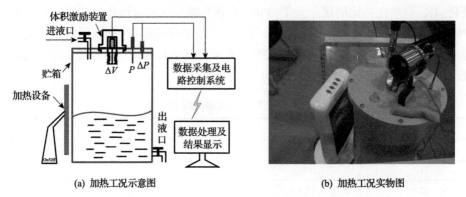

(a) 加热工况示意图　　　　　　　　(b) 加热工况实物图

图 8.46　热量流入贮箱时体积激励法测量系统组成图

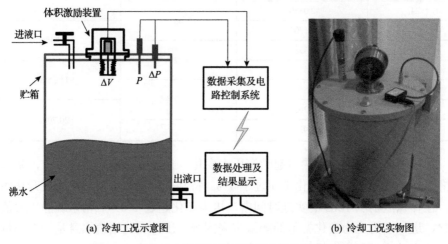

(a) 冷却工况示意图　　　　　　　　(b) 冷却工况实物图

图 8.47　热量流出贮箱时体积激励法测量系统组成图

3. 试验方案及试验流程

试验流程如下：

（1）参数标定，包括填充液体量和激励体积的标定。利用高精度台秤测量注入贮箱内的液体量，该测量值作为体积激励法测量的参考基准，从而获得测量方法的精度。

（2）对贮箱系统进行封装检漏。往贮箱内填充气体加压，观测压力传感器数据变化情况，保证贮箱具有良好密封性。

（3）测量大气压力。试验中需要利用高精度的差压传感器测量激励过程中贮箱内压力的变化情况，将外界大气压作为差压传感器的参考端，必须在每次试验前进行精确测量。

(4) 启动数据测量与采集系统。启动绝对压力传感器、差压传感器及相应的数据采集系统，以适当的采集频率对数据进行采集并记录。

(5) 贮箱外部加热系统。利用加热器对贮箱侧壁面进行加热，模拟贮箱漏热情况下体积激励法测量精度。

(6) 启动激励装置。启动激励装置电机，根据试验需求通过激励装置的控制系统改变激励频率，对贮箱进行体积改变，从而实施体积激励法对液体量的测量。

(7) 本次试验结束。在 100s 内完成测量及数据采集，停止激励装置、采集系统及直线电机系统的工作。

(8) 填充水平不变时，直接改变激励频率和电机运动频率，进入下一次试验，重复步骤 (3) ～ (7)；若需改变填充水平，则重复步骤 (1) ～ (8)，直至完成本组试验。

若模拟热量从贮箱内部往外部泄漏，则在步骤 (1) 往贮箱内填充被加热的流体，再重复后续步骤。

4. 试验结果及讨论

在加热和冷却工况下测量的试验结果如表 8.19 和表 8.20 所示，测量精度达到要求；相比正常工况下的测量，测量精度有所下降，在低液位下更为明显，但仍在可接受范围内。这是由于工质水在 0～100℃ 范围内，比热比和密度变化都不超过 0.5%。随着填充水平的降低，贮箱系统与外部环境间的传热对测量的影响逐渐

表 8.19　加热情况下的液体量测量结果

激励频率/Hz	试验次数	10%-2.8162kg	30%-8.4485kg	50%-14.0809kg	70%-19.7132kg	90%-25.3455kg
1	1	0.031%	0.410%	0.054%	−0.121%	−0.082%
	2	−0.469%	0.446%	0.070%	−0.024%	−0.087%
	3	−0.172%	0.198%	0.126%	−0.071%	−0.077%
	4	−0.450%	−0.057%	−0.033%	−0.104%	−0.090%
	5	−0.201%	−0.107%	0.053%	−0.072%	−0.079%
	6	−0.258%	0.060%	−0.284%	−0.074%	−0.240%
2	1	−0.186%	0.036%	0.063%	0.082%	0.043%
	2	−0.281%	−0.111%	−0.156%	0.072%	0.066%
	3	0.281%	−0.025%	0.004%	0.077%	−0.714%
	4	0.230%	−0.061%	−0.036%	0.055%	0.056%
	5	0.240%	−0.042%	−0.032%	−0.023%	0.050%
	6	−0.084%	−0.098%	−0.101%	0.042%	0.063%

续表

激励频率/Hz	试验次数	10%-2.8162kg	30%-8.4485kg	50%-14.0809kg	70%-19.7132kg	90%-25.3455kg
3	1	0.585%	−0.394%	0.127%	−0.044%	0.090%
	2	0.256%	−0.498%	−0.076%	0.314%	0.075%
	3	0.641%	−0.544%	0.433%	−0.221%	0.049%
	4	0.709%	−0.157%	−0.115%	−0.192%	0.036%
	5	−0.450%	−0.422%	−0.217%	−0.091%	0.165%
	6	−0.268%	−0.155%	0.086%	0.034%	0.059%
4	1	−0.340%	0.087%	−0.464%	0.062%	0.074%
	2	0.400%	0.557%	−0.155%	−0.214%	0.095%
	3	−0.260%	0.429%	0.370%	0.252%	0.096%
	4	−0.100%	0.058%	0.121%	0.273%	0.077%
	5	−0.187%	0.402%	0.021%	−0.001%	0.134%
	6	0.334%	−0.012%	0.140%	−0.011%	0.140%

表 8.20　冷却情况下的液体量测量结果

激励频率/Hz	实验次数	10%-2.8162kg	30%-8.4485kg	50%-14.0809kg	70%-19.7132kg	90%-25.3455kg
1	1	0.096%	−0.295%	−0.162%	−0.014%	−0.160%
	2	0.329%	−0.141%	−0.163%	−0.031%	−0.045%
	3	0.326%	−0.201%	−0.027%	−0.091%	−0.080%
	4	0.216%	0.039%	0.161%	0.033%	−0.051%
	5	−0.182%	−0.028%	0.009%	−0.012%	−0.058%
	6	−0.004%	0.033%	0.068%	0.085%	−0.015%
2	1	−0.060%	0.724%	0.221%	0.293%	0.120%
	2	0.564%	0.147%	0.341%	0.265%	0.109%
	3	0.798%	0.381%	0.416%	0.312%	0.110%
	4	0.374%	0.476%	0.289%	0.268%	0.077%
	5	0.098%	0.365%	0.467%	0.388%	0.123%
	6	−0.613%	0.436%	0.569%	0.292%	0.093%
3	1	−0.518%	0.124%	0.947%	0.212%	0.134%
	2	0.579%	0.365%	0.791%	0.574%	0.107%
	3	0.691%	0.723%	0.791%	0.412%	0.243%
	4	−0.959%	0.8647%	0.861%	0.571%	0.197%
	5	−0.863%	0.190%	0.924%	0.449%	0.089%
	6	−0.399%	0.743%	0.846%	0.403%	0.123%

续表

激励频率/Hz	实验次数	10%-2.8162kg	30%-8.4485kg	50%-14.0809kg	70%-19.7132kg	90%-25.3455kg
4	1	−0.657%	0.5136%	0.423%	0.238%	0.264%
	2	0.943%	0.567%	0.694%	0.445%	0.161%
	3	0.286%	0.595%	0.609%	0.653%	0.203%
	4	0.471%	0.659%	0.493%	0.721%	0.172%
	5	−0.841%	0.382%	0.897%	0.660%	0.131%
	6	−0.678%	−0.005%	0.223%	0.649%	0.220%

增大，系统的比热容变小。这种情况下，气液间更容易发生传热传质，贮箱压力和温度变化很快，而体积激励法是基于测量过程中热力学状态变化不大的情况，因此，将流体介质的物性参数视为常数将带来误差。

图 8.48 给出了传热情况与正常情况的测量结果对比图，在不同的传热情况下，测量误差在可接受范围内，加热情况下测量值比正常情况下测量值要大，而冷却条件下低于正常值，这一现象在低填充水平下更为明显，而在高填充水平下，测量误差与正常情况下相比变化不大。

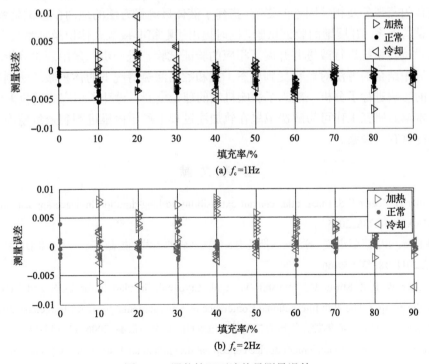

(a) f_c=1Hz

(b) f_c=2Hz

图 8.48　漏热情况下液体量测量误差

8.6　本章小结

卫星在轨加注任务执行之前，需要通过贮箱内推进剂剩余量精确测量信息发送加注任务请求；实施推进剂加注过程中，同样需要不断监测服务星与目标星贮箱内推进剂剩余量；推进剂加注完成后，仍然需要通过贮箱内剩余量测量评估服务星剩余加注能力。由此可知，贮箱内推进剂剩余量测量贯穿了卫星在轨加注全过程，是加注任务顺利实施的有力保障。

本章以卫星在轨加注任务需求为背景，重点开展了贮箱内推进剂剩余量精确测量技术研究。首先针对体积激励法的测量原理进行了研究，介绍了推进剂量的定义，详细研究了体积激励法的测量原理，重点阐述了热力学因素对测量控制方程的影响及其修正措施，同时简要分析了流体力学的影响及一些对测量结果影响比较小的影响因素，得到了最终的液体推进剂量的体积及质量测量方程。在此基础上，针对体积激励过程进行的仿真模拟问题进行了研究，建立了激励过程中能量和质量的传输模型，分析了贮箱液体质量变化时气体部分状态。以低温推进剂为例，对低温推进剂贮存的压力与温度控制方法进行研究，并分析了肋片间距、材料类型、截面形状等因素对压力上升及温度分布的影响，以及排气降压过程中的液体闪蒸现象及相关因素的影响，搭建了液体量测量方法的地面模拟试验系统，给出试验方案，开展地面验证试验，同时提出了贮箱非接触式体积激励测量方法，对测量试验系统进行改进并开展了相应的验证试验。进一步，采用理论分析和试验研究相结合的方法对贮箱受到姿态干扰和贮箱漏热情况下的体积激励法测量液体量的影响进行了分析，建立了影响机制的理论模型，设计了相应的试验平台。

本章的研究工作可为解决卫星在轨加注过程中贮箱内推进剂剩余量精确测量问题提供有益借鉴。

参 考 文 献

[1] Kutter B, Zegler F S. Lucas atlas centaur extensibility to long-duration in-space applications[R]. AIAA2005-6738, 2005.

[2] 胡伟峰, 申麟, 彭小波, 等. 低温推进剂长时间在轨的蒸发量控制关键技术分析[J]. 低温工程, 2011, 181(3): 59-66.

[3] Fischer W P P, Stirna U, Yakushin V, et al. Cryogenic insulation for LOX and LH$_2$-tank application[C]. The 40th International Conference on Environmental Systems, Barcelona, 2010.

[4] 张天平. 空间低温流体贮存的压力控制技术进展[J]. 真空与低温, 2006, 12: 125-141.

[5] Jaekle J. Propellant management device conceptual design and analysis: Vanes[C]. The 29th Joint Propulsion Conference and Exhibit, Monterey, 1993.

[6] Chato D J, Martin T A. Vented tank resupply experiment flight test results[C]. The 33rd Joint Propulsion Conference and Exhibit, Seattle, 1997.

[7] 王赞礼, 顾兆林, 冯诗愚, 等. 低温推进剂贮箱增压过程的传热传质数学模型[J]. 低温工程, 2007, 160(6): 28-31.

[8] 周继珠, 等. 工程热力学[M]. 长沙:国防科技大学出版社, 2006.

[9] 杨世铭, 陶文铨. 传热学[M]. 北京:高等教育出版社, 2006.

[10] Tanda G. Natural convection heat transfer in vertical cannels with and without transverse square ribs[J]. International Journal of Heat and Mass Transfer, 1997, 40(9): 2173-2185.

[11] Khurana T K, Parsad B V S S, Ramamurthi K, et al. Thermal stratification in ribbed liquid hydrogen storage tanks[J]. International Journal of Hydrogen Energy, 2006, 31(15): 2299-2309.

[12] Polidori G, Padet J. Transient free convection flow on a vertical surface with an array of large-scale roughness elements[J]. Experimental Thermal and Fluid Science, 2003, 27(3): 251-260.

[13] Jurns J M, Rogers A C. Compression mass gauge testing in a liquid hydrogen dewar[R]. NASA Contractor Report, 1995.

[14] Rogers A C, Dodge F T. Feasibility development of a cryo fluid gauging system for space vehicle applications[C]. The 29th Joint Propulsion Conference and Exhibit, Monterey, 1993.

[15] Green S T, Walter D B, Dodge F T. Ground testing of a compression mass gauge[C]. The 40th Joint Propulsion Conference and Exhibit, Fort Lauderdale, 2004.

[16] Das S P, Hopfinger E J. Mass transfer enhancement by gravity waves at a liquid vapor interface[J]. International Journal of Heat and Mass Transfer, 2009, 52(5-6): 1400-1411.

[17] Lacapere J, Vieille B, Legrand B. Experimental and numerical results of sloshing with cryogenic fluids [C]. Proceedings of the 2nd European Conference for Aerospace Sciences, Brussels, 2007.

[18] Moran E M, McNeils N B, Kudlac M T, et al. Experimental results of hydrogen slosh in a 62 cubic foot(1750 liter) tank[C]. The 30th Joint Propulsion Conference and Exhibit, Indianapolis, 1994.

[19] Foreest A V, Dreyer M, Arndt T. Moving two-fluid systems using the volume-of-fluid method and single-temperature approximation[J]. AIAA Journal, 2011, 49(12): 280522813.

第9章 推进剂流量高精度测量技术

卫星在轨加注过程中，流量测量不仅有助于推进剂传输过程的精准开展，也可以避免因流量过大带来涌泉现象，导致目标星贮箱内出现气液混合。同时，高精度的流量测量可为卫星在轨机动提供有效监控手段。通过对推进系统的各组元流量的精确测量，可以实时评判并调整推进剂混合比，提高推进剂的使用效率。由此可知，推进剂流量高精度测量技术对于卫星在轨加注及在轨机动任务均具有重要的研究意义。

由于空间存在微重力环境，地面常用的基于重力加速度的称重法、静压差法、液位计法等流量测量技术不能适应空间流量测量的要求。PVT 法与 BK 法(即记账法)因测量设备简单、对卫星推进系统硬件没有特殊要求等优点而广泛应用于推进剂的在轨测量。贮箱形变、气体压缩因子和气体在液体中的溶解度的波动，以及星上贮箱温度和压力测量的不精确等因素的影响，使得 PVT 法的测量误差大于 2%[1]。BK 法在实际应用时，需要参考推进系统的地面试验数据并依赖星上推力器的性能稳定。空间环境、推力器性能的变化等诸多因素的影响使得 BK 法的误差大于 4%[1]。基于声波传播理论的超声波流量计具有结构简单、响应速度快、测量范围大、稳定性好等优点，因而有着重要的实用价值。除应用于航天领域外，超声波流量计在工业生产过程、能源计量、环境保护、交通运输等领域中也有广泛的应用前景[2,3]。

超声波流量计安装在推进剂管路上，采用直接法对消耗的推进剂进行测量，不受卫星贮箱内液体分布状况影响；而微重力环境使得管路内液体的流动更加均匀，有利于流量测量。通过精确计量消耗掉的推进剂，可以有效测量贮箱内的剩余推进剂。为适应空间流量测量的需求，NASA 最早着手研究适应空间环境中超声波流量测量的装置[4-6]。为准确预测卫星使用寿命、监控贮箱推进剂量以及精确控制在轨机动任务，Matthijssen 等[7,8]研究了适应于小管径测量的超声波流量计，如图 9.1 所示。在地面点火液体远地点发动机(liquid apogee engine，LAE)试验中，该流量计表现出了 ±0.05% 的满量程(300g/s)测量精度，显著优于当前常用的 PVT 法和 BK 法。该流量计作为载荷已搭载在欧洲航天局 2013 年 7 月发射的 Alphabus 通信卫星上。

超声波流量计根据声波传播速度受管道流场的调制，通过测量声波传播速度获得流体流量信息[9-11]。提高流量计的测量性能，需要从理论上分析声波传播过程中的声场、流场及温度场的耦合作用机理，从而提高超声波流量计的测量精度，流量计测量性能的提升可为卫星推进剂的精确测量提供坚实的理论与技术保障，提高我国卫星在轨加注技术的研究水平。

图 9.1　流量测量装置

9.1　超声波流量测量方法

超声波流量测量技术利用声波在管道流动中的传播行为受流体流动的调制，通过检测受调制的声波特征获取流量信息。该方法具有测流精度高、对管道结构的影响小、实时性强等特点，具有广阔的卫星推进剂流量测量应用前景。超声波流量测量技术按照不同的测量原理可以分为七类：传播速度差法、波束偏移法、噪声法、漩涡法、相关法、多普勒法以及流速-液面法。其理论基础是无黏流体均匀流动中的平面波传播理论，且不考虑声波在管道传播中形成的各种复杂的声波模式，在分析过程中可采用声线(类似光线)传播理论进行简化处理。

在图 9.2 所示的传播速度差法中，假设均匀流动的马赫数为 $\bar{M}$，管道半径为 R，A1 与 A2 分别为超声波换能器，θ 为超声波射线与管道轴线之间的夹角，等熵声波在静止流体中的传播速度为 c_0。

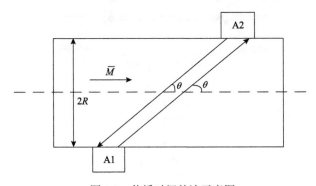

图 9.2　传播时间差法示意图

在不考虑声波在管壁中的传播时间以及电路延迟时间的情况下，根据平面波

传播(或者声线)理论，在顺流传播时，声波从 A1 到达 A2 的时间为

$$t_{\text{down}} = \frac{2R / \sin\theta}{c_0(1 + \bar{M}\cos\theta)} \tag{9.1}$$

在逆流传播时，声波从 A2 到达 A1 的时间为

$$t_{\text{up}} = \frac{2R / \sin\theta}{c_0(1 - \bar{M}\cos\theta)} \tag{9.2}$$

顺逆流传播时间差可以表示为

$$t_{\text{up}} - t_{\text{down}} = \frac{2R / \sin\theta}{c_0(1 - \bar{M}\cos\theta)} - \frac{2R / \sin\theta}{c_0(1 + \bar{M}\cos\theta)} = \frac{4R\bar{M}\cos\theta}{c_0\sin\theta[1 - (\bar{M}\cos\theta)^2]} \tag{9.3}$$

假设 $(\bar{M}\cos\theta)^2 \ll 1$ 条件成立，式(9.3)可以简化为

$$t_{\text{up}} - t_{\text{down}} = \frac{4R\cos\theta}{c_0\sin\theta}\bar{M} \tag{9.4}$$

不难得出，通过测量顺逆流传播时间差可以得到管道流场马赫数 $\bar{M}$，从而获得管道流量信息。由于流体黏性的存在且不考虑涡流的影响，充分发展的管道流动形成的流场将是剪切流场，在计算流体流速时需要进行相应的修正。

图 9.3 为相关法示意图。该方法假设管道内的流动是以相关方式运动的湍流流场，且流体流动中存在大量的漩涡。

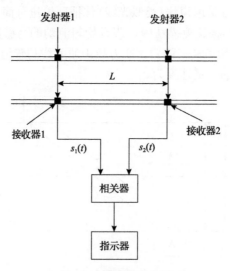

图 9.3　相关法示意图

由图 9.3 可知，该方法在相隔一定间距 L 处安装两组声波发射与接收装置。

接收器 1 与接收器 2 的信号 $s_1(t)$ 与 $s_2(t)$ 的相关函数可以表示为

$$R_{s_1 s_2}(\tau) = \frac{1}{T_0} \int_0^{T_0} s_1(t) s_2(t + \tau) \mathrm{d}t \tag{9.5}$$

假设湍流扰动或声场瞬变在接收器 1 与 2 上产生的信号的幅度与相位相同，且 τ 为扰动量在两接收器之间传输的平均时间。在此情况下，流场平均马赫数可以表示为

$$\bar{M} = \frac{L}{c_0 \tau_{\max}} \tag{9.6}$$

式中，$\tau_{\max}$ 为相关函数 $R_{s_1 s_2}(\tau)$ 出现最大值时所对应的时间。

当流体中混有少量的颗粒或气泡时，流体流速可以采用多普勒方法进行测量，如图 9.4 所示。具体而言，多普勒方法是利用在静止点检测从移动源发射的声波所产生的多普勒频移现象。假设悬浮颗粒或气泡与流体流速相同，流场平均马赫数为 $\bar{M}$，且声波与流体流速的夹角为 θ。本节只针对管道轴心线上发生的多普勒现象进行分析，事实上管道任意地方都会发生多普勒频移。

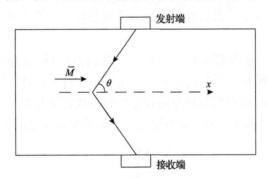

图 9.4　多普勒法示意图

当声波在管轴线上遇到以马赫数 $\bar{M}$ 运动的颗粒或气泡时，颗粒所接收到的声波频率为

$$f' = (1 + \bar{M}\cos\theta)f \tag{9.7}$$

式中，f 为声波的发射频率。

声波在颗粒处产生发射并到达接收端，此时接收频率 f_R 可以表示为

$$f_R = \frac{1}{(1 - \bar{M}\cos\theta)} f' \tag{9.8}$$

将式(9.7)代入式(9.8)可以得到

$$f_R = \frac{1 + \bar{M}\cos\theta}{1 - \bar{M}\cos\theta} f = \left(1 + \frac{2\bar{M}\cos\theta}{1 - \bar{M}\cos\theta}\right) f \tag{9.9}$$

在流场马赫数满足 $\bar{M} \ll 1$ 的条件下，式(9.9)可以近似为

$$f_R \approx \left(1 + 2\bar{M}\cos\theta\right) f \tag{9.10}$$

不难得出，接收端收到的声波频率与发射端的声波频率差 Δf 可以表示为

$$\Delta f = f_R - f = 2\bar{M}f\cos\theta \tag{9.11}$$

因此通过检测信号频率的偏移可以得到管道流动的马赫数

$$\bar{M} = \frac{1}{2f\cos\theta}\Delta f \tag{9.12}$$

需要指出的是，多普勒方法是测量运动颗粒或气泡等散射体的速度，不直接测量流体流速。实际上多普勒频移信号来自速度参差不一的散射体，而所测得各散射体速度和载体液体平均流速间的关系也存在差别。其他参量如散射体大小组合与流动时的分布状况、散射体的非轴向流速分量、声波被散射体衰减程度等均会影响频移信号。

图 9.5 给出了波束偏移法的工作原理。当流体以马赫数 $\bar{M}$ 流动时，声波波束的传播方向会发生偏移。当声波波束与流体流动方向垂直时，这一偏移现象将更加明显。因此，利用波束偏移现象进行流量测量优先选择在垂直流速的方向上发射声波。声波波束方向的偏移，可以通过接收端的波束强度的差值变化进行反映。

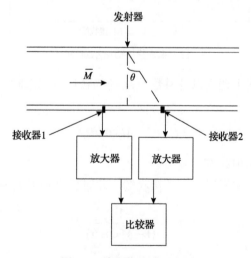

图 9.5　波束偏移法示意图

图 9.5 中,当流体静止时,接收器 1 与 2 的信号强度相等;当流体以马赫数 $\bar{M}$ 运动时,超声波波束的方向为发射方向与流动方向的合成,其偏移角为

$$\tan\theta = \bar{M} \tag{9.13}$$

不难得到,当 θ 越大时,接收器 1 与 2 所接收的信号强度差值越大。

当流体运动存在大量漩涡时,可以采用漩涡法进行测量,如图 9.6 所示。漩涡法中,超声波换能器将一束连续等幅度的声波信号发射至被测流体,当声波波束穿过流体到达接收端时,信号由于流体的运动发生改变。

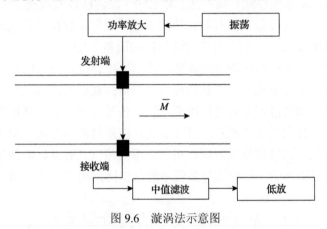

图 9.6　漩涡法示意图

当流体静止时,流体中无涡流,接收端接收到的声波信号的幅度没有发生改变。当流体运动时所产生的漩涡运动速度与流体运动速度相等,声波波束穿过漩涡时,漩涡对声波的折射与反射都使接收器收到的信号幅度被调制一次。因此,在强漩涡存在且在较宽的流速范围内稳定时,可以根据调制信息获得流速。

噪声法是一种无源测量方法,其基本原理如图 9.7 所示。噪声法的测量原理是:液体在管道内流动,流动过程会产生涡流。由于流体的剪切作用,在一定的频率范围内会产生声波,声波强度与流速具有比例关系,故可以通过检测产生的声波获得流体流速信息。

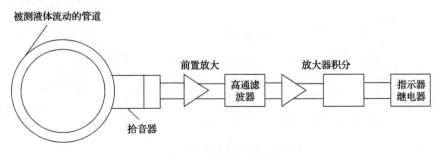

图 9.7　噪声法示意图

一般工业现场存在较强的低频振动与电噪声，因而信号的信噪比较低。在此情况下，可以使用高通滤波器来消除低频杂音的影响，在高频范围内不受干扰地进行测量。

流速-液面法主要用于敞开河道、水渠以及非充满管道的流量测量。其测量系统的组成有超声波液位计、超声波流速计和流量计算仪。液位计所测液位用于计算流体的流通截面积，流速计用于求解截面平均流速，计算仪则对流量信号进行计算处理。

总体而言，波束偏移法、噪声法、相关法、漩涡法以及流速-液面法的测量条件较为苛刻，适用性较差。多普勒频移法主要用于存在颗粒以及气泡的两相流测量，其测量精度较低。影响多普勒方法性能的因素[2]大概有：散射体的含量、尺寸分布以及位置分布；由传播时间效应、流动速度梯度、声速的有限宽度、涡流等非轴向速度分量等形成的多普勒频移增宽效益；被照射探测域位置的不确定；散射体和液体之间的滑差导致的速度不一致。传播时间差法广泛应用于纯净流体的流量测量中，有大量的文献对此进行研究。在液体测量方面，用于水和烃已有相当完善的经验；在气体测量方面，用于高压天然气具有良好的效果，但低压气体因难以获得足够强的声耦合而导致较差的信噪比，故影响其使用。

9.2　基于侧音技术的流量测量方法

基于传播时间差的超声波流量测量的数学模型与超声波换能器的安装有关。其测量基本原理可以采用基于偏移式安装方式的超声波传播路径进行描述，如图 9.8 所示。超声波换能器安装于直管道两端，声波在轴向方向的传播长度为 L，管道半径为 R，管道流动稳定。由于黏性流体中的声波传播较为复杂，为得到流量测量的解析表达式，模型忽略流体黏性的影响，声波传播假设为等熵轴对称传播。此外，设定流体做均匀流动，其马赫数为 $\bar{M}$。

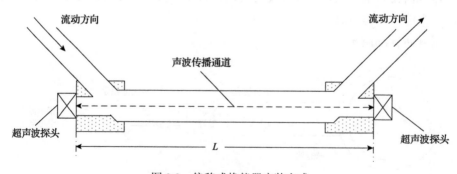

图 9.8　偏移式换能器安装方式

鉴于上述假设，声波在管道中传播的动力学行为满足流体质量与动量守恒方程

$$\frac{\partial \rho}{\partial t} + \nabla \cdot (\rho \boldsymbol{v}) = 0, \quad \rho\left[\frac{\partial \boldsymbol{v}}{\partial t} + (\boldsymbol{v} \cdot \nabla)\boldsymbol{v}\right] = -\nabla p \tag{9.14}$$

声波传播使稳定流体介质产生扰动，可表示为

$$\rho = \rho_0 + \rho', \quad p = p_0 + p', \quad \boldsymbol{v} = \boldsymbol{v}_0 + \boldsymbol{v}' \tag{9.15}$$

分别代入式 (9.14) 与式 (9.15) 可以得到

$$\frac{\partial \rho'}{\partial t} + (\boldsymbol{v}_0 \cdot \nabla)\rho' + \rho_0 \nabla \cdot \boldsymbol{v}' + \nabla \rho_0 \cdot \boldsymbol{v}' + (\nabla \cdot \boldsymbol{v}_0)\rho' = 0 \tag{9.16}$$

$$\rho_0\left[\frac{\partial \boldsymbol{v}'}{\partial t} + (\boldsymbol{v}_0 \cdot \nabla)\boldsymbol{v}' + (\boldsymbol{v}' \cdot \nabla)\boldsymbol{v}_0\right] + \left[(\boldsymbol{v}_0 \cdot \nabla)\boldsymbol{v}_0\right]\rho' = -\nabla p' \tag{9.17}$$

在均匀流场 $\boldsymbol{v}_0 = [0, 0, U_0]$ 且假设稳定流动的密度恒定的情况下，稳定流动满足

$$\rho_0 = \text{常数}, \quad (\boldsymbol{v}_0 \cdot \nabla)\boldsymbol{v}_0 = -\frac{\nabla p_0}{\rho_0} = 0 \tag{9.18}$$

根据线性声学理论，将式 (9.15) ～ 式 (9.18) 代入式 (9.16) 与式 (9.17) 可以得到

$$\frac{\partial \rho'}{\partial t} + (\boldsymbol{v}_0 \cdot \nabla)\rho' + \rho_0 \nabla \cdot \boldsymbol{v}' = 0, \quad \frac{\partial \boldsymbol{v}'}{\partial t} + (\boldsymbol{v}_0 \cdot \nabla)\boldsymbol{v}' = -\frac{1}{\rho_0}\nabla p' \tag{9.19}$$

在等熵声波传播下，声波波动引起假设条件下的压强与密度扰动满足

$$p' = \left(\frac{\partial p}{\partial \rho}\right)_s \rho' = c_0^2 \rho' \tag{9.20}$$

代入式 (9.19) 可得到

$$\frac{\partial p'}{\partial t} + (\boldsymbol{v}_0 \cdot \nabla)p' + \rho_0 c_0^2 \nabla \cdot \boldsymbol{v}' = 0 \tag{9.21}$$

式 (9.21) 的散度可以表示为

$$\frac{\partial \nabla \cdot \boldsymbol{v}'}{\partial t} + (\boldsymbol{v}_0 \cdot \nabla)\nabla \cdot \boldsymbol{v}' = -\frac{1}{\rho_0}\nabla^2 p' \tag{9.22}$$

由式 (9.21) 可知

$$\nabla \cdot \boldsymbol{v}' = -\frac{1}{\rho_0 c_0^2}\left[\frac{\partial p'}{\partial t} + (\boldsymbol{v}_0 \cdot \nabla)p'\right] \tag{9.23}$$

代入式(9.22)可得到

$$\frac{\partial^2 p'}{\partial t^2} + 2(\boldsymbol{v}_0 \cdot \nabla)\frac{\partial p'}{\partial t} + (\boldsymbol{v}_0 \cdot \nabla)^2 p' = c_0^2 \nabla^2 p' \tag{9.24}$$

在轴对称声波传播的假设条件下,声波引起的压强扰动可以表示为

$$p' = \varphi_p(x)\exp\left[i\left(\omega t - k_0 K z\right)\right] \tag{9.25}$$

式中,$\omega(=2\pi f)$ 为声波传播角速度,f 为声波频率,$k_0 = \omega / c_0$ 为无黏流体声波传播总波数,K 为声波轴向方向的归一化波数。定义马赫数 $\bar{M} = U_0 / c_0$,将式(9.25)代入式(9.24)可以得到

$$\frac{\mathrm{d}^2\varphi_p}{\mathrm{d}x^2} + \frac{1}{x}\frac{\mathrm{d}\varphi_p}{\mathrm{d}x} + k_0^2 R^2 \left[\left(1 - K\bar{M}\right)^2 - K^2\right]\varphi_p = 0 \tag{9.26}$$

则存在以 Bessel 函数表示的解析解

$$\varphi_p(x) = J_0(k_x x), \quad k_x = k_0 R\sqrt{\left(1 - K\bar{M}\right)^2 - K^2} \tag{9.27}$$

在考虑声阻抗 (Z) 的情况下,$\varphi_p(x)$ 在管壁 $x = 1$ 处满足

$$\frac{\mathrm{d}\varphi_p}{\mathrm{d}x} + i\frac{\rho_0 \omega R(1 - MK)^2}{Z}\varphi_p = 0 \tag{9.28}$$

将式(9.27)代入式(9.28)可以得到

$$-k_x J_1(k_x) + i\frac{\rho_0 \omega R(1 - MK)^2}{Z}J_0(k_x) = 0 \tag{9.29}$$

假如声阻抗足够大,管壁可近似为刚体,则存在

$$J_1(k_x) = 0 \tag{9.30}$$

由此可见,对于顺逆流声波传播,在刚体管壁边界条件下,具有

$$k_x^{\mathrm{down}} = k_x^{\mathrm{up}} = k_x \tag{9.31}$$

上标"down"、"up"分别表示顺流和逆流传播。而管壁声阻抗的情况下,式(9.31)不成立。具体而言,对于刚体管壁中的顺流传播声波,有

$$k_x^{\mathrm{down}} = k_0 R\sqrt{(1 - K^{\mathrm{down}}\bar{M})^2 - (K^{\mathrm{down}})^2} \tag{9.32}$$

逆流传播过程中，则有

$$k_x^{\text{up}} = k_0 R \sqrt{(1 + K^{\text{up}} \bar{M})^2 - (K^{\text{up}})^2} \tag{9.33}$$

由此，对于任意满足式 (9.30) 的 k_x，顺逆流传播中的归一化轴向波数可以表示为

$$K^{\text{down}} = \frac{-\bar{M} + \sqrt{1 - (1 - \bar{M}^2)\dfrac{k_x^2}{k_0^2 R^2}}}{1 - \bar{M}^2}, \quad K^{\text{up}} = \frac{\bar{M} + \sqrt{1 - (1 - \bar{M}^2)\dfrac{k_x^2}{k_0^2 R^2}}}{1 - \bar{M}^2} \tag{9.34}$$

对于传播轴向长度为 L 的直管段，声波顺逆流方向传播的相位差可以表示为

$$\Phi = (\omega t - k_0 K^{\text{down}} L) - (\omega t - k_0 K^{\text{up}} L) \tag{9.35}$$

将式 (9.34) 代入式 (9.35) 可得

$$\Phi = \frac{2k_0 \bar{M}}{1 - \bar{M}^2} L \tag{9.36}$$

对于低流速 $\bar{M} \ll 1$ 的情况，式 (9.36) 可以简化为

$$\Phi = 2k_0 L \bar{M} = \frac{4\pi f}{c_0} \bar{M} L \tag{9.37}$$

可以看到，顺逆流传播的相位差 Φ 与流场马赫数 $\bar{M}$ 呈线性关系。因此可以通过测量 Φ 得到体积流量 Q_{V}

$$Q_{\text{V}} = \pi R^2 c_0 \bar{M} = \frac{\pi R^2 c_0^2}{4\pi f L} \Phi \tag{9.38}$$

综上可得，管道体积流量可以通过声波顺逆流传播过程中的相位差获取。

　　对于正弦信号 (式 (9.25))，当其相位变化在一个周期范围 ($\Phi \in (-\pi, \pi]$) 时，测量 Φ 较为简单。当相位变化大于一个周期时，正弦信号存在整周期模糊现象，使得简单的测量方法失效。本节介绍基于侧音技术的整周期模糊解决方案，并引入锁相环 (phase-locked loop, PLL) 技术对一个周期范围的相位进行精确测量。

9.2.1　侧音技术解相位模糊

　　假设两个不同频率 f_1 与 f_2 下的相位可以表示两部分：整周期相位以及一个周期范围内的相位

$$\Phi(f_1) = 2\pi N(f_1) + \Phi_{\text{frac}}(f_1), \quad \Phi(f_2) = 2\pi N(f_2) + \Phi_{\text{frac}}(f_2) \tag{9.39}$$

其中，$N(f)$ 表示频率 f 对应的整周期模糊数，$\Phi_{\text{frac}}(f) \in (-\pi, \pi]$ 为一个周期范围

的相位。通过式(9.37)可得，相位满足

$$\Phi(f_1) = \frac{4\pi \overline{M}L}{c_0} f_1, \quad \Phi(f_2) = \frac{4\pi \overline{M}L}{c_0} f_2 \tag{9.40}$$

由式(9.40)可知，对于频率 $f_3 = f_1 - f_2$，其对应的声波传播相位差为

$$\Phi(f_3) = \Phi(f_1 - f_2) = \frac{4\pi \overline{M}L}{c_0}(f_1 - f_2) = \Phi(f_1) - \Phi(f_2) \tag{9.41}$$

将式(9.39)与式(9.40)代入式(9.41)可得

$$\Phi(f_3) = 2\pi(N(f_1) - N(f_2)) + (\Phi_{\mathrm{frac}}(f_1) - \Phi_{\mathrm{frac}}(f_2)) \tag{9.42}$$

假设在频率 f_3 下，式(9.37)测量的值在一个周期范围内，则不存在模糊数，即

$$\Phi(f_3) = \Phi_{\mathrm{frac}}(f_1) - \Phi_{\mathrm{frac}}(f_2) \tag{9.43}$$

由此可知对于低频率声波相位差的获取问题，通过高频率声波的相位差的测量可以有效解决。

　　另外，假设频率 f_2 对应的相位差 $\Phi(f_2)$ 不存在整周期模糊现象，则频率 $f_1 = af_2$，$a = 2,3,\cdots$ 对应的相位差满足

$$\Phi(f_1) = \frac{4\pi \overline{M}L}{c_0} f_1 = a\frac{4\pi \overline{M}L}{c_0} f_2 = a\Phi(f_2) \tag{9.44}$$

同时，

$$\Phi(f_1) = 2\pi N(f_1) + \Phi_{\mathrm{frac}}(f_1) \tag{9.45}$$

则频率 f_1 对应的整周期模糊数可以通过以下公式求取：

$$N(f_1) = \left[\frac{a\Phi(f_2) - \Phi_{\mathrm{frac}}(f_1)}{2\pi} \right]_{0.5} \tag{9.46}$$

式中，$[\cdot]_{0.5}$ 表示四舍五入操作。因此频率 f_1 对应的相位差可以表示为

$$\Phi(f_1) = 2\pi \left[\frac{a\Phi(f_2) - \Phi_{\mathrm{frac}}(f_1)}{2\pi} \right]_{0.5} + \Phi_{\mathrm{frac}}(f_1) \tag{9.47}$$

需要指出的是，为了避免四舍五入操作带来的误差，相位测量标准差 σ_{frac} 需要

满足

$$\frac{\sqrt{\alpha^2+1}\sigma_{frac}}{2\pi} \ll 0.5 \Rightarrow \alpha \ll \sqrt{\frac{\pi^2}{\sigma_{frac}^2}-1} \tag{9.48}$$

由此可知，为避免误差，频率倍数 α 应谨慎取值。通过选择适当的一组侧音，可以有效地解决整周期模糊现象。

考虑流量测量精度问题，通过式(9.38)可以得到，流量测量精度 σ_Q（用方差来表示）可以表示为

$$\sigma_Q = \frac{\pi R^2 c_0^2}{4\pi f L}\sigma_{frac} \tag{9.49}$$

可以看到，提高相位测量精度 σ_{frac}、增大声波频率 f 或者增长声波传播距离 L，都可以改善流量测量精度。通过本节提供的方法提高超声波换能器的工作频率 f，可以有效改进流量测量精度。增长传播距离 L 也可以提高精度，但同时会加大声波的衰减，使声波的信噪比降低。σ_{frac} 的提高可以有效提升流量测量性能，下一节将重点考虑。

需要指出的是，对于超声波换能器，其频率响应模型可以近似为带通滤波器。当换能器工作频率在-3dB 频率范围外时，转换能量较低，导致声波信号的信噪比较差。例如，对于-3dB 带宽为 1～5MHz 的换能器，$f \leqslant 1$kHz 的激励频率使得超声波换能器基本无法正常工作。假设 $f=1$kHz 下相位不存在模糊数，则 $f=1$kHz 下的相位可以通过如下方法进行求取：

$$\Phi(f = 1\text{kHz}) = \Phi_{frac}(f_1 = 3.001\text{MHz}) - \Phi_{frac}(f_2 = 3\text{MHz}) \tag{9.50}$$

9.2.2 锁相环技术跟踪相位

本节介绍基于锁相环技术的单个周期内相位差 $\Phi_{frac}(f) \in (-\pi, \pi]$ 的求解方法。锁相环是一种使输出信号与输入信号在频率与相位上都同步的电路。在同步状态(锁定状态)下输出信号与输入信号之间的相位差为 0 或者保持为一个常数。如果出现了相位差，锁相环将控制输出信号，使相差逐渐减小，从而使输出信号的相位被"锁定"在参考信号上。由于主要跟踪相位的阶跃变动，采用二阶锁相环可以满足跟踪阶跃信号的要求，如图 9.9 所示。图 9.10 给出了二阶锁相环的非线性数学模型。

由图 9.9 所示，二阶锁相环由鉴相器(PD)、一阶环路滤波器(LF)以及压控振荡器(VCD)组成。在鉴相器中，K_{PD} 表示其增益。τ_1 与 τ_2 为一阶环路滤波器的参

数，K_{VCD} 则表征了压控振荡器增益。

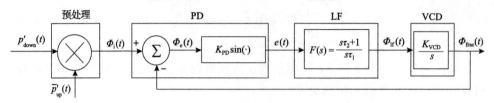

图 9.9　二阶锁相环结构示意图

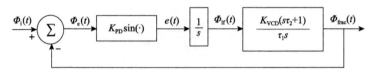

图 9.10　二阶锁相环非线性数学模型

信号在进入锁相环之前，需要进行预处理获取相位差 $\varPhi_{\mathrm{i}}$ 作为锁相环的输入，其中 $\overline{p}'_{\mathrm{up}}$ 为 p'_{up} 对应的共轭信号。在信号幅度归一化后(式(9.25))，预处理的数学表达式为

$$\begin{aligned} p'_{\mathrm{down}} \cdot \overline{p}'_{\mathrm{up}} &= \exp[\mathrm{i}(\omega t - k_0 K^{\mathrm{down}} L)] \cdot \exp[-\mathrm{i}(\omega t - k_0 K^{\mathrm{up}} L)] \\ &= \exp[\mathrm{i}(\omega t - k_0 K^{\mathrm{down}} L) - \mathrm{i}(\omega t - k_0 K^{\mathrm{up}} L)] \\ &= \exp[\mathrm{i}(K^{\mathrm{up}} - K^{\mathrm{down}})k_0 L] \end{aligned} \tag{9.51}$$

将式(9.35)代入式(9.51)可以得到

$$p'_{\mathrm{down}} \cdot \overline{p}'_{\mathrm{up}} = \exp[\mathrm{i}(K^{\mathrm{up}} - K^{\mathrm{down}})k_0 L] = \exp(\mathrm{i}\varPhi_{\mathrm{i}}) \tag{9.52}$$

式中，$\varPhi_{\mathrm{i}}$ 为需要测量的相位差。图 9.10 中，锁相环的微分动力学方程可表示为

$$\begin{cases} e = K_{\mathrm{PD}} \sin \varPhi_{\mathrm{e}} \\ \varPhi_{\mathrm{e}} = \varPhi_{\mathrm{i}} - \varPhi_{\mathrm{frac}} \\ \dfrac{\mathrm{d}\varPhi_{\mathrm{lf}}}{\mathrm{d}t} = e \\ \dfrac{\mathrm{d}\varPhi_{\mathrm{frac}}}{\mathrm{d}t} = \dfrac{K_{\mathrm{VCD}}\tau_2}{\tau_1} \dfrac{\mathrm{d}\varPhi_{\mathrm{lf}}}{\mathrm{d}t} + \dfrac{K_{\mathrm{VCD}}}{\tau_1} \varPhi_{\mathrm{lf}} = \dfrac{K_{\mathrm{VCD}}\tau_2}{\tau_1} e + \dfrac{K_{\mathrm{VCD}}}{\tau_1} \varPhi_{\mathrm{lf}} \end{cases} \tag{9.53}$$

式中，$\varPhi_{\mathrm{e}} \in (-\pi, \pi]$。为分析锁相环的稳定性能，选择如下的李雅普诺夫函数：

$$V = \int_0^{\varPhi_{\mathrm{e}}} \sin\sigma \mathrm{d}\sigma + \frac{1}{2} \frac{K_{\mathrm{VCD}}}{K_{\mathrm{PD}}\tau_1} \varPhi_{\mathrm{lf}}^2 \tag{9.54}$$

其一阶导数为

$$
\begin{aligned}
\dot{V} &= \dot{\Phi}_e \sin \Phi_e + \frac{K_{\mathrm{VCD}}}{K_{\mathrm{PD}}\tau_1} \Phi_{\mathrm{lf}} \dot{\Phi}_{\mathrm{lf}} \\
&= \left(\dot{\Phi}_i - \dot{\Phi}_{\mathrm{frac}} \right) \sin \Phi_e + \frac{K_{\mathrm{VCD}}}{K_{\mathrm{PD}}\tau_1} K_{\mathrm{PD}} \Phi_{\mathrm{lf}} \sin \Phi_e \\
&= \dot{\Phi}_i \sin \Phi_e - \sin \Phi_e \left(\frac{K_{\mathrm{VCD}}\tau_2}{\tau_1} e + \frac{K_{\mathrm{VCD}}}{\tau_1} \Phi_{\mathrm{lf}} \right) + \frac{K_{\mathrm{VCD}}}{\tau_1} \Phi_{\mathrm{lf}} \sin \Phi_e \\
&= \dot{\Phi}_i \sin \Phi_e - \frac{K_{\mathrm{PD}} K_{\mathrm{VCD}} \tau_2}{\tau_1} \sin^2 \Phi_e
\end{aligned}
\tag{9.55}
$$

对于阶跃输入信号，其导数可表示为

$$
\dot{\Phi}_i = \Phi_0 \delta(t) \tag{9.56}
$$

式中，$\delta(t)$ 为克罗内克脉冲函数，$\Phi_0 \in (-\pi, \pi]$。将式 (9.56) 代入式 (9.55) 可以得到结论 $\dot{V} \leqslant 0$。

进一步，对式 (9.55) 进行积分

$$
\begin{aligned}
V(t) &= \int_0^t \dot{\Phi}_i \sin \Phi_e \mathrm{d}t - \frac{K_{\mathrm{PD}} K_{\mathrm{VCD}} \tau_2}{\tau_1} \int_0^t \sin^2 \Phi_e \mathrm{d}t \\
&= \Phi_0 \sin \Phi_0 - \frac{K_{\mathrm{PD}} K_{\mathrm{VCD}} \tau_2}{\tau_1} \int_0^t \sin^2 \Phi_e \mathrm{d}t + V(0)
\end{aligned}
\tag{9.57}
$$

由于 $\Phi_0 \in (-\pi, \pi]$，则上式的第一项为正。在 Φ_e 不趋近于 0 的情况下，第二项将发散。如果 Φ_e 最终不趋近于 0，李雅普诺夫函数 $V(t)$ 最终会变为负数。这一结论与式 (9.54) 矛盾。因此，可以得出 Φ_e 随着时间推移会趋近于 0，锁相环进入锁相状态。

当锁相环进入锁相状态时，鉴相器 (PD) 可以进行线性化处理，锁相环的非线性模型可以简化为线性模型，如图 9.11 所示。

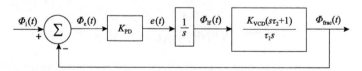

图 9.11 锁相环的线性模型

对于线性锁相环，存在传递函数表示模型

$$
H(s) = \frac{\Phi_{\mathrm{frac}}(s)}{\Phi_i(s)} = \frac{2\xi \omega_n s + \omega_n^2}{s^2 + 2\xi \omega_n s + \omega_n^2} \tag{9.58}
$$

式中，ω_n 与 ξ 分别为自然频率与阻尼系数，且有

$$\omega_n = \sqrt{\frac{K_{\mathrm{VCD}}K_{\mathrm{PD}}}{\tau_1}}, \quad \zeta = \frac{\omega_n}{2}\tau_2 \tag{9.59}$$

锁相环中，输出信号 Φ_{frac} 的标准差 σ_{frac} 可以表示为

$$\sigma_{\mathrm{frac}}^2 = \frac{1}{2\mathrm{SNR}_{\mathrm{L}}} \tag{9.60}$$

式中，$\mathrm{SNR}_{\mathrm{L}}$ 为环路的信噪比 (SNR)。在给定输入信号 $\Phi_{\mathrm{i}}(t)$ 的信噪比 $\mathrm{SNR}_{\mathrm{i}}$ 以及锁相环带宽 B_{i} 的情况下，式(9.60)等价于

$$\sigma_{\mathrm{frac}}^2 = \frac{B_{\mathrm{L}}}{B_{\mathrm{i}} \cdot \mathrm{SNR}_{\mathrm{i}}} \tag{9.61}$$

其中，B_{L} 为环路的噪声带宽，可表示为

$$B_{\mathrm{L}} = \frac{\omega_n}{2}\left(\zeta + \frac{1}{4\zeta}\right) \tag{9.62}$$

已有研究表明，线性锁相环的最大锁定时间可以近似为

$$T_{\mathrm{Lock}} \approx \frac{5}{\zeta\omega_n} \tag{9.63}$$

将式(9.62)代入式(9.63)可以得到

$$T_{\mathrm{Lock}} \approx \frac{2.5}{B_{\mathrm{L}}\zeta}\left(\zeta + \frac{1}{4\zeta}\right) \tag{9.64}$$

在此情况下，锁相环输出信号标准差可以表示为

$$\sigma_{\mathrm{frac}}^2 = \frac{2.5}{B_{\mathrm{i}}\mathrm{SNR}_{\mathrm{i}}T_{\mathrm{Lock}}\zeta}\left(\zeta + \frac{1}{4\zeta}\right) \tag{9.65}$$

可以看到，锁相环的最大锁定时间由自身参数决定，跟踪精度受到输入信号信噪比，带宽以及环路带宽的影响。图 9.12 给出了二阶锁相环在不同信噪比下的相位跟踪性能。相应的环路噪声带宽、输入信号带宽分别为 $B_{\mathrm{L}} = 10\mathrm{Hz}$ 以及 $B_{\mathrm{i}} = 30\mathrm{Hz}$，且 $\zeta = 0.707$。图 9.13 反映了二阶锁相环在不同环路噪声带宽下的锁相性能，其中输入信号带宽与信噪比分别为 $B_{\mathrm{i}} = 30\mathrm{Hz}$，$\mathrm{SNR}_{\mathrm{i}} = 30\mathrm{dB}$，锁相环参

数为 $\zeta = 0.707$ 。

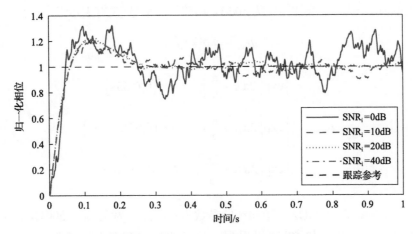

图 9.12 不同信噪比下的锁相环跟踪性能

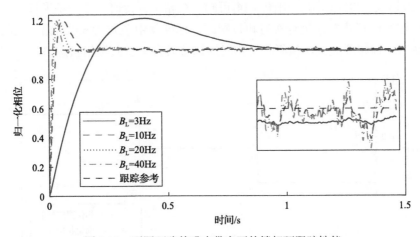

图 9.13 不同环路的噪声带宽下的锁相环跟踪性能

由图 9.12 可以看到，当输入信噪比较高（$SNR_i = 40dB$）时，锁相环对阶跃信号的跟踪性能较好。当信噪比为较低（$SNR_i = 0dB$）时，锁相环无法对相位信号进行有效锁定。通过对比不同信噪比的输入信号（$SNR_i = 0dB$，$SNR_i = 10dB$ 以及 $SNR_i = 20dB$）的锁相性能可以得出：在可锁定的情况下，不同信噪比信号的锁定时间基本相同，结论与式(9.64)的理论分析是一致。

由图 9.13 可以看到，当环路带宽为 $B_L = 40Hz$ 时，锁定时间明显快于带宽 $B_L = 3Hz$ 的情况，该结论与公式(9.64)一致。另外，环路噪声越宽，锁相环的方差越大，影响锁相环的性能。可以认为，快速的锁定导致锁相环跟踪相位的精度不高。

　　图 9.14 给出了锁相环在跟踪阶跃信号时的暂态时间响应。在阶跃信号中，信号受到白色噪声干扰，信噪比设定为 10dB。两路输入信号(没有表示噪声)为

$$p'_{up} = \exp(2\pi f t) \tag{9.66}$$

$$p'_{down} = \begin{cases} \exp\left(2\pi f t + \dfrac{\pi}{3}\right), & t \in (0, 0.03\,\mathrm{s}] \\ \exp\left(2\pi f t + \dfrac{\pi}{2}\right), & t \in (0.03\,\mathrm{s}, 0.06\,\mathrm{s}] \\ \exp\left(2\pi f t + \dfrac{2\pi}{3}\right), & t \in (0.06\,\mathrm{s}, 0.09\,\mathrm{s}] \end{cases} \tag{9.67}$$

式中，信号频率 $f = 9\,\mathrm{MHz}$，锁相环的参数为：环路带宽为 $B_L = 500\,\mathrm{Hz}$，阻尼系数为 $\zeta = 0.707$。从式 (9.67) 可以看到，信号的相位存在三次变化：$60°(\pi/3)$、$90°(\pi/2)$ 以及 $120°(2\pi/3)$。由图 9.14 可知，在相位保持时，锁相环经过一段时间后可以进入锁相状态，进行实时相位跟踪，标准差由公式 (9.65) 给出。当相位发生改变时，锁相环失锁，但经过一定时间调整后重新进入锁相状态。

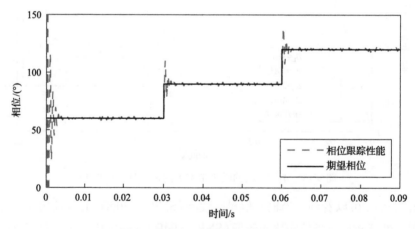

图 9.14　锁相环跟踪阶跃相位信号

　　从式 (9.64) 与式 (9.65) 可以得到，设定适当的锁相环参数 K_{PD}、K_{VCD}、τ_1 以及 τ_2，在保证相位测量精度的同时可以获得较快的锁定时间。

9.3　传播时间法对比分析

　　对于纯净流体，当前较为通用的测量方法是基于传播时间的流量测量方法。该方法以无限空间中的平面波传播理论为基础，假设流体流速对声波速度的影响

是线性的。在顺流传播过程中，设定声波的传播速度为静止流体下声波传播速度与流速的累加，即 $c_0(1+\bar{M})$；在逆流传播过程中，声波的传播速度为 $c_0(1-\bar{M})$。对于传播路径为 L 的直管道，声波传播时间可以表示为

$$t_{\text{down}} = \frac{L}{c_0(1+\bar{M})}, \quad t_{\text{up}} = \frac{L}{c_0(1-\bar{M})} \tag{9.68}$$

逆流与顺流传播时间差可以表示为

$$t_{\text{up}} - t_{\text{down}} = \frac{L}{c_0(1-\bar{M})} - \frac{L}{c_0(1+\bar{M})} = \frac{2L\bar{M}}{c_0(1-\bar{M}^2)} \tag{9.69}$$

在低流速 $\bar{M} \ll 1$ 的情况下，式 (9.69) 可以简化为

$$t_{\text{up}} - t_{\text{down}} \approx \frac{2L\bar{M}}{c_0} \tag{9.70}$$

由此可得管道流动的体积流量

$$Q_{\text{V}} = \pi R^2 c_0 \bar{M} = \frac{\pi R^2 c_0^2}{2L}(t_{\text{up}} - t_{\text{down}}) \tag{9.71}$$

因此，可以通过分别测量 t_{up} 与 t_{down} 得到管道流动体积流量。工业应用主要采用两种测量方法：直接时间测量与互相关时间测量。

需要指出的是，声波在管道传播过程中，管壁的存在使得声波传播的空间受到限制。声波在液体与固体交界面上会发生较为复杂的反射与折射现象，从而使得声波的传播变得非常复杂。由公式 (9.30) 可以得到，声波在管道中传播可以表示为各种模式(如图9.15所示)的综合，每一种模式具有特定的传播速度。

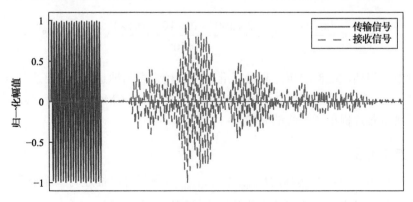

图9.15 传播时间法中激励与接收信号

　　由于流体运动产生的对流作用使得声波的反射变得较为复杂，管道的非均匀流动使得稳定流动在径向方向产生剪切梯度，形成剪切层，增加了声波的反射复杂度。流体黏性产生的摩擦耗散以及导致的传热行为也明显改变了声波传播特性。温度梯度和管壁声阻抗的作用也改变声波的传播行为。

　　图 9.15 中，虚线表示接收信号，它由各种模式的声波信号组成，每一种模式具有各自不同的传播速度。由于各种模式信号组成在一起，对声波波头的检测变得较为困难。当脉冲信号激励超声波换能器时，超声波换能器加工的不一致性导致发射与接收端的信号频率不一致。超声波换能器的共振频率在温度改变的情况下发生的不规则变化也增加了两端换能器频率的不一致。

　　在连续波测量体系下，换能器的工作状态处于特定频率下的受迫振动模式，可以保证发射与接收端的信号同频。此外，脉冲波信号的频谱是一条直线，信号能量在全频段均匀分布，经过换能器的带通滤波后，特定共振频率的声波信号获得的能量较小。对于连续波体系，能量集中于特定频率的激励信号，当激励信号频率位于换能器–3dB 频带时，产生的声波能量较高。因此，在相同功率的激励信号下，连续波体系的信号具有较高的信噪比。

9.3.1　直接时间测量法

　　对于直接时间测量（式（9.71）），在传播路径 L 一定的情况下，提高测量精度的方法需要增加时间分辨率。例如，假设管道均匀流动的马赫数为 $\bar{M} = 1/c_0$，等熵声波传播速度 $c = 1480\,\mathrm{m/s}$，传播路径 $L = 0.1\,\mathrm{m}$，测量精度设定为 1%，则时间测量标准差需要满足

$$\sigma_t < \frac{2L\bar{M}}{c_0^2} \times 1\% = \frac{2 \times 0.1 \times 1}{1480^2} \times 1\% \approx 0.913\,\mathrm{ns} \tag{9.72}$$

　　在 $f = 10\,\mathrm{MHz}$ 连续波激励下，由式（9.38）可知，其相位测量标准差需要满足

$$\sigma_{\mathrm{frac}} < \frac{4\pi f L\bar{M}}{c_0} \times 1\% = \frac{2 \times 360° \times 10 \times 10^6 \times 0.1 \times 1}{1480^2} \times 1\% \approx 3.28° \tag{9.73}$$

　　对于锁相环，3.28° 的相位测量标准差可以较为容易地达到。而要达到 0.913ns 的测量精度，其时间分辨率要达到 0.09ns。这对当前以 CMOS 或 TTL 芯片为基础的时间测量芯片提出了严峻的要求。

9.3.2　互相关法

　　采用互相关方法对传播时间 t_{up} 以及 t_{down} 的预测可以描述为一个时间延迟预测问题。设超声波流量测量中的发射与接收信号分别表示为 $s_1(t)$ 及 $s_2(t)$，且具有

如下形式：

$$s_1(t) = y(t) + \eta_1(t)$$
$$s_2(t) = y(t - \tau_0) + \eta_2(t) \tag{9.74}$$

式中，τ_0 为延时时间；$y(t)$ 为声波信号；$\eta_1(t)$ 与 $\eta_2(t)$ 为独立的白噪声信号。在此情况下，发射与接收信号的互相关可以表示为

$$R_{s_1 s_2}(\tau) = \frac{1}{T_o} \int_0^{T_o} s_1(t) s_2(t + \tau) \mathrm{d}t \tag{9.75}$$

式中，T_o 为观测时间。将式 (9.74) 代入式 (9.75) 可以得到

$$\begin{aligned}
R_{s_1 s_2}(\tau) &= \frac{1}{T_o} \int_0^{T_o} \left[y(t) + \eta_1(t) \right] \left[y(t - \tau_0 + \tau) + \eta_2(t + \tau) \right] \mathrm{d}t \\
&= \frac{1}{T_o} \int_0^{T_o} \left[y(t) y(t - \tau_0 + \tau) + y(t) \eta_2(t + \tau) + \eta_1(t) x(t - \tau_0 + \tau) \right. \\
&\quad \left. + x(t - \tau_0 + \tau) \eta_2(t + \tau) \right] \mathrm{d}t \approx R_{xx}(\tau - \tau_0)
\end{aligned} \tag{9.76}$$

延迟时间 τ_0 对应于互相关函数的最大值，可以采用标准算法得到。

在 $L = 0.1\,\mathrm{m}$、$c = 1480\,\mathrm{m/s}$ 以及 $\bar{M} = 1/c_0$ 的情况下，顺逆流方向的传播时间分别为

$$\begin{aligned}
t_{\mathrm{up}} &= \frac{L}{c_0(1 - \bar{M})} \approx 67.613\,\mu\mathrm{s} \\
t_{\mathrm{down}} &= \frac{L}{c_0(1 - \bar{M})} \approx 67.522\,\mu\mathrm{s}
\end{aligned} \tag{9.77}$$

为了采用互相关方法，观测时间必须满足 $T_o \geqslant t_{\mathrm{up}}$。假如观测时间设定为 $T_o = 100\,\mu\mathrm{s}$，采样频率为 $f_{\mathrm{samp}} = 60\,\mathrm{MHz}$，采样位数为 16 位，在此情况下时间分辨率为 17ns。此时信号的数据大小为 $100 \times 10^{-6} \times 60 \times 10^6 \times 2 \times 16 = 192(\mathrm{KB})$。

为得到 1% 的测量精度，时间分辨率要达到 0.09ns。在此情况下，在时间分辨率为 17ns 的情况下，互相关数据需要插值 200 倍才能达到测量性能。

如果采样频率足够大，Carter 指出互相关方法的最小测量方差为

$$\sigma_{\mathrm{CC}}^2 = \frac{3}{8\pi^2} \frac{(1 + 2\mathrm{SNR}_i)}{\mathrm{SNR}_i^2} \frac{1}{B_i^3 T_o} \tag{9.78}$$

假设观测时间为 $T_o = 100\,\mu\mathrm{s}$，则基于互相关技术的响应时间不大于 $1/T_o = 1000\mathrm{Hz}$。由图 9.16 可以看到，当锁相环锁定时，相位差可以连续地测量，

其测量性能可以由式(9.65)预测。当存在显著的相位改变时，锁相环失锁，经过一段时间后，锁相环重新进入锁定状态。相比互相关法，锁相环在锁定时可以对相位信号进行实时测量，从而提高流量测量的响应速度。此外，锁相环经过适当处理后，可以形成实时处理仪器，不需要对信号进行存储以及可能的插值处理。图9.16给出了锁相环与互相关法的性能比较。

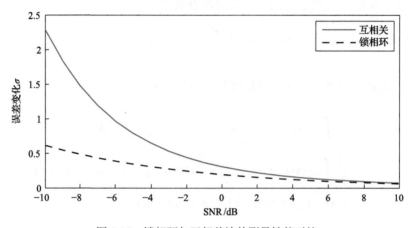

图 9.16　锁相环与互相关法的测量性能对比

需要指出的是，互相关法避免了直接时间测量中的高时间分辨率的问题，并能够得到高精度的时间测量，但是需要进行数据存储及插值。该方法用于脉冲波体系时，共振频率的不一致性没有得到解决。在连续波体系下，采用互相关法无法解决整周期模糊问题。

9.4　本章小结

卫星在轨加注任务中，高精度的流量测量是任务成功的重要保证。现有流量测量技术由于接触被测介质、体积大、存在运动部件等问题，不能满足卫星非接触式测量要求。现有超声波流量计虽然可以实现非接触式测量，但无法满足卫星加注细小管道(内径为4~10mm)流量测量的需求。基于以上背景，本章提出了一种基于侧音技术的连续波体系流量测量方法。相较于传统的脉冲波测量方法，连续波测量方法可以克服脉冲波测量的固有难题，如超声波换能器共振频率温漂的不确定性。连续波体系下超声波换能器处于受迫振动，其频率与激励频率保持一致。同时，传统连续波体系存在整周期模糊现象。本章采用的侧音技术较好地解决了上述难题。此外，通过锁相环技术，采用闭环控制的思想有效提高了相位测量精度。本章提出的推进剂流量高精度测量技术进一步完善了卫星在轨加注技术研究体系。

参 考 文 献

[1] 丁凤林, 李宗良, 魏延明, 等. 小管径高精度超声波流量计设计[J]. 空间控制技术与应用, 2011, 37(1): 28-32.

[2] 蔡武昌, 孙淮清, 纪纲. 流量测量方法和仪表的选用[M]. 北京:化学工业出版社, 2000.

[3] Wendoloskia J C. On the theory of acoustic flow measurement[J]. Journal of the Acoustical Society of America, 2001, 110(2): 724-737.

[4] Carpini T D, Monteith J H. An Ultrasonic Flowmeter for Measuring Dynamic Liquid Flow[R]. NASA-N9-11367. Hampton: NASA Technical Memorandum, 1978.

[5] Moughon W C. Evaluation of Several Ultrasonic Flowmeter Transducers in Cryogenic Environment [R]. NASA-TM-83117. Hampton: NASA Technical Memorandum, 1981.

[6] Werlink R, Kelley A, Margasahayam R. Space Shuttle Hypergol Load Determination Using Nonintrusive Ultrasonic Flowmeters[R]. NASA TM-111884. Florida: Kennedy Space Center, 1996.

[7] Matthijssen R, Put P. State-of-the-art gauging components for improved propellant management on 3-axis stabilized spacecraft[C]. The 42nd Joint Propulsion Conference and Exhibit, Sacramento, 2006.

[8] Matthijssen R, Put P. Ultrasonic flow meter for satellite propellant gauging and ground test facilities[C]. The 44th Joint Propulsion Conference and Exhibit, Hartford, 2008.

[9] Inoue Y, Kikura H, Murakawa H, et al. A study of ultrasonic propagation for ultrasonic flow rate measurement [J]. Flow Measurement and Instrumentation, 2008, 19(19): 223-232.

[10] Schneider F, Peters F, Merzkirch W. Quantitative analysis of the cross-correlation ultrasonic flow meter by means of system theory[J]. Measurement Science and Technology, 2003, 14: 573-582.

[11] Lynnworth L C, Liu Y. Ultrasonic flowmeters: Half-century progress report, 1955-2005[J]. Ultrasonics, 2007, 44: e1371-8.

第 10 章 气液两相流特性分析与检测

卫星在轨加注过程中，推进剂的传输会伴有挤气，被传输的推进剂中有可能会混有气泡。由于气泡的存在，其不稳定性会导致加注过程中对推进剂流量的精确测量失效，而混有气泡的推进剂流入发动机也会影响发动机的工作效率且会对发动机造成损伤。因此，对卫星在轨加注过程中气泡相关问题进行研究具有重要意义。对推进系统流体中气泡的研究最早开始于 19 世纪，人们发现气泡的存在会剥蚀螺旋桨，使其工作效率大幅下降，由此拉开了对气泡研究的序幕[1,2]。随着科技的进步，对气泡的研究得到了加深，对气泡的应用也广泛地出现在各个领域。

液体中混有气泡会影响液体中的声波传播特性，国际上的学者对此做了大量的研究。最早的是 Mallock[3]，他对含气泡液体的声衰减现象进行了研究。Carstensen 等[4]从反射和散射的角度，对含气泡液体中声波传播特性进行了研究，通过实验得到了气液两相流中声波的反射和透射系数，同时结果还表明当声波频率与气泡的自振频率相同时，声波衰减最大，并利用这一原理测量了气泡半径。van Wijngaarden[5]最早提出将非连续的气泡两相流假设为一种连续介质，并基于此假设推导了声波在气泡两相流中的传播方程。Commander 等[6]基于 van Wijngaarden[5]提出的连续介质模型以及 Keller 等[7]的可压缩液体中的气泡动力学模型，对声波在气液两相流中的传播进行了研究，计算和实验结果表明，当声波频率低于气泡的共振频率且两相流中气体的体积分数小于 2%时，模型比较有效。Maksimov[8]对弹状流中的声传播进行了研究，将弹状流假设为气液相间的状态，基于统计学原理，将声波传播方程与统计方程联立，推导出弹状流中的声波传播方程。Kandula[9]在前人研究的基础上，考虑了液体的蒸发，结果表明液体的蒸发对气液两相流中的声传播有很大影响。赵晓亮等[10]对声波在含气两相流中的声传播进行了研究，得到了声波传播的解析解，并分析了其强非线性声特性。王成会[11]从气液混合介质中的流体基本方程出发，考虑液体的黏性系数，得到了两相流中的声传播方程，并对超声空化现象进行了实验研究，分析了超声空化现象对液体电导率的影响。Kanagawa 等对含气泡液体中的声传播进行了研究，建立了声波在含气泡液体中的非线性传播方程的统一理论[12]；研究了超声波束在非均匀的含气泡液体中的非线性传播方程[13]；建立了压力波在含气泡液体中的非线性传播方程，将两相模型与均相混合模型进行了对比[14]。王勇等[15]基于 Keller 的气泡振动模型，考虑气泡之间的相互作用，推导了声波在含气泡两相流中的线性传播方程，研究了气泡间的相互作用、气泡大小、数量和驱动声波频率对两相流中声传播的衰减系数和等效声速的影响。

气液两相流广泛存在于各个领域，含气率是气液两相流的一个重要参数，精准测量含气率对于航空航天、气象预测、军事应用、能源动力等领域具有重大的科学研究意义和工程价值[16-18]。

10.1　流场中气泡的动力学特性分析

两相流中，气泡因受到扰动，气泡壁面发生扩大和缩小，当其自由振动时，可以看成一个弹簧振子；流体的特性会对气泡的振动特征产生影响，气泡壁面的运动需要克服流体的阻力；当声波在气液两相流中传播时，声波特性会对气泡的振动产生影响，不同的声波频率以及声波幅值对气泡振动的影响效果不同。

本节首先从气泡的基本模型出发，推导了流场中气泡的振动方程，进而分析气泡的自身特征、声波特性以及流场特性对气泡振动的影响；进一步对气泡的动力学模型进行线性化分析，从理论上分析了气泡振动的共振频率及振动阻尼。

10.1.1　流场中气泡的非线性振动

在两相流中，不稳定流动使得气泡壁面发生改变，引起气泡体积变化，导致气泡发生振动。当振动幅度过大时，气泡振动的非线性效应加强，甚至发生气泡破裂等现象。对气泡振动的建模可以利用流体的质量与动量守恒方程得到气泡半径的动力学方程，并通过数值计算的方法参数化分析气泡半径的变化特点。

1. 气泡动力学模型

从理论上进行分析，由流体的质量方程、动量方程以及气泡壁面的边界条件，可以得到关于气泡半径的微分方程

$$f(R, \dot{R}, \ddot{R}, t) = 0 \tag{10.1}$$

流体的质量方程

$$\frac{\partial \rho}{\partial t} + \nabla \cdot (\rho \mathbf{v}) = 0 \tag{10.2}$$

流体的动量方程

$$\frac{\partial \mathbf{v}}{\partial t} + (\mathbf{v} \cdot \nabla)\mathbf{v} = -\frac{\nabla p}{\rho} \tag{10.3}$$

上述式中，ρ 为流体的密度，kg/m^3；$\boldsymbol{v}=[v_r, v_\theta, v_z]$ 为流体在极坐标下的速度向量，m/s；p 为流体内的压强，Pa。

只考虑一维流动，建立如图 10.1 所示的坐标系。气泡中心坐标为 x_0，气泡壁面处的坐标为 x_1，气泡下游一质点的坐标为 x，假设气泡随液体等速流动，其质心与液体没有相对运动，液体的流速与气泡质心的速度均为匀速 v_1。

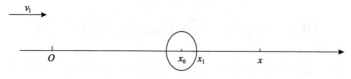

图 10.1　气泡球坐标系示意图

取研究对象为以 x_0 为球心、$x - x_0$ 为半径的球与气泡之间的液体，在气泡振动过程中，这部分液体的体积是不发生变化的，根据这个条件，可以得到如下关系：

$$\frac{4}{3}\pi(x - x_0)^3 - \frac{4}{3}\pi(x_1 - x_0)^3 \equiv \text{const} \tag{10.4}$$

式中，const 表示常值。式 (10.4) 对时间微分，可得

$$(x - x_0)^2(\dot{x} - \dot{x}_0) = (x_1 - x_0)^2(\dot{x}_1 - \dot{x}_0) \tag{10.5}$$

又因为

$$\dot{x}_0 = v_1 \tag{10.6}$$

所以

$$\dot{x} = \frac{(x_1 - x_0)^2}{(x - x_0)^2}(\dot{x}_1 - v_1) + v_1 \tag{10.7}$$

由式 (10.3) 知，对于一维流动的动量方程，可以写成

$$\frac{\partial v_x}{\partial t} + v_x \frac{\partial v_x}{\partial x} = -\frac{1}{\rho}\frac{\partial P}{\partial x} \tag{10.8}$$

将式 (10.7) 代入式 (10.8) 中，可得

$$\frac{\partial v_x}{\partial t} = 2\frac{(x_1 - x_0)(\dot{x}_1 - v_1)^2}{(x - x_0)^2} + 2\frac{(x_1 - x_0)^2(\dot{x}_1 - v_1)v_1}{(x - x_0)^3} + \frac{(x_1 - x_0)^2\ddot{x}_1}{(x - x_0)^2} \tag{10.9}$$

$$v_x \frac{\partial v_x}{\partial x} = -2 \frac{(x_1 - x_0)^4 (\dot{x}_1 - v_1)^2}{(x - x_0)^5} - 2 \frac{(x_1 - x_0)^2 (\dot{x}_1 - v_1) v_1}{(x - x_0)^3} \tag{10.10}$$

即

$$2 \frac{(x_1 - x_0)(\dot{x}_1 - v_1)^2}{(x - x_0)^2} + \frac{(x_1 - x_0)^2 \ddot{x}_1}{(x - x_0)^2} - 2 \frac{(x_1 - x_0)^4 (\dot{x}_1 - v_1)^2}{(x - x_0)^5} = -\frac{1}{\rho} \frac{\partial P}{\partial x} \tag{10.11}$$

对式 (10.11) 从 x_1 积分到 ∞ 处，可以得到

$$p_{x_1} - p_\infty = \rho \left[(x_1 - x_0) \ddot{x}_1 + \frac{3}{2} (\dot{x}_1 - v_1)^2 \right] \tag{10.12}$$

气泡壁面处的辐射压强为

$$p_b = \rho \left[(x_1 - x_0) \ddot{x}_1 + \frac{3}{2} (\dot{x}_1 - v_1)^2 \right] \tag{10.13}$$

声波扰动可写成如下形式：

$$p = p_a e^{i(\omega t - kx)} \tag{10.14}$$

对气泡壁面处压强进行分析，气泡的内部压强为 p_i，气泡外部的压强为 p_{x_1}，考虑表面张力及液体的剪切黏性的影响，在气泡壁面处，由气泡内外的压强平衡，可得

$$p_{x_1} + \frac{2\sigma}{x_1 - x_0} + \frac{4\eta (\dot{x}_1 - v_1)}{x_1 - x_0} + p_a e^{i(\omega t - kx_1)} = p_i \tag{10.15}$$

将式 (10.12) 代入 (10.15) 中，可得

$$p_\infty + \rho \left[(x_1 - x_0) \ddot{x}_1 + \frac{3}{2} (\dot{x}_1 - v_1)^2 \right] + \frac{2\sigma}{x_1 - x_0} + \frac{4\eta (\dot{x}_1 - v_1)}{x_1 - x_0} + p_a e^{i(\omega t - kx_1)} = p_i \tag{10.16}$$

式中，p_∞ 为外界环境的压强，Pa；σ 为液体的表面张力系数，N/m；η 为液体的黏性剪切系数，Pa·s；p_a 为扰动声波的压强幅值，Pa；p_i 为气泡内部压强，Pa。

对于气泡内部压力 p_i，满足

$$p_i V^\gamma = P_{i0} V_0^{3\gamma} \tag{10.17}$$

下标带 0 表示初始状态。式 (10.17) 化简可得

$$p_{\mathrm{i}} = p_{\mathrm{i}0}\left(\frac{R_0}{x_1 - x_0}\right)^{3\gamma} \tag{10.18}$$

式中，R_0 为气泡的初始状态半径。在初始状态下，由气泡壁面处内外压强平衡，可以得到

$$p_{\mathrm{i}0} = p_\infty + \frac{2\sigma}{R_0} \tag{10.19}$$

由式(10.13)~式(10.19)可得气泡壁面的径向动力学方程

$$p_\infty + p_{\mathrm{a}}\mathrm{e}^{\mathrm{i}(\omega t - kx_1)} + \rho\left[(x_1 - x_0)\ddot{x}_1 + \frac{3}{2}(\dot{x}_1 - v_1)^2\right] + \frac{2\sigma}{x_1 - x_0} + \frac{4\eta(\dot{x}_1 - v_1)}{x_1 - x_0}$$
$$= \left(p_\infty + \frac{2\sigma}{R_0}\right)\left(\frac{R_0}{x_1 - x_0}\right)^{3\gamma} \tag{10.20}$$

在上述方程的推导过程中，假设气泡的形状始终不变，始终为球形；流体为不可压缩的；气泡内的气体为均匀气体；不计体力、输运和热传导等对气泡振动的影响。

定义

$$x_1 - x_0 = R_0(1 + y) \tag{10.21}$$

式中，y 为无量纲参数，表示气泡壁面偏离平衡位置的程度，代入式(10.20)中，化简可得

$$p_\infty + p_{\mathrm{a}}\mathrm{e}^{\mathrm{i}(\omega t - kx_1)} + \rho\left[R_0^2(1 + y)\ddot{y} + \frac{3}{2}(R_0\dot{y})^2\right] + \frac{2\sigma}{R_0(1 + y)} + \frac{4\eta\dot{y}}{1 + y}$$
$$= \left(p_\infty + \frac{2\sigma}{R_0}\right)\left(\frac{1}{1 + y}\right)^{3\gamma} \tag{10.22}$$

可以看出，式(10.22)为二阶常微分方程，而且流体的流动速度对气泡壁面的径向振动没有影响，因为其中假设了气泡随液体一起流动，无相对运动。

2. 气泡特征对气泡壁面振动影响

1)气泡平衡半径的影响

对式(10.22)进行数值仿真分析，取外界声波扰动信号为零，即气泡做自由振动。分析气泡平衡半径对气泡壁面径向的自由振动的影响，取外界环境气压 $p_\infty =$

101kPa，液体的密度为 $\rho = 998\text{kg/m}^3$，气体的多方指数 $\gamma = 1.4$，液体的表面张力系数为 $\sigma = 0.0725\text{N/m}$，液体的黏性剪切系数为 $\eta = 10^{-3}\text{kg/(m·s)}$，气泡的平衡半径分别取为 $R_0 = 0.2\text{mm}$，0.5mm，1mm，气泡壁面的无量纲初始偏移量 $y = 0.1$。

由图 10.2 所示仿真结果可以看出，气泡的自由振动类似于简谐振动，振幅呈衰减趋势，不同平衡半径的气泡振动周期不同，气泡平衡半径越小周期越小，反之气泡平衡半径越大周期越大。由图中可以看出，气泡的平衡半径 $R_0 = 1\text{mm}$，自由振动的周期约为 $3 \times 10^{-4}\text{s}$；气泡的平衡半径 $R_0 = 0.5\text{mm}$，自由振动的周期约为 $1.5 \times 10^{-4}\text{s}$，可以推断气泡壁面自由振动的周期与气泡的平衡半径成反比关系。

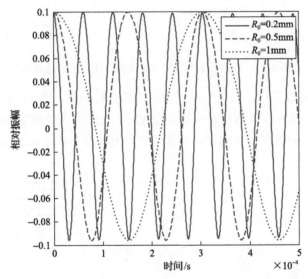

图 10.2　不同平衡半径对气泡壁面径向自由振动的影响

图 10.3 为不同平衡半径时气泡壁面径向自由振动相图，图中横坐标为位移，纵坐标为速度，可以看出气泡壁面做自由振动时，三种气泡的相图为稳态的极限环，其非线性特征并不明显，但极限环并非标准的圆形，其振动特征与简谐振动有一定的区别。这从图 10.2 中振动幅值不对称也可以看出。

2)气泡初始偏移量的影响

取外界声波扰动信号为零，分析气泡壁面的无量纲初始偏移量对气泡壁面径向自由振动的影响。取外界环境气压 $p_\infty = 101\text{kPa}$，液体密度为 $\rho = 998\text{kg/m}^3$，气体多方指数为 $\gamma = 1.4$，液体表面张力系数为 $\sigma = 0.0725\text{N/m}$，液体黏性剪切系数为 $\eta = 10^{-3}\text{kg/(m·s)}$，气泡平衡半径为 $R_0 = 0.5\text{mm}$，气泡壁面无量纲初始偏移量 $y = 0.2$、0.4、0.6。

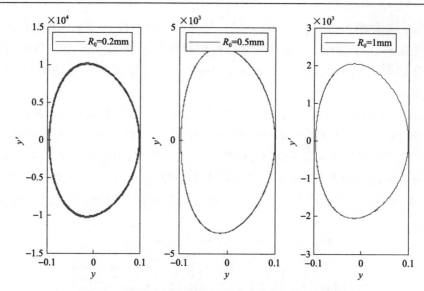

图 10.3　不同平衡半径时气泡壁面径向自由振动相图

　　由图 10.4 可以看出，当气泡壁面初始偏移量较小时，气泡壁面的径向振动类似于简谐振动，当气泡壁面初始偏移量较大时，气泡壁面呈现非简谐振动。同时，气泡壁面的初始偏移量对气泡壁面的振动周期有一定影响，偏移量越小，振动周期也越小。

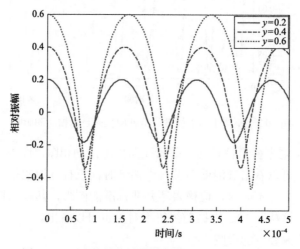

图 10.4　不同初始偏移量时气泡壁面径向自由振动

　　图 10.5 为不同初始偏移量时气泡壁面径向自由振动相图，从图中可以看出，三种气泡均能进入稳态的极限环，非线性特征不明显，但初始偏移量越大，其相图与简谐振动的相图区别越大；当气泡收缩到最小附近，其壁面运动的速度明显比气泡扩张到最大时要快。

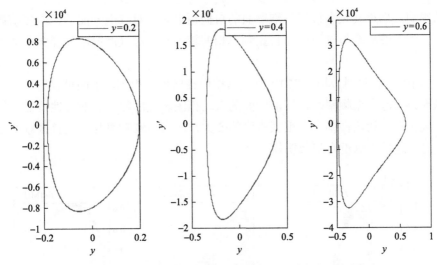

图 10.5　不同初始偏移量时气泡壁面径向自由振动相图

3. 声波特征对气泡壁面振动影响

1) 声波频率的影响

分析扰动声波频率对气泡壁面径向振动的影响，取外界环境气压 $p_\infty = 101\text{kPa}$，液体的密度为 $\rho = 998\text{kg/m}^3$，气体的多方指数为 $\gamma = 1.4$，液体的表面张力系数为 $\sigma = 0.0725\text{N/m}$，液体的黏性剪切系数为 $\eta = 10^{-3}\text{kg/(m·s)}$，气泡的平衡半径为 $R_0 = 0.5\text{mm}$（自振频率约为 6500Hz），气泡壁面的无量纲初始偏移量 $y = 0.2$，声波幅值 $p_a = 10\text{kPa}$，声波频率分别为 $f = 3000\text{Hz}$、6500Hz、1MHz。

由图 10.6 所示的仿真结果可以看出，气泡壁面的径向振动会受到扰动声波频

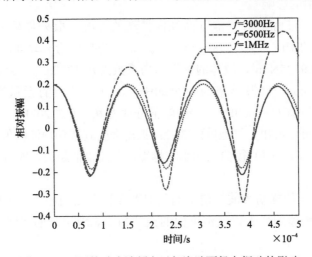

图 10.6　不同扰动声波频率对气泡壁面径向振动的影响

率的影响，当声波频率接近气泡壁面的自振频率时，对气泡壁面的径向振动影响最大，当声波频率与气泡壁面自振频率相差较大时，对气泡壁面的径向振动影响不大。

图 10.7 为三种扰动声波频率时气泡壁面径向振动相图，由图可以看出，当声波频率为气泡自振频率时，气泡壁面的振动相图表现出明显的非线性特征，气泡的振幅相对于初始振幅会有很大程度的变大，而当声波频率与气泡自振频率相差较大时，这种影响没有那么明显。

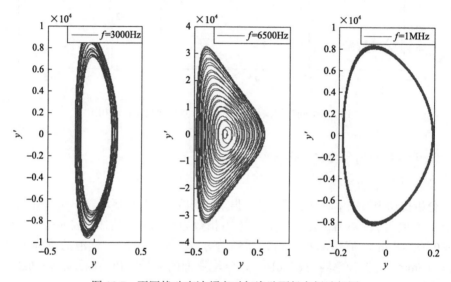

图 10.7　不同扰动声波频率时气泡壁面径向振动相图

2) 声波幅值的影响

分析扰动声波幅值对气泡壁面径向振动的影响，取外界环境气压为 $p_\infty = 101\text{kPa}$，液体的密度为 $\rho = 998\text{kg/m}^3$，气体的多方指数为 $\gamma = 1.4$，液体的表面张力系数为 $\sigma = 0.0725\text{N/m}$，液体的黏性剪切系数为 $\eta = 10^{-3}\text{kg/(m·s)}$，气泡的平衡半径为 $R_0 = 0.5\text{mm}$（自振频率约为 6500Hz），气泡壁面的无量纲初始偏移量 $y = 0.2$，声波频率 $f = 3000\text{Hz}$，声波幅值分别为 $p_a = 0$、20kPa、50kPa。

由图 10.8 可以看出，气泡壁面的径向振动会受到扰动声波幅值的影响，声波幅值越小，对气泡壁面的径向振动影响越小，声波幅值越大，对气泡壁面的径向振动影响越大。

图 10.9 为三种扰动声波幅值下的气泡壁面径向振动相图，由图可以看出，随着扰动声波幅值的变大，气泡壁面的振动相图表现出来的非线性特征越来越明显。

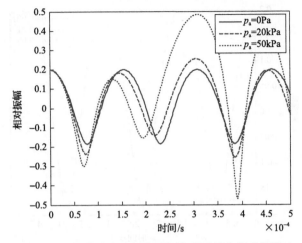

图 10.8　不同扰动声波幅值对气泡壁面径向振动的影响

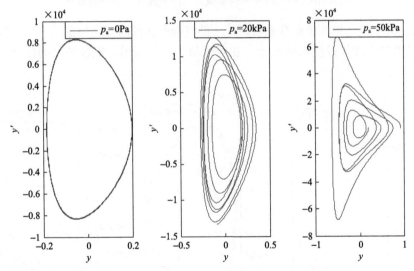

图 10.9　不同扰动声波幅值时气泡壁面径向振动相图

4. 液体黏性系数对气泡壁面振动影响

取外界声波扰动信号为零，分析液体黏性系数对气泡壁面振动的影响。取外界环境气压 $p_\infty = 101\text{kPa}$，液体的密度为 $\rho = 998\text{kg/m}^3$，气体的多方指数为 $\gamma = 1.4$，液体的表面张力系数为 $\sigma = 0.0725\text{N/m}$，气泡的平衡半径取为 $R_0 = 0.5\text{mm}$，气泡壁面的无量纲初始偏移量 $y = 0.2$，液体的黏性剪切系数为 $\eta = 10^{-3}\text{kg/(m·s)}$、$10 \times 10^{-3}\text{kg/(m·s)}$、$50 \times 10^{-3}\text{kg/(m·s)}$。

如图 10.10 所示，液体的黏性系数主要对气泡壁面振动过程中起到阻尼的作用，黏性系数越大，气泡壁面振动的幅值衰减越大。

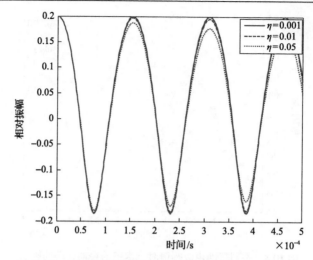

图 10.10　不同液体黏性系数对气泡壁面径向振动的影响

图 10.11 为三种液体黏性系数条件下的气泡壁面径向振动相图,由图可以看出,第一张图中的液体黏性系数较小,相对于第二、三张图,能较长时间保持在稳态的极限环。

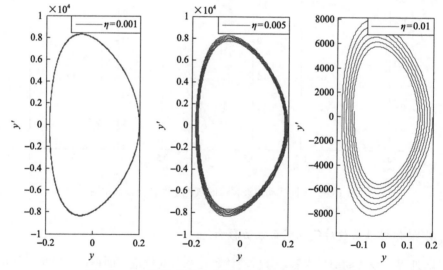

图 10.11　不同液体黏性系数时气泡壁面径向振动相图

10.1.2　气泡动力学模型的线性化分析

1. 气泡动力学模型的线性化与求解

对模型进行线性化处理,从运动方程中分析气泡壁面的振动特征。考虑

式 (10.20)，将其简化，可以写成如下形式：

$$\left(x_1 - x_0\right)\ddot{x}_1 + \frac{3}{2}\left(\dot{x}_1 - v_1\right)^2 = \frac{1}{\rho}\left\{p_i - p_\infty - p_a e^{i(\omega t - kx_1)} - \frac{2\sigma}{x_1 - x_0} - \frac{4\eta\left(\dot{x}_1 - v_1\right)}{x_1 - x_0}\right\} \quad (10.23)$$

式中，

$$x_1 - x_0 \triangleq R_0\left(1 + y\right) \quad (10.24)$$

即

$$x_1 = R_0\left(1 + y\right) + x_0 \quad (10.25)$$

其中，R_0 为气泡壁面径向振动的平衡半径，y 为气泡壁面无量纲偏移量。将式 (10.25) 代入式 (10.23) 中，可得

$$R_0^2\left(1 + y\right)\ddot{y} + \frac{3}{2}R_0^2\dot{y}^2 = \frac{1}{\rho}\left[p_i - p_\infty - p_a e^{i(\omega t - kx_1)} - \frac{2\sigma}{R_0\left(1 + y\right)} - \frac{4\eta\dot{y}}{\left(1 + y\right)}\right] \quad (10.26)$$

化简得

$$\ddot{y} + \frac{3\dot{y}^2}{2\left(1 + y\right)} = \frac{p_i}{\rho R_0^2\left(1 + y\right)} - \frac{p_\infty}{\rho R_0^2\left(1 + y\right)} - \frac{p_a e^{i(\omega t - kx_1)}}{\rho R_0^2\left(1 + y\right)}$$
$$- \frac{2\sigma}{\rho R_0^3\left(1 + y\right)^2} - \frac{4\eta\dot{y}}{\rho R_0^2\left(1 + y\right)^2} \quad (10.27)$$

当气泡壁面做小幅振动时，y 相对于 1 是个充分小量，将内部压力 p_i 在平衡点处进行微分展开，可得

$$p_i(t) = p_{i0} + \frac{\partial p_i}{\partial y}\bigg|_{y=0, \dot{y}=0} y(t) + \frac{\partial p_i}{\partial \dot{y}}\bigg|_{y=0, \dot{y}=0} \dot{y}(t) + \cdots \quad (10.28)$$

气泡内的压力为

$$p_i = p_{i0}\left(\frac{R_0}{x_1 - x_0}\right)^{3\kappa} = p_{i0}(y + 1)^{-3\kappa} \quad (10.29)$$

即

$$p_i = p_{i0} - 3\kappa p_{i0} y \quad (10.30)$$

将模型进行线性化，略去高阶量，即

$$\frac{p_\infty}{\rho R_0^2 (1+y)} \approx \frac{p_\infty}{\rho R_0^2} - \frac{p_\infty}{\rho R_0^2} y \tag{10.31}$$

$$\frac{2\sigma}{\rho R_0^3 (1+y)^2} \approx \frac{2\sigma}{\rho R_0^3} - \frac{4\sigma}{\rho R_0^3} y \tag{10.32}$$

$$\frac{4\eta \dot{y}}{\rho R_0^2 (1+y)^2} \approx \frac{4\eta \dot{y}}{\rho R_0^2} \tag{10.33}$$

模型(10.23)可线性化为

$$\ddot{y} + \frac{4\eta}{\rho R_0^2}\dot{y} + \left(\frac{3\kappa p_{i0}}{\rho R_0^2} - \frac{2\sigma}{\rho R_0^3}\right) y = -\frac{p_a}{\rho R_0^2}\mathrm{e}^{\mathrm{i}(\omega t - kx_1)} \tag{10.34}$$

写成如下形式:

$$\ddot{y} + 2\delta \dot{y} + \omega_0^2 y = -\frac{p_a}{\rho R_0^2}\mathrm{e}^{\mathrm{i}(\omega t - kx_1)} \tag{10.35}$$

式中,

$$\delta = \frac{2\eta}{\rho R_0^2} \tag{10.36}$$

$$\omega_0^2 = \frac{3\kappa p_{i0}}{\rho R_0^2} - \frac{2\sigma}{\rho R_0^3} \tag{10.37}$$

又因为

$$p_{i0} = p_\infty + \frac{2\sigma}{R_0} \tag{10.38}$$

即

$$\omega_0^2 = \frac{3\kappa p_\infty}{\rho R_0^2} + \frac{2\sigma(3\kappa - 1)}{\rho R_0^3} \tag{10.39}$$

2. 气泡振动特性分析

对式(10.35)进行分析,此系统为一个二阶振动系统,其中 δ 为气泡壁面径向振动的阻尼系数, ω_0 为气泡壁面径向振动的共振频率。取液体剪切黏性系数 $\eta =$

$10^{-3}\mathrm{kg/(m\cdot s)}$，液体密度 $\rho = 998\mathrm{kg/m^3}$，多方指数 $\kappa = 1.4$，环境压强 p_0 分别取为 1、2、5 个大气压。

由图 10.12 可以看出，气泡平衡半径越小，气泡壁面径向振动阻尼系数越大；气泡半径越大，气泡壁面径向振动阻尼系数越小。

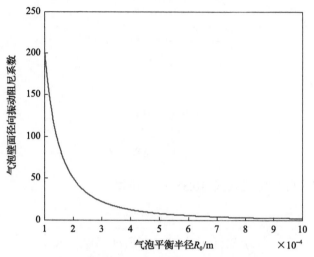

图 10.12　气泡壁面径向振动阻尼系数与平衡半径关系

由图 10.13 可以看出，气泡的共振频率随着气泡的平衡半径的增大而减小；同时，气泡的共振频率还受外界环境压强的影响，外界环境压强越大，气泡的共振频率越小。

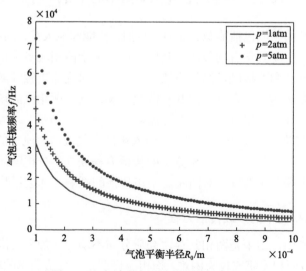

图 10.13　气泡共振频率与平衡半径关系

对于气泡，声波是它唯一的激励源，可以认为无量纲偏移量 y 与声场的时间依赖性是相同的，对于声场有

$$\frac{\partial p_a \mathrm{e}^{\mathrm{i}(\omega t - k x_1)}}{\partial t} = \mathrm{i}(\omega - k v_1) p_a \mathrm{e}^{\mathrm{i}(\omega t - k x_1)} \tag{10.40}$$

$$\frac{\partial^2 p_a \mathrm{e}^{\mathrm{i}(\omega t - k x_1)}}{\partial t^2} = -(\omega - k v_1)^2 p_a \mathrm{e}^{\mathrm{i}(\omega t - k x_1)} \tag{10.41}$$

所以，对于 y 有

$$\dot{y} = \mathrm{i}(\omega - k v_1) y \tag{10.42}$$

$$\ddot{y} = -(\omega - k v_1)^2 y \tag{10.43}$$

将式(10.42)和式(10.43)代入式(10.35)中，可得

$$y = \frac{p_a \mathrm{e}^{\mathrm{i}(\omega t - k x_1)}}{\rho R_0^2 \left[(\omega - k v_1)^2 - 2\mathrm{i}\delta(\omega - k v_1) - \omega_0^2 \right]} \tag{10.44}$$

由式(10.44)可以看出，虽然气泡在流场中的自由振动不会受流场流动的影响，但当有声波扰动时，其振动会受到一定的影响。

10.2　声波在气液两相流中的传播

两相流涉及的领域包括能源、动力、石油、核能和航天等，随着科技的进步，两相流的问题日益受到学者的关注，其中有许多关于两相流参数检测的研究，涉及接触性测量方法和非接触性测量方法。本章主要研究非接触性测量方法，基于声波幅值衰减测量两相流含气率，其中涉及声场与气液两相流流场的耦合，因存在气泡，其非线性振荡使得声场变得更加复杂。

在 10.1 节气泡动力学模型基础上，引入声波在气液两相流中的传播模型，将气泡壁面的振动方程与声波在两相流中的传播方程联立，分析流场流速、两相流含气率、气泡半径和声波频率对两相流中声传播的影响，并进行数值计算仿真。

10.2.1　气液两相流中的声波传播方程

气液两相流中，由于是两相共存，介质分布不均匀，加之气泡的振动呈现非线性，使得气液两相流研究较为困难。均相流模型是一种最简单的模型分析方法，其基本思想是通过合理定义两相流混合物的平均值，把两相流当作具有这种平

均特性，遵循单相流体基本方程的均匀介质。本节即采用均相流模型，通过确定两相混合物的平均特性，应用经典流体力学，就可以对两相流的相关问题进行研究。

把气液两相流看成另外一种均匀的介质，它具有稳定动力学特性，由经典的流体质量方程得

$$\frac{\partial \rho_m}{\partial t} + \nabla \cdot (\rho_m \boldsymbol{v}) = 0 \tag{10.45}$$

式中，ρ_m 为均匀介质的密度；$\boldsymbol{v}$ 为流速。

假设气液两相流中的气体体积分数为 β，液体的密度为 ρ，气体的密度为 ρ_g，则均匀介质的密度 ρ_m 可以写成

$$\rho_m = (1 - \beta)\rho + \beta \rho_g \tag{10.46}$$

又因为气体的密度远小于液体的密度，所以均匀介质的密度可以近似表达成如下形式：

$$\rho_m = (1 - \beta)\rho \tag{10.47}$$

将式 (10.47) 代入式 (10.45) 可以得到

$$\frac{\mathrm{d}\big[(1 - \beta)\rho\big]}{\mathrm{d}t} + (1 - \beta)\rho\nabla \cdot \boldsymbol{v} = 0 \tag{10.48}$$

展开得

$$(1 - \beta)\frac{\mathrm{d}\rho}{\mathrm{d}t} + (1 - \beta)\rho\nabla \cdot \boldsymbol{v} = \rho\frac{\mathrm{d}\beta}{\mathrm{d}t} \tag{10.49}$$

即

$$\frac{1}{\rho}\frac{\mathrm{d}\rho}{\mathrm{d}t} + \nabla \cdot \boldsymbol{v} = \frac{1}{1 - \beta}\frac{\mathrm{d}\beta}{\mathrm{d}t} \tag{10.50}$$

假设两相流中气泡半径相同，气泡半径均为 R，单位体积里的气泡个数为 N，则气体体积分数 β 可以表示为

$$\beta = \frac{4}{3}\pi R^3 N \tag{10.51}$$

不考虑过程中的气泡分裂和合并，因为气泡个数是守恒的，对于气泡的个数

N，可得

$$\frac{\mathrm{d}N}{\mathrm{d}t} + N\nabla \cdot \boldsymbol{v}_b = 0 \tag{10.52}$$

式中，$\boldsymbol{v}_b$ 为气泡在两相流中的运动速度。将式(10.51)和式(10.52)代入式(10.50)，可以得到

$$\frac{1}{\rho}\frac{\mathrm{d}\rho}{\mathrm{d}t} + \nabla \cdot \boldsymbol{v} = 4\pi NR^2 \frac{\mathrm{d}R}{\mathrm{d}t} - \beta\nabla \cdot \boldsymbol{v}_b \tag{10.53}$$

因为气泡在两相流中的运动速度与两相流均匀介质的运动速度相差不大，是一个数量级的，即 $\nabla \cdot \boldsymbol{v}$ 和 $\nabla \cdot \boldsymbol{v}_b$ 是一个数量级的，而上式中等号右边第二项相比于左边多乘了一个 β，因为气液两相流中气体的体积分数一般较小，故可以直接忽略右边第二项，即

$$\frac{1}{\rho}\frac{\mathrm{d}\rho}{\mathrm{d}t} + \nabla \cdot \boldsymbol{v} = 4\pi NR^2 \frac{\mathrm{d}R}{\mathrm{d}t} \tag{10.54}$$

假设流体为不可压的，气泡在两相流中均匀分布，在两相流含气率比较小的情况下，全微分 $\mathrm{d}\beta/\mathrm{d}t$ 的空间项可以近似忽略，即

$$\frac{\mathrm{d}\beta}{\mathrm{d}t} \doteq \frac{\partial\beta}{\partial t} \tag{10.55}$$

同时

$$\frac{\mathrm{d}\rho}{\mathrm{d}t} \doteq \frac{\partial\rho}{\partial t} \tag{10.56}$$

将式(10.55)和式(10.56)代入式(10.54)中，可得

$$\frac{1}{\rho}\frac{\partial\rho}{\partial t} + \nabla \cdot \boldsymbol{v} = \frac{\partial\beta}{\partial t} \tag{10.57}$$

声波在流体中传播有 $\mathrm{d}\rho = c^{-2}\mathrm{d}p$，其中 c 为声波在纯液体中的传播速度，代入到式(10.57)中，化简可得

$$\frac{1}{\rho c^2}\frac{\partial p}{\partial t} + \nabla \cdot \boldsymbol{v} = \frac{\partial\beta}{\partial t} \tag{10.58}$$

由流体的动量方程得

$$\frac{\partial}{\partial t}\left(\rho_{\mathrm{m}}\boldsymbol{v}\right)+\nabla\cdot\boldsymbol{M}=-\nabla p \tag{10.59}$$

式中，$\boldsymbol{M}$ 为均匀介质的动量流。展开得

$$\rho_{\mathrm{m}}\frac{\partial\boldsymbol{v}}{\partial t}+\nabla\cdot\boldsymbol{M}+\boldsymbol{v}\frac{\partial\rho_{\mathrm{m}}}{\partial t}=-\nabla p \tag{10.60}$$

由式 (10.45) 得

$$\frac{\partial\rho_{\mathrm{m}}}{\partial t}=-\nabla\cdot\left(\rho_{\mathrm{m}}\boldsymbol{v}\right) \tag{10.61}$$

代入式 (10.60) 中，得

$$\rho_{\mathrm{m}}\frac{\partial\boldsymbol{v}}{\partial t}+\nabla\cdot\boldsymbol{M}-\boldsymbol{v}\nabla\cdot\left(\rho_{\mathrm{m}}\boldsymbol{v}\right)=-\nabla p \tag{10.62}$$

假设两相流中介质的运动速度为匀速，上式中的 $\nabla\cdot\boldsymbol{M}$ 以及 $\boldsymbol{v}\nabla\cdot\left(\rho_{\mathrm{m}}\boldsymbol{v}\right)$ 可忽略，将式 (10.47) 代入式 (10.62)，化简可得

$$\rho\frac{\partial\boldsymbol{v}}{\partial t}+\nabla p=0 \tag{10.63}$$

联立式 (10.58) 和式 (10.63)，可得

$$\frac{1}{c^2}\frac{\partial^2 p}{\partial t^2}-\nabla^2 p=\rho\frac{\partial^2\beta}{\partial t^2} \tag{10.64}$$

式 (10.64) 为声波在气液两相流中的传播方程；当含气率为 0 时，传播方程可简化为纯液体中的声波传播方程。

10.2.2　两相流中的声衰减系数与等效声速求解

在 10.1 节中，对单个气泡进行建模分析，得到了气泡壁面的振动方程；在 10.2.1 节中，通过建立气液两相流均相模型，得到了声波在气液两相流中的传播方程，将二者联立，求解两相流中的声衰减系数与等效声速。

方程 (10.64) 中，$p=p_{\infty}+p_{\mathrm{a}}(t,x)$，$p_{\mathrm{a}}(t,x)$ 为声波，写成平面波 $p_{\mathrm{a}}\mathrm{e}^{\mathrm{i}(\omega t-k_{\mathrm{m}}x)}$ 的形式

$$x_1=R_0\left(1+y\right)+x_0 \tag{10.65}$$

$$\beta=\frac{4}{3}\pi\left(x_1-x\right)^3 N \tag{10.66}$$

$$y = \frac{p_a \mathrm{e}^{\mathrm{i}(\omega t - k_m x_1)}}{\rho R_0^2 \left[\left(\omega - k_m v_1 \right)^2 - 2\mathrm{i}\delta\left(\omega - k_m v_1 \right) - \omega_0^2 \right]} \tag{10.67}$$

将式(10.65)～式(10.67)代入式(10.64)中，化简过程中省略二阶小量，可得

$$\nabla^2 p_a(t,x) + k_m^2 p_a(t,x) = 0 \tag{10.68}$$

式中，

$$k_m^2 = \frac{\left(\omega - k_m v_1 \right)^2}{c^2} + \frac{3\beta_0 \left(\omega - k_m v_1 \right)^2}{R_0^2 \left[\omega_0^2 + 2\mathrm{i}\delta\left(\omega - k_m v_1 \right) - \left(\omega - k_m v_1 \right)^2 \right]} \tag{10.69}$$

β_0 为平衡状态下的气体体积分数，

$$\beta_0 = \frac{4}{3}\pi R_0^3 N \tag{10.70}$$

δ 和 ω_0 分别为振动阻尼与共振频率，

$$\delta = \frac{2\eta}{\rho R_0^2} \tag{10.71}$$

$$\omega_0^2 = \frac{1}{\rho R_0^2}\left[3\kappa p_\infty + \frac{2(3\kappa - 1)\sigma}{R_0} \right] \tag{10.72}$$

ω 为声波的角频率；c 为声波在纯液体中的传播速度；v_1 为流场的流动速度；i 为虚数单位。

声波在纯液体中传播，其传播方程为

$$\frac{\partial^2 p}{\partial t^2} = c^2 \nabla^2 p \tag{10.73}$$

将 $p(x,t) = p_0 \mathrm{e}^{\mathrm{i}(\omega t - kx)}$ 代入式(10.73)中得

$$\nabla^2 p + \frac{\omega^2}{c^2} p = 0 \tag{10.74}$$

对比式(10.74)与式(10.68)可知，k_m 为声波在气液两相流中传播的等效波数，满足

$$k_m = \frac{\omega}{c_m} \tag{10.75}$$

式中，c_m 为声波在气液两相流中传播的等效声速。

由式(10.75)和式(10.69)可得

$$\frac{c^2}{c_m^2} = k_m^2 \frac{c^2}{\omega^2} = \frac{\left(\omega - k_m v_l\right)^2}{\omega^2} + \frac{3\beta_0 c^2 \left(\omega - k_m v_l\right)^2}{\omega^2 R_0^2 \left[\omega_0^2 + 2\mathrm{i}\delta\left(\omega - k_m v_l\right) - \left(\omega - k_m v_l\right)^2\right]} \quad (10.76)$$

即

$$k_m^2 = \frac{\left(\omega - k_m v_l\right)^2}{c^2} + \frac{3\beta_0 \left(\omega - k_m v_l\right)^2}{R_0^2 \left[\omega_0^2 + 2\mathrm{i}\delta\left(\omega - k_m v_l\right) - \left(\omega - k_m v_l\right)^2\right]} \quad (10.77)$$

取

$$\frac{c}{c_m} = k_m \frac{c}{\omega} = u - \mathrm{i}v \quad (10.78)$$

则通过解式(10.77)可以得到参数

$$u = \mathrm{real}\left(k_m\right)\frac{c}{\omega} \quad (10.79)$$

$$v = \mathrm{imag}\left(k_m\right)\frac{c}{\omega} \quad (10.80)$$

其中，real( )表示取实部，imag( )表示取虚部。

对于两相流中的等效平面波

$$p_m\left(x,t\right) = p_0 \exp\left(\mathrm{i}\omega t - \mathrm{i}k_m x\right) \quad (10.81)$$

将式(10.78)代入式(10.81)，可以写为下列形式：

$$p_m\left(x,t\right) = p_0 \exp\left(\mathrm{i}\omega t - \mathrm{i}k_m x\right) = p_0 \exp\left(-\frac{\omega v}{c}x\right)\exp\left[\mathrm{i}\omega\left(t - \frac{u}{c}x\right)\right] \quad (10.82)$$

则其衰减系数为

$$\alpha = \frac{\omega v}{c} \quad (10.83)$$

两相流中的等效声速为

$$c_m = \frac{c}{u} \quad (10.84)$$

可以看出，v 值可以通过测量声衰减系数来得到，u 值可以通过测量两相流中的等效声速得到。

1. 流场流速对气液两相流中声传播的影响

取外界环境压强为 $p_\infty = 101\text{kPa}$，纯液体中的声速取为 $c = 1484\,\text{m/s}$，气体的体积分数取为 $\beta_0 = 0.00005$，液体黏性剪切系数为 $\eta = 10^{-3}\,\text{kg/(m·s)}$，液体的表面张力系数为 $\sigma = 0.0725\,\text{N/m}$，声波频率为 $f = 50\text{kHz}$，气体的多方指数为 $\kappa = 1.4$，气泡半径为 $R_0 = 1 \times 10^{-5}\,\text{m}$。

如图 10.14 所示，分析流场流速对两相流中声衰减系数的影响，仿真结果表明：流场的流速会对两相流中的声衰减系数产生影响，流速越大，声衰减系数越小，即流场的流动会减小声波在两相流中传播的衰减。

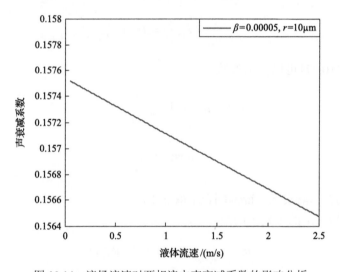

图 10.14　流场流速对两相流中声衰减系数的影响分析

如图 10.15 所示，分析流场流速对两相流中等效声速的影响，仿真结果表明：流场的流速会对两相流中的声波传播等效声速产生影响，流速越大，等效声速越大，即流场的流动会加快声波在两相流中传播速度。

2. 声波频率对气液两相流中声传播的影响

不考虑流场的流动，取外界环境压强为 $p_\infty = 101\text{kPa}$，纯液体中的声速取为 $c = 1484\,\text{m/s}$，液体黏性剪切系数为 $\eta = 10^{-3}\,\text{kg/(m·s)}$，液体的表面张力系数为 $\sigma = 0.0725\,\text{N/m}$，气体的多方指数为 $\kappa = 1.4$，气泡半径为 $R_0 = 10\mu\text{m}$，声波频率分别取为 $f = 10\text{kHz}$、12kHz、15kHz，得到仿真结果如下。

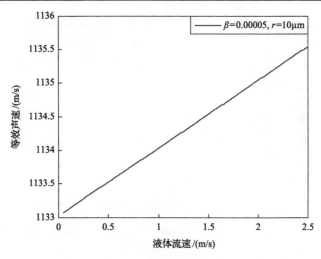

图 10.15 流场流速对两相流中等效声速的影响分析

如图 10.16 所示，分析声波频率对两相流中声衰减系数的影响，仿真结果表明：随着含气率的增大，声波在两相流中的幅值衰减系数呈越来越大的趋势；在含气率与气泡的平衡半径相同的情况下，声波的频率越高，其幅值衰减系数越大。

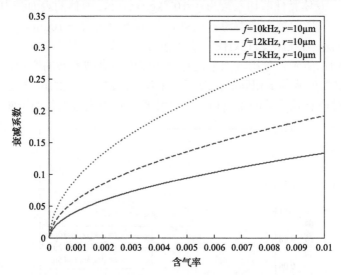

图 10.16 声波频率对两相流中声衰减系数的影响分析

如图 10.17 所示，分析声波频率对两相流中等效声速的影响，仿真结果表明随着含气率的增大，声波在两相流中的传播速度会变小，且因为很小量气体的存在，就会使声波的传播速度减小很多；在含气率与气泡的平衡半径相同的情况下，可以看出三种频率的声波对应的等效声速基本重合，声波频率对两相流中等效声速的影响远小于含气率对等效声速的影响。

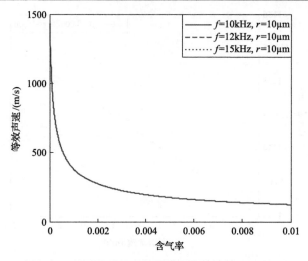

图 10.17　声波频率对两相流中等效声速的影响分析

3. 气泡半径对气液两相流中声传播的影响

不考虑流场的流动,取外界环境压强为 $p_\infty = 101\text{kPa}$,纯液体中的声速取为 $c = 1484\text{m/s}$,液体黏性剪切系数为 $\eta = 10^{-3}\text{kg/(m·s)}$,液体的表面张力系数为 $\sigma = 0.0725\text{N/m}$,气体的多方指数为 $\kappa = 1.4$,气泡半径为 $R_0 = 10\mu\text{m}$,声波频率分别取为 $f = 10\text{kHz}$ 、 12kHz 、 15kHz ,得到仿真结果如下。

如图 10.18 所示,分析气泡半径对两相流中声衰减系数的影响,仿真结果表明:在含气率与声波频率相同的情况下,气泡半径越大对应的声衰减系数也越大,但气泡半径对声衰减系数的影响相对于声波频率对声衰减系数的影响要小很多。

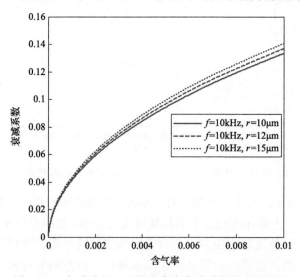

图 10.18　气泡半径对两相流中声衰减系数的影响分析

　　如图 10.19 所示,分析气泡半径对两相流中等效声速的影响,仿真结果表明:在含气率与声波频率半径相同的情况下,三种气泡半径对应的等效声速基本重合,声波频率对两相流中等效声速的影响远小于含气率对等效声速的影响。

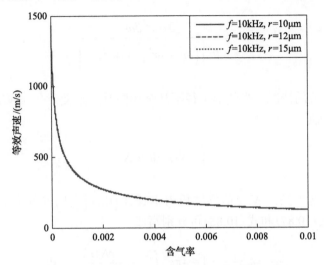

图 10.19　气泡半径对两相流中等效声速的影响分析

10.3　超声波两相流含气率检测方法

　　在 10.2 节中,根据声波两相流均相流模型中的传播方程,结合气泡动力学模型,推导了两相流中等效波数与含气率及气泡半径之间的关系,分析了液体流速、两相流含气率、声波频率以及气泡半径对声衰减系数和等效声速的影响。本节主要研究两种基于声学的两相流含气率检测方法。

　　流场的流动特性对声波在气液两相流中传播的影响非常小,在检测气液两相流含气率的研究过程中,不考虑流场的流动特性,由式(10.76)可得

$$\frac{c^2}{c_{\mathrm{m}}^2} = k_{\mathrm{m}}^2 \frac{c^2}{\omega^2} = 1 + \frac{3\beta_0 c^2}{R_0^2\left(\omega_0^2 + 2\mathrm{i}\delta\omega - \omega^2\right)} \tag{10.85}$$

将式(10.78)代入式(10.85)中

$$\frac{c^2}{c_{\mathrm{m}}^2} = u^2 - v^2 - 2\mathrm{i}uv \tag{10.86}$$

实部与虚部对应相等,可得

$$u^2 - v^2 = 1 + \frac{3\beta_0 c^2 \left(\omega_0^2 - \omega^2\right)}{R_0^2 \left[\left(\omega_0^2 - \omega^2\right)^2 + 4\delta^2\omega^2\right]} \tag{10.87}$$

$$uv = \frac{3\beta_0 c^2 \delta\omega}{R_0^2 \left[\left(\omega_0^2 - \omega^2\right)^2 + 4\delta^2\omega^2\right]} \tag{10.88}$$

推广到一般的情况，当气泡半径不是全相同时，定义一个气泡半径分布密度函数 $N(r)$，满足

$$\int_{r_1}^{r_2} N(r)\,\mathrm{d}r = N \tag{10.89}$$

式中，r 为气泡半径；N 为单位体积内半径在 $[r_1, r_2]$ 之间的气泡的总个数，则式 (10.85)、式 (10.87) 和式 (10.88) 可分别写成

$$\frac{c^2}{c_{\mathrm{m}}^2} = k_{\mathrm{m}}^2 \frac{c^2}{\omega^2} = 1 + 4\pi c^2 \int_{r_1}^{r_2} \frac{rN(r)}{\omega_0^2 + 2\mathrm{i}\delta\omega - \omega^2}\,\mathrm{d}r \tag{10.90}$$

$$u^2 - v^2 = 1 + 4\pi c^2 \int_{r_1}^{r_2} \frac{rN(r)\left(\omega_0^2 - \omega^2\right)}{\left(\omega_0^2 - \omega^2\right)^2 + 4\delta^2\omega^2}\,\mathrm{d}r \tag{10.91}$$

$$uv = 4\pi c^2 \int_{r_1}^{r_2} \frac{rN(r)\delta\omega}{\left(\omega_0^2 - \omega^2\right)^2 + 4\delta^2\omega^2}\,\mathrm{d}r \tag{10.92}$$

10.3.1　单频声波幅值衰减法

分析声衰减系数的影响因素，对比图 10.16 与图 10.18，可以看出声衰减系数受含气率、声波频率以及气泡半径的影响，但气泡半径相对于前两者对声衰减系数的影响要小很多。在不考虑气泡半径的情况下，若声波频率为固定频率，则含气率与声衰减系数存在一一对应关系，可采用此原理来测量两相流含气率，下面对其做具体说明。

声衰减系数主要受含气率及声波频率的影响，为了测量含气率，可以预先进行标定试验，固定一个声波频率，首先分别测量不同的已知含气率的两相流对应的声波幅值衰减，拟合得到此频率下声波幅值衰减与含气率的关系。在测量含气率时，采用相同的声波频率进行试验，测得声波幅值衰减，利用之前标定试验拟合得到的声波幅值衰减与含气率的关系，推算出两相流的含气率。下面对此方法

进行理论验证。

　　两相流中的气泡半径采用正态分布，均值为 0.05mm，标准差为 0.005mm，其分布情况如图 10.20 所示。

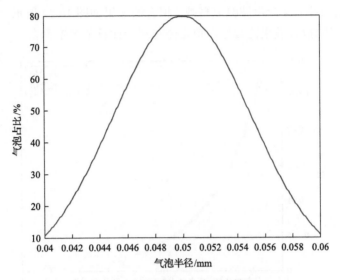

图 10.20　两相流中气泡分布情况

　　进行理论计算时，每组气泡半径分布为 $r=\mathrm{normrnd}(0.05,\ 0.05\times0.1,\ [200000, 1])\times10^{-3}$，共 200000 个气泡，一组气泡的含气率为 1.08×10^{-8}，不同含气率的两相流对应的气泡的组数不同，取声波频率为 40kHz，代入式(10.91)和式(10.92)，计算得到的声波幅值衰减与含气率的关系如图 10.21 所示。

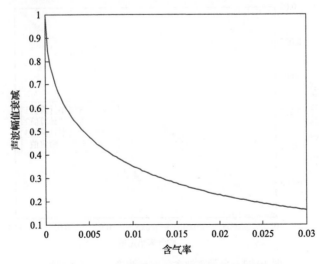

图 10.21　声波幅值衰减与含气率关系图

拟合得到含气率与声波幅值衰减的关系为

$$B = -0.5209A^5 + 1.693A^4 - 2.181A^3 + 1.433A^2 - 0.5064A + 0.0825 \qquad (10.93)$$

其中，B 为含气率；A 为声波幅值衰减，拟合的效果如图 10.22 所示。由图可以看出，此多项式的拟合效果比较好，拟合值与理论计算值基本重合。

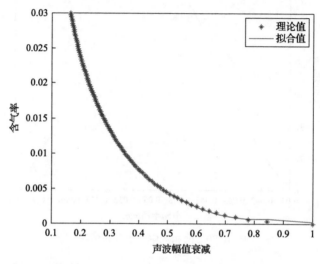

图 10.22　含气率与声波幅值衰减拟合效果图

图 10.23 为单频声波含气率检测方法验证效果图。具体验证方法如下：给定一定含气率的两相流，气泡半径的分布与之前的正态分布相同，采用相同的 40kHz 的

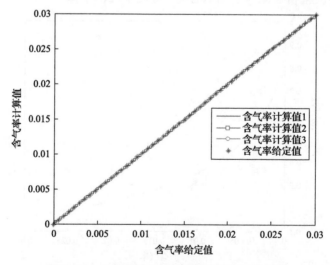

图 10.23　单频声波含气率检测方法验证效果图

声波频率，每次计算的过程中，气泡均会重新随机分布，计算得到声波幅值衰减值，通过拟合的声波幅值衰减与含气率之间的关系式(10.93)计算含气率，并与给定的含气率进行对比，从理论上验证此方法的可行性。

图 10.23 中，对不同的含气率进行计算，共计算三次，每次计算不同含气率时，气泡都会重新随机分布，均服从相同的正态分布，上图可以看出，含气率计算值的重复性较好，三次计算的结果基本重合，并且每次的含气率的计算值与含气率给定值基本一致，说明可以用此方法进行两相流含气率的测量。

10.3.2　双频声波幅值衰减法

因为气泡半径对声波幅值衰减的影响较小，对于一般的气泡分布，气泡半径可取同一数值。由式(10.87)和式(10.88)可得，对于相同含气率的两相流，一种频率的声波可以测得两个参数 u、v。由式(10.83)和式(10.84)可得，参数 u 与两相流中等效声速相关，参数 v 与两相流中声波幅值衰减相关，而在实际试验过程中，两相流中的声波速度测量较为困难，参数 u 不易测量，而声波幅值衰减可以通过声波传感器进行测量，得到参数 v。

通过双频声波信号，频率分别为 ω_1、ω_2，由式(10.87)和式(10.88)可得

$$u_1^2 - v_1^2 = 1 + \frac{3\beta_0 c^2 \left(\omega_0^2 - \omega_1^2\right)}{R_0^2 \left[\left(\omega_0^2 - \omega_1^2\right)^2 + 4\delta^2 \omega_1^2\right]} \tag{10.94}$$

$$u_1 v_1 = \frac{3\beta_0 c^2 \delta \omega_1}{R_0^2 \left[\left(\omega_0^2 - \omega_1^2\right)^2 + 4\delta^2 \omega_1^2\right]} \tag{10.95}$$

$$u_2^2 - v_2^2 = 1 + \frac{3\beta_0 c^2 \left(\omega_0^2 - \omega_2^2\right)}{R_0^2 \left[\left(\omega_0^2 - \omega_2^2\right)^2 + 4\delta^2 \omega_2^2\right]} \tag{10.96}$$

$$u_2 v_2 = \frac{3\beta_0 c^2 \delta \omega_2}{R_0^2 \left[\left(\omega_0^2 - \omega_2^2\right)^2 + 4\delta^2 \omega_2^2\right]} \tag{10.97}$$

联立上面四式，其中 v_1、v_2 可以通过测量声波幅值衰减得到，ω_1、ω_2 是测量时给定的声波频率，ω_0、δ 是跟气泡半径 R_0 相关的，c 是纯液体中的声速。可以看出上面四个式子中，未知数为难以测量的参数 u_1、u_2，气泡的平均半径 R_0，以及两相流含气率 β_0。四个方程四个未知数，理论上可以计算出两相流含气率和气

泡平均半径。

为了计算方便，取简化后的 $\omega_0^2 = \dfrac{3\kappa p_\infty}{\rho R_0^2}$，与简化前的共振频率式(10.72)相比，其对比图如图 10.24 所示，两者几乎没有区别，故可进行如此简化。

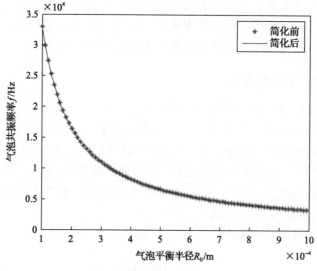

图 10.24　简化前后的共振频率对比图

两相流中气泡的半径仍采用上述相同的正态分布，双频声波频率分别采用 20kHz 和 40kHz，此方法检测含气率的效果如图 10.25 所示。

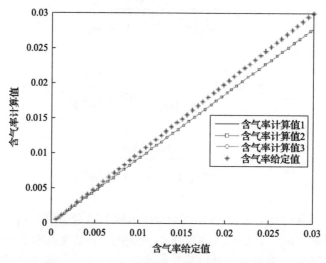

图 10.25　双频声波含气率检测方法验证效果图

在每次计算含气率时，气泡都会重新随机分布，均服从相同的正态分布，如图 10.25、图 10.26 所示，含气率计算值与气泡平均半径的计算值重复性均较好，每次的计算结果基本一致，含气率计算值与含气率给定值存在一定的差异，气泡平均半径的计算值与给定值也存在一定的差异，在测量精度要求不高的情况下可以用此方法进行两相流含气率的测量。

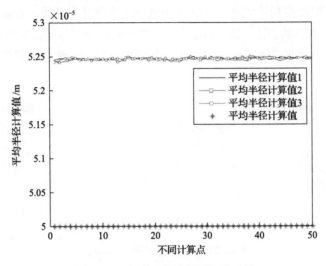

图 10.26 气泡平均半径测量值对比

将两种含气率检测的方法进行对比，很明显可以看出基于单频声波幅值衰减法测量两相流含气率相对于基于双频声波幅值衰减的方法精度要高很多，但前者相对于后者更复杂，前者需要先进行标定试验，得到含气率与声波幅值衰减的关系，而后者只需要直接测量双频的声波幅值衰减即可。前者进行验证时，测量值与给定值基本重合，但只是理论计算的幅值衰减，并非试验测得的幅值衰减。试验过程中，由于两相流的复杂性，准确的测量声波幅值衰减比较困难。

10.4 超声波两相流含气率检测试验

基于声学测量两相流有两种方式：一种是被动的测量方式，即测量气泡的动态特性，如气泡破裂和气泡振动产生的辐射信号，从而得到两相流的参数，这种方式的缺点在于背景噪声影响太大，有可能检测不到有效信号；另一种是主动的测量方式，声波经过两相流后，会携带两相流信息，通过对接收到的信号进行分析，得到两相流的参数。本章采用主动的测量方式，根据 10.3 节研究的基于单频声波幅值衰减法测量两相流的含气率。

10.4.1 试验原理

采用基于单频声波幅值衰减法测量两相流含气率，声波幅值衰减主要受声波频率与两相流含气率的影响，当声波频率一定时，声波幅值衰减与含气率存在一一对应关系。固定一个声波频率，测量已知含气率的两相流对应的声波幅值衰减，改变含气率，拟合得到此频率下声波幅值衰减与含气率的关系，在测量含气率时，采用相同的声波频率进行试验，测得声波幅值衰减，利用标定试验拟合得到的声波幅值衰减与含气率的关系，可以推算出两相流的含气率。测量装置设计如图 10.27 所示。

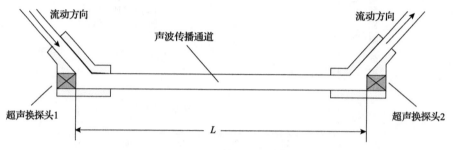

图 10.27　两相流测量装置原理图

测量段为一个直管流道，两个超声波探头位于如图 10.27 所示的两端，用于信号的发射与接收。超声波探头 1 连接信号发生器，将指定频率的正弦电压信号转换成超声波信号，超声波信号经过中间的通道后，其幅值发生改变，超声波探头 2 接收超声波信号，将超声波信号转换成电压信号，对接收到的信号进行处理，得到幅值数据，用于测量两相流含气率。

10.4.2 试验方案

1. 试验系统设计

如图 10.28 所示，超声波两相流含气率检测系统主要由三部分组成：稳压控制系统、两相流生成系统、超声波测量系统，还包括其他附加系统。其中，稳压控制系统为超声波测量系统提供稳定的管道流动环境；两相流生成系统为超声波测量系统提供固定含气率的气液两相流；超声波测量系统为整个系统的核心，负责测量含气率。

图 10.28 中，1、2、3、7 为手动调节阀；4 为水泵；5 为储水槽，中间有一隔板，6 为一个小型水塔；8 为电子天平；9 为储水槽。

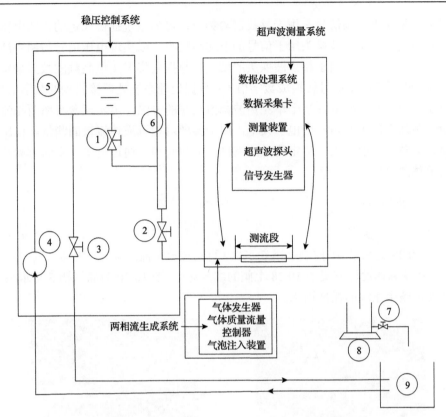

图 10.28　超声波两相流含气率检测系统总体设计方案图

　　稳压控制系统主要用于保证流道流过测流段的流量是稳定的。打开手动调节阀 1、2、3、7，打开水泵 4，使得整个系统为循环系统；因为水泵 4 抽水量比流道内液体的流量大，可以保证储水槽 5 中隔板右边部分的水位始终在最高的位置，而多出的水流到隔板左边，通过阀 3 流回储水槽 9；通过手动来调节阀 1 的开合程度，控制储水槽 5 流入水塔 6 的液体流量，保证流量与流道内液体的流量一致，即水塔 6 中的水位稳定不变，此时，由于储水槽 5 中隔板右边的水位始终保持最高的状态不变，通过阀 1 后，水塔 6 中的水位也会稳定不变，整个流道中的液体流量保持不变。

　　两相流生成系统主要为流道中提供流量可控的气体。它由三部分组成：气体发生器，即气泵，为两相流生成系统的气源；气体质量流量控制器，控制气体的注入量，通过计算可以得到两相流含气率的给定值；气泡注入装置为一个曝气头，其功能为将注入的气体转成小气泡。

　　超声波测量系统为整个系统的核心，用于实现两相流含气率的测量，由信号发生器、超声波探头、测量装置、数据采集卡以及数据处理系统构成。信号发生器可为系统提供扫频信号，用于寻找试验频点，可为系统提供稳定的正弦电压信号，实现测量；超声波探头用于信号的发送与接收，以实现电压信号与超声波信号的互转；测量装置用于超声波探头的安装；数据采集卡实现高频的数据采集功能，将采集到的电压信号转换成数字信号；数据处理系统处理接收到的数字信号，解算出接收信号的幅值，基于单频声波幅值衰减的方法，可实现含气率两相流的测量。附加系统主要是一个电子天平，用于实现两相流液体流量的测量。稳压控制系统为整个流道提供了恒定流量的液体，关闭阀 7，通过电子天平即可测得两相流液体的流量。

2. 试验件构型

1) 稳压控制系统

图 10.29 为水塔 6。控制水塔 6 水位，可实现整个流道流量的控制，其中阀 1、2、3 与系统总体设计方案图 10.28 上阀的编号对应。图 10.30 为储水槽 5 与水泵 4，主要实现整个系统的循环用水。

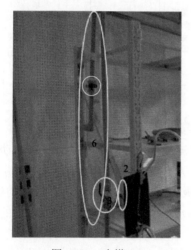

图 10.29　水塔 6

图 10.30　储水槽 5 和水泵 4

2) 两相流生成系统

图 10.31～图 10.33 组成两相流生成系统，气体发生器产生足量的气体，通过气体质量流量控制器，对气体流量进行控制，之后进入气泡注入装置，产生小气泡，生成已知含气量的两相流，测得液体流量后即可得到给定的含气率。气体发生器的最大排气压力为 0.8MPa，最大流量可达 116L/min，出气口有气压调节阀，满足后续不同气压的需求；气体质量流量控制器采用七星电子股份有限公司生产的产品，其满量程测量可设定为 100mL/min，控制精度可达满量程的 1%，需要的两相流的含气率比较小，此种型号的气体质量流量控制器可满足需求；气泡注入

装置为一个曝气头，将气体质量流量控制流出的气体，通过曝气头注入液体中，产生小气泡。

　　图 10.31　气体发生器　　　　　图 10.32　流量控制器　　　　图 10.33　气泡注入装置

3）超声波测量系统

　　图 10.34 为信号发生器，它为超声波探头提供所需的电压信号。图 10.35 为超声波探头，其主频在 4MHz 附近。测量装置如图 10.36 所示，为一个弯曲管道，超声波探头安装在测量装置的两端。

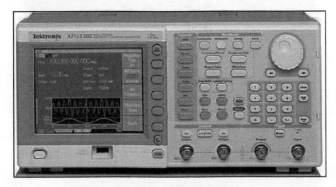

图 10.34　信号发生器

 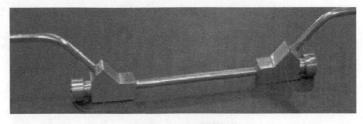

图 10.35　超声波探头　　　　　　　　　　　图 10.36　测量装置

　　图10.37 为信号放大器，由于超声波探头接收到的信号强度较小，需要将其进行放大再做处理，提高解算精度。图 10.38 为数据采集卡，可以实现 60MHz 频率的数据采集，能够满足试验的需求。图 10.39 为数据处理系统，用于读取数据采集卡采集到的数据，通过计算解算出信号幅值，根据单频声波幅值衰减法测量两相流

含气率的原理，编程实现含气率的测量。

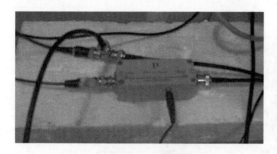

图 10.37　信号放大器

图 10.38　数据采集卡

图 10.39　数据处理系统

4) 附加系统

图 10.40 为高精度电子天平，测量精度达到 0.01g，用于测量两相流液体的流量，进而得到两相流含气率的给定值，通过串口向电脑传输数据。

图 10.40　高精度电子天平

3. 试验流程

基于单频声波幅值衰减法测量两相流含气率主要分为两步：第一步测得已知含气率两相流对应的幅值衰减，拟合得到含气率与幅值衰减的关系；第二步测得未知含气率两相流的声波幅值衰减，根据第一步得到的关系，解算出两相流含气率。具体步骤如下。

第一步：

(1)调整好水塔中液位的高度，保证测流段流量稳定；

(2)通过高精度电子天平，测出此时的液体流量；

(3)测量纯液体情况下的接收信号幅值；

(4)打开气体质量流量控制器，设置气体注入流量，测得接收信号幅值，与纯液体接收信号幅值做比值，得到此含气率两相流的声波幅值衰减；

(5)重复试验，注入不同气体流量，记录不同含气率两相流对应的声波幅值衰减；

(6)对数据进行分析，拟合得到两相流含气率与声波幅值衰减之间的关系。

第二步：

(1)调整好水塔中液位的高度，保证测流段流量稳定；

(2)通过高精度电子天平，测出此时的液体流量；

(3)测量纯液体情况下的接收信号幅值；

(4)打开气体质量流量控制器，在测量范围内任意设置气体注入流量，测得接收信号幅值，与纯液体接收信号幅值做比值，得到此含气率两相流的声波幅值衰减；

(5)将得到的声波幅值衰减代入第一步得到的关系中，解算出含气率。

10.4.3　试验内容

试验首先需要确定整个试验过程中所采用的超声波的频率。对测量装置进行扫频，取扫频信号为 0～10MHz，信号的峰峰值电压为 10V，对比空管和有水情况下的扫频结果。

图 10.41 显示出测量装置空管扫频信号结果，图 10.42 显示出测量装置有水扫频信号结果。对比图 10.41 和图 10.42 可以看出，在激励频率为 4.630MHz 时，空管与有水的情况下相差最大，在实际试验过程中，通过调试信号发生器，找到接收信号幅值最大的时候，发射频率为 4.624MHz，采用此频率作为试验测量的频率。接收信号的界面如图 10.43 所示，试验的采样率设置为 60MHz，可以保证采集到的信号不失真，测量的声波实时信息会显示在界面中。

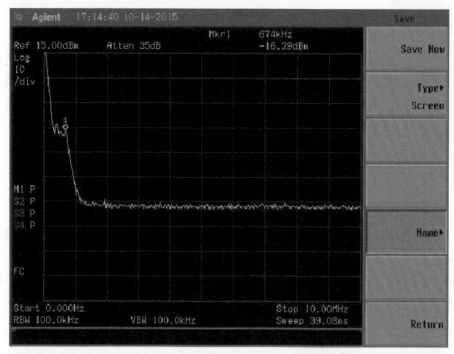

图 10.41　测量装置空管扫频信号结果

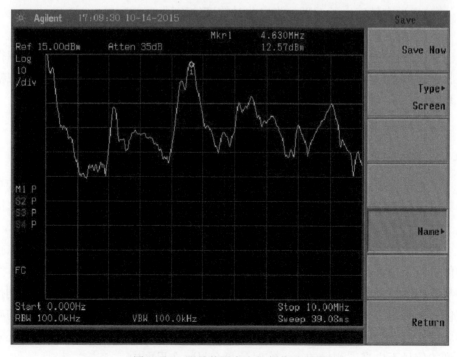

图 10.42　测量装置有水扫频信号结果

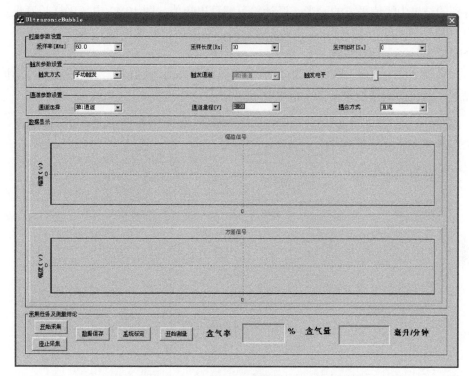

图 10.43　接收信号检测软件界面图

对采集到的原始数据会先经过一个带通滤波，因为测量信号为 4.624MHz，采用的带通滤波为 4～7MHz，对噪音信号进行过滤。

由于采集到的信号为正弦信号，试验需要的为幅值信号，需要对原始数据进行处理，具体原理如下。

假设采集到的信号为

$$y = A\sin(\omega t) \tag{10.98}$$

对采集信号做点乘，即

$$y^2 = A^2 \frac{1 - \cos 2(\omega t)}{2} \tag{10.99}$$

对点乘后的结果做低通滤波，即

$$y'^2 = \frac{A^2}{2} \tag{10.100}$$

得到的结果为幅值平方的一半，经计算可解算出幅值。图 10.43 中，采样长度设定为 10K 字节，即每次采 10K 字节个信号值，点乘后做低通滤波，求均值，得到一个幅值信号，显示在界面中。

采用 4.624MHz，峰峰值为 10V 的正弦信号作为激励信号，在纯液体流动情况下，试验的测量结果如图 10.44 所示。

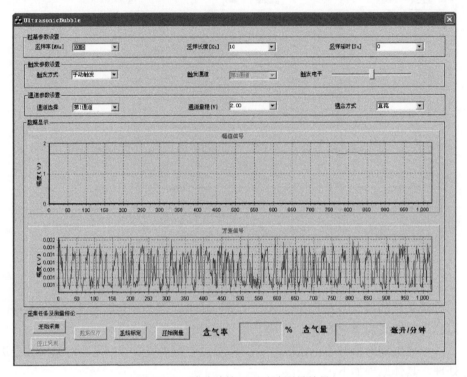

图 10.44　纯液体情况下试验测量结果

打开气体发生器与气体流量控制器，产生稳定的气流。气体质量流量控制器的流量参数设定软件控制界面如图10.45 所示，可以通过设定不同满量程百分比的值，来实现不同气体注入量。

设定气体质量流量控制器的气体注入量从 1mL/min 均匀变化到 20mL/min，观察接收信号的幅值信息。图 10.46 为注入不同气体量接收信号的幅值信息图。可以看出，随着气体注入量的逐渐加大，接收到的信号的幅值呈现越来越小的趋势。

下面对试验进行量化分析，设定气体的注入量为 10mL/min，一段时间接收信号的幅值信息如图 10.47 所示。可以得到此含气量情况下的幅值信息，改变气体注入量，得到不同含气量两相流接收信号幅值信息。

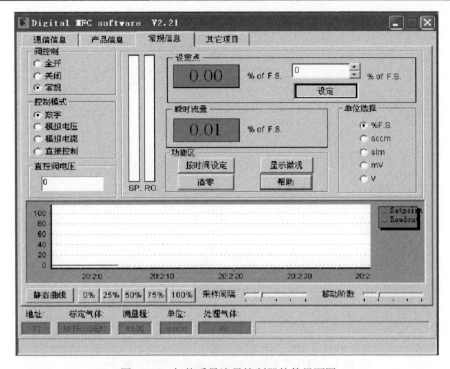

图 10.45　气体质量流量控制器软件界面图

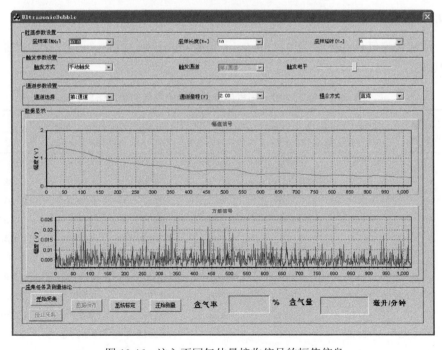

图 10.46　注入不同气体量接收信号的幅值信息

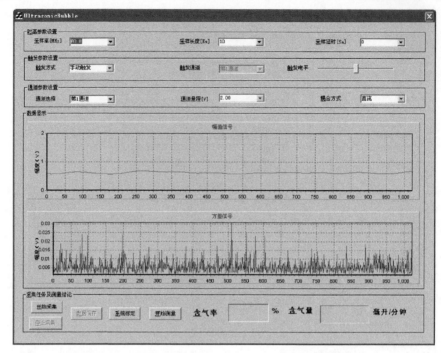

图 10.47　气体注入量为 10mL/min 接收信号的幅值信息

10.4.4　试验结果

分别设定气体注入量为 0, 2mL/min, 4mL/min, ···, 20mL/min，试验结果见表 10.1。

表 10.1　标定试验不同气体流量两相流对应的幅值信息

气体流量 /(mL/min)	第一组		第二组		第三组	
	接收信号幅值/V	幅值衰减	接收信号幅值/V	幅值衰减	接收信号幅值/V	幅值衰减
0	1.5588	1.0000	1.5433	1.0000	1.5993	1.0000
2	1.1756	0.7542	1.1371	0.7368	1.1811	0.7385
4	0.9295	0.5963	0.9468	0.6135	0.9492	0.5935
6	0.7713	0.4948	0.7657	0.4961	0.7895	0.4937
8	0.6644	0.4262	0.6538	0.4236	0.6635	0.4149
10	0.5629	0.3611	0.579	0.3752	0.5692	0.3559
12	0.5156	0.3308	0.4948	0.3206	0.5101	0.3190
14	0.4466	0.2865	0.4504	0.2918	0.4573	0.2859
16	0.3857	0.2474	0.3931	0.2547	0.400	0.2501
18	0.3556	0.2281	0.3732	0.2418	0.3669	0.2294
20	0.3261	0.2092	0.3348	0.2169	0.3255	0.2035

　　取这三组试验数据作为标定试验，幅值衰减取三组的平均值，得到气体流量与幅值衰减之间的关系，采用 MATLAB 拟合工具进行拟合，拟合效果如图10.48 所示。这里用气体流量而没有用含气率主要是因为在验证此方法时，试验给定的是气体流量，在软件界面可显示，进行数据处理时，采用气体流量代替含气率，解算出的为气体流量，与设定值方便对比，转换成含气率只需要除以液体流量即可。

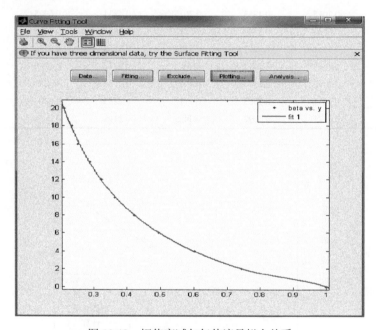

图 10.48　幅值衰减与气体流量拟合关系

　　拟合得到气体流量与声波幅值衰减的关系为

$$B = -263.2A^5 + 891.8A^4 - 1208A^3 + 841.1A^2 - 321.5A + 59.92 \qquad (10.101)$$

重复上述试验，验证式(10.101)所示气体流量与声波幅值衰减的关系。取第 4～6组试验数据对前三组标定试验得到的拟合关系进行验证，将得到的幅值衰减代入式(10.101)中，解算出气体流量，与给定值进行对比，见表 10.2。

　　从图 10.49 中可以看出，通过计算得到的气体流量与给定的气体流量值基本一致，验证了此方法测量气体流量的可行性。得到气体流量后，采用高精度电子天平测量液体的流量，即可得到两相流含气率。试验过程中，测量 3min内总共液体的排出量，通过计算可以得到液体的流量。图 10.50 为液体流量测量界面图。

表 10.2　验证试验不同气体流量两相流对应的幅值信息

气体流量 /(mL/min)	第四组		第五组		第六组	
	接收信号幅值/V	幅值衰减	接收信号幅值/V	幅值衰减	接收信号幅值/V	幅值衰减
0	1.6115	1.0000	1.6186	1.0000	1.6304	1.0000
2	1.2088	0.7501	1.1808	0.7295	1.2305	0.7547
4	0.9542	0.5921	0.9811	0.6061	0.9953	0.6105
6	0.8263	0.5128	0.7864	0.4859	0.8400	0.5152
8	0.7015	0.4353	0.7015	0.4334	0.6905	0.4235
10	0.6034	0.3744	0.5712	0.3529	0.5926	0.3635
12	0.5281	0.3277	0.5128	0.3168	0.5259	0.3226
14	0.4693	0.2912	0.442	0.2731	0.4739	0.2907
16	0.4099	0.2544	0.4027	0.2488	0.425	0.2607
18	0.3711	0.2303	0.3712	0.2293	0.3794	0.2327
20	0.3371	0.2092	0.3429	0.2118	0.3685	0.2260

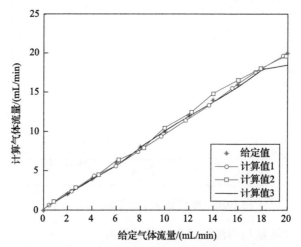

图 10.49　气体流量检测方法验证

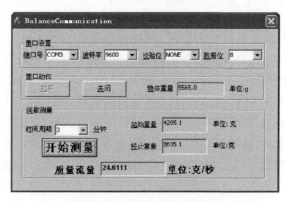

图 10.50　液体流量测量界面

实时测量含气率的效果图，随机截取的两张图如图 10.51 所示。

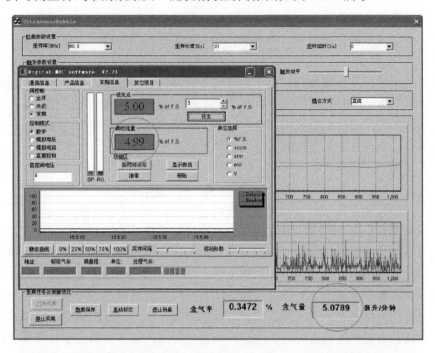

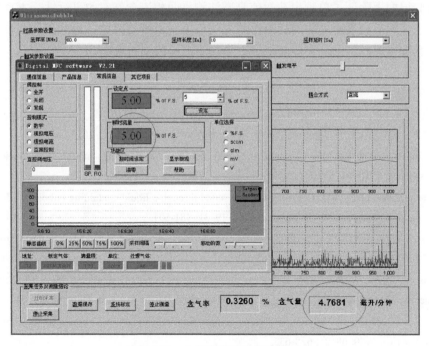

图 10.51　含气率实时测量效果图

软件界面使用时，事先已完成整个试验的第一步，即通过试验得到了气体流量与幅值衰减之间的关系，并写进程序。在测量两相流含气率时，调好稳压控制系统，保证流道的稳定后，点开测量界面，设定好测量参数，点击界面中的"开始采集"，此时采集的为幅值数据；在纯液体流动的情况下点击"系统标定"，此时会将纯液体信号幅值保存，用于计算幅值衰减；通过气体质量流量控制器给液体中注入气泡，点击测量界面中的"开始测量"，通过将采集到的两相流幅值数据与之前保存的纯液体幅值数据做比值，得到幅值衰减，进而得到气体流量，显示在界面中，则含气率为气体流量除以液体流量得到。

10.5　本　章　小　结

卫星在轨加注过程中，通过两相流监测可以实现对推进剂传输过程中夹带或产生气泡的快速识别与测量，确保卫星在轨加注任务实时。本章以卫星在轨加注过程中的气液两相流检测为目标，以流场中的单气泡行为动力学为切入点，基于均相模型推导了两相流中的声波传播方程，分析了流场流速、两相流含气率、气泡半径和声波频率对声波在两相流中传播的影响，基于此分析研究了单频声波幅值衰减法和双频声波幅值衰减法测量两相流含气率，设计试验方案并开展试验，从试验层面上验证了单频声波幅值衰减法测量两相流含气率的可行性。本章提出的基于超声波测量原理的两相流检测方法与第 9 章所研究的推进剂流量测量集成于一套装置中，可进一步提高卫星在轨加注过程监测的效率。

参 考 文 献

[1] 钱祖文. 颗粒介质中的声传播及其应用[M]. 北京: 科学出版社, 2012.

[2] 尹琴. 气泡溃灭过程的数值研究[D]. 杭州: 浙江大学硕士学位论文, 2012.

[3] Mallock A. The damping of sound by frothy liquids[J]. Proceedings of the Royal Society of London A, 1910, 84(572): 391-395.

[4] Carstensen E L, Foldy L L. Propagation of sound through a liquid containing bubbles[J]. Journal of the Acoustical Society of America, 1947, 19(3): 481-501.

[5] van Wijngaarden L. On the equations of motion for mixtures of liquid and gas bubbles[J]. Journal of Fluid Mechanics, 1968, 33(3): 465-474.

[6] Commander K W, Prosperetti A. Linear pressure waves in bubbly liquids: Comparison between theory and experiments[J]. Journal of the Acoustical Society of America, 1989, 85(2): 732-746.

[7] Keller J B, Miksis M. Bubble oscillations of large amplitude[J]. Journal of the Acoustical Society of America, 1980, 68(2): 628-633.

[8] Maksimov A O. Propagation of acoustic signals in a two-phase medium of slug structure[J]. Journal of Applied Mechanics and Technical Physics, 1997, 38(1): 87-94.

[9] Kandula M. Sound propagation in saturated gas-vapor-droplet suspensions considering the effect of transpiration on droplet evaporation[J]. Applied Acoustics, 2012, 73(8): 849-854.

[10] 赵晓亮, 朱哲民, 周林, 等. 含气泡液体中声传播的解析解以及强非线性声特性[J]. 应用声学, 1999, 18(6): 18-23.

[11] 王成会. 气液混合体内的声传播及超声空化[D]. 西安: 陕西师范大学硕士学位论文, 2005.

[12] Kanagawa T, Yano T, Watanabe M, et al. Unified theory based on parameter scaling for derivation of nonlinear wave equations in bubbly liquids[J]. Journal of Fluid Science and Technology, 2010, 5(3): 351-369.

[13] Kanagawa T, Yano T, Watanabe M, et al. Nonlinear wave equation for ultrasound beam in nonuniform bubbly liquids[J]. Journal of Fluid Science and Technology, 2011, 6(2): 279-290.

[14] Kanagawa T, Watanabe M, Yano T, et al. Nonlinear wave equations for pressure wave propagation in liquids containing gas bubbles(comparison between two-fluid model and mixture model)[J]. Journal of Fluid Science and Technology, 2011, 6(6): 838-850.

[15] 王勇, 林书玉, 张小丽. 声波在含气泡液体中的线性传播[J]. 物理学报, 2013, 62(6): 064304.

[16] 李海青. 两相流参数检测及其应用[M]. 杭州: 浙江大学出版社, 1991.

[17] 李海青, 乔贺堂. 多相流测试技术现状及趋势[M]. 北京: 石油工业出版社, 1996.

[18] Gary O, Pearson J. Flow-rate measurement in two-phase flow[J]. Annual Review of Fluid Mechanics, 2004, 36: 149-172.

第 11 章　卫星在轨加注任务规划

卫星在轨加注任务按其服务模式划分，可分为"一对多"模式、"多对多"模式、P2P(peer-to-peer)模式和混合模式。"一对多"模式是指一个服务星对多颗在轨卫星进行加注；"多对多"模式是指多个服务星同时对多颗目标星进行在轨加注；P2P 模式是指在轨卫星既能被用作服务星，执行轨道机动和在轨加注操作，又能被看作目标星，接收在轨补给；混合模式是指上述多个模式混合运用。

本章前两节以 LEO 上的卫星群为对象，进行 P2P 模式的在轨加注任务规划研究。在 P2P 模式中，不需要单独发射服务星进行在轨加注，而是卫星间"一对一"相互补给，即卫星群中推进剂充足的卫星(下文统称为伪服务星，与单独发射的服务星的概念区别开)对推进剂不足的卫星(下文统称为目标星)进行在轨加注。与传统方式相比，P2P 服务模式能够提高服务的鲁棒性，一颗伪服务星的故障只影响一颗目标星，不会对整个卫星群的在轨加注产生太大的影响。11.1 节假设所有卫星都运行在同一个 LEO 上，研究满足时间、能量和测控约束条件下 LEO 卫星群 P2P 在轨加注的任务规划问题，忽略摄动影响，采用 Lambert 算法求解空间交会。11.2 节对复杂约束条件下的多阶段空间交会任务规划问题进行重点研究，综合考虑空间交会过程中多个交会阶段的协调，以及传感器、太阳光照等过程约束与摄动因素的影响，并将复杂约束条件下的多阶段空间交会问题融入 P2P 的在轨加注任务规划中。

寿命长、可靠性高是地球静止轨道卫星的重要特征。为了确保较长的工作寿命，地球静止轨道卫星的关键设备多采用冗余设计方案，保证其可靠性。因此，其制造成本高，一旦发生故障，会造成巨大的经济损失和极大的社会影响。GEO 卫星在轨失效的原因，主要可归为三类：①在发射阶段，由于运载火箭发生故障，卫星停留在 GTO 轨道；②卫星在工作期间因星上设备发生重大故障而使整颗卫星失效；③卫星在生命末期(end-of-life，EOF)将推进剂耗尽而失效。翟光等[1]对 2011 年 GEO 卫星的失效情况进行了统计，得出结论：因推进剂耗尽而造成卫星失效的比例高达 85.4%，且这个数据逐年上升。Sullivan[2]也在研究中指出，仅对于商业通信卫星，平均每年就有约 10～15 颗到达设计寿命，面临"退休"的选择。与 LEO 卫星不同，地球同步轨道卫星受大气阻尼的影响很小，不会像 LEO 卫星那样在一定的时间内堕入大气层烧毁，而是长期徘徊于 GEO，日积月累，如果不采取措施，GEO 空间目标的数量将不可想象。为保护 GEO 资源，对 GEO 失效卫星的处理有两种选择：一种是以碎片清理的方式，使废弃卫星离轨；另一种是采用在轨加注或在轨维修等方式修复卫星，使其可以继续工作。梁斌[3]和姚雯[4]都对在轨加注、在轨维修、清理离轨等在轨服务任务的经济效益做了分析，最终得出结论：在轨加注等以修复为目的的 GEO 卫星在轨服务操作，可以有效节约成本，提高收益。

地球同步轨道卫星的失效以推进剂耗尽为主因，因此，在轨加注是修复 GEO 卫星的首选。本章 11.3～11.5 节以 GEO 卫星在轨加注为任务背景，对"一对多"及混合模式的在轨加注服务进行了任务规划的研究，同时考虑服务星位置的优化。已有的针对"一对多"模式的在轨加注任务规划研究中，目标星一般是确定的，且大多关注服务星的推进剂消耗。而在实际任务中，由于服务星能力有限，待加注卫星数量众多，到底哪些待加注卫星能成为任务目标被成功加注，事先是无法确定的。鉴于目标的不确定性，目标数量、目标重要等级等优化指标在整个任务预案的规划中就显得尤为重要。因此 11.3 节在"一对多"的在轨加注任务规划研究中，考虑了目标的不确定性，同时考虑了多个优化目标。混合模式较单一服务模式更为复杂，因此对规划的建模与优化方法研究有更高要求。目前针对混合模式的在轨加注任务规划研究还极少，11.4 节针对混合模式的在轨加注问题进行任务规划的研究，为今后在轨加注任务的实际应用提供了有益的参考。11.5 节综合考虑服务星大小、燃料、初始位置的配置，研究了"多对多"模式的任务规划问题，并探讨了服务星空间位置分布对优化结果的影响。

11.1　共面圆轨道卫星群 P2P 在轨加注任务规划

11.1.1　问题描述

在同一圆轨道上，有 $2n$ 颗卫星，其中 n 颗卫星推进剂充足，能够对其他卫星进行推进剂补给，称为伪服务星；另外 n 颗卫星推进剂不充足，需要补充推进剂，称为目标星。一颗伪服务星只能定点补给一颗目标星，被补给的目标星不能进行机动。补给完成后，伪服务星需要回到它的初始位置，保持其与其他卫星的相对位置，如图 11.1 所示。伪服务星在执行在轨加注的变轨动作之前，必须存在地面站测控时间窗。

任务规划的目标是，在满足时间、能量和测控约束的条件下，对服务星进行任务分配，并确定其具体变轨动作，包括变轨时刻、变轨方向和大小。在轨加注过程中的空间交会分为调相段、远距离导引段、近距离导引段等。本节所研究的内容仅考虑调相段，暂不考虑摄动影响。

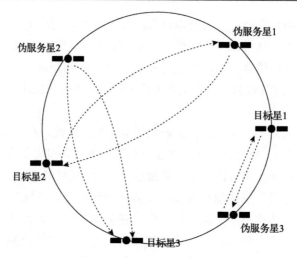

图 11.1　P2P 在轨加注示意图

11.1.2　问题分析与建模

1. 决策变量

由问题描述可以看出，该规划任务可分为两个子问题：①如何进行任务分配，即如何确定具体由哪颗伪服务星服务于哪颗目标星；②当每颗服务星的服务对象确定时，如何确定该服务星的在轨服务路径。因此，需要确定两个决策变量。

1）任务指派决策变量

令 $S = \{\text{Sat}_1, \text{Sat}_2, \cdots, \text{Sat}_n\}$，$S$ 表示卫星的集合；n 为偶数，表示卫星数量；其中，前 $n/2$ 颗卫星为伪服务星，后 $n/2$ 颗卫星为目标星。问题的决策变量可表示为 $x_i = j$，即指派伪服务星 i 去服务目标星 j，$i \in [1, n/2]$，$j \in [n/2 + 1, n]$。

2）时间分配决策变量

$y_i = \{t_{i1}, t_{i2}, t_{i3}, t_{i4}\}$，$y_i$ 表示伪服务星 i 轨道转移的脉冲施加时间。采用 Lambert 双脉冲变轨算法求解轨道转移问题，当各次脉冲的施加时间确定，其最优交会路径即可随之确定。伪服务星 i 的四次变轨时刻分别为 $t_{i1}, t_{i2}, t_{i3}, t_{i4}$，其中前两次脉冲使得伪服务星到达目标星的位置，后两次脉冲使得伪服务星回到其初始位置。

2. 优化目标函数

依据任务需求，可选择以下三类优化指标：时间最短、能量最省、完成任务后各卫星推进剂均衡。

1）时间最短

在轨服务中，经常由于任务的紧迫性，要求在尽可能短的时间内为目标星提供服务。假设对所有目标星实施服务之后才认为是完成了服务任务，则目标函数是所有执行任务的服务星中最后一个完成服务任务所消耗时间的函数。记 T_i 表示伪服务星 i 服务完所分配的目标星后，回到其初始位置的时刻，则任务完成的时间可以表示为

$$T_\mathrm{e} = \max_{i\in[1,n/2]} T_i \tag{11.1}$$

目标函数可表示为

$$J_1 = \min T_\mathrm{e} \tag{11.2}$$

2）能量最省

在轨服务中，推进剂就是卫星的生命。因此，要求在满足规定的任务时间内，选择最容易服务的目标星和最小耗能的转移轨道，从而充分节省服务星的推进剂消耗。假设 $\Delta v_{i\mathrm{to}}$ 表示伪服务星 i 对目标星进行推进剂加注过程中轨道转移速度增量，$\Delta v_{i\mathrm{back}}$ 表示伪服务星 i 从目标星位置回到初始位置的轨道转移速度增量。要求任务规划的耗能最小，目标函数可表示为

$$J_2 = \min \sum_{i=1}^{n/2}(\Delta v_{i\mathrm{to}} + \Delta v_{i\mathrm{back}}) \tag{11.3}$$

3）推进剂均衡

在轨加注任务中，希望任务完成后，推进剂能够被尽可能地平均分配，从而保证整颗卫星群的整体服务能力。令 M_ave 为任务完成后所有卫星携带推进剂的均值。M_i 为第 i 颗卫星在所有任务完成后携带的推进剂质量。为使推进剂尽可能地平均分配，目标函数可表示为

$$J_3 = \min \sum_{i=1}^{n}|M_i - M_\mathrm{ave}| \tag{11.4}$$

3. 约束条件

令 $G = \{\mathrm{gs}_1,\mathrm{gs}_2,\cdots,\mathrm{gs}_m\}$，$G$ 表示地面站集合，m 表示地面站数量。令 $W = \{W_{ij} \mid 0 < i \leqslant n, 0 < j \leqslant m\}$ 表示时间窗集合，$W_{ij} = \{w_{ij}^{(1)}, w_{ij}^{(2)}, \cdots, w_{ij}^{(K)}\}$ 表示 Sat_i 与 gs_j 间的可见时间窗集合。其中，K 表示可见时间窗数量，$w_{ij}^{(k)} = [\mathrm{start},\mathrm{end}]$ 表示 Sat_i 与 gs_j 第 k 个时间窗的起始与终止时间。T 表示所有任务结束的最晚时间，也可理解为规划周期。本节所考虑的任务规划需要满足时间约束、测控约束和能耗约束。

1) 时间约束

假设 T_i 表示伪服务星 i 服务完所分配的目标星后，回到其初始位置的时刻，则其完成任务时刻不能大于所允许的最晚任务结束时间：$T_i \leqslant T$。

2) 测控约束

整个任务过程中，服务星有四次变轨，每一次变轨需在地面站的可见时间段内，即需要有测控时间窗。设伪服务星 i 的四次变轨时刻分别为 $t_{i1}, t_{i2}, t_{i3}, t_{i4}$，则有

$$\begin{cases} \exists w_{ij}^{(k_1)} \in W_{ij}, \quad t_{i1} \in w_{ij}^{(k_1)} \\ \exists w_{\text{tar},j}^{(k_2)} \in W_{ij}, \quad t_{i2} \in w_{ij}^{(k_2)} \\ \exists w_{\text{tar},j}^{(k_3)} \in W_{ij}, \quad t_{i3} \in w_{ij}^{(k_3)} \\ \exists w_{ij}^{(k_4)} \in W_{ij}, \quad t_{i4} \in w_{ij}^{(k_4)} \end{cases}$$

且四次变轨时刻需要满足时序约束：$t_{i1} < t_{i2} < t_{i3} < t_{i4}$。

3) 能耗约束

采用的变轨策略是 Lambert 双冲量变轨，每次变轨冲量的大小都需要限制在一定范围内，设伪服务星 i 四次变轨的冲量分别为：$\Delta v_{i1}, \Delta v_{i2}, \Delta v_{i3}, \Delta v_{i4}$，所允许的最大变轨冲量为 $\Delta v_{\max}$，则有

$$\max_{j=1,2,3,4} \Delta v_{ij} \leqslant \Delta v_{\max}$$

4. 数学模型

综上所述，本节所研究的任务规划问题可用如下数学模型表示：

$$\begin{aligned} \text{find} \quad & X = \{x_1, x_2, \cdots, x_s\}, \quad s = \frac{n}{2} \\ & x_i = [\text{tar}_i, t_{i1}, t_{i2}, t_{i3}, t_{i4}, \Delta v_{i\text{to}}, \Delta v_{i\text{back}}], \quad \text{tar}_i = \left\{ \frac{n}{2} + 1, \cdots, n \right\} \end{aligned} \tag{11.5}$$

$$\begin{cases} J_1 = \min\{ \max_{i \in [1, n/2]} T_i \} \\ J_2 = \min \sum_{i=1}^{n/2} (\Delta v_{i\text{to}} + \Delta v_{i\text{back}}) \\ J_3 = \min \sum_{i=1}^{n} \sqrt{(M_i - M_{\text{ave}})^2} \end{cases} \tag{11.6}$$

$$\text{s.t.} \begin{cases} \exists w_{ij}^{(k_1)} \in W_{ij}, \quad t_{i1} \in w_{ij}^{(k_1)} \\ \exists w_{\text{tar},j}^{(k_2)} \in W_{ij}, \quad t_{i2} \in w_{ij}^{(k_2)} \\ \exists w_{\text{tar},j}^{(k_3)} \in W_{ij}, \quad t_{i3} \in w_{ij}^{(k_3)} \\ \exists w_{ij}^{(k_4)} \in W_{ij}, \quad t_{i4} \in w_{ij}^{(k_4)} \end{cases} \tag{11.7}$$

$$t_{i1} < t_{i2} < t_{i3} < t_{i4} \tag{11.8}$$

$$\text{tar}_1 \neq \text{tar}_2 \neq \cdots \neq \text{tar}_{n/2} \tag{11.9}$$

$$\max_{i \in [1, n/2]} t_{i4} \leqslant T \tag{11.10}$$

$$\max_{j=1,2,3,4} \Delta v_{ij} \leqslant \Delta v_{\max} \tag{11.11}$$

式(11.5)表示优化变量,其中 tar_i 表示第 i 颗伪服务星需要服务的目标星编号, $t_{i1}, t_{i2}, t_{i3}, t_{i4}$ 分别表示第 i 颗伪服务星四次变轨的时刻, $\Delta v_{i\text{to}}$ 、 $\Delta v_{i\text{back}}$ 分别表示第 i 颗伪服务星变轨至目标星以及从目标星返回原点的变轨能耗。式(11.6)是目标函数。式(11.7)表示时间窗约束,即伪服务星的变轨时刻必须在地面站的可见时间窗内。式(11.8)表示 4 次变轨的时序约束。式(11.9)表示每颗伪服务星只能服务一颗目标星,每颗目标星只能被一颗伪服务星服务。式(11.10)表示时间约束,即所有任务需在规定的时间内完成。式(11.11)表示变轨能耗约束。

11.1.3　模型分析与简化

对于上述模型,理论上需要嵌套的两层规划去完成(图11.2)。上层规划用于任务分配,即确定哪颗伪服务星需要定点服务于哪颗目标星。下层规划用于解决在轨加注时间分配,即确定服务星分别需要在什么时间变轨去完成在轨加注任务,且使得变轨总能耗最小。为了达到一个全局的最优性,上层规划与下层规划是相互联系的。如果要确定上层规划的任务分配是否为最优,或是确定任务分配结果的各个优化目标的值,需要首先确定各个伪服务星的时间分配策略,即确定伪服务星的具体变轨路径,从而计算在轨加注过程的能量消耗与任务执行时间。

本节所研究的问题涉及多目标优化、多层规划,且解的搜索空间很大。为提高规划效率,本节根据问题特点,在合理假设的基础上,对问题进行了简化,然后进一步研究其求解算法。

本节所研究的问题基于以下假设展开:

(1)假设伪服务星与目标星交会并完成推进剂加注后,两者所携带的推进剂完全相等,即目标星被加注的推进剂量是两者初始携带推进剂量的均值与其初始推进剂值的差。

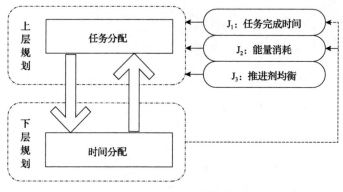

图 11.2　双层规划模型

（2）假设伪服务星所携带的推进剂充足，不会出现伪服务星无法完成返回初始位置的情况。

（3）假设所有卫星都在同一个 LEO 上，且不受摄动的影响。

本节对问题做以下简化：

（1）时间的考虑。对于给定的任务，只要伪服务星能在规划周期内完成，即认为其满足了任务完成时间尽可能早的优化目标。任务完成时间与卫星能耗消耗是两个矛盾的优化目标，如果希望任务执行时间尽可能短，那么其变轨能耗必然增加。卫星的推进剂就是其生命，比较而言，在本节研究的问题中推进剂比时间更宝贵。

（2）变轨推进剂消耗的考虑。本节研究的是共圆轨道的卫星群在轨加注，当时间足够长，由共面变轨所带来的推进剂消耗量可看作小量。因此可认为，与在轨加注过程中推进剂传输的量相比，变轨所带来的推进剂损耗是可以忽略不计的。在任务分配的过程中，可以忽略轨道转移造成的推进剂损耗，但是在时间分配的过程中，这个损耗不能忽略，时间分配仍是以轨道转移推进剂损耗最少为优化目标。

基于以上两个简化，第一个优化目标（即任务完成时间最短）在合理假设的基础上被忽略，第二个优化目标（能量最省）仅在时间分配的过程中考虑，第三个优化目标（推进剂均衡）仅在任务分配的过程中考虑。至此，任务分配与时间分配都变成了单目标优化问题，本节研究问题的上层规划已经可以完全与下层规划独立开。上述的简化，对于整个问题的求解有以下好处：

（1）在不影响获得满意解的前提下，弱化了次要约束，更利于问题的求解。

（2）解耦了上下层规划，上层规划忽略轨道转移的推进剂消耗，仅以推进剂均衡为优化目标进行任务分配，下层规划转变为"一对一"空间交会的优化问题，以推进剂消耗最小为优化目标。

（3）便于并行计算，提高了规划效率。

11.1.4　求解策略

1. 任务分配

任务分配只需要考虑推进剂均衡这个优化指标。在忽略变轨带来的推进剂消耗的基础上，推进剂均衡只与各颗卫星在初始状态携带的推进剂多少有关，与其他因素无关。根据本节研究的问题，任务分配可采用穷搜完成。

2. 时间分配

对于同一圆轨道上具有相位差的两个卫星之间的交会问题，利用固定时间双脉冲多圈 Lambert 变轨算法可得到变轨速度增量与轨道转移飞行时间之间的关系，如图 11.3 中虚线所示。若考虑卫星漂移，进一步优化机动时刻，可得到变轨速度增量与轨道转移飞行时间之间的关系，如图 11.3 中实线所示。本节采用韩潮等[5]提出的方法求解多圈 Lambert 变轨问题。图 11.3 中，横轴归一化飞行时间是实际轨道转移时间与 T_r 的比值，纵轴归一化速度增量是实际速度增量与 v_r 的比值，$v_r = 2\pi\sqrt{\mu/r}$，$T_r = 2\pi\sqrt{r^3/\mu}$，其中 r 为圆轨道半径。

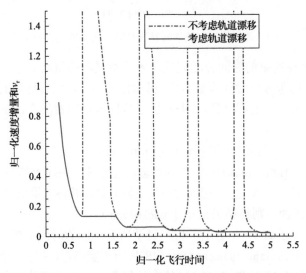

图 11.3　速度增量与轨道转移飞行时间的关系(初始相位差为 60°)

由图 11.3 可知，对于同一圆轨道上具有相位差的两个卫星之间的交会问题，若采用双脉冲 Lambert 变轨，当相位差确定，其变轨所需速度增量只与转移时间有关，与其他因素无关。如果考虑轨道漂移，如图中实线所示，转移时间越长，变轨所需速度增量越小。与 Shen 等[6,7]的研究不同，本节考虑了测控约束，在两个固定的时间窗内，转移时间的范围是确定的。若该转移时间范围处于图 11.4 中

B 区域, 两次机动的时间间隔必须在$[3.1T_r, 3.5T_r]$这个范围内, 那么就没有足够的时间完成卫星的漂移, 从而获取这个飞行时间范围内最小速度增量(即图中实线绘出的对应速度增量)。如果转移时间的范围恰好在 A 区, 则可以通过初始与终端漂移获得最优的变轨速度增量。

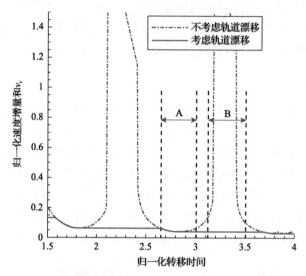

图 11.4　速度增量与轨道转移飞行时间关系的局部放大图

对于考虑测控约束的时间分配问题, 本节所采取的策略如下。

步骤 1: 从伪服务星时间窗集合中选择时间窗w_c, 从目标星时间窗集合中选择时间窗w_t(如果计算返程路径, 则w_c属于目标星时间窗集合, w_t属于服务星时间窗集合);

步骤 2: 计算w_c与w_t间的时间间隔$[\min t, \max t]$;

步骤 3: 记录$[\min t, \max t]$内, "不考虑轨道漂移"曲线上的最小Δv值;

步骤 4: 如果$\Delta v \leqslant \Delta v_{\max}$, 记录对应的变轨时刻, 并将结果记录于集合 toManu (如果计算返程路径, 则将结果记录于 backManu);

步骤 5: 重复步骤 1~4 这个过程, 直至所有可能的时间窗配对都计算完;

步骤 6: 枚举 toManu 与 backManu 中的所有可能组合, 找到使得总变轨速度增量和最小且满足式(11.8)和式(11.11)约束的组合, 从而得到伪服务星去程与返程的时间分配解。

11.1.5　仿真分析

以 6 颗卫星组成的圆轨道卫星群为例。卫星群中, 3 颗卫星推进剂充足(编号为 1、2、3), 被视为伪服务星; 3 颗卫星推进剂不足(编号为 4、5、6), 被视为目标星。轨道半径为 6878km, 轨道倾角为 60°, 升交点赤经为 60°, 规划周期为 4

天，记规划起始时刻 $t=0$ 。单次变轨所允许的最大速度增量为 100m/s。卫星的初始相位与剩余推进剂如表 11.1 所示。算例在 STK 软件中随机选择了 20 个地面站进行模拟和测控时间窗的计算。表 11.2 给出了 P2P 在轨加注的地面站参数。

表 11.1　P2P 在轨加注卫星参数表

卫星序号	1	2	3	4	5	6
初始相位/(°)	36	100	270	60	90	300
剩余推进剂(unit)	30	36	40	20	25	12

表 11.2　P2P 在轨加注的地面站参数

地面站编号	1	2	3	4	5	6	7	8	9	10
经度/(°)	38.537	40.132	41.727	43.223	34.250	36.842	25.476	36.443	23.482	38.537
纬度/(°)	73.536	85.718	94.093	113.830	91.700	106.966	106.473	113.364	103.549	113.235
地面站编号	11	12	13	14	15	16	17	18	19	20
经度/(°)	28.3	24.3	50	33.7	39.6	26.5	25.6	36.6	23.9	31.6
纬度/(°)	117.8	108.8	123.3	96.6	115.9	101.5	109.6	119.6	109.9	102.4

算例计算结果为：1 号卫星服务于 5 号卫星，2 号卫星服务于 4 号卫星，3 号卫星服务于 6 号卫星。在轨加注任务结束后，1 号与 5 号卫星的存储推进剂为 27.5 个单元，2 号与 4 号卫星存储推进剂为 28 个单元，3 号与 6 号卫星存储推进剂为 26 个单元。伪服务星各阶段变轨参数如表 11.3 所示。

表 11.3　P2P 在轨加注仿真结果

	伪服务星编号	1	2	3
	目标星编号	5	4	6
去程参数	第一次脉冲时间窗/s	[69710, 70112]	[68722, 69106]	[66164, 66632]
	地面编号	5	14	19
	第二次脉冲时间窗/s	[159606, 160015]	[160128, 160457]	[156434, 156741]
	地面编号	1	1	5
	变轨总能耗/(m/s)	48.049	35.041	26.617
返程参数	第一次脉冲时间窗/s	[239397, 239724]	[239817, 240183]	[235904, 236389]
	地面编号	19	7	11
	第二次脉冲时间窗/s	[330672, 331210]	[329604, 330214]	[327351, 327659]
	地面编号	1	1	16
	变轨总能耗/(m/s)	47.568	35.730	26.453

由表 11.3 中参数可以看到，在轨加注任务中，总的变轨能耗为 219.458m/s，伪服务星单次往返的总能耗均小于 100m/s。由于所给的规划周期很宽裕，伪服务星轨道转移时间很长，需要在转移轨道上漂移多圈后，才能与目标星交会，从而

使得变轨能耗很小。通过仿真计算可以看出，本节提出的算法可以有效解决考虑测控约束的圆轨道 LEO 卫星群 P2P 在轨加注问题。

11.2　考虑摄动与复杂约束的 LEO 卫星群 P2P 在轨加注任务规划

通常情况下，LEO 卫星群不会同时处于同一个圆轨道内，它们之间或多或少会有轨道高度或倾角的差异，且在空间飞行的过程中受摄动的影响。本节同样研究 LEO 卫星群的 P2P 在轨加注任务规划问题，不仅考虑了测控约束，而且考虑了卫星群中各颗卫星的轨道差异以及摄动的影响。在伪服务星与目标星交会的过程中，同时考虑了调相段、远距离导引段和近距离导引段的协调，对各个阶段的交会路径进行了综合优化。

11.2.1　问题描述与分析

研究问题可描述为：在近地轨道上，有 $2n$ 颗卫星，其中 n 颗卫星推进剂充足，并且能够机动、对其他卫星进行推进剂补给，称为伪服务星；另外 n 颗卫星推进剂不充足，需要补充推进剂，称为目标星。一颗伪服务星只能定点补给一颗目标星，被补给的目标星不能进行机动。补给完成后，伪服务星需要回到它的初始位置，保持其与其他卫星的相对位置。任务规划的目的是，优化出哪颗伪服务星服务于哪颗目标星，以及伪服务星与目标星的交会路径、伪服务星回到初始位置的转移路径。在伪服务星与目标星的交会过程中，需要同时考虑调相、远距离导引、近距离导引段的协调以及测控时间窗、光照和摄动等的影响。

基于本节所研究问题的特点，仍旧采用 11.1.3 节中的方法对问题进行简化，即将上层规划与下层规划独立开，上层规划只需要根据卫星初始携带推进剂量进行任务分配，使推进剂均衡优化目标达到最优，下层规划以轨道转移速度增量和最优为优化目标，主要解决伪服务星的时间分配与轨迹优化问题。

下层规划是本节研究的重点。下层规划可分为两部分内容：第一部分完成伪服务星与目标星交会的轨迹优化；第二部分完成伪服务星返回初始位置的轨迹优化，这两部分内容都是典型的空间交会问题。交会对接一般可分为 4 个阶段，即调相段、远距离导引段、近距离导引段和对接段。在与目标星的交会过程中，要考虑之后的对接和在轨加注操作，因此对交会过程有较高的精度要求，需要综合考虑多个阶段，保证伪服务星最终能与目标星成功对接。而对于返程阶段，虽然同为交会问题，但其目标星是虚拟的，伪服务星只要到达其初始的大概位置即可，精度要求也不高。鉴于此，本节规定伪服务星与目标星交会中，需要同时考虑多阶段的统一优化，而返程段只需要考虑调相段即可(如图 11.5 所示)。

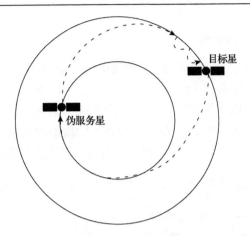

图 11.5　伪服务星与目标星交会与返程示意图

本节重点研究统一考虑多个交会阶段的空间交会问题。在后续的内容中，本节首先综合多个空间交会阶段，考虑工程实践中的复杂约束，研究复杂约束条件下多阶段交会任务优化问题；然后将其应用于 LEO 卫星群 P2P 在轨加注的算例中。

11.2.2　复杂约束条件下多阶段交会任务分析

空间交会对接一直是研究的热点问题。学者针对不同的交会阶段分别提出了与该阶段适应的交会策略，用于求解多脉冲或小推力的交会路径。但是，这些研究中，只有极少数考虑了实际的复杂约束，或对各个过程进行了整体优化。为了提高空间交会的整体性能，需要综合考虑交会各个阶段的各种约束以及交会间相互制约的各种约束。在整个规划中，合理分配与安排地面段与空间段的各种资源也非常重要，尤其是在资源短缺但约束复杂的情况下。在实际应用中，交会对接的各种复杂约束不可忽略。对于给定的追踪卫星和目标位置，可能一年中任何时间都不能满足交会所需的发射窗口、太阳光照和测控窗口等条件。一旦确定了一个可以满足所有约束的时间集合，就必须综合考虑多个交会阶段的资源分配问题，并最终规划出一条合理的交会路径。

本节研究的目的是提出一种空间交会路径规划方法，综合考虑交会的各个阶段和各种复杂约束，提高交会整体性能。将空间交会的各个阶段看作一个整体，考虑交会过程中通信时间窗、光照等约束，首先建立多阶段空间交会的数学模型；然后，提出两阶段规划策略来求解和优化该模型，从而提高交会路径的整体性能，并合理分配空间段与地面段的各种资源。两阶段任务规划策略中，上层规划利用二体模型求解出满足复杂约束的粗粒度交会路径，下层规划基于该粗粒度路径，利用高精度模型对其进行修正。本节提出了多种用于轨迹修正的算法，并将其应用于空间交会仿真算例中。

1. 多阶段交会过程分析

交会对接一般可分为四个阶段，即调相段、远距离导引段、近距离导引段和对接段。本节主要关注前三个阶段，分别表示为 AB、BC 和 CD 段。各个阶段间会有一个保持点，用以描绘整个交会过程的轮廓，各个阶段根据保持点的设定逐一进行。如图 11.6 所示，B、C 和 D 分别为各个阶段的保持点；V-bar 表示速度轴，其正方向为航天器飞行方向；R-bar 表示距离轴，其正方向为由地心指向航天器。

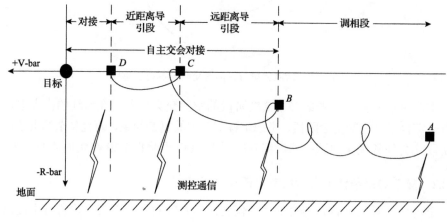

图 11.6　交会对接过程示意图

1) 调相段

调相段是指追踪卫星入轨后，在地面控制下完成若干次轨道机动，到追踪卫星上的敏感器捕获到目标星为止。根据卫星轨道和地面测控系统的制导能力，该捕获范围约为一百多公里至几十公里。

2) 远距离导引段

远距离导引段从星上敏感器捕获到目标星起，到星载交会控制系统将追踪卫星导引到目标星附近某一点(如保持点或接近走廊外一点)为止。根据星载交会测量敏感器的性能、目标星的控制区域定义和对接机构的对接轴方向，远距离导引段终点通常位于目标星轨道平面内，距离目标星几百米。远距离导引段的主要任务是捕获目标轨道，减小接近速度。

3) 近距离导引段

近距离导引段分为两个子阶段，即平移靠拢和最终达到对接距离。本节仅考虑第一个子阶段。接近的目标是减小两个卫星的相对距离，从两个卫星相距几公里开始到相距几百米结束。

调相段采用 Lambert 交会，远距离导引段与近距离导引段采用 CW 最优交会模型求解。

2. 复杂约束分析

1) 保持点

在保持点 B、C 和 D 点，追踪卫星与目标星的相对位置与相对速度的变化很小。交会中，追踪卫星到达各个保持点，不仅需要具备需求的状态，还需要满足各种测控和太阳光照约束。只有当各种约束满足时，后续的机动才能按计划进行。因此卫星到达保持点后，需要停留足够的时间，主要用于任务同步、设备检测等。本节规定，在各个保持点，停留时间必须大于一个阈值 $\Delta t_H > t_{H\min}$。$t_{H\min}$ 表示需要的最小停留时间。

2) 传感器切换

为了获得较高的导航精度，不同的交会阶段所需要的传感器类型也有所不同。随着追踪卫星与目标星距离不断接近，其测量距离的精度要求也随之提高。随着距离愈加接近，导航精度要求也随之提高。不同传感器的测量距离和测量精度都有所不同，而单个传感器无法同时满足各个阶段的精度需求[8,9]。调相段主要是绝对导航，追踪卫星主要由地面控制。远距离和近距离交会段主要是相对导航，但所采用的传感器设备会有所不同。因此，在保持点的停留中，必须留有足够的时间 Δt_{switch} 进行传感器转换，传感器转换期间不允许进行机动变轨。

3) 光照条件

轨道平面的 β 角是指光照与轨道平面所成的夹角。为了获得充足的太阳能，追踪卫星的太阳能帆板需要对准阳光，光线与太阳能帆板法线之间的夹角越小越好。追踪卫星的姿态通常是指向地面，且太阳能帆板的姿态是可调整的。光线与太阳能帆板法线的最小夹角理论上等于 $|\beta|$。$|\beta|$ 越小，卫星所能获得的太阳能越充裕。$|\beta|$ 从某种意义上来说，代表了其机动能力[10,11]。本节中规定，在交会的各个阶段，$|\beta| \le \beta_{\max}$。

相对导航通常会采用光学传感器，而光学传感器需要在满足光照约束的条件下才能正常使用。首先，光学传感器需要有直接的光照。另外，太阳光线不能直接照射到传感器的可视范围内，如图 11.7 所示。记 η 为光线与传感器视线的夹角，$\eta_{\min}$ 为传感器可视范围的半锥角，η 需满足约束：$\eta \in (\eta_{\min}, \eta_{\max}) \bigcup (-\eta_{\min} - \eta_{\mathrm{m}}, -\eta_{\min})$。

4) 测控时间窗

在各个交会段开始前，追踪卫星与地面需建立通信链路。卫星与地面站的可行通信时间段称为测控时间窗，以下简称时间窗。调相段主要由地面控制，因此在调相段，每次机动前都必须有对应的时间窗。BC 与 CD 段虽然能够进行星上自主控制，但与地面的直接通信还是很有必要的。当地面发现任务故障，而星上自主程序没有发现时，地面控制可以及时调整或取消任务。

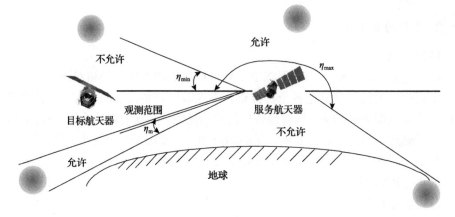

图 11.7　可见光传感器的光照约束示意图

时间窗是交会中的一个重要约束，它直接左右了变轨时刻的决策，进一步影响后续交会操作及交会整个过程的能量消耗、时间代价。在现有考虑时间窗约束的文献中[10]，一般是给定地面站位置，或可进行通信的大概地理经纬度，然后进一步在可通信范围内进行优化。然而，在实际应用中，即使当前卫星与地面站间有时间窗，地面站不一定能为之提供服务。空间中的卫星很多，同一时间内，地面站需要为多个卫星提供测控服务，时间窗资源显得十分紧缺，因此目前也有多篇文献开始研究地面测控时间窗的分配与调度问题[12-14]。

在本节中，考虑到不是所有的时间窗都能被利用，首先计算可用的时间窗候选集合(满足约束且不会被分配给其他空间任务的时间窗集合)，然后将其作为优化算法的输入。

3. 复杂约束条件下多阶段交会任务描述

本节所研究的问题可描述为：给定追踪卫星与目标星的初态，给定任务时间、光照条件、时间窗条件及约束，针对给定的 B、C、D 点期望状态，规划出一条满足各种复杂约束的交会轨迹，确定各个机动脉冲的时刻和大小。优化的目标是尽可能少地使用时间窗资源，且变轨速度增量 $|\Delta v|$ 的需求尽可能小。

11.2.3　复杂约束条件下多阶段交会任务优化模型

1. 优化变量

正如前面提到的，A、B、C、D 各点都有对应的测控时间窗。假设各个点的备选时间窗集合是 Awin、Bwin、Cwin、Dwin。以 Awin 为例，Awin 可表示为 Awin $= \{[t_{as1}, t_{ae1}], [t_{as2}, t_{ae2}], \cdots, [t_{asm}, t_{aem}]\}$，其中 m 表示集合中时间窗的个数，t_{asi} 和 t_{aei} 分别表示第 i 个时间窗的开始与结束时间，且 $t_{as1} < t_{as2} < \cdots < t_{asm}$。

本节研究的交会问题中，受地面控制的脉冲机动需要满足时间窗约束，如调相段 B、C、D 各保持点的机动，而其他机动可在线进行，如相对导航的远距离导引与近距离导引段。基于此，本节的设计变量可分为两部分：第一部分为受时间窗控制的机动参量；第二部分为不受时间窗约束的参量。

$$\text{Var}_1 = (s,t,p;[n_{A1},t_{A1},\Delta v_{A1}],[t_{A2},\Delta v_{A2}],\cdots,[t_{As},\Delta v_{As}];$$
$$[n_{B1},t_{B1},\Delta v_{B1}],[t_{B2},\Delta v_{B2}],\cdots,[t_{Bt},\Delta v_{Bt}];$$
$$[n_{C1},t_{C1},\Delta v_{C1}],[t_{C2},\Delta v_{C2}],\cdots,[n_D,t_{Cp},\Delta v_{Cp}]) \tag{11.12}$$

式中，s、t 和 p 分别表示 AB、BC 和 CD 段所用到的时间窗的数量；n_{i1} 表示时间窗在集合中的序号；t_{ij} 表示脉冲施加时间；$\Delta v_{ij}=[\Delta v_{ijx},\Delta v_{ijy},\Delta v_{ijz}]$ 是对应的速度增量矢量（$i\in(A,B,C)$，$j\in(1,2,\cdots,s$ 或 t 或 $p)$）。例如，$[n_{A1},t_{A1},\Delta v_{A1}]$ 表示采用 Awin 中的第 n_{A1} 个时间窗，在时刻 t_{A1}，施加脉冲 Δv_{A1}。D 点是近距离导引段的终点，在 D 点只需要施加一个脉冲。在 Var_1 中，每一个施加的脉冲都必须有对应的时间窗。在实际应用中，时间窗资源稀缺，且其使用代价也较昂贵。因此，在允许条件下，应该尽可能少地使用时间窗资源。基于此，本节对问题进行了简化，假设在整个过程中，只能使用 4 个时间窗，分别对应于 A、B、C、D 四个保持点，则 Var_1 可简化为

$$\text{Var}_1 = ([n_{A1},t_{A1},\Delta v_{A1}],[n_{B1},t_{As},\Delta v_{As}],[n_{B1},t_{B1},\Delta v_{B1}],[n_{C1},t_{Bt},\Delta v_{Bt}],$$
$$n_{C1},t_{C1},\Delta v_{C1}],[n_D,t_{Cp},\Delta v_{Cp}]) \tag{11.13}$$

第二部分优化变量可表示为

$$\text{Var}_2 = (t',p';[t_{BC1},\Delta v_{BC1}],[t_{BC2},\Delta v_{BC2}],\cdots,[t_{BCt'},\Delta v_{BCt'}];$$
$$[t_{CD1},\Delta v_{CD1}],[t_{CD2},\Delta v_{CD2}],\cdots,[t_{CDp'},\Delta v_{CDp'}]) \tag{11.14}$$

式中，t' 和 p' 分别为 BC 与 CD 段在线控制的机动数量；t_{ij} 为脉冲施加时间；$\Delta v_{ij}=[\Delta v_{ijx},\Delta v_{ijy},\Delta v_{ijz}]$ 为对应的速度增量矢量（$i\in(BC,CD)$，$j\in(1,2,\cdots,t'$ 或 $p')$）。多阶段交会问题的优化变量可统一表示为 $X_{\text{design}}=(\text{Var}_1,\text{Var}_2)$。

2. 优化目标

速度增量与推进剂的消耗成正比，期望机动变轨速度增量的绝对值和越小越好，即 $J_v=\sum|\Delta v_{ij}|$。

3. 数学模型

综上所述，复杂约束条件下多阶段交会任务的优化问题可用如下的优化模型表示：

$$
\begin{aligned}
\text{find} \quad X_{\text{design}} = &([n_{A1}, t_{A1}, \Delta \boldsymbol{v}_{A1}], [n_{B1}, t_{As}, \Delta \boldsymbol{v}_{As}]; [n_{B1}, t_{B1}, \Delta \boldsymbol{v}_{B1}], [n_{C1}, t_{Bt}, \Delta \boldsymbol{v}_{Bt}]; \\
&[n_{C1}, t_{C1}, \Delta \boldsymbol{v}_{C1}], [n_D, t_{Cp}, \Delta \boldsymbol{v}_{Cp}]; \\
&t', p'; [t_{BC1}, \Delta \boldsymbol{v}_{BC1}], [t_{BC2}, \Delta \boldsymbol{v}_{BC2}], \cdots, [t_{BCt'}, \Delta \boldsymbol{v}_{BCt'}]; \\
&[t_{CD1}, \Delta \boldsymbol{v}_{CD1}], [t_{CD2}, \Delta \boldsymbol{v}_{CD2}], \cdots, [t_{CDq'}, \Delta \boldsymbol{v}_{CDp'}])
\end{aligned} \tag{11.15}
$$

$$
\min \quad J_{\text{v}} = \sum \left| \Delta \boldsymbol{v}_{ij} \right| \tag{11.16}
$$

$$
\text{s.t.} \quad t_{A1} < t_{As} < t_{B1} < t_{Bt} < t_{C1} < t_{Cp} \tag{11.17}
$$

$$
t_{A1} < t_{As} < t_{B1} < t_{BC1} < \cdots < t_{BCt'} < t_{Bt} < t_{C1} < t_{CD1} < t_{CD2} < \cdots < t_{CDp'} < t_{Cp} \tag{11.18}
$$

$$
\Delta \boldsymbol{v}_{qj} \in ([-10; -10; -10], [10; 10; 10]), \quad q \in (B, C, D, BC, CD), \ j \in \text{N}^+ \tag{11.19}
$$

$$
\exists x \in [1, n], \ t_{ij} \in \text{win}_x, i \in (A, B, C), \ j \in (1, 2, \cdots, s \ \text{或} \ t \ \text{或} \ p), \ \text{win}_x \in \text{Chwin} \tag{11.20}
$$

$$
\left| X(t_{As}) - X_B \right| < \varepsilon_B \tag{11.21}
$$

$$
\left| X(t_{Bt}) - X_C \right| < \varepsilon_C \tag{11.22}
$$

$$
\left| X(t_{Cp}) - X_D \right| < \varepsilon_D \tag{11.23}
$$

$$
\eta \in (\eta_{\min}, \eta_{\max}) \bigcup (-\eta_{\min} - \eta_{\text{m}}, -\eta_{\min}) \tag{11.24}
$$

$$
\left| \beta \right| \leqslant \beta_{\max} \tag{11.25}
$$

$$
\Delta t_H > t_{H\min} \tag{11.26}
$$

$$
t_{\text{start}ij} + \Delta t_H + \Delta t_{\text{switch}} < t_{ij} < t_{\text{stop}ij} \tag{11.27}
$$

$$
n_{A1} \neq 0, \ n_{B1} \neq 0, \ n_{C1} \neq 0, \ n_D \neq 0 \tag{11.28}
$$

式(11.17)和式(11.18)描述了时序约束。式(11.19)描述了 BC 和 CD 段的变轨脉冲能量约束，即在 BC 和 CD 段各个脉冲在各个方向的分量需要小于 10m/s。为了便于描述，记追踪卫星可用的时间窗集合为 Chwin = {win$_1$, win$_2$, $\cdots$, win$_n$}，其中 win$_i$ = [t_{si}, t_{ei}]。式(11.20)表示时间窗约束。令 $\boldsymbol{X} = (x, y, z, \dot{x}, \dot{y}, \dot{z})^{\text{T}}$ 表示追踪卫星的状态矢量，X_B、X_C 和 X_D 分别表示追踪卫星在 B、C 和 D 点的期望状态。当各个阶段最后一次机动完成后，追踪卫星的状态需要分别满足其终端状态约束，即式(11.21)、式(11.22)和式(11.23)所描述的约束。式(11.24)和式(11.25)描述了光照约束。式(11.26)描述保持点最短时间停留约束。假设卫星在t_{ij}时刻会施加变轨脉冲，令$t_{\text{start}ij}$和$t_{\text{stop}ij}$分别表示对应于这个脉冲的时间窗的起始与终止时刻。式(11.27)表示传感器切换时间约束。式(11.28)表示调用的时间窗资源的数量约束。

11.2.4　复杂约束条件下多阶段交会任务优化策略

1. 双层规划框架

鉴于本节所研究问题的复杂性，现有的成熟的优化算法不能直接应用于这个问题进行求解。参考相关文献，较普遍的做法是将约束集成到目标函数中，对于不满足约束的解，给予较高的罚函数值，从而利用现有优化算法进行求解。这个方法固然有用，但是太多的时间消耗在了不可行域的搜索。本节研究的问题中，仅时间窗约束一项，就大大缩小了可行域范围。

根据研究问题的特点，本节提出了双层规划框架(图 11.8)对模型进行求解。上层规划，也称为粗略规划，主要基于二体动力学模型，求解出满足约束的粗略交会轨迹，Var_1是主要优化对象。下层规划，也称为修正阶段，采用高精度轨道模型，对粗略轨迹进行修正，并最终给出高精度解。Var_2在修正阶段进行求解。

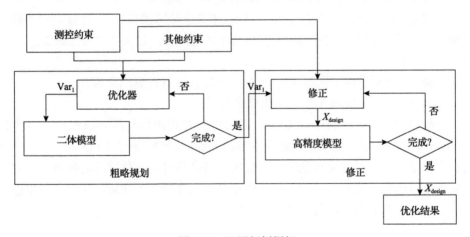

图 11.8　双层规划框架

2. 上层规划

上层规划中，主要求解出满足各种约束的粗略交会轨迹，不考虑不受时间窗约束的脉冲。上层规划的优化模型可以表示为

$$\begin{aligned}
\text{find} \quad X_{\text{design}} &= ([n_{A1}, t_{A1}, \Delta \boldsymbol{v}_{A1}], [n_{B1}, t_{As}, \Delta \boldsymbol{v}_{As}], [n_{B1}, t_{B1}, \Delta \boldsymbol{v}_{B1}], [n_{C1}, t_{Bt}, \Delta \boldsymbol{v}_{Bt}], \\
&\quad [n_{C1}, t_{C1}, \Delta \boldsymbol{v}_{C1}], [n_{D}, t_{Cp}, \Delta \boldsymbol{v}_{Cp}])
\end{aligned} \tag{11.29}$$

$$\min \quad J_{\text{v}} = \sum \left| \Delta \boldsymbol{v}_{ij} \right|$$

s.t. 　式(11.17)至式(11.28)

主要采用模拟退火(SA)算法对上层规划进行求解,求解策略命名为 A1。

步骤 1:根据追踪卫星与目标星的初始状态,各阶段期望状态 X_B、X_C 和 X_D,计算候选可用时间窗集合 Awin、Bwin、Cwin 和 Dwin。

步骤 2:确定初始温度 T_0、终止温度 T_e、降温系数 $\alpha (\alpha < 1)$ 和恒温迭代次数 inloop。

步骤 3:选择候选时间窗的随机组合 $X_d = (n_{A1}, n_{B1}, n_{C1}, n_D)$ 作为初始解,并基于此计算对应的脉冲施加时刻 $(t_{A1}, t_{As}, t_{B1}, t_{Bt}, t_{C1}, t_{Cp})$。$AB$ 段中,采用多圈 Lambert 算法 $\text{Lambert}(X_{A1}, X_B, t_{As} - t_{A1})$ 求解 $\Delta \boldsymbol{v}_{A1}$ 和 $\Delta \boldsymbol{v}_{As}$($X_{A1}$ 为追踪卫星 t_{A1} 时刻的状态,X_B 为其 t_{As} 时刻的期望状态,$t_{As} - t_{A1}$ 表示轨道转移时间)。对于 BC 和 CD 段,利用 C-W 方程可求解其对应的速度增量值 $CW(X_{B1}, X_C, t_{B1}, t_{Bt})$ 或 $CW(X_{C1}, X_D, t_{C1}, t_{Cp})$。

步骤 4:计算目标值 J_{v},记录当前最优解 X_{opt},记当前温度为 $T = T_0$。

步骤 5:如果 $T > T_e$,转至步骤 6,否则转至步骤 8。

步骤 6:搜寻 X_d 的邻域(随机改变 X_d 中某个编号的值),并计算对应的脉冲施加时刻和目标值 J_{v}。基于 Metropolis 准则更新 X_d,记录当前最优解 X_{opt}。重复步骤 6 的操作 inloop 次。

步骤 7:更新当前最优解 X_{opt},$T = \alpha * T_0$($\alpha < 1$),返回步骤 5。

步骤 8:返回最优解 X_{opt} 并结束整个算法。

文献[7]指出,Lambert 求解中,通过施加初始漂移与终端漂移,可以优化 Lambert 变轨所需的速度增量。然而本节研究的问题中,对于 LEO 卫星,一个时间窗大概是 10min 或是更少的时间。除去任务准备时间、传感器转换时间,剩余时间不足以满足卫星长时间的漂移,而短时间的漂移对于变轨消耗的影响也较为有限。因此本节中不考虑初始漂移与终端漂移。

3. 下层规划

上层规划给出的是基于二体动力学模型的粗略交会轨迹。对于 LEO 卫星,摄动的作用不可忽略。在下层规划中,将利用高精度轨道外推模型对粗略轨迹进行修正或是重规划。本节提出了多种修正策略(命名为 A2~A5),各种策略的修正效果将在仿真部分进行分析。

1)AB 段

A2：AB 段修正策略

步骤 1：令 $X_{B'} = X_B$；

步骤 2：记追踪卫星完成 t_{A1} 与 t_{As} 时刻的两次变轨脉冲 Δv_{A1} 和 Δv_{As} 后，其真实的状态为 X_{As}（采用高精度轨道外推模型进行计算）；

步骤 3：如果 $|X_{As} - X_B| > \varepsilon_B$，修正 $X_{B'}$，调用算法 Lambert$(X_{A1}, X_{B'}, t_{As} - t_{A1})$ 更新 Δv_{A1} 和 Δv_{As} 的值，转至步骤 2。如果 $|X_{As} - X_B| < \varepsilon_B$，算法结束，输出最新的 Δv_{A1} 和 Δv_{As}。

保持点 B 的位置是已知的。多圈 Lambert 算法主要基于二体动力学模型进行求解。考虑摄动因素后，可将二体解作为初始解，然后通过高精度模型的轨道预报不断更新虚拟终端状态 $X_{B'}$，并采用 Lambert 算法求解新的变轨脉冲值，直至满足终端约束。这种方法通常经过 12 次的迭代即可收敛到满意的结果。

2)BC 和 CD 段

与 AB 段的修正方法不同，BC 与 CD 段中，追踪卫星可以在线施加脉冲（即在无通信时间窗的条件下施加脉冲）。本节提出了三个可行的修正方案，其中 A3 采用开环策略，A4 和 A5 采用闭环策略。

A3：BC 与 CD 段不添加脉冲的修正策略

这个方法与 A2 相同，只需要把多圈 Lambert 算法 Lambert$(X_{A1}, X_{B'}, t_{As} - t_{A1})$ 改为 $CW(X_{B1}, X_{C'}, t_{B1}, t_{Bt})$ 或 $CW(X_{C1}, X_{D'}, t_{C1}, t_{Cp})$ 即可。

A4：考虑光照约束的 BC 与 CD 段添加脉冲的修正策略（即所添加的脉冲必须在满足光照约束的条件下才能施加）

以 BC 段为例：

步骤 1：计算时间 t_{B1} 与 t_{Bt} 间满足可见光传感器光照约束的时段。计算合适的可施加脉冲的时间序列 $(t_{BC1}, t_{BC2}, \cdots, t_{BCt'}, t_{Bt})$（例如，在可行时段内每 1min 时间一个脉冲），令 $i = 1$。

步骤 2：基于高精度轨道模型计算 t_{BCi} 时刻追踪卫星的状态 X_{BCi}，调用 $CW(X_{BCi}, X_C, t_{BCi}, t_{Bt})$ 求解 Δv_{BCi} 并更新 Δv_{Bt}，$i = i + 1$。

步骤 3：如果 $i \neq t'$，转至步骤 2，否则算法结束。

A5：不考虑光照约束的 BC 与 CD 段添加脉冲的修正策略（即可在任意时刻添加脉冲）

A5 与 A4 的方法是一样的，只是在第一步中，脉冲添加时段的计算方法不同。A4 算法是基于以下假设提出：BC 与 CD 段的脉冲能量由太阳能提供；A5 则是基于假设：在 CD 段，追踪卫星的相对状态由星上系统预测，可不受光照的约束。

11.2.5 复杂约束条件下多阶段交会任务仿真分析

1. 仿真配置

本节中,通过仿真一个交会问题来验证本节提出的算法的有效性。规划起止时间设置为 UTCG 1 Sep 2013 00:00:00.000 到 4 Sep 2013 00:00:00.000。记规划开始时间 1 Sep 2013 00:00:00.000 为时刻 $t = 0s$。追踪卫星与目标星的初始状态(半长轴、偏心率、倾角、幅角、升交点赤经、真近点角)为

$$E_{\text{target}} (t = 0) = (6914.27 \text{km}, \ 0, \ 42.4763°, \ 0°, \ 98.5726°, \ 0°)$$

$$E_{\text{chaser}} (t = 0) = (6714.27 \text{km}, \ 0, \ 42.4763°, \ 0°, \ 98.5726°, \ 270.02°)$$

规定 $\beta_{\max} = 32°$,$t_{H\min} = 2\text{min}$,$\Delta t_{\text{switch}} = 30\text{s}$。

地面站参数如表 11.4 所示,其中 ε_0 表示地面站天线最小仰角。

表 11.4 地面站参数

地面站	地面站名称	纬度/(°)	经度/(°)	高度/m	$\varepsilon_0 /(°)$
1	Gila_River	33.1133	−112.031	0	5
2	Islamabad	33.7182	73.0605	542.373	5
3	Kashimia	35.9531	140.666	0	5
4	Tokyo	35.7088	139.492	0	5

在 B、C、D 点,追踪卫星相对于目标星的期望状态为

$$X_B = [0\text{m}, \ -50000\text{m}, \ 0\text{m}, \ 0\text{m/s}, \ 0\text{m/s}, \ 0\text{m/s}]$$

$$X_C = [0\text{m}, \ -150\text{m}, \ 0\text{m}, \ 0\text{m/s}, \ 0\text{m/s}, \ 0\text{m/s}]$$

$$X_D = [0\text{m}, \ -50\text{m}, \ 0\text{m}, \ 0\text{m/s}, \ 0\text{m/s}, \ 0\text{m/s}]$$

对应的状态误差容限为

$$\varepsilon_B = [100\text{m}, 100\text{m}, 100\text{m}, 5\text{m/s}, 5\text{m/s}, 5\text{m/s}]$$

$$\varepsilon_C = [10\text{m}, 10\text{m}, 10\text{m}, 0.5\text{m/s}, 0.5\text{m/s}, 0.5\text{m/s}]$$

$$\varepsilon_D = [1\text{m}, 1\text{m}, 1\text{m}, 0.05\text{m/s}, 0.05\text{m/s}, 0.05\text{m/s}]$$

在所有的仿真中,时间窗与高精度轨道的计算均由 STK 软件提供,算法用 MATLAB 2012(b)软件编写,在具备 Intel® Core™ Duo CPU(2.53GHz)处理器和 2GB 内存的笔记本电脑上运行。

2. 上层规划仿真

采用上节给出的参数模拟卫星状态，并根据表 11.4 的参数计算备选时间窗集合 Awin、Bwin、Cwin 和 Dwin，然后随机删除各个集合中的若干时间窗，模拟该时间窗被规划给别的空间任务，处于不可用的状态。利用模拟退火算法求解上层规划，算法的参数设置为：初始温度 100，终止温度 30，降温系数 0.95，常温迭代次数 50。在电脑上以同样参数设置重复运行 10 次 SA 算法，每次的初始解随机给出，各不相同，平均每次的计算时间约为 3.5min。十次运行结果中，最好的目标值为 313.687m/s，最差的为 314.849m/s，均值为 314.034m/s。由这些数据可看出，本节提出的 SA 算法运行稳定，对初始解不敏感，且有较好的求解效率。最优的计算结果在表 11.5 中给出。图 11.9 给出了算法运行的收敛趋势。

表 11.5　上层规划结果

区域	参数						
AB	t_{A1}/s	$\left|\Delta v_{A1}\right|$/(m/s)	地面站	t_{As}/s	$\left|\Delta v_{As}\right|$/(m/s)	地面站	$J_v(AB)$
	34366	154.8688	4	60658	157.8098	1	312.6787
BC	t_{B1}/s	$\left|\Delta v_{B1}\right|$/(m/s)	地面站	t_{Bt}/s	$\left|\Delta v_{Bt}\right|$/(m/s)	地面站	$J_v(BC)$
	60838	0.5023	1	95411	0.5023	3	1.0046
CD	t_{C1}/s	$\left|\Delta v_{C1}\right|$/(m/s)	地面站	t_{Cp}/s	$\left|\Delta v_{Cp}\right|$/(m/s)	地面站	$J_v(CD)$
	95591	0.0020	3	118917	0.0020	2	0.0040

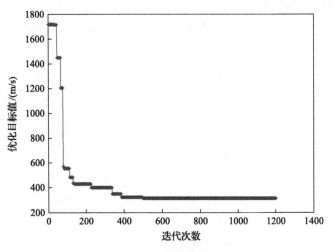

图 11.9　SA 算法收敛趋势

上层规划的最优目标值为 313.687m/s。在 *AB* 段中，追踪卫星需要在转移轨

道上飞行 4 圈。图 11.10 给出了规划周期内 β 角随时间的变化趋势。由图可以看出，在 $t = 122229\mathrm{s}$ 之前，$|\beta|$ 的值都小于 $32°$，之后，该角度不断变大。因此在表 11.5 中，所有的机动时刻都早于 $t = 122229\mathrm{s}$。

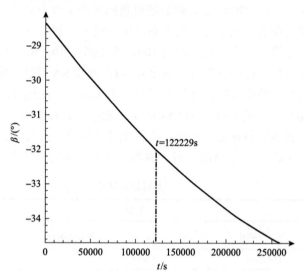

图 11.10　轨道阳光 β 角随时间的变化过程

3. 下层规划仿真

基于表 11.5 中的计算结果，采用 A2-A5 算法对其进行修正，对应的结果和计算时间在表 11.6 和表 11.7 中给出。

表 11.6 中，ε^* 表示轨道坐标系下追踪卫星实际状态与期望状态的误差。距离单位为 m，速度单位为 m/s。

表 11.6　下层规划结果

交会阶段(算法)	$\varepsilon^* = X_{\mathrm{real}} - X_{\mathrm{expect}}$	$J_{\mathrm{v}}/(\mathrm{m/s})$
AB(A1)	$[-4009.3;\ 168026.6;\ 119324.0;\ -0.516;\ 2.043;\ -94.671]$	312.679
AB(A1+A2)	$[3.456;\ 6.767;\ -3.635;\ -0.015;\ -0.001;\ -0.002]$	193.259
BC(A1+A2+A3)	$[0.009;\ -0.384;\ 0.045;\ 0.000;\ 0.000;\ 0.000]$	2.136
BC(A1+A2+A4)	$[-0.003;\ 0.277;\ -0.959;\ -0.008;\ 0.008;\ 0.000]$	10.995
BC(A1+A2+A5)	$[-0.005;\ 0.433;\ -1.040;\ -0.015;\ 0.011;\ 0.000]$	24.275
CD(A1+A2+A3)	$[0.025;\ -0.527;\ -0.061;\ 0.000;\ 0.000;\ 0.000]$	2.138
CD(A1+A2+A4)	$[0.000;\ -0.047;\ -1.581;\ 0.000;\ 0.000;\ 0.000]$	14.497
CD(A1+A2+A5)	$[0.000;\ 0.274;\ -1.225;\ 0.000;\ 0.000;\ 0.000]$	1.152

表 **11.7**　**计算时间对比**

交会阶段	AB	BC	CD	BC	CD	BC	CD
算法	A2	A3	A3	A4	A4	A5	A5
添加的脉冲数量	0	0	0	576	388	368	249
迭代次数	4	6	4	—	—	—	—
计算时间/s	3.732	6.734	2.751	73.94	49.849	26.861	18.059

注：计算时间中不包括轨道预报耗用的时间。

　　如表 11.6 所示，由于摄动影响，经过若干圈飞行，追踪卫星会产生漂移，飞至目标点数十公里之外 $(AB(\text{A1}))$。经过 A2 的修正，可以有效改善轨道转移结果。图 11.11 和图 11.12 描述了 A2 算法 4 次迭代的结果，表明了算法的收敛性。

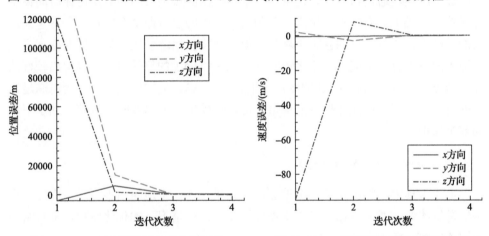

图 11.11　t_{AS} 时刻追踪卫星的位置误差　　　图 11.12　t_{AS} 时刻追踪卫星的速度误差

　　从表 11.6 中 $AB(\text{A1}+\text{A2})$ 段的结果中可以看出，考虑摄动的修正后，调相段的变轨速度增量减少，这是由于在摄动的影响下，卫星升交点发生了漂移，从而影响了卫星变轨的推进剂消耗。

　　对比 A3 与 A4、A5 对 BC 和 CD 段的修正效果，可以看出，三种算法都能有效改善上层规划的结果，并最终满足终端约束。A3 不论是精度上还是能耗优化上，都优于另外两种算法。算法 A3 中，误差阈值会事先设定，这个操作便于用户控制终端误差。实质上，A3 是一种开环控制策略，因此它不利于卫星的安全性[11]。A4 和 A5 都是闭环策略，它们可以实时检测追踪卫星与目标星的相对状态，并及时采取保护措施。尽管 A4 和 A5 的修正效果没有 A3 好，但是在实际应用中，其闭环控制的策略更安全，且可对意外情况做出及时的调整。将 $BC(\text{A1}+\text{A2}+\text{A4})$ 段的结果与 $BC(\text{A1}+\text{A2}+\text{A3})$ 段进行对比发现，前者虽然耗能更多，但与调相段的轨道增量需求相比，这个 Δv 差值很小，几乎可以忽略。为了保证卫星的安全性，这些能量的消耗是值得的。A4 与 A5 进行对比，两者的误差量级差不多，但 A5 的能耗更多些。这是由于 A5 中，脉冲只能在光学传感器可工作的条件下才能施加。经过阴影部分的漂移，追踪卫星会偏离目标轨道，那么就需要耗费较多的能量将其拽回目标轨道。

从表 11.7 中可以看出，A3 和 A2 算法都能在 10 次迭代内收敛到一个较为满意的范围。从某种程度上来说，可认为这两种算法具有较好的收敛性。与 A3 相比，A4 和 A5 算法耗时更久，因为它们需要不断重复预估追踪卫星的状态并据此计算添加的脉冲。在仿真中，本节采取每 1min 添加一个脉冲的方法，每个脉冲的平均计算时间为 0.1s 左右，这个时间在实时计算的可接受范围。

综上所述，通过仿真可以得出：①本节提出的规划策略和算法可在时间窗资源稀缺的基础上，有效求解出满足各种复杂约束的多阶段交会路径。②在考虑摄动的基础上，所有提出的修正策略都能很好地修正粗略轨迹，但不同的修正方法所适用的范围有所不同。③相比较而言，A1+A2+A3 的算法组合可以得出较好的优化结果。④虽然 A4 与 A5 的修正效果略差于 A3，但它们同样可以给出满足需求的解，且它们采用闭环控制的策略，可对意外情况做出及时的调整，利于卫星的安全保护。

4. 参数配置改变的仿真结果

上述仿真中，共用到了 4 个地面站。如果其中一个地面站不可用，优化结果必然发生改变。表 11.8 给出了地面站配置发生改变情况下的优化结果，所有结果采用 A1+A2+A3 算法组合给出。

表 11.8　地面站配置改变后的优化结果

不可用地面站	t_{A1}/s	t_{As}/s	t_{B1}/s	t_{Bt}/s	t_{C1}/s	t_{Cp}/s	J_v/(m/s)
1	39384	83433	83613	106579	106759	118917	295.4804
2	34366	60658	60838	101435	101615	113755	194.8592
3	34366	60658	60838	112607	112787	118917	195.0672
4	45119	60658	60838	112607	112787	118917	293.2423

从表 11.6 和表 11.8 的对比中可看出，AB 调相段主要由地面站 1 和 4 完成测控，当地面站 2 或 3 不可用时，AB 段的轨迹不变。BC 和 CD 段的变轨速度增量远小于 AB 段的需求，因此仅是 BC 和 CD 段的配置发生改变，对 AB 段的轨迹不会有太大的影响，最终的优化目标值 J_v 也不会有太大变化。如果 AB 段的配置发生改变，则最终目标值将发生较大的变化，其变化远大于 BC 与 CD 段变化带来的影响。如表 11.8 中所示，当地面站 1 或 4 不可用时，AB 段的轨迹随之发生改

变，优化目标值也发生了较大改变。仿真结果表明，在改变参数配置的情况下，根据本节提出的求解框架和算法，同样能够较好地求解空间交会问题。各个交会阶段统一考虑，约束资源综合分配，有利于提高交会的总体性能。

11.2.6　考虑摄动与复杂约束的 P2P 在轨加注任务规划仿真分析

1. 任务描述与规划方法说明

本节任务描述与 11.2.1 节任务描述类似，不同之处在于，在伪服务星与目标星的交会过程中，采用复杂约束条件下的多阶段交会路径，在伪服务星返程中，仅考虑调相段的轨道转移。

任务分配策略为，依据给定的初始推进剂携带量，以推进剂均衡为优化目标，枚举所有可能的伪服务星与目标星组合，确定最优的任务分配结果。

时间分配策略，也可称为轨迹优化策略。给定伪服务星与目标星交会的轨道转移时间约束，采用 A1+A2+A3 法求解多阶段交会轨迹。给定伪服务星返回初始位置的时间限制，采用 A1+A2 算法求解其返回轨迹。

2. 仿真参数设置

规划起止时间设置为 UTCG 1 Feb 2016 00:00:00.000 到 10 Feb 2016 00:00:00.000。记规划开始时间 1 Feb 2016 00:00:00.000 为时刻 $t = 0s$。伪服务星与目标星的初始状态(半长轴、偏心率、倾角、幅角、升交点赤经(RAAN)、真近点角)如表 11.9 所示，地面站配置如表 11.4 所示。表 11.9 中所有卫星的轨道面差异较小，因此它们的 β 角变化趋势差异不大。以卫星 1 为例，图 11.13 给出了规划周期内卫星 1 的 β 角随时间的变化趋势。仿真中规定，伪服务星与目标星的交会需在 1 Feb 2016 00:00:00.000 至 4 Feb 2016 00:00:00.000 时段内完成。伪服务星返回初始位置的变轨需在 7 Feb 2016 00:00:00.000 至 10 Feb 2016 00:00:00.000 时段内完成。

在 B、C、D 点，追踪卫星相对于目标星的期望状态、对应的状态误差容限以及其他参数与 11.2.5 节的设置相同。

表 11.9　P2P 在轨加注任务中卫星初始状态参数

卫星	半长轴/km	偏心率	轨道倾角/(°)	幅角/(°)	RAAN/(°)	真近点角/(°)	初始推进剂
1	6914.27	0	42.5	0	98.6	220	88
2	6714.22	0	42.5	0	98.8	30	76
3	6856.33	0	42.0	0	99	60	100
4	7024.67	0	43	0	98.4	120	8
5	6755.44	0	42.8	0	98	0	12
6	6824.11	0	42.5	0	99	160	16

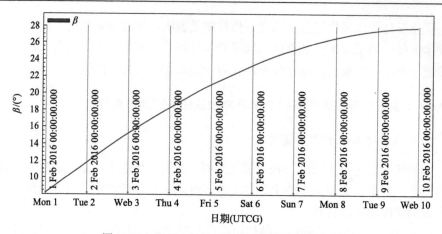

图 11.13　卫星 1 的轨道阳光 β 角随时间的变化

3. 仿真结果与分析

根据表 11.9，任务分配的结果为：卫星 1 服务于卫星 5，卫星 2 服务于卫星 6，卫星 3 服务于卫星 4。伪服务星与目标星交会过程的具体参数如表 11.10 所示，伪服务星返回初始位置的具体变轨参数如表 11.11 所示。

表 11.10　伪服务星与目标星交会的各阶段参数

P2P 组合(伪服务星→目标星)		1→5	2→6	3→4
AB 调相段	t_{A1}/s	81196	98105	15800
	地面站	2	2	2
	t_{As}/s	99308	131358	43485
	地面站	2	1	1
	$|\Delta v_{AB}|$/(m/s)	750.081	525.759	544.808
BC 远距离导引段	t_{B1}/s	99488	131538	43665
	地面站	2	1	1
	t_{Bt}/s	132062	165020	125329
	地面站	1	3	1
	$|\Delta v_{BC}|$/(m/s)	2.265	5.586	1.989
CD 近距离导引段	t_{C1}/s	132242	165200	125509
	地面站	1	3	1
	t_{Cp}/s	159933	170652	154890
	地面站	3	2	4
	$|\Delta v_{CD}|$/(m/s)	5.925	3.514	2.909
总计	J_v/(m/s)	758.271	534.858	549.705

表 11.11　伪服务星返回初始位置的变轨参数

P2P 组合(伪服务星 ← 目标星)	1 ← 5	2 ← 6	3 ← 4
t_{A1}/s	687644	663889	619698
地面站	4	1	2
t_{As}/s	731764	691608	648242
地面站	1	2	1
J_v/(m/s)	579.519	419.608	761.841

　　对比表 11.8 与表 11.10 可知，表 11.10 的变轨速度增量总体上都大于表 11.8 中的值，这其中很大一个原因是，表 11.10 所示仿真中考虑了轨道面的倾角，而异面变轨的推进剂消耗要比共面变轨的消耗大得多。表 11.10 和表 11.11 的优化结果表明，采用本节提出的模型与方法可有效求解考虑摄动与复杂约束的 LEO 卫星群 P2P 在轨加注问题。

11.3　目标不确定的 GEO 卫星群一对多在轨加注任务规划

11.3.1　问题描述与分析

　　研究的问题可描述为：一个服务星已被发射至 GEO 附近的预定轨道，GEO 上有多颗等待加注的卫星，但由于服务星携带推进剂有限，不能同时满足所有卫星的加注需求。本节研究的目的是，在满足约束的基础上，找到最优的加注目标星集合以及对应的加注序列。图 11.14 给出了 GEO 卫星群一对多在轨加注任务场景。

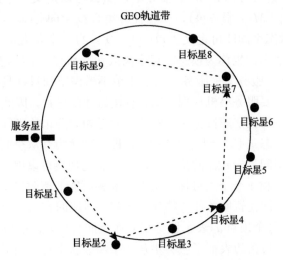

图 11.14　GEO 卫星群一对多在轨加注任务场景

在轨加注的过程与空间碎片清理类似，服务星通过适当的机动与调整后与第一个目标进行交会，经过一系列的交会与接近操作后，目标星与服务星进行对接，继而进行各种加注操作。最后，服务星重复之前的操作，对下一个任务目标进行加注，直至所有目标星完成加注操作。

本节的规划中将弱化空间交会中的轨迹优化问题，主要采用调相变轨或霍曼转移完成两个卫星间的交会操作，同时，给予在轨加注任务足够充分的时间，即卫星有足够的时间通过调相变轨或霍曼转移去完成变轨操作。在弱化交会路径优化、忽略在轨加注具体操作的基础上，最终将研究重点放在任务目标集合选取、序列优化的研究中。本节研究的问题有如下特点：

(1) 目标星均在 GEO 附近，但不一定共面，也不一定共高；

(2) 服务星不能同时满足所有卫星的加注需求；

(3) 服务星最终加注的卫星数量是未知的。

11.3.2 基于混杂优化控制理论的任务规划模型

随着控制理论的不断成熟，混杂系统(hybrid system，HS)概念应运而生。许多学者从混杂系统理论中提炼出新的方法，用于解决复杂任务规划问题。混杂系统同时包含连续系统与离散系统，两种系统相互作用。实际应用中，多种系统具有混杂系统的特性。混杂优化控制(hybrid optimal control，HOC)即在已知系统初态与末态的条件下，寻找一种控制策略，使优化指标达到最优。

1. 离散状态空间

假设有 N 个空间目标和 M 个服务星，那么可以定义一个服务星资源集合 $Q_s = \{s_1, s_2, \cdots, s_M\}$（$M$ 个服务星），一个任务集合 $Q_t = \{\text{tsk}_1, \text{tsk}_2, \cdots, \text{tsk}_N\}$（$N$ 个空间目标）。离散状态空间即可定义为 $Q = Q_s \times Q_t$。每一个元素 $q_{ij} = (s_i, \text{tsk}_j) \in Q$ 被称作是一个离散状态，也称为模态。每个离散状态都有一个特定的物理意义，即第 j 个目标由第 i 个服务星来服务。由于本节不考虑空间目标具有机动能力的情况，每次服务都需要服务星机动到空间目标附近才能进行，因此，离散状态 q_{ij} 也可以理解为服务星 s_i 在空间目标 tsk_j 的位置附近相对静止的飞行状态。

服务星 s_i 从状态 q_{ij} 切换到 q_{ik}（$j \neq k$），即可理解为其从空间目标 tsk_j 的位置经过变轨飞行至空间目标 tsk_k 的位置。离散状态的切换可以用一个有向图表示。假设有 2 个服务星和 4 个空间目标，那么有 8 种可能的离散状态，这些状态的排列组合即构成了一次在轨服务任务的任务序列。对应的有向图如图 11.15 所示。

图 11.15 中，每个顶点 q_{ij} 表示服务星 s_i 在空间目标 tsk_j 的位置附近相对静止的自由飞行状态。每条边表征了服务星从一个离散状态转移到另一个离散状态的转换。u_{ij} 表示能触发系统模态发生切换的系统输入。若两个顶点间不存在边，表

明这两个模态不能直接转换。以上的例子并不具有普适性，针对具体的系统环境，任意两个状态间的转换关系可能会有所不同。随着系统演化和时间推进，任意两个离散状态间的转换关系也会发生改变。例如，如果目标 1 已经分配给了服务星 1，且规定每个目标只能被分配给一个服务星，那么在服务星 2 的子系统中，不存在与目标 1 相关的顶点和边。

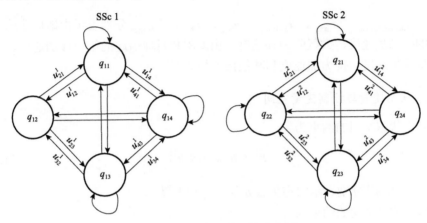

图 11.15　离散状态切换有向图

一个任务的规划预案，可以表示为离散状态的排列组合，如

$$\boldsymbol{q} = \begin{pmatrix} q_{13}, q_{12}, q_{15} \\ q_{21}, q_{24} \end{pmatrix} \tag{11.30}$$

$$\boldsymbol{q} = (q_{21}, q_{13}, q_{12}, q_{15}, q_{24}) \tag{11.31}$$

式(11.30)和式(11.31)表述了相同的任务规划结果，即从初始位置出发，服务星 s_1 依次服务目标 3、2、5，而服务星 s_2 依次服务目标 1、4。但与式(11.30)不同，式(11.31)还表示了任务执行的时间顺序信息：目标 3 必须在目标 1 被服务星 2 服务完后，才能被服务星 1 服务。本节主要采用式(11.30)的方式表述任务规划的结果。

2. 连续时间动力学系统

每一个离散状态 q 都对应一个连续时间动力学系统：$\dot{x} = f(x, u, t, q)$。x 和 u 分别表示连续时间状态变量和控制变量。服务星最初与所有目标都运行在空间轨道上，状态空间的各个离散状态表征了服务星在轨道的不同位置围绕地球的自由飞行状态。当服务星处于任意离散状态，如果系统输入为 0，那么其离散状态不会发生改变。此时，对应于离散状态 q，系统的连续动态子系统可以用服务星的连续运动状态方程表示。为不失一般性，令 r, v 分别表征服务星的位置矢量和速

度矢量，服务星的连续运动状态方程可表示为

$$\begin{cases} \dfrac{\mathrm{d}\boldsymbol{v}}{\mathrm{d}t} = -\dfrac{\mu}{r^3}\boldsymbol{r} + \boldsymbol{a}_{\text{nonspherical}} + \boldsymbol{a}_{\text{drag}} + \boldsymbol{a}_{3-\text{body}} + \boldsymbol{a}_{\text{SR}} + \boldsymbol{a}_{\text{thrust}} + \boldsymbol{a}_{\text{other}} \\ \dfrac{\mathrm{d}\boldsymbol{r}}{\mathrm{d}t} = \boldsymbol{v} \end{cases} \tag{11.32}$$

式中，$\boldsymbol{a}_{\text{nonspherical}}$、$\boldsymbol{a}_{\text{drag}}$、$\boldsymbol{a}_{3-\text{body}}$、$\boldsymbol{a}_{\text{SR}}$、$\boldsymbol{a}_{\text{thrust}}$ 和 $\boldsymbol{a}_{\text{other}}$ 分别表示由地球非球形所引起的摄动加速度、大气阻力加速度、由太阳和月球引起的第三体加速度、太阳光压摄动加速度、推力加速度和其他摄动加速度。

3. 状态变量与控制变量空间

定义状态空间的约束为

$$\boldsymbol{h}^{\text{L}} \leqslant \boldsymbol{h}(\boldsymbol{x}, q) \leqslant \boldsymbol{h}^{\text{U}} \tag{11.33}$$

式中，$\boldsymbol{h}^{\text{L}}$ 和 $\boldsymbol{h}^{\text{U}}$ 分别表示状态矢量 $\boldsymbol{h}$ 的上界和下界。

定义控制空间的约束为

$$\boldsymbol{g}^{\text{L}} \leqslant \boldsymbol{g}(\boldsymbol{u}, q) \leqslant \boldsymbol{g}^{\text{U}} \tag{11.34}$$

式中，$\boldsymbol{g}^{\text{L}}$ 和 $\boldsymbol{g}^{\text{U}}$ 分别表示控制矢量 $\boldsymbol{g}$ 的上界和下界。

在不同的在轨服务任务类型中，针对不同的离散状态，系统的状态变量和控制变量都需要满足一定的约束。此处，本节只是抽象地定义了状态变量空间与控制变量空间，在具体的应用中，其约束将会得到细化。

4. 离散事件

本节中，离散事件也称为转换事件。令 $(\boldsymbol{x}, \boldsymbol{u})$ 和 $(\boldsymbol{x}', \boldsymbol{u}')$ 分别表示系统任意两个离散状态 $q, q' \in Q$ 的连续时间状态变量和控制变量。定义能促使系统从离散状态 q 转换到状态 q' 的转换事件的集合为 $\boldsymbol{E}(q, q')$，且定义 $\boldsymbol{e}(\cdot, q, q') \in \boldsymbol{E}(q, q')$，$\boldsymbol{e}(\cdot, q, q')$ 表述具体的转换事件。$\boldsymbol{E}(q, q')$ 可能为空集。如果 $\boldsymbol{E}(q, q') = \varnothing$，则表示不存在任何一种方法，使得系统从状态 q 直接转换到状态 q'，即在系统有向图中，不存在从 q 到 q' 的有向边。当该集合不为空时，其可定义为

$$\boldsymbol{E}(q, q') = \{(\boldsymbol{x}, \boldsymbol{u}, \tau, \boldsymbol{x}', \boldsymbol{u}', \tau') : \boldsymbol{e}^{\text{L}} \leqslant \boldsymbol{e}(\boldsymbol{x}, \boldsymbol{u}, \tau, \boldsymbol{x}', \boldsymbol{u}', \tau', q, q') \leqslant \boldsymbol{e}^{\text{U}}\} \tag{11.35}$$

式中，$\boldsymbol{e}^{\text{L}}$ 和 $\boldsymbol{e}^{\text{U}}$ 分别表示函数 $\boldsymbol{e}(\cdot, q, q')$ 的上界和下界；τ 为对应于 $\boldsymbol{x}$ 和 $\boldsymbol{u}$ 的时间变量。为了对发生在某个特定时段 $[t_s, t_e]$ 的转换事件的集合进行研究，定义一个新的与时间相关的转换事件集合 $\boldsymbol{S}(q, q')$，且 $\boldsymbol{S}(q, q') \subset \boldsymbol{E}(q, q')$，

$$S(q,q') = \{(x,u,t_s,x',u',t_e) \in E(q,q') : t_s,t_e \in \mathbf{R}\} \tag{11.36}$$

$S(q,q')$ 集合中，所有转换事件都起始于离散状态 q、时间 t_s，并终止于离散状态 q'、时间 t_e。如果 $S(q,q') \neq \varnothing$，则表示存在这样一个离散事件，在 t_s 时刻发生、t_e 时刻终止，并最终使得系统从状态 q 转移到了状态 q'。$S(q,q')$ 的定义对于在轨服务任务具有很重要的意义。在轨服务任务中，离散状态的转换可看作是服务星的轨道转移，即服务星从一个空间目标的位置转移至另一个目标的位置。离散状态确定了服务星空间交会前后的位置信息，t_s 与 t_e 确定了轨道转移的起始与终止时刻，当这些信息都获取后，可采用对应的空间交会算法对转移轨道进行优化，如果不存在满足这些位置与时间信息的转移轨道，则 $S(q,q')$ 为空集。

为了方便计算，此处定义一个系统邻接矩阵 $A = [A_{ij}]$，其中

$$A_{ij} = \begin{cases} 1, & E(q_i,q_j) \neq \varnothing \\ 0, & E(q_i,q_j) = \varnothing \end{cases} \tag{11.37}$$

邻接矩阵可以用来表征系统有向图中的关系。当有向图中存在始于顶点 q_i、终于顶点 q_j 的有向边时，元素 A_{ij} 为 1，反之为 0。

5. 自动机编码

对于规划问题的建模，最终目的都是进行计算，因此需要一种有效的编码方式，能够方便计算。令 $[Q]$ 为 N_{Qs} 行 N_{Qt} 列的矩阵，其中 N_{Qs} 为服务星的数量，N_{Qt} 为空间目标的数量，且 $[Q]$ 的元素为 q_{ij}，$q_{ij} \in Q = Q_s \times Q_t$。需要定义一种映射方法，能够使得 $[Q] \mapsto q$。为了通过矩阵运算得到 q，定义操作符 $*$ 如下：

$$q * d = \begin{cases} \varnothing, & d \in (0,1), \\ q, & d \in (1,2), \end{cases} \quad \forall q \in Q \tag{11.38}$$

$$q_1 * d_1 + q_2 * d_2 = \begin{cases} (q_1 * d_1, q_2 * d_2), & d_1 < d_2 \\ (q_2 * d_2, q_1 * d_1), & d_1 > d_2 \end{cases} \tag{11.39}$$

式中，$d \in (0,2)$ 是一个实数；q 表示系统的一个离散状态。

定义矩阵 $\Delta = [d_{ij}]^{N_{Qt} \times N_{Qs}}$，操作 $[Q] * \Delta$ 即可得到一个任务序列

$$q = [Q] * \Delta = \begin{pmatrix} \sum\limits_{i=1}^{N_{Qt}} q_{1,i} * d_{i,1} \\ \vdots \\ \sum\limits_{i=1}^{N_{Qt}} q_{N_{Qs},i} * d_{i,N_{Qs}} \end{pmatrix}, \quad \Delta = [d_{ij}]^{N_{Qt} \times N_{Qs}}, d_{ij} \in (0,2) \tag{11.40}$$

为了便于理解，以下给出一个 * 运算的具体实例。

$$\begin{pmatrix} q_{11} & q_{12} & q_{13} \\ q_{21} & q_{22} & q_{23} \end{pmatrix} * \underbrace{\begin{pmatrix} 1.2 & 0.4 \\ 1.1 & 1.3 \\ 0.6 & 1.4 \end{pmatrix}}_{[d_{ij}]} = \begin{pmatrix} q_{11}*1.2+q_{12}*1.1+q_{13}*0.6 \\ q_{21}*0.4+q_{22}*1.3+q_{23}*1.4 \end{pmatrix}$$ (11.41)

$$= \begin{pmatrix} q_{13}*0.6, q_{12}*1.1, q_{11}*1.2 \\ q_{21}*0.4, q_{22}*1.3, q_{23}*1.4 \end{pmatrix} = \begin{pmatrix} \varnothing, q_{12}, q_{11} \\ \varnothing, q_{22}, q_{23} \end{pmatrix} = \begin{pmatrix} q_{12}, q_{11} \\ q_{22}, q_{23} \end{pmatrix}$$

可以看出，实数 d_{ij} 具有明确的物理意义。d_{ij} 的实数部分只可能是 0 或 1，当为 1 时，表示第 i 个任务被分配给了第 j 个服务星，当为 0 时，表示第 i 个任务没有分配给第 j 个服务星。d_{ij} 的小数部分表示了任务的执行顺序，这个数据越小，对应的任务就越早被执行。

需要指出的是，这里提出的编码方法虽然具有一定的普遍适用性，但并不一定是最佳的编码方法，在实际应用中，可以根据具体的任务需求确定最理想的编码方式。例如，当实际应用中规定每一个任务都需要被执行，且只能被执行一次，那么可以有更为简洁的编码方法。定义 $\varDelta_{\text{pre}}$ 为行向量，具有 N_{Qt} 个元素。假设有 M 个服务星，那么 $\varDelta_{\text{pre}}$ 的元素可定义为 $d_i \in (1, M+1)$。d_i 为实数，其整数部分表征对应的任务被分配给的服务星编号，小数部分决定任务的执行顺序。例如，$\varDelta_{\text{pre}} = [1.5, 2.3, 1.2]$ 表示服务星 1 需要依次执行任务 3 和 1，服务星 2 需要处理任务 2。

6. 优化目标函数

在整个混杂系统中，优化控制的目的是使整个系统向目标状态演化(即目标任务被执行)，并同时使优化指标达到最优，系统代价尽可能小。系统代价一般包含两部分，一部分来自连续子系统，一部分来自离散子系统。

任意两个离散状态间切换产生的系统代价为

$$C_E(\cdot, q, q') : \boldsymbol{E}(q, q') \to \Re \bigcup \{\infty\}$$ (11.42)

当系统不可能从状态 q 转换到状态 q' 时，系统代价可视为无穷大。

连续子系统演化产生的代价为

$$C_C(\cdot, q) = \int F(\boldsymbol{x}(t), \boldsymbol{u}(t), q) \, \mathrm{d}t$$ (11.43)

假设，规划的最终方案是

$$\boldsymbol{q} = \begin{pmatrix} q^{11} & \cdots & q^{1, N_{Qt}} \\ \vdots & \ddots & \vdots \\ q^{N_{Qs}, 1} & \cdots & q^{N_{Qs}, N_{Qt}} \end{pmatrix}$$ (11.44)

式中，可能出现 $q^{ij} = \varnothing$ 的情况。系统总的代价为

$$J[\boldsymbol{x}(t),\boldsymbol{u}(t),\boldsymbol{q}] = \sum_{i=1}^{N_{Qs}} \sum_{j=1}^{N_{Qt}-1} C_E(\cdot,q^{i,j},q^{i,j+1}) + \sum_{i=1}^{N_{Qs}} \sum_{j=1}^{N_{Qt}} C_C(\cdot,q^{i,j}) \qquad (11.45)$$

上述的系统代价可以指在轨服务任务中推进剂的消耗，也可以指时间的消耗。除此之外，在轨服务任务还会考虑任务优先级等优化指标，具体指标的计算方法需要根据具体需求而定，此处暂时只考虑系统演化代价这个优化目标，并用 $J[\boldsymbol{x}(t),\boldsymbol{u}(t),\boldsymbol{q}]$ 抽象表示。

7. HOC 任务规划模型

只考虑一颗服务星服务多颗目标星的情况，离散状态空间可表示为 $Q = \{q_1, q_2,\cdots,q_{N_Q}\}$，$q_i$ 代表第 i 个离散状态，表示服务星在目标星 i 的位置附近，与其相对静止的自由飞行状态。不考虑摄动影响，服务星的连续时间动力学方程可用二体动力学方程表示。共考虑三个不同的优化目标：

(1) 变轨推进剂消耗最少，即优化服务星轨道转移路径，使得推进剂尽可能用于卫星的加注传输，而不是消耗在轨道转移上。

(2) 被加注卫星的数量最多，即尽可能多地满足卫星的加注需求，被加注的卫星越多越好。

(3) 被加注卫星的重要等级和最高。每一个请求加注的目标星，都有一个重要等级值，表明了这颗卫星的重要性。通常情况下，希望越重要的卫星，越能优先被加注。

研究的问题可以建立成如下模型：

$$\text{find} \qquad \boldsymbol{q}, \boldsymbol{u} \qquad (11.46)$$

$$\text{minimize} \qquad J_f = \sum \text{CFuel}(q^i,q^{i+1}) \qquad (11.47)$$

$$\text{maxmize} \qquad J_N = \text{Num}(\boldsymbol{q}) \qquad (11.48)$$

$$\text{maxmize} \qquad J_p = \sum \text{Prio}(q^i) \qquad (11.49)$$

$$\text{s.t.} \qquad \dot{\boldsymbol{x}} = f(\boldsymbol{x},\boldsymbol{u},t,q) \qquad (11.50)$$

$$q \in \boldsymbol{q}, \ q \in Q \qquad (11.51)$$

$$\text{Num}(\boldsymbol{q}) \leqslant N_Q \qquad (11.52)$$

注：本章中 q 的下标表示其在状态空间 Q 中的位置，上标表示其在任务序列 $\boldsymbol{q}$ 中的位置。

$$0 < \text{AFuel}(q) \leqslant \text{RFuel}(q) \tag{11.53}$$

$$\text{Fuel}_s(\boldsymbol{q}) > \text{fuel}_{\min} \tag{11.54}$$

$$X(t_0) = X_{q_0} \tag{11.55}$$

式(11.46)中，$\boldsymbol{q}$ 为服务星的服务序列；$\boldsymbol{u}$ 为触发离散状态转移的系统输入。式(11.47)表示变轨推进剂消耗最少的优化目标，其中 q^i 与 q^{i+1} 抽象表示 $\boldsymbol{q}$ 中相邻的两个离散状态。式(11.48)表示被加注卫星的数量最多的优化目标，其中函数 $\text{Num}(\boldsymbol{q})$ 表示获取 $\boldsymbol{q}$ 中任务个数。式(11.49)表示被加注卫星的重要等级和最高的优化目标，其中函数 $\text{Prio}(q^i)$ 可获取任务 q^i 的重要等级值。式(11.50)表示系统满足连续时间动力学系统描述。式(11.52)表示被加注卫星的数量小于或等于总的请求加注的卫星的数量。式(11.53)表示目标星被加注的推进剂量小于或等于其请求加注的推进剂量，$\text{AFuel}(q)$ 表示与 q 对应的目标星被加注的推进剂量，$\text{RFuel}(q)$ 表示与 q 对应的目标星请求加注的推进剂量。式(11.54)表示服务星在任务完成时，其所携带的剩余推进剂需要大于一个阈值 $\text{fuel}_{\min}$，其中 $\text{Fuel}_s(\boldsymbol{q})$ 表示服务星完成任务序列 $\boldsymbol{q}$ 规定的任务后剩余的推进剂量。式(11.55)表示服务星的初始状态约束。

11.3.3 模型求解

1. 模型分析

本节求解的模型需要解决三个问题：

(1)任务目标选择。服务星携带的推进剂有限，不可能同时满足所有目标星的加注请求，那么首先需要选出服务星的加注目标集合。各颗卫星的加注需求各不相同，如果单颗卫星的推进剂需求量小，那么服务星可以多加注几颗卫星；如果单颗卫星的推进剂需求量大，那么其能加注的目标星数量自然减少。可获得加注的目标星数量未知，是本节求解的一个难点。

(2)任务序列规划。确定服务星的目标集合后，需要解决服务次序问题，即求解服务星需要按什么顺序，依次加注目标星。

(3)交会路径规划，即求解服务星的轨道转移路径。

2. 轨道转移策略

本节研究的问题中，由于任务时间宽裕，轨道转移方式以霍曼转移和调相变轨转移为主，只考虑空间交会对接四个阶段中的第一个阶段，即调相段，其余阶段均不考虑。下面给出在不同轨道分布条件下，服务星的轨道转移策略，需要说明的是，本节只考虑圆轨道，不考虑其余轨道类型。

(1) 共圆轨道。若服务星与目标星在同一个圆轨道上,那么采用调相变轨方式进行轨道转移,轨道转移的时间阈值需要预先给定。

(2) 共高异面轨道。若服务星与目标星轨道高度相同,但轨道面存在夹角,则先采用异面变轨修正轨道面差异,然后再采用调相变轨完成轨道转移。

(3) 共面不共高轨道。当服务星与目标星在同一轨道面上,但轨道高度各不相同时,首先需要判断两者的轨道高度差值,若差值较小(小于某个阈值,如 10km),则仍认为两者在同一轨道高度,可采用(1)的策略进行轨道转移;若差值较大(大于某个阈值),则采用霍曼转移策略。与调相变轨不同,霍曼转移受相位的限制,需要在合适的位置施加脉冲,才能达到最终交会的目的。因此可认为,有足够的任务时间使得服务星在其飞行轨道上等待合适的变轨时刻。

(4) 异面不共高轨道。若服务星和目标星不在同一轨道面,且轨道高度也有差异,那么服务星先采用异面变轨修正轨道面差异,再根据(3)的方法进行轨道转移。

3. 求解算法

本节采用整数编码的粒子群优化算法进行求解。图 11.16 给出了 PSO 算法中适应值计算的伪代码。

算法: 适应值计算

输入: $\text{Particle} = \{q^1, q^2, \cdots, q^N\}$

输出: q,J_f,J_N,J_p

$q = \varnothing$;$\text{flag} = 1$;$i = 1$;$q' = \varnothing$

循环检测 $\text{flag} \equiv 1$ 是否成立,如果否,循环检测结束,否则

    $q' = q + \{q^i\}$;

    如果 $\text{Fuel}_s(q') > \text{fuel}_{\min}$

        $q = q'$;$\text{flag} = 1$;$i = i + 1$;

    否则

        $\text{flag} = 0$;

    如果判断结束

循环检测结束

$J_N = \text{Num}(q)$;$J_p = \sum_{i=1}^{J_N} \text{Prio}(q^i)$;$J_f = \sum_{i=0}^{J_N} \text{CFuel}(q^i, q^{i+1})$

图 11.16 粒子适应值计算伪代码

假设共有 N 颗卫星提出了加注请求,PSO 中单个粒子就是一个 N 列的整数编码行向量,表征服务星对这 N 颗卫星的加注顺序。依次计算服务星服务完各颗卫星后的推进剂剩余量,是否满足最小推进剂携带量约束,即式(11.54)。如果满足,继续服务下一颗卫星;如果不满足,服务星传输给当前卫星的推进剂质量为在满

足式(11.54)约束下，最多可加注的质量，记录服务星服务的目标星数、具体序列、任务等级和推进剂消耗值，适应值计算结束。如果服务星被要求最终需要回到其初始位置，那么式(11.54)中的 $\text{fuel}_{\min}$ 就是一个变值，包含其从当前位置回到初始位置需要的推进剂质量。

11.3.4　仿真分析

1. 仿真参数设置

选取地球同步轨道中的 15 颗卫星作为目标星，各个目标星的轨道倾角、升交点赤经、真近点角、干重、推进剂需求量和优先级如表 11.12 所示。其中轨道倾角、升交点赤经数据来自文献[14]，卫星干重和推进剂需求量值是随机给出的，优先级从 1、4、6 三个值中随机选取。

表 11.12　GEO 待加注卫星的参数

目标星编号	目标星名称	倾角/(°)	RAAN/(°)	真近点角/(°)	推进剂需求量/kg	优先级
1	Morelos 2	0.9128	90.595	30.171	600	1
2	Intelsat VA F15	1.7156	87.1401	100.814	600	4
3	TDRS 4	2.3935	82.265	78.521	700	6
4	Gstar 1	2.6347	80.6943	240.339	800	4
5	IUS-13 SRM-2	4.1882	43.4184	330.478	700	6
6	IUS-15 SRM-2	6.3096	70.5983	200.158	660	1
7	Intelsat V F5	7.5253	49.9744	150.229	720	4
8	Intelsat V F2	8.2849	46.1791	300.554	750	4
9	Intelsat 501	8.7881	44.4057	175.874	650	1
10	GOES 5	9.9086	39.2166	286.178	850	1
11	DSCS II F-16	10.0680	41.2597	45.231	600	4
12	IUS-2 SRM-2	11.2379	37.5653	123.456	600	4
13	Leasat 2	11.8924	40.1735	91.221	700	6
14	FLTSATCOM F4	12.2709	31.7337	210.369	800	4
15	DSCS II F-13	12.6462	33.5862	350.109	850	1

假设所有目标星和服务星都运行在圆轨道上，规定 GEO 的参考轨道高度为 $r_{\text{G}} = 35798\text{km}$，服务星的初始轨道的轨道倾角为 0°，升交点赤经也是 0°，初始真近点角为 0°，干重为 2000kg，初始推进剂携带量为 3000kg。服务星发动机比冲为 300s，$\text{fuel}_{\min}$ 为 1kg。任何情况下的调相变轨中，单次交会允许的转移时间是 30 天(可近似认为服务星最多可在转移轨道上运行 30 圈)。为了研究不同轨道分布条件下服务星最优加注序列的变化，给出以下几种任务场景。所有场景中，如果没

有特殊说明，表示服务星最终必须回到其初始位置。

1) 场景 1：共圆轨道

本场景中，所有目标星的轨道高度均为 r_G，轨道倾角和 RAAN 均设置为 0°。初始时刻，服务星与所有目标星在同一个圆轨道上运行。

1-1：不考虑推进剂加注量，即设置所有目标星的推进剂需求量为 0，但服务星仍需要依次与各个目标星交会。

1-2：各个目标星的推进剂需求量均在[600, 900]范围内，如表 11.12 所示。

1-3：目标星 3 的推进剂需求量修改为 1800kg。

2) 场景 2：共高异面轨道

本场景中，所有目标星的轨道高度均为 r_G，其余轨道参数如表 11.12 所示。初始时刻，服务星与所有目标星在同一轨道高度。

2-1：不考虑推进剂加注量，即设置所有目标星的推进剂需求量为 0，但服务星仍需要依次与各个目标星交会。任务完成后，服务星不需要回到其初始位置。

2-2：各个目标星的推进剂需求量均在[600, 900]范围内，如表 11.12 所示。

2-3：目标星 3 的推进剂需求量修改为 1800kg。

3) 场景 3：共面不共高轨道

本场景中，所有目标星的轨道倾角和 RAAN 均设置为 0°。初始时刻，服务星与所有目标星在同一轨道面上运行。各个目标星的轨道高度分布规律是：目标星 1 轨道高度为 r_G，在所有卫星的最上方，相邻两颗卫星的轨道高度差为 300km，即目标星 2 的轨道高度为 $r_G - 300km$，目标星 15 的轨道高度为 $r_G - 4200km$。

3-1：不考虑推进剂加注量，即设置所有目标星的推进剂需求量为 0，但服务星仍需要依次与各个目标星交会。服务星初始轨道的轨道高度与目标星 1 相同，在所有卫星的最上方。任务完成后，服务星不需要回到其初始位置。

3-2：不考虑推进剂加注量，即设置所有目标星的推进剂需求量为 0，但服务星仍需要依次与各个目标星交会。服务星初始轨道的轨道高度与目标星 15 相同，在所有卫星的最下方。任务完成后，服务星不需要回到其初始位置。

3-3：考虑推进剂加注量，服务星初始轨道的轨道高度与目标星 1 相同，在所有卫星的最上方。

3-4：考虑推进剂加注量，服务星初始轨道的轨道高度与目标星15 相同，在所有卫星的最下方。

4) 场景 4：异面不共高轨道

本场景中，所有目标星的轨道高度分布与场景 3 相同，其余轨道参数如表 11.12 所示。

4-1：不考虑推进剂加注量，即设置所有目标星的推进剂需求量为 0，但服务星仍需要依次与各个目标星交会。服务星初始轨道的轨道高度与目标星 15 相同，在所有卫星的最下方。任务完成后，服务星不需要回到其初始位置。

4-2：各个目标星的推进剂需求量均在[600, 900]范围内，如表 11.12 所示。服务星初始轨道的轨道高度与目标星 15 相同，在所有卫星的最下方。

2. 单目标优化仿真结果与分析

当不考虑推进剂加注量时，J_N 与 J_p 两个目标值是没有意义的，因为所有目标星都必然会被服务到。当各颗卫星处于共圆轨道时，其相位分布如图11.17 所示。对于不考虑推进剂加注量的场景，计算结果如表 11.13 所示。

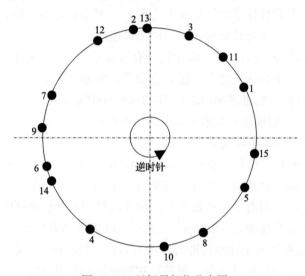

图 11.17　目标星相位分布图

表 11.13　不考虑推进剂加注量的场景的计算结果

场景	J_f /kg	最优任务序列
1-1	146.799	(1, 11, 3, 13, 2, 12, 7, 9, 6, 14, 4, 10, 8, 5, 15)
2-1	1210.622	(1, 2, 3, 4, 5, 6, 7, 8, 10, 11, 12, 13, 15, 14)
3-1	280.234	(1, 2, 3, 4, 5, 6, 7, 8, 9, 10, 11, 12, 13, 14, 15)
3-2	272.282	(15, 14, 13, 12, 11, 10, 9, 8, 7, 6, 5, 4, 3, 2, 1)
4-1	1242.609	(1, 2, 3, 4, 5, 6, 7, 8, 9, 10, 11, 12, 13, 14, 15)

如表 11.13 所示，场景 1-1 的优化结果与 Shen 的研究结论一致，即共圆分布条件下，当服务星需要回到其初始位置时，其最优服务序列总是顺时针或是逆时针排列的。场景 2-1 的优化结果与 Alfriend 的研究结果一致。Alfriend 指出[14]，当变轨时间足够长时，异面变轨的推进剂消耗远大于共面变轨的推进剂消耗，因此

最优服务序列主要由轨道面偏差决定。场景 3-1 与 3-2 的优化结果说明,在服务星与目标星共面不共高且不考虑回到初始位置的情况下,如果卫星在目标星最上方,其最优任务序列总是自上而下依次服务;如果卫星在目标星最下方,其最优任务序列总是自下而上依次服务。对比 4-1 与 2-1、3-2 的优化结果可知,当目标星不在同一个轨道面时,最优服务序列主要由轨道面偏差决定,即再次验证了 Alfriend 的研究。从推进剂消耗情况可知,异面变轨的推进剂消耗比共面变轨推进剂消耗大得多。

3. 多目标优化仿真结果与分析

综合考虑 J_f、J_N 和 J_p 三个优化目标,各个场景的 Pareto 最优集合在表 11.14～表 11.20 中给出。

从以上仿真结果中可以得到以下结论:

(1)当优先考虑任务重要等级和的优化目标时,服务星总是会优先选择具有较高优先级的任务优先服务,如 1-2(2),1-3(4),2-2(5),2-3(2),3-3(1),3-4(5)和 4-2(2),在有能力的情况下,服务星总是优先服务 3、5、13 这三个目标。

表 11.14　场景 1-2 的 Pareto 集合

序号	任务序列	J_f	J_N	J_p
1	**(15, 5, 8, 10)**	**34.726**	**12**	**4**
2	(11, 3, 13, 2, 5)	66.773	26	5
3	(11, 3, 13, 2, 12)	61.597	24	5
4	(15, 5, 11, 3, 13)	57.032	23	5
5	(15, 1, 11, 3, 13)	47.559	18	5
6	(1, 11, 3, 13, 2)	49.960	21	5

表 11.15　场景 1-3 的 Pareto 集合

序号	任务序列	J_f	J_N	J_p
1	(1, 3, 13)	47.69	13	3
2	(1, 11, 13, 3)	48.43	17	4
3	(1, 11, 13, 2, 3)	52.17	21	5
4	(5, 11, 13, 2, 3)	72.18	26	5
5	**(15, 5, 8, 10)**	**34.73**	**12**	**4**
6	(15, 5, 11, 13, 3)	57.93	23	5
7	(11, 13, 2, 12, 3)	65.97	24	5
8	(15, 5, 1, 11, 3)	50.29	18	5
9	(15, 5, 8, 1, 11)	49.19	16	5

表 11.16　场景 2-2 的 Pareto 集合

序号	任务序列	J_f	J_N	J_p
1	(5, 8, 7, 3)	606.37	20	4
2	(5, 8, 7, 2)	605.62	18	4
3	**(1, 2, 3, 4)**	**255.68**	**15**	**4**
4	(1, 2, 3, 5, 4)	371.01	21	5
5	(2, 3, 5, 13)	717.20	22	4

表 11.17　场景 2-3 的 Pareto 集合

序号	任务序列	J_f	J_N	J_p
1	(2, 4, 5, 3)	449.41	20	4
2	(5, 8, 13, 3)	761.81	22	4
3	(1, 2, 5, 3)	401.75	17	4
4	(2, 3, 5)	314.07	16	3
5	**(1, 3, 2)**	**195.61**	**11**	**3**
6	(1, 2, 4, 3)	282.68	15	4
7	(2, 3, 4)	258.76	14	3

表 11.18　场景 3-3 的 Pareto 集合

序号	任务序列	J_f	J_N	J_p
1	(2, 3, 5, 7, 13)	232.61	26	5
2	(1, 2, 3, 4, 5)	92.41	21	5
3	**(2, 3, 4, 1)**	**85.20**	**15**	**4**
4	(2, 3, 4, 5, 7)	121.09	24	5

表 11.19　场景 3-4 的 Pareto 集合

序号	任务序列	J_f	J_N	J_p
1	(14, 13, 12, 11, 5)	198.96	24	5
2	(15, 14, 12, 11, 13)	94.37	19	5
3	(14, 13, 12, 11, 8)	149.45	22	5
4	**(15, 14, 13, 12)**	**71.66**	**15**	**4**
5	(13, 12, 11, 5, 3)	259.92	26	5

表 11.20　场景 4-2 的 Pareto 集合

序号	任务序列	J_f	J_N	J_p
1	**(4, 3, 2, 1)**	**546.21**	**15**	**4**
2	(2, 3, 4, 5)	622.16	20	4
3	(2, 3, 5, 13)	979.64	22	4

（2）当优先考虑目标服务数量这个优化目标时，服务星总是会优先选择变轨推进剂消耗小，且推进剂需求小的目标。对比 1-2（4）和 1-3（6）可以看出，为了能多服务一颗星，1-3（6）优先加注 15、5、11、13 这四颗目标星，然后将剩余推进剂加注到目标星 3。如果加注完目标星 11 后，服务星先加注 3，那么由于目标星 3 的推进剂需求量比较大，服务星不可能还有多余的推进剂去加注另一颗卫星，则服务星最多只能加注四颗星。

（3）当优先考虑变轨推进剂消耗的优化目标时，大多数情况下，服务星会选择推进剂加注量大的卫星优先加注。这是由于优先加注推进剂需求量大的卫星，所能加注的卫星数量必然减少，变轨次数也随之减少，从而能一定程度上减少变轨推进剂消耗，如 1-1（1）、2-3（5）和 2-3（7）。但优先加注推进剂需求量大的卫星的任务序列，不一定是推进剂消耗最小的任务序列，这还和目标星的分布有关，如 1-3（5）。

（4）服务星与目标星共面不共高的条件下，当考虑服务星回到初始位置的情况时，最优序列大多数情况下仍旧是自上而下（服务星初始在最上方）或是自下而上（服务星初始在最下方）的规律排列。

（5）对比 4-2 与 3-3、3-4 的 Pareto 集合可知，由于考虑的变轨推进剂消耗优化目标，当目标星不在同一个轨道面时，最优服务序列主要由轨道面偏差决定。

（6）本节提出的优化方法可以有效求解处于不同分布条件下，一对多在轨加注任务分配的多目标优化问题。

11.4　混合模式下 GEO 卫星群在轨加注任务规划

相比 LEO 卫星，GEO 卫星和其在轨加注服务任务受到的关注更多些。这主要是由于两个原因：①GEO 卫星受大气阻力等影响较小，失效后会长期徘徊于 GEO，最终造成轨道的拥挤，而 LEO 卫星可以通过大气阻力的影响，在一段时间后自主坠落于大气层；②相比 LEO 卫星，GEO 卫星设计、发射与运营成本更高，对 GEO 卫星进行在轨加注服务，其经济效益更为显著。

在 GEO 卫星的在轨服务研究中，其经济效益一直以来也是研究热点[15-17]。本节主要以在轨加注服务的经济收益为优化目标，研究混合模式下的 GEO 卫星群在轨加注任务规划问题。这里的"混合模式"，指的是"一对多"与"多对多"服务模式的结合，服务星对部分待加注卫星执行"一对多"在轨加注后，被加注卫星以伪服务星的身份，对剩余卫星执行"多对多"在轨加注操作，并最终实现所有卫星的成功加注。图 11.18 为混合模式下的在轨加注任务场景图。

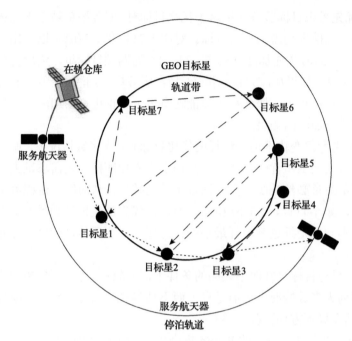

图 11.18　混合模式下的在轨加注任务场景

11.4.1　问题描述与分析

所研究的任务场景是：已知有 N 颗设计寿命为 T_{Design} 的地球同步轨道卫星被发射至相应轨道执行任务，在这些卫星的寿命末期，需要发射一颗服务星至在轨仓库所在轨道。服务星在在轨仓库获取所需的推进剂补给后，通过在轨加注的方式对目标星进行定期延寿服务，每颗目标星延寿时间已知。服务星只能逐次对部分目标星进行在轨延寿服务，以尽可能加注满目标星为原则，剩下的待加注卫星由已被加注的卫星充当伪服务星，进行后续的在轨加注操作，最终使得所有卫星完成一次延寿服务。本节需要规划求解的参数有：

(1) 求解服务星服务目标集合、服务序列和推进剂携带量；

(2) 将已被服务星加注的目标星称为伪服务星，求解各个伪服务星的服务目标集合、服务序列和推进剂携带量。

本节的优化目标是使得整个在轨加注任务的总收益最高。

11.4.2　成本与收益模型

本节主要借鉴姚雯[4]与欧阳琦[8]所采用的成本与收益模型进行在轨加注任务收益的计算。

1. 目标星成本

从目标星运营商的角度，目标星成本主要包括研制和发射目标星以获取初始运行能力(initial operating capability，IOC)的成本以及后期运行成本，即

$$C_{\mathrm{Tsat}} = C_{\mathrm{Tsat}}^{\mathrm{IOC}} + C_{\mathrm{Tsat}}^{\mathrm{oper}} \tag{11.56}$$

1) IOC 成本

目标星的 IOC 成本可表示为

$$C_{\mathrm{Tsat}}^{\mathrm{IOC}} = (1 + \mathfrak{R}_{\mathrm{Ins}})(1 + \mathfrak{R}_{\mathrm{Ser}})C_{\mathrm{Tsat}}^{\mathrm{buy}} + C_{\mathrm{Launch}} \tag{11.57}$$

式中，$C_{\mathrm{Tsat}}^{\mathrm{buy}}$ 为传统卫星的采购成本；$\mathfrak{R}_{\mathrm{Ins}}$ 为保险费与卫星成本的比例系数；$\mathfrak{R}_{\mathrm{Ser}}$ 为使目标星支持接收在轨加注服务所需的额外成本比例系数，其取值可以根据文献[18]中关于卫星可接受在轨服务能力与对应成本之间关系的初步研究结论进行设置；C_{Launch} 为发射成本。

目标星采购成本与设计寿命有关，一般寿命越长，对设备可靠性和材料属性要求越高，所需携带的相关设备和推进剂也相应增加，因此导致成本越高。将其表述为卫星设计寿命的函数如下[16]：

$$C_{\mathrm{Tsat}}^{\mathrm{buy}} = [1 + \kappa(T_{\mathrm{Design}} - 3)]C_3 \tag{11.58}$$

式中，C_3 为设计寿命为 3 年的卫星成本；κ 为取值 2.75%/年的常数；T_{Design} 为目标星设计寿命。

发射成本 C_{Launch} 是卫星总质量(假定为发射质量)的函数[19]

$$C_{\mathrm{Launch}} = 75 + 5.5 \times 10^{-3} M_{\mathrm{Tsat}} \tag{11.59}$$

式中，M_{Tsat} 为目标星的发射质量。

以目标星任务寿命开始时间 T_0 财年美元为参考，在时刻 t 计算其 IOC 成本，需要进行贴现折算：

$$C(t) = \mathrm{e}^{-r(t-T_0)} \cdot C(T_0) \tag{11.60}$$

式中，r 为无风险贴现率。

2) 运营成本

运营成本涵盖卫星在轨运营阶段所需的人员、硬件设备以及其他设施的成本。在概念设计阶段难以对上述各项进行估计，在此假设单位时间内运营成本为固定值 $U_{\mathrm{Tsat}}^{\mathrm{oper}}$，则在时间 $[t_1, t_2]$ 内运营成本为

$$C_{\text{Tsat}}^{\text{oper}}([t_1, t_2]) = \int_{t_1}^{t_2} U_{\text{Tsat}}^{\text{oper}} \mathrm{d}t = U_{\text{Tsat}}^{\text{oper}}(t_2 - t_1) \tag{11.61}$$

2. 服务星成本

与目标星类似,服务星的成本包括 IOC 成本和后期维护成本两部分,即

$$C_{\text{Ssat}} = C_{\text{Ssat}}^{\text{IOC}} + C_{\text{Ssat}}^{\text{oper}} \tag{11.62}$$

服务星的 IOC 成本可根据式 (11.59) 得到,其中服务星的采购成本为整星干重的函数

$$C_{\text{Ssat}}^{\text{buy}} = M_{\text{Ssat}}^{\text{dry}} \times U_{\text{Ssat}}^{\text{dry}} \tag{11.63}$$

式中,$U_{\text{Ssat}}^{\text{dry}}$ 为单位干重的成本。服务星的 IOC 成本同样需要进行贴现折算,计算公式如式 (11.60) 所示。

令服务星单位时间内固定的维护成本为 $U_{\text{Ssat}}^{\text{oper}}$,则其在时间 $[t_1, t_2]$ 内维护成本为

$$C_{\text{Ssat}}^{\text{oper}}([t_1, t_2]) = \int_{t_1}^{t_2} U_{\text{Ssat}}^{\text{oper}} \mathrm{d}t = U_{\text{Ssat}}^{\text{oper}}(t_2 - t_1) \tag{11.64}$$

3. 在轨加注成本

服务星在轨加注的成本包括服务星轨道机动消耗的推进剂以及给目标星加注的推进剂的总成本,可根据如下公式计算:

$$C_{\text{fuel}} = (M_{\text{cfuel}} + M_{\text{refuel}}) \times U_{\text{fuel}} \tag{11.65}$$

式中,U_{fuel} 为单位在轨推进剂的成本;M_{cfuel} 为服务星进行轨道机动消耗的总的推进剂的质量;M_{refuel} 为服务星加注给目标星的推进剂总质量。

1) 目标星推进剂需求量估算

单个目标星所需加注的推进剂量 m_{refuel} 与用于延长寿命所需轨道保持的速度增量 $\Delta V_{\text{Extension}}$ 有关,地球同步轨道卫星用于克服南北漂移的速度增量为[19]

$$\Delta V_{\text{Extension}} = \Delta V_{\text{moon}} + \Delta V_{\text{sun}} \approx (36.93 + 14.45)T_{\text{Extension}} \tag{11.66}$$

式中,$T_{\text{Extension}}$ 为目标星延寿的时间,以年为单位。推进剂需求量可由如下公式进行计算:

$$M_{\text{Tsat}}^{\text{dry}} = (M_{\text{Tsat}}^{\text{dry}} + m_{\text{refuel}}) \cdot \exp\left(\frac{-\Delta V_{\text{Extension}}}{g_0 I_{\text{sp}}^{\text{Tsat}}}\right) \tag{11.67}$$

$$m_{\text{refuel}} = M_{\text{Tsat}}^{\text{dry}} \cdot \exp\left(\frac{\Delta V_{\text{Extension}}}{g_0 I_{\text{sp}}^{\text{Tsat}}}\right) - M_{\text{Tsat}}^{\text{dry}} \tag{11.68}$$

式中，$M_{\text{Tsat}}^{\text{dry}}$ 为目标星干重；g_0 为地球引力常数；$I_{\text{sp}}^{\text{Tsat}}$ 为目标星推进器比冲。

2) 服务星轨道机动推进剂消耗估算

假设服务星采用脉冲机动进行变轨，每次变轨分为轨道面内变轨和异面变轨两部分，即

$$\Delta V_{\text{change}} = \Delta V_{\text{inplane}} + \Delta V_{\text{outplane}} \tag{11.69}$$

假设脉冲施加时刻为 t_k，则服务星轨道机动所需的推进剂消耗 $M_{\text{Ssat}}^{\text{cfuel}}$ 可由如下计算公式得到：

$$M_{\text{Ssat}}^{\text{cfuel}} = M_{\text{Ssat}}(t_k^-) - M_{\text{Ssat}}(t_k^-) \exp\left(\frac{-\Delta V_{\text{change}}}{g_0 I_{\text{sp}}^{\text{Ssat}}}\right) \tag{11.70}$$

式中，$M_{\text{Ssat}}(t_k^-)$ 为脉冲施加前服务星的总质量；ΔV_{change} 为变轨脉冲总和；$I_{\text{sp}}^{\text{Ssat}}$ 为服务星推进器比冲。

3) 伪服务星轨道机动推进剂消耗估算

伪服务星实际上是已被加注的目标星，同理可得伪服务星轨道机动所需的推进剂消耗 $M_{\text{Tsat}}^{\text{cfuel}}$

$$M_{\text{Tsat}}^{\text{cfuel}} = M_{\text{Tsat}}(t_k^-) - M_{\text{Tsat}}(t_k^-) \exp\left(\frac{-\Delta V_{\text{change}}}{g_0 I_{\text{sp}}^{\text{Tsat}}}\right) \tag{11.71}$$

式中，$M_{\text{Tsat}}(t_k^-)$ 为脉冲施加前服务星的总质量；ΔV_{change} 为变轨脉冲和；$I_{\text{sp}}^{\text{Tsat}}$ 为服务星推进器比冲。

4. 目标星收益模型

对于目标星运营商，特别是商用卫星，收益模型可以根据卫星为终端用户提供服务的性能以及相应市场价格进行估算。时间 $[t_1, t_2]$ 内，目标星的收益现值计算如下：

$$R([t_1, t_2]) = \int_{t_1}^{t_2} \text{Cap}(t) \cdot \text{Price}(t) \mathrm{d}t \tag{11.72}$$

式中，$\text{Cap}(t)$ 为卫星在 t 时刻单位时间为终端用户提供的数据量；$\text{Price}(t)$ 为 t 时刻单位数据量的市场价格；R 为无风险贴现率。令 $\text{Cap}(t)$ 和 $\text{Price}(t)$ 为固定值，则

式(11.72)可改写为

$$R([t_1, t_2]) = \text{Cap} \cdot \text{Price} \cdot (t_2 - t_1) \tag{11.73}$$

5. 净收益模型

基于上述成本模型和收益模型，净收益 Benifit 可直接由下式计算：

$$\text{Benifit}([t_1, t_2]) = R([t_1, t_2]) - C_{\text{Ssat}}([t_1, t_2]) - C_{\text{Tsat}}([t_1, t_2]) - C_{\text{fuel}} \tag{11.74}$$

11.4.3　优化模型建模

本节所研究的混合模式下在轨加注任务规划问题，可以分解为两个子问题：①"一对多"服务星在轨加注任务规划问题；②"多对多"伪服务星在轨加注任务规划问题。两个子问题都可采用 11.3.2 节提出的方法进行规划建模，这里不再赘述具体的建模过程。本节主要对所研究规划问题的规划要素进行分析，并最终给出综合考虑两个子问题的数学规划模型。

1. 优化变量

1）服务星任务序列 $\boldsymbol{q}_{\text{SSc}}$

记 $\boldsymbol{q}_{\text{SSc}} = (q^{s1}, q^{s2}, \cdots, q^{s,sn})$，$q^{si}$ 表示服务星加注的第 i 个目标星，也称为第 i 个伪服务星，sn 表示服务星加注的目标星的数量，即伪服务星的数量。

2）服务星推进剂携带量 fuel_{SSc} 和干重 $M_{\text{Ssat}}^{\text{dry}}$

服务星的干重和推进剂携带量决定了服务星的总质量，卫星总质量越大，发射成本越大，变轨所需要消耗的推进剂量也越大。为了尽可能减少不必要的推进剂消耗，优化发射成本，需要优化服务星的干重和推进剂携带量，使其在满足加注需求的条件下，不携带多余的推进剂，同时使发射成本尽可能低。

3）伪服务星任务序列 q^{si}

记 $\boldsymbol{q}^{si} = (q^{si,1}, q^{si,2}, \cdots, q^{si,ni})$，$q^{si,j}$ 表示第 i 个伪服务星加注的第 j 个目标星，ni 表示第 i 个伪服务星加注的目标星的数量。

4）伪服务星推进剂携带量 fuel_{si}

令 fuel_{si} 表示第 i 个伪服务星被加注的推进剂量。每个目标星所需求的推进剂质量是已知的，由于伪服务星需要对其他目标星进行在轨加注操作，其被加注的推进剂质量必然需要大于其需求量。伪服务星不仅需要为其他目标星加注它们需求的推进剂量，还需要保证其回到初始位置后，剩余的推进剂量不少于其延寿所需求的推进剂量。为了满足推进剂需求，同时使得用于变轨的推进剂消耗尽可能小，伪服务星的推进剂携带量需要进行优化。

2. 约束条件

C1：每个目标星都必须被服务，且只能被服务一次。

C2：服务星和所有伪服务星最终都需要回到其初始位置。

C3：推进剂加注量需要不小于推进剂需求量，但需要小于卫星所能携带的推进剂总量。

C4：服务星推进剂携带量需要满足服务星容量约束。

C5：服务星干重需要在一定的值域内。

3. 数学优化模型

本节所研究的规划问题的数学模型，可表示为

$$
\begin{aligned}
\text{find} \quad & \boldsymbol{q} = \{\boldsymbol{q}_{\text{SSc}}, \boldsymbol{q}^{s1}, \boldsymbol{q}^{s2}, \cdots, \boldsymbol{q}^{s,sn}\}, M_{\text{Ssat}}^{\text{dry}}, \\
& \text{fuel} = \{\text{fuel}_{\text{SSc}}, \text{fuel}_{s1}, \text{fuel}_{s2}, \cdots, \text{fuel}_{s,sn}\} \\
\text{where} \quad & \boldsymbol{q}_{\text{SSc}} = (q^{s1}, q^{s2}, \cdots, q^{s,sn}) \\
& \boldsymbol{q}^{si} = (q^{si,1}, q^{si,2}, \cdots, q^{si,ni}), \quad i \in (1, 2, \cdots, sn)
\end{aligned}
\tag{11.75}
$$

$$
\text{maximize} \quad \text{Benifit}([t_1, t_2]) = R([t_1, t_2]) - C_{\text{Ssat}}([t_1, t_2]) - C_{\text{Tsat}}([t_1, t_2]) - C_{\text{fuel}} \tag{11.76}
$$

$$
\text{s.t.} \quad \begin{cases} x_{i,j} = 1, & \text{第} j \text{颗卫星由第} i \text{颗伪服务航天器加注} \\ x_{i,j} = 0, & \text{其他} \end{cases} \tag{11.77}
$$

$$
\sum_{i=0}^{sn} x_{i,j} = 1 \tag{11.78}
$$

$$
X_q(t_0) = X_q(t_f) \quad q \in \{q^{\text{SSc}}, q^{s1}, q^{s2}, \cdots, q^{s,sn}\} \tag{11.79}
$$

$$
\text{ReqFeul}(q_i) \leqslant \text{AddFuel}(q_i) \leqslant \text{MaxFuel}(q_i) \tag{11.80}
$$

$$
\text{minfuel} \leqslant \text{fuel}_{\text{SSc}} \leqslant \text{maxfuel} \tag{11.81}
$$

$$
\text{min} M_{\text{Ssat}}^{\text{dry}} \leqslant M_{\text{Ssat}}^{\text{dry}} \leqslant \text{max} M_{\text{Ssat}}^{\text{dry}} \tag{11.82}
$$

式 (11.75) 给出了需要优化的优化变量。式 (11.76) 表明，该规划问题以收益最大为优化目标。式 (11.77) 和式 (11.78) 描述了约束 C1，其中当 $i = 0$ 时，表示是分配给服务星。公式 (11.79) 描述了约束 C2，其中 q^{SSc} 表示服务星。式 (11.80) 描述

了约束C3。公式(11.81)描述了约束C4，其中minfuel和maxfuel分别描述了服务星推进剂携带量的下界和上界值。式(11.82)描述了约束C5，其中$\min M_{\text{Ssat}}^{\text{dry}}$和$\max M_{\text{Ssat}}^{\text{dry}}$分别为服务星干重的下界和上界。

11.4.4　模型求解

1. 轨道转移策略

本节研究的问题中，轨道转移方式以霍曼转移和调相变轨转移为主，只考虑空间交会对接四个阶段中的第一个阶段调相段，其余阶段均不考虑。针对不同的轨道，服务星的轨道转移策略会有所不同，具体策略已在前述章节详细阐述，此处不再赘述。

2. 问题分解

本节所研究的问题，可分解为以下几个子问题：

(1)服务星"一对多"在轨加注任务规划。该子问题研究的是：已知待加注目标星的各种参数，求解服务星的目标集合、对应的任务序列以及各个被服务目标星的推进剂初始加注量。

(2)伪服务星"多对多"在轨加注任务规划。该子问题研究的是：已知伪服务星和目标星的各种参数，伪服务星推进剂携带量已知，求解各个伪服务星的服务目标集合以及对应的任务序列。

(3)推进剂携带量优化。该子问题研究的是：已知服务星或伪服务星的任务序列，序列中各个目标星的推进剂需求量已知，求解服务星或伪服务星的推进剂携带量，使得其任务完成后，推进剂剩余量为推进剂携带量的下界值，即不携带多余的推进剂。服务星在任务完成时，推进剂剩余量需尽可能趋近于minfuel，伪服务星完成任务后，推进剂剩余量需尽可能趋近于ReqFeul(q)。

各个子问题并不是独立的，它们之间相互关联，相互作用。求解伪服务星"多对多"在轨加注任务规划问题，必须首先确定哪些卫星是伪服务星、哪些卫星是目标星，以及各个伪服务星的推进剂携带量是多少，即需要首先求解服务星"一对多"在轨加注任务规划问题。优化卫星的推进剂携带量，需首先确定其任务序列，即需要首先求解"一对多"和"多对多"任务规划问题。卫星推进剂携带量的多少，又会影响其服务序列的规划以及推进剂分配问题。

3. 求解流程

1)主流程

本节所研究问题的基本求解流程如图11.19所示。

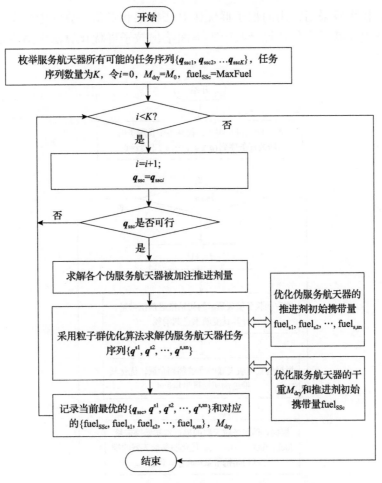

图 11.19　混合模式下在轨加注任务规划求解流程

服务星"一对多"在轨加注任务规划和伪服务星"多对多"在轨加注任务规划都可采用 11.3.2 节提出的方法进行建模。如图 11.19 所示，首先通过枚举的方法给出服务星的任务序列，然后根据给定的序列顺次计算服务星与各个伪服务星交会的推进剂消耗量及推进剂加注量。伪服务星及其推进剂初始携带量确定后，通过粒子群优化算法寻优伪服务星的最佳任务序列，各个任务序列中目标星的推进剂加注量即其推进剂需求量。根据给定的伪服务星以及其对应的任务序列，计算其用于变轨的推进剂消耗量，并同时优化初始推进剂携带量。最后根据伪服务星的推进剂需求量(即优化后的初始携带量)，优化服务星的干重和初始推进剂携带量。

2) PSO 算法的适应值求解流程

从图 11.20 中可以看出，PSO 算法是求解整个问题的关键步骤。PSO 算法的框架和具体步骤采用常用的粒子群优化算法框架和步骤。算法中各个参数的优化主要体现在其适应值计算函数中，下面给出粒子群优化算法中适应值计算的流程。

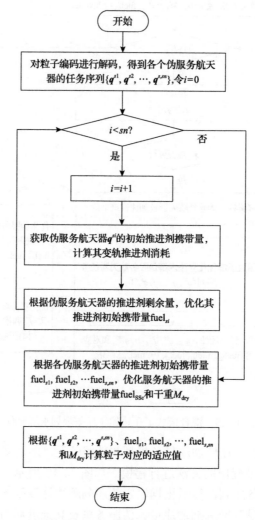

图 11.20　PSO 算法适应值计算流程

PSO 算法中，粒子采用小数编码，编码规则为，编码的整数部分表征任务分配的伪服务星，小数部分表征其在任务序列中的排序。例如，粒子编码[1.2, 3.4, 1.6, 3.1]表示第一个伪服务星依次服务第一个和第三个目标星，第二个伪服务星不服务任何目标星，第三个伪服务星依次服务第四个和第二个目标星。在适应值计算过程中，如果发现该粒子所表征的任务分配方案是不可行的，那么其适应值记为无穷大，相当于是采用责罚值的方法对任务约束进行处理。

11.4.5　仿真分析

1. 仿真参数设置

从卫星数据库中选择了 18 颗运行在地球同步轨道上的卫星作为加注对象,各颗卫星的轨道参数由表 11.21 和表 11.22 给出,卫星干重随机给出。假设所有目标星的设计寿命为 10 年,在目标星寿命末期,需要发射服务星对目标星进行在轨延寿服务。服务星和所有目标星的运行轨道均为圆轨道,不考虑摄动的影响。效用指标模型涉及的参数设置见表 11.23。这里规定,服务星的推进剂携带量最多占其总质量的 60%。由于本节不考虑重新发射新卫星替代待加注卫星的情况,在本节的成本计算中,不考虑目标星的 IOC 成本。算例 1 中(表 11.21),所有目标星是共面的;算例 2 中(表 11.22),目标星的轨道倾角有所不同。

表 11.21　算例 1 中的 GEO 待加注卫星的参数

目标星编号	SSC 编号	倾角/(°)	RAAN/(°)	真近点角/(°)	干重/kg
1	28526	0.00	40.06	149.46	2200
2	28446	0.00	146.56	162.04	3000
3	28924	0.00	256.71	115.83	1000
4	24936	0.00	231.60	173.87	2250
5	26639	0.00	67.16	271.32	1200
6	27820	0.00	137.09	190.84	3300
7	28132	0.00	58.15	231.4	1400
8	28868	0.00	315.83	214.72	3500
9	26624	0.00	198.88	272.44	1800
10	31102	0.00	33.45	251.63	2000

表 11.22　算例 2 中的 GEO 待加注卫星的参数

目标星编号	SSC 编号	倾角/(°)	RAAN/(°)	真近点角/(°)	干重/kg
1	26639	0.00	67.16	271.32	1000
2	28132	0.00	58.15	231.40	1500
3	31102	0.00	33.45	251.63	2200
4	28378	0.10	121.22	247.13	1000
5	28638	0.10	69.94	225.18	2200
6	25638	1.40	78.42	130.00	1500
7	23331	2.40	74.69	221.25	2500
8	26695	4.40	57.02	160.09	1200

表 11.23　在轨加注任务仿真参数设置

参数符号	描述	仿真取值
$\mathfrak{R}_{Ins}$	保险费与卫星成本的比例系数	15%
$\mathfrak{R}_{Ser}$	在轨加注服务所需的额外成本比例系数	15%
C_{Launch}	发射成本	$100 \times 10^6\$$
C_3	设计寿命为 3 年的卫星成本	$125 \times 10^6\$$
r	无风险贴现率	5%/年
U_{Tsat}^{oper}	单位时间内目标星运营成本	10%×目标星成本/年
U_{Ssat}^{dry}	服务星单位干重的成本	$0.11 \times 10^6\$/kg$
U_{Ssat}^{oper}	服务星单位时间内维护成本	5%×服务星成本/年
U_{fuel}	单位在轨推进剂的成本	$0.05 \times 10^6\$/kg$
Cap	目标星通信能力参考值	1.6Gbps
Price	单位数据量的市场价格	$75 \times 10^6\$/Gbps/年$
I_{sp}^{Ssat}	服务星推进器比冲	300s
I_{sp}^{Tsat}	目标星推进器比冲	200s
$\min M_{Ssat}^{dry}$	服务星干重下界	1300kg
$\max M_{Ssat}^{dry}$	服务星干重上界	2500kg

2. 在轨加注方案设计

为了进行对比，本节设计了不同的在轨加注方案。

(1)混合模式方案：11.4.1 节所描述的在轨加注场景，目标星同样具备机动和在轨加注的能力，目标星接受在轨加注后，可成为伪服务星，机动到待加注卫星进行在轨延寿服务。

(2)一对多模式方案：要求服务星能够一次性完成所有目标星的在轨延寿服务。

(3)多对多模式方案：一次性发射多个小型服务星同时对目标星进行在轨延寿。

3. 不同方案仿真结果对比一

1)混合模式方案仿真结果

令目标星延寿时间为 3 年，各颗卫星的推进剂需求量可由式(11.68)计算。该方案的优化结果如表 11.24 和表 11.25 所示。服务星干重的优化结果分别为 1663.94kg 和 1300kg。

表 11.24　算例 1 的混合模式方案在轨延寿规划结果（T_design=10）

任务序列	推进剂携带量/kg	变轨推进剂消耗/kg	总净收益/10⁶$
$q_{SSc} = (9,5,10,7,4,3,1)$	2495.91	521.03	
$q^{s1} = \varnothing$	144.21	0	
$q^{s2} = \varnothing$	96.14	0	
$q^{s3} = (8)$	568.10	125.53	
$q^{s4} = \varnothing$	112.16	0	2190.71
$q^{s5} = (6)$	509.21	63.47	
$q^{s6} = \varnothing$	80.12	0	
$q^{s7} = (2)$	463.36	45.69	

表 11.25　算例 2 的混合模式方案在轨延寿规划结果（T_design=10）

任务序列	推进剂携带量/kg	变轨推进剂消耗/kg	总净收益/10⁶$
$q_{SSc} = (1,3,4,2,5,8,6)$	1688.00	461.14	
$q^{s1} = \varnothing$	80.12	0	
$q^{s2} = \varnothing$	176.26	0	
$q^{s3} = \varnothing$	80.12	0	
$q^{s4} = \varnothing$	120.18	0	1750.13
$q^{s5} = (7)$	552.49	174.56	
$q^{s6} = \varnothing$	96.14	0	
$q^{s7} = \varnothing$	120.18	0	

　　由表 11.24 和 11.25 可知，本节提出的模型与方法能够求解混合模式下的在轨加注任务规划问题。算例 1 中，需要发射一个干重为 1663.94kg 的服务星，通过在轨仓库补给 2495.91kg 推进剂，依次加注编号为 9、5、10、7、4、3、1 的目标星，加注的推进剂质量分别为 144.21kg、96.14kg、568.10kg、112.16kg、509.21kg、80.12kg 和 463.36kg。可以看出，加注给伪服务星的推进剂质量大都大于其延寿 3 年的需求量，这是由于这些目标星需要作为伪服务星，对其余目标星进行在轨加注。第 1、2、4、6 个伪服务星，即编号为 9、5、7、3 的卫星，任务序列为空，都不需要加注任何其他目标星。目标星 8 需要加注目标星 10，目标星 4 需要加注目标星 6，目标星 1 需要加注目标星 2。该方案的总收益为 2190.71×10⁶$。算例 2 的优化结果可以用同样的方式解析，算例 2 的总收益为 1750.13×10⁶$。

　　将目标星的设计寿命改为 20 年，延寿时间为 3 年，混合模式方案的优化结果如表 11.26 和表 11.27 所示。服务星干重的优化结果分别为 1821.05kg 和 1322.05kg。

表 11.26　算例 1 的混合模式方案在轨延寿规划结果（T_{Design}=20）

任务序列	推进剂携带量/kg	变轨推进剂消耗/kg	总净收益/10^6\$
$q_{\text{SSc}} = (9,5,7,10)$	2731.57	391.92	
$q^{s1} = \varnothing$	144.21	0	
$q^{s2} = \varnothing$	96.14	0	2016.17
$q^{s3} = (2,1,3)$	921.09	310.79	
$q^{s4} = (8,6,4)$	1176.97	290.48	

表 11.27　算例 2 的混合模式方案在轨延寿规划结果（T_{Design}=20）

任务序列	推进剂携带量/kg	变轨推进剂消耗/kg	总净收益/10^6\$
$q_{\text{SSc}} = (1,3,4,2)$	1983.07	279.63	
$q^{s1} = \varnothing$	80.12	0	
$q^{s2} = \varnothing$	176.26	0	1622.67
$q^{s3} = (5,7)$	587.32	128.93	
$q^{s4} = (6,8)$	858.28	520.44	

　　当目标星的设计寿命为 10 年时，所能携带的推进剂总质量只占目标星总质量的 23%，当设计寿命为 20 年时，该比例变为 40%，即随着设计寿命的增加，目标星推进剂携带能力会有所提升。当目标星推进剂携带能力提升，目标星可执行的在轨加注任务增多，服务星可将在轨加注任务更多地交由伪服务星来完成，任务分配中由于有效利用了伪服务星的相对位置关系，变轨推进剂的消耗也随之减少。总净收益没有增加是因为目标星的运营成本与其设计寿命有关，设计寿命越长，成本越大。

　　算例 2 中，将伪服务星数量限定为 4 个，即目标星数量的一半，优化后得到的任务序列为：$q_{\text{SSc}} = (1,3,4,2)$，$q^{s1} = \varnothing$，$q^{s2} = \varnothing$，$q^{s3} = (5,7)$，$q^{s4} = (6,8)$。可以看出，当有一半的目标星充当伪服务星时，伪服务星的最优任务分配结果不一定是 P2P（一个伪服务星服务一颗目标星）形式的。

　　2）一对多模式方案仿真结果

　　延寿时间需求仍为 3 年，针对不同的设计寿命，一对多模式方案的优化结果如表 11.28 所示。从表中可以看出，一对多模式方案的总净收益值优于混合模式方案。这是由于：①多数目标星的干重都大于服务星干重，卫星质量越大，变轨所消耗的推进剂质量也就越大，因此通过目标星进行在轨加注，变轨的推进剂消耗必然变大；②目标星的推进剂携带能力有限，推进剂携带量只占卫星总重的23%，因此其进行在轨加注的能力也受到限制；③目标星充当伪服务星，完成在轨加注任务后都需要回到其初始位置，那么整个任务的轨道转移次数必然大于一对多模式方案中服务星的轨道转移次数，次数越多，加之目标星干重普遍较大，变轨的推进剂消耗量也会随之增加。

表 11.28　一对多模式方案的规划结果

算例	设计寿命/年	任务序列	服务星干重/kg	服务星推进剂携带量/kg	变轨推进剂消耗/kg	总净收益/10⁶$
1	10	(9,5,10,7,8,6,4,2,1,3)	1415.60	2123.40	387.53	2250.67
	20	(9,5,10,7,8,6,4,2,1,3)	1415.60	2123.40	387.53	2114.28
2	10	(1,3,4,2,5,7,8,6)	1300	1509.55	458.62	1758.98
	20	(1,3,4,2,5,7,8,6)	1300	1509.55	458.62	1649.88

3) 多对多模式方案仿真结果

目标星设计寿命为 10 年，延寿时间需求为 3 年，服务星干重的下限值设置为400kg，多对多模式方案的优化结果如表 11.29 所示。从表 11.29 中可知，当允许多个服务星共同执行任务时，可发射多个小型的服务星完成在轨加注任务，且每个服务星服务的任务数量相近。根据前述优化结果对比可知，从收益值看，多对多模式方案并无优势，这主要是由于其需要同时发射多个服务星，发射成本远大于其他方案(即使该方案中放宽了服务星干重的约束)。

表 11.29　多对多模式方案的规划结果

算例	设计寿命/年	服务星数量	任务序列	服务星干重/kg	服务星推进剂携带量/kg	变轨推进剂消耗/kg	总净收益/10⁶$
1	10	2	(9,5,10,7);(8,6,4,2,1,3)	[400; 1001.74]	[593.27; 1502.60]	[79.08; 279.41]	2113.80
		3	(3,1,2); (9,5,10,7);(8,6,4)	[403.41; 400; [587.51]	[605.11; 593.27; 881.26]	[106.96; 79.08; 154.75]	1949.62
	20	2	(9,5,10,7);(8,6,4,2,1,3)	[400; 1001.74]	[593.27; 1502.60]	[79.08; 279.41]	1977.42
		3	(3,1,2); (9,5,10,7);(8,6,4)	[403.41; 400; [587.51]	[605.11; 593.27; 881.26]	[106.96; 79.08; 154.75]	1815.44
2	10	2	(7,8,6); (1,3,4,2,5)	[400; 495.36]	[582.31; 743.03]	[164.14; 108.88]	1700.13
		3	(6); (2,7,8); (1,3,4,5)	[400; 400; 400.43]	[197.28; 565.19; 600.65]	[75.74; 147.20; 86.67]	1520.24
	20	2	(7,8,6); (1,3,4,2,5)	[400; 495.36]	[582.31; 743.03]	[164.14; 108.88]	1591.02
		3	(6); (2,7,8); (1,3,4,5)	[400; 400; 400.43]	[197.28; 565.19; 600.65]	[75.74; 147.20; 86.67]	1411.13

4) 故障情况分析

假设在任务执行过程中，有一个服务星或是伪服务星将发生故障，那么针对不同的加注策略，故障造成的影响将各不相同。以算例 2 为例，分析不同加注策略中故障带来的收益影响。卫星设计寿命为 20 年，延寿需求为 3 年。不同加注策略的初始任务序列在表 11.27～表 11.29 中给出。一对多模式方案的初始任务序列是 $(1,3,4,2,5,7,8,6)$，理论上的收益值是 1649.88×10^6\$；多对多模式方案中，投入使用 2 个服务星，任务序列是 $(7,8,6)$ 和 $(1,3,4,2,5)$，理论上的收益是 1591.02×10^6\$；混合模式方案的任务序列是 $q_{SSc} = (1,3,4,2)$，$q^{s1} = \varnothing$，$q^{s2} = \varnothing$，$q^{s3} = (5,7)$，$q^{s4} = (6,8)$，理论上的收益是 1622.67×10^6\$。故障假设为：case 1，在服务星 3 的过程中，对应的服务星或伪服务星发生故障并失效；case 2，在服务星 2 的任务过程中，对应的服务星或伪服务星发生故障并失效；case 3，在服务星 7 的任务过程中，对应的服务星或伪服务星发生故障并失效。故障情况下的收益值计算方法简化为：理论总收益减去由未被加注卫星带来的损失。故障情况分析如表 11.30 所示。

表 11.30　故障情况分析

故障情况	加注方案	未被加注卫星	总收益/10^6\$
	一对多模式	3,4,2,5,7,8,6	−870.12
算例 1	多对多模式	3,4,2,5	151.02
	混合模式	3,4,2,5,7,8,6	−897.33
	一对多模式	2,5,7,8,6	−150.12
算例 2	多对多模式	2,5	871.02
	混合模式	2,6,8	542.67
	一对多模式	7,8,6	569.88
算例 3	多对多模式	7,8,6	511.02
	混合模式	7,4	902.67

由表 11.30 可以看出，在一对多模式方案中，一旦发生故障，后续任务都不能完成；在多对多模式方案中，一个服务星失效对另一个服务星执行的任务不产生影响；在混合模式方案中，服务星或伪服务星失效是否对其他任务产生影响，视情况而定。

5) 对比与分析

综上可得到以下结论：

(1) 单从在轨服务任务的净收益来说，一对多模式方案最优，混合模式方案次之，多对多模式方案最差。部分原因是一对多模式方案的变轨次数明显少于混合模式和多对多模式方案，且服务星的质量小于大多数目标星，而推进剂携带能力大于多数目标星。多对多模式方案中，虽然服务星的质量较小，但其发射成本较大。

（2）在一对多模式方案中，完成整个在轨加注任务的任务时间与服务星的轨道转移次数成正比。而在混合模式方案中，由于各个伪服务星在接受加注后，可以并行地执行任务，即其所耗用的任务时间少于一对多模式方案。在多对多模式方案中，所有服务星同时并行完成任务，耗用时间最短。

（3）服务星的轨道转移和在轨操作都具有不确定性，其在轨加注任务过程中可能发生系统故障、与空间碎片碰撞等意外。在一对多模式方案中，一旦服务星在执行任务中发生故障或意外，其后续任务就无法继续进行。而在混合模式方案与多对多模式方案中，伪服务星的应用以及多个服务星的发射，可以分散在轨服务故障的风险，且一旦服务星或伪服务星发生故障，其余服务星可以作为后备资源，继续完成未被故障卫星完成的工作，从而使得整个任务顺利完成的可靠性更高。

总之，就任务的净收益来说，混合模式方案劣于一对多模式方案，但优于多对多模式方案。从任务时间来说，混合模式方案具备多个伪服务星并行工作的特点，优于一对多模式方案，但由于其是利用目标星作为伪服务星进行在轨延寿，伪服务星的操作需要等待服务星任务完成才可进行，因此其任务时间劣于多对多模式方案。从任务完成的可靠性来讲，混合模式方案和多对多模式方案都能在服务星发生故障后采取补救措施，而一对多模式方案不能。总之，混合模式方案中，虽然收益值没有一对多模式方案好，但任务时间和可靠度比一对多模式方案更具优势。混合模式方案的任务时间虽然略逊于多对多模式方案，但其收益值较多对多模式方案更有优势。在可靠性方面，混合模式方案和多对多模式方案都具备应对服务星突发故障的能力，不分伯仲。在三个方案中，混合模式方案虽然不具备单方面的优势，但具备综合优势。

4. 不同方案仿真结果对比二

根据式（11.67）和式（11.66），卫星的设计寿命越长，其携带推进剂的能力也越强，能够服务的卫星也就越多。此外，卫星的干重、推进器比冲也会影响其机动能力。本节通过改变目标星的各种参数，对比不同方案的在轨加注收益值。前面已经得到结论，由于发射成本较高，多对多模式方案的收益值总是小于混合模式方案，故本节只对比一对多模式方案和混合模式方案。共计算 4 个案例，各个案例的参数变更如表 11.31 所示，其中 T_{Design} 表示目标星设计寿命，$M_{\text{Tsat}}^{\text{dry}}$ 表示目标星的干重，$I_{\text{sp}}^{\text{Tsat}}$ 表示目标星的推进器比冲。目标星延寿时间统一为 3 年。一对多模式方案和混合模式方案的优化结果图 11.21 所示。

从方案设计本身来讲，一对多模式方案的变轨次数明显小于混合模式方案，因此，在同等条件下（卫星干重、推进器比冲、推进剂携带能力相差不大），混合模式方案的变轨消耗定然比一对多模式方案多，从而使得任务的净收益值较小。但当对目标星的参数进行调整，使其具有轻便小巧（干重小于服务星）、推进剂携带能力强(设计寿命长)、机动能力强(推进剂比冲变大)的优点时，混合模式方案在净收益值方面的优势得到提升，且出现优于一对多模式方案的情况。

表 11.31　目标星参数设置

算例	参数设置
1	$T_{\text{Design}} = 30$年
2	$T_{\text{Design}} = 30$年， $M_{\text{Tsat}}^{\text{dry}} = 800\text{kg}$
3	$T_{\text{Design}} = 30$年， $M_{\text{Tsat}}^{\text{dry}} = 800\text{kg}$， $I_{\text{sp}}^{\text{Tsat}} = 300\text{s}$
4	$T_{\text{Design}} = 40$年， $M_{\text{Tsat}}^{\text{dry}} = 800\text{kg}$， $I_{\text{sp}}^{\text{Tsat}} = 300\text{s}$

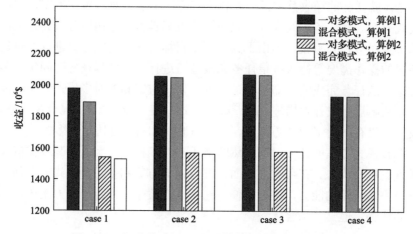

图 11.21　混合模式与一对多模式方案的优化结果对比

混合模式方案的特点是，将在轨加注任务尽可能地分担给目标星，让其充当伪服务星完成在轨加注操作。仅从任务的净收益值方面考虑，只有当目标星具有较强的推进剂携带能力和机动能力(至少与服务星能力相当)且较服务星小巧轻便时，混合模式方案才是最优的选择。如果目标星不具备上述特点，混合模式方案并不具备很好的竞争力。但是，同时考虑任务时间、任务可靠性等因素时，纵使混合模式方案不具备净收益值单方面的优势，其综合性能却也不可忽视。在具体的应用中，需要采取何种方案，需要根据用户的偏好就具体问题具体决策。

11.5　考虑位置优化的 GEO 卫星群多对多在轨加注任务规划

11.5.1　问题描述与分析

在轨加注的一般任务流程可概括为如下步骤，如图 11.22 所示。

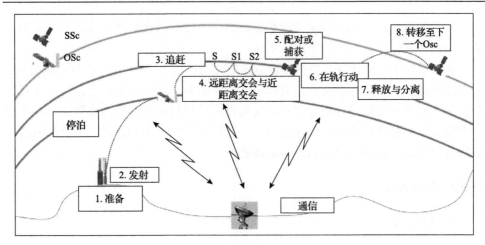

图 11.22　在轨加注一般流程

(1)任务前的规划与发射准备：包括对任务全程的各种轨道规划，资源配置，测控调度等规划，以及任务实施前硬件方面的准备等。

(2)发射：将服务星发射至预定轨道。

(3)远距离机动：服务星通过机动变轨，机动至目标附近 S 点，使之与目标的位置相对接近。

(4)近距离机动：卫星在空间运行受轨道的限制，对于给定的目标，服务星需要经过远程导引、近程导引、接近等操作，缩短与目标星的距离与速度差，为后面的在轨操作做准备。

(5)逼近与捕获：逼近与捕获是卫星执行多种在轨服务任务的前提，以在轨加注为例，施行推进剂传输前，首先需要完成服务星与目标星的成功对接，完成传输系统的各种指标检测。

(6)在轨服务操作：执行具体的在轨操作任务。不同任务的在轨操作流程不同。空间碎片清理任务表现为对目标碎片的抓捕与拖拽，在轨加注任务表现为对目标星的推进剂传输或推进系统更换。

(7)释放与分离：服务星完成在轨服务任务后，需要与目标星分离，这期间涉及两个卫星相对运动姿态的协调控制。

(8)机动至下一个目标：服务星需要执行多个任务，完成一次任务后，服务星需要根据预先规划的安排，机动到下一个目标，继续重复上述动作，直至所有任务完成。

在轨服务任务中，步骤 3、4、5、8 都属于空间交会的范畴，而步骤 6、7 可认为是在轨操作的范畴。因此可以认为，所有在轨服务任务，一般都可分为空间交会和在轨操作两大步骤。对于不同的在轨服务任务，空间交会段的操作大同小异，均包含调相段，远距离交会段和近距离交会段，而在轨操作部分的任务细节和约束，因具体任务背景的不同而不同。

本节研究的在轨加注任务规划问题可描述为：有 N 颗目标星和 M 个服务星。要求服务星依次与目标星交会，对其进行加注服务。该任务本质上是一个具有组合优化特点的多空间目标交会问题。规划目标是将目标分配给各个服务星，寻找各个服务星的最优任务序列和交会路径，并同时优化其初始位置、干重和燃料，最终使得轨道转移燃料消耗和时间消耗最小。

11.5.2　优化模型

1. 优化目标

本节考虑了两个优化目标：轨道转移燃料和时间。

1) 轨道转移燃料消耗 J_{fuel}

假定每次交会包含异面变轨和共面变轨。异面变轨用于调整轨道的倾角和 RAAN。共面变轨用于调整服务星和目标星间的相位差。

假设服务星的轨道倾角和 RAAN 是 (i, Ω)，目标星的是 (i', Ω')，两者的轨道面差为 γ，则

$$\cos\gamma = \cos i \cos i' + \sin i \sin i' \cos(\Omega' - \Omega) \tag{11.83}$$

对于圆轨道，异面变轨的速度增量可由下式计算(图 11.23)：

$$\Delta v_i = 2v\sin\frac{\gamma}{2} \tag{11.84}$$

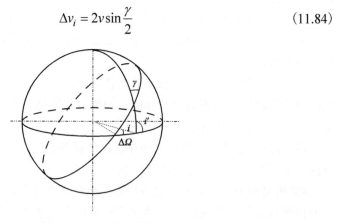

图 11.23　球三角示意图

本节采样调相变轨进行共面轨道转移，调相机动是一种双脉冲霍曼转移。在调相变轨中，服务星从圆轨道的一个点转移到另一个点，其两次冲量施加位置都在其初始位置处。调相变轨的代价消耗 Δv_p，可通过下面的公式进行计算：

$$\Delta v_p = \sqrt{\mu}\left|\sqrt{\frac{2}{r}-\frac{1}{a}}-\sqrt{\frac{1}{r}}\right| \tag{11.85}$$

$$a = r\left(\frac{2\pi n_t + \Delta\theta}{2\pi n_s}\right)^{2/3} \tag{11.86}$$

式中，r 为目标的轨道半径；a 为转移轨道的半长轴；n_t 和 n_s 分别为调相变轨中目标和服务星飞行的轨道圈数；$\Delta\theta$ 表示变轨前服务星与目标的相位差。该相位差的计算方法是：以目标飞行方向为正方向，从目标到服务星走过的角度即为该相位差，$\Delta\theta \in [-\pi,\pi]$。

一个典型的交会包含调相段、远距离导引段和近距离导引段。本节中，各次交会都简化为一个异面变轨和一次共面转移，并且仅考虑脉冲变轨方式。

对于脉冲变轨，下列燃料预估方法始终成立：

$$M_{\text{fuel}} = M_{\text{SSc}}(t_k^-) - M_{\text{SSc}}(t_k^-)\exp\left(\frac{-\Delta V_{\text{change}}}{g_0 I_{\text{sp}}}\right) \tag{11.87}$$

2）轨道转移时间 J_{time}

对各次交会，轨道转移时间的上限会提前给出。在时间段 $[0,t]$ 内，所有可能的转移轨迹中，推进剂消耗最少的轨迹即为最优的轨迹。而交会的飞行时间即为这条最优轨迹所耗用的转移时间。本节中，仅考虑共面转移的时间消耗，异面变轨的时间不在考虑中，因为异面变轨可随时在共面转移的同时发生。也就是说，轨道转移时间仅由调相变轨产生，J_{time} 是各次交会的时间和。如果同时考虑多个服务星，那么 J_{time} 就是取各个服务星时间消耗的最大值。

对于各次空间交会，转移时间的计算公式为

$$T_{\text{transfer}} = n_s \times 2\pi\sqrt{\frac{a^3}{\mu}} \tag{11.88}$$

2. 设计变量

1）服务星的干重和燃料

服务星的燃料携带能力与其干重正相关，而轨道转移的燃料消耗又与服务星的总重量正相关。为了节省燃料，需要对服务星的干重 $M_{\text{SSc}}^{\text{dry}}$ 和燃料初始携带量 $M_{\text{SSc}}^{\text{fuel}}$ 进行优化。设计变量为：$M_{\text{SSc}}^{\text{dry}} = (M_{s1}^{\text{dry}}, \cdots, M_{sM}^{\text{dry}})$，$M_{\text{SSc}}^{\text{fuel}} = (M_{s1}^{\text{fuel}}, \cdots, M_{sM}^{\text{fuel}})$

2）服务星初始轨道参数

本节仅考虑了圆轨道，因此服务星的轨道参数只包含三个参数：轨道倾角、升交点赤经 RAAN 和真近点角：$\textbf{incl} = (\text{incl}_{s1}, \cdots, \text{incl}_{sM})$，$\textbf{raan} = (\text{raan}_{s1}, \cdots, \text{raan}_{sM})$，$\boldsymbol{f} = (f_{s1}, \cdots, f_{sM})$。

3）任务序列

任务序列给出了哪些卫星由哪些服务星服务，以及对应的服务序列。假设有 M 个服务星和 N 个目标星。记 $\boldsymbol{q}_{\text{SSc}} = (\boldsymbol{q}_{s1}, \cdots, \boldsymbol{q}_{sM})$，其中 $\boldsymbol{q}_{si}$ 表示第 i 个服务星的任务序列。记 $\boldsymbol{q}_{si} = (q^{i,t1}, \cdots, q^{i,tj}, \cdots, q^{i,tn})$，其中 tn 表示第 i 个服务星服务的卫星数量，服务星 i 依次服务目标星 $q^{i,t1}, \cdots, q^{i,tj}, \cdots, q^{i,tn}$。

4）时间分配

记 $\boldsymbol{T}_{\text{SSc}} = (\boldsymbol{T}_{s1}, \cdots, \boldsymbol{T}_{sM})$，$\boldsymbol{T}_{si} = (T_{0,t1}^{si}, \cdots, T_{tj-1,tj}^{si}, \cdots, T_{tn,0}^{si})$，其中 $\boldsymbol{T}_{si}$ 表示在任务序列 $\boldsymbol{q}_{si}$ 中各次交会时间的上限值。

3. 约束

本节考虑了以下约束。

C1：各个目标星只能被服务一次。

C2：服务星任何时候不能缺燃料。

C3：各次交会所用时间，需要在上限范围内。

C4：所有服务星最终都需要回到其初始位置。

C5：服务星的初始燃料携带量，不能超过其燃料携带能力。

C6：服务星的干重需要满足一定阈值。

4. 优化模型

综上所述，本节研究的问题的优化模型可表述为

$$
\begin{aligned}
&\text{find} \quad M_{\text{SSc}}^{\text{dry}}, M_{\text{SSc}}^{\text{fuel}}, \textbf{incl}, \textbf{raan}, f, q_{\text{SSc}}, T_{\text{SSc}} \\
&\text{min} \quad J_{\text{fuel}}, J_{\text{time}} \\
&\text{subject to} \quad C1 \cap C2 \cap C3 \cap C4 \cap C5 \cap C6
\end{aligned} \tag{11.89}
$$

11.5.3 求解方法

1. 主算法

本节采用多目标粒子群算法进行求解，算法流程如图 11.24 所示。

2. 编码

本节优化变量如表 11.32 所示。

假设有 M 个服务星和 N 个目标星，那么就有 $2N+6M$ 个优化变量。PSO 算法中，每一个粒子都代表了一种任务方案。先不考虑干重和燃料，各个粒子包含 $2N+4M$

个元素，可表示为：$\text{Particle} = (\textbf{incl}_{1\times M}, \textbf{raan}_{1\times M}, \boldsymbol{f}_{1\times M}, (\boldsymbol{q}_{\text{SSc}})_{1\times N}, (\boldsymbol{T}_{\text{SSc}})_{1\times(N+M)})$。假设有 2 个服务星和 3 颗目标星，则该粒子如图 11.25 所示。

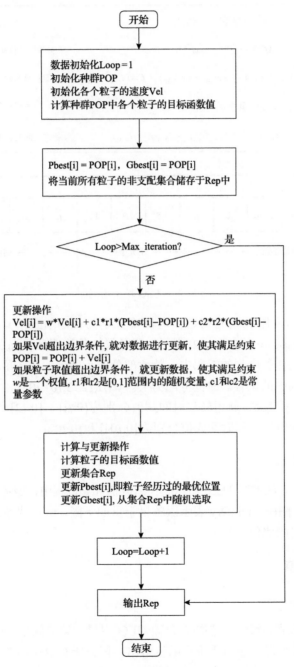

图 11.24　算法流程

表 11.32　设计变量

变量	描述	数目
$\boldsymbol{M}_{\mathrm{SSc}}^{\mathrm{dry}} = (M_{s1}^{\mathrm{dry}}, \cdots, M_{sM}^{\mathrm{dry}})$	服务星干重	M
$\boldsymbol{M}_{\mathrm{SSc}}^{\mathrm{fuel}} = (M_{s1}^{\mathrm{fuel}}, \cdots, M_{sM}^{\mathrm{fuel}})$	服务星燃料初始携带量	M
$\mathbf{incl} = (\mathrm{incl}_{s1}, \cdots, \mathrm{incl}_{sM})$；$\mathbf{raan} = (\mathrm{raan}_{s1}, \cdots, \mathrm{raan}_{sM})$；$\boldsymbol{f} = (f_{s1}, \cdots, f_{sM})$	服务星初始轨道参数	$3M$
$\boldsymbol{q}_{\mathrm{SSc}} = (\boldsymbol{q}_{s1}, \cdots, \boldsymbol{q}_{sM})$，其中 $\boldsymbol{q}_{si} = (q^{i,t1}, \cdots, q^{i,tj}, \cdots, q^{i,tn})$	服务星任务序列	N
$\boldsymbol{T}_{\mathrm{SSc}} = (\boldsymbol{T}_{s1}, \cdots, \boldsymbol{T}_{sM})$，其中 $\boldsymbol{T}_{si} = (T_{0,t1}^{si}, \cdots, T_{tj-1,tj}^{si}, \cdots, T_{tn,0}^{si})$	各次空间交会的时间上限	$N+M$
总计		$2N+6M$

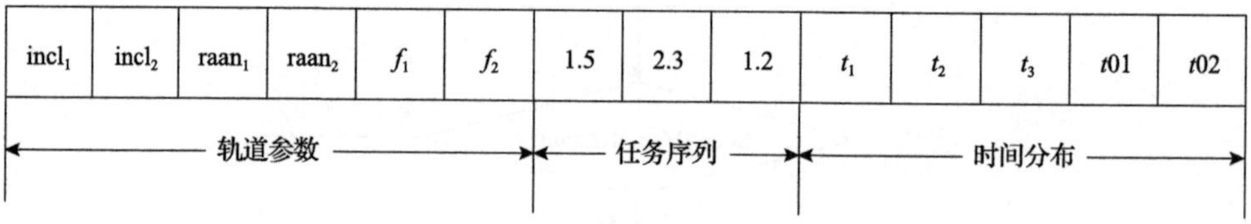

incl$_1$	incl$_2$	raan$_1$	raan$_2$	f_1	f_2	1.5	2.3	1.2	t_1	t_2	t_3	$t01$	$t02$
←　　　　　　　　轨道参数　　　　　　　　→						←　　　任务序列　　　→			←　　　　　　时间分布　　　　　　→				

图 11.25　PSO 粒子示意图

该粒子表示，服务星的初始轨道位置分别为 $(\mathrm{incl}_1, \mathrm{raan}_1, f_1)$ 和 $(\mathrm{incl}_2, \mathrm{raan}_2, f_2)$。任务序列 $\boldsymbol{q}_{\mathrm{SSc}} = (1.5, 2.3, 1.2)$ 表示，服务星 1 依次服务目标 3 和 1，服务星 2 服务目标 2。在任务序列的编码中，整数部分表示服务的服务星编号，小数部分表示其任务序列中的位置。时间分配为 $\boldsymbol{T}_{\mathrm{SSc}} = (t1, t2, t3, t01, t02)$，该编码表示，与目标星 1、2 和 3 交会，轨道转移时间阈值分别为 $[0, t1]$、$[0, t2]$ 和 $[0, t3]$。服务星回到初始位置的轨道转移时间阈值分别为 $[0, t01]$ 和 $[0, t02]$。

3. 适应值计算

适应值计算方法如图 11.26 所示。在适应值计算过程中，服务星的干重和燃料也得到了优化。图中，minDry 表示服务星干重的下限，ratio 表示服务星燃料携带能力与全部质量的比值。

11.5.4　数值仿真

1. 参数配置

为了验证本节的算法，选取了 8 颗 GEO 卫星，轨道倾角、RAAN 和真近点角都来自卫星数据库。燃料需求量随机给出。假设所有卫星都在高度为 35786km 的圆轨道上。目标星参数如表 11.33 所示。在轨加注的参数设置如表 11.34 所示。

算法： 适应值计算

输入： Particle = $(\mathbf{incl}, \mathbf{raan}, f, q_{\mathrm{SSc}}, T_{\mathrm{SSc}})$，初始值 $M_{\mathrm{SSc}}^{\mathrm{dry}}$ 与 $M_{\mathrm{SSc}}^{\mathrm{fuel}}$

输出： $M_{\mathrm{SSc}}^{\mathrm{dry}}$，$M_{\mathrm{SSc}}^{\mathrm{fuel}}$，$J_{\mathrm{fuel}}$ 和 J_{time}

解码，获取设计变量数值。

optsscFuel $= M_{\mathrm{SSc}}^{\mathrm{dry}}$，optsscDry $= M_{\mathrm{SSc}}^{\mathrm{fuel}}$

依据轨道转移方程，求解 J_{fuel} 与 reFuel。

While reFuel 大于某一阈值

    optsscFuel = optsscFuel − reFuel

    optsscDry = max(minDry, (1 − ratio) * (optsscFuel / ratio))

    重新求解 J_{fuel} 与 reFuel

End While

$M_{\mathrm{SSc}}^{\mathrm{dry}}$ = optsscDry，$M_{\mathrm{SSc}}^{\mathrm{fuel}}$ = optsscFuel

记录 J_{time} 的相应数值。

图 11.26　适应值计算

表 11.33　目标星参数

目标星	SSc 数量	轨道倾角/(°)	RAAN/(°)	真近点角/(°)	燃料需求/kg
1	26639	0.00	67.16	271.32	400
2	28132	0.00	58.15	231.40	300
3	31102	0.00	33.45	251.63	200
4	28378	0.10	121.22	247.13	100
5	28638	0.10	69.94	225.18	100
6	25638	1.40	78.42	130.00	300
7	23331	2.40	74.69	221.25	200
8	26695	4.40	57.02	160.09	400

表 11.34　在轨加注参数

参数	描述	数值
$I_{\mathrm{sp}}^{\mathrm{Ssat}}$	SSc 比冲	300s
$\min M_{\mathrm{SSc}}^{\mathrm{dry}}$	SSc 干重下限	600kg
$\max M_{\mathrm{SSc}}^{\mathrm{dry}}$	SSc 干重上限	2500kg
ratio	SSc 燃料携带能力与总质量的比值	0.6

2. 单目标优化仿真 1

此处仅将燃料作为优化目标，仅考虑一个服务星，并假设其初始倾角为 0，

RAAN 为 0，真近点角为 0。假设所有目标星的倾角都为 0，给定交会的时间上限为 6 天。优化结果为，任务序列为 $(1, 3, 4, 2, 5, 7, 8, 6)$，服务星的干重为 1665.57kg，燃料为 2498.35kg，轨道转移燃料消耗为 497.79kg。这个优化结果与 Shen[6]的研究结果一致。本节在相同条件下运行了 10 次算法，每次运行，最优结果可在 20 次迭代内得到。该仿真在一定程度上验证了算法的有效性。

3. 单目标优化仿真 2

轨道转移时间分别为 6 天和 30 天。仅考虑一个服务星，其轨道倾角为 0 到 4 之间的整数，RAAN 为 0 到 345 之间 15 的倍数，真近点角为 0 到 345 之间 15 的倍数。目标星的空间分布如图 11.27 所示。轨道参数与优化目标间的关系如图 11.28 所示。

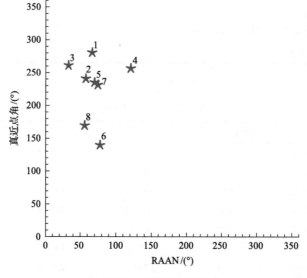

图 11.27　目标星空间分布

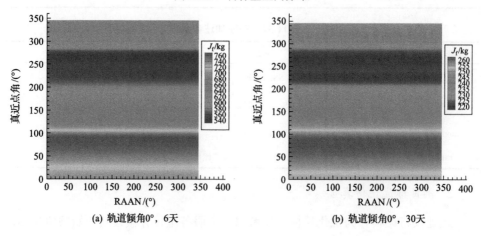

(a) 轨道倾角0°，6天　　　　　　　　　　　(b) 轨道倾角0°，30天

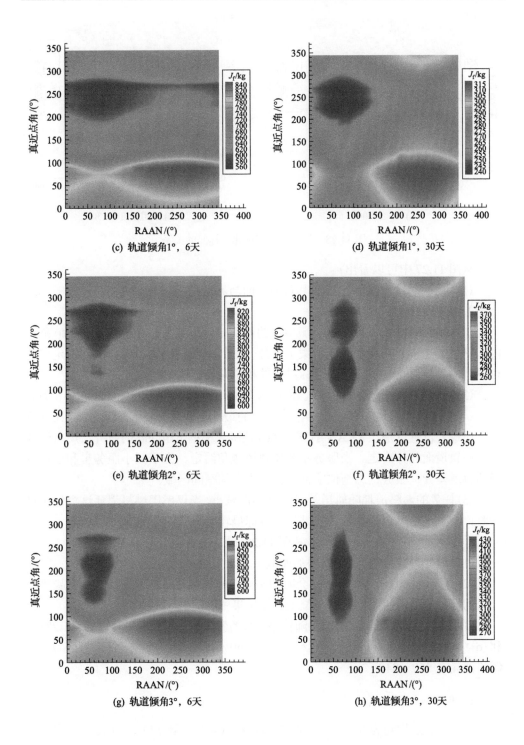

(c) 轨道倾角1°，6天　　　　　　　　(d) 轨道倾角1°，30天

(e) 轨道倾角2°，6天　　　　　　　　(f) 轨道倾角2°，30天

(g) 轨道倾角3°，6天　　　　　　　　(h) 轨道倾角3°，30天

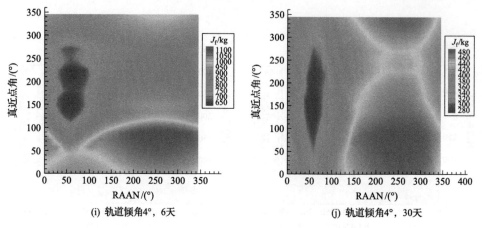

(i) 轨道倾角4°，6天　　　　　　　　　(j) 轨道倾角4°，30天

图 11.28　轨道参数与优化目标间的关系

从图 11.27 中可以看出：

(1) 当服务星轨道倾角为 0，其轨道平面与赤道平面重合，燃料消耗仅随真近点角的改变而改变。

(2) 当服务星轨道倾角为 0，服务星的最优初始位置总是在 $f \in (200,300)$ 范围内，这主要是由于在这个区域聚集了大部分的目标星。当轨道转移时间给定，调相变轨的燃料消耗与服务星和目标星间的相位差成正比。

(3) 当服务星轨道倾角不为 0，RAAN 和真近点角都将影响任务燃料的消耗。

(4) 当服务星轨道倾角不为 0，服务星的最优位置总是在 RAAN $\in (50,100)$ 范围，而最差位置总是在 RAAN $\in (200,300)$ 范围。根据 Alfriend 的研究，燃料消耗主要由轨道面差异决定。当服务星初始轨道倾角给定，为了减小服务星和目标星间的轨道差异，服务星总是位于目标较为集中的空间区域。

(5) 任务的燃料消耗随轨道差异的减小而减小。当仅考虑燃料消耗这个优化目标时，服务星的最佳初始位置总是位于目标星较为集中的区域。

对比图 11.28(a)(c)(e)(g)(i) 和图 11.28(b)(d)(f)(h)(j) 可以看出：

(1) 燃料消耗随交会时间的增加而减小，这主要由调相变轨引起。

(2) 基于相同的配置，尽管交会时间不同，但是燃料随轨道参数的变化趋势是一样的，即最佳的初始位置总是位于目标星集中的区域。

(3) 随着交会时间的增加，燃料随轨道参数的变化趋势越来越平和。如图 11.28(c) 和 (d) 中，当交会时间为 30 天，燃料消耗在 240～315 变化，当交会时间为 6 天时，燃料消耗在 560～840。

4. 单目标优化仿真3

服务星轨道倾角为 0 到 4 之间的整数，RAAN 为 0 到 345 之间 15 的倍数，真近点角为 0 到 345 之间 15 的倍数。各次交会的时间上限为 6 天。PSO 算法的迭代次数为 1000，运行 10 次计算，选取最优的优化结果。

从表 11.35 中可以看出，仅从燃料消耗考虑，服务星越多越好。但是从经济效益考虑，这个结论不一定成立，这是因为发射成本很大。更多关于经济效益的分析，请参见 11.4 节的研究。与单目标优化仿真 1 中的结果进行对比，当仅考虑一个服务星时，表 11.35 中的结果优于单目标优化仿真 1 中的结果，这是由于表 11.35 对服务星的初始位置进行了优化，也就是说，服务星的初始位置对于优化结果有不可忽略的影响。

表 11.35　优化结果

SSc 数量	1	2	3
干重/kg	1612.27	(680.73; 767.39)	(600; 769.77; 600)
总重/kg	2418.40	(1021.10; 1151.08)	(310.61; 1154.66; 669.36)
轨道倾角/(°)	0	(2; 0)	(2; 0; 3)
RAAN/(°)	60	(75; 75)	(75; 120; 75)
真近点角/(°)	210	(135; 210)	(135; 210; 165)
任务序列	(2, 3, 1, 4, 5, 7, 8, 6)	(6, 8, 7); (5, 2, 4, 3, 1)	(6); (5, 2, 1, 3, 4); (8, 7)
燃料消耗/kg	418.07	(120.67; 50.30)	(10.60; 53.86; 69.15)
总燃料消耗/kg	418.07	170.98	133.60

5. 多目标优化仿真

考虑燃料和时间两个优化目标，仿真了 4 个算例(表 11.36)。服务星轨道倾角为 0 到 4 之间的整数，RAAN 为 0 到 345 之间 15 的倍数，真近点角为 0 到 345 之间 15 的倍数。交会时间上限同样为整数，任务序列编码是 1 到 $M+1$ 间的实数。PSO 算法中，粒子的搜索速度分别为[−0.5, 0.5], [−30, 30], [−30, 30], [−0.5, 0.5], [−2, 2]。图 11.29 给出了不同算例的最优前沿。

从图 11.29 中可以看出：

(1)燃料消耗随交会时间的增加而减小。当转移时间小于某个阈值时，燃料消耗随转移时间的增加而迅速减小；当转移时间大于某个阈值时，燃料消耗随转移时间的增加而缓慢减少。

表 11.36　仿真算例

算例	初始轨道参数	交会时间上限	SSc 数量
1	默认	[6, 30]	1
2	默认	[6, 30]	2
3	优化	[6, 30]	1
4	优化	[6, 30]	2

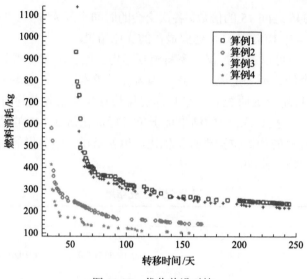

图 11.29 优化前沿对比

(2)考虑多目标时，算例 2 的前沿优于算例 1 的，算例 4 的前沿优于算例 3 的，也就是说，投入较多的服务星，有利于节约任务燃料和时间。

(3)考虑多目标时，算例 3 的前沿优于算例 1 的，算例 4 的前沿优于算例 2 的，也就是说，优化服务星的初始位置，有利于节约燃料和时间。

从算例 3 和算例 4 中随机选取一个前沿点，其具体优化结果如表 11.37 所示。

表 11.37 多目标优化结果

算例	3	4
SSc 数量	1	2
干重/kg	1480.45	(663.36; 760.21)
燃料质量/kg	2206.81	(995.05; 1140.31)
轨道倾角/(°)	0	(1; 0)
RAAN/(°)	165	(60; 120)
真近点角/(°)	210	(150; 195)
任务序列	(2, 3, 1, 4, 5, 6, 8, 7)	(6, 8, 7); (4, 1, 3, 5, 2)
交会时间上限/d	(26, 26, 30, 26, 26, 26, 24, 24 | 26)	(16, 13, 17 | 14); (13, 12, 13, 14, 14 | 15)
燃料消耗/kg	219.69	(94.90; 40.08)
转移时间/d	232.36	(57.84; 77.79)
总燃料消耗/kg	219.69	134.98
最大转移时间/d	232.36	77.79

11.6　本章小结

与传统"一对多"在轨加注方式相比，P2P 服务模式能够提高服务的鲁棒性，具有重要的研究意义。鉴于此，本章首先提出共面圆轨道卫星群 P2P 在轨加注任务规划模型，接着分别针对 LEO 卫星群和 GEO 卫星的在轨加注服务开展了任务规划研究。

针对 LEO 卫星群在轨加注任务，考虑测控时间窗的约束，基于圆轨道卫星群以 P2P 模式进行在轨加注的任务背景，提出了与之相适应的任务规划建模与优化方法。考虑摄动、测控、光照等复杂因素对空间交会的影响，提出了将空间交会多个交会阶段进行统一协调与规划的多阶段空间交会任务规划方法。假设伪服务星与目标星交会中，需要同时考虑多阶段的统一优化，而返程段只需考虑调相段即可，并基于这个假设，将复杂约束下多阶段空间交会的求解方法应用于 P2P 在轨加注任务中，通过仿真实验验证了所提出方法的有效性。

针对 GEO 卫星在轨加注任务，重点开展了"一对多"、"多对多"和混合模式的在轨加注任务规划研究。考虑目标数量、任务等级、推进剂消耗三个优化目标，针对服务目标数量未知的"一对多"在轨加注任务规划问题，建立了 HOC 多目标任务规划模型并提出了对应的求解方法。以经济效益为优化目标，针对混合模式下 GEO 卫星群的在轨加注任务规划问题，建立了任务规划模型，提出了基于粒子群优化算法的求解策略。考虑轨道转移燃料消耗最小和轨道转移总时间最小等多个优化目标，开展了 GEO 卫星在轨加注任务规划研究，仿真结果表明，通过优化服务星的数量和初始位置，可有效节省燃料和时间。

参 考 文 献

[1] 翟光, 张景瑞, 周志成. 静止轨道卫星在轨延寿技术研究进展[J]. 宇航学报, 2012, 33(7): 849-859.

[2] Sullivan B R. Satellite servicing opportunities in geosynchronous orbit[C]. AIAA SPACE Conference & Exposition, Pasadena, 2012.

[3] 梁斌, 徐文福, 李成, 等. 地球静止轨道在轨服务技术研究现状与发展趋势[J]. 宇航学报, 2010, 31(1): 1-13.

[4] 姚雯. 飞行器总体不确定性多学科设计优化研究[D]. 长沙: 国防科技大学博士学位论文, 2011.

[5] 韩潮, 谢华伟. 空间交会中多圈 Lambert 变轨算法研究[J]. 中国空间科学技术, 2004, (5): 9-14.

[6] Shen H. Optimal scheduling for satellite refueling in circular orbits[D]. Atlanta: Georgia Institute of Technology, 2003.

[7] Shen H, Tsiotras P. Optimal scheduling for servicing multiple satellites in a circular constellation[C]. AIAA/AAS Astrodynamics Specialists Conference, Monterey, 2002.

[8] 欧阳琦. 飞行器不确定性多学科设计优化关键技术研究与应用[D]. 长沙: 国防科技大学博士学位论文, 2013.

[9] Fehse W. Automated Rendezvous and Docking of Spacecraft[M]. Cambridge: Cambridge University Press, 2003.

[10] Zhang J, Tang G, Luo Y, et al. Orbital rendezvous mission planning using mixed integer nonlinear programming[J]. Acta Astronautica, 2011, 68: 1070-1078.

[11] 张进. 空间交会任务解析摄动分析与混合整数多目标规划方法[D]. 长沙: 国防科技大学博士学位论文, 2013.

[12] Spangelo S, Cutler J. Optimization of single-satellite operational schedules towards enhanced communication capacity[C]. Guidance, Navigation, and Control (GNC) Conference, Minneapolis, 2012.

[13] Xhafa F, Barolli A. Steady state genetic algorithm for ground station scheduling problem[C]. IEEE 27th International Conference on Advanced Information Networking and Applications, Barcelona, 2013.

[14] Alfriend K T, Lee D, Creamer N G. Optimal servicing of geosynchronous satellites[J]. Journal of Guidance, Control, and Dynamics, 2006, 29(1): 203-206.

[15] Sullivan B R. Satellite servicing opportunities in geosynchronous orbit[C]. AIAA SPACE Conference & Exposition, Pasadena, 2012.

[16] Lamassoure E. A framework to account for flexibility in modeling the value of on-orbit servicing for space systems[D]. Cambridge: Massachusetts Institute of Technology(Master's Thesis), 2001.

[17] Kelley C W. Minimizing the cost of availability of services from a constellation of satellites[D]. Los Angeles: University of Southern California, 2003.

[18] Hall E K, Papadopoulos M. GPS structural modifications for on-orbit servicing[C]. Space Technology Conference & Exposition, Albuquerque, New Mexico, 1999.

[19] Helton J C, Johnson J D, Oberkampf W L. Representation of analysis results involving aleatory and epistemic uncertainty[R]. SAND2008-4379. New Mexico: Sandia National Laboratories, 2008.

第 12 章 卫星在轨加注技术总结与展望

卫星在轨加注技术是在轨服务技术体系的重要组成部分，是随着航天技术快速发展逐渐兴起的一门新技术，从概念提出到在轨技术验证，前后大概经历了七十年，尤以近三十年发展最为迅速。可以预见的是，在近期实现工程实用化以后，卫星在轨加注技术必将在卫星组网、深空探测、星际航行等领域发挥越来越重要的作用，甚至有可能带来航天领域的革命性变化。

随着卫星在轨加注技术研究的不断深入，其研究内容逐渐由微重力流体管理与传输的单一领域，向近距离接近、对接与锁紧、密封及泄漏检测、微重力流体、推进剂高精度测量、任务规划等多领域多学科方向发展，系统性更强。本书在阐述卫星在轨加注技术时，以在轨加注任务流程为主线，将其主要分解为近距离接近、空间对接、流体传输与管理、推进剂高精度测量等四大技术群。其中，空间对接技术包含软对接、密封及泄漏检测等理论和方法；流体传输与管理技术包含贮箱内推进剂流动特性分析和多孔介质输运特性分析；推进剂高精度测量技术包含推进剂剩余量测量、流量测量和两相流分析。此外，本书也对卫星在轨加注任务规划问题进行了研究，分别针对 LEO 和 GEO 卫星群的在轨加注问题，探讨了考虑摄动、测控、光照等复杂因素情况下的任务规划建模与优化方法。

按照关键技术群的思路，本章首先对卫星在轨加注关键技术发展情况进行简要总结；接着在此基础上对卫星在轨加注技术总体发展趋势进行展望，并对我国卫星在轨加注技术发展规划给出部分建议。

12.1 卫星在轨加注关键技术总结

12.1.1 近距离接近技术

近距离操作是卫星在轨加注的基础性技术。为保证卫星在轨加注等在轨服务任务安全进行，空间目标近距离接近与避撞控制技术的研究具有重要意义。本书针对卫星在轨加注过程中所涉及的近距离接近问题，提出了近距离飞行碰撞风险评估方法和近距离操作动态智能防撞控制方法。为满足近距离操作过程中实时碰撞风险评估需求，提出了基于性能参数的动态安全域定义和评估指标递阶式的"3C"碰撞风险评估方法。基于位置、姿态和形状耦合作用规律，制定了避撞规避方案和控制策略。本书针对卫星在轨加注过程中涉及的近距离接近与避撞控制研究，属于对近距离接近问题的初步探索，更加细致全面的研究尚有大量的工作需要开展。后续可以从以下几个方面开展更加深入的研究工作：

（1）自主防撞控制理论研究。本书提出的动态智能防撞控制 DICAC 方法为底层在线控制，针对近距离操作机动安全性问题，并未对燃料最省等指标有特殊要求。通过进一步细化上层任务规划，并将其与 DICAC 方法相结合，有助于提高防撞控制效率。

（2）动态智能防撞控制扩展研究。实际应用中，卫星安全性受到威胁往往伴随着某些故障的产生，动态智能防撞控制有必要进行容错控制及可控性度量问题研究。

（3）复杂几何目标的安全接近问题分析。本书主要采用最小椭球体来近似描述复杂几何目标。然而，真实卫星几何外形较为复杂，椭球体模型描述精度仍然有限，需要对现有的势场模型描述方法进行拓展，从而实现复杂目标几何外形的高精度描述。

12.1.2　空间对接技术

服务星与目标星实现对接是进行在轨加注、模块更换等在轨服务操作的基础。星体对接机构的任务是保证服务星与目标星的可靠对接与安全分离，管路对接机构的任务是保证加注管路的快速连接与高效密封。本书针对卫星在轨加注过程的空间对接问题，进一步将其细化为对接锁紧与接口密封两个子问题：针对对接锁紧问题，提出了基于变分不等式原理的软对接动力学建模方法，实现了卫星软对接接触过程建模与分析；针对接口密封问题，基于密封端面形貌分形表征，开展了考虑尺寸效应的端面密封接触力学研究，进一步建立了端面密封流体泄漏率逾渗模型，对端面密封泄漏影响因素进行了数值分析。本书针对卫星在轨加注过程中的空间对接技术研究中，对接与密封均偏重于理论研究，尚需通过工程实践进行充分验证。后续可以从以下几个方面开展更加深入的研究工作：

（1）变分不等式动态接触理论研究。从变分不等式接触基础理论出发，从理论层面上开展更加深入的研究探讨工作。可考虑引入更为丰富的约束优化问题求解算法，实现对变分不等式接触基本方程的数值求解。可考虑结合网格节点与几何曲面形状的双重判断方法，从而实现对接触面更加精细的描述。

（2）卫星在轨加注软对接机构设计与优化。可基于本书所提出软对接系统参数分析与设计方法，针对卫星在轨加注实际对接需求，设计适用于卫星软对接操作的微小型对接机构工程样机，并通过在轨试验验证其实际工作性能。

（3）真空条件下端面密封泄漏率逾渗模型。密封泄漏数值模拟的主要难点在于泄漏孔道的建立，利用本书提出的端面接触模型，进一步考虑不同尺寸级别的泄漏孔道分布和连通情况，实现对泄漏孔道内流体流动特性更加精确的描述。

12.1.3　流体传输与管理技术

稳定的推进剂传输是在轨加注技术的基础，而卫星贮箱作为传输过程的起始端与结束端，其内部推进剂的有效管理成为确保稳定传输的关键。本书针对卫星在轨加注过程中的流体传输与管理问题，进一步将其细化为微重力条件下板式贮箱内推进剂传输管理与气液分离两个子问题。针对贮箱内推进剂传输管理问题，建立了一维形式的内角过流稳定性控制方程，利用内角流动模型分析板式表面张力贮箱内的推进剂定位与流动，得出了推进剂管理效率最高的 PMD 结构，设计了一款小型的板式表面张力贮箱。针对贮箱内推进剂气液分离问题，提出了基于随机几何理论的多孔介质结构特征建模方法，完成了微重力条件下多孔介质内的毛细流动分析，并进一步开展了卫星贮箱多孔介质气液分离装置设计与试验。关于流体传输与管理技术，后续可以从以下几个方面开展更加深入的研究工作：

（1）弯曲流道的内角自流与内角过流问题。本书考虑的内角流道均为直线形，主要是为了求解过程的方便，探讨流动本身的物理意义。而在推进剂管理装置中，弯曲形的流道更为常见。研究弯曲流道的定位过程和流动过程的稳定性问题对导流板的设计具有更大的应用价值。

（2）内角过流的两个基础理论问题。第一，内角过流的流动从封闭流道转换到开口型内角，控制方程并没有考虑其中的压强损失，而流动边界条件的转换可能会影响控制方程的精度；第二，内角过流经过液面最低点以后，将会出现流动分离现象，进一步增加了压强损失，而控制方程不能捕捉这一特点。

（3）微重力条件下多孔介质输运特性研究。微重力条件下，液体在多孔介质中流动，存在由惯性损失主导的流型向由黏性损失主导的流型转换的过程，其中的临界条件如何确定，如何描述惯性损失和黏性损失共同作用下的流型特征等，均是可以深入研究的理论点。在此基础上，开展对多孔介质材料内部孔隙、颗粒分布的设计与优化，提升微重力条件下多孔介质材料的流体管理性能。

12.1.4　推进剂高精度测量技术

推进剂剩余量测量作为在轨加注检测技术研究的重要内容，决定了在轨加注的时机和需要加注的推进剂量；推进剂流量测量与两相流监测，同样对于推进剂传输状态监测具有重要意义。本书针对卫星在轨加注过程的精确测量问题，进一步将其细化为推进剂剩余量测量、推进剂流量测量与气液两相流检测三个子问题。针对推进剂剩余量测量问题，开展了体积激励法测量推进剂量的原理探讨与数值分析，提出了低温推进剂贮存的压力与温度控制方法，探讨了低温推进剂贮存中的液体量测量以及卫星姿态干扰与贮箱漏热对测量的影响，设计并研制了卫星贮箱推进剂剩余量精确测量试验装置。针对推进剂流量测量问题，提出了基于侧音技术的流量测量方法，实现了推进剂流量超声波测量，设计并研制了加注管道内推进剂流量高精度测量试验装置。针对气液两相流检测问题，开展了声波在气液两相流中的传播研究，实现了超声波两相流含气率检测。关于推进剂高精度测量技术，后续可以从以下几个方面开展更加深入的研究工作：

(1)微重力条件下低温推进剂的液体量测量方法研究。现有的测量方法大部分不适用于低温推进剂测量，目前还没有一种具有高测量精度、强普适性的液体量测量方法。随着科学技术的发展，有必要对现有方法进行改进和完善，使之能满足低温推进剂液体量的测量要求，或提出新型测量方法，以实现对长期在轨条件下低温推进剂液体量的精确测量。

(2)复杂管道结构下的声波传播理论。本书的研究仅针对半径恒定的圆形管道，实际的管道结构较为复杂，如矩形管道、圆环形管道、椭圆管道、圆锥形管道等。管道半径在不同位置也可能表现不一致，管道结构的不同将导致声波传播的边界条件发生显著的变化。

(3)两相流中声波传播理论的深入研究。本书两相流含气率模型推导过程有较多简化，后续可进一步考虑气液混合的可压缩性和气泡形状变化等因素，建立更为准确的单气泡动力学模型。可采用双频或多频声波幅值衰减法设计并开展实验，测量两相流含气率及气泡半径分布等。

12.1.5　卫星在轨加注任务规划

卫星在轨加注任务规划的本质，是一个多空间目标交会的任务优化问题，通过选取一定的任务场景与优化目标，给出更加合理的在轨加注任务实施策略，对于提升卫星在轨加注经济效益具有重要研究意义。本书针对卫星在轨加注过程中的任务规划问题，从未来应用的经济效应分析出发，提出了共面圆轨道卫星群 P2P 在轨加注任务规划模型，开展了考虑摄动与复杂约束的 LEO 卫星群在轨加注任务规划，以及 GEO 卫星群一对多、多对多在轨加注任务规划。本书针对卫星在轨加注任务规划问题的研究，目前仍属于场景构想与方案探索阶段，距离工程应用尚有较大距离。然而，相信随着卫星在轨加注技术的深入发展，其走向大规模技术实用的时间可能比我们预想的要更早。届时，任务规划研究的作用和意义将更加显著。后续可以从以下几个方面开展更加深入的研究工作：

(1)考虑不确定因素的在轨加注任务规划研究。在轨加注任务过程中，存在多种不确定性因素。目标星的推进剂剩余量在当前实际情况下很难准确给出，推进剂传输的质量也不会是一个确定值，其或多或少有一些误差。同时，在空间交会过程中，碰撞规避等都是不确定性因素。考虑不确定因素的在轨加注任务规划研究，即提取在轨加注任务过程中可能遇到的不确定性因素，分析其对在轨加注任务的影响，并综合这些影响，进一步研究规划问题。

（2）动态环境下在轨加注任务的重调度技术研究。本书研究的规划技术主要是针对固定任务的预先规划，暂未考虑在轨加注任务的意外情况、实时动态规划等。在实际应用中，服务星实施在轨加注过程中会遇到很多不可知的意外，如任务临时取消或增加、服务星意外故障等。对服务星的任务环境进行分析，研究其可能遇到的意外情况，并针对这些动态改变，提出服务星任务预案的重规划与重调度规划方法，以适应空间任务环境的动态改变。

（3）考虑多服务星的实时协同。本书对服务星的协同技术研究，仅限于确定环境下卫星之间的协同任务分配。随着卫星技术的快速发展，诸多卫星已具备一定的自主规划能力。空间环境复杂和多变，如何针对突发情况，在具有自主智能的卫星间进行任务的实时协调与调整，完成在线的协同规划，是下一步需要重点研究的问题。

12.2　卫星在轨加注技术发展展望

纵观国内外卫星在轨加注技术的发展现状与趋势，其发展路线可归纳为以下五个步骤。

1）关键技术攻关为先导

在轨加注的概念最早起源于 20 世纪 60 年代，而空间原理验证试验始于 20 世纪 80 年代，在长达二十多年的时间内，美国开展了大量的相关理论研究与关键技术攻关。

2）地面试验验证为辅助手段

在轨加注关键技术研究的验证工作早期主要通过地面试验手段进行，主要的地面试验手段为落塔试验。地面试验为更好地认识微重力条件下液体加注现象与规律提供了宝贵试验数据，为后续的空间试验研究奠定了宝贵的理论与试验基础。

3）原理验证试验为核心

1981 年美国"哥伦比亚"航天飞机首飞成功，为卫星在轨加注的空间原理验证试验提供了一条有效途径。从 1984 年美国开展第一次在轨加注空间原理试验 ORS 到 1999 年提出"轨道快车"计划设想，美国开展了长达十五年的空间原理验证试验研究。十五年间，美国共开展了 5 次大的空间原理验证试验，试验内容涉及卫星在轨加注过程的各个方面。从隔膜贮箱到表面张力贮箱，从带状表面张力贮箱到板式表面张力贮箱，从加注排除到减压增压液体重定位试验，空间原理验证试验通过考虑可能的影响因素，不断向系统集成试验与实用化进程迈进。

4）系统集成试验为重点

轨道快车计划的成功实施标志着美国在轨加注技术研究进入"集成测试"阶段。通过前期大量的空间原理验证试验，为系统集成试验的开展奠定了坚实的理论与试验基础，而系统集成试验的开展为进一步推动卫星在轨加注实用化进程发挥重要作用。

5）技术实用化为最终目标

卫星在轨加注技术前期大量的理论与试验研究的最终目标为，实现卫星在轨加注技术的实用化。在轨加注技术的实用化将极大地提高卫星机动能力、延长卫星使用寿命，有可能引发未来空间技术发展的革命性变革。

随着 RRM 计划与复原-L 计划的深入发展，国外卫星在轨加注技术正逐步由系统集成试验阶段向技术实用化阶段迈进。国内针对卫星在轨加注技术的研究，目前仍停留在原理验证阶段，与国外技术水平尚存在一定差距。随着国内相关科技专项的逐步立项与实施，卫星在轨加注技术成熟度不断提高，正稳步向系统集成试验阶段推进。

若从未来技术应用的角度审视卫星在轨加注技术，其发展趋势展望如下。

1）智能无人在轨加注将成为主要手段

国际空间站的燃料补给基本都在航天员的参与下完成，智能化程度较低。有人参与的情况下，系统冗余设计复杂，结构很难简化。随着图像识别和人工智能等技术的快速发展，无人在轨加注将成为未来的主要发展趋势。尤其是对于中小型卫星的在轨加注，智能无人在轨加注是必然选择。

2）可接受在轨加注将成为未来卫星设计标准配置

传统卫星设计遵照"平台+载荷"的设计思路，其中，平台为一次性设计，基本不可接受在轨加注和在轨维修。为了提高卫星可靠性，大量的冗余设计导致卫星结构复杂，造成了空间和资源的浪费。以往的数据统计发现，多数卫星在燃料耗尽失去机动能力时，其他分系统部组件仍然保持完好。随着在轨服务技术的实用化进程不断推进，可接受在轨加注将成为未来卫星平台设计的标准配置。

3）"轨道加油站"为提高在轨加注经济效益提供保障

在轨加注未来的应用模式主要分为两种："一对一"和"一对多"。其中，"一对一"的模式主要面向高价值卫星或军事任务；"一对多"模式的主要实施方案为建立"轨道加油站"，其应用对象可扩展至中小型组网卫星，经济效益也可通过合理任务规划得到有效保证。

4）在轨加注技术助力深空探测和星际旅行

在深空探测和星际旅行任务中，卫星往往需要进行大范围的轨道机动，对卫星推进系统性能及推进剂携带量均提出较高要求。然而，推进剂携带量因发射质量限制受到严格控制。为了解决上述矛盾，改进推进系统性能是一种解决途径，而另一种被广泛讨论的解决办法是在停泊轨道对深空探测或星际旅行卫星进行燃料加注，助力其完成星际飞行任务。

12.3　对我国卫星在轨加注技术发展的启示

我国的卫星在轨加注技术发展的总体趋势为"起步晚、发展快",目前已经形成了很好的技术积累,部分关键技术已达到国际领先水平。然而,就整体水平而言,我国与欧美航天大国,尤其是美国,尚不在同一个层次上。纵观国外卫星在轨加注技术发展路线,以及近年来逐步启动的相关研究计划,结合我国当前实际情况,对我国卫星在轨加注技术发展给出以下建议。

1)遵循航天技术发展规律,着眼当前、立足长远

航天技术的研究和设备的研制,在技术应用之前一般需要经历概念论证与关键技术攻关、地面测试与试验以及空间试验验证等步骤,不断提升技术成熟度,经过严格校验后才能最终进入技术应用阶段。卫星在轨加注技术,作为一项新型航天技术,同样需要严格遵循技术发展规律,实现稳步发展。我国已于 2016 年完成了卫星在轨加注关键技术飞行试验验证,对管路对接密封、表面张力贮箱推进剂管理与传输、剩余量与流量高精度测量等关键技术进行了充分验证。从整体技术发展水平而言,我国目前仍处于原理验证试验阶段。

着眼当前实际,应继续巩固加强已有研究基础,进一步规划实施双星在轨加注系统集成试验。试验系统由服务星与目标星组成,服务星携带大量推进剂,具备在轨实施燃料加注的能力;目标星为同步发射的试验星或因燃料耗尽而失去机动能力的现役卫星。双星在轨加注试验将更加贴近卫星在轨加注实用系统,全面验证相关关键技术,促进我国卫星加注技术水平由原理验证阶段向系统集成阶段稳步发展。同时,应立足长远发展,做好长期规划。随着航天技术的快速发展,卫星在轨加注技术将成为卫星技术发展的重要环节,可接受在轨燃料加注未来将成为卫星的标准化配置。另外,通过建立大规模在轨燃料补给站,可进一步降低在轨加注成本,提升经济效益,真正促进卫星在轨加注技术向实用化方向发展。

2)推动关键技术体系化发展,全面规划、突出重点

卫星在轨加注技术是一系列基础理论、关键技术与工程实践的总称,属于大系统工程。其中,基础理论涉及人工势场法、刚柔耦合动力学、分形几何、内角流动、梯度孔径液体输运特性、声固耦合、流固耦合等研究;关键技术包括近距离接近、对接与密封、推进剂管理与传输、气液分离、推进剂剩余量与流量测量、两相流监测、任务规划等研究;工程实践主要包括对接与加注一体化装置、可重复使用的表面张力贮箱、剩余量测量装置、流量计等原理样机或单机产品研制,以及近距离接近算法与任务规划方法的实现。因此,卫星在轨加注技术并非单一关键技术,其已经形成了丰富完整的关键技术体系。

当前，针对常温推进剂的在轨加注技术研究相对较为成熟，利用板式表面张力贮箱可以实现常温推进剂的高效管理与稳定传输，填充率与排出率可达95%以上。针对常温推进剂的剩余量测量与流量测量精度也已达到国际先进水平。应进一步巩固加强已有技术优势，提升技术成熟度。同时，可以看到，低温推进剂在轨加注技术正逐步兴起。美国RRM计划第三阶段已经成功完成了低温推进剂在轨长期储存技术验证。我国目前针对低温推进剂在轨储存、传输与管理均处于研究的起步阶段，与美国尚存在较大差距。通过分析我国已有技术优势以及目前存在的技术短板，应全面规划关键技术体系，重点突破核心技术瓶颈，稳步推进卫星在轨加注技术体系化发展。

3) 加快科技专项立项实施，国家主导、军民融合

当前卫星总体设计仍然采用一次性设计思路，未考虑可接受在轨加注接口设计，因此，对现役卫星进行在轨燃料加注面临诸多技术挑战。当前情形下，卫星在轨加注技术的经济效益只有通过服务于高价值卫星才能得到有效体现。国内外高价值卫星目前均由国家层面掌控，服务于国防、通信、气象、侦查等重要领域，往往同时具有较强的军事应用背景。鉴于此种情形，卫星在轨加注技术发展仍然需要由国家重点主导。我国前期针对卫星在轨加注已经开展了较为充分的论证工作，通过加快相关科技专项的立项实施，有助于进一步促进卫星在轨加注技术的深入发展。

通过推动国家科技专项实施，有效聚合国内相关技术优势单位，分工协作，共同开展关键技术攻关与系统集成测试。根据技术进展情况，分阶段分步骤开展单机产品与集成试验系统的在轨测试，不断提升卫星在轨加注单项及整体技术发展水平。在国家主导的同时，进一步扩展研究渠道，在有限可控范围内，尝试引入商业资本，实现军民融合创新发展。商业资本的注入一方面可以节省国家财政支出，另一方面有助于探索更具经济效益的应用模式，提升卫星在轨加注经济效益。

4) 加强在轨加注技术牵引效果，以点促面、跨越发展

在轨加注技术一直被认为是在轨服务技术的核心组成之一，对在轨服务技术发展具有重要的牵引作用。从当前卫星在轨加注技术发展情况可以看出，卫星在轨加注技术发展需要紧密依托智能感知、自主操作、星地通信、姿轨控制、星务管理等一系列辅助技术支撑。这些技术对于在轨服务技术发展同样具有重要作用。通过重点发展卫星在轨加注技术，有助于提升卫星在轨服务整体技术水平。

回顾美国与苏联在轨加注技术发展初期，其均以有人在轨服务技术为依托。首次执行在轨服务任务是在20世纪80年代，由航天员出舱完成。然而，有人参与的在轨服务并非在轨服务技术发展的必经阶段。随着航天技术的快速发展，遥

操作、遥感知、人工智能、空间机器人等技术迅速升级换代，极大促进了自主在轨服务技术的发展。同时，由于卫星质量与体积的严格限制，对其开展在轨服务操作只能通过自主操控手段。以卫星自主在轨加注技术为牵引，以点促面，可望实现我国自主在轨服务技术的跨越式发展。

索　引

后　记

在日常生活中，如果有一辆车，价值几亿元甚至几十亿元人民币，但只能一次性使用，油耗尽了不能加油，出了故障也不能维修，试想一下，这辆车的价值和前景会如何？

事实上，目前人类研制的大多数卫星正是处于这样一种状态。半个多世纪以来，人类已经向太空发射了几千颗卫星。但这么多的卫星中，能够进行在轨加注或维修等操作的屈指可数，以至于对其中大多数，一旦在轨出现燃料耗尽或是遥控无法修复的故障等情况，除了放弃，别无选择。因此，从事物发展的本质规律来看，我们有理由相信，今天的卫星技术还远未达到完善的地步。

我与卫星在轨加注技术研究的结缘纯属意外。2001 年，我博士毕业之后留校工作。随即接受学院安排，放弃了自己熟悉的运载火箭领域，转而从事卫星技术的研究。当时，学院的卫星技术方向研究基础非常薄弱，而对我个人而言也完全是从零开始。经过将近一年的认真学习与思考，我最后将研究方向确定为在轨服务技术，并聚焦于卫星在轨加注技术的研究上。当时，支持我做出这个决定的，正是上述的这个基本认识。

方向是有了，但是对于一个刚刚毕业的小"青椒"，想要挑战这样一个复杂的系统，似乎有点不自量力。因为当时，项目、团队、条件……都还没有着落。唯一可以凭借的，只有年轻人那股初生牛犊一往无前的勇气。

起步是非常艰难的。首先是争取项目。刚进入一个全新的领域，完全无基础可言，只有到处汇报寻找支持，碰壁无数。特别感激 863-704 专家组，当时袁建平组长带领专家组来学校检查工作，在听取了我精心准备的汇报之后，专家组给我们安排了一个概念研究课题，希望我们先好好论证。接着是组建研究团队。当时我和正在找方向的黄奕勇博士一拍即合，带着几个博士生、硕士生甚至是高年级的本科生一起，组成了一个小团队，偶尔聚个餐，一桌都坐不满。最后是搭建试验场。受条件限制，我们在学院一楼的控制转台实验室借了一块大概十几平米的地方，就在这里搭建了试验系统。一年之后，我们这几个人，就在这一小块地方搭起了一套原型系统，圆满完成了原理试验，并撰写了两百多页的论证报告。验收时，项目得到了全优的评价，并得到了明确的后续支持。就这样，我们的卫星在轨加注技术研究起步了。

时间倏忽已近 20 年，当时的翩翩少年，如今已是两鬓星星。令人欣慰的是，这个研究方向，我们一直坚持了下来。这些年，在这个方向上已经毕业了 17 名博士、27 名硕士，其中不乏国优、军优、省优学位论文获得者。如今，他们大多数已经走上工作岗位，有不少已经成为单位的骨干甚至是学术带头人。他们的学位论文在我的书架上占了满满一层。在写作这本书的时候，我会不时地打开其中的某一本，脑海中总会想起论文作者当年那青涩的样子，而我们一起在实验室并肩奋战的场景更是历历在目。

忘不了第一次给总部领导汇报，因为缺经费，从家装市场花八千元买了一块人造大理石搭了一个简易气浮台，在上面用两颗气浮的模型卫星完整展示了在轨加注中接近、对接、分离的概念，居然大获成功，被领导称赞为效费比最高的试验系统，多次在不同场合予以表扬。

忘不了为了研究柔性对接系统，我们搭建了一个直线导轨碰撞系统，反复尝试各种材料，金属、非金属的各种模型在实验室里堆了一地，最终优化出来的"花瓣形"组合锥-杆系统，被我们称为"年度最美造型"。

忘不了为了研究流量测量系统，我们用大大的玻璃缸搭起几级蓄水池，在这简陋的试验环境中，在日复一日的潺潺水声里，不断优化声学测试管路和数据处理系统，最终形成的流量计单机产品的测量精度达到国际领先水平。

忘不了为了研究微重力内角流动，特别是珍惜来之不易的不来梅大学 ZARM 落塔试验机会，大家一起反复进行微观尺度的数值仿真，"螺蛳壳里做道场"，对照仿真结果一遍遍地优化微重力试验件构型，最终，落塔试验结果跟仿真结果高度吻合，让跟我们合作的 ZARM 首席科学家 Dreyer 翘起了大拇指。

忘不了为了搭建地面集成试验系统，需要建设高精度大理石气浮平台，为节省经费，我们一头扎到中国最好的大理石产地济南华山镇。在瑟瑟寒风中，在被挖得千疮百孔的矿脉中仔细搜寻合适的大理石原料。最终建成了国内第二大、精度最高的大理石气浮平台，而所花经费不到中咨公司估价的十分之一。

当然，最忘不了的是 2016 年 6 月 25 日，"天源一号"在轨加注试验系统随首飞的"长征七号"运载火箭进入太空开展飞行试验。在升空一个多小时后，21 时 29 分 05 秒，北京航天飞行控制中心大厅的主屏幕上，显示出了刚刚从轨道上下传的遥测图像："天源一号"两个贮箱之间的加注传输过程非常稳定、清晰，数据显示九个试验项目全部成功，一切都如此完美。我一把抱住旁边的试验队员，眼泪夺眶而出……

正是在试验现场，我们萌生了撰写一本卫星在轨加注技术专著的想法，系统地总结团队十余年的研究进展，也为下一阶段任务的推进夯实基础。当时，我们确定的写作原则是，专著的每一章必须至少有一篇或几篇博士论文作为支撑，并由相应的论文作者参与整理相关章节。于是，试验完成不久，我们就向曾参与这项研究的师生们发出了邀请。

　　让我们感动的是，虽然许多学生早已毕业走上工作岗位，不少已不再从事这一研究方向，但当接到我们的邀请时，无一例外都非常振奋，积极性很高。有的学生现在已经是项目总师，经常面临出海任务，出差多、任务紧，家里还有两个孩子需要照顾，但仍然争分夺秒高标准完成了相关章节的撰写工作；有的学生毕业工作后，进入基层随后转至地方单位，多年来一直从事行政管理工作，但毅然重新拾起学生阶段的研究方向，耗费大量休息时间整理资料、复现程序、修改配图；有的学生刚刚升级成为妈妈，利用宝宝熟睡的间隙，在摇篮边按照要求完成了相关章节的撰写与修改。每次收到大家按照预定计划加班加点完成的章节，我们总会感慨，这字里行间闪耀的，何尝不是他们每一个曾经奋斗的青春！

　　2017年底，《卫星在轨加注技术》学术专著初稿有了雏形，随后依托科学出版社申报了国家科学技术学术著作出版基金。2019年，基金资助结果公布，我们的这本专著赫然排在前列，顺利获得资助。在等待结果公布的这段时间里，我们一直同步继续修改完善这本专著，希望能够尽量全面准确地向读者介绍我们的研究进展，也供有兴趣从事相关技术研究的同行参考和讨论。特别是在书稿的最后修改阶段，遭遇了这场给全球人类带来巨大灾难且肆虐全球的新冠疫情，我们被迫隔离在家或办公室，倒也正好利用这段时间，对全书进行了认真细致的修改与完善。

　　如今，厚厚的一沓书稿终于完成。在即将付梓之际，心中的喜悦是无以言表的。但是在欣喜之余，更多地，还有一份深深的遗憾。在我们完成"天源一号"飞行试验后，有关方面对我们的试验结果进行了系统评估，认为整体技术成熟度达到了6~7级。几乎是在完成飞行试验的同时，我们就参与了国家某重大项目的论证工作，并提交了卫星在轨加注技术工程化试验的完整方案，希望推动实现我国在轨加注技术的实用化进程。但是由于种种原因，四年后的今天，该重大项目仍停留在论证阶段，尚未开始实施，也导致我们的后续研究计划一推再推。

　　而几乎是在我们提交方案的同时，2016年4月，美国诺斯罗普·格鲁曼公司则提出了任务延寿飞行器MEV-1的研究计划，即利用MEV-1自身推进系统为在轨卫星Intelsat-901提供姿轨控能力，使其回归地球同步轨道继续执行在轨工作任务，这是卫星在轨延寿的另一条思路。2020年2月25日，MEV-1对卫星Intelsat-901成功在轨接管，并宣称将使这颗已有19年历史的卫星再服役五年。美国的这一试验再一次引起世界轰动。

　　消息传来时，不少熟悉我们研究工作的朋友问我："你们的研究计划进展得怎么样了？原来不也是计划2020年首飞吗？"

我闻言，只有苦笑。

但是，可以告慰大家的是，我们的研究方案，在大家的共同努力下，终于在别的研究项目中，排上日程。目前，团队已经开始了再一次马不停蹄的研究工作。我国的双星在轨加注技术试验，应该不用等待太久。

我深信，这将会成为这本书未来最精彩的华章。

对这一天，我们充满期待！

谨识于 2020 年 5 月